Maßstab am Äquator 1 : 90 000 000
1 cm ≙ 900 km
0 500 1000 2000 3000 4000 km

www.heimatundwelt.de

Das Internetportal. Schneller und einfacher Zugriff auf Zusatzinformationen zu allen Karten des

Heimat und Welt
Weltatlas

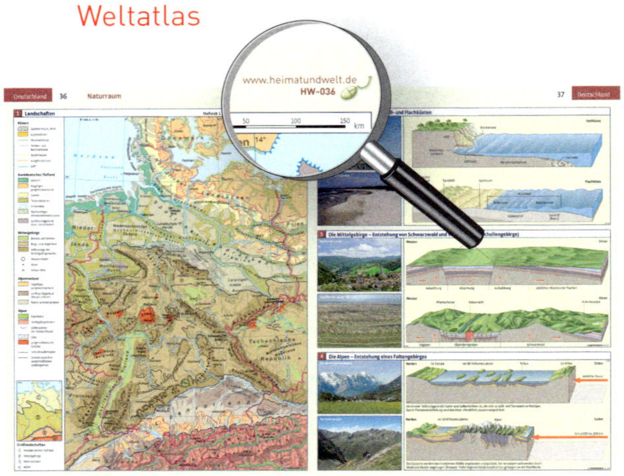

Durch die Eingabe des Kartencodes im Suchfeld werden weitere Informationen und Materialien zu jeder Karte der gewählten Doppelseite angezeigt.

Mix
Produktgruppe aus vorbildlich bewirtschafteten Wäldern, kontrollierten Herkünften und Recyclingholz oder -fasern
www.fsc.org Zert.-Nr. SGS-COC-002645
© 1996 Forest Stewardship Council
FSC

Heimat und Welt

Weltatlas + Geschichte
Schleswig-Holstein
Hamburg

An diesem Werk haben beratend mitgewirkt:

- Paul Cremer, Hamburg
- Prof. Wolfgang Hassenpflug, Kronshagen
- Maike Hoffmann, Bargteheide
- Stefan Junker, Kiel
- Prof. Jürgen Newig, Flintbek

Hergestellt in der Westermann Kartographie

Leitung: Thomas Michael
Redaktion: Irene Munt, Björn Richter, Reinhold Schlimm
Multimedia-Redaktion: Dr. Erik Braune
Kartographische Technik: Michael Albrecht
Titelgestaltung: Thomas Schröder
Illustration: Johann Brandstetter, Jo Hermann, Dennis Nußbaum, Ingrid Schobel

1. Auflage 2012
Druck A[1] / Jahr 2012
Alle Drucke der Serie A sind im Unterricht parallel verwendbar.

Druck und Bindung: westermann druck GmbH, Braunschweig

ISBN 978-3-14-**100263**-8

M1 Im Atlas suchen und finden

➩ Seite 5

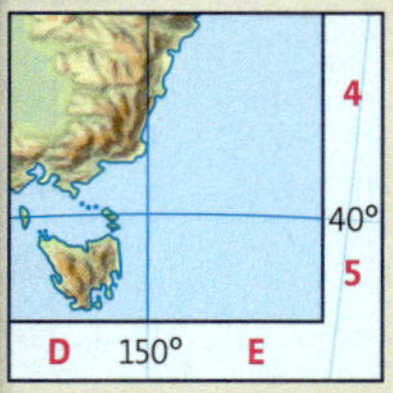

? „Wie finde ich Orte, Flüsse oder Gebirge im Atlas?" „Wie suche ich eine Karte oder ein Thema?"

! Hier lernst du, im Atlas mit dem Inhaltsverzeichnis, Namens- und Sachwortregister zu arbeiten.

Anwendung bei allen Karten möglich

M2 Vom Bild zur thematischen Karte

➩ Seite 6

? „Wie wird die Wirklichkeit in Karten abgebildet?"

! Hier siehst du den Weg vom Luftbild zu einer thematischen Karte und lernst den Aufbau und die Gestaltung solcher Karten kennen.

Anwendung auf Seite 25, 49, 52/53, 78, 158/159, 160, 164/165

M3 Vom Bild zur physischen Karte

➩ Seite 7

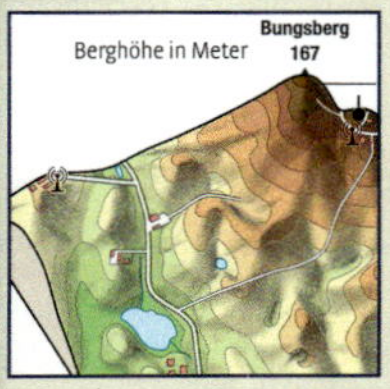

? „Wie wird die Erdoberfläche mit ihren Bergen, Tälern und Gewässern in Karten abgebildet?"

! Hier lernst du, wie Berge auf der Karte wiedergegeben werden und wie du physische Karten liest.

Anwendung auf Seite 32, 56/57, 75, 80, 101, 122, 156

M4 Den Maßstab verstehen

➩ Seite 8/9

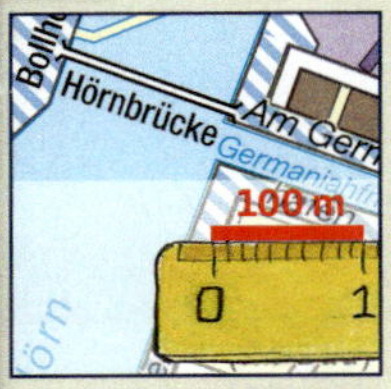

? „Was sagt der Maßstab über Verkleinerung aus?"

! Hier misst du Strecken in Karten und berechnest die wahren Entfernungen. Und du betrachtest die Größenverhältnisse von unterschiedlichen Karten.

Anwendung bei allen Karten möglich

M5 Mit dem Maßstab arbeiten

➩ Seite 8/9

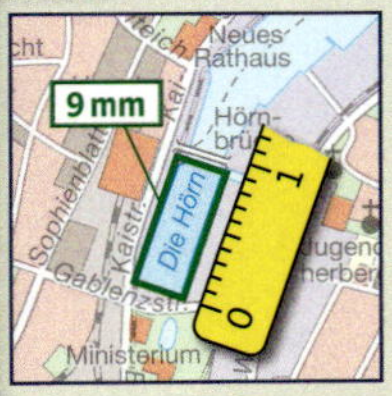

? „Was kann ich mit dem Maßstab noch errechnen?"

! Hier lernst du Flächen zu berechnen, gewinnst Größenvorstellungen, planst Routen und vergleichst Luftlinien- mit Straßen-Entfernungen.

Anwendung bei den meisten Karten möglich

M6 Eine Karte lesen und auswerten

➩ Seite 10/11

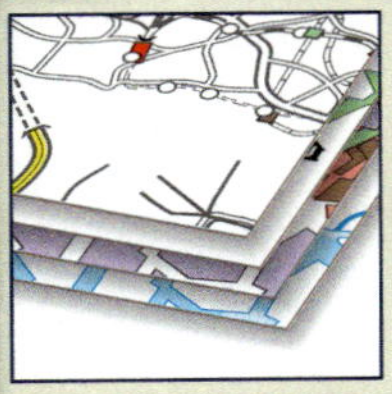

? „Was kann mir eine thematische Karte sagen?" „Welche Informationen bietet sie mir?"

! Hier lernst du, die Inhalte der Legende und Karte zu lesen und die richtigen Fragen dazu zu stellen.

Anwendung bei allen thematischen Karten möglich

M7 Den Wandel von Räumen beschreiben

➩ Seite 28/29

? „Wie kann ich aus Karten die früheren und heutigen Zustände eines Raumes lesen und vergleichen?"

! Hier lernst du, räumliche Veränderungen mit Hilfe von Karten zu erkennen und zu interpretieren.

Anwendung auf Seite 21, 23, 26/27, 43, 47, 55, 78/79, 81, 99, 121, 164

M8 Ein Höhenprofil zeichnen und beschreiben

➩ Seite 32

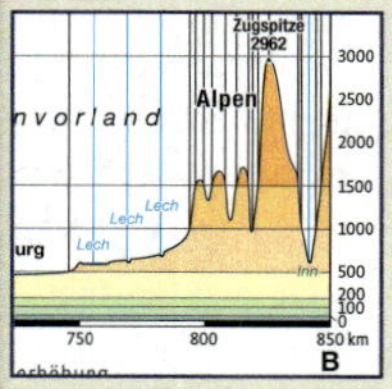

? „Wie kann ich die Höhenschichten einer Karte in eine Profilzeichnung übertragen?"

! Hier lernst du, wie man Geländequerschnitte durch eine Karte legt und ein Profil zeichnet.

Topographisches Lernen: Anwendung bei allen physischen Karten möglich. Weitere Profile: 75, 101, 122, 156

M9 Eine Kartenskizze zeichnen und beschriften

➩ Seite 33

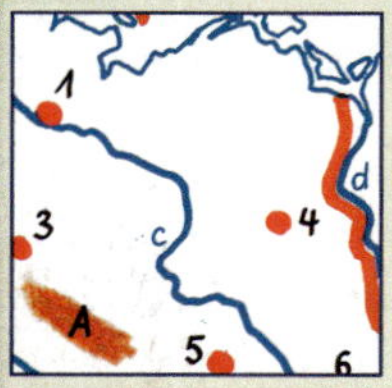

? „Wie kann ich die wichtigsten Inhalte einer Atlaskarte in einer eigenen Karte zusammenfassen?"

! Hier lernst du, wie man eine Kartenskizze plant, zeichnet und beschriftet.

Topographisches Lernen: Anwendung bei allen physischen Karten möglich

M10 Signaturen in Karten

➩ Seite 64/65

? „Was bedeuten die verschiedenen Kartenzeichen (Signaturen)?"

! Hier lernst du die Aussage von Signaturen aus den Landwirtschafts- und Wirtschaftskarten des Atlas kennen.

Anwendung bei allen thematischen und auch physischen Karten möglich

M11 Gradnetz und Orientierung

➩ Seite 170/171

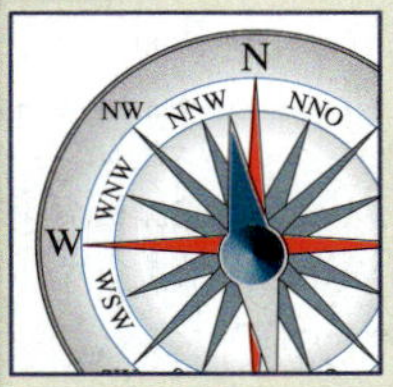

? „Wie lerne ich mich auf dem Globus, auf Karten und im Gelände zu orientieren?"

! Dazu dienen Gradnetz, Himmelsrichtungen und Positionsbestimmungen, mit denen du hier arbeitest.

Anwendung bei allen Karten möglich; siehe auch hinterer äußerer Buchdeckel

M12 Vom Globus zur Karte

➩ Seite 171

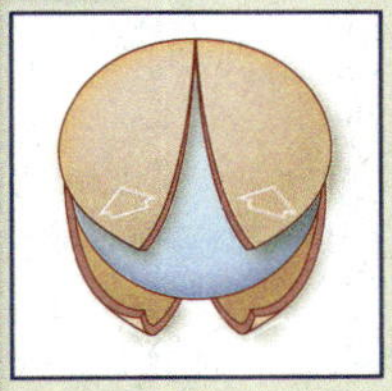

? „Wie bilden flache Karten den runden Globus ab?"

! Hier erkennst du, dass es nicht möglich ist, die gekrümmte Erdoberfläche ohne Verzerrungen in einer ebenen Karte abzubilden.

Anwendung bei Karten in unterschiedlichen oder auffälligen Netzentwürfen (Projektionen)

M13 Informationen zu einem Raum sammeln

➩ Seite 188

? „Wie kann ich für ein Land oder einen Ort Informationen aus verschiedenen Karten sammeln?"

! Hier lernst du, durch unterschiedliche Kartentypen einen Raum umfassend und systematisch zu untersuchen.

Recherche mit mehreren Atlaskarten zu einem Raum

M14 Diagramme lesen und auswerten

➩ Seite 189

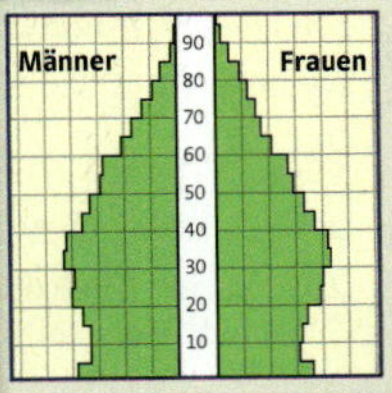

? „Wie lese ich die verschiedenen Diagrammtypen?"

! Hier lernst du Diagramme und speziell Klimadiagramme und Bevölkerungspyramiden zu lesen, auszuwerten und selbst zu zeichnen.

Anwendung auf allen Seiten mit Diagrammen in Karten oder ihren Legenden.

Karteneinstufung: ● Grundorientierung △ Überblick □ Fallbeispiel

Schleswig-Holstein / Hamburg

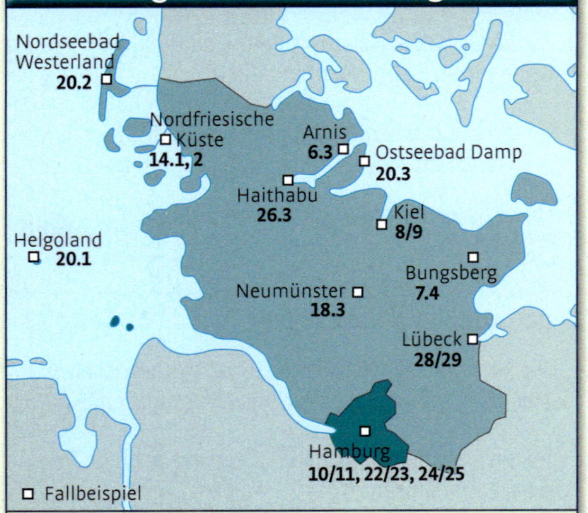

Vom Bild zur thematischen Karte ... 6
□ Arnis ... 6 3

Vom Bild zur physischen Karte ... 7
△ Berge auf der Karte ... 7 1
□ Bungsberg – physisch ... 7 4

Den Maßstab verstehen ... 8/9
□ Kiel – Innenstadtplan ... 8 1
□ Kiel – Stadtkarte ... 8 2
□ Kiel – Freizeitkarte ... 9 3
□ Kiel – Straßenkarte ... 9 4

Eine Karte lesen und auswerten ... 10/11
□ Hamburg – Flächennutzung ... 10/11 1

Eiszeiten in Norddeutschland ... 12/13
△ Norddeutschland zur letzten Eiszeit ... 12 1
△ Küstenformen ... 12 2
● Naturräume ... 13 3
● Landschaftsprofil ... 13 4

Küstenveränderung / physisch ... 14/15
□ Nordfriesische Küste vor 1362 ... 14 1
□ Nordfriesische Küste vor 1634 ... 14 2
● Schleswig-Holstein / Hamburg – physisch ... 14/15 3

Klima und Landwirtschaft ... 16/17
△ Temperaturen im Jahr ... 16 1
△ Niederschläge im Jahr ... 16 2
Klimadiagramme ... 16 3
△ Landwirtschaft ... 17 4

Bevölkerung / Raumordnung / Wirtschaft ... 18/19
△ Bevölkerungsdichte ... 18 1
△ Raumordnung ... 18 2
□ Neumünster – Strukturwandel ... 18 3
△ Wirtschaft und Verkehr ... 19 4

Tourismus ... 20/21
□ Helgoland ... 20 1
□ Westerland – gewachsener Tourismusort ... 20 2
□ Damp – geplanter Tourismusort ... 20 3
△ Tourismus ... 21 4

Hamburg – Sturmflut und Hochwasserschutz ... 22/23
□ Hamburg – Sturmflut 1962 ... 22 1
□ Hamburg – Hochwasserschutz ... 23 2

Hamburg – geschichtliche Entwicklung / Innenstadt ... 24/25
□ Hamburg um 1150 ... 24 1
□ Hamburg um 1250 ... 24 2
□ Hamburg um 1600 ... 24 3
□ Hamburg Innenstadt – heute ... 24/25 4

Geschichte und Verwaltung ... 26/27
△ Territorien im Mittelalter ... 26 1
□ Haithabu – Handelsplatz der Wikinger vom 9. Jh. (ca. 1066) ... 26 2
△ Herrschaftsbereiche um 1620 ... 26 3
△ Territorien 1815 - 1864 ... 27 4
△ Abstimmungszonen 1920 ... 27 5
● Schleswig-Holstein – Verwaltung ... 27 6
● Hamburg – Bezirke ... 27 7

Den Wandel von Räumen beschreiben ... 28/29
□ Lübeck um 1400 ... 28 1
□ Lübeck um 1775 ... 28 2
□ Weltkulturerbe Lübeck – heute ... 29 3

Deutschland

Physische und politische Übersicht ... 30/31
● Physische Übersicht ... 30 1
● Politische Übersicht ... 31 2

Höhenprofil / Kartenskizze ... 32/33
Anlegen eines Nord-Süd-Höhenprofils durch Deutschland ... 32 1
Physische Karte als Vorlage für die Kartenskizze ... 33 2
Zeichnen der Kartenskizze auf Transparentpapier ... 33 3
Anfertigung der Legende zur Kartenskizze ... 33 4

● Deutschland – physisch ... 34/35

Deutschland – Naturraum ... 36/37
● Deutschland – Landschaften ... 36 1
Die Küsten – Aufbau von Steil- und Flachküsten ... 37 2
Die Mittelgebirge – Entstehung von Schwarzwald und Vogesen (Bruchschollengebirge mit Grabenbruch) ... 37 3
Die Alpen – Entstehung eines Faltengebirges ... 37 4

Klima und erneuerbare Energien ... 38/39
△ Temperaturen im Januar ... 38 1
△ Temperaturen im Juli ... 38 2
△ Niederschläge im Jahr ... 38 3
△ Niederschlagsveränderung ... 38 4
Regionale Windsysteme ... 39 5
△ Sonnenenergie und Erdwärme ... 39 6
△ Windenergie ... 39 7

Deutschland – Landwirtschaft ... 40/41
△ Deutschland – Landwirtschaft ... 40 1
□ Ökologischer Landbau bei Mölln (Schleswig-Holstein) ... 41 2
□ Integrierte Landwirtschaft am Niederrhein – Schweinemastbetrieb mit Biogasanlage ... 41 3

Deutschland – Wirtschaft ... 42/43
△ Deutschland – Wirtschaft ... 42 1
□ Ruhrgebiet – Strukturwandel einer Wirtschaftsregion ... 43 2

Deutschland – Verkehr ... 44/45
△ Deutschland – Verkehr ... 44 1
□ Hamburger Hafen ... 45 2
□ Frankfurt / Main – Flughafen ... 45 3

Ver- und Entsorgung ... 46/47
△ Deutschland – Energiewirtschaft ... 46 1
□ Braunkohlenrevier Niederlausitz – Landschaftswandel ... 47 2
□ Abfallverwertungsanlage und Deponie im Breisgau ... 47 3

Umwelt und Naturschutz ... 48/49
△ Umwelt und Naturschutz ... 48 1
Wattenmeer bei Ebbe und Flut ... 49 2
□ Nationalparks an der Nordseeküste ... 49 3

Deutschland – Tourismus ... 50/51
△ Deutschland – Tourismus ... 50 1
□ Seebadtourismus auf Sylt (Nordseeküste) ... 51 2
□ Bergtourismus im Wettersteingebirge (Alpen) ... 51 3

□ Hauptstadt Berlin ... 52/53

Deutschland – Bevölkerung ... 54/55
△ Deutschland – Bevölkerungsdichte ... 54 1
Altersaufbau ... 55 2
△ Natürliche Bevölkerungsentwicklung ... 55 3
△ Ausländische Bevölkerung ... 55 4
△ Bevölkerungsveränderung ... 55 5

Europa

Topographie ... 56/57
△ Flusseinzugsgebiete ... 56 1
● Europa – physische Übersicht ... 56/57 2

Staaten, Bündnisse und Regionen ... 58/59
● Europa – politische Übersicht ... 58 1
△ Europäische Union – Wirtschaftskraft der Regionen ... 59 2
● Europäische Zusammenschlüsse ... 59 3

Europa – Klima ... 60/61
△ Temperaturen im Januar ... 60 1
△ Temperaturen im Juli ... 60 2
△ Niederschläge im Jahr ... 61 3
△ Europa – Klimazonen nach A. Siegmund und P. Frankenberg ... 61 4

Europa – Landwirtschaft 62/63
△ Europa – Bodenbedeckung und Landwirtschaft 62/63 1
△ Würm-/Weichselkaltzeit 63 2
Entstehung von Lössbörden durch eiszeitliche Lössverwehung 63 3

Europa – Wirtschaft 66/67
△ Europa – Bergbau, Industrie und Dienstleistungen 66/67 1
△ Nicht erneuerbare Energierohstoffe 67 2
△ Erneuerbare Energiereserven 67 3

Europa – Tourismus 68/69
△ Europa – Tourismus 68/69 1
□ Balearen – Tourismus 69 2
□ Mallorca – Landnutzung und Tourismusstandorte 69 3

Europa – Bevölkerung 70/71
Altersaufbau 70 1
△ Europa – Bevölkerungsdichte 70 2
△ Bevölkerungsveränderung 70 3
△ Staatssprachen und Sprachminderheiten 71 4
△ Individuelle Mobilität 71 5

△ **Nördliches Europa – Wirtschaft** 72/73

● **Nordeuropa – physisch** 74/75
Höhenprofil durch Skandinavien 75 2

● **Westeuropa – physisch** 76/77

London und Paris – Global Cities 78/79
□ Die Entwicklung von London 78 1
□ London 78 2
□ Die Entwicklung von Paris 79 3
□ Paris 79 4

Benelux – physische Übersicht / Neulandgewinnung 80/81
● Niederlande / Belgien / Luxemburg – physisch 80 1
△ Niederlande – Neulandgewinnung 81 2
△ Niederlande um 1300 .... 81 3
□ Rotterdam – Europoort 81 4

● **Mitteleuropa – physisch** 82/83

● **Alpenländer – physisch** 84/85

Südliches Europa – Tektonik und Vulkanismus 86/87
□ Toskana (Italien) – Nutzung geothermischer Energie 86 1
□ Golf von Neapel – Leben am Vulkan 86 2
● Erdzeitalter 87 3
△ Europa – Alter der Gebirge / Rohstofflagerstätten 87 4
□ İstanbul (Türkei) – erdbebengefährdete Megastadt 87 5

● **Südwesteuropa – physisch** 88/89

● **Südosteuropa / Türkei – physisch** 90/91

△ **Südliches Europa (Mittelmeerraum) – Wirtschaft und Tourismus** 92/93

● **Russland / Zentralasien – physisch** 94/95

△ **Russland / Zentralasien – Wirtschaft** 96/97

Russland / Zentralasien – Umwelt 98/99
△ Russland / Zentralasien – Umweltschäden und -gefahren 98 1
□ Ballungsraum Moskau – Verkehr 98 2

Asien

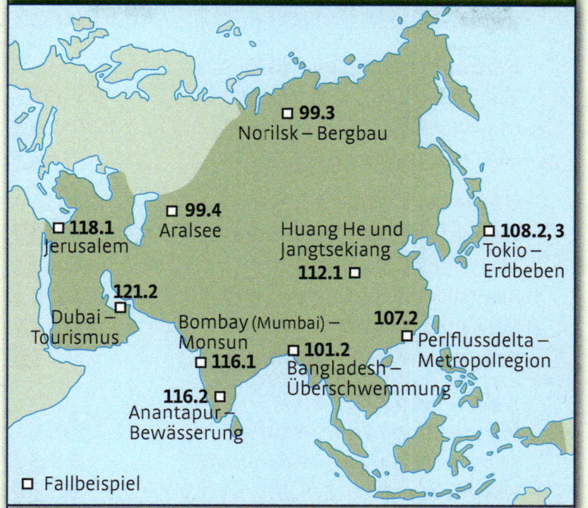

Russland / Zentralasien – Umwelt 98/99
□ Norilsk – Nickelbergbau unter subpolaren Bedingungen 99 3
□ Aralsee – Landschaftswandel 1960 / 2010 .... 99 4

Eurasien – physisch / Gangesdelta 100/101
● Physische Übersicht 100/101 1
Bangladesch – physisch 101 2

□ **Staaten und Bevölkerung** 102/103
● Asien – Politische Übersicht 102 1
Stadt- und Landbevölkerung in Asien 102 2
△ Asien – Bevölkerung 103 3
Städtewachstum in Asien 103 4

Landwirtschaft und Klima 104/105
△ Asien – Landwirtschaft 104/105 1
△ Temperaturen und Winde im Januar 105 2
△ Temperaturen und Winde im Juli 105 3
△ Niederschläge im Jahr 105 4
△ Südasien – Monsun 105 5
Südwest-Monsun 105 6

Wirtschaft 106/107
△ Asien – Wirtschaft (Übersicht) 106/107 1
□ Metropolregion Perlflussdelta (Südchina) 107 2

Japan – Naturrisiken und Wirtschaft 108/109
△ Naturrisiken 108 1
□ Erdbeben im Raum Tokio 108 2
□ Tokio – erdbebengefährdete Weltstadt 108 3
△ Bevölkerung 109 4
△ Wirtschaft 109 5

● **Südasien und Ostasien – physisch** 110/111

China – Wirtschaft und Umwelt 112/113
□ Huang He und Jangtsekiang 112 1
△ Regionale Entwicklungsunterschiede 112 2
△ Wirtschaft 112/113 3

● **Südostasien – physisch** 114/115

Indien – Wasser und Wirtschaft 116/117
□ Bombay (Mumbai) – Überflutung nach Monsunregen 116 1
□ Anantapur (Südindien) – Bewässerungsprojekte 116 2
△ Südasien – Wirtschaft 117 3

Israel und Palästinensische Autonomiegebiete / Westasien 118/119
□ Jerusalem – Altstadt 118 1
△ Siedlungsgebiete 118 2
● Westasien – physisch 119 3

Westasien (Naher und Mittlerer Osten) 120/121
△ Westasien – Wirtschaft 120 1
□ Dubai – Wandel zur Tourismusmetropole 121 2

Afrika

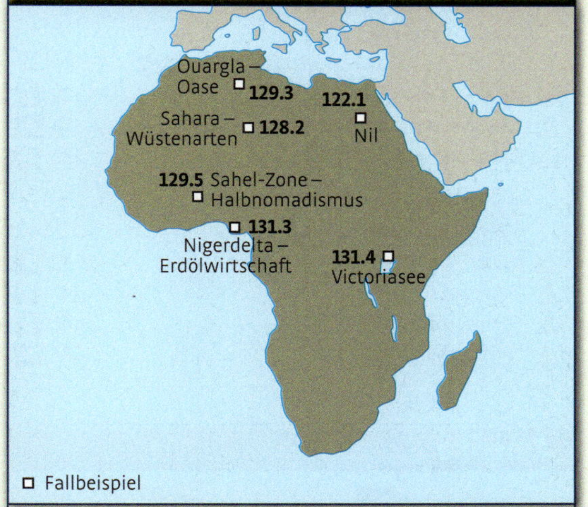

Physische Übersicht und Nil 122/123
□ Der Nil – ein Fremdlingsfluss 122 1
Höhenprofil entlang des Äquators 122 2
● Afrika – Physische Übersicht 122/123 3

Afrika – Staaten und Bevölkerung 124/125
● Afrika – Politische Übersicht 124/125 1
△ Afrika 1914 / 1918 .... 125 2
△ Afrika – Bevölkerung 125 3

Afrika – Landwirtschaft und Klima 126/127
△ Afrika – Landwirtschaft 126 1
Anteil Afrikas an der Weltproduktion 126 2
△ Temperaturen im Januar 127 3
△ Temperaturen im Juli 127 4
△ Niederschläge im Januar 127 5
△ Niederschläge im Juli 127 6

Sahara und Sahel 128/129
△ Wüstenarten und Wüstenausbreitung (Desertifikation) 128 1
□ Sahara – Wüstenarten im Satellitenbild 128 2
□ Ouargla – Brunnenoase in Algerien 129 3
Grundwasser führende Gesteinsschichten in der Nordostsahara 129 4
□ Halbnomadismus der Fulbe in der Sahel-Zone 129 5
Niederschlagsvariabilität in der Sahel-Zone 129 6

Wirtschaft 130/131
△ Afrika – Wirtschaft (Übersicht) 130 1
Afrikas Stellung am Weltmarkt 130 2
□ Nigerdelta – Erdölwirtschaft 131 3
□ Victoriasee – Fischerei und Landnutzung 131 4

● **Afrika (nördlicher Teil) – physisch** 132/133

● **Afrika (südlicher Teil) – physisch** 134/135

Karteneinstufung: ● Grundorientierung △ Überblick □ Fallbeispiel

Ozeanien

● **Indischer Ozean / Pazifischer Ozean** 136/137

Australien / Neuseeland – physische Übersicht / Bevölkerung 138/139
- ● Physische Übersicht 138/139 1
- △ Ureinwohner (Aborigines) 139 2
- △ Bevölkerungsdichte 139 3

Australien und Neuseeland – Wirtschaft und Klima 140/141
- △ Wirtschaft 140/141 1
- △ Temperaturen im Januar 141 2
- △ Temperaturen im Juli 141 3
- △ Niederschläge im Jahr 141 4

Amerika

● **Physische Übersicht** 142/143

Staaten und Bevölkerung 144/145
- ● Amerika – politische Übersicht 144/145 1
- △ Bevölkerungsdichte 145 2

Amerika – Klima 146/147
- △ Temperaturen im Januar 146 1
- △ Temperaturen im Juli 146 2
- △ Niederschläge im Jahr 147 3
- □ Hurrikan Katrina 147 4
- Entstehung eines Hurrikans 147 5

Landwirtschaft 148/149
- △ Amerika – Landwirtschaft 148/149 1
- Der Weg von Bananen 148 2
- □ Mittelamerika – Bananenanbau 149 3

Wirtschaft 150/151
- △ Amerika – Wirtschaft 150/151 1
- □ Panamakanal 151 2

● **Nordamerika (nördlicher Teil) – physisch** 152/153

● **Nord- und Mittelamerika – physisch** 154/155

Vereinigte Staaten (USA) – Wirtschaft 156/157
- △ USA – Wirtschaft 156/157 1
- △ USA – Industrieräume 157 2

USA – New York 158/159
- □ Ballungsraum BosWash – Bevölkerungsdichte 158 1
- □ New York – Bevölkerungsdichte 158 2
- □ New York – kulturgeprägte Wohngebiete 158 3
- □ Manhattan – Gebäudehöhenmodell 159 4
- □ New York – Manhattan 159 5

Kalifornien (USA) – Wasser und Landnutzung 160/161
- □ Kalifornisches Längstal – Panoramabild 160 1
- □ Wasserwirtschaft 160 2
- Kalifornien – Klima 161 3
- Landwirtschaftsexporte 161 4
- □ Landwirtschaft 161 5

● **Südamerika – physisch** 162/163

Südamerika – Wirtschaft und Bevölkerung 164/165
- □ Amazonien – Eingriffe in den tropischen Regenwald 164 1
- □ Rondônia (Amazonien) – Rodung 164 2
- □ Rio de Janeiro – Segregation 165 3
- □ São Conrado / Favela da Rocinha 165 4

Erde

● **Physische Übersicht** .... Buchdeckel vorne innen

Polargebiete 166/167
- ● Nordpolargebiet (Arktis) 166 1
- ● Südpolargebiet (Antarktis) 167 2

Geographische Entdeckungen 168/169
- □ Frühe Hochkulturen 168 1
- □ Bekannte Welt aus europäischer Sicht um 100 n. Chr. 168 2
- □ Bekannte Welt aus europäischer Sicht um 1500 n. Chr. 169 3
- □ Weitgehend unberührte Weltregionen heute 169 4
- □ Entdeckungsreisen und koloniale Eroberungen 168/169 5

Gradnetz und Orientierung 170/171
- Das Gradnetz der Erde 170/171 1
- Orientierung im Gelände in Mitteleuropa 170 2
- Orientierung mit dem Kompass und Magnetfeld 170 3
- Global Positioning System (GPS) 171 4

Erde – Plattentektonik 172/173
- ● Plattentektonik, Vulkanismus und Erdbeben 172/173 1
- Schalenbau der Erde 172 2
- Schnitt durch die Erdkruste 172/173 3

Erde – Klimazonen und ihre Entstehung 174/175
- △ Klimate der Erde (genetische Gliederung nach Neef) 174/175 1
- △ Schema der globalen Windzirkulation 175 2
- △ Niederschläge im Juli 174 3
- △ Niederschläge im Januar 175 4

Erde – Klimazonen und ihre Gliederung 176/177
- ● Thermische Klimazonen 176 1
- △ Extremklimate der Erde 176/177 2
- △ Jahreszeitenklima und Tageszeitenklima 177 3
- □ Klimate der Erde – Klimaklassifikation nach A. Siegmund und P. Frankenberg 176/177 4

△ **Ökozonen / Vegetation** 178/179

Erde – Umwelt 180/181
- △ Erde bei Nacht 180 1
- △ Treibhausgas Kohlenstoffdioxid 180 2
- △ Landschaftswandel 181 3
- △ Fleischproduktion / Fischfang 181 4

Erde – Bevölkerung 182/183
- ● Bevölkerungsdichte und Megastädte 182/183 1
- △ Bevölkerungsentwicklung 182 2
- ● Erde – Religionen 183 3

Entwicklungsstand 184/185
- ● Lebensbedingungen 184 1
- △ Wirtschaftskraft 184 2
- △ Lebenserwartung und Säuglingssterblichkeit 185 3
- △ Alphabetismus und Ernährung 185 4

Erde – Wirtschaft 186/187
- ● Wirtschaftsbündnisse und Kommunikation 186/187 1
- △ Bodenschätze und der Welthandel mit Rohstoffen 186/187 2

Informationen zu einem Raum sammeln 188

Diagramme lesen und auswerten 189

Die Erde im Weltall 190/191
- Milchstraßensystem (Galaxie) 190 1
- ● Das Sonnensystem 190/191 2
- Größenvergleich Sonne und Planeten 190 3
- Erde aus Mondsicht 190 4
- Die Mondphasen 190 5
- Die Bahn der Erde um die Sonne 191 6

Staaten – Flaggen und Statistik 224/225

● **Politische Übersicht** 242/243

● **Zeitzonen** .... Buchdeckel hinten

Geschichte 192 bis 223

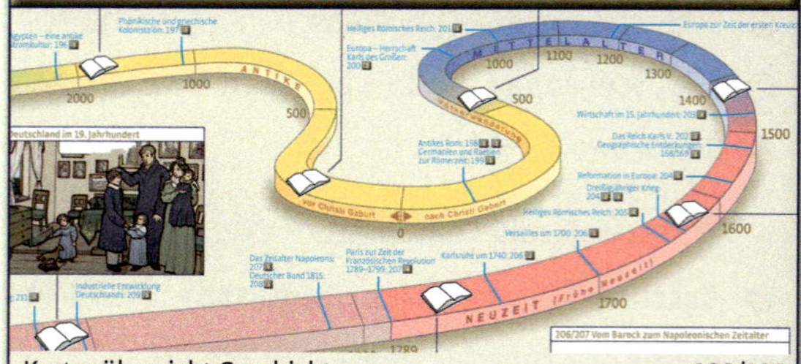

Kartenübersicht Geschichte 192/193

Karten- und Atlasarbeit

- Methodenwegweiser 1
- Register 226-239
- Sachwortregister 240-241
- Quellenverzeichnis 241

1 Das Inhaltsverzeichnis – Karten suchen und finden

Eine Hilfe zum Finden von Karten zu einem bestimmten Land oder einer Region ist das Inhaltsverzeichnis. Es ist auf den Seiten 2 bis 4 zu finden. Das Inhaltsverzeichnis gibt einen Überblick aller Karten im Atlas. Die Karten sind nach Regionen von der Nähe bis in die Ferne und dann nach Themen gegliedert.
Die Karteneinstufung kennzeichnet durch ein Symbol (●) grundlegende Überblickskarten.

Beispiel:

Im Unterricht wird eine Karte benötigt, die die Landwirtschaft Deutschlands zeigt.

Inhalt 2

Deutschland

Physische und politische Übersicht ... 30/31
● Deutschland – physische Übersicht ... 30 1
● Deutschland – politische Übersicht ... 31 2
Topographie lernen und üben ... 32/33

Karteneinstufung — Kartentitel

△ Regionale Windsysteme ...
△ Sonnenenergie und Erdwärme ... 39 6
△ Windenergie ... 39 7
Deutschland – Landwirtschaft ... 40/41
△ Deutschland – Landwirtschaft ... 40 1
□ Ökologischer Landbau bei Mölln (Schleswig-Holstein) ... 41 2
□ Integrierte Landwirtschaft am Niederrhein – Schweinemastbetrieb mit Biogasanlage ... 41 3
Deutschland – Wirtschaft ... 42/43
△ Deutschland – Wirtschaft ... 42 1
□ Ruhrgebiet um 1840 ... 43 2

Seitenangabe — Kartennummer

! Die Übersichtskarte erleichtert die Orientierung. Jede Region ist außerdem durch eine eigene Farbe gekennzeichnet.

- Schleswig-Holstein / Hamburg
- Deutschland
- Europa
- Asien
- Afrika
- Ozeanien
- Amerika
- Erde
- Geschichte

2 Das Register – Namen suchen und finden

Eine Hilfe zum Finden von Namen ist das Register. Es ist auf den Seiten 226 bis 239 zu finden.
Im Register sind nicht nur Orte und Städte, sondern auch Flüsse, Gebirge und Landschaften alphabetisch aufgeführt.
Nach dem jeweiligen Namen sind die Seitenzahl, die Kartennummer und das Gradfeld des Gitternetzes der Karte angegeben, in dem dieser Ort zu finden ist.

Beispiel:

Wo liegt Melbourne?

Register 231

M

Meißen 34, J 4
Meißner 15, D 2
Meißner (Berg) 15, D 2
Mekele 133, G 3
Mekka 119, 3 B 3
Meknès 132, C 1
Mekong 100, 1 G 5
Mekran 100, 1 D/E 4
Melanesien Vorderer Buchinnendeckel, Q 5 – S 6
Melbourne 138, 1 D 4
Melekeok 243, Q/R 5
Melibocus 16, C 3
Melilla 88, C 5

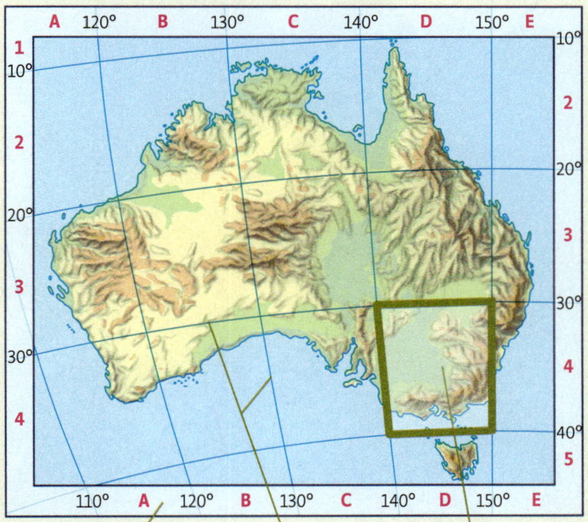

! Registereinträge richtig lesen: *„Melbourne befindet sich auf Seite 138, Karte 1 im Gradfeld D4.“*

3 Das Sachwortregister – Begriffe suchen und finden

Eine Hilfe zum Finden von Karten zu einem bestimmten Thema ist das Sachwortregister. Es ist auf den Seiten 240 und 241 zu finden.
Die genannten Fachbegriffe und Schlagwörter sind alphabetisch geordnet. Zu jedem Begriff ist eine Karte mit der jeweiligen Seitenzahl und daran anschließend der Kartennummer angegeben.

Beispiel:

Im Unterricht wird das Thema Vulkanismus behandelt.

Sachwortregister 239

V

Versorgung (Wasser, Strom) 39.6,7; 46, 108.3; 116.2; 120/121; 160.2
Verstädterung 102/103; 158.1; 107.2
Viehwirtschaft 40/41; 64.5; 129.5; 164.1; 181.4
Vulkanismus 36.1; 86.2; 87.4; 172/173

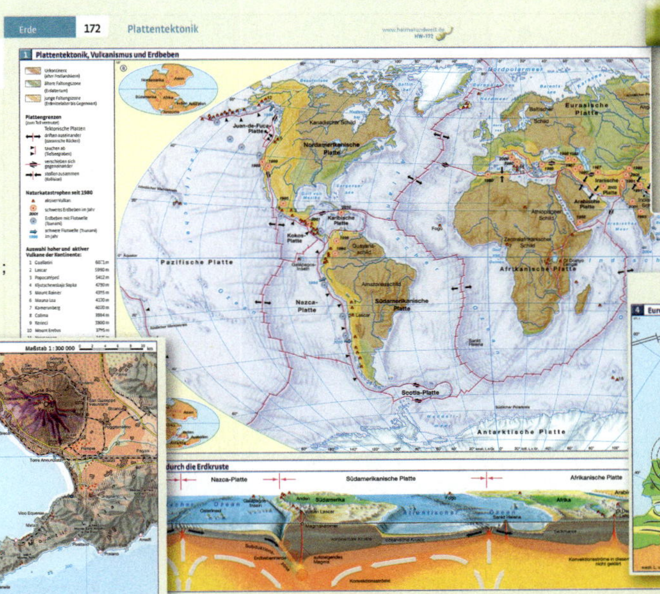

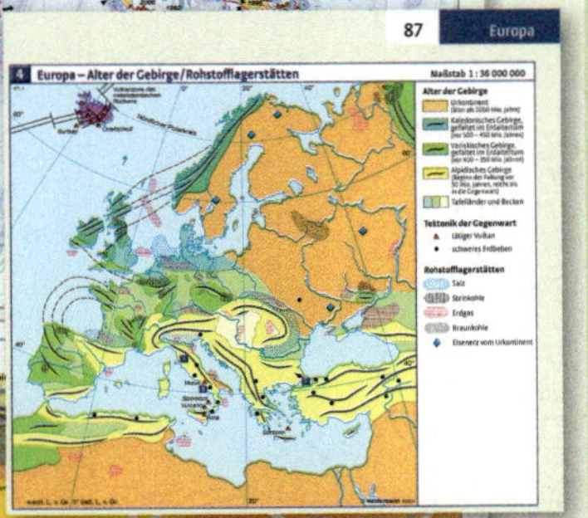

! Durch die Nennung mehrerer Karten zu einem Stichwort werden neben der Vielfalt des Themas auch weltweite Zusammenhänge deutlich.

M2 Vom Bild zur thematischen Karte

Schrägluftbild

1 Arnis im Schrägluftbild

Ein Bild zeigt die Wirklichkeit.

Die Stadt Arnis im Schrägluftbild, aufgenommen aus 250 m Höhe, Blick in Richtung Südwesten. Arnis ist mit 280 Einwohnern die kleinste Stadt Deutschlands.

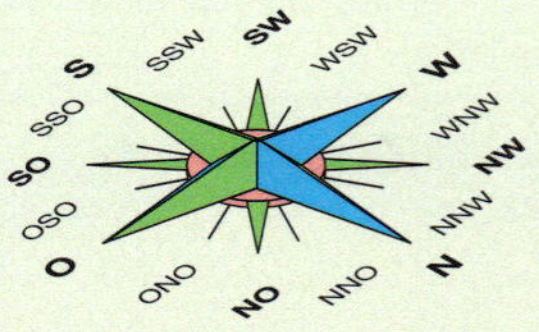

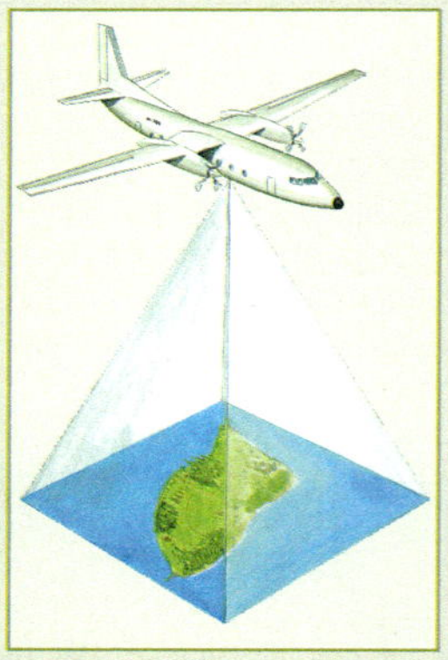

Senkrechtluftbild

2 Arnis im Senkrechtluftbild

Maßstab 1 : 7 500

Arnis im Senkrechtluftbild, aufgenommen aus 1000 m Höhe.

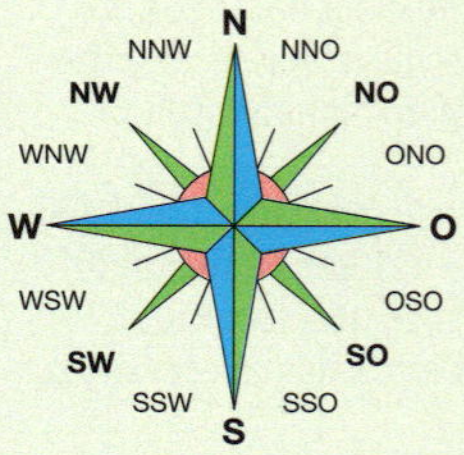

Die Karte zeigt die Wirklichkeit vereinfacht und als Grundriss

Arnis als Karte. Eine Karte ist immer genordet. Alles wird verkleinert wiedergegeben. Der **Maßstab** nennt das Verkleinerungsverhältnis. Mit einer **Legende** wird die Karte erklärt. Sie enthält die **Kartenzeichen**.

Kartenherstellung

3 Arnis

Kartentitel

Maßstab 1 : 7 500

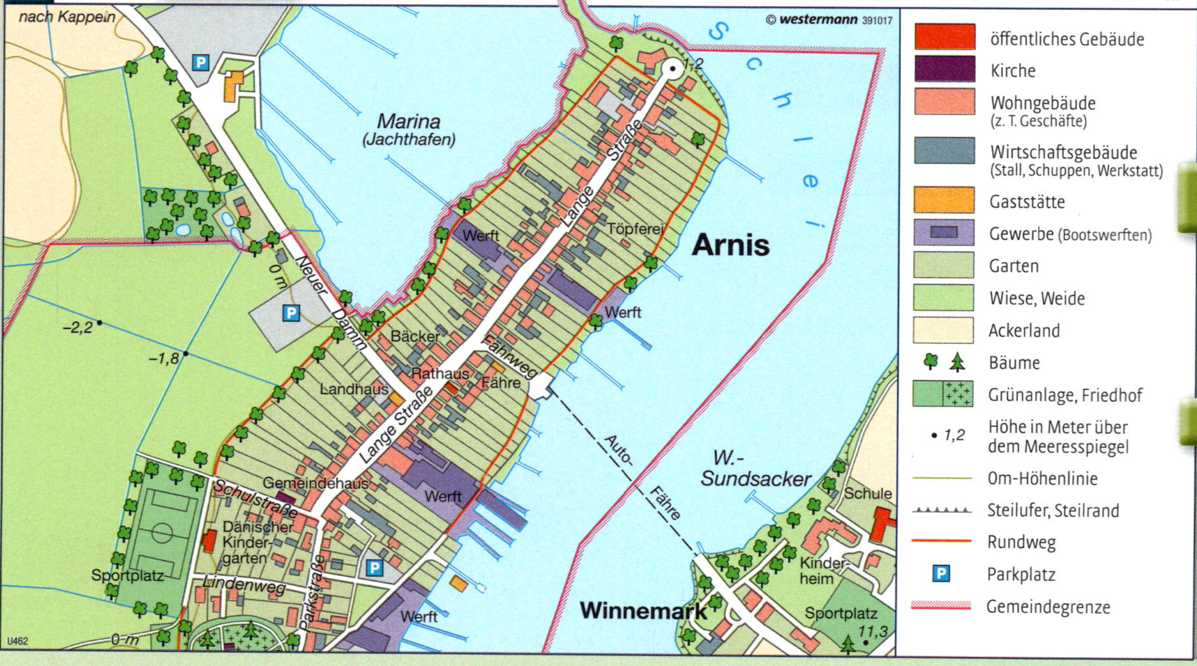

Maßstab

als Maßstabszahl und Maßstabsleiste.

Legende (Zeichenerklärung)

Kartenzeichen

werden auch Signaturen genannt.

1 Berge auf der Karte

 X108g

Der Berg als Blockbild mit Höhenlinien und Höhenschichten

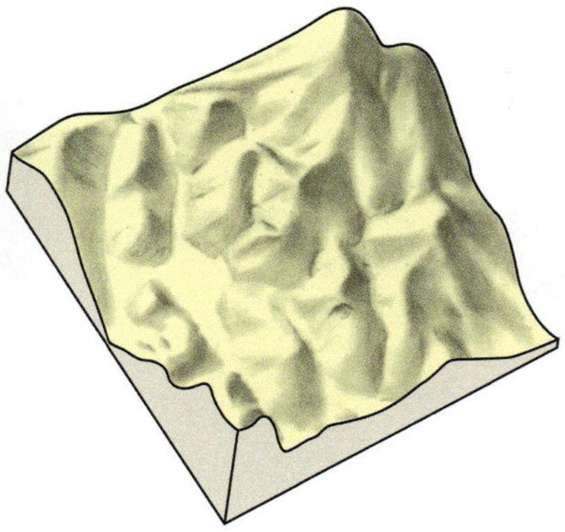

Der Berg als Blockbild in einer Schattendarstellung (Schummerung)

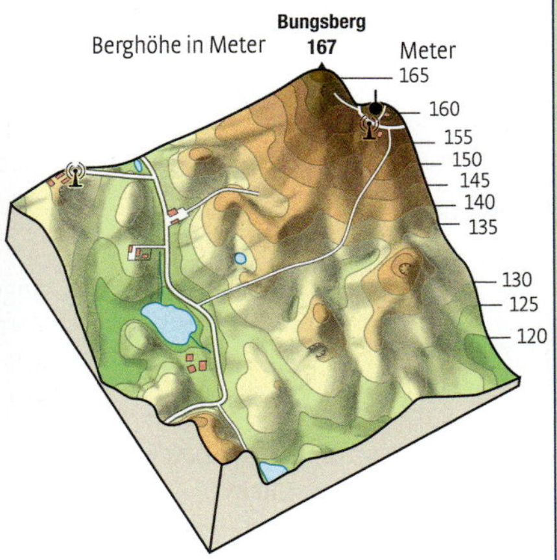

Blockbild mit Höhenlinien, Höhenschichten, Straßen und Gehöften

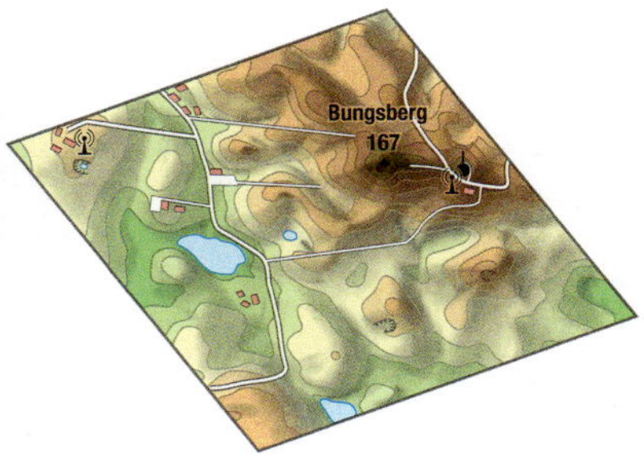

Blockbild als Karte verebnet

2 Der Bungsberg im Schrägluftbild

Der Bungsberg im Schrägluftbild. Gut zu sehen sind die beiden Sendemasten am Bungsberg. Im Hintergrund die Hohwachter Bucht der Ostsee.

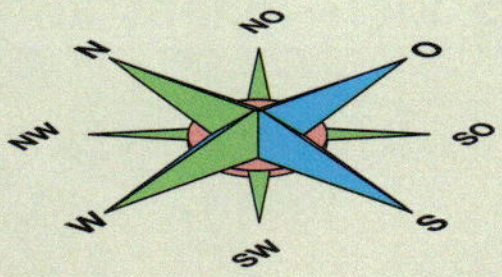

3 Der Bungsberg im Senkrechtluftbild

Maßstab 1 : 15 000

Im **Senkrechtluftbild** wirkt die Landschaft flach. Dafür sind andere Details wie der Verlauf von Straßen, Siedlungsflächen und unterschiedliche Vegetation zu erkennen.

In der **physischen Karte** sind Einzelheiten aus den oberen Darstellungen zu erkennen. Die Bodenbedeckung ist nicht in die Karte aufgenommen. Dafür lassen **Höhenlinien, Höhenschichten** und **Schummerung** die Bergkuppen plastisch erscheinen.

4 Bungsberg – physisch

Maßstab 1 : 15 000

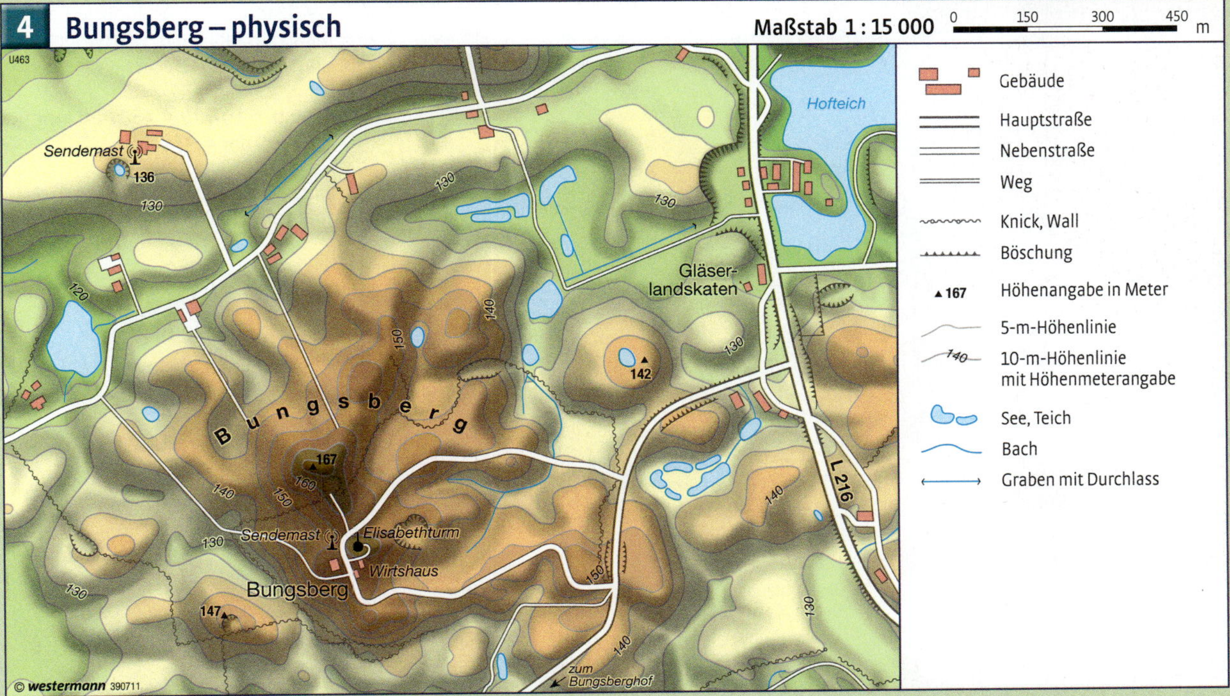

M4 Den Maßstab verstehen

Die Karten im Atlas geben die Wirklichkeit unterschiedlich stark verkleinert wieder. Der Maßstab (1 : Maßstabszahl) benennt das Verkleinerungsverhältnis einer Kartenstrecke zur entsprechenden Strecke in der Wirklichkeit.

1 : 10 000 (0 – 100 – 200 – 300 m)

Das bedeutet:

1 cm auf der Karte = 100 m in der Natur

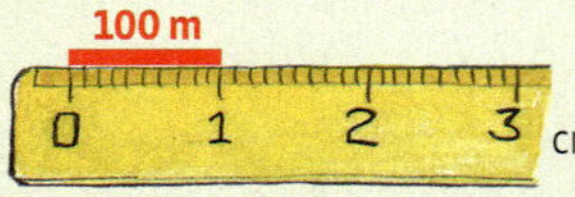

Eine Strecke in der Wirklichkeit wird auf der Karte viele Tausend mal kleiner dargestellt – wie viel kleiner genau, sagt einem die Maßstabszahl. In Karte 2 sind die Kartenstrecken 50 000-mal kürzer als in Wirklichkeit.

1 : 50 000 (0 – 500 – 1000 – 1500 m)

Das bedeutet:

1 cm auf der Karte = 500 m in der Natur

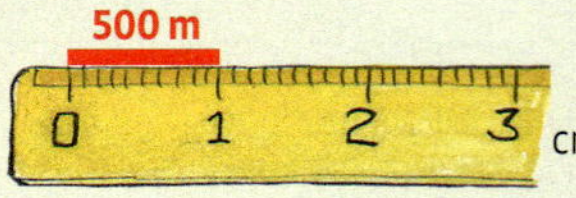

1 Kiel – Innenstadtplan

Maßstab 1 : 10 000

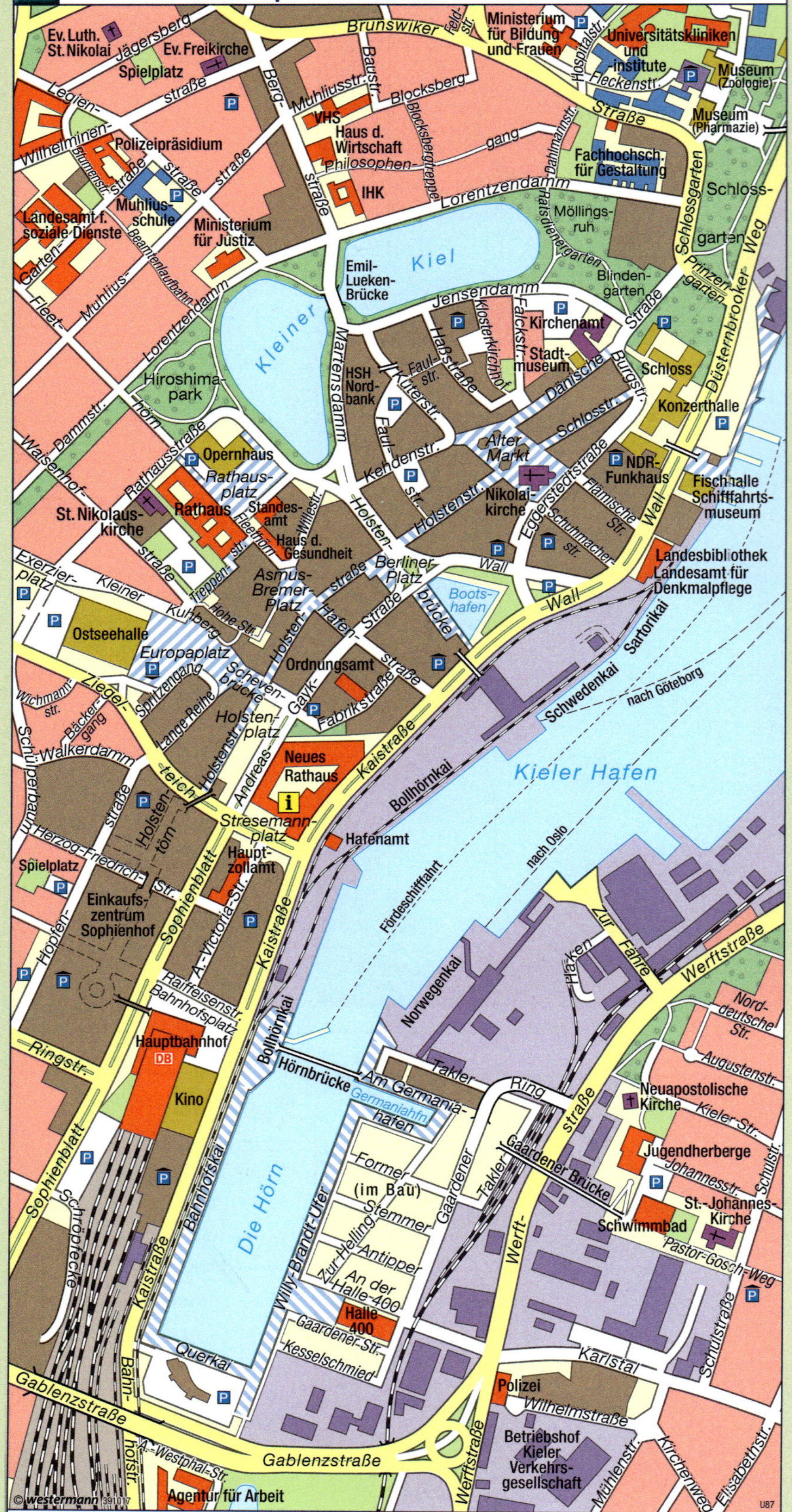

Städtische Bebauung

- Hauptgeschäftszentrum
- öffentliches Gebäude
- kulturelle Einrichtung
- Bildungseinrichtung
- kirchliche Einrichtung
- Wohnnutzung, z. T. Handel, Gewerbe
- Industrie- und Hafengelände
- Park, Grünfläche
- Fußgängerzone
- Hauptstraße
- Parkplatz, Parkhaus
- Eisenbahn

2 Kiel – Stadtkarte

Maßstab 1 : 50 000

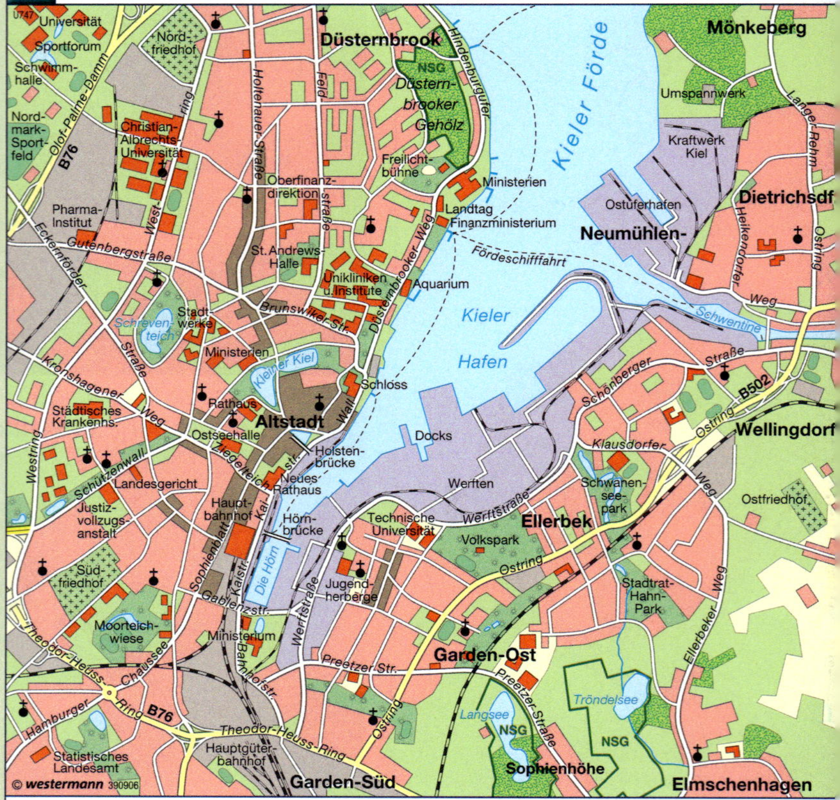

Städtische Bebauung

- überwiegend Wohnnutzung
- Hauptgeschäftszentrum
- öffentliches Gebäude
- Gewerbefläche
- Hafengelände

Grün- und Freiflächen

- Park-, Grünfläche
- Wald
- Sportanlage
- Friedhof
- Freifläche

Verkehr

- Autobahn
- Bundesstraße
- Hauptstraße
- sonstige Straße
- Eisenbahn, Industriebahn
- Fördeschifffahrt

M5 Mit dem Maßstab Strecken messen

Auf der Karte 1 hat die Hörn lange Seiten von 45 mm Länge. Multipliziert mit der Maßstabszahl ergibt sich für die Länge der Hörn die wahre Strecke:

45 mm * 10 000 = 450 000 mm = 45000 cm = 450 m

Karte 1 stellt 100 Meter noch in 1 cm Länge dar. In Karte 2 entsprechen dann 500 Meter 1 cm. Die Hörn sieht in Karte 2 kürzer aus, gibt jedoch die gleiche wirkliche Strecke wieder:

9 mm * 50 000 = 450 000 mm = 45000 cm = 450 m

Maßstab 1 : 10 000

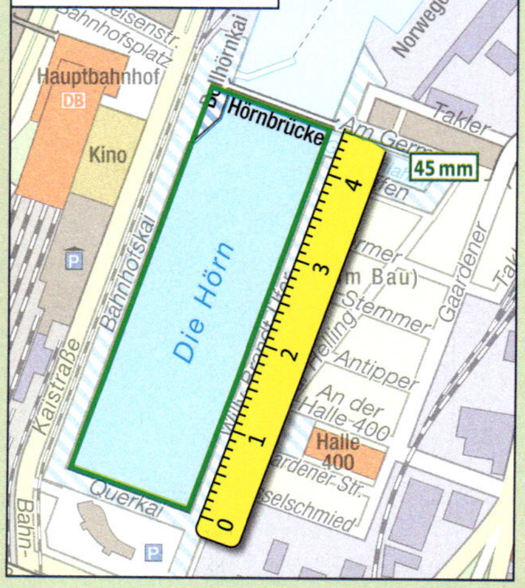

Maßstab 1 : 50 000

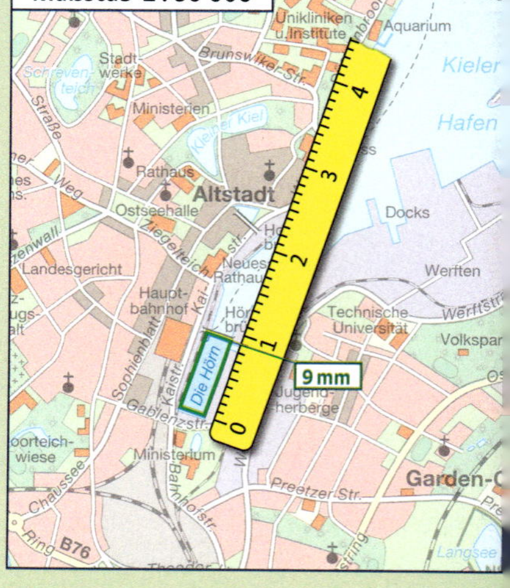

Ein großer Maßstab (zum Beispiel 1 : 10 000) zeigt mehr Einzelheiten als ein kleiner Maßstab (zum Beispiel 1 : 200 000).
Karten im kleinen Maßstab müssen vereinfacht werden, damit noch etwas zu erkennen ist.

1 : 75 000 — 0 750 1500 2250 m

Das bedeutet:

1 cm auf der Karte = 750 m in der Natur

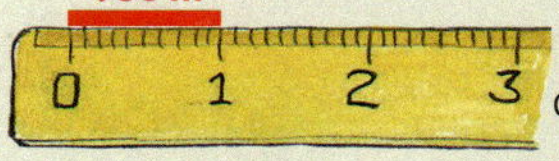

Viele Atlaskarten haben einen kleinen Maßstab, denn es soll ein großer Raum abgebildet werden.

! Bei großer Maßstabszahl ist der Maßstab der Karte klein.

1 : 200 000 — 0 2 4 6 km

Das bedeutet:

1 cm auf der Karte = 2 km in der Natur

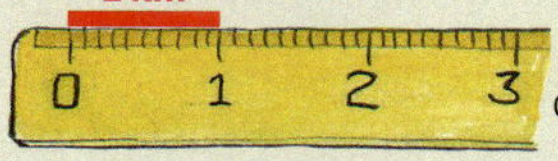

3 Kiel – Freizeitkarte

Maßstab 1 : 75 000

- Bebauung
- Industriegebiet
- Wald, Park
- Kirche, Kloster/Friedhof
- 305 Fernstraße
- sonstige Straße
- Bahnlinie
- Schiffsverkehr
- 15 Tourenvorschlag
- Radroute
- beschildertes Radnetz
- Hallenbad, Freibad
- Stadion
- Touristinformation
- Fahrradreperatur
- Jugendherberge
- Gaststätte
- Museum

4 Kiel – Straßenkarte

Maßstab 1 : 200 000

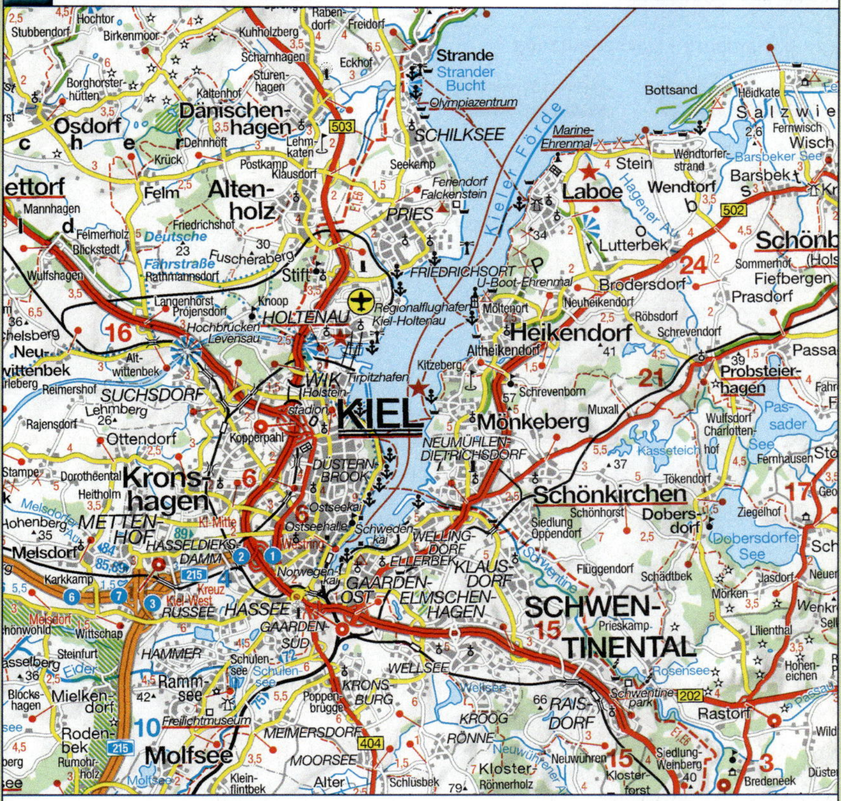

Straßen und Wege

- Autobahn mit Nummer und Anschlussstelle mit Nummer
- Raststätte, Tankstelle, Parkplatz mit/ohne WC
- 503 Bundesstraße mit Nummer
- wichtige Hauptstraße
- Hauptstraße, Brücke

Entfernungen

- auf der Autobahn
- auf dem übrigen Straßennetz
- Eisenbahn

Mit dem Maßstab Routen planen

Freizeitkarten eignen sich zum Beispiel für die Vorplanung von Ausflügen. Für die Einschätzung der Länge einer Ausflugsroute ist der Maßstab wichtig.
Kurvige **Routenverläufe** zerlegt man am besten in kurze gerade Messabschnitte. Zum Schluss lässt sich die Summe der gemessenen Teilstrecken in Kilometer umrechnen.

Die Route von der Jugendherberge bis zum Aquarium lässt sich in sechs geraden Teilabschnitten (in mm) ausreichend genau messen. Die Summe der Teilstrecken ist 35 mm, also 3,5 cm.

Umrechnung in km:
3,5 cm • 75 000 = 262 500 cm
= 2 625 m = 2,6 km

Mit dem Maßstab Entfernungen vergleichen

Auf der Straßenkarte sind die **Kilometer-Entfernungen** zwischen Kreuzungen eingetragen, die mit roten „Stecknadeln“ markiert sind. Wie weit es mit dem Auto von Heikendorf bis nach Pries ist, lässt sich an den roten Zahlen neben den Straßen ablesen:
2,5 km + 5 km + 5 km + 1 km + 6 km + 1,5 km + 2,5 km + 3,5 km + 2 km = 29 km

Um wie viel die Entfernung in der Luftlinie kürzer ist, lässt sich in der Karte messen. Die direkte Strecke von Heikendorf bis nach Pries beträgt in der Karte 2,5 cm. Bei einem Kartenmaßstab von 1 : 200 000 entspricht 1 cm einer wirklichen Strecke von 2 km.
Die direkte Entfernung beträgt daher:
2 km • 2,5 cm = 5 km

Maßstab 1 : 75 000

Maßstab 1 : 200 000

M6 Eine Karte lesen und auswerten

Einen ersten Zugang zur Karte gewinnen (Lesevorbereitung)

Der Atlas enthält Karten zu verschiedenen Themen und Räumen der Erde.
Um eine thematische Karte erfolgreich zu lesen und auszuwerten, helfen folgende Schritte weiter:

1 Nenne das Kartenthema

Der **Kartentitel** bezeichnet den abgebildeten Raum und das wichtigste Thema der Karte.

Hamburg – Flächennutzung

Raumangabe | Kartenthema

2 Erfasse Aufbau und Inhalte der Legende

Lies gleich zu Beginn die Legende durch. Die dortigen Zeichenerklärungen zeigen, was alles in der Karte steckt. **Zwischenüberschriften** gliedern die Kartenlegenden und grenzen verschiedene Karteninhalte voneinander ab.

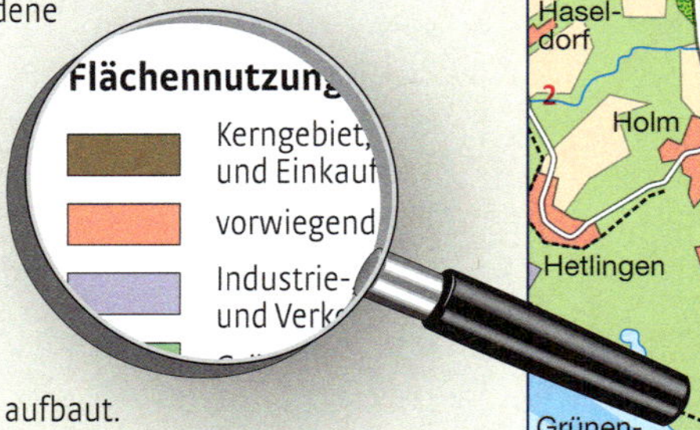

So wird deutlich, aus welchen Kartenebenen sich die thematische Karte aufbaut.

3 Ermittle die tatsächliche Größe des Kartenausschnitts

Die Größe des Ausschnitts der Erdoberfläche, den die Karte zeigt, lässt sich mit der **Maßstabsangabe** fast exakt bestimmen (siehe Seite 8).

Maßstab 1 : 200 000 0 2 4 6 km

Verkleinerungsverhältnis | Maßstabsleiste

4 Ordne den Kartenausschnitt räumlich ein

Auf den meisten Karten liegt ein **Gitternetz** mit ausgewählten Längen- und Breitenangaben. Mit seinen geographischen Koordinaten hilft es beim Auffinden des Kartenausschnitts auf einer Übersichtskarte oder auf dem Globus.

In manchen Kartenlegenden steht auch eine **Pilotkarte**, die die Lage des Kartenausschnitts in einem Bundesland, Staat oder auf einem Kontinent zeigt.

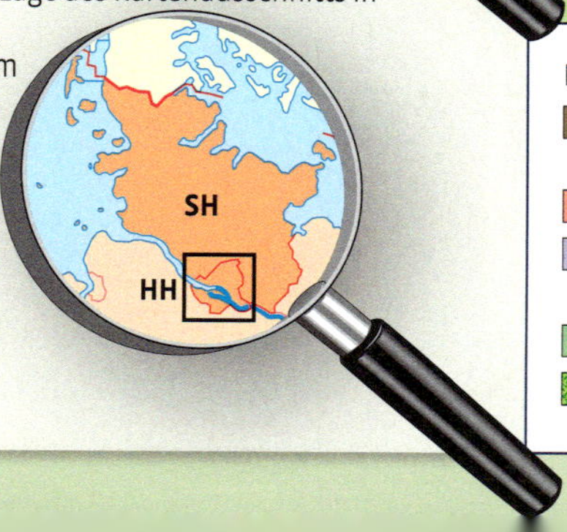

1 Hamburg – Flächennutzung

Flächennutzung
- Kerngebiet, Geschäfts- und Einkaufszentrum
- vorwiegend Wohnen
- Industrie-, Hafer- und Verkehrsgelände
- Grünanlage, Park
- Wald
- Wiese, Grünflächen
- Landwirtschaftliche Nutzflächen
- Obstbau, Baumschulen

Küstenschutz
- Deich

Verkehr
- Autobahn
- Bundesstraße
- sonstige Straße
- Eisenbahn, S-Bahn
- Fernbahnhof
- Regionalbahnhof, S-Bahn-Station
- U-Bahn mit Station (Auswahl)
- Industrie- und Güterverkehr
- Fahrwasser mit Seeschifftiefe
- Flughafen
- Werksflughafen

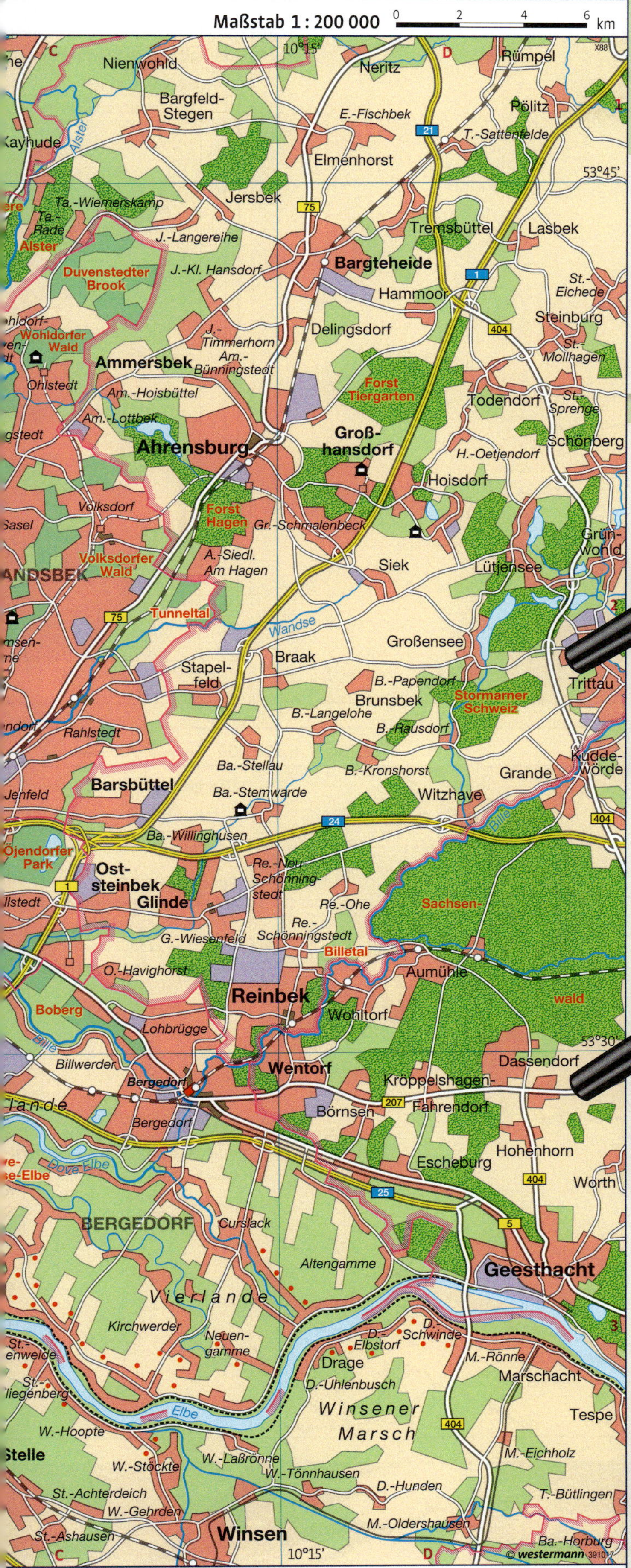

Sport und Erholung
- Stadtpark Haupterholungsgebiet
- Jugendherberge
- Schullandheim, Freiluftschule

Verwaltung
- ALTONA Bezirk
- Landesgrenze
- Kreisgrenze
- Bezirksgrenze

Orte
	Einwohner
Wedel	20 000 – 100 000
Rellingen	5 000 – 20 000
Siek	unter 5 000
R.-Eckel	Stadt-, Ortsteil

Mit Aufgaben eine Karte erschließen (Kartenauswertung)

Nachdem du dir einen ersten Überblick über die Karte verschafft hast, kannst du dich jetzt auf deine Aufgabenstellung konzentrieren.

5 Beschreibe die Karte und ihre Aussagen

Orientiere dich dabei an den Kartenebenen. Jede Ebene umfasst verschiedenartige Kartenzeichen, die auch **Signaturen** genannt werden. Die Signaturen in der Karte entsprechen konkreten Bestandteilen der Landschaft.

Triff Aussagen über das Landschaftsbild und die Nutzung der Landschaft, indem du auf die Lage und Verteilung der Signaturen achtest:

„Verkehrsgünstig gelegen hat der Werksflughafen Straßen-, Schienen- und Schiffsanbindung."

Airbus Werksflughafen Finkenwerder

„Der Tunnel ist ein Nadelöhr für den Straßenverkehr."

Stau vor dem Neuen Elbtunnel

„Grünanlagen und Waldflächen dienen der Naherholung."

Hagenbecks Tierpark

! Punkte, Linien und Flächen

Es gibt punkthaft gesetzte Kartenzeichen (Punktsignaturen), andere sind linienhaft (Liniensignaturen) oder flächenhaft (Flächensignaturen).

2 Kartenebenen

Thematische Karten lassen sich gedanklich in mehrere Ebenen zerlegen

Kartenebene zur Orientierung, z. B. das Gewässernetz

Kartenebene zur Flächennutzung, z. B. die städtische Bebauung sowie Grün- und Freiflächen

Kartenebene zum Thema der Karte, z. B. die Kartenzeichen zu Sport und Erholung

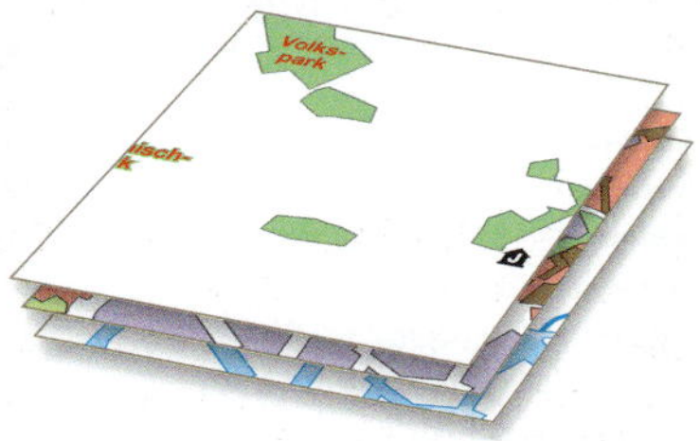

Kartenebene zum Verkehr, z. B. das Verkehrsnetz

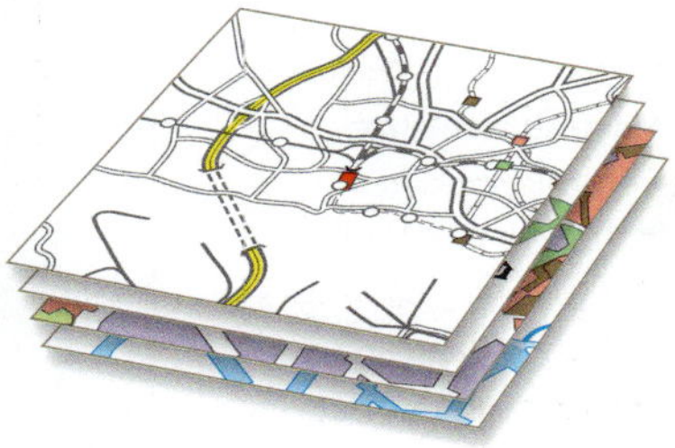

Kartenebene mit der Beschriftung

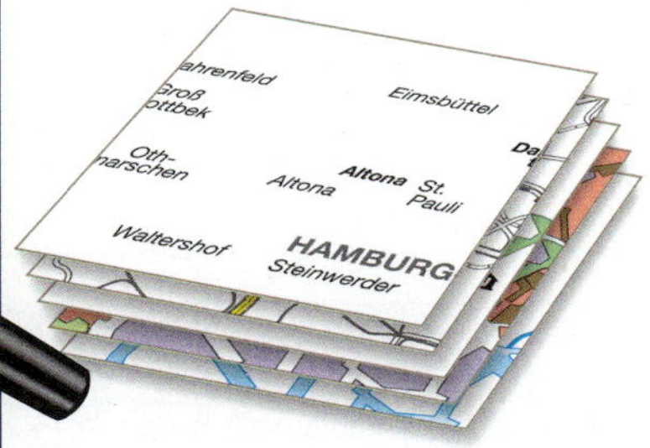

Alle Kartenebenen zusammen

Eiszeiten in Norddeutschland

1 Norddeutschland zur letzten Eiszeit

Maßstab 1 : 2 000 000 (0 – 20 – 40 – 60 – 80 – 100 km)

Größte Gletscherausdehnung (ca. 18 000 v. Chr.)

- Vergletscherung
- Sander
- Ablagerungen der Saale-Eiszeit (Tundra)
- Schmelzwasserabfluss
- Küstenverlauf und Flussnetz heute
- Staatsgrenze
- Landesgrenze

zur Entstehung von Lössbörden durch eiszeitliche Lössverwehung siehe Seite 63 3

Kaltzeiten und Warmzeiten

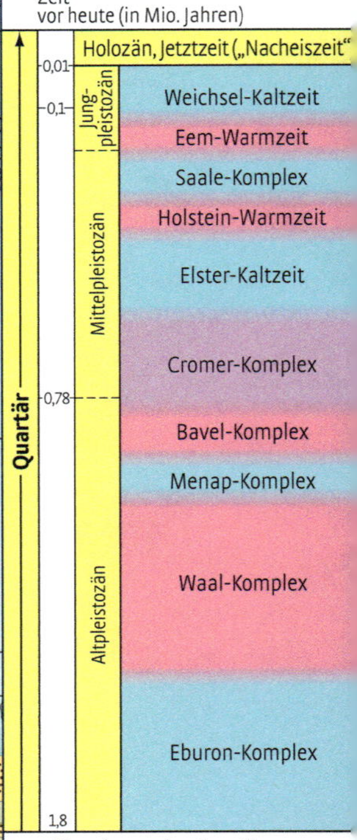

zur Einordnung des Quartärs siehe Seite 87 3 Erdzeitalter

2 Küstenformen

Maßstab 1 : 6 000 000 (0 – 50 – 100 – 150 km)

Felsenküsten

- Schärenküste
- Fjordküste
- Fjord-Schärenküste
- Kliffküste
- Schichtstufe als Kliff/ untermeerischer Steilhang

Lockergesteinsküsten

- Moränenkliffküste
- Förden- und Buchtenküste
- Boddenküste
- Ausgleichsküste
- Nehrungs-/Haffküste

Meeresbodenküste

- Wattenküste
- Meeressediment-Hebungsküste

Aufbau von Steil- und Flachküste siehe Seite 37 2

Ufergestalt

- Flachufer
- Sandstrand
- Kliff

Formende Kräfte (erdäußere, exogene Kräfte)

- Fließrichtung des Eises zur Eiszeit
- Oberflächenströmung
- Tidenhub an der Nordsee (in Meter)

Festland

- Festgestein, z.T. dünne Moränendecke, zumeist kein Sandstrand
- Lockergestein, glaziale Sedimente, zumeist breiter Sandstrand
- Hauptendmoränenzüge
- Talsande/Sumpf, Moor (Urstromtal)

Wattenküste mit Priel bei Neuwerk

Das Kliff Sehlendorf an der Hohwachter Bucht

Nehrungsküste Graswarder bei Heiligenhafen

3 Naturräume

Maßstab 1 : 1 000 000 0 10 20 30 km

Jungmoränengebiet (Weichsel-Eiszeit)
- Östliches Hügelland
- Endmoräne (Eisrandlage)

Altmoränengebiet (Saale-Eiszeit)
- Hohe Geest
- Endmoräne (Eisrandlage)

- Sander (Niedere Geest)
- Dünen und Flugsandgebiete
- Hakenbildungen
- Sedimente von Eisstauseen und deren Abflüssen
- größere glaziale Rinne
- Marsch
- Flussaue, Niederung
- Watt
- Kliff
- Moor, Sumpf

4 Landschaftsprofil

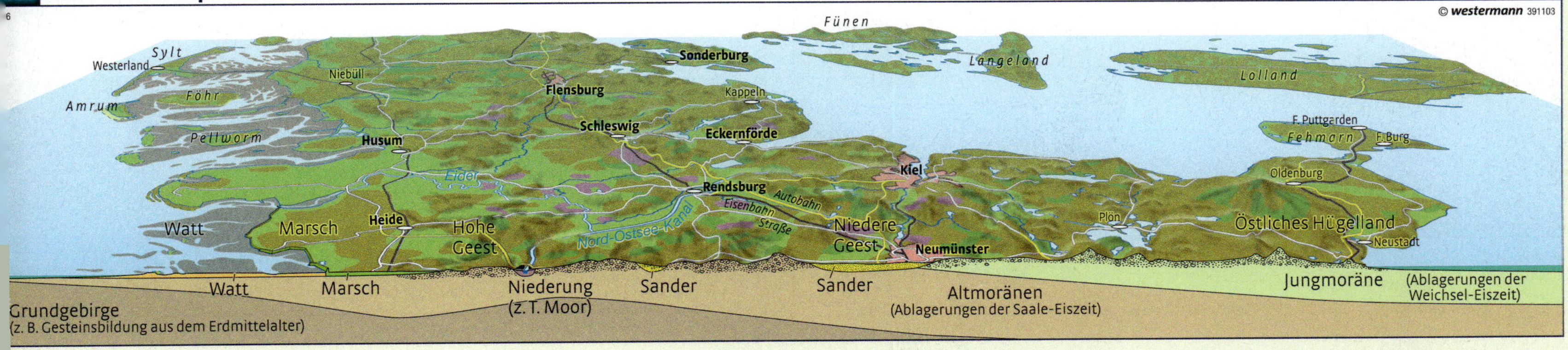

Küstenveränderung / physisch

1 Nordfriesische Küste vor 1362

Maßstab 1 : 750 000

- Meer, Priele
- Untiefen, Watt, Gezeitenseen
- Dünen, Sände (z. T. vermutet)
- Marsch, Moor, Schilfsumpf
- Geest und alte Nehrungen

2 Nordfriesische Küste vor 1634

Maßstab 1 : 750 000

- Meer, Priele
- Untiefen, Watt
- Dünen
- Marsch
- Geest und alte Nehrungen
- Straße

3 Schleswig-Holstein / Hamburg – physisch

Maßstab 1 : 750 000
0 6 12 18 24 30 km
© westermann 391017
Landhöhen
(in Meter)
167 Berghöhe
150
100
75
50
25
10
0
-3,5
Gebiet unter dem Meeresspiegel
Sandbank
Watt
Gewässer
Fluss
Fluss schiffbar
Kanal
Kanal schiffbar
See
Orte (Auswahl)
Einwohner
über 1 000 000
100 000 – 500 000
50 000 – 100 000
20 000 – 50 000
5 000 – 20 000
unter 5 000
Ortsteil
(Witjdün) in Schleswig-Holstein friesischer Ortsname, in Dänemark dänischer Ortsname
geschlossene Besiedlung
Verkehr (Auswahl)
Eisenbahn-Fernverkehr
Eisenbahn-nebenstrecke
Autobahn
Autobahn im Bau
Fernstraße
Straßentunnel
internationale Fährverbindung
Flughafen
Grenzen
Staatsgrenze
Landesgrenze
Kiel Landeshauptstadt
Apenrade (Aabenrå)
Sonderburg (Sønderborg)
Svendborg
Fünen (Fyn)
Langeland
Lolland
Smålandsfarvandet
Kleiner Belt
Langelandsbelt
Ærø
Flensburg
Angeln
Schleswig
Schwansen
Eckernförde
Ostsee
Fehmarnbelt
Fehmarn
Fehmarnsund
Kieler Bucht
Kiel
Rendsburg
Neumünster
Holsteinische Schweiz
Wagrien
Bungsberg 167
Lübecker Bucht
Lübeck
Bad Oldesloe
Bad Segeberg
Itzehoe
Holstein
Aukrug
Stormarn
Norderstedt
Pinneberg
Elmshorn
Hamburg
Reinbek
Geesthacht
Lauenburg
Seevetal
Buchholz
Winsen
Lüneburg
Buxtehude
Stade
Altes Land
Kehdingen
Mecklenburg-Vorpommern
Elbe
Nord-Ostsee-Kanal
Elbe-Lübeck-Kanal
Trave
Stör
Eider
Schlei
nach Göteborg, Oslo
nach Klaipėda, Riga
nach Helsinki, Riga, Trelleborg
Vogelfluglinie
9°30'
10°
10°30'
11°
55° Nord
54° 30'
54°
53° 30'

Klima und Landwirtschaft

1 Temperaturen im Jahr

Maßstab 1 : 2 000 000

Temperaturen (langjähriges Mittel in Grad Celsius)

8° 8,5° 9° 9,5° C

Klimastation

2 Niederschläge im Jahr

Maßstab 1 : 2 000 000

Niederschläge (langjähriges Mittel in Millimeter)

600 700 800 900 mm

Klimastation

3 Klimadiagramme

X124

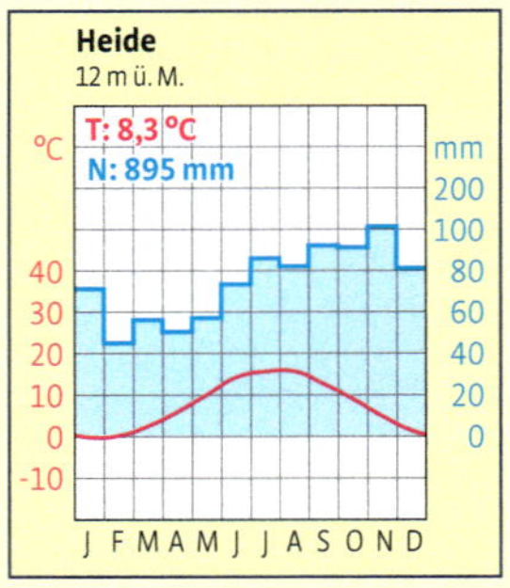

Weißkohlernte in Dithmarschen

Viehwirtschaft auf der Geest

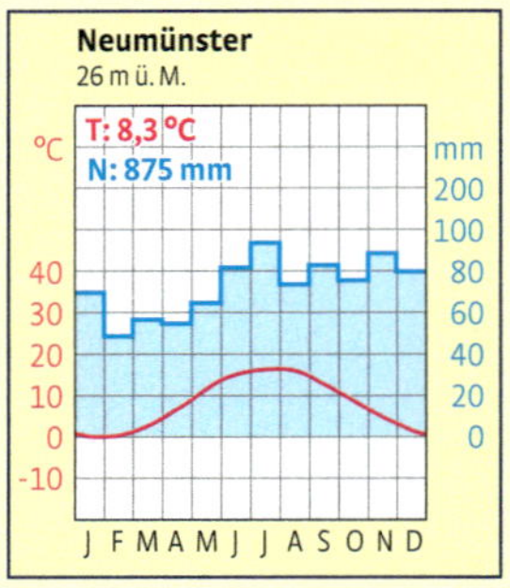

Temperaturen im Monatsmittel

Niederschläge im Monat insgesamt

T: 8,3 °C Jahresdurchschnitt Temperatur

N: 895 mm Jahressumme Niederschlag

49 m ü. M. Ortshöhe (Angabe in Meter über dem Meeresspiegel)

Getreideernte in der Holsteinischen Schweiz

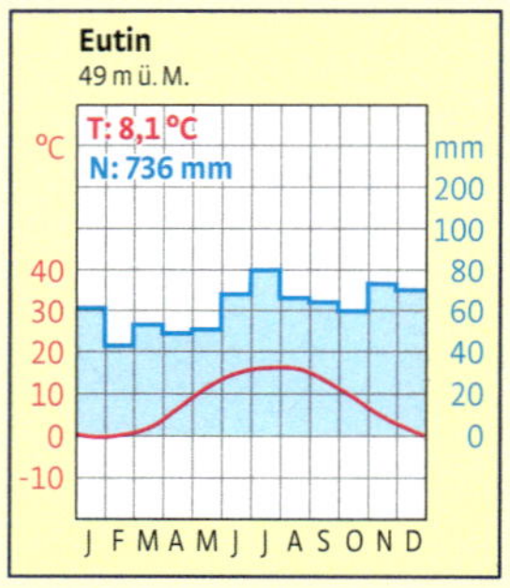

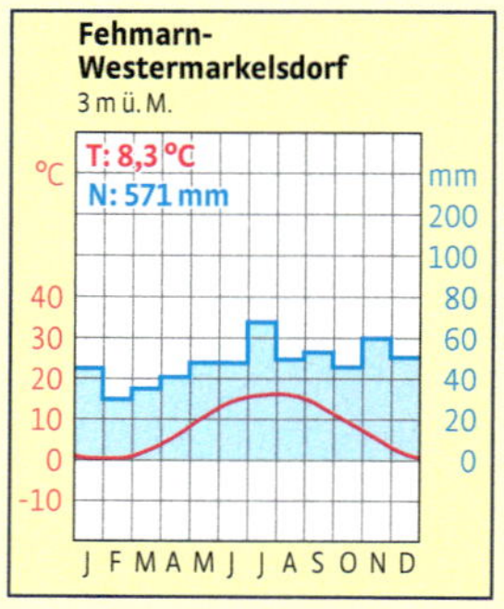

Raps und Windkraftanlagen auf Fehmarn

4 Landwirtschaft

Maßstab 1 : 1 000 000 — 0 10 20 30 km

Ackerbau
- auf sehr guten und guten Böden (z. B. Weizen)
- auf mittleren und armen Böden (z. B. Silomais)
- Zuckerrüben
- Raps

Sonderkulturen
- Gemüse (u.a. Kohl)
- Obst
- Spargel

Forstwirtschaft
- Wald
- Baumschule

Viehhaltung
- Wiese, Weide
- Rinder
- Schweine
- Schafe
- Hühner

Nahrungs- und Genussmittelindustrie
- Milchverarbeitung
- Fleischverarbeitung
- Obst- und Gemüseverarbeitung
- Brauerei
- Fischverarbeitung

Grenzen
- Staatsgrenze
- Landesgrenze

naturnahe Landschaft
- Heide, Moor
- Sandbank, Strand, Dünen
- Watt

Verkehr
- Autobahn
- wichtige Straße
- wichtige Eisenbahn
- schiffbarer Fluss
- schiffbarer Kanal
- geschlossene Besiedlung

1 Bevölkerungsdichte

Maßstab 1 : 1 750 000

Bevölkerungsdichte

Einwohner je km²

25 | 50 | 100 | 250 | 500

Basis: Gemeindeebene

Grenzen

- Staatsgrenze
- Landesgrenze
- Kreisgrenze

Verwaltung

- Landeshauptstadt
- Kreisstadt

2 Raumordnung

Maßstab 1 : 1 750 000

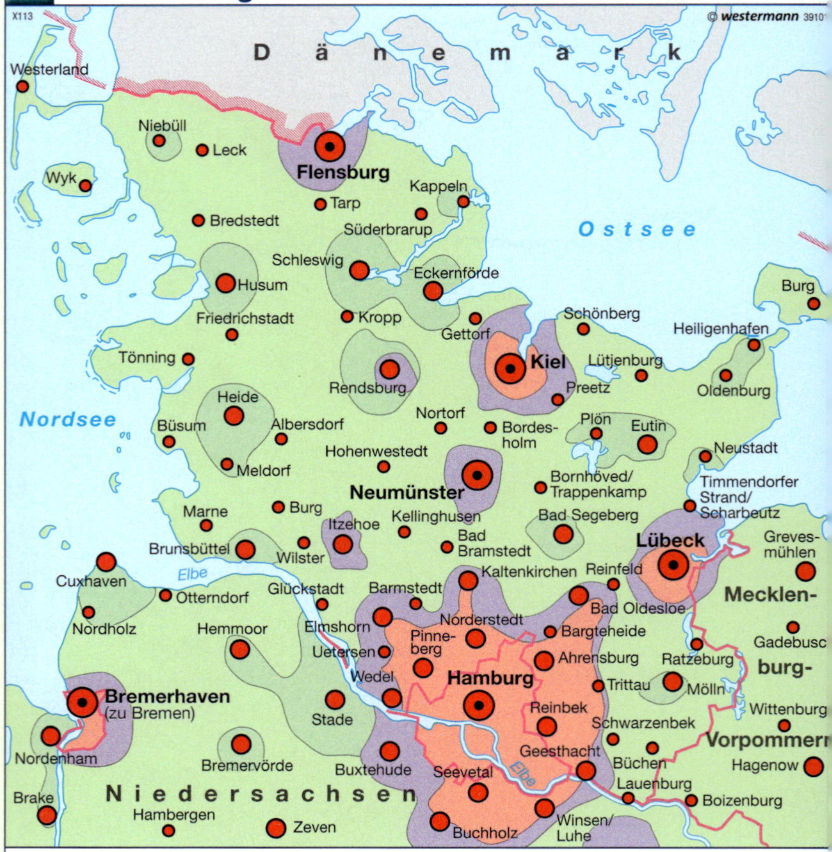

Zentrale Orte

- Oberzentrum
- Mittelzentrum
- Unterzentrum

Raumstruktur

- Verdichtungsraum
- Stadt- und Umlandraum
- ländlicher Raum, mit Verdichtungsansätzen

Grenzen

- Staatsgrenze
- Landesgrenze

3 M7 Neumünster – Strukturwandel

Maßstab 1 : 100 000 (0 – 1 – 2 – 3 km)

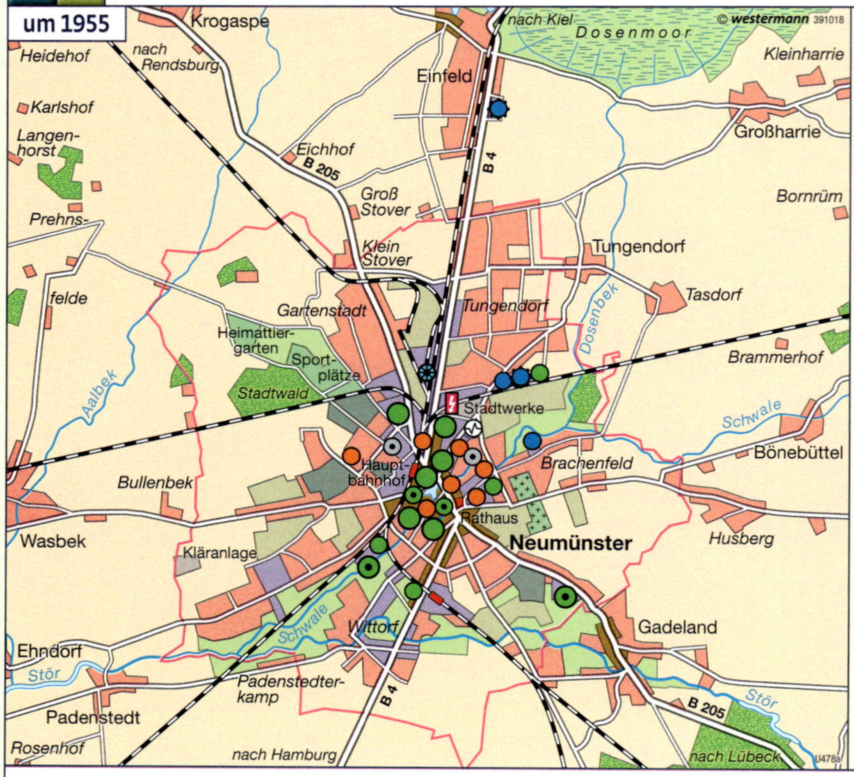

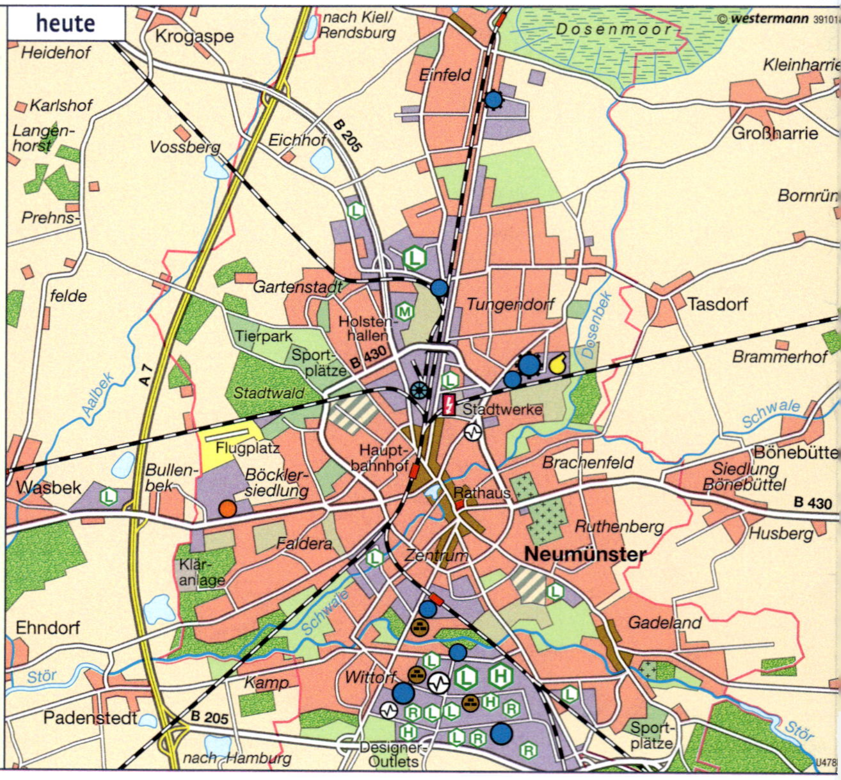

Flächennutzung

- vorwiegend Wohnbebauung
- Hauptgeschäftszentrum
- Gewerbe
- Ver- und Entsorgung
- Kaserne
- leerstehende Kaserne
- Wiese
- landwirtschaftliche Nutzung
- Wald
- Park, Grünanlage
- Friedhof
- Kleingartenanlage

Industrie

- Maschinenbau
- Schienenfahrzeugbau
- Eisen- und Metallverarbeitung
- Elektrotechnik
- Chemie, Kunststoffe
- Steine, Baustoffe
- Lederwaren
- Textilien, Bekleidung
- Papier- und Druckindustrie
- Nahrungs- und Genussmittel

Dienstleistung

- Logistik
- Recycling
- Handelsunternehmen
- Messe

Energie

- Heizkraftwerk

Verkehr

- Eisenbahn mit Bahnhof
- A 7 Autobahn mit Nummer
- B 205 Bundesstraße mit Nummer
- sonstige Straße

Grenze

- Stadtgrenze

4 Wirtschaft und Verkehr

Maßstab 1 : 1 000 000 (0 10 20 30 km)

Industrie

- Eisen- u. Stahlerzeugung
- Buntmetallverhüttung
- Aluminiumverhüttung
- Eisen- u. Metallverarbeitung
- Maschinenbau
- Kraftfahrzeugbau
- Luft- und Raumfahrzeugbau
- Schienenfahrzeugbau
- Schiffbau
- Elektrotechnik, Elektronik
- Feinmechanik, Optik, Uhren
- Chemie, Kunststoffe, Gummi
- Erdölraffinerie
- Steine, Baustoffe
- Textilien, Leder, Bekleidung
- Holz, Möbel
- Zellulose, Papier
- Druckgewerbe
- Nahrungs- und Genussmittel

Bergbau

- Erdöl
- Erdgas
- Erdölleitung
- Erdgasleitung

Energie

Wärmekraftwerk
- Kohle, Erdgas, Heizöl
- Kernkraftwerk
- Wasserkraftwerk
- großer Windpark

Dienstleistung

- Verwaltung
- Universität, Hochschule
- TV, Presse, Medien
- Handelsunternehmen
- Finanzzentrum
- Service, Beratung
- Messe

Verkehr/Transport

- Autobahn
- Bundesstraße
- Eisenbahn
- Flughafen
- Seehafen
- internationale Fährverbindung

Umsatz von Bergbau und Industrie in Schleswig-Holstein und Hamburg

2010: 97 Milliarden Euro, davon:

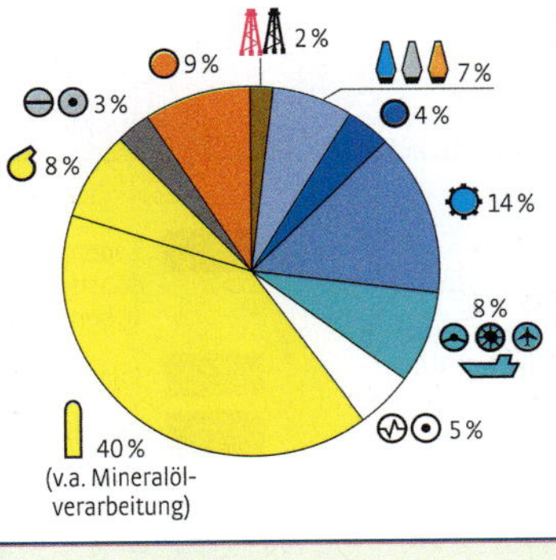

Umsatz von Bergbau und Industrie in Deutschland, zum Vergleich

2010: 1553 Milliarden Euro, davon:

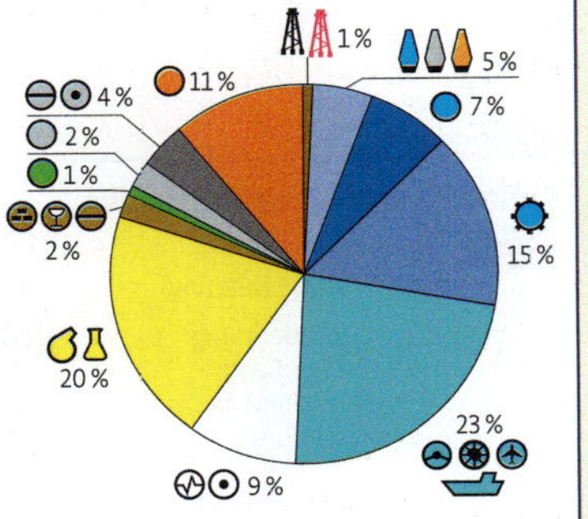

1 Helgoland

Maßstab 1 : 20 000

Bebauung
- Wohnbebauung (mit Fremdenverkehrsvermietung, Gaststätten und Einzelhandel)
- öffentliche Gebäude
- Kirche
- Klinik, Forschungsinstitut
- Gewerbeanlagen
- Weg
- Pfad
- Leuchtfeuer
- Sendeanlage

Natur, Landschaft, Erholung
- Dünen, Strand
- Friedhof
- Grünfläche, Weide
- Freifläche
- Steilhang (Felsen)
- Höhenlinien (Abstand 10 m)
- Deich
- Böschung

Gästezahlen und touristische Übernachtungen 2010

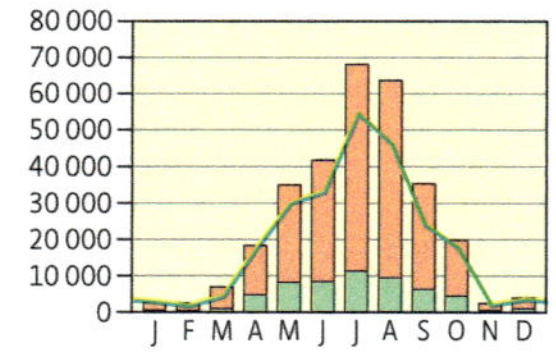

- Tagesgäste
- Übernachtungsgäste
- Übernachtungen

Zum Vergleich: ca. **1 500** Einwohner
Aufenthaltsdauer der Übernachtungsgäste im Durchschnitt: **3,5** Tage

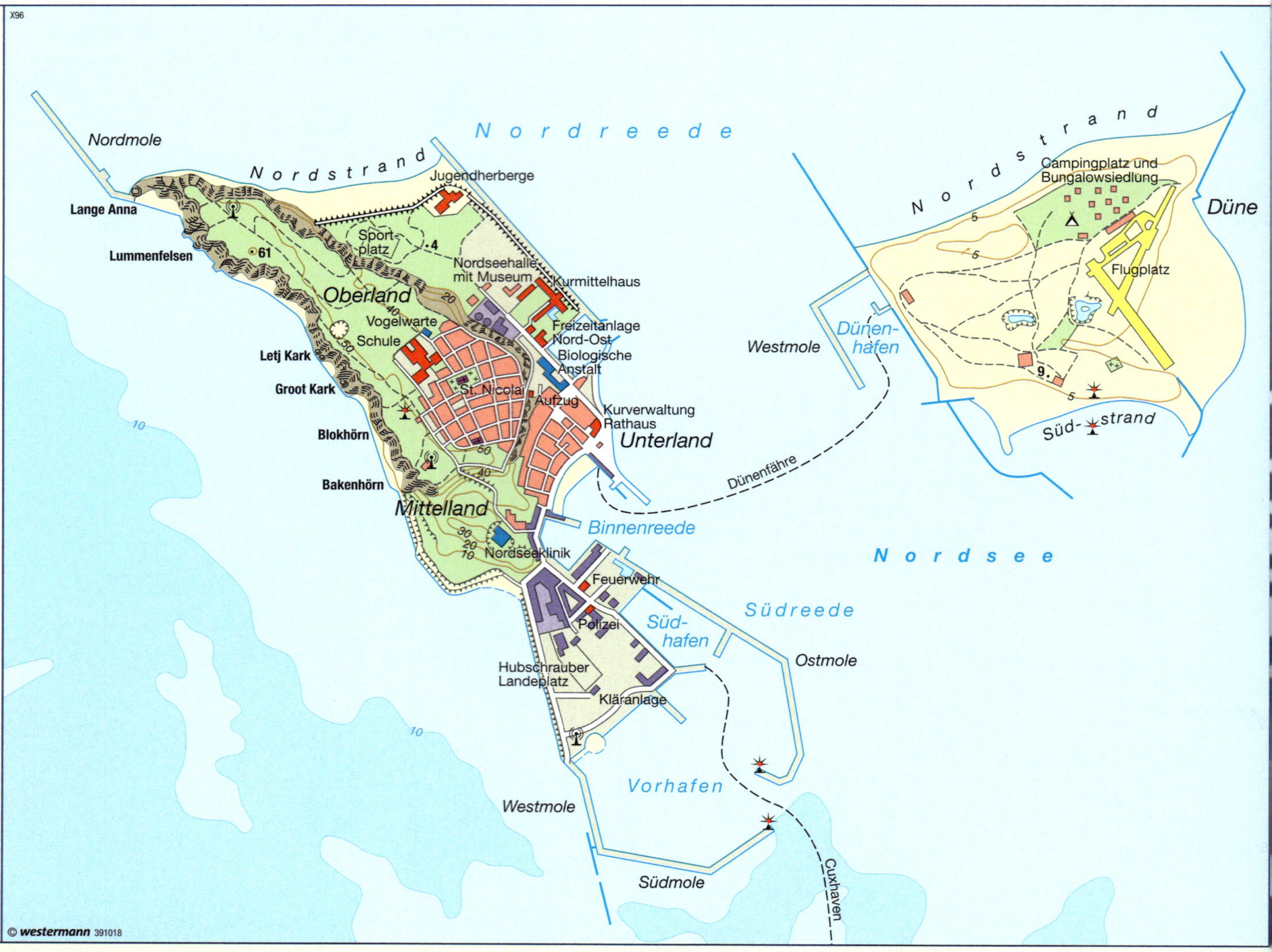

2 Westerland – gewachsener Tourismusort

Maßstab 1 : 10 000

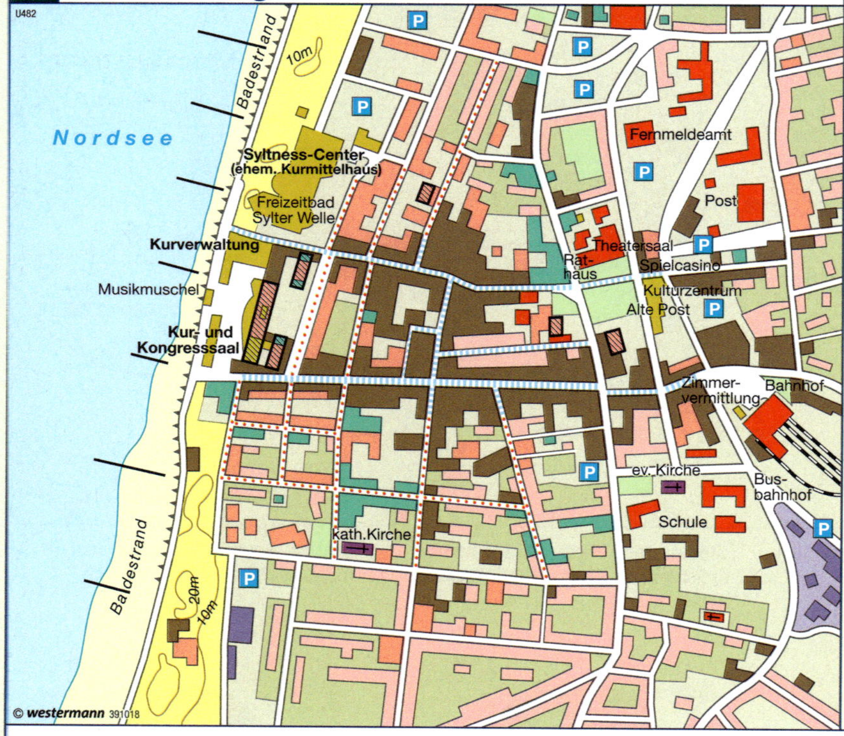

3 Damp – geplanter Tourismusort

Maßstab 1 : 10 000

Fremdenverkehrseinrichtungen
- Hotel, Pension (gewerbliche Nutzung)
- Eigentumswohnung auswärtiger Gäste (Freizeitwohnsitz, Ferienwohnung)
- Ferienhaus (Privatbesitz)
- Ferienhaus (gewerbliche Nutzung)
- Wohnhaus (z. T. mit Kleinvermietung)
- Laden, Gaststätte und sonstiger Gewerbebetrieb (Obergeschoss oft Vermietung)
- Kur- und Freizeiteinrichtung
- öffentliches Gebäude
- Hochhaus (über 8 Stockwerke)
- Parkplatz
- Fußgängerzone
- Nachtfahrverbot

Natur, Landschaft, Erholung
- Dünen
- Strand
- Uferbefestigung, Böschung
- Buhne
- Garten, Terrasse
- Grünanlage
- Wald
- landwirtschaftlich genutzte Fläche
- Freifläche

4 Tourismus

Maßstab 1 : 1 000 000

Erholung und Naturschutz
- geschlossene Besiedlung
- landwirtschaftliche Nutzung
- Wald
- Nationalpark
- Naturpark

Tourismus
- Seebad
- Heilbad
- Luftkurort, Erholungsort

Anzahl der Übernachtungen pro Jahr
- 100 000 - 1 000 000
- über 1 000 000

Hamburg – Großstadt (über 1 000 000 Übernachtungen/Jahr)

Sehenswürdigkeiten
- Burg, Schloss
- Kirche, Kloster
- sehenswertes Stadtbild
- Museum
- Denkmal
- Freizeitpark, Erlebnispark
- Tierpark, Aquarium
- sehenswerte Parkanlage
- Weltkulturerbe
- Höhle
- Stadion

Verkehr
- Autobahn
- Fernstraße
- Eisenbahn

Grenzen
- Staatsgrenze
- Landesgrenze

Touristische Übernachtungen 2010

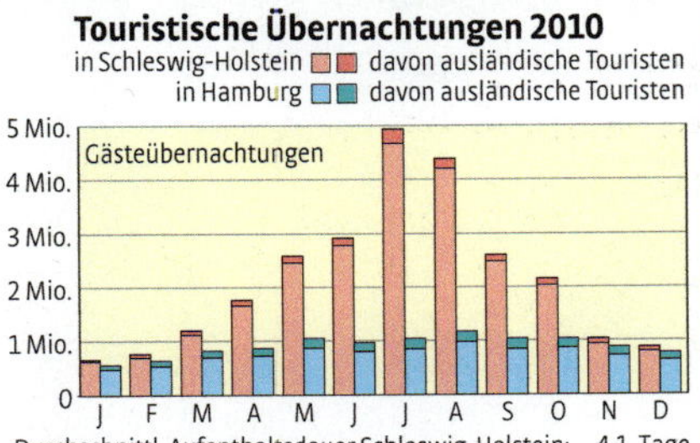

Durchschnittl. Aufenthaltsdauer Schleswig-Holstein: 4,1 Tage
Durchschnittl. Aufenthaltsdauer Hamburg: 1,9 Tage

Hamburg – Sturmflut und Hochwasserschutz

Sturmflutgefahr an der Nordseeküste

Deichbruch

Rettung mit dem Boot

1 Hamburg – Sturmflut 1962

Maßstab 1 : 125 000

Hochwasserschutz

- Deiche
- Abdämmung der Alten Süderelbe

Sturmflut 16./17.2.1962

- Hauptdeichbrüche (schematisch)
- Überflutungsfläche

Flächennutzung 1962

- Bebauung
- Wald
- ▲2,0 Höhe in Meter
- Grenze von Hamburg

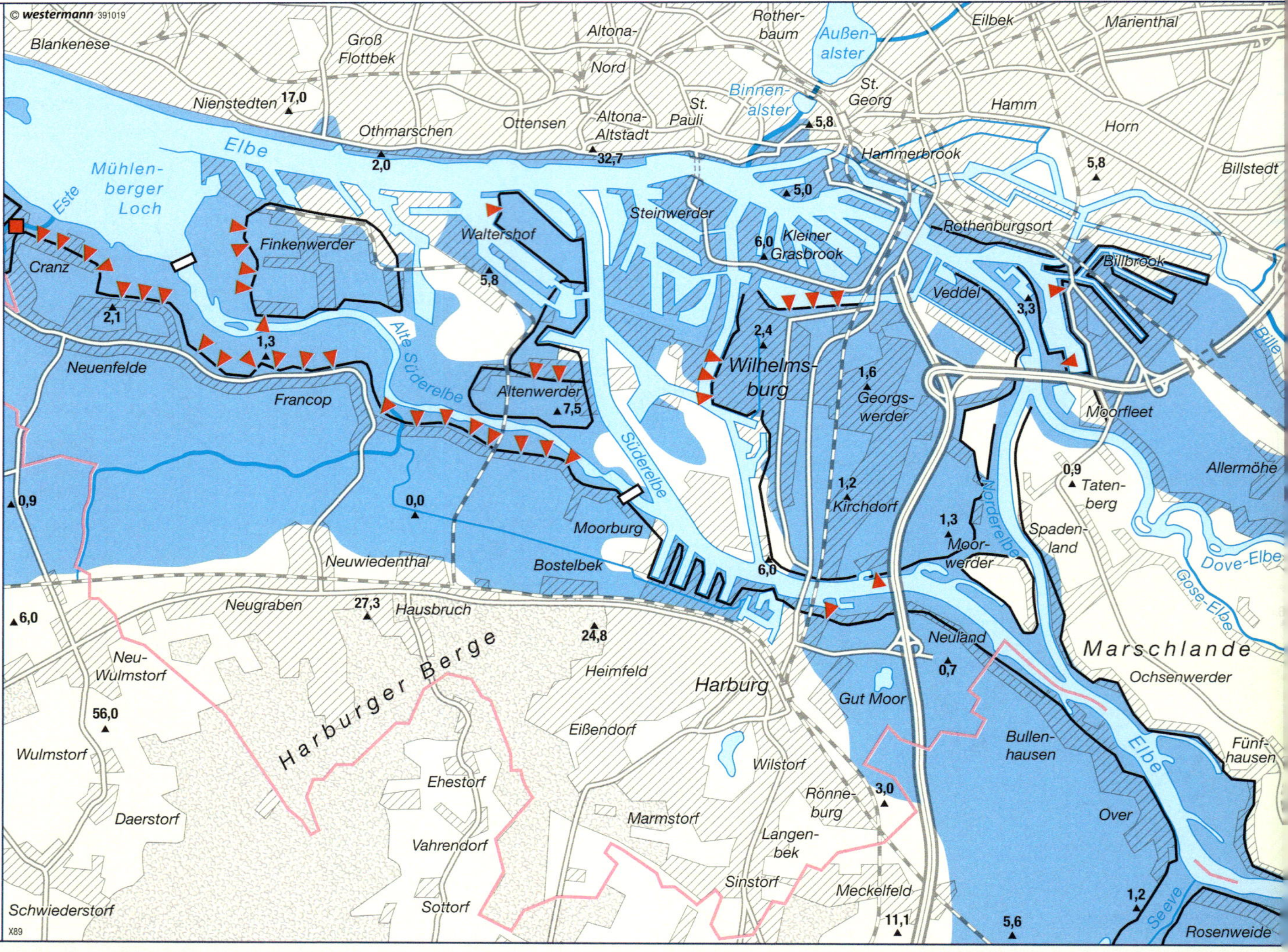

Am **16. Februar 1962** ereignete sich an der deutschen Nordseeküste die schwerste Sturmflut seit über 100 Jahren. Orkanböen von 200 km in der Stunde und meterhohe Wassermassen führen zu **Deichbrüchen** an der Küste, Elbe und Weser.

Am schlimmsten trifft die Sturmflut Hamburg. Ganze Stadtteile stehen unter Wasser. Insgesamt sterben über 300 Menschen, über 60 000 werden obdachlos. Die Strom-, Gas- und Wasserversorgung bricht zusammen.

Überflutete Gebiete (Wilhelmsburg)

Die höchsten Sturmfluten in Hamburg

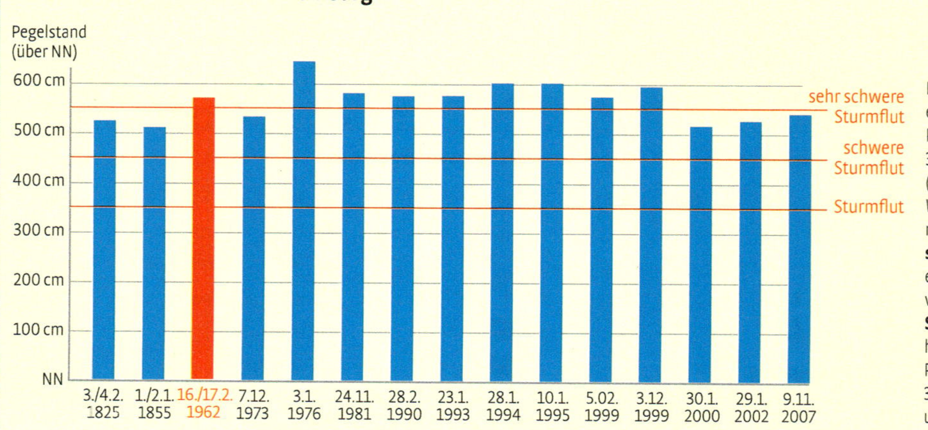

In Hamburg spricht man von einer **Sturmflut**, wenn der Pegel St. Pauli den Wert von 350 cm über Normalnull (NN) überschreitet. Liegt der Wert 450 cm über Normalnull, spricht man von einer **schweren Sturmflut**, liegt er über 550 cm, spricht man von einer **sehr schweren Sturmflut**. Der bisher höchste Wasserstand am Pegel St. Pauli wurde am 3. Januar 1976 gemessen und betrug 645 cm.

Hochwasser am Altonaer Fischmarkt

Hochwasserschutzwand

Ein Hochwasserschutztor hält das Hochwasser ab

2 Hamburg – Hochwasserschutz

Maßstab 1 : 125 000 0 1 2 3 km

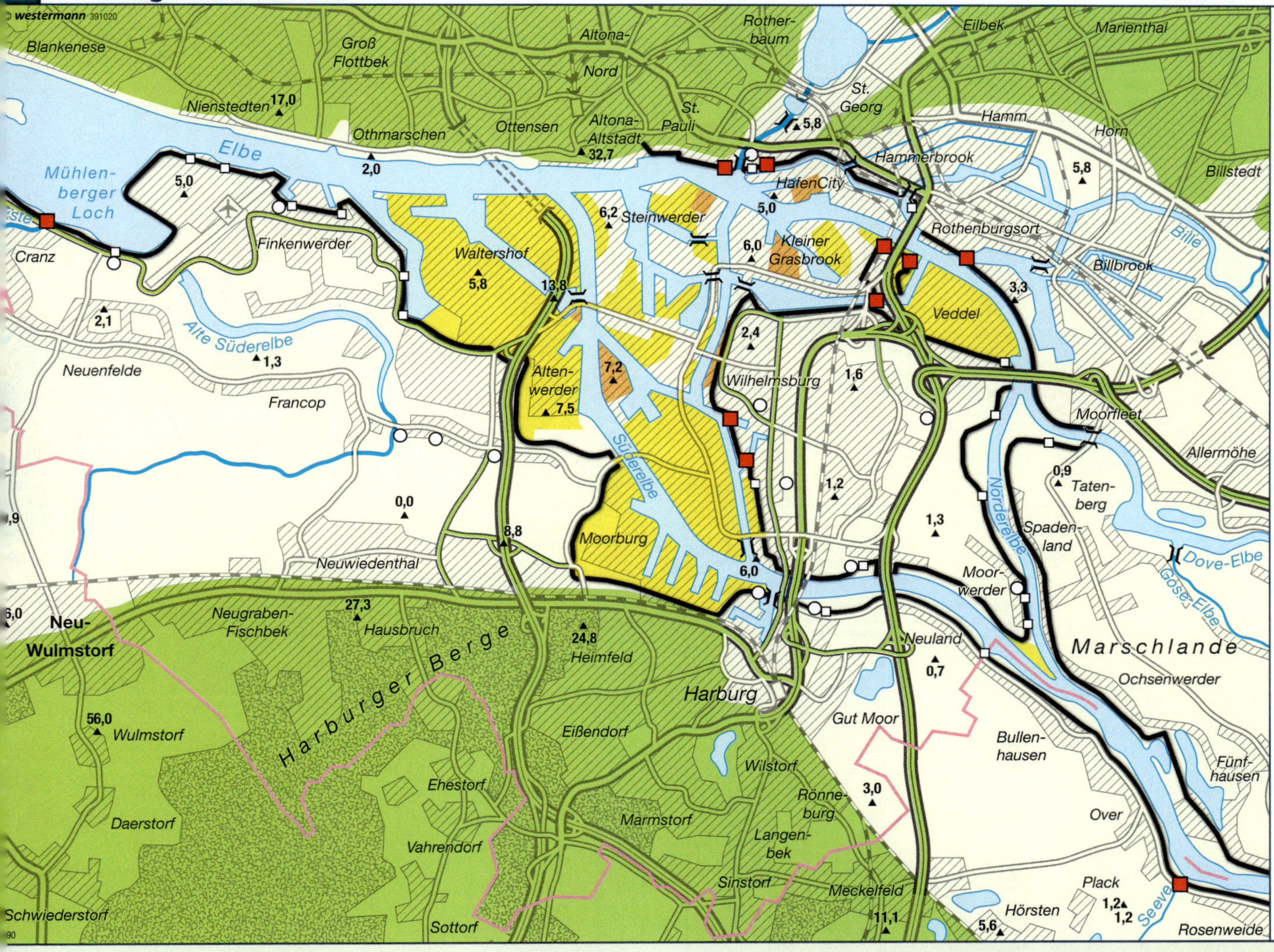

Hochwasserschutz

- Hauptdeichlinie heute
- hochwassersichere Gebiete
- hochwassergeschützte Gebiete (Polder)
- durch Aufschüttung erhöhte Gebiete
- hochwassersichere Straßen
- Schleuse
- Sperrwerk
- Schöpfwerk
- Deichsiel

Flächennutzung heute

- Bebauung
- Wald
- ▲ 2,0 Höhe in Meter
- Grenze von Hamburg

Länge der Hochwasserschutzlinie: 103 km

davon Deiche: 78 km
davon Hochwasserschutzwände: 25 km

Bauwerke der Hochwasserschutzlinie:

- 9 Sturmflutsperrwerke
- 18 Schleusen
- 31 Schöpfwerke und Deichsiele
- 38 Hochwasserschutztore

(Stand 2010)

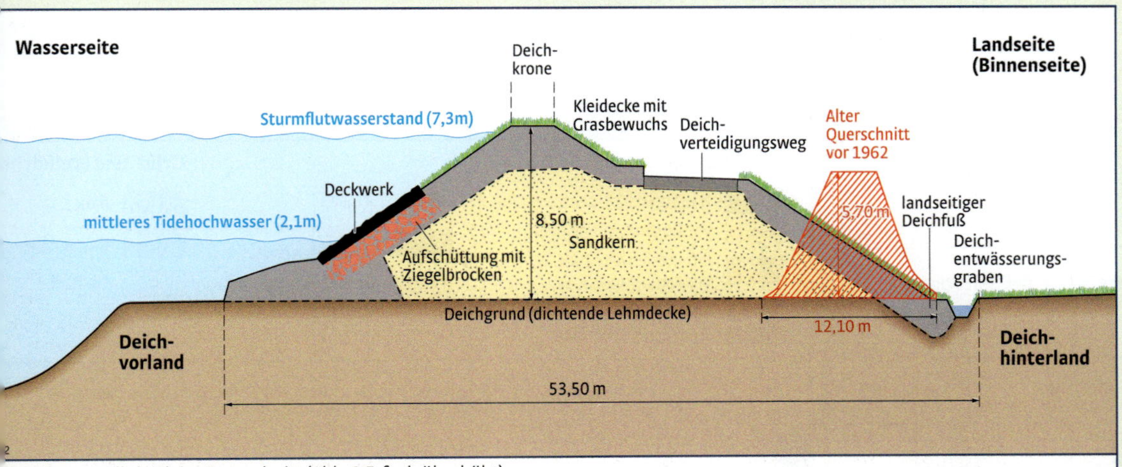

Hamburger Elbdeich im Querschnitt (Abb. 1,5-fach überhöht)

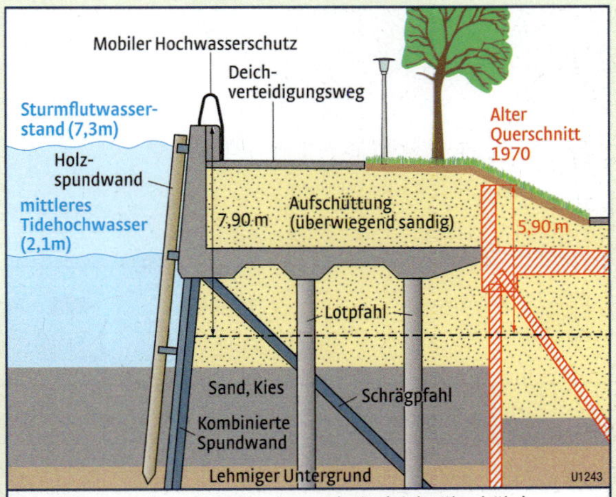

Hochwasserschutzwand im Querschnitt (nicht überhöht)

Hamburg – geschichtliche Entwicklung/Innenstadt

1 Hamburg um 1150

Maßstab 1 : 25 000 — 0 200 400 600 m

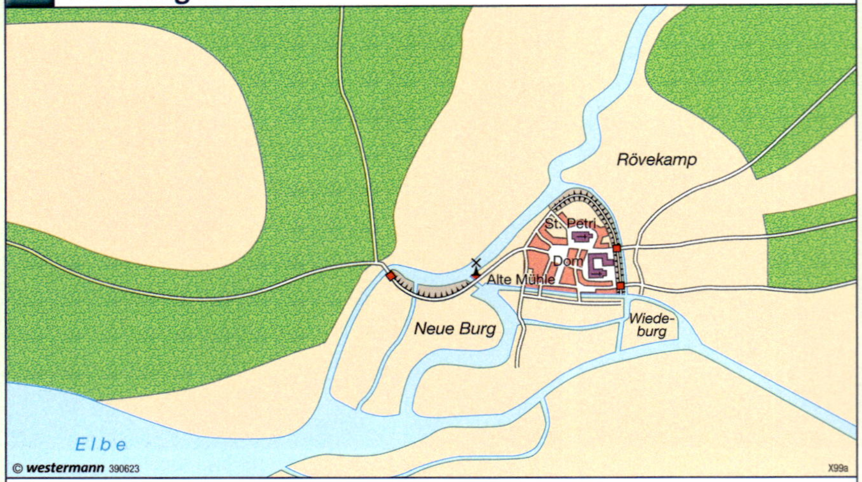

Schutzwall mit Stadttor | Bebauung | Kirche | Wald | Acker

2 Hamburg um 1250

Maßstab 1 : 25 000 — 0 200 400 600 m

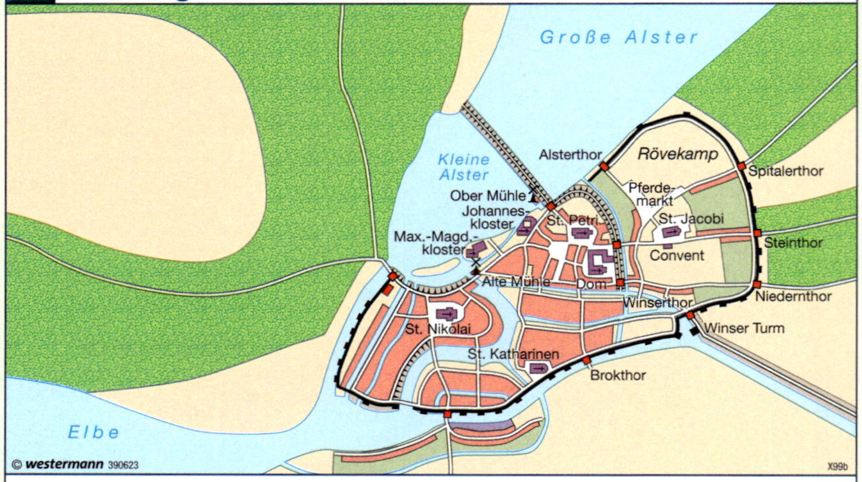

Stadtmauer mit Stadttor und Wachturm | Bebauung | Kirche | Garten | Wald | Acker

3 Hamburg um 1600

Maßstab 1 : 25 000 — 0 200 400 600 m

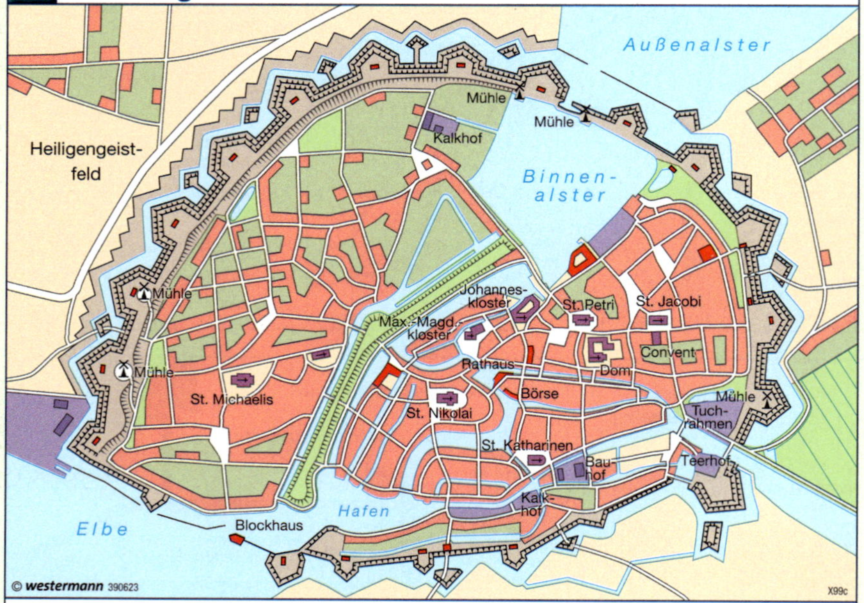

Befestigungsanlage | Bebauung | Gewerbe | Kirche | Garten | Wiese | Acker

4 Hamburg Innenstadt – heute

Städtische Bebauung

- Hauptgeschäftszentrum, City
- vorwiegend Wohngebiet
- öffentliches Gebäude, Verwaltungsgebäude
- Kirche, kirchliches Gebäude
- Schule
- Hochschule, Klinik, Forschungsinstitut
- Theater, Konzertsaal, Museum

Grün- und Freiflächen

- Park
- Grünanlage
- Freifläche

Zeitleiste

- 1000
- 1060 – Teilung Hamburgs in die erzbischöfliche Altstadt und herzögliche Neustadt
- 1100
- [1] (Hamburg um 1150)
- 1189 – Hamburg erhält Freibrief mit wichtigen Handelsprivilegien, Gründung der Stadt Hamburg
- 1200
- 1214–1227 – Hamburg unter dänischer Herrschaft
- [2] (Hamburg um 1250)
- 1300
- 1321 – Hamburg wird Mitglied der Hanse
- 1350 – Pestepidemie, ca. 6 000 Tote
- 1400
- 1401 – Hinrichtung Störtebekers und Kameraden im Grasbrookhafen

Maßstab 1:12 500 0 100 200 300 400 500 m

Gewerbe, Industrie
- Messe
- Gewerbegebiet
- Hafengelände

Hafencity (Baubeginn: 2001)
- Stadtentwicklungsgebiet
- Kaischuppen und Speicher (z.T. Büro, Wohnen)
- im Bau / in Planung bis 2025

Verkehr
- Fahrwasser und Hafen mit Seeschifftiefe
- Fähre
- Fußgängerzone
- Passagen
- Fernbahn, S-Bahn mit Bahnhof
- Industrie- und Hafenbahn
- S-Bahn (unterirdisch)
- U-Bahn mit Bahnhof
- U-Bahn im Bau / in Planung
- Verkehrsanlage

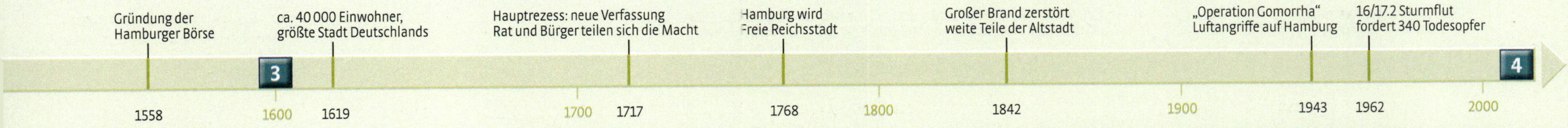

1 Territorien im Mittelalter

Maßstab 1 : 2 200 000

Siedlungsgebiete bis um 1140

- Dänen
- Wenden
- Sachsen
- Friesen
- siedlungsarme oder siedlungsleere Grenzgebiete
- Gauhauptort, Kult- oder Handelszentrum
- Stadt mit Bischofssitz
- Fernhandelsweg

Territorien 1227

- Herzogtum Schleswig
- Grafschaft Holstein
- Herzogtum Lauenburg
- Freie Reichsstadt Lübeck
- Stadt
- Burg
- Kloster

3 Herrschaftsbereiche um 1620

Maßstab 1 : 2 200 000

- Dänemark
- Königlicher Anteil
- Herzoglicher Anteil
- Gemeinsam regierter Anteil
- Sonderburger Linien (Besitz der sogenannten abgeteilten Herren)
- Grafschaft Holstein-Pinneberg
- Bistum Lübeck
- freie Hansestadt
- Zwischen Hamburg, Lübeck und dem Herzogtum Holstein strittige Gebiete

2 Haithabu – Handelsplatz der Wikinger vom 9. Jh. (ca. 1066)

Maßstab 1 : 20 000

- Siedlungsfläche des 9. Jh.
- Wachstum und Befestigung seit zirka 900
- archäologisch nachgewiesene Gebäude
- Runenstein
- Grabhügel, Grab
- befestigter Wall
- Landebrücken
- Palisaden
- Schiffswrack

Flächennutzung heute

- Siedlungsfläche
- vorwiegend Ackerland
- Wiese, Weide
- Wald

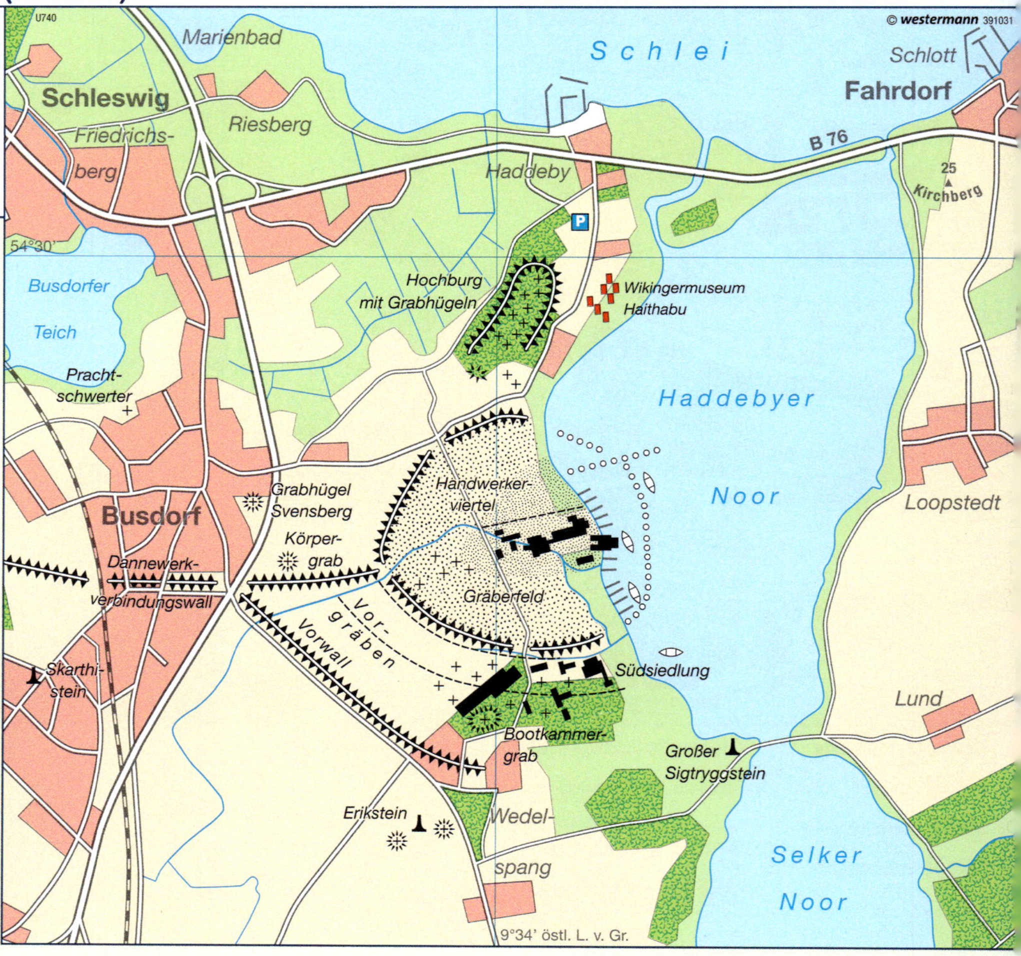

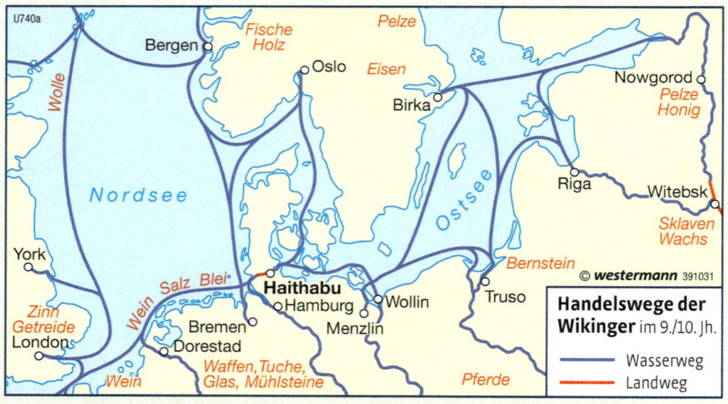

Rekonstruierte Wikingerhäuser am Haddebyer Noor

1000	
1035	Eider markiert Südgrenze des dänischen Reiches (2)
1100	
1200	Dänische Eroberung der Grafschaft Holstein und Lübeck unter Waldemar II. (1)
1227	Schlacht von Bornhöved: Ende der dänischen Vorherrschaft
1300	
1400	
1460	Ripener Urkunde: Selbstständigkeit und Unteilbarkeit Schleswigs und Holsteins unter Christian I.

4 Territorien 1815 - 1864

Maßstab 1 : 2 200 000

Kgr. Dänemark	**sonstige Gebiete**	**Umgangssprachen**	**Orte**
dänische Herzogtümer	Fürstentum Lübeck (zu Großherzogtum Oldenburg)	dänisch	Eutin Regierungssitz
Hzm. Schleswig	Freie Hansestadt	gemischt	⚔ Gefechtsorte
Hzm. Holstein		plattdeutsch	
Hzm. Lauenburg		friesisch	

5 Abstimmungszonen 1920

Maßstab 1 : 2 200 000

Kgr. Dänemark	Abstimmungszonen nach Volksabstimmung	**Orte und Grenzen**
Preußen	zu Dänemark (am 10.2.1920)	Schleswig: Regierungssitz
Fürstentum Lübeck (zu Ghzm. Oldenburg)	zu Deutschland (am 14.3.1920)	Kiel: Sitz des Oberpräsidenten
Freie Hansestadt		neue Grenze seit 1920
		Grenze von 1864
		Grenze der preußischen Provinzen

6 Schleswig-Holstein – Verwaltung

Maßstab 1 : 2 200 000

Das Wappen Schleswig-Holsteins setzt sich zusammen aus den historischen Wappen der Herzöge von Schleswig (blaue Löwen auf gelben Grund) und der Holsteiner Grafen (weißes Nesselblatt). Es symbolisiert Wehrhaftigkeit und adelige Abstammung der herrschenden Familien.

Verwaltung	**Grenzen**
Landeshauptstadt	Staatsgrenze
Kreisstadt	Landesgrenze
kreisfreie Stadt	Kreisgrenze
RD KFZ-Kennzeichen	

7 Hamburg – Bezirke

Das Wappen der freien Hansestadt Hamburg symbolisiert Wehrhaftigkeit und Reichtum einer befestigten Stadt.

Verwaltung	**Grenzen**
Rathaus	Landesgrenze
Bezirksamt	Bezirksgrenze

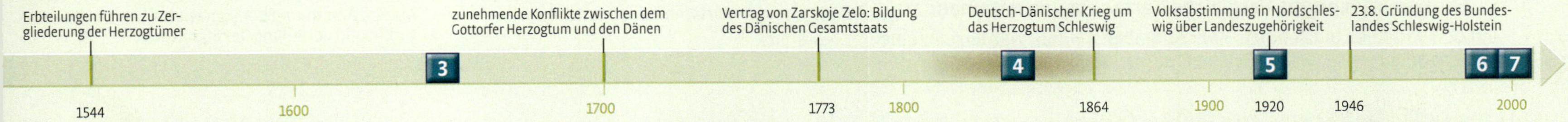

M7 Den Wandel von Räumen beschreiben

Lübeck zur Zeit der Hanse im 14. Jahrhundert

Mitte des 13. Jahrhunderts schlossen sich niederdeutsche Kaufleute zu einem Handelsbund zusammen, der sich später zum Städtebund entwickelte. Die Hanse bot ihren Mitgliedern Schutz, verschaffte ihnen Zoll-befreiung und andere Handels-privilegien. Lübeck gilt als Tor zur Ostsee und nimmt damit eine zentrale Stellung im Handel des 13. und 14. Jahrhunderts ein.

Segelschiffe an der Untertrave

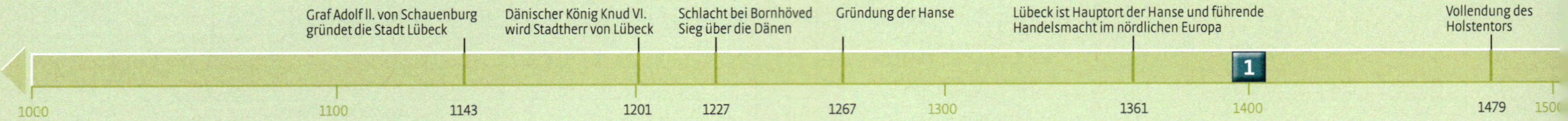

1 Lübeck um 1400 — Maßstab 1 : 20 000

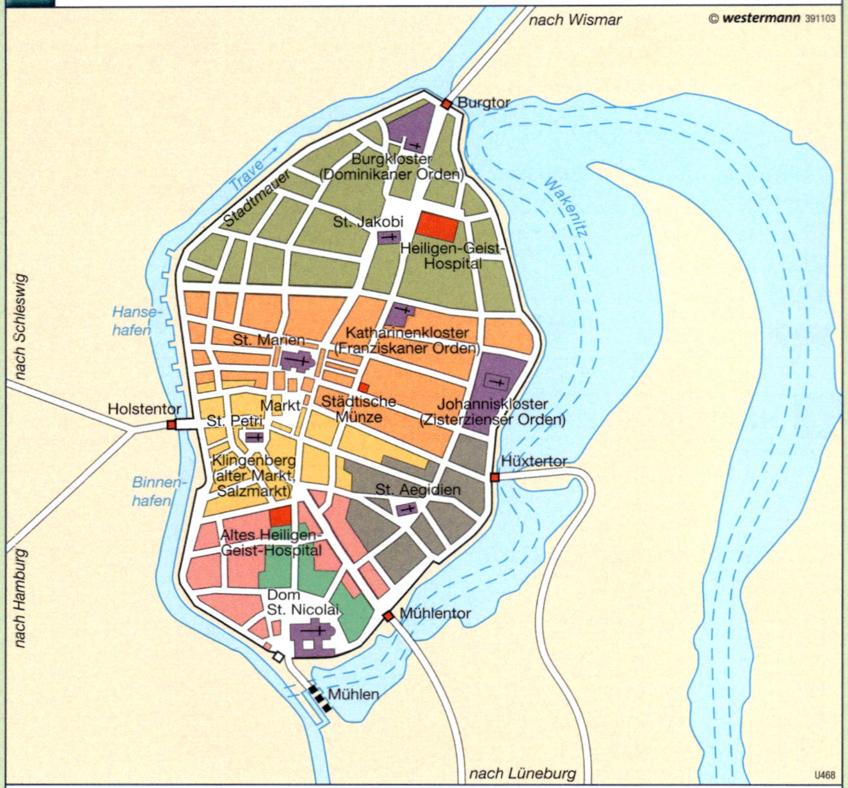

2 Lübeck um 1775 — Maßstab 1 : 20 000

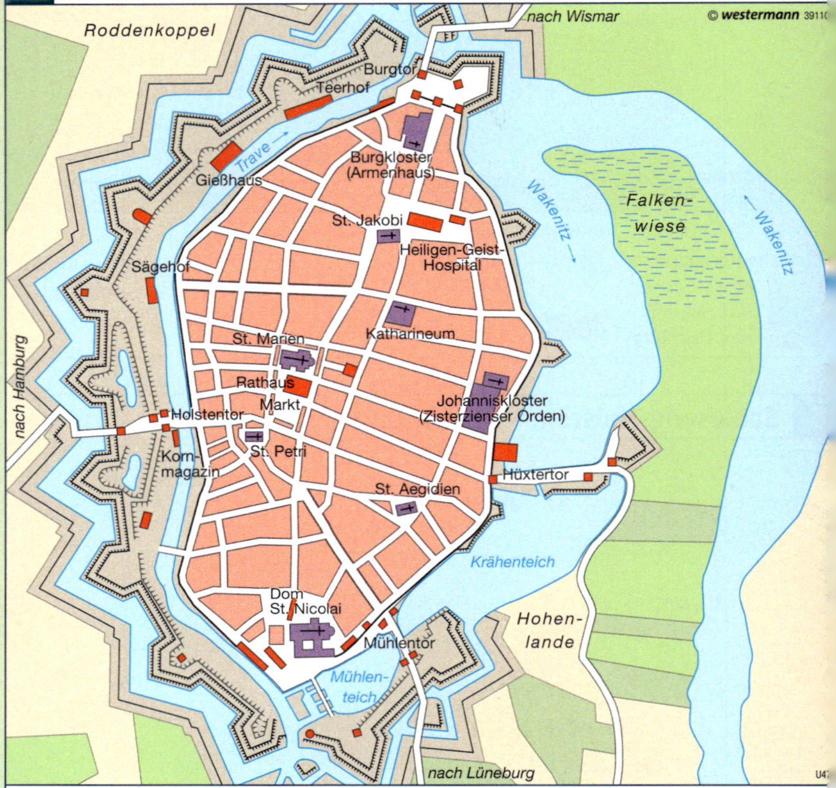

Karten vergleichen und den Wandel von Räumen untersuchen

Beim Vergleich von Karten eines Raumes zu unterschiedlichen Zeiten erkennt man räumliche Veränderungen von Landschaften, Siedlungen oder Verkehrswegen. Die Veränderungen können durch natürliche Einflüsse oder durch Auswirkungen des menschlichen Lebens und Wirtschaftens erklärt werden (z.B. Bergbau, Krieg, Bevölkerungsentwicklung).

Um Gemeinsamkeiten und Unterschiede bewerten zu können, ist eine zeitliche Einordnung der Karten hilfreich: Die Zeitspanne zwischen den Karten lässt sich z.B. in Generationen (von ca. 30 Jahren Dauer) bemessen.

Beim Kartenvergleich kann man entweder einzelne Kartenebenen einander gegenüberstellen **(Ebenen-Methode, 1)** oder sich in einem kleinen Ausschnitt auf alle Ebenen gleichzeitig konzentrieren **(Fenster-Methode, 2)**.

1 Ebenen-Methode: Vergleiche Kartenebenen miteinander.

Für den Vergleich hinsichtlich einer Aufgabenstellung werden einzelne Kartenebenen ausgewählt. Beispiele siehe Tabelle:

Kartenebenen (Vergleichskriterien)	Merkmale von Kartenebenen und ihre Beschreibung
Gewässernetz	→ Anzahl und Größe der Gewässer → Verlauf von Flüssen, Bächen und Gräben
Flächennutzung	→ Art der Vegetation und Landnutzung → Verteilung und Dichte von Vegetation/Bebauung → Anordnung, Form und Größe der Orte
Verkehrsnetz	→ Verlauf und Dichte des Verkehrsnetzes → Art und Qualität des Verkehrsweges (Fluss, Straße, Eisenbahnstrecke)
Bebauung	→ Art und Verteilung der Nutzung → Namen und Funktion der Gebäude
Wirtschaft und Tourismus	→ Art und Anordnung der Signaturen → Größe und Verteilung der Signaturen

alzspeicher am Holstentor

Historische Fassade des Lübecker Rathauses

Die Altstadt von Lübeck aus der Luft – Blick aus Südwesten

3 Weltkulturerbe Lübeck – heute

Maßstab 1 : 20 000

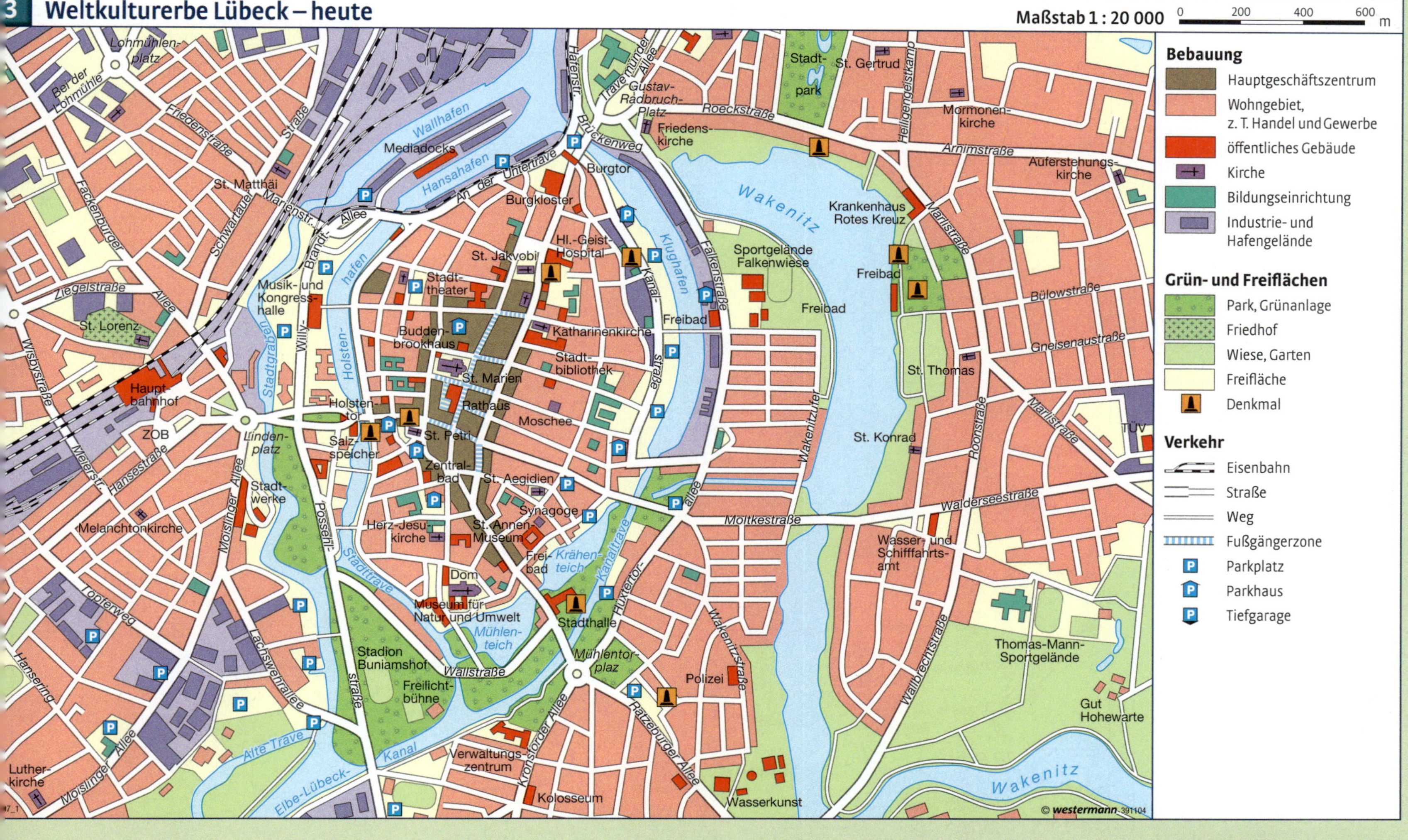

2 **Fenster-Methode:** **Vergleiche Kartenfenster miteinander.**
Wenn man dieselben räumlichen Ausschnitte der Karten miteinander vergleicht, kann man über alle Kartenebenen hinweg schnell und übersichtlich die Unterschiede und Gemeinsamkeiten wahrnehmen.

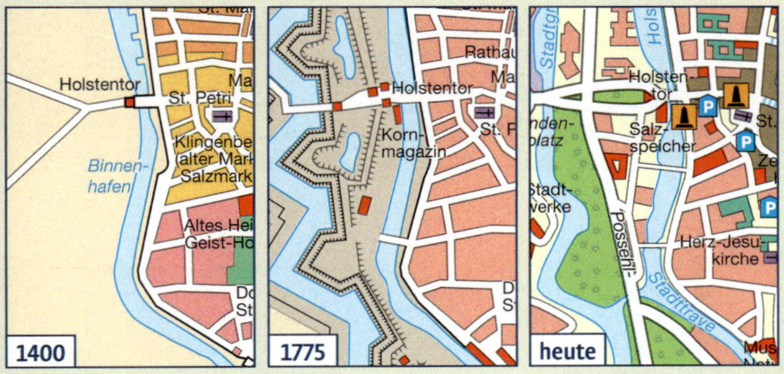

Verteilungsmuster und Häufungen erfassen

Beim Vergleich von Karten fällt es besonders auf, wenn Punkt-, Linien- und Flächensignaturen unterschiedlich dicht verteilt sind. Durch das genaue Beschreiben der Signaturen mit Blick auf ihre Verteilung wird deutlich, was sich wo verändert hat.

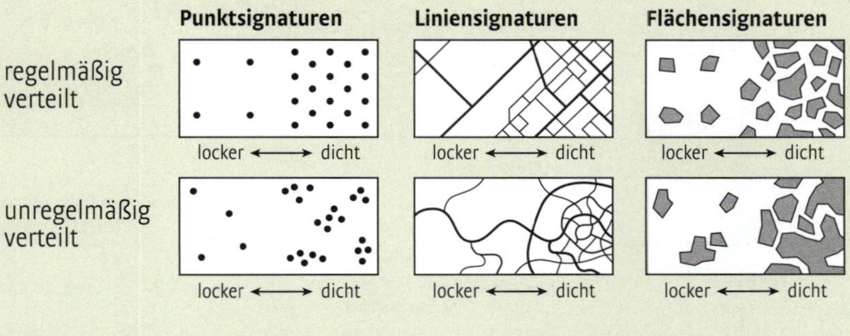

1 Deutschland – physische Übersicht

Maßstab 1 : 3 500 000 (0 – 50 – 100 – 150 km)

Deutschland – Geographische Rekorde

Die größten Inseln
(Fläche in km²)

Rügen	926
Usedom	373
Fehmarn	185
Sylt	99
Föhr	83

Die längsten Flüsse
Länge in Deutschland in km (Gesamtlänge in km)

Rhein	865 (1233)
Elbe	727 (1091)
Donau	647 (2845)
Main	527 (527)
Weser	440 (440)

Die wasserreichsten Flüsse
(mittlerer Abfluss in m³/s)

Rhein	2330
Donau	1490
Elbe	861
Inn	738
Oder	574

Die größten Seen

	Fläche in km²	Volumen in km³	Größte Tiefe in m
Bodensee	536	48,5	254
Müritz	109	0,7	30
Chiemsee	80	2,0	73
Schweriner See	62	0,7	52
Starnberger See	56	3,0	128

Höchste Berge der Mittelgebirge
(Höhe in m)

Schwarzwald Feldberg	1493
Bayerischer Wald Großer Arber	1456
Erzgebirge Fichtelberg	1215
Harz Brocken	1142
Fichtelgebirge Schneeberg	1051

Höchste Berge im Hochgebirge
(Höhe in m)

Zugspitze	2962
Hochwanner	2744
Watzmann	2713

Größte Städte
(in Mio. Einwohner)

Berlin	3,44
Hamburg	1,78
München	1,37
Köln	1,00
Frankfurt	0,68
Stuttgart	0,60
Düsseldorf	0,59

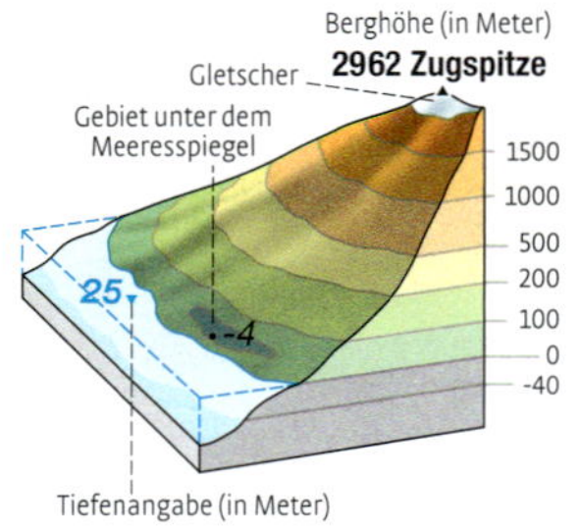

Landhöhen und Meerestiefen
(in Meter)

Gewässer
- Fluss
- schiffbarer Fluss (über 1350 t Tragfähigkeit)
- Kanal (bedingt schiffbar)
- schiffbarer Kanal (über 1350 t Tragfähigkeit)
- See
- Stausee, Staumauer

Orte

Einwohner	
über	1 000 000
500 000 –	1 000 000
100 000 –	500 000
unter	100 000

Verwaltung
- Staatsgrenze
- **Berlin** Hauptstadt eines Staates

2 Deutschland – politische Übersicht

Maßstab 1 : 3 500 000 — 0 50 100 150 km

Grenzen
- Staatsgrenze
- Landesgrenze
- Regierungsbezirksgrenze

Verwaltungssitze
- Hauptstadt eines Staates
- Landeshauptstadt
- Verwaltungssitz eines Regierungsbezirkes

Oberpfalz — Name eines nicht nach dem Hauptort benannten Regierungsbezirkes

Bundeswappen

Bundesrepublik Deutschland

357 100 km²

82 002 400 Einwohner

Die Bundesländer (Stand: 2010)

Baden-Württemberg
35 750 km²
10 744 900 Einwohner

Bayern
70 550 km²
12 510 300 Einwohner

Berlin
890 km²
3 442 700 Einwohner

Brandenburg
29 480 km²
2 511 500 Einwohner

Bremen
400 km²
661 700 Einwohner

Hamburg
750 km²
1 774 200 Einwohner

Hessen
21 110 km²
6 062 000 Einwohner

Mecklenburg-Vorpommern
23 190 km²
1 651 200 Einwohner

Niedersachsen
47 630 km²
7 928 800 Einwohner

Nordrhein-Westfalen
34 090 km²
17 872 800 Einwohner

Rheinland-Pfalz
19 850 km²
4 012 700 Einwohner

Saarland
2 570 km²
1 022 600 Einwohner

Sachsen
18 420 km²
4 168 700 Einwohner

Sachsen-Anhalt
20 450 km²
2 356 200 Einwohner

Schleswig-Holstein
15 800 km²
2 832 000 Einwohner

Thüringen
16 170 km²
2 249 900 Einwohner

M8 Ein Höhenprofil zeichnen und beschreiben

Ein Höhenprofil zeichnen

Physische Karten geben mit ihren farbigen Höhenschichten Auskunft über die Höhenverhältnisse. Auch ein Profil gibt die Höhenverhältnisse wieder, aber nur entlang der in der Karte eingezeichneten Strecke von A nach B, also der **Profillinie**

1. Schritt:
Karte auswählen, Profillinie festlegen

- Physische Karten verschiedener Maßstäbe prüfen: Die Strecke $\overline{AB}$ sollte möglichst lang sein, aber noch aufs Papier passen.
- A und B mit Kreuzen markieren und durch eine gerade Linie verbinden (mit Bleistift!).

2. Schritt:
Höhenlinien aus der Karte entnehmen

- Papierstreifen an die Profillinie anlegen.
- Alle Schnittpunkte mit Höhenlinien an der Papierkante markieren. (Höhenlinien bilden die Begrenzung der farbigen Höhenschichten.) Höhenwerte aufschreiben.

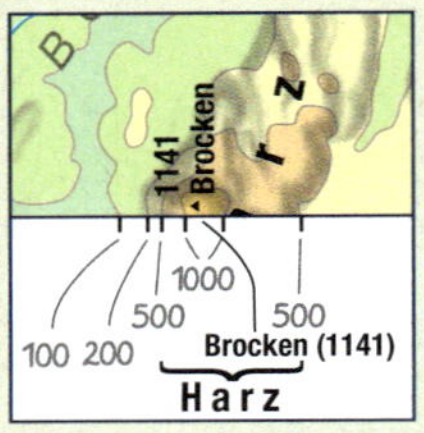

3. Schritt:
Achsen zeichnen und Maßstab festlegen

- Waagerechte Entfernungsachse auf Millimeterpapier einzeichnen; die Maßstabsleiste der Karte zeigt die passende Einteilung dieser Achse.
- Die Höhenachse kann nach einem anderen Maßstab eingeteilt werden.

4. Schritt:
Punkte der Profillinie eintragen

- Den markierten Papierstreifen unter die waagerechte Entfernungsachse legen.
- Alle Angaben vom Papierstreifen senkrecht nach oben in das Achsenkreuz übertragen. Die richtige Höhe der Punkte zeigt die senkrechte Höhenachse an.

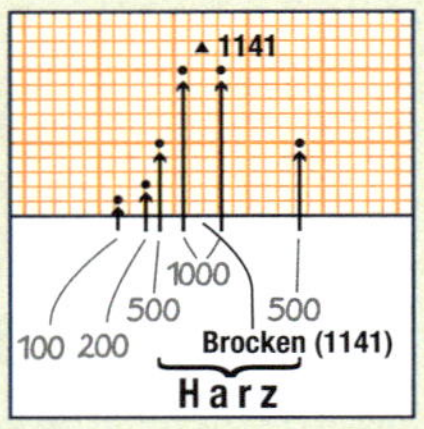

5. Schritt:
Punkte durch eine Profillinie verbinden

- Alle Punkte durch eine Linie verbinden.
- Die Höhenschichten unter der Profillinie in den Farben der physischen Karte ausmalen.

Ein Höhenprofil beschreiben

Damit man das **Relief** der Erdoberfläche gut erkennen kann, müssen die Landhöhen gegenüber der Strecke $\overline{AB}$ übertrieben werden (Überhöhung). Wenn das Profil **stark überhöht** ist, zum Beispiel um das Hundertfache, sehen Berge aus wie Nadeln.

Berghänge und Talflanken

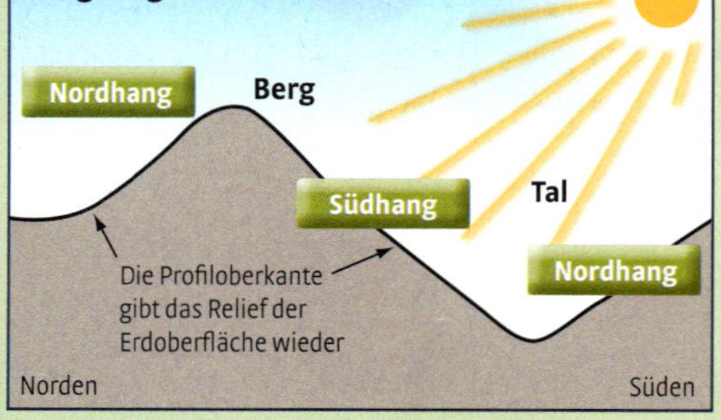

1 Anlage eines Nord-Süd-Höhenprofils durch Deutschland

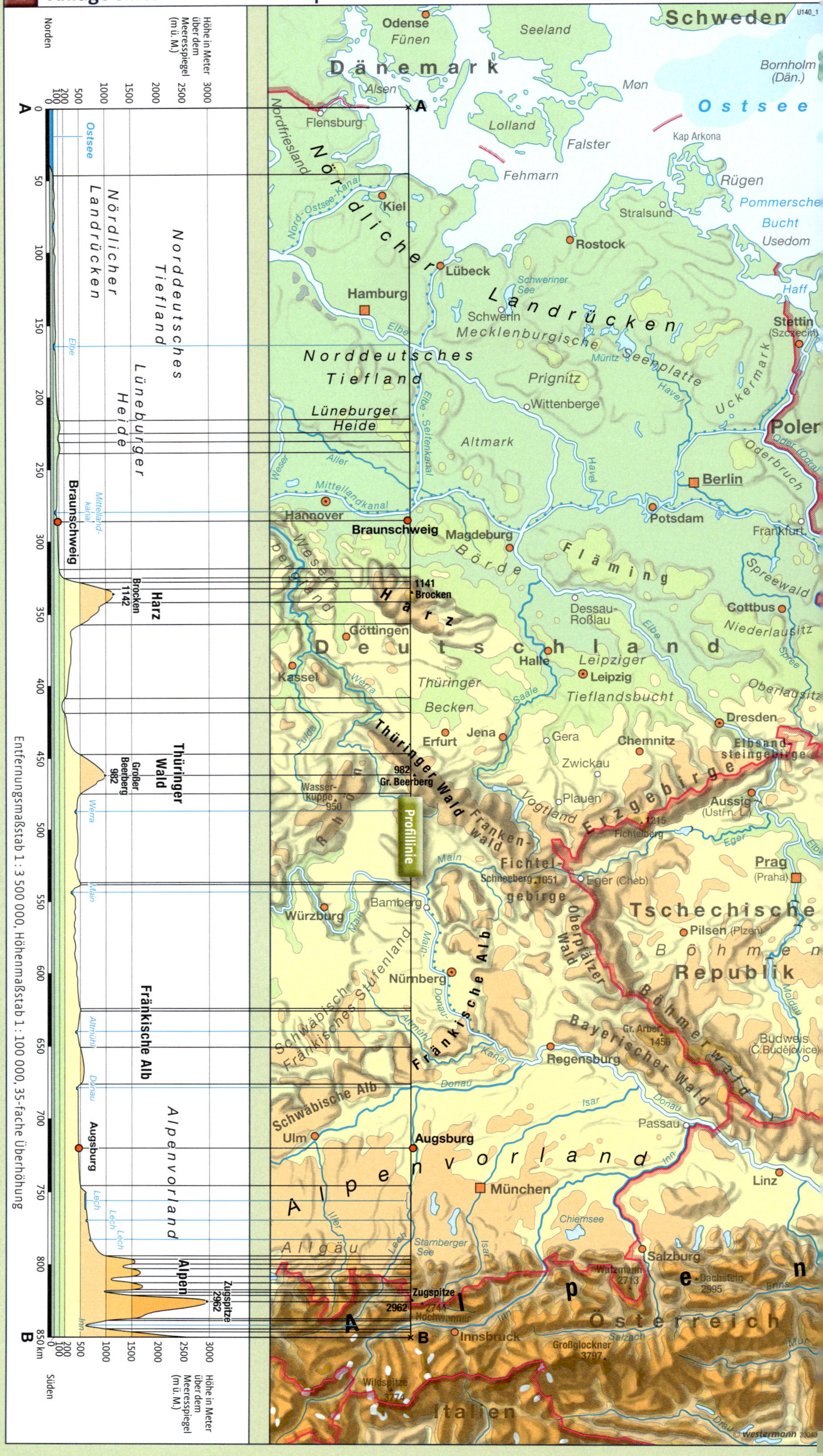

1 Physische Karte als Vorlage für die Kartenskizze

Um eine Kartenskizze zu zeichnen, eignen sich besonders physische Karten. Sie zeigen die Topographie der Flüsse, Städte und Gebirge.

2 Zeichnen der Kartenskizze auf Transparentpapier

Die wichtigen topographischen Inhalte werden auf Transparentpapier übertragen – in Form von Punkten, Linien und Flächen.

Eine Kartenskizze anfertigen

1. Schritt: Vorbereitung
- Thema der Kartenskizze wählen und als Kartentitel festlegen.
- Im Atlas die geeignete Karte auswählen.
- Transparentpapier auf die Karte legen und mit Büroklammern an der Seite befestigen.

2. Schritt: Umrisse und Grenzen zeichnen
- Den für die Kartenskizze interessanten Ausschnitt zuerst durch ein Rechteck oder eine grobe Umrisslinie einrahmen.
- Grenzen in vereinfachter Form auf das Transparentpapier übertragen. Man braucht nicht jede Biegung exakt wiederzugeben. Es geht bei der Skizze um eine vereinfachte Darstellung.

3. Schritt: Karte mit Inhalten füllen
- Die gewünschten Inhalte mit verschiedenen Farben in die Kartenskizze einzeichnen. Auch hier gilt: Es muss nicht alles exakt übertragen werden.
- Gebirge am besten als breite braune Striche wiedergeben.
- Die eingezeichneten Städte, Gebirge und Flüsse einheitlich nummerieren oder mit Buchstaben kennzeichnen.

4. Schritt: Kartenlegende anlegen
- In der Legende die verwendeten Buchstaben und Zahlen benennen.
- Zur Beschriftung einzelner Inhalte kann man andere Karten hinzuziehen.

3 Anfertigung der Legende zur Kartenskizze

Ostsee
Nordsee
Deutsche Bucht
Pommersche Bucht
Kieler Bucht
Mecklenburger Bucht
Dänemark
Polen
Niederlande
Mecklenburg
Vorpommern
Schleswig
Holstein
Niedersachsen
Brandenburg
Sachsen
Sachsen-Anhalt
Thüringen
Berlin
Hamburg
Bremen
Hannover
Magdeburg
Leipzig
Dresden
Kiel
Lübeck
Rostock
Stettin (Szczecin)
Köln
Düsseldorf
Dortmund
Essen
Kassel
Erfurt
Lüneburger Heide
Harz
Nordfriesische Inseln
Ostfriesische Inseln
Westfriesische Inseln
Münsterland
Teutoburger Wald
Weserbergland
Sauerland
Rügen
Usedom
Fehmarn

Maßstab 1 : 2 250 000
1 cm ≙ 22,5 km
0 20 40 60 80 100 km

1 Deutschland – Landschaften

Maßstab 1 : 3 500 000

- Grenze zwischen Großlandschaften

Küsten
- Gezeitenküste, Watt
- Küstendünen
- Moränenküste
- Förden- und Buchtenküste
- Boddenküste
- Ausgleichsküste
- Kliff (Steilküste)

Norddeutsches Tiefland
- Marsch
- hügeliges Jungmoränenland
- Sander
- Talsandebenen
- Urstromtal
- flachwelliges Altmoränenland (Geest)
- sanftes Hügelland (Kalk- und Sandstein)

Mittelgebirge
- Becken und Senken
- Berg- und Hügelland
- Höhenzüge des Mittelgebirgslandes
- Impact-Krater
- Maar

Alpenvorland
- hügeliges Jungmoränenland
- sanftes Hügelland (Mergel, Schotter)
- flache Schotterplatten

Alpen
- Alpentäler
- Hochgebirgsketten

Landformen mehrerer Großlandschaften
- Endmoränen der letzten Eiszeit
- Lössbörden und -decken
- junge vulkanische Gebiete
- Schichtstufenkante
- Schauhöhle

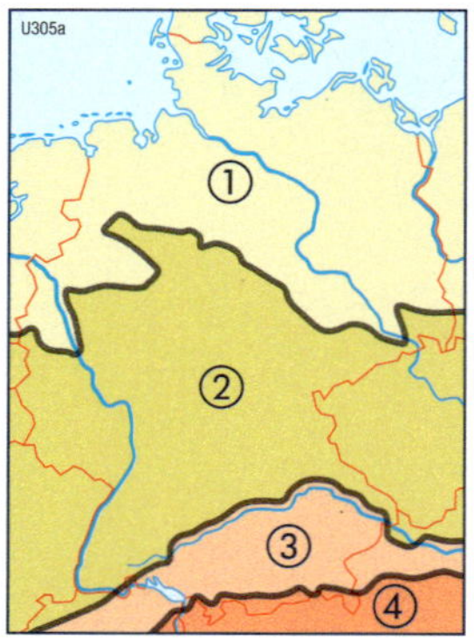

Großlandschaften
1. Norddeutsches Tiefland
2. Mittelgebirge
3. Alpenvorland
4. Alpen

2 Die Küsten – Aufbau von Steil- und Flachküsten

Steilküste auf Rügen

Flachküste auf Usedom

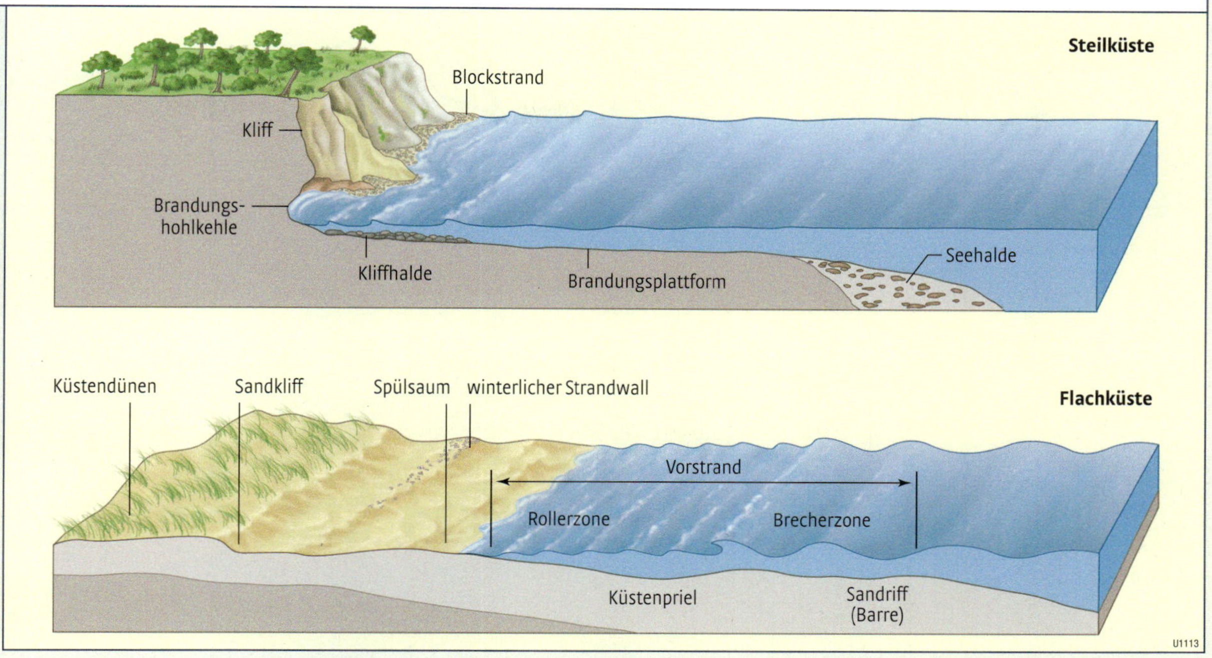

3 Die Mittelgebirge – Entstehung von Schwarzwald und Vogesen (Bruchschollengebirge mit Grabenbruch)

Der Schwarzwald

Das Oberrheinische Tiefland

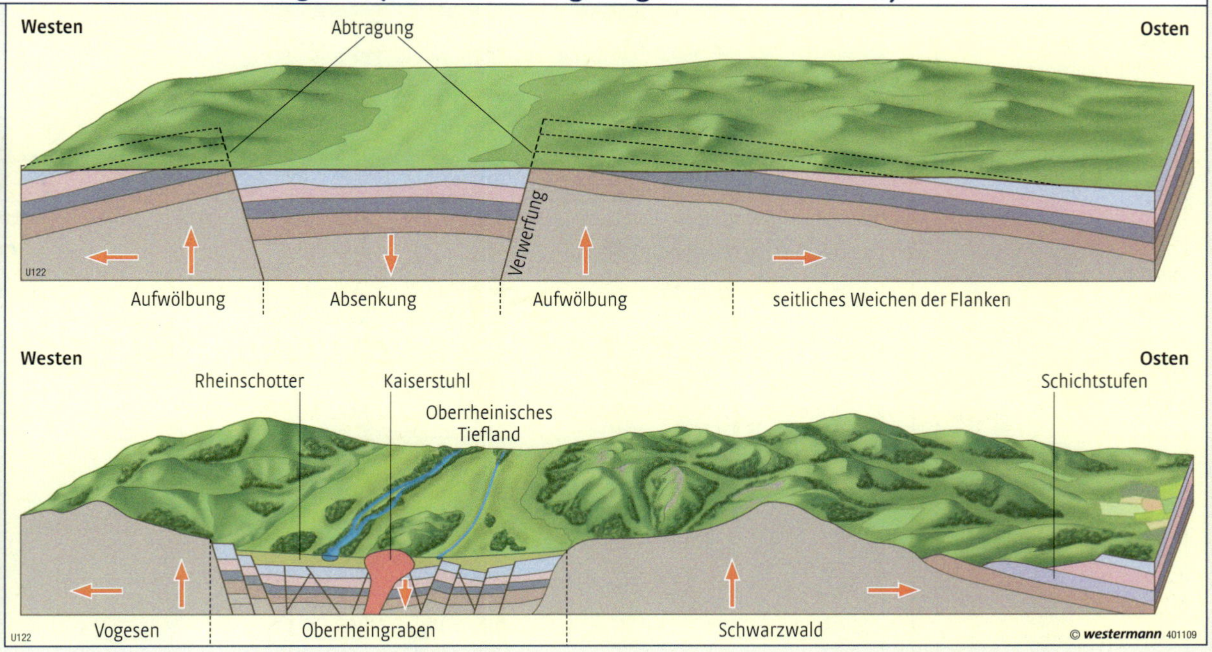

4 Die Alpen – Entstehung eines Faltengebirges

Die nördlichen Kalkalpen

Die Zentralalpen

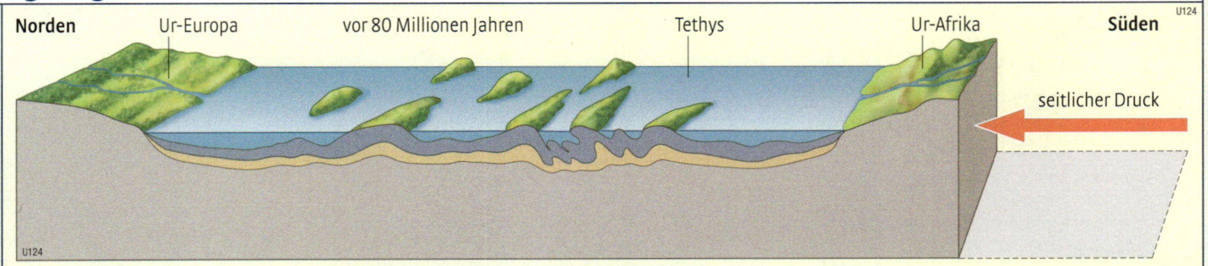

Im Urmeer Tethys lagern sich Sand- und Kalkschichten ab, die sich zu Kalk- und Sandstein verfestigen. Durch Plattenverschiebung wird das Meer allmählich zusammengedrückt.

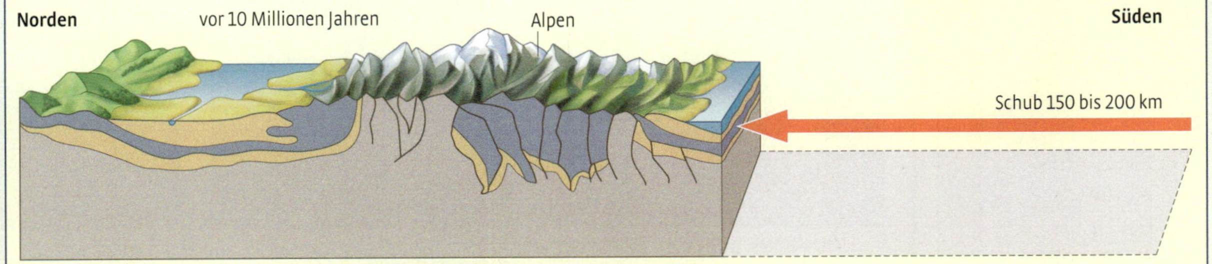

Die Gesteine werden durch erdinnere Kräfte angehoben und gefaltet. Sie verwittern und werden durch Wind und Wetter abgetragen (Erosion). Tiefer liegende Gesteinsschichten gelangen an die Oberfläche.

© westermann 401109

Klimadiagramme

- Temperaturen im Monatsmittel
- Niederschläge im Monat insgesamt
- T= 9,2 °C — Jahresdurchschnittstemperatur
- N= 513 mm — Jahressumme Niederschlag
- m ü. M. — Stationshöhe (Angabe in Meter über dem Meeresspiegel)
- Klimastation

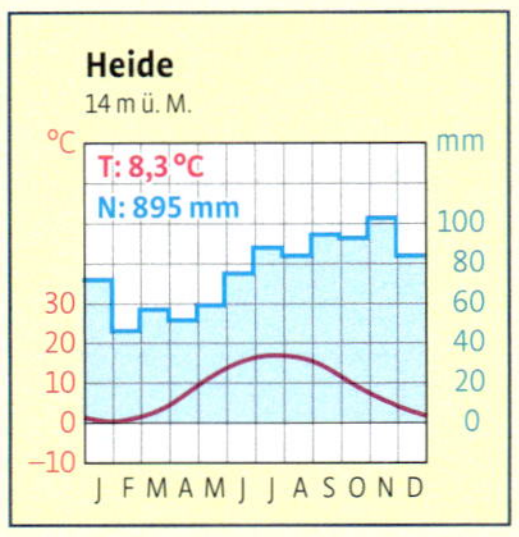

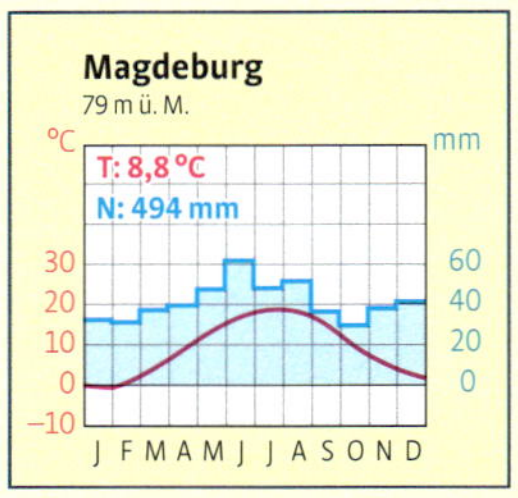

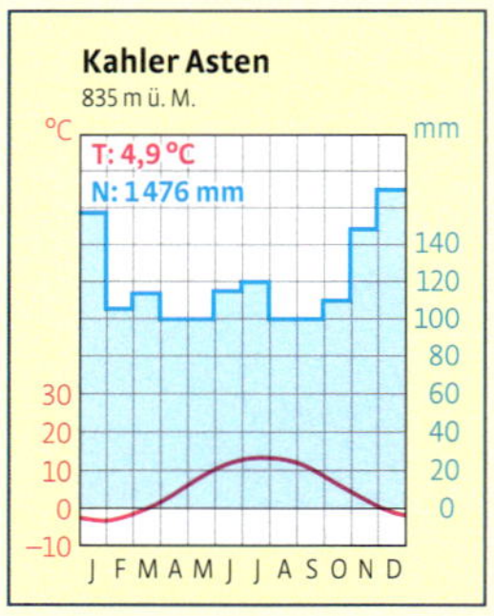

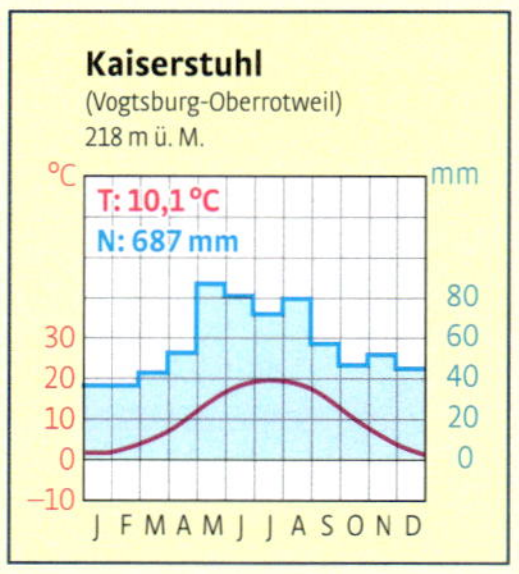

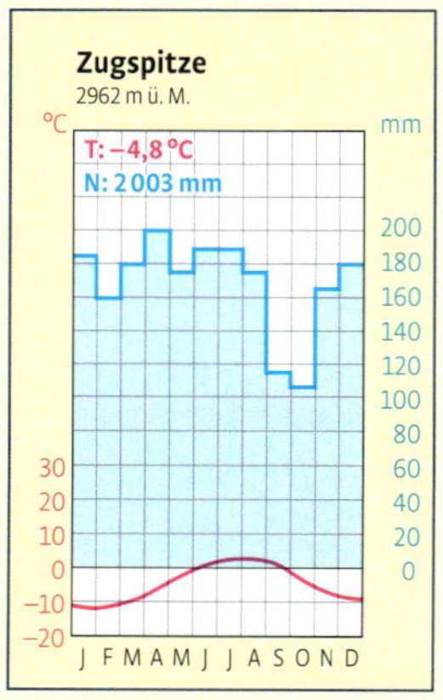

1 Temperaturen im Januar

Maßstab 1 : 7 000 000

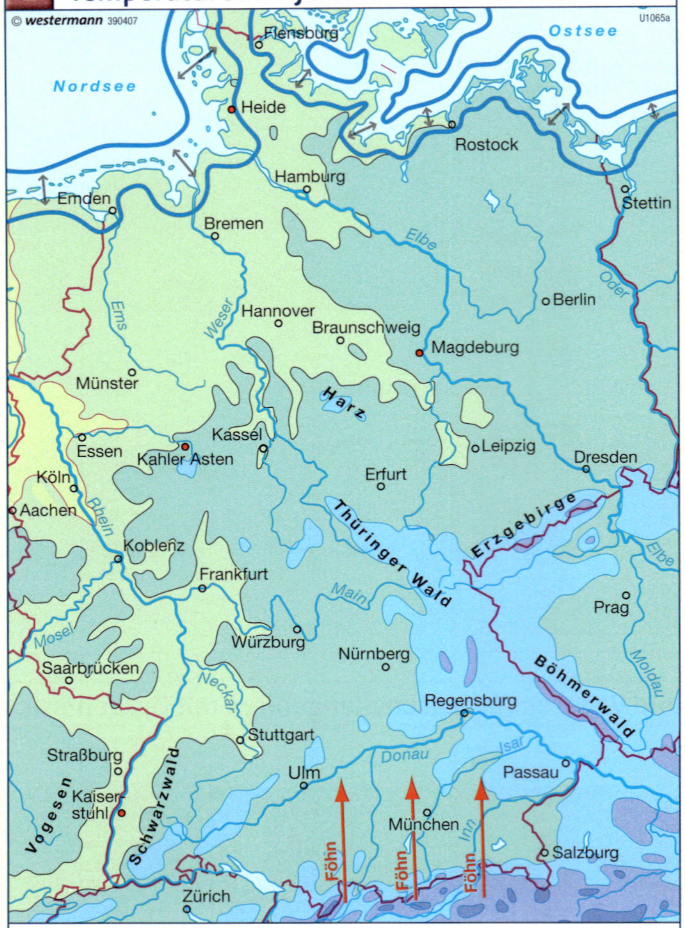

Temperaturen (Monatsmittel in Grad Celsius): -6, -4, -2, 0, 2 °C

Land-Seewind-Zirkulation

2 Temperaturen im Juli

Maßstab 1 : 7 000 000

Temperaturen (Monatsmittel in Grad Celsius): 10, 12, 14, 16, 18 °C

Land-Seewind-Zirkulation

3 Niederschläge im Jahr

Maßstab 1 : 7 000 000

Niederschlag (langjähriges Mittel in mm): 500, 600, 800, 1000, 1400, 1800, 2200 mm

4 Niederschlagsveränderung (1901 – 2000)

Abnahme — Jahresniederschlag (mm) — Zunahme: -100, -50, ±0, +50, +100, +150, +200 mm

5 Regionale Windsysteme

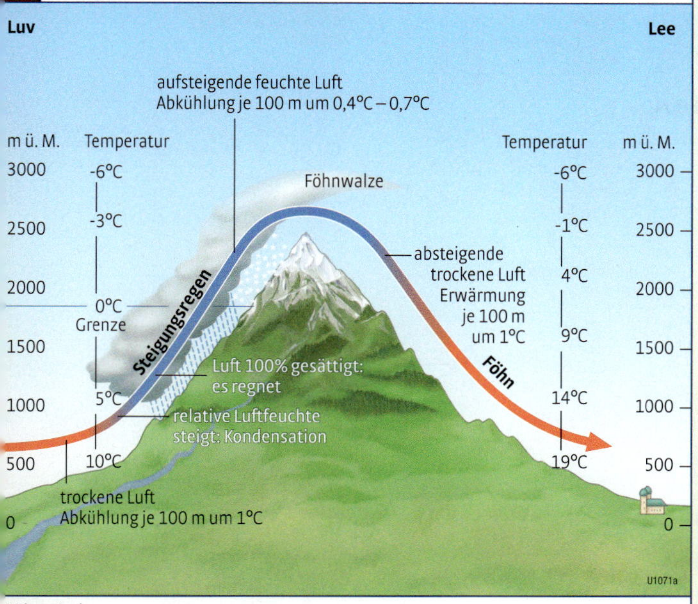

Föhnwind

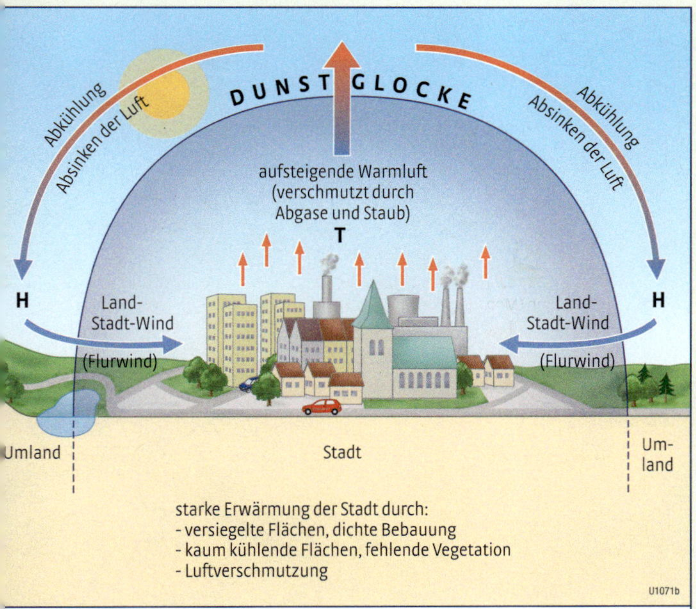

Land-Stadt-Wind

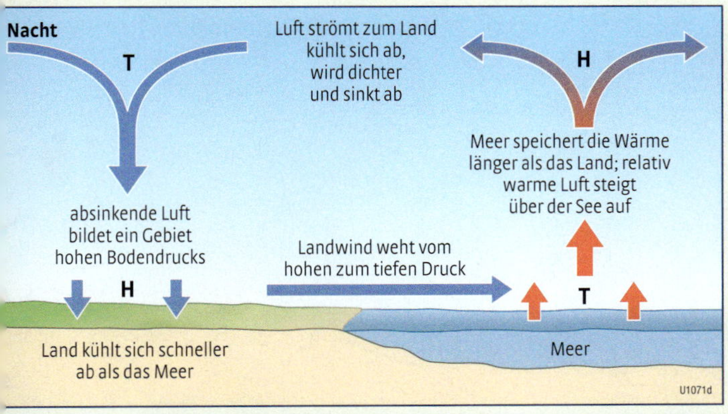

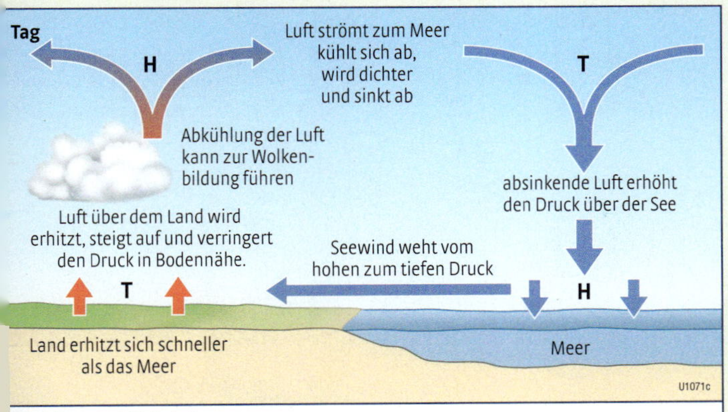

Land-Seewind-Zirkulation

6 Sonnenenergie und Erdwärme

Maßstab 1 : 7 000 000

Globalstrahlung
(jährlich eintreffende Strahlungsenergie der Sonne auf der Erdoberfläche in Kilowattstunden/m²)

- 900 KWh/m²
- 950
- 1000
- 1050
- 1100
- 1150 KWh/m²

Solarthermie-Orte
(installierte Sonnenkollektorenfläche in m²)

- 10000 – 20000 m²
- über 20000 m²

Photovoltaik-Orte
(installierte Solarzellenleistung in MW)

- 10 – 15 MW
- über 15 MW

Geothermie (Erdwärme)
Geothermieanlage

- 2 – 10 MW
- über 10 MW

7 Windenergie

Maßstab 1 : 7 000 000

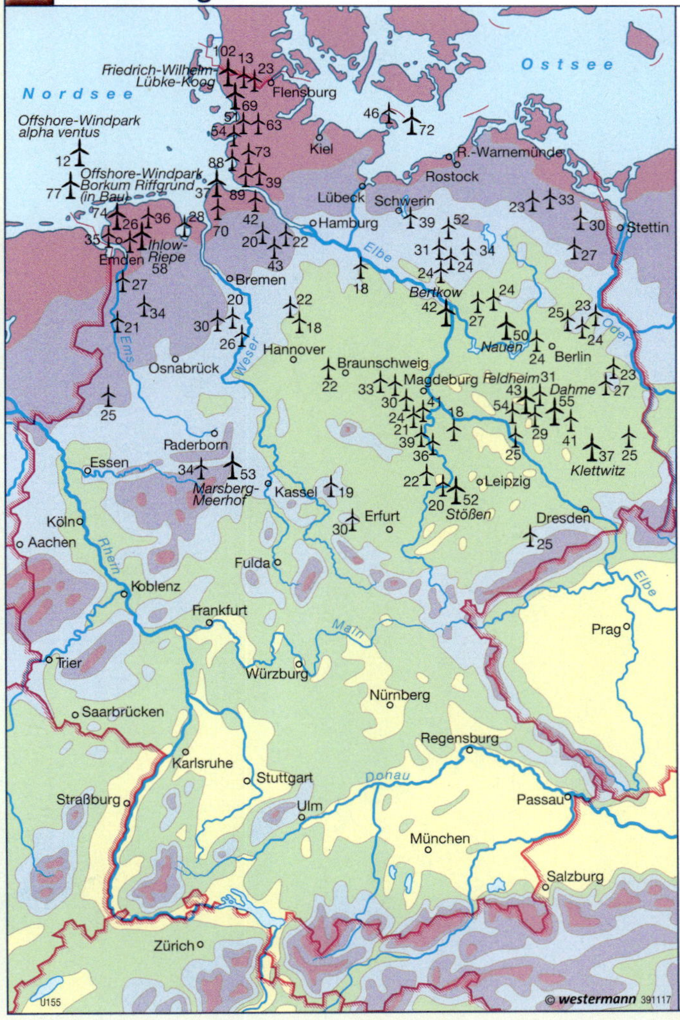

Windgeschwindigkeit
(Jahresmittel über der Erdoberfläche)

- 4 m/sek.
- 5
- 6
- 7 m/sek.

Windparks 2009
(nach Gesamtleistung in Megawatt)

- 40 – 60 MW
- über 60 MW
- 39 Anzahl der Rotoren

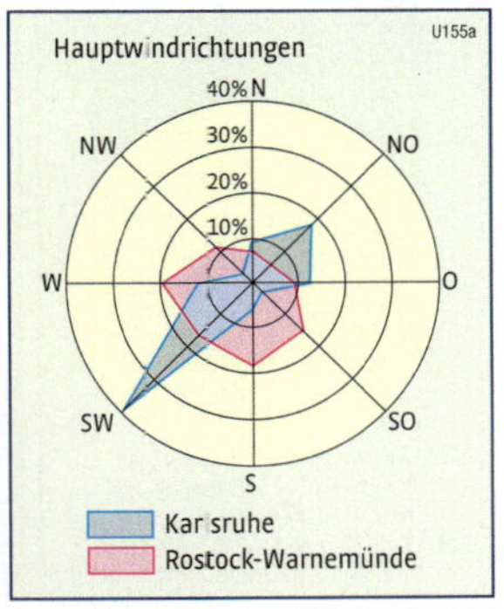

1 Deutschland – Landwirtschaft

Maßstab 1 : 3 500 000

0 30 60 90 km

Ackerbau

- auf sehr guten und guten Böden, z.T. Löss
- auf mittleren und armen Böden

Hauptanbaufrüchte

Getreide

- Weizen
- Roggen
- Gerste
- Mais

Hackfrüchte

- Zuckerrüben
- Kartoffeln

Sonderkulturen

- Obst, Gemüse
- Wein
- Franken Weinanbaugebiet
- Hopfen
- Tabak

Viehwirtschaft

- Dauergrünland
- Rinderhaltung
- Schweinehaltung
- Geflügelhaltung
- Einfuhrhafen für Futtermittel

Forstwirtschaft

- Wald

- landwirtschaftlich nicht genutztes Gebiet (z.B. geschlossene Besiedlung, Dünen, Felsen, Gletscher, Heide, Moor)

Grenzen

- Staatsgrenze
- Landesgrenze

Entwicklung des Ökolandbaus in Deutschland

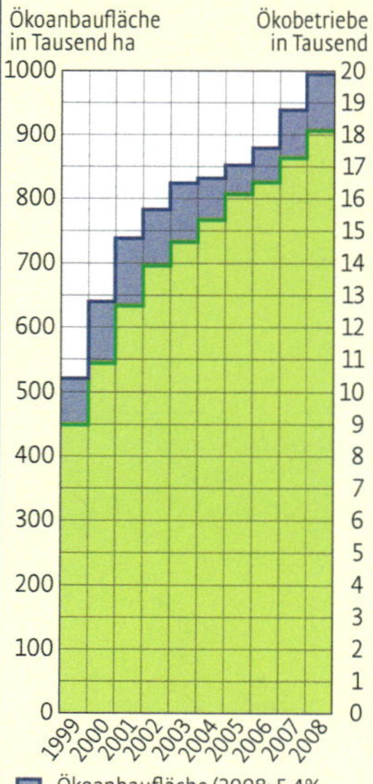

- Ökoanbaufläche (2008: 5,4% der gesamten landwirtschaftlichen Nutzfläche)
- Ökobetriebe (2008: 5,3% aller landwirtschaftlichen Betriebe)

2 Ökologischer Landbau bei Mölln (Schleswig-Holstein)

Maßstab 1 : 12 500 — 0 100 200 300 m

Anbauvielfalt des Lämmerhofs 2010

Getreide
- Sommerweizen
- Winterweizen
- Gerste } gefolgt von Viehfutter
- Dinkel } gefolgt von Viehfutter
- Nackt-Hafer (nach dem Dreschen spelzenfrei)
- Spelz-Hafer (Entfernung der Spelzen notwendig)

Ölpflanze
- Flachs (Leinsamen)

Obst und Gemüse
- Streuobstwiese zur Zucht alter Sorten
- Ackerbohne
- Kürbis

Viehfutter
- Leguminosen-Gemenge (Mischung aus Getreide und Hülsenfrüchten)
- Kleegras
- Zottelwicke

Grünland
- Extensive Rinderweide (spärliche Beweidung durch Angus-Rinder)
- Schweineweide

Landschaftspflege, Förderung der Artenvielfalt
- Ansaat von fünf Meter breiten Streifen aus Wildblumen und -kräutern
- Schaffung von Ackerlebensräumen für Kleintiere
- Biotop
- Wald
- Sumpf
- eiszeitliche Rinne
- Gewässer
- Bäume, Knick
- Naturschutzmaßnahme
- Vogelbeobachtung
- •20 Höhe in Meter
- *Zuschlag* Flurname

Dorfbebauung
- Gebäude des Lämmerhofs
- Gewächshaus des Hofs (Biogemüse)
- Wohngebäude
- Scheune, Stall
- Kläranlage
- Güllebehälter
- Straße
- Wirtschaftsweg
- Hausgarten
- nicht vom Lämmerhof bewirtschaftete Flächen

3 Integrierte Landwirtschaft am Niederrhein – Schweinemastbetrieb mit Biogasanlage

Maßstab 1 : 5 000 — 0 50 100 150 m

Funktionsschema einer Biogasanlage

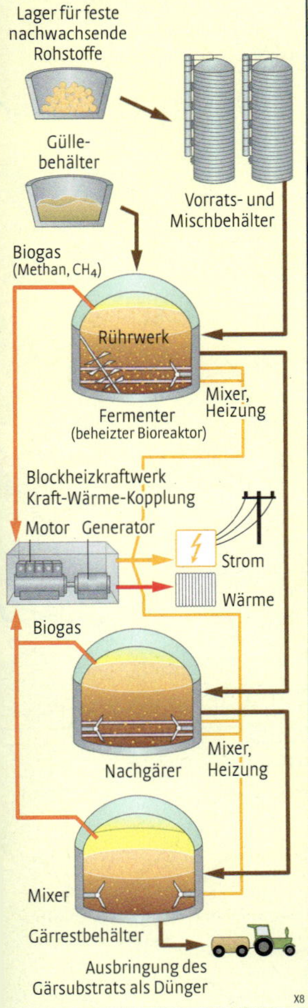

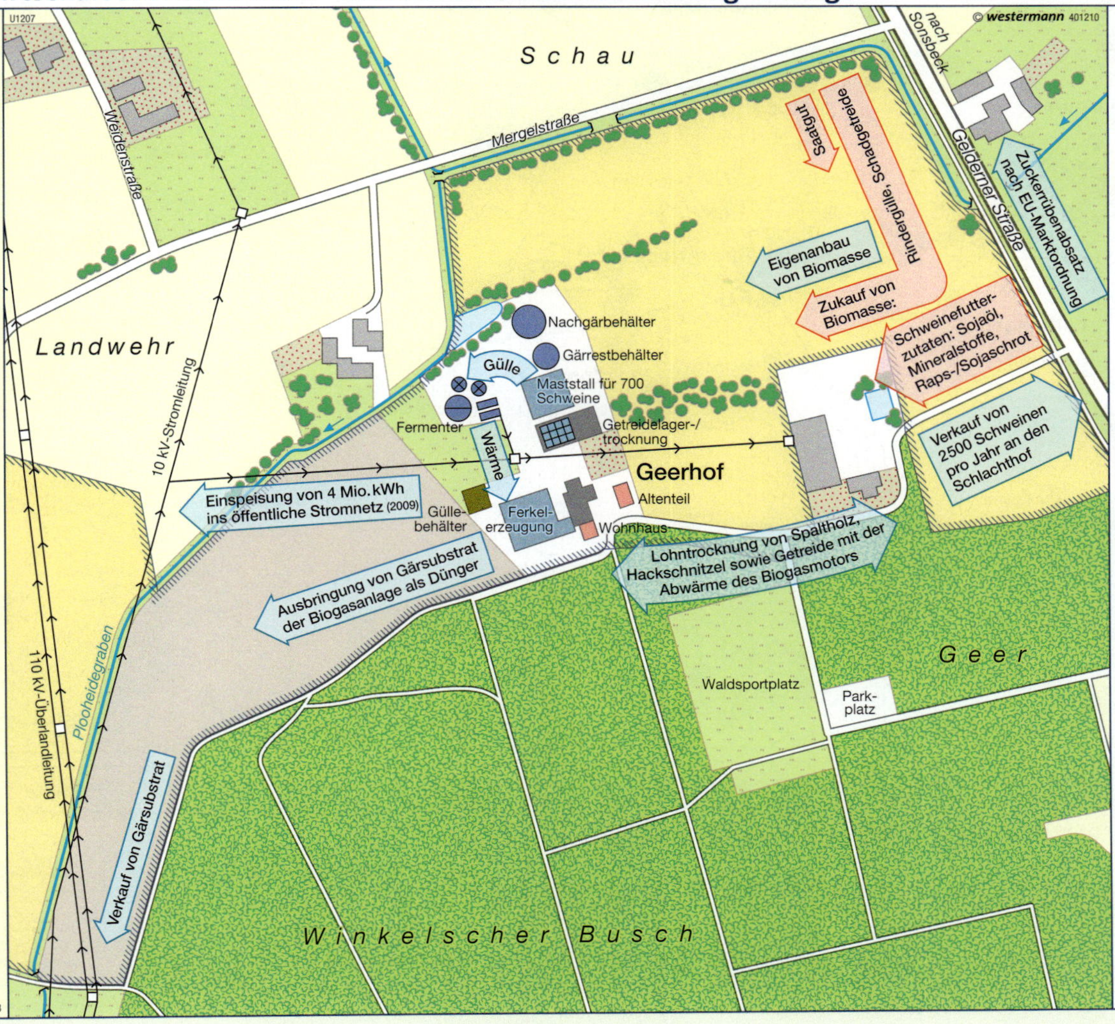

Kreislauforientierter Landwirtschaftsbetrieb Geerhof

Hofbesitz (Flur)
- Grundstücksgrenze (nur hofnahe Felder)
- Getreide
- Zuckerrüben

Biogasanlage
- Vorrats- und Mischbehälter
- Fermenter zur Erzeugung von Methangas (CH_4)
- Anlagensteuerung und Blockheizkraftwerk

Bauernhof
- Scheune, Maschinenhalle
- Photovoltaik-Anlage auf Dachfläche
- Ferkel-/Schweinestall (beheizt mit Abwärme)

Wirtschaftsgüter
- eigene Erzeugung, Dienstleistung
- Einkauf

Kulturlandschaft
- Bäume, Hecke
- Graben
- Straße
- Wirtschaftsweg
- Hausgarten
- Wiese, Weide
- nicht vom Geerhof bewirtschaftete Flächen
- Wald
- Gebäude der Nachbarhöfe

1 Deutschland – Wirtschaft

Maßstab 1 : 3 500 000 0 30 60 90 120 150 km

Industrie
- Eisen- und Stahlerzeugung
- Buntmetallverhüttung
- Aluminiumverhüttung
- Metallindustrie
- Maschinenbau
- Schiffbau
- Kraftfahrzeugbau
- Schienenfahrzeugbau
- Luft- und Raumfahrttechnik
- Elektrotechnik (z. B. Haushaltsgeräte)
- Elektronik (Hightech, z. B. Computer)
- Feinmechanik, Optik, Uhren
- Erdölraffinerie
  - 10 – 15 Mio. t Jahresdurchsatz
  - unter 10 Mio. t Jahresdurchsatz
- Chemie, Kunststoffe
- Textilien, Bekleidung, Leder
- Keramik, Porzellan, Glas
- Holz, Zellulose, Papier
- Nahrungs- und Genussmittel

Dienstleistung
- Verwaltung
- Medien
- Finanzzentrum
- Messe

Transport / Verkehr
- Erdölleitung

Abkürzungen:
- MERO Mitteleuropäische Rohölleitung
- MVL Mineralöl-Verbund-Leitung
- NWO Nord-West-Ölleitung
- PCK Petrolchemie und Kraftstoffe AG Schwedt
- SEPL Südeuropäische Pipeline
- TAL Transalpine Pipeline

- Autobahn
- Fernstraße (Auswahl)
- Eisenbahn
- schiffbarer Fluss
- schiffbarer Kanal
- Hafen
- Flughafen

Region / Verwaltung
- Saar Wirtschaftsregion
- städtischer Verdichtungsraum
- Staatsgrenze
- Landesgrenze

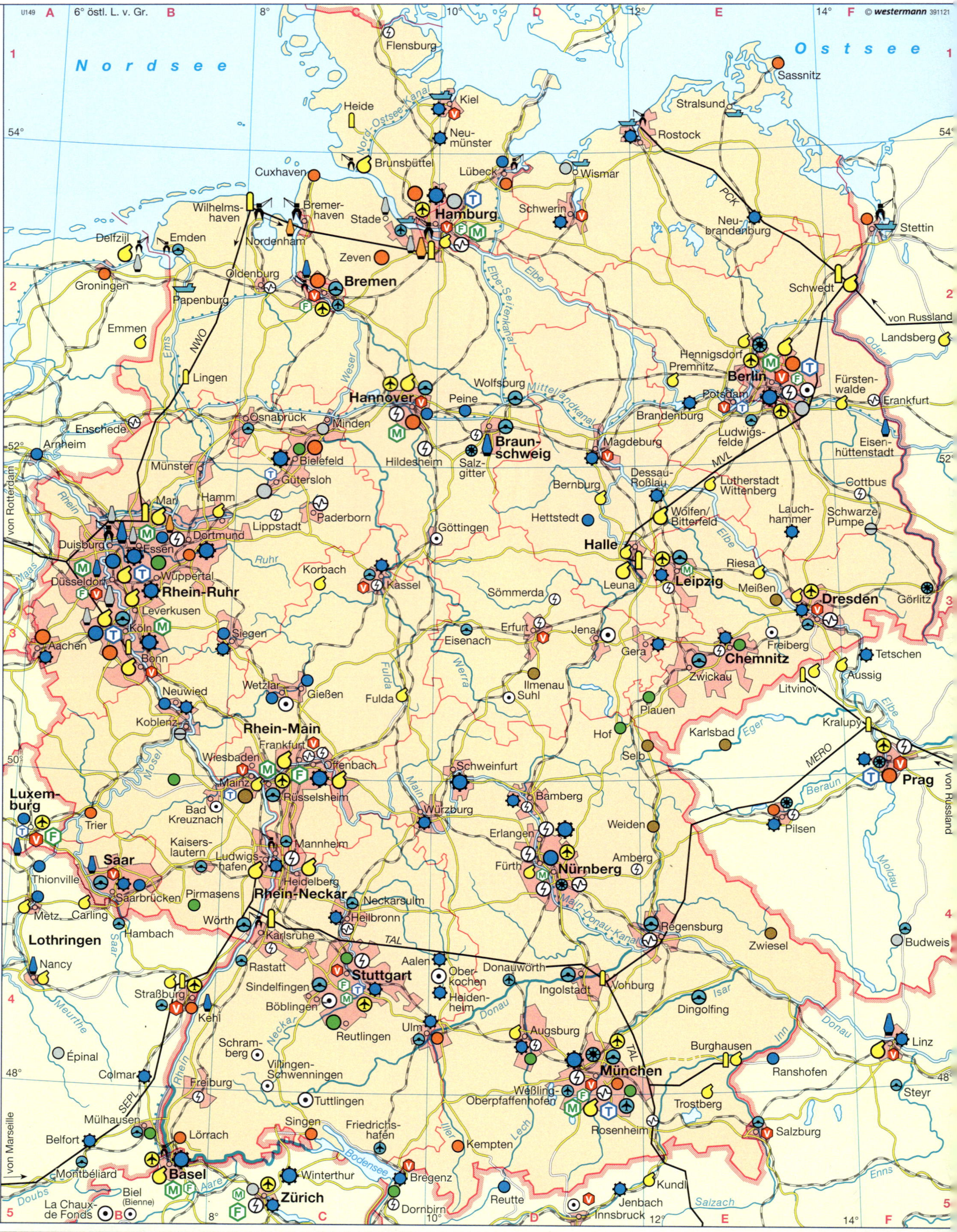

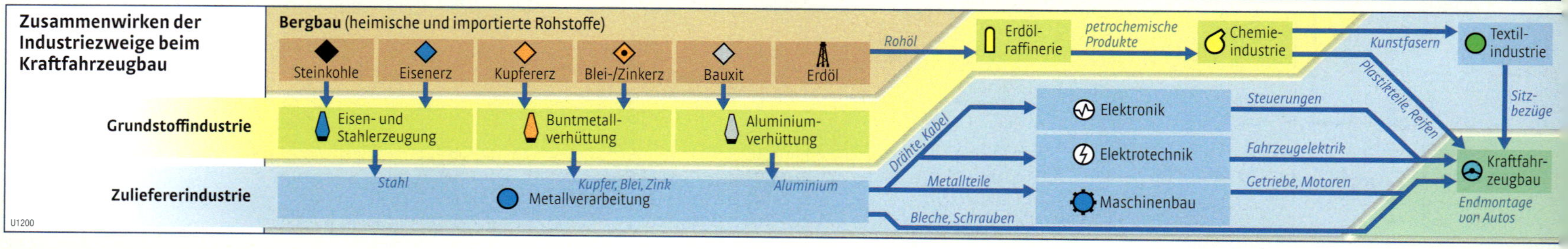

2 M7 Ruhrgebiet – Strukturwandel einer Wirtschaftsregion

Maßstab 1 : 500 000 (0 – 5 – 10 – 15 – 20 – 25 km)

um 1840

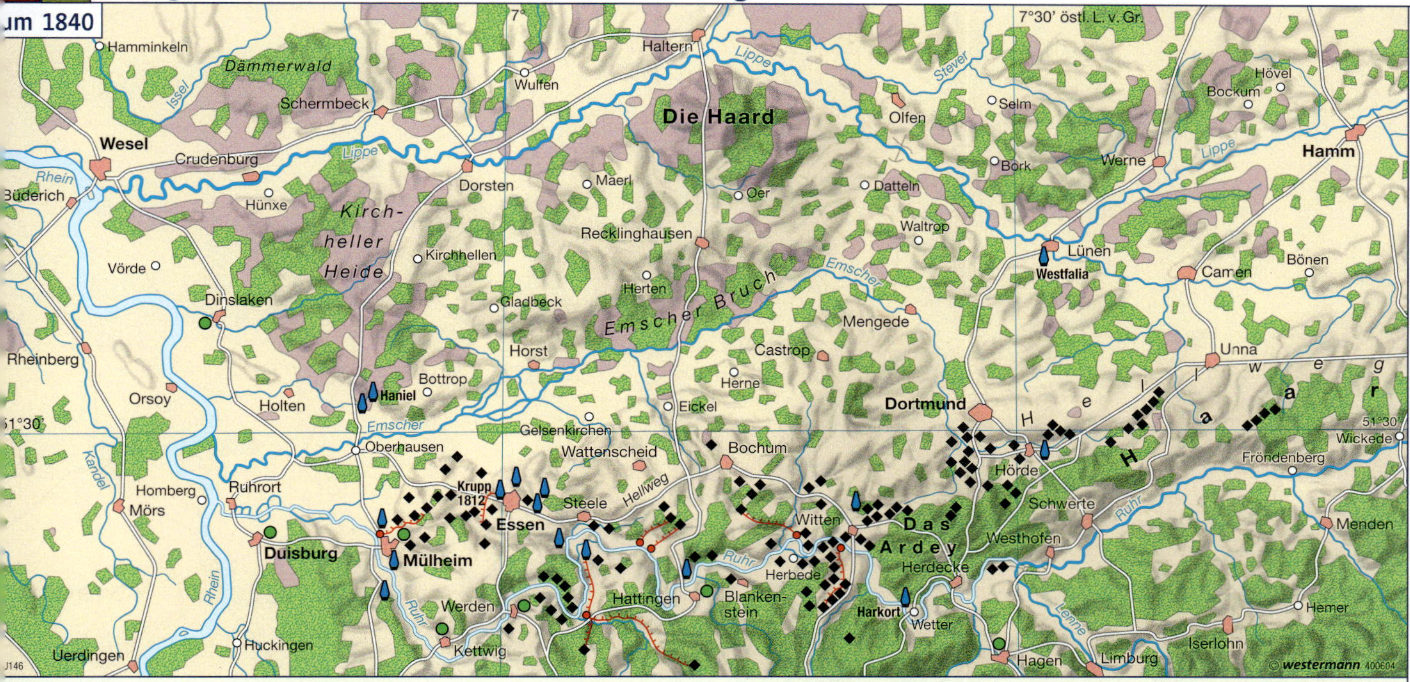

um 1960

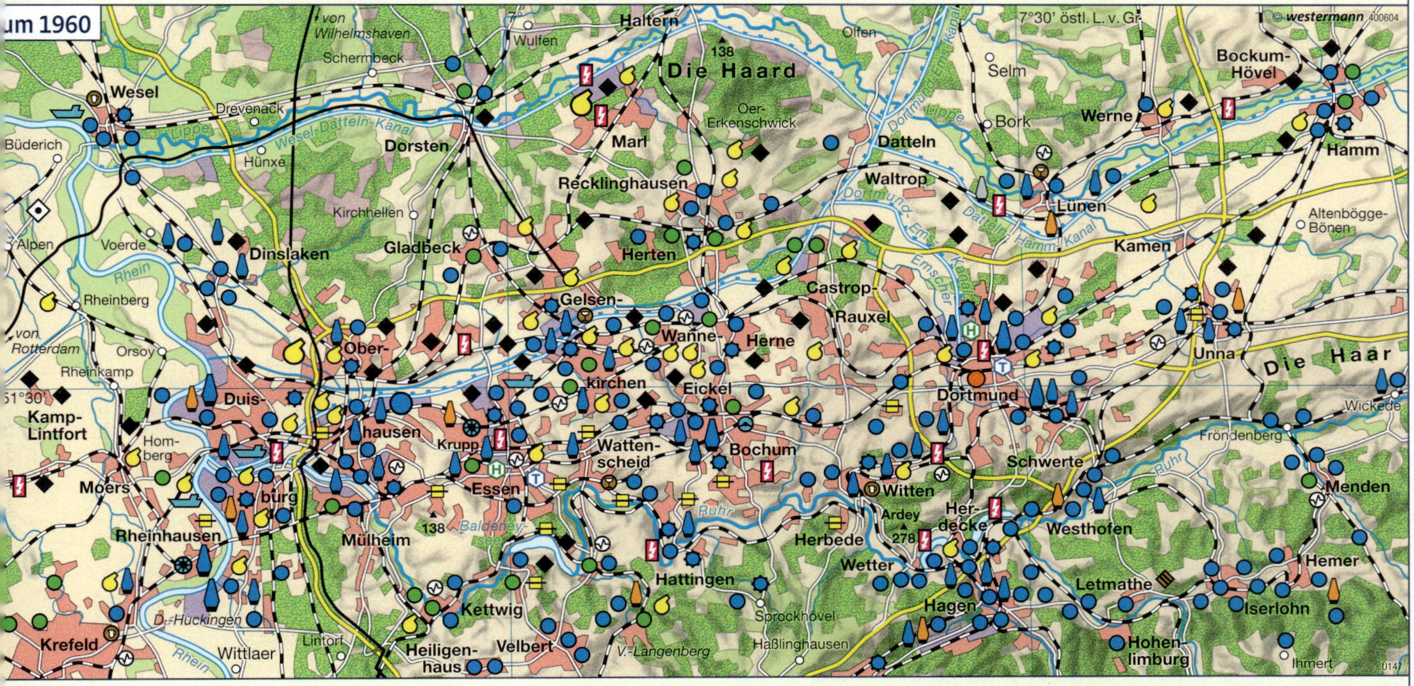

um 2010

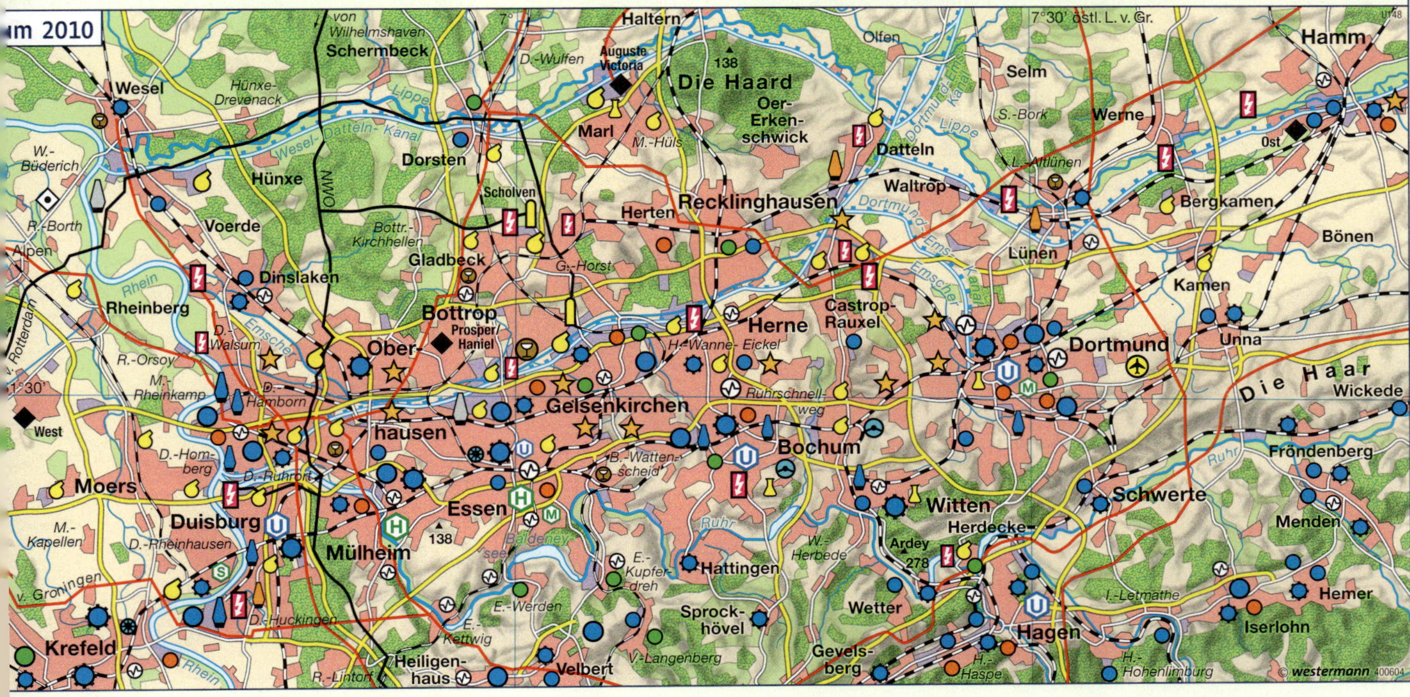

Bergbau
- Steinkohle
- Brikettfabrik
- Steinsalz
- Kalkstein

Energie
- Wärmekraftwerk

Industrie
- Stahlerzeugung
- Aluminiumverhüttung
- Buntmetallverhüttung
- Metallverarbeitung
- Eisen-, Blech-, Metallwaren
- Maschinenbau
- Kraftfahrzeugbau
- Schienenfahrzeugbau
- Schiffbau
- Elektrotechnik, Elektronik
- Chemie, Kunststoffe
- Biotechnologie
- Erdölraffinerie
- Textilien, Bekleidung, Leder
- Papier
- Glas
- Keramik
- Nahrungs- und Genussmittel

Tourismus
- Revierpark, Industriekultur

Dienstleistung
- Universität, Hochschule
- TV, Presse, Medien
- Sitz großer Handelsunternehmen
- Service, Beratung
- Messezentrum

Verkehr/Transport
- Autobahn
- Fernstraße
- Eisenbahn
- Kohlebahn, Kohlehafen
- schiffbarer Fluss
- Kanal
- Flughafen
- Erdölleitung
- Erdgasleitung

Bodennutzung
- Heide
- Wald
- Wiese, Weide
- Ackerbau
- Siedlungsfläche
- Industriefläche
- Orte unter 10 000 Einw.

1 Deutschland – Verkehr

Maßstab 1 : 3 500 000 — 0 30 60 90 120 150 km

Straßenverkehr

- Autobahn
- Autobahn im Bau oder in Planung
- 7 Autobahnnummer (Auswahl)
- andere Fernverkehrsstraße

Schienenverkehr

- ICE-Hochgeschwindigkeitsstrecke (mehr als 200 km/h)
- ICE-Hochgeschwindigkeitsstrecke (bis 160 km/h)
- andere Fernverkehrsstrecke
- wichtiger ICE-Bahnhof

Luftverkehr

- Flughafen mit mehr als 30 Mio. Fluggästen/Jahr
- Flughafen mit 10 bis 30 Mio. Fluggästen/Jahr
- Flughafen mit 1 bis 10 Mio. Fluggästen/Jahr
- mehr als 100 000 t Luftfracht/Jahr

Schiffsverkehr

- Seehafen
- Binnenhafen
- wichtiger Containerhafen

Umschlag (in Tonnen)

- über 50 Mio.
- 10 – 50 Mio.
- 5 – 10 Mio.

Wasserstraßen

- Binnenwasserstraße mit mehr als 20 Mio. t Güterbeförderung/Jahr
- Binnenwasserstraße mit unter 20 Mio. t Güterbeförderung/Jahr
- Fähre

Alpentransit

- Pass (Höhe in m)
- Tunnel (Länge in km)

- dicht besiedeltes Gebiet

2 Hamburger Hafen

Maßstab 1 : 75 000

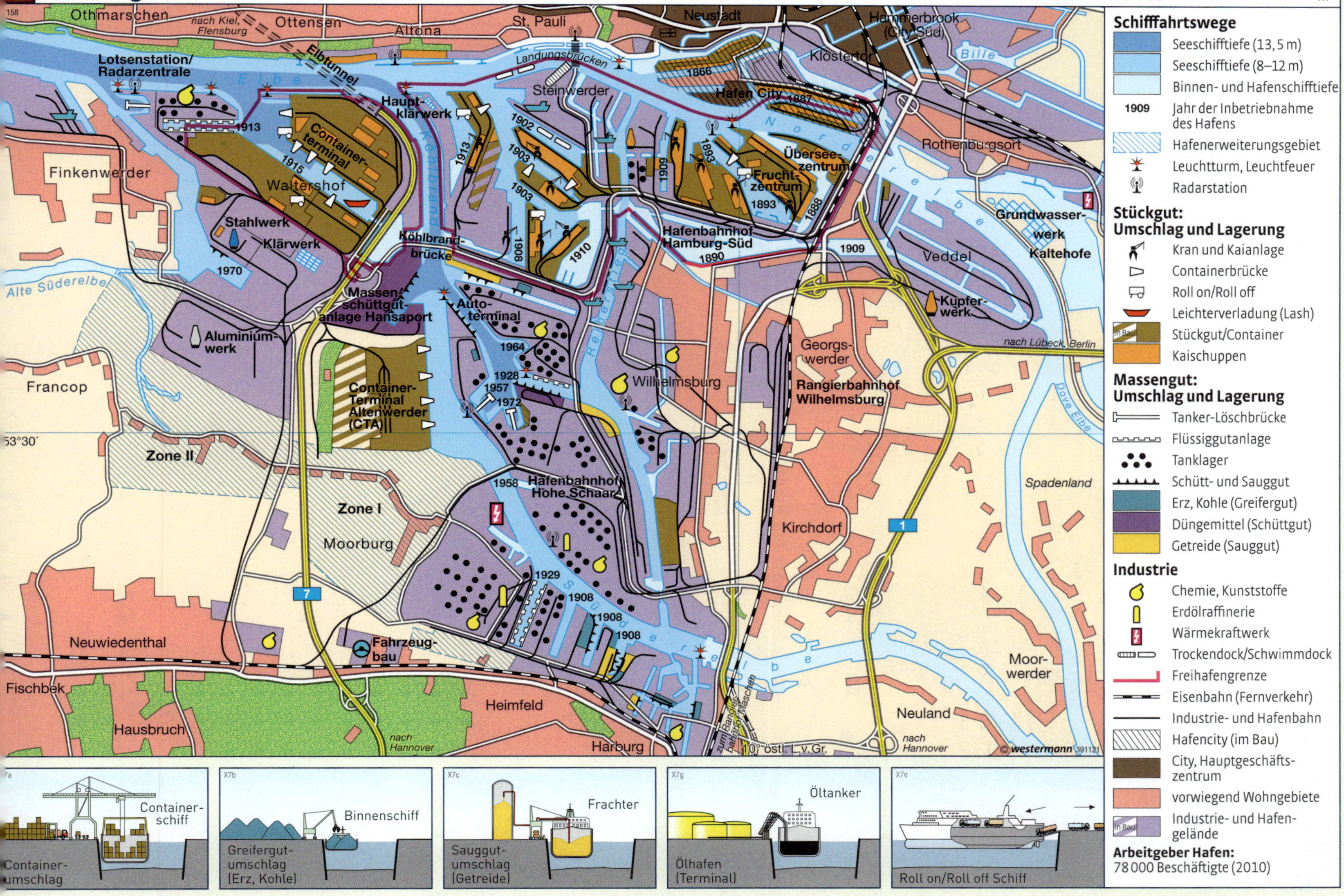

3 Frankfurt/Main – Flughafen

Maßstab 1 : 75 000

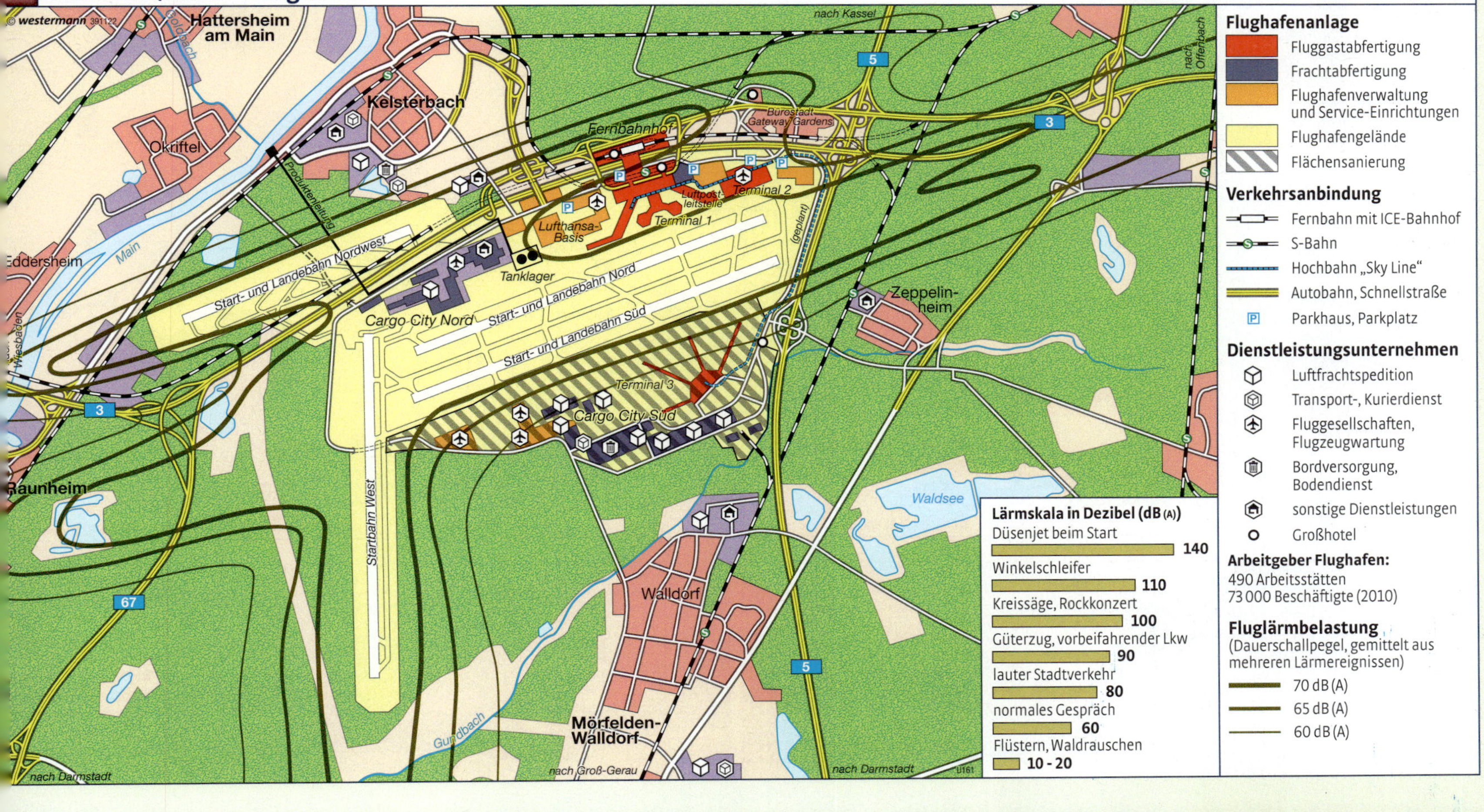

1 Deutschland – Energiewirtschaft

Maßstab 1 : 3 500 000

Energierohstoffe
- Erdöl
- Erdgas
- Steinkohle
- Braunkohle

Stromerzeugung

Wärmekraftwerke
- Steinkohle
- Braunkohle
- Erdgas
- Kernkraft
- stillgelegt

Wasserkraftwerke
- Speicherkraftwerk, einschl. Pumpspeicher
- Laufkraftwerk

Leistung in Megawatt (MW)
- 100 – 500
- 500 – 1000
- über 1000

Verbundnetz

Überlandleitung
- 380-400 kV
- <380 kV
- Gleichstrom-Seekabel

Abfallentsorgung
- Müllverbrennungsanlage (dient auch der lokalen Energie- und Wärmeversorgung)
- Mülldeponie

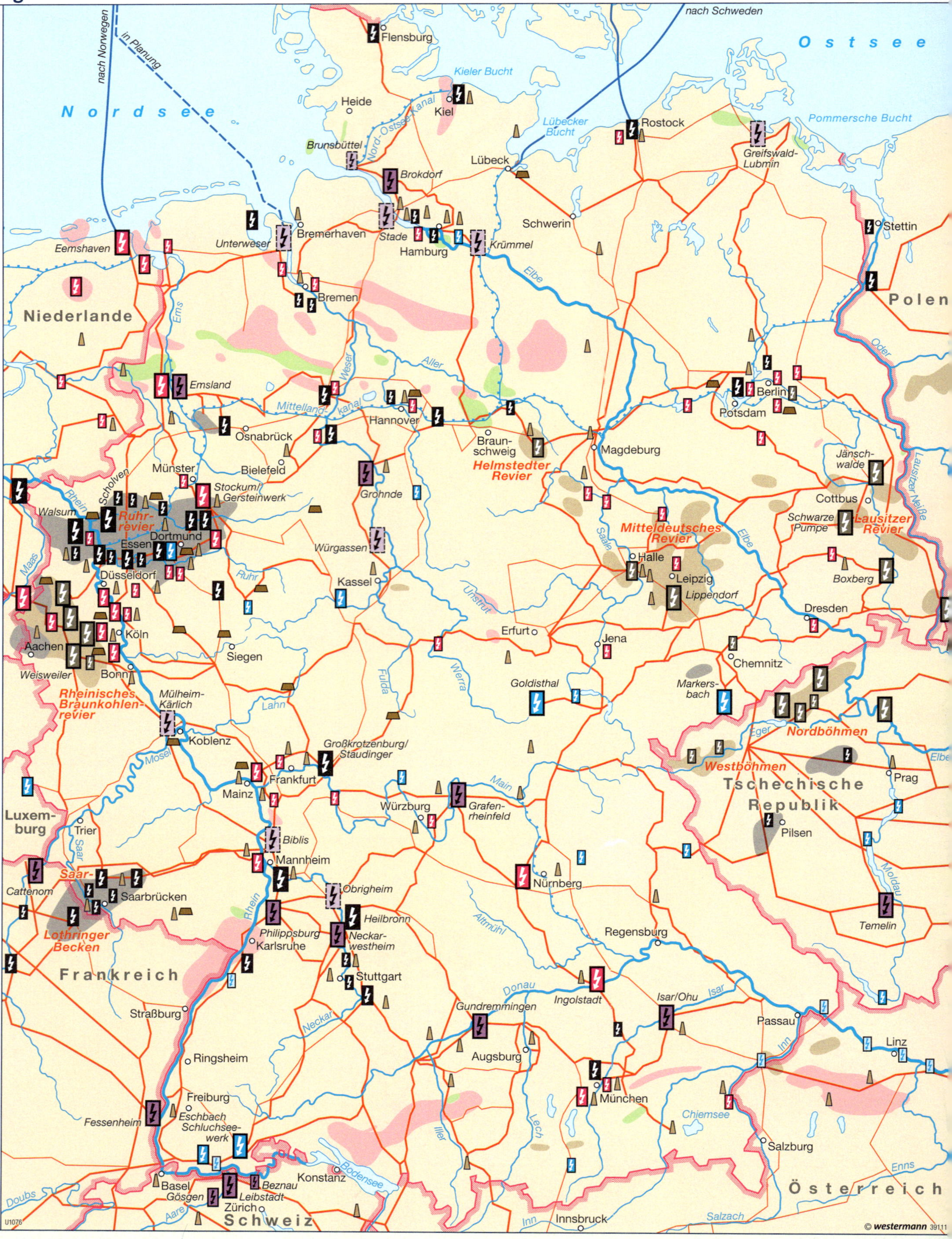

Stromerzeugung nach Energieträgern – Deutschland und Frankreich im Vergleich

Deutschland 2009
(Stromerzeugung insgesamt 596,8 Mrd. kWh bei einem Verbrauch von 582,5 Mrd. kWh)

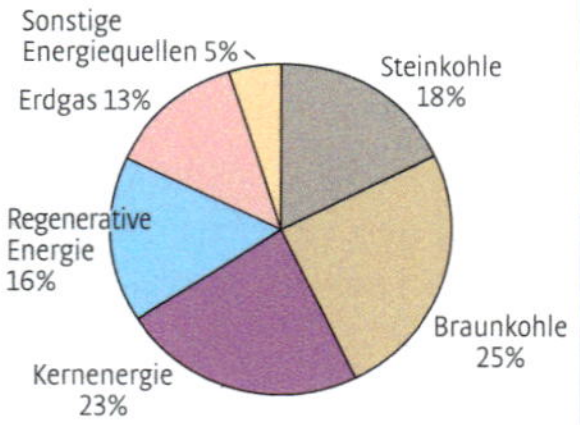

Frankreich 2009
(Stromerzeugung insgesamt 518,8 Mrd. kWh bei einem Verbrauch von 486,7 Mrd. kWh)

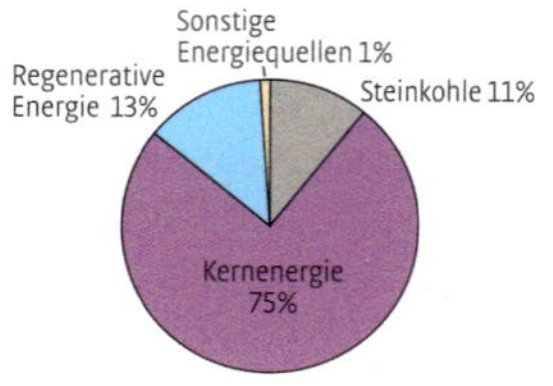

Übersicht über die Nutzung erneuerbarer Energien zur Stromerzeugung siehe Seite 39, Karten 6 und 7.

Der Wasserspeicher füllt sich entweder durch natürlichen Zulauf oder es wird Wasser aus dem Tal hochgepumpt. Dazu nutzen Pumpspeicherkraftwerke den billigeren Nachtstrom. Sie sichern die ausreichende Energieversorgung über den Tag.

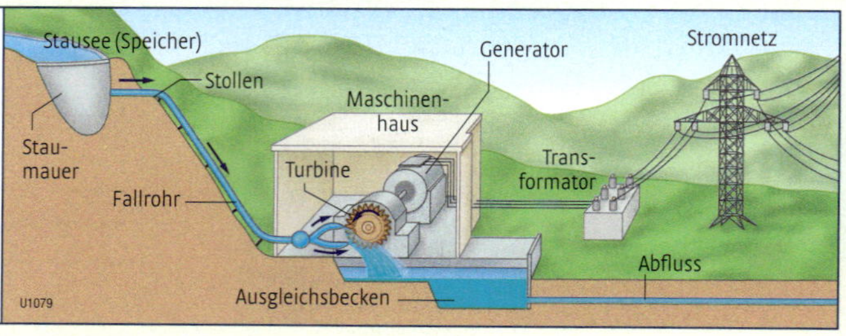

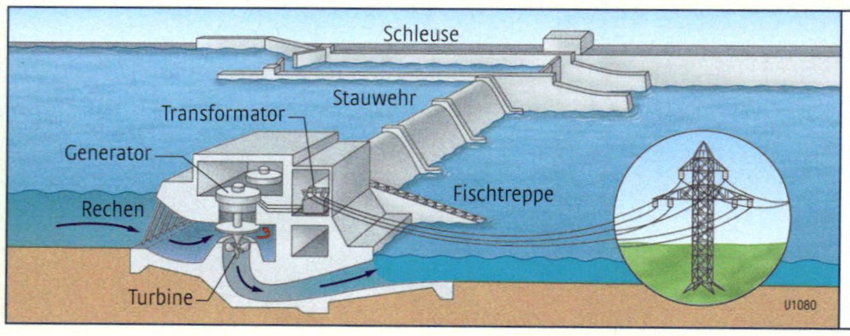

Ein Laufwasserkraftwerk nutzt die große Durchflussmenge von Flüssen zur Stromerzeugung. Es wird in der Regel rund um die Uhr betrieben. Eine Steuerung des Wasserdurchflusses in Abhängigkeit des Strombedarfs ist nicht üblich.

2 M7 Braunkohlerevier Niederlausitz – Landschaftswandel

Maßstab 1 : 250 000 (0 2 4 6 km)

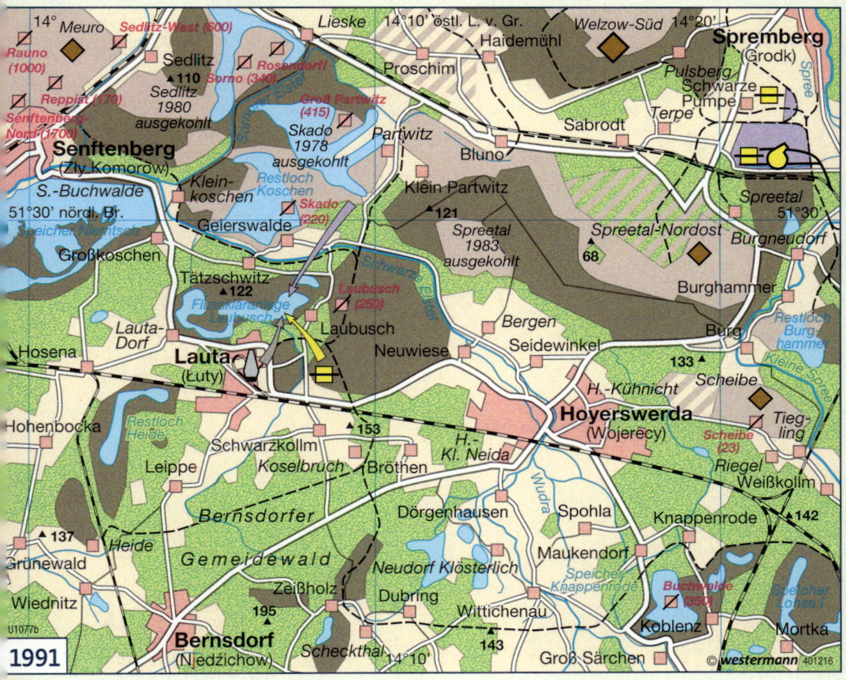

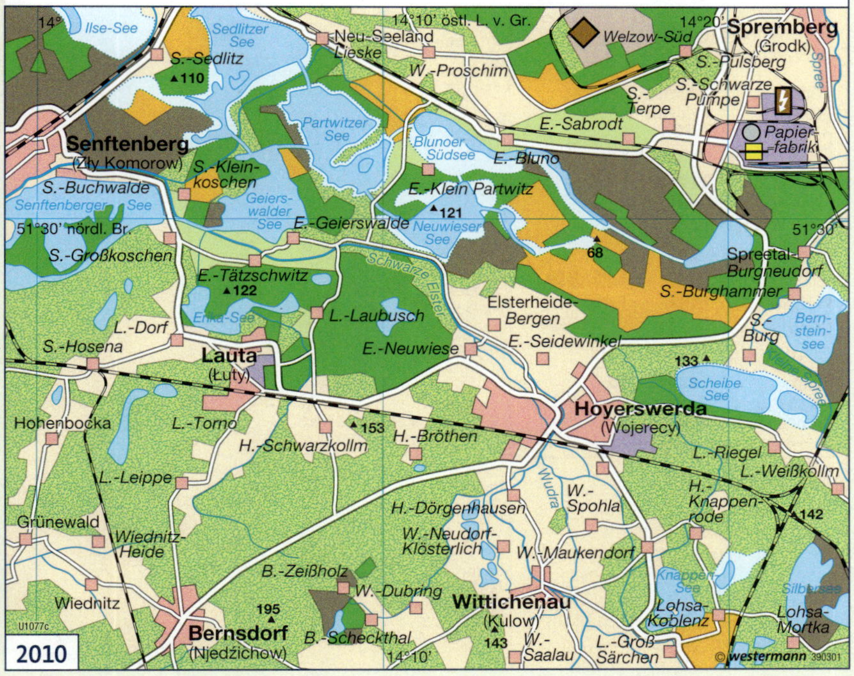

Landnutzung
- Industriepark
- Ackerland
- Wiese, Weide
- Wald

Braunkohlentagebau
- Abbaufläche
- geplante Abbaufläche

Braunkohlenverarbeitung/-nutzung

Förderung im Tagebau
- unter 10 Mio. t/Jahr
- über 10 Mio. t/Jahr
- Kohleverbindungsbahn
- Brikettfabrik
- Kohlechemie
- Aluminiumwerk
- Braunkohlenkraftwerk
- Speicher, Restloch

Abwässereinleitung
- aus Brikettierung
- aus Aluminiumwerk (basisch)
- Grubenwässer (sauer)

Rekultivierung
- Sanierungsbergbau, Verkippung
- wieder nutzbar gemachte Fläche, Forstwirtschaft
- wieder nutzbar gemachte Fläche, Landwirtschaft
- Gewässer/geflutete Tagebaulöcher
- Tagebau in Flutung (geplanter Endstand)

Orte
- über 5 000 Einwohner
- unter 5 000 Einwohner
- Orts- und Teilortsverlegung 1925-1989
- Skado 220 – Anzahl der umgesiedelten Einwohner
- 143 – Höhenpunkt (in Meter)

Verkehr
- Fernverkehrsstraße/Bundesstraße
- Straße, Weg

Eisenbahn
- Hauptstrecke
- Nebenstrecke
- schiffbare Verbindung (touristische Nutzung)

3 Abfallverwertungsanlage und Deponie im Breisgau (Baden-Württemberg)

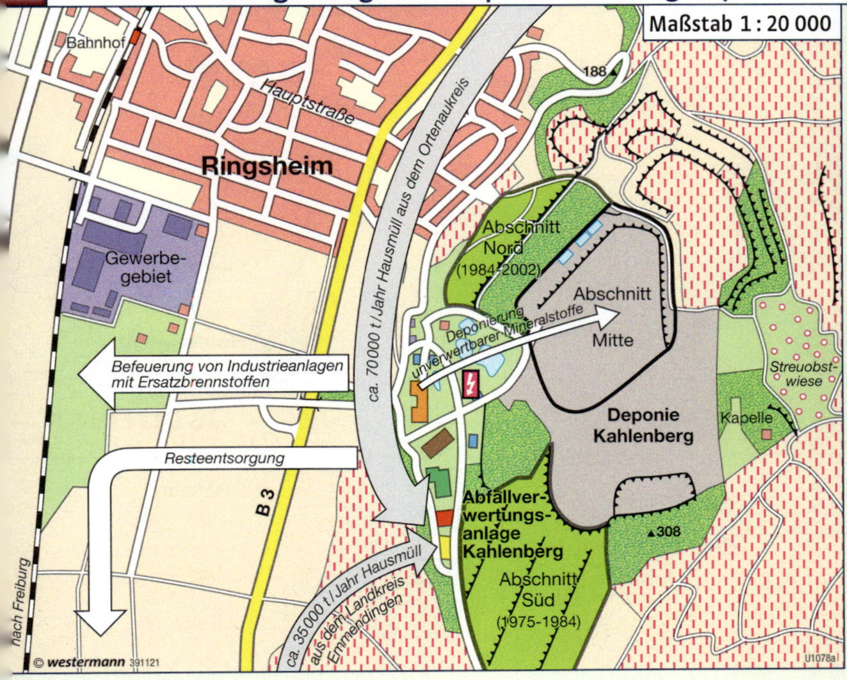

Ehemalige Erzgrube Kahlenberg
- Wein
- Böschung

Hausmülldeponie
- aktive Deponie
- rekultivierte Deponiefläche

Abfallaufbereitung
- Haumüllanlieferung (Kontrolle und Sichtung)
- Mechanische Aufbereitung (Sortierung, Zerlegung, Siebung)
- Biologische Umsetzung (Auswaschung organischer Bestandteile)
- Biologische Trocknung (Zufuhr von Warmluft)
- Mechanische Stofftrennung (Siebung, Sichtung, Verladung)
- Wasserreinigung
- Steuerung, Überwachung
- Förderband
- Blockheizkraftwerk
- Gasleitung (Biogas, Deponiegas)

1 Deutschland – Umwelt und Naturschutz

Maßstab 1 : 3 500 000

Flächennutzung Deutschland 1990 und 2010

1 Kästchen ≙ 1000 km²

Umweltbelastungen

- sehr stark befahrene Autobahn (über 90 000 KFZ pro Tag)
- stark befahrene Autobahn (50 000 -90 000 KFZ pro Tag)
- hochwassergefährdete Flussabschnitte
- Fluglärm (zivile Flughäfen)
- Kernkraftwerk
- Endlager für radioaktive Abfälle
- hohe Bodenversiegelung
- ehemaliger Uranerztagebau
- Braunkohletagebau
- ehemaliger Braunkohletagebau
- Müllverbrennungsanlage

Naturschutz

- Biosphärenreservat
- Nationalpark

Verkehr

- Autobahn
- Eisenbahn
- Flughafen
- Staatsgrenze

Nationalpark:

Ein vom Bund ausgewiesenes großräumiges Gebiet, das besonders schöne und seltene Naturlandschaften schützt. Bestimmte Bereiche dürfen nicht betreten werden, damit die Natur ungestört bleibt. In Deutschland gibt es 14 Nationalparks, die 2,6 % der Landesfläche einnehmen (inkl. Nord- und Ostsee-Anteile).

Biosphärenreservat:

Ein von der UNESCO ausgewiesenes großräumiges Gebiet, das der Erhaltung und Entwicklung repräsentativer Ökosysteme der Natur- und Kulturlandschaft dient. Besonders wertvolle Gebiete dürfen nicht betreten werden. In Deutschland gibt es 13 Biosphärenreservate, die 3 % der Landesfläche einnehmen (inkl. Nord- und Ostsee-Anteile).

Schema zur Zonierung von Nationalparks und Biosphärenreservaten

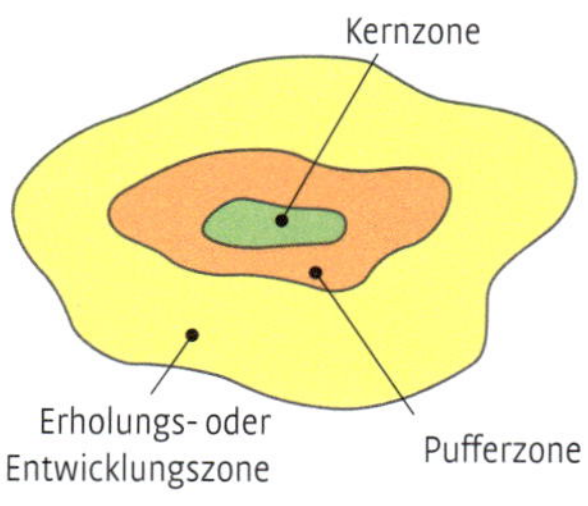

2 Wattenmeer bei Ebbe und Flut

 Sandstrand, Dünen
 Schlickwatt hinter Vordeich
 Watt mit Prielen
 Acker und Weide
 eingedeichte Hallig
 Ortschaft

3 Nationalparks an der Nordseeküste

Maßstab 1 : 750 000

1 Deutschland – Tourismus

Maßstab 1 : 3 500 000 (0 30 60 90 km)

UNESCO-Welterbe
mit Jahr der Einschreibung als Kultur- oder Naturerbestätte

1. Aachener Dom (1978)
2. Speyerer Dom (1981)
3. Würzburger Residenz (1981)
4. Wies-Wallfahrtskirche (1983)
5. Brühler Schlösser (1984)
6. Hildesheimer Dom (1985)
7. Römisches Trier, Dom (1986)
8. Hansestadt Lübeck (1987)
9. Schlösser und Parks von Potsdam und Berlin (1990)
10. Kloster Lorsch (1991)
11. Bergwerk Rammelsberg, Altstadt von Goslar (1992) und Oberharzer Wasserregal (2010)
12. Altstadt von Bamberg (1993)
13. Kloster Maulbronn (1993)
14. Quedlinburger Altstadt (1994)
15. Völklinger Hütte (1994)
16. Grube Messel (1995)
17. Kölner Dom (1996)
18. Das Bauhaus und seine Stätten in Weimar und Dessau (1996)
19. Luthergedenkstätten in Eisleben und Wittenberg (1996)
20. Klassisches Weimar (1998)
21. Wartburg (1999)
22. Museumsinsel Berlin (1999)
23. Gartenreich Dessau-Wörlitz (2000)
24. Klosterinsel Reichenau (2000)
25. Industriekomplex Zeche Zollverein in Essen (2001)
26. Altstädte von Stralsund und Wismar (2002)
27. Oberes Mittelrheintal (2002)
28. Bremer Rathaus, Roland (2004)
29. Fürst-Pückler-Park in Bad Muskau (2004)
30. Römischer Grenz-Limes (2005)
31. Regensburger Altstadt (2006)
32. Siedlungen der Berliner Moderne (2008)
33. Wattenmeer (2009 / 2011)
34. Naturnahe Buchenwälder in den Nationalparks Jasmund, Kellerwald-Edersee, Müritz, Hainich und im Biosphärenreservat Schorfheide-Chorin (2011)
35. Fagus-Werk in Alfeld (2011)
36. Prähistorische Pfahlbauten rund um die Alpen (2011)

Tourismusgebiete
- bedeutendes Tourismusgebiet
- Harz – Bezeichnung eines Tourismusgebietes

Tourismusorte
- Heilbad
- Seebad
- Luftkurort

Übernachtungen pro Jahr
- 100 000 - 1 000 000
- über 1 000 000
- sonstiger Tourismusort

Übernachtung in Großstädten
- 500 000 - 1 000 000
- über 1 000 000 pro Jahr
- Freizeitpark/Erlebnispark (über 1 000 000 Besucher pro Jahr)

Naherholung
- Waldgebiet
- Gewässer
- Verdichtungsraum
- Staatsgrenze

Verkehrswege (in Auswahl)
- Autobahn
- Fernstraße
- Eisenbahn
- Fähre

2 Seebadtourismus auf Sylt (Nordseeküste)

Maßstab 1 : 100 000 — 0 1 2 3 km

Sommertourismus auf Sylt

Wintertourismus auf Sylt

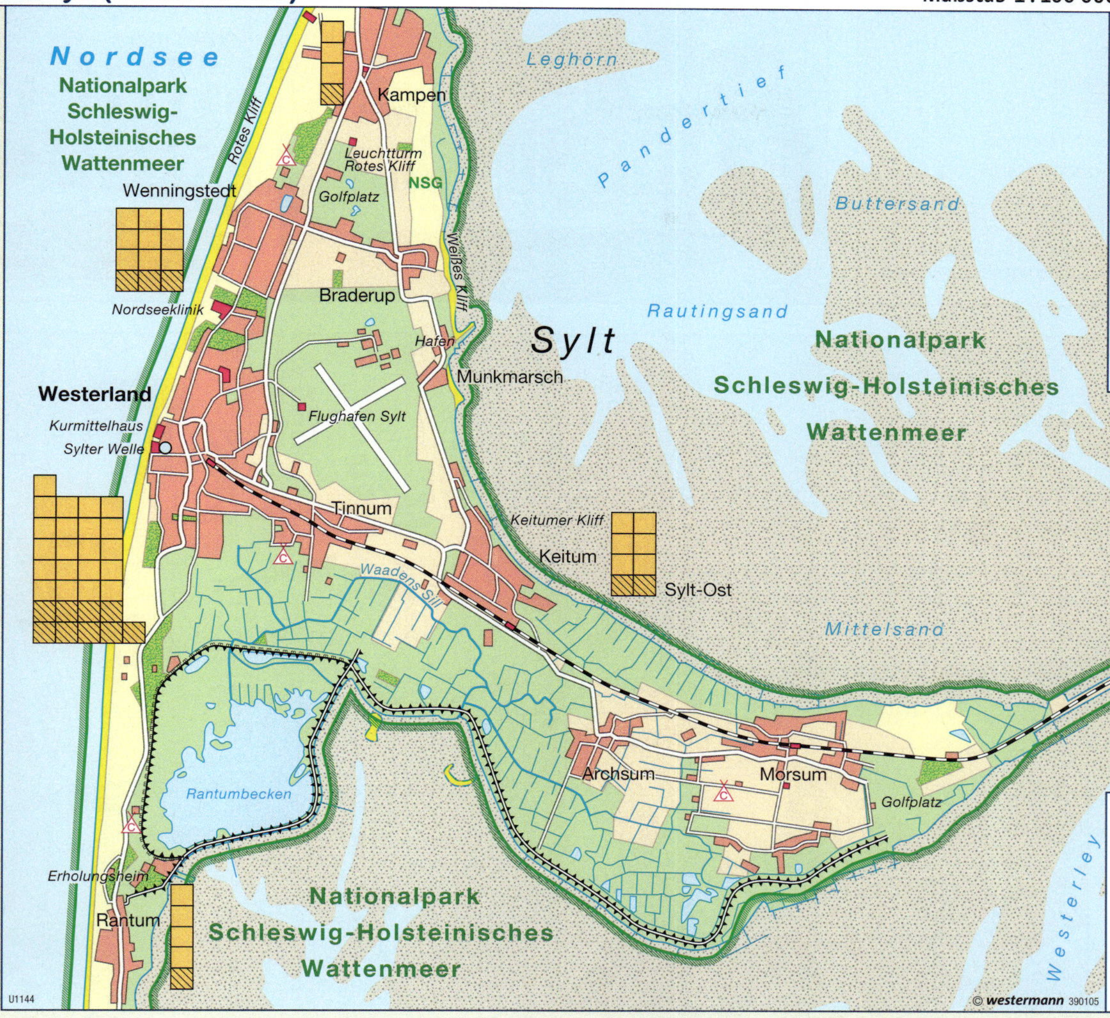

Landnutzung, Bodenbedeckung

- Wohnbebauung (mit Fremdenverkehrsvermietung, Gaststätten und Einzelhandel)
- Grünfläche, Weide
- Ackerfläche
- Dünen
- Strand
- Watt
- Deich
- Nationalparkgrenze

Übernachtungen pro Jahr

1 Kästchen ≙ 100 000 Übernachtungen

- Sommerhalbjahr
- Winterhalbjahr

Erholungseinrichtungen

- Campingplatz

3 Bergtourismus im Wettersteingebirge (Alpen)

Maßstab 1 : 100 000 — 0 1 2 3 km

Sommerwandern im Wetterstein

Wintersport im Wetterstein

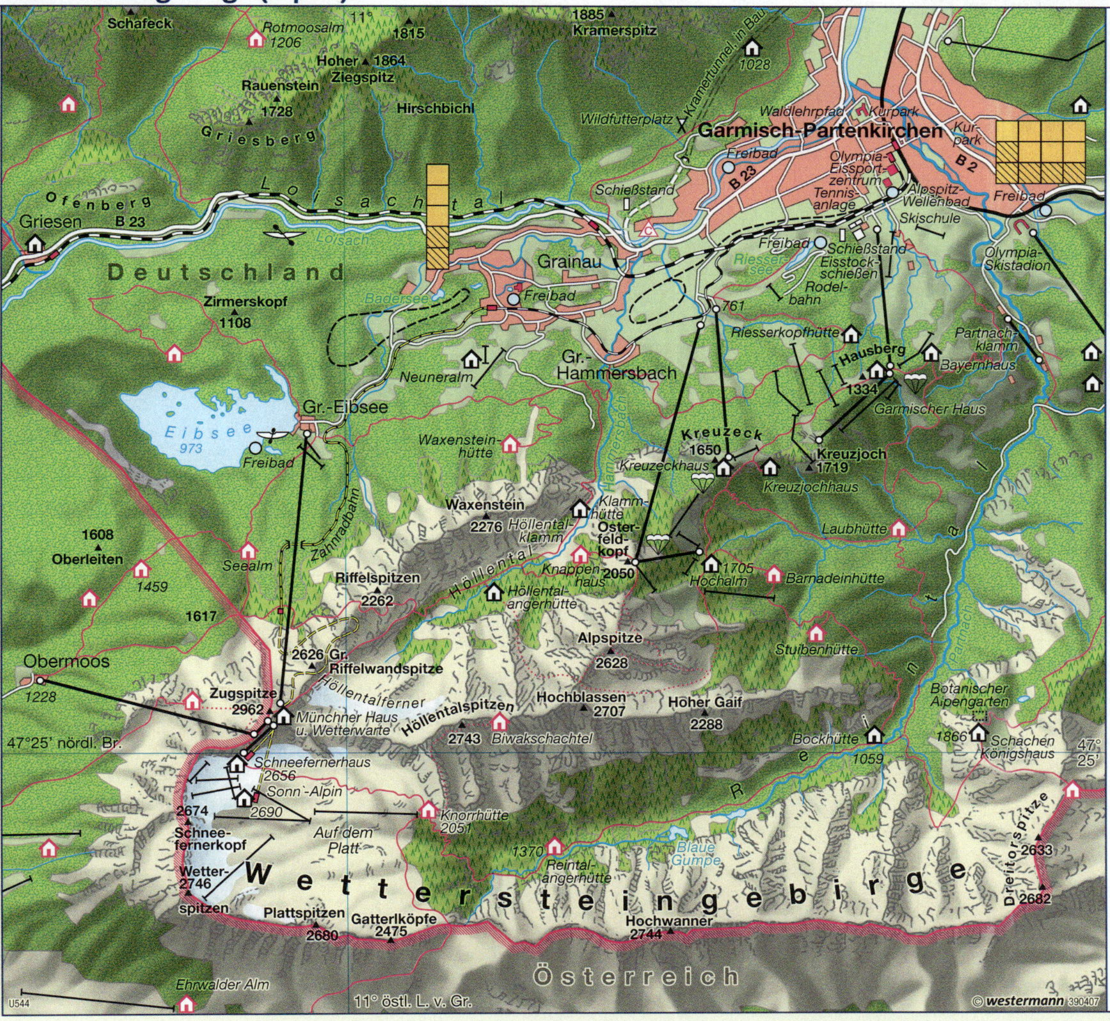

Landnutzung, Bodenbedeckung

- Wohnbebauung (mit Fremdenverkehrsvermietung, Gaststätten und Einzelhandel)
- Wiese, Weide, Alm
- Mischwald, Gebirgsnadelwald
- Bergwald mit Latschenkiefern
- Fels und Geröll
- Gletscher

Übernachtungen pro Jahr

1 Kästchen ≙ 100 000 Übernachtungen

- Sommerhalbjahr
- Winterhalbjahr

Erholungseinrichtungen

- Bergbahn
- Wanderweg (Auswahl)
- Klettersteig
- Bootsverleih
- Wildwasserfahren
- Gleitschirmfliegen
- Campingplatz
- Berggasthaus
- Schutzhütte
- Skilift
- Skiloipe

Seit 1990 ist Berlin die Hauptstadt der Bundesrepublik Deutschland und Sitz vieler Verfassungsorgane:

1 Bundestag im Reichstagsgebäude
2 Bundesrat im preußischen Ständehaus
3 Bundeskanzleramt
4 Sitz des Bundespräsidenten im Schloss Bellevue

Mehr als 120 Staaten und alle 16 Bundesländer haben Botschaften oder Vertretungen in Berlin:

5 Vertretung eines Bundeslandes (Bremen)

Darüber hinaus sind internationale Einrichtungen und viele Fernseh- und Radiostationen, Zeitungen und Nachrichtenagenturen vertreten.

1

2

- Bundesbehörde
- *Justiz* Bundesministerium
- ausländische Vertretung (Konsulat, Botschaft)
- Landesbehörde (Berlin)
- Landesvertretung (Bundesländer)
- Bildungseinrichtung
- kulturelle Einrichtung
- kirchliche und soziale Einrichtung
- Hauptgeschäftszentrum
- Wohnnutzung, z. T. Handel, Gewerbe
- Bahngelände, Industrie
- Friedhof
- Grünfläche
- Wald
- Zoogebäude
- Fernbahn, S-Bahn
- Fernbahn unterirdisch
- DB Fernbahnhof
- S-Bahn unterirdisch
- S S-Bahnhof
- U-Bahn
- U-Bahn oberirdisch
- U-Bahn (im Bau)
- U U-Bahnhof
- Straßentunnel
- Bezirksgrenze
- **Mitte** Bezirksname
- ehemaliger Verlauf der Berliner Mauer

Landesvertretung

1 Baden-Württemberg
2 Bayern
3 Berlin
4 Brandenburg
5 Bremen
6 Hamburg
7 Hessen
8 Mecklenburg-Vorpommern
9 Niedersachsen
10 Nordrhein-Westfalen
11 Rheinland-Pfalz
12 Saarland
13 Sachsen
14 Sachsen-Anhalt
15 Schleswig-Holstein
16 Thüringen

Mit 5,4 Mio. Übernachtungsgästen aus Deutschland, 2,9 Mio. aus dem Ausland und 132 Mio. Tagestouristen ist Berlin das beliebteste Reiseziel in Deutschland (2008). Damit gehört Berlin nach London und Paris und zusammen mit Rom auch zu den beliebtesten Reisezielen in Europa. Neben den politischen Institutionen gibt es zahlreiche Sehenswürdigkeiten, Museen sowie viele Geschäfte und Kulturangebote, die Touristen nach Berlin ziehen:

6 Brandenburger Tor
7 Holocaust-Mahnmal
8 Potsdamer Platz
9 Gendarmenmarkt
10 Museumsinsel mit Fernsehturm im Hintergrund

6

7

Maßstab 1 : 20 000
1 cm ≙ 200 m
0 200 400 600 800 1000 m

3

4

5

9

10

1 Deutschland – Bevölkerungsdichte

Maßstab 1 : 3 500 000 (0 – 50 – 100 – 150 km)

Einwohner je km² auf Gemeindebasis
- unbewohnt
- unter 25
- 25 – 50
- 50 – 100
- 100 – 200
- 200 – 400
- 400 – 1000
- über 1000

Städte (Einwohner)
- □ über 1 000 000
- ⊙ 500 000 – 1 000 000
- ○ 100 000 – 500 000
- • unter 100 000

Grenzen
- Staatsgrenze
- Landesgrenze

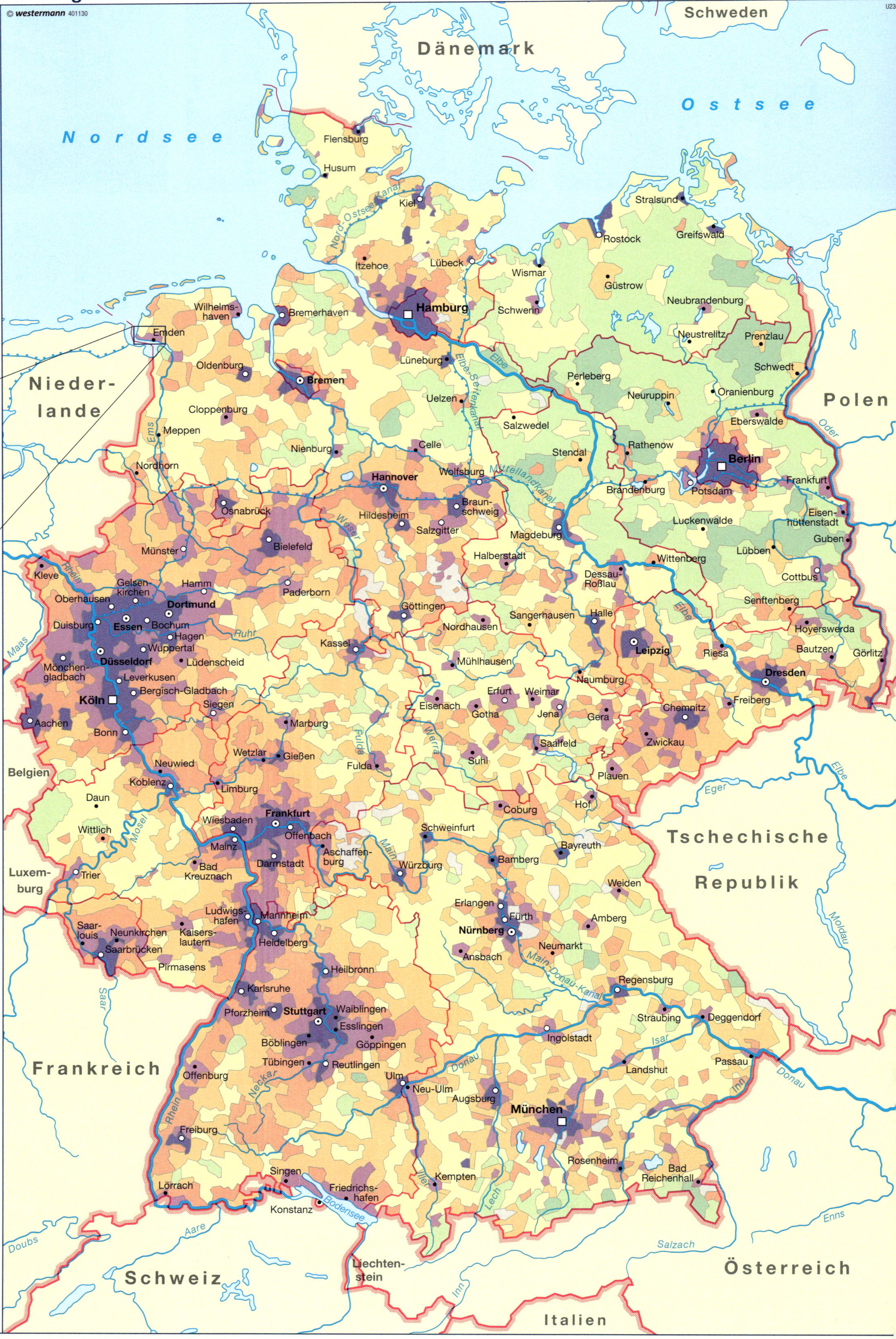

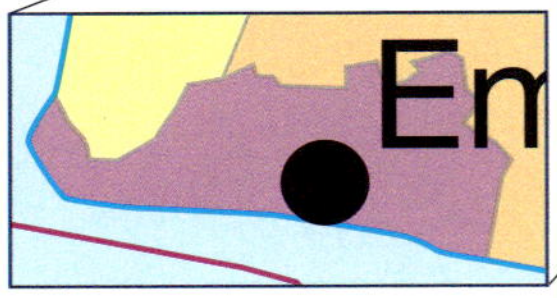

Emden – Berechnung der Bevölkerungsdichte

Bevölkerung 2009: 51 292 Einwohner
Fläche der Stadt: 112,33 km²

Berechnung der Bevölkerungsdichte:

$$\frac{\text{Einwohner}}{\text{Fläche}} = \frac{51\,292 \text{ Einw.}}{112{,}33 \text{ km}^2} = 456{,}61 \text{ Einw./km}^2$$

Mit 457 Einwohner/km² fällt Emden in Karte 1 in folgende Bevölkerungsdichteklasse:

400 – 1000

Zur Veranschaulichung:
Wenn man nun wissen möchte, wie viele Einwohner auf ein Fußballfeld kommen, ergibt sich folgende Rechnung:

1 Fußballfeld = 7 140 m²
Stadtfläche Emden = 112 330 000 m²

Stadtfläche Emdens in Fußballfeldern:

$$\frac{112\,330\,000 \text{ m}^2}{7\,140 \text{ m}^2} = 15\,732{,}5 \text{ Felder}$$

Einwohner Emdens pro Fußballfeld:

$$\frac{51\,292 \text{ Einw.}}{15\,732{,}5 \text{ Felder}} = 3{,}26 \text{ Einw./Feld}$$

Teilt man Emden also in Fußballfelder auf, so wohnen auf jedem Feld mehr als 3 Einwohner.

Maßstabswechsel
Der gezoomte Kartenausschnitt zeigt Emden im Vergleich zur Deutschlandkarte in einem größeren Maßstab.
Jetzt lassen sich die 20 Stadtteile von Emden mit ihrer Bevölkerungsdichte darstellen.
Dabei wird deutlich, dass die Bevölkerung von Emden im Stadtgebiet unterschiedlich verteilt ist.

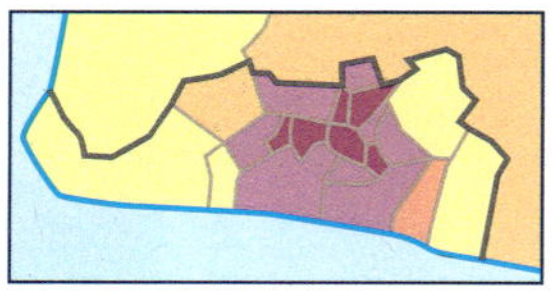

2 Altersaufbau

U174d

Deutschland 1900
56 Millionen Einwohner

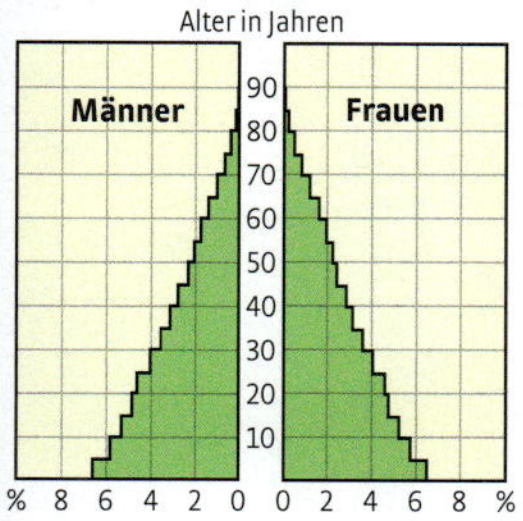

Pyramidenform
- hohe Geburtenrate
- hohe Sterblichkeit in allen Altersstufen

Folgen:
- gleichmäßige Abnahme der Bevölkerungszahl in jeder Altersstufe
- geringe Lebenserwartung

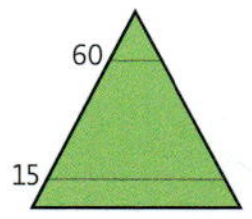

Deutschland 1950
68,5 Millionen Einwohner

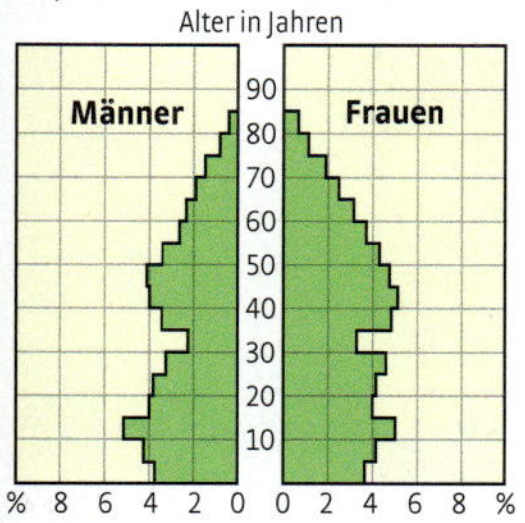

Bienenstockform (angenähert; auch Glockenform genannt)
- bis 55 Jahre ähnlich große Altersstufen – mittlere Geburtenrate von etwa 2,1 Kinder pro Frau, damit bleibt die Bevölkerungszahl konstant
- Einschnitte durch den 1. bzw. 2. Weltkrieg

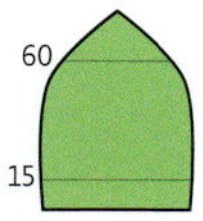

Deutschland 2008
82 Millionen Einwohner

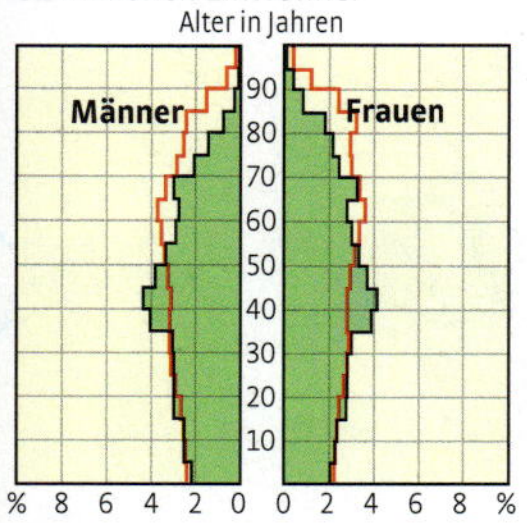

— Prognose 2050

Urnenform (angenähert)
- immer stärker abnehmende jüngere Jahrgänge
- stark besetzte ältere Jahrgänge

Folge:
- zunehmende Überalterung

Urnenform (klassisch) – Prognose 2050
- niedrige Geburtenrate
- konstant abnehmende Geburtenzahl
- immer längere Lebensdauer

Folge:
- starke Überalterung

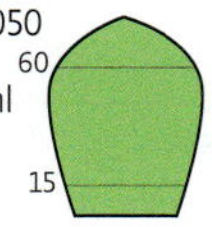

3 Natürliche Bevölkerungsentwicklung

Maßstab 1 : 7 000 000

Zunahme
Geburten minus Sterbefälle je 1 000 Einwohner (in Promille); Durchschnitt 2004 – 2006; Basis Kreise

- 2 – 3 ‰
- 0 – 2

Abnahme
- 0 – -2
- -2 – -4
- -4 – -6
- -6 – -8 ‰

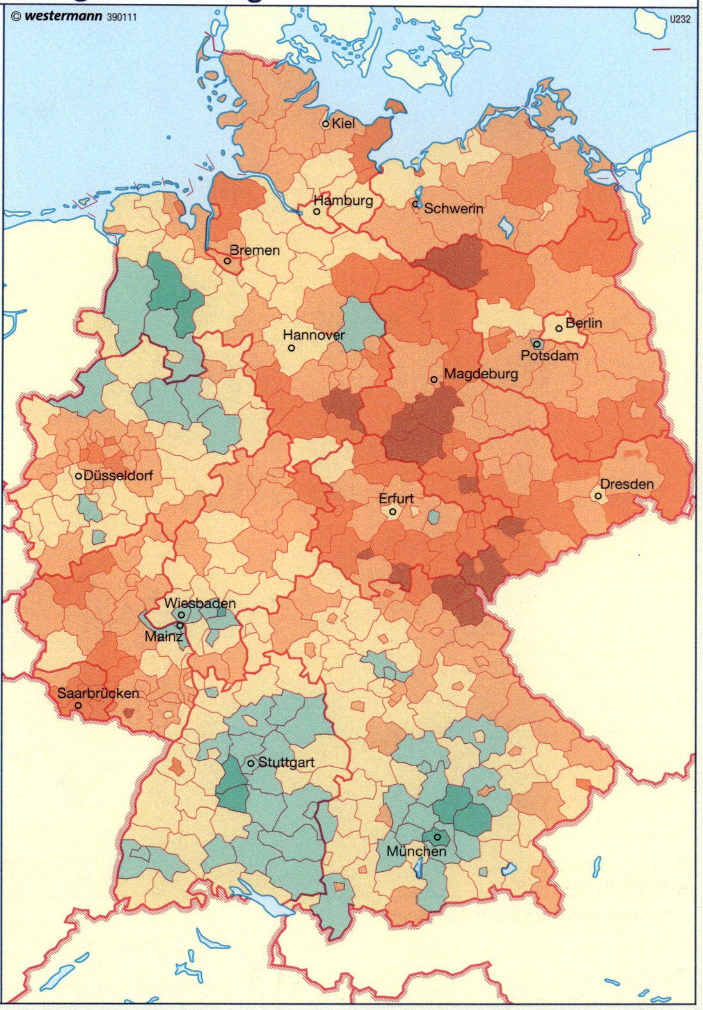

Entwicklung von Geburten- und Sterbefällen in Deutschland
- Lebendgeborene je 1 000 Einw.
- Sterbefälle je 1 000 Einw.

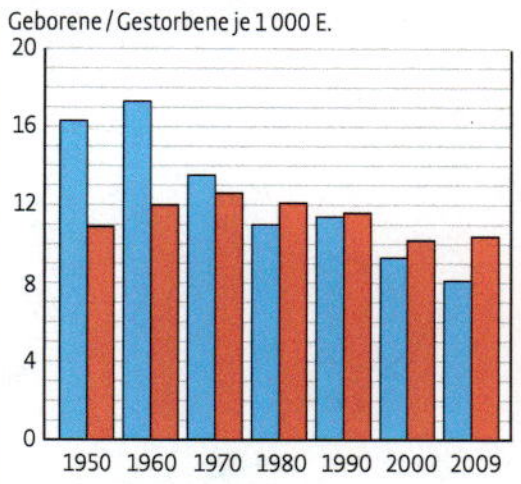

Entwicklung der Lebenserwartung bei Geburt in Deutschland
- Männer
- Frauen

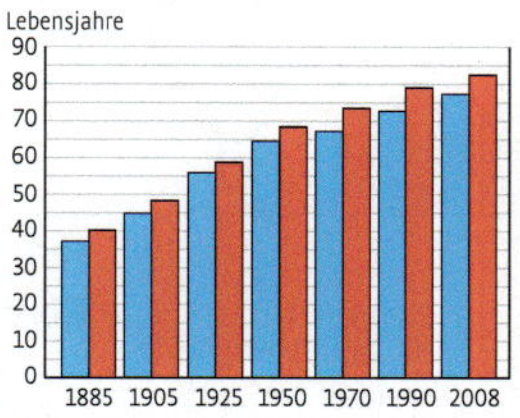

4 Ausländische Bevölkerung

Maßstab 1 : 7 000 000 — 0 50 100 150 km

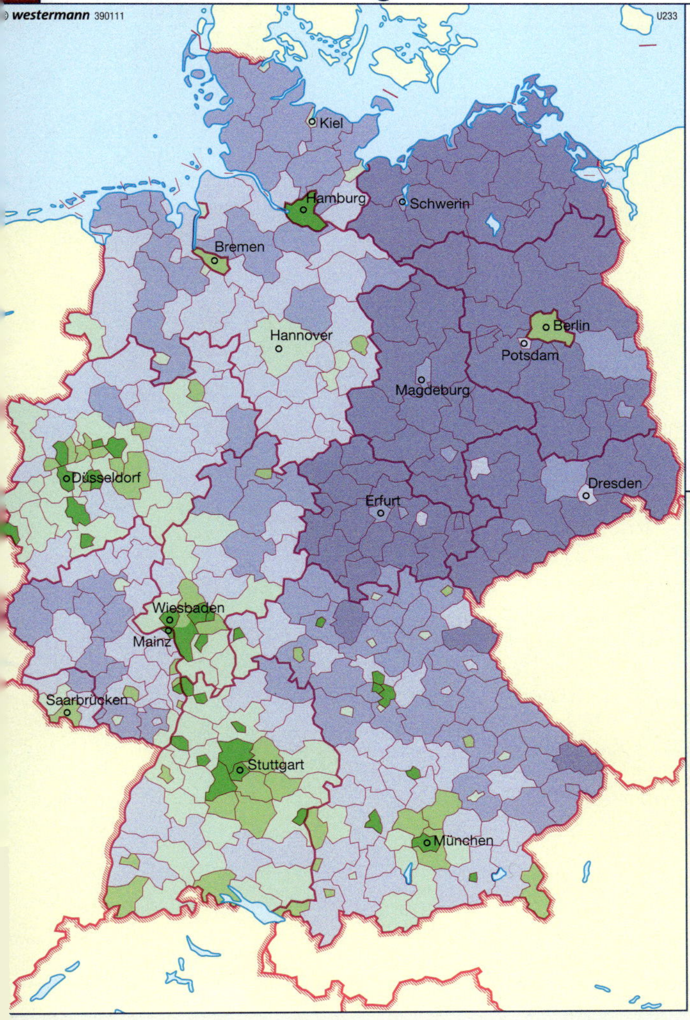

Ausländische Bevölkerung
Anteil an der Gesamtbevölkerung (in Prozent); Durchschnitt 2004 – 2006; Basis Kreise

- unter 3 %
- 3 – 5
- 5 – 8
- .... Durchschnitt Deutschland: 8,2 %
- 8 – 11
- 11 – 14
- über 14 %
- Staatsgrenze
- Landesgrenze
- Kreisgrenze

5 Bevölkerungsveränderung

Maßstab 1 : 7 000 000

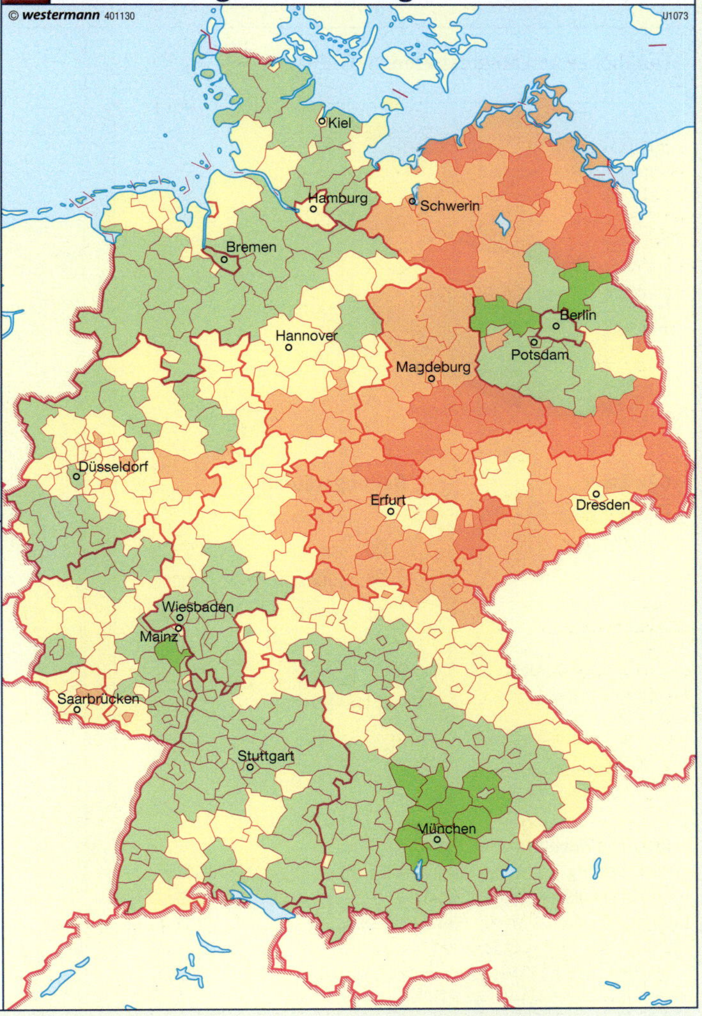

Bevölkerungsveränderung 2007 – 2025
Geschätzte Veränderung der Einwohnerzahl 2007 – 2025 (in Prozent); Basis Kreise

Zunahme
- +10 bis +20%
- +0,1 bis +10

Abnahme
- 0 bis -10
- -10 bis -20
- mehr als -20%

- Staatsgrenze
- Landesgrenze
- Kreisgrenze

1 Flusseinzugsgebiete

Maßstab 1 : 36 000 000

Haupteinzugsgebiete der Meere

- Atlantischer Ozean
- Nordsee
- Ostsee
- Polarmeer
- Mittelmeer
- Adria
- Ägäis
- Schwarzes Meer
- Kaspisches Meer

Die dunklen Farben kennzeichnen die Stromgebiete der 15 längsten Flüsse Europas.

- Europäische Hauptwasserscheide
- weitere Hauptwasserscheide
- sonstige Grenze eines Einzugsgebiets

Längste Flüsse

- **Ebro** Name des Stroms
- 3534 Länge des Stroms in km
- 1360 Größe des Einzugsgebiets in 1 000 km²

2 M3 Europa – physischer Überblick

Landhöhen und Meerestiefen (in Meter)

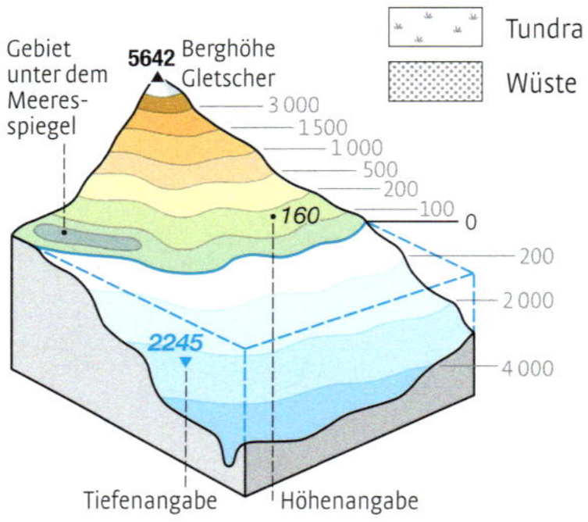

- Tundra
- Wüste

Gewässer

- Fluss
- Wadi, Trockental
- Kanal
- See
- Sumpf, Moor
- Salzpfanne
- Kontinentalgrenze

Ballungsräume

Einwohner			
über	10 000 000		
3 000 000	–	10 000 000	
1 000 000	–	3 000 000	

Ein Ballungsraum besteht aus einer oder mehreren Kernstädten und ihren Vororten.

Rekorde Europas

Höchster Berg:	Mont Blanc (Frankreich)	4 807 m
Höchster Vulkan:	Ätna (Italien)	3 350 m
Längster Fluss:	Wolga (Russland)	3 531 km
Größter See:	Ladogasee (Russland)	17 703 km
Tiefster Punkt:	Kaspische Senke (Russland)	– 26 m

Maßstab 1 : 18 000 000
1 cm ≙ 180 km
0 200 400 600 800 1000 km

1 Europa – politische Übersicht

Maßstab 1 : 24 000 000 0 200 400 600 800 1000 km

— Staatsgrenze
- - - Teilungsgrenze auf Zypern
● Hauptstadt

Abkürzungen:
Dän. = zu Dänemark
Lux. = Luxemburg
Li. = Liechtenstein
G.-B. = zu Großbritannien
Norw. = zu Norwegen

2 Europäische Union – Wirtschaftskraft der Regionen

Maßstab 1 : 30 000 000 (0 – 500 – 1000 – 1500 km)

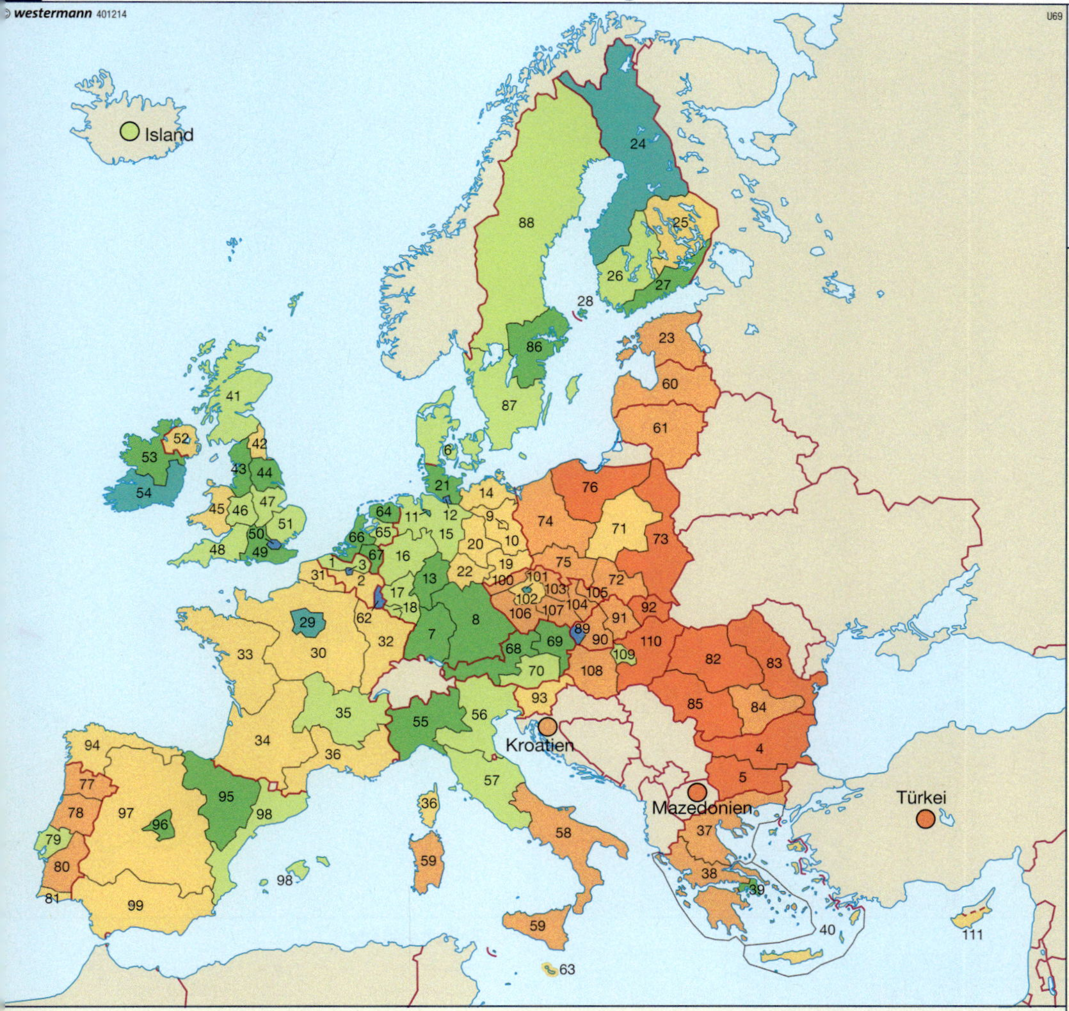

Bruttoinlandsprodukt 2007
(in Prozent des EU-Durchschnitts, gemessen an der Kaufkraft)

50 | 75 | 100 | 125 | 150 | 175

Staatsgrenze
Grenze der EU-Regionen (in Deutschland Landesgrenzen)
86 EU-Region (statistische Gebietseinheit NUTS 1/2)

Regionen der EU
(Ebene 1 der statistischen EU-Gebietseinheiten (NUTS); nur in Irland, Finnland, der Tschechischen Republik, Portugal und in der Slowakei Ebene 2)

Belgien
1 Flandern
2 Wallonien
3 Brüssel
Bulgarien
4 Nordbulgarien
5 Südbulgarien
6 Dänemark
Deutschland
7 Baden-Württemberg
8 Bayern
9 Berlin
10 Brandenburg
11 Bremen
12 Hamburg
13 Hessen
14 Mecklenburg-Vorpommern
15 Niedersachsen
16 Nordrhein-Westfalen
17 Rheinland-Pfalz
18 Saarland
19 Sachsen
20 Sachsen-Anhalt
21 Schleswig-Holstein
22 Thüringen
23 Estland
Finnland
24 Nordfinnland
25 Ostfinnland
26 Westfinnland
27 Südfinnland
28 Åland-Inseln
Frankreich
29 Île de France
30 Pariser Becken
31 Nord-Ärmelkanal
32 Ostfrankreich
33 Westfrankreich
34 Südwest-Frankreich
35 Zentral- und Ostfrankreich
36 Mittelmeer
Griechenland
37 Nordgriechenland
38 Zentralgriechenland
39 Attika
40 Ostägäis, Kreta
Großbritannien und Nordirland
41 Schottland
42 Nordost-England
43 Nordwest-England
44 Yorkshire und Humber
45 Wales
46 West-Midlands
47 Ost-Midlands
48 Südwest-England
49 Südost-England
50 London
51 Ostengland
52 Nordirland
Irland
53 Midlands und Westirland
54 Süd- und Ostirland
Italien
55 Nordwest-Italien
56 Nordost-Italien
57 Zentralitalien
58 Süditalien
59 Sizilien und Sardinien
60 Lettland
61 Litauen
62 Luxemburg
63 Malta
Niederlande
64 Nordniederlande
65 Ostniederlande
66 Westniederlande
67 Südniederlande
Österreich
68 Westösterreich
69 Ostösterreich
70 Südösterreich
Polen
71 Zentralpolen
72 Südpolen
73 Ostpolen
74 Nordwest-Polen
75 Südwest-Polen
76 Nordpolen
Portugal
77 Nordportugal
78 Zentralportugal
79 Lissabon
80 Alentejo
81 Algarve
Rumänien
82 Nordwest-Rumänien
83 Nordost-Rumänien
84 Südost-Rumänien, Bukarest
85 Südwest-Rumänien
Schweden
86 Ostschweden
87 Südschweden
88 Nordschweden
Slowakei
89 Bratislava
90 Westslowakei
91 Mittelslowakei
92 Ostslowakei
93 Slowenien
Spanien
94 Nordwest-Spanien
95 Nordost-Spanien
96 Madrid
97 Zentralspanien
98 Ostspanien
99 Südspanien
Tschechische Republik
100 Nordwest-Böhmen
101 Prag
102 Mittelböhmen
103 Nordost-Böhmen
104 Mittelmähren
105 Mähren-Schlesien
106 Südwest-Böhmen
107 Südost-Böhmen
Ungarn
108 Transdanubien
109 Mittelungarn
110 Ungarische Tiefebene und Nordungarn
111 Zypern

3 Europäische Zusammenschlüsse

Maßstab 1 : 30 000 000

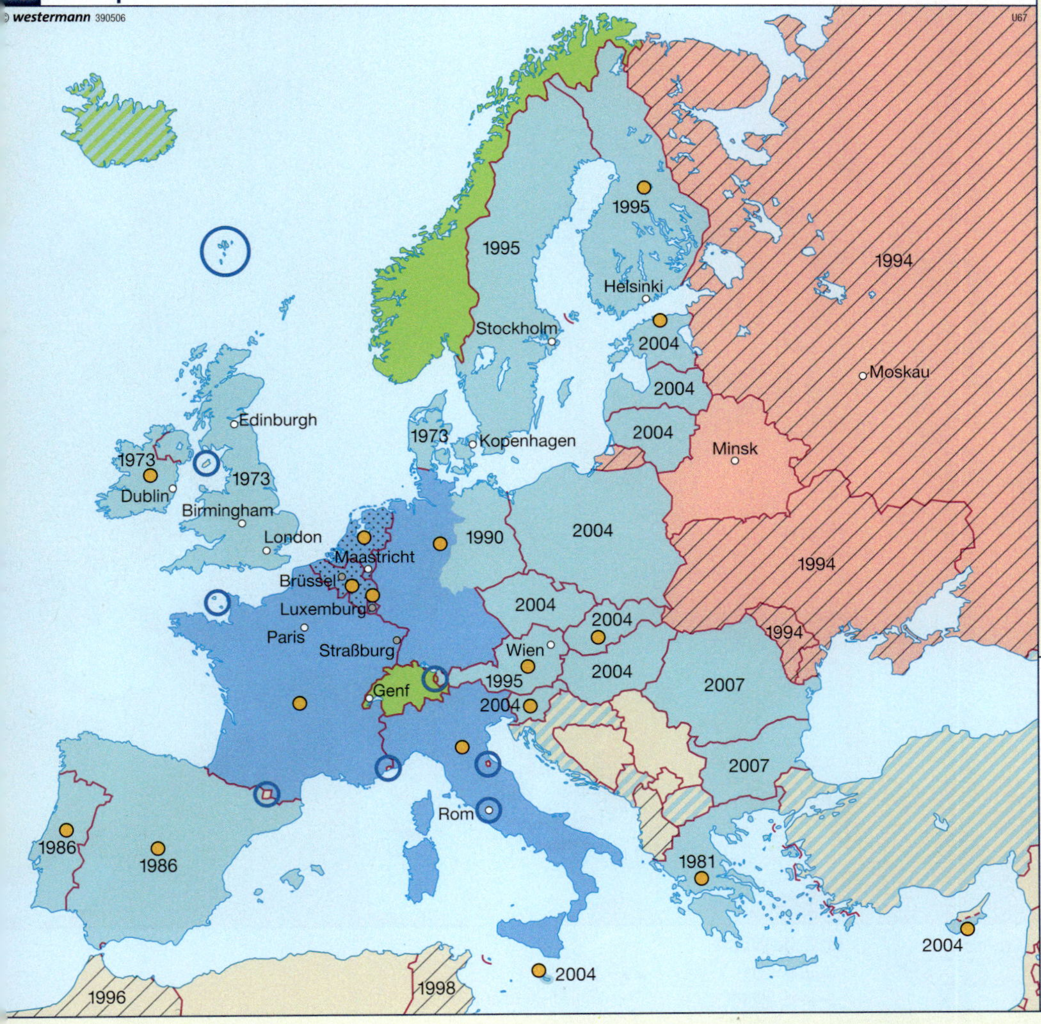

EU (seit 1993 Europäische Union, vorher Europäische Gemeinschaft (EG))

- Montanunion 1951, Europäische Wirtschaftsgemeinschaft 1957 (Kernstaaten der EG)
- 1986 Neumitglied (Beitrittsjahr)
- Beitrittskandidat
- Gründungs- und Konferenzort
- Dienstort des EU-Parlaments
- Euro-Staat
- assoziiert (Gebiet, Staat)
- Partnerschafts- und Handelsabkommen mit der **EU** (Vertragsjahr)
- **BENELUX** 1921 (Union Douanière Benelux)
- **EFTA** 1960 (European Free Trade Association)
- **EWR** 1993 (Europäischer Wirtschaftsraum) ohne Schweiz
- **GUS** 1991 (Gemeinschaft Unabhängiger Staaten)

Klimadiagramme

U1093a

- Temperaturen im Monatsmittel
- Niederschläge im Monat insgesamt
- T: 7,7 °C – Jahresdurchschnitt Temperatur
- N: 552 mm – Jahressumme Niederschlag
- 45 m ü. M. – Stationshöhe (Angabe in Meter über dem Meeresspiegel)

Reykjavik (Island)
18 m ü. M.

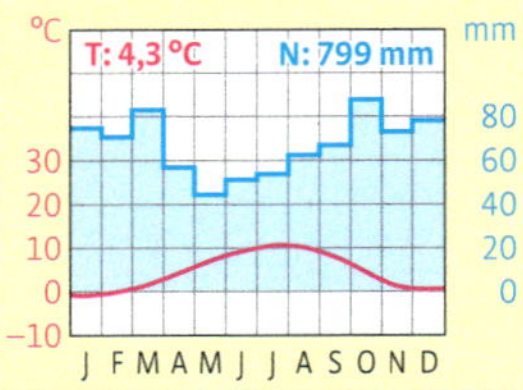

Haparanda (Schweden)
7 m ü. M.

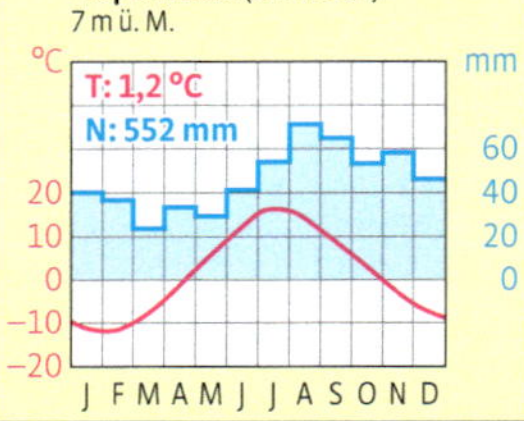

Bergen (Norwegen)
45 m ü. M.

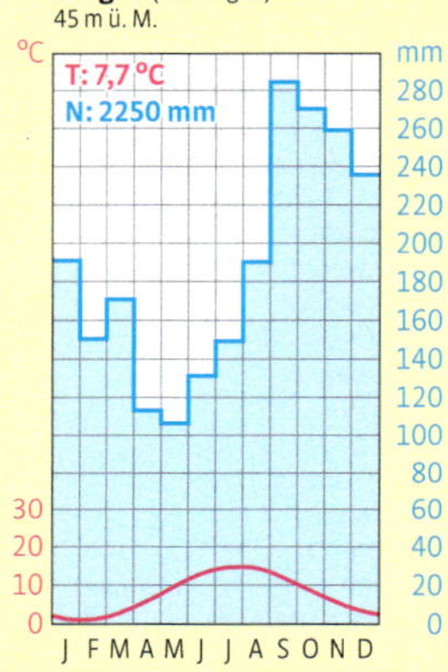

Moskau (Russland)
156 m ü. M.

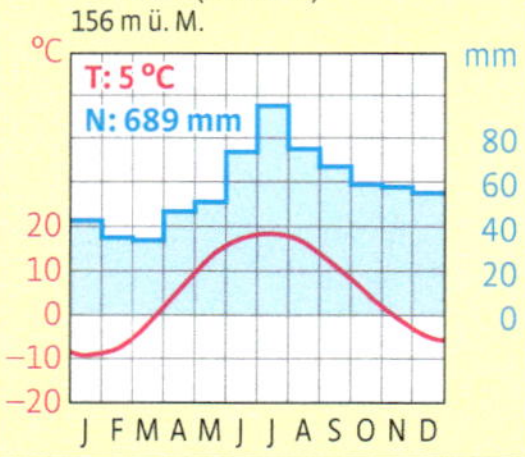

London (Großbritannien)
5 m ü. M.

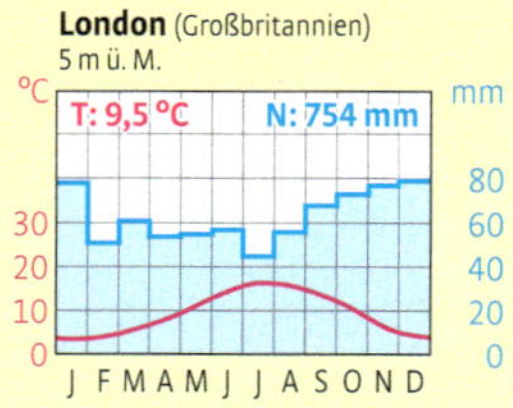

Berlin (Deutschland)
49 m ü. M.

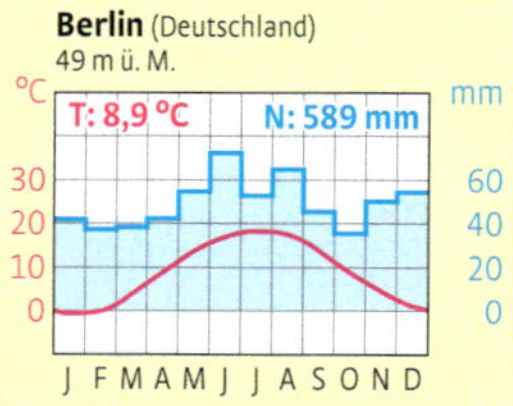

1 Temperaturen im Januar

Maßstab 1 : 36 000 000 — 0 200 400 600 800 1000 km

Temperaturen (Monatsmittel in Grad Celsius)
15 °C 10° 5° 0° -5° -10° -15 °C

äußerste Ausdehnung der Meeresvereisung

örtliche Winde
- kalt
- warm

Ort mit Klimadiagramm

2 Temperaturen im Juli

Maßstab 1 : 36 000 000 — 0 200 400 600 800 1000 km

Temperaturen (Monatsmittel in Grad Celsius)
30 °C 25° 20° 15° 10° 5 °C

örtliche Winde
- kalt
- warm

Ort mit Klimadiagramm

3 Niederschläge im Jahr

Maßstab 1 : 36 000 000

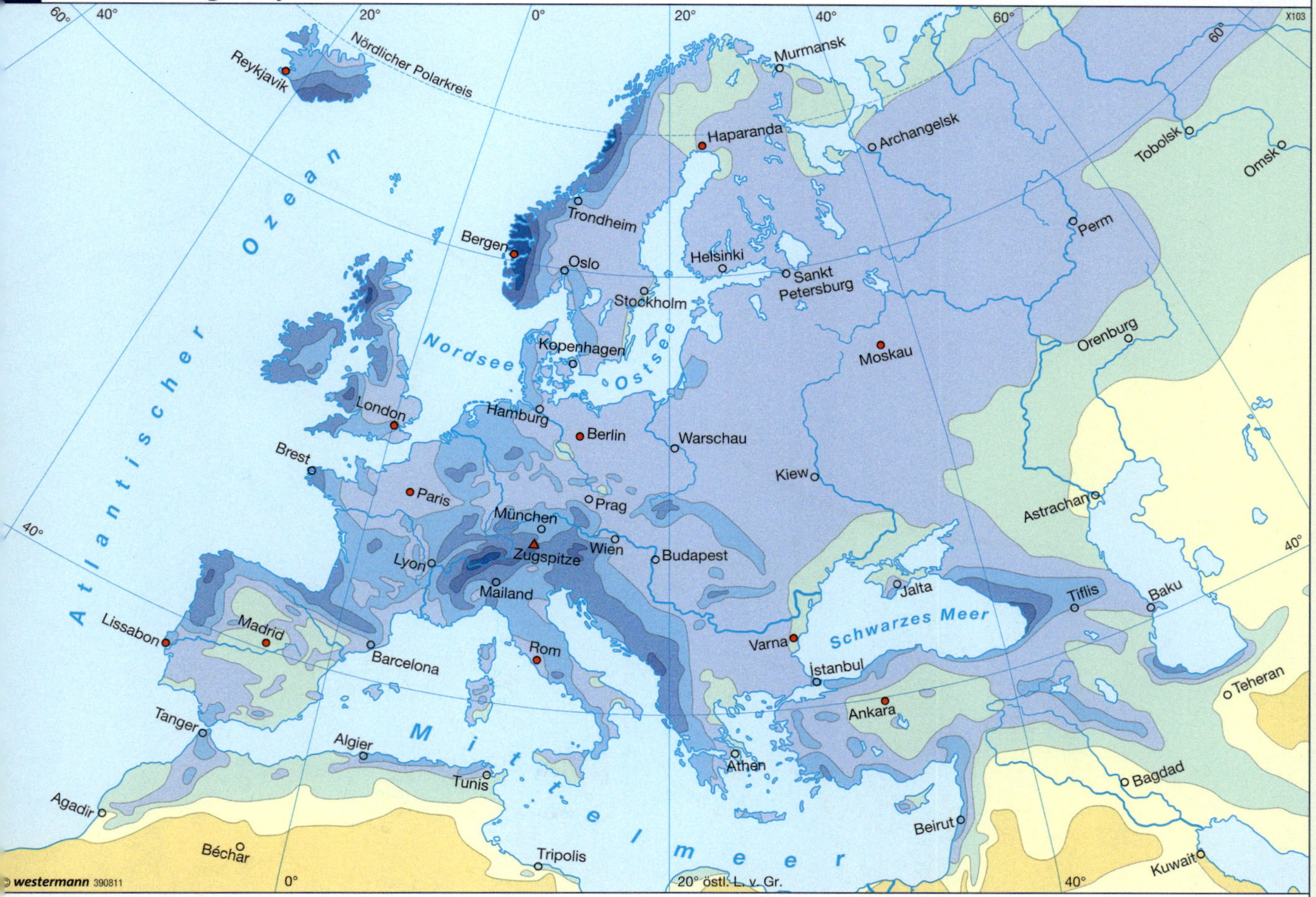

Niederschläge (in mm)

2000 1500 1000 750 500 250 100

Ort mit Klimadiagramm

4 Europa – Klimazonen nach A. Siegmund und P. Frankenberg

Maßstab 1 : 36 000 000

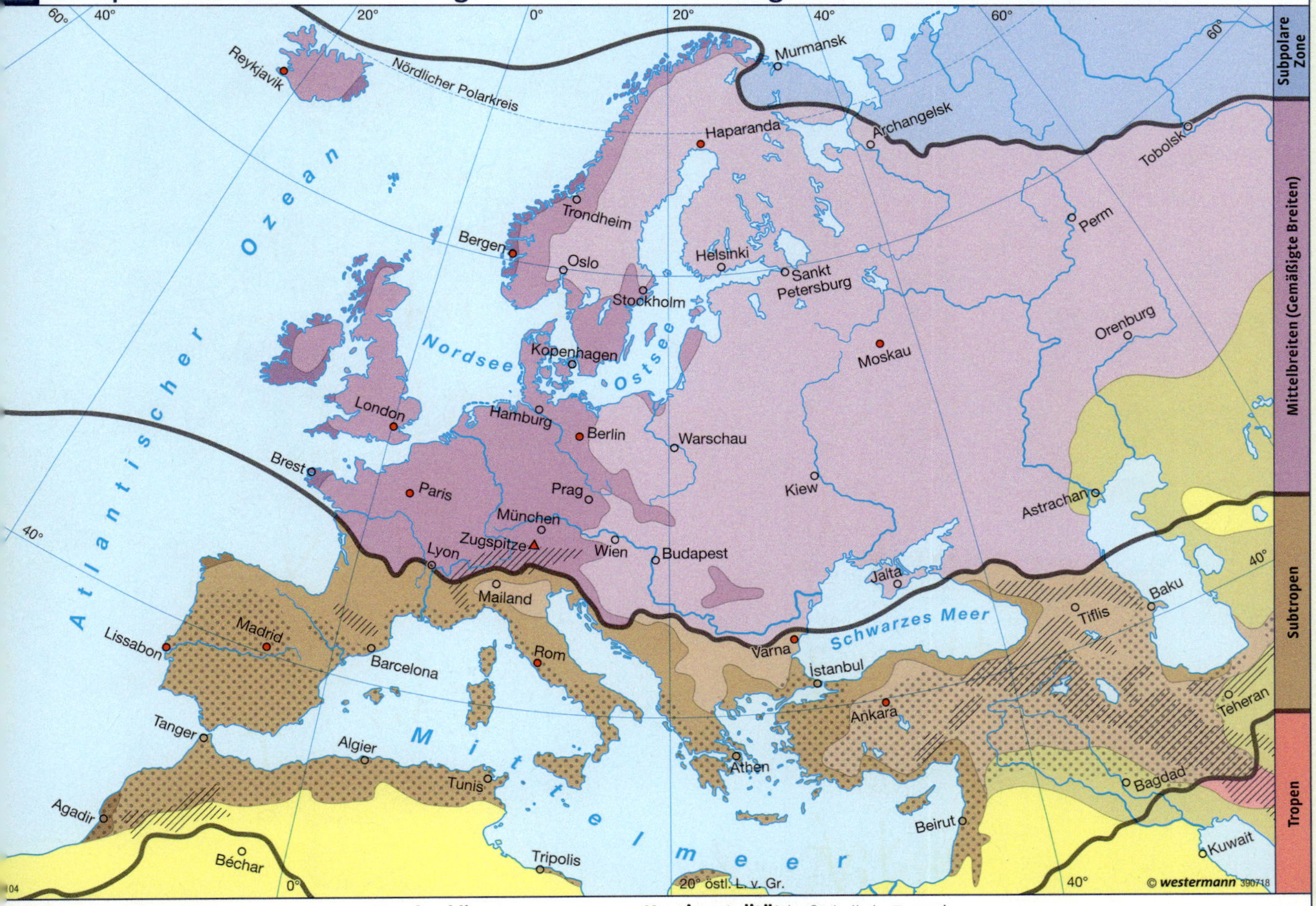

Thermische Klimazonen siehe Kartenrand — Höhenklimate des jeweiligen Klimatyps

Trockenklimate arid, semiarid (unter 250mm Niederschlag/Jahr)

Kontinentalität (außerhalb der Tropen) hochmaritim, maritim, kontinental — subtropisches Winterregengebiet

Klimadiagramme

Erläuterungen zu den Klimadiagrammen siehe Seite 60

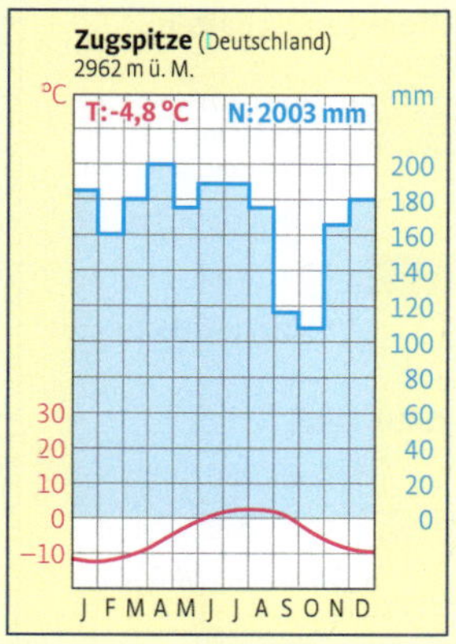

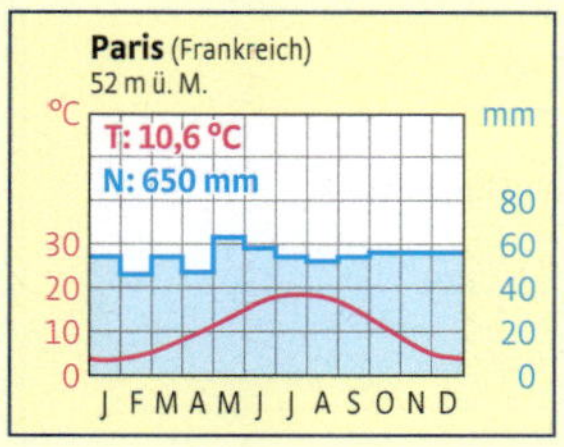

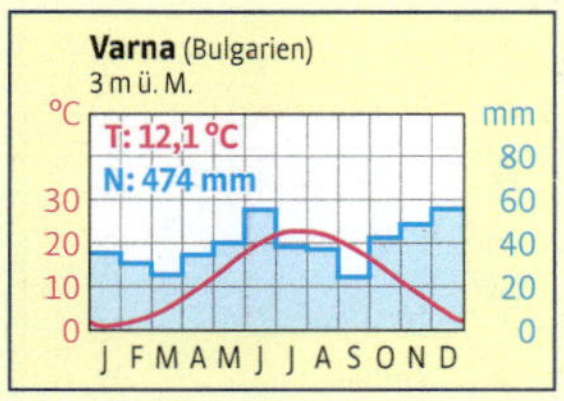

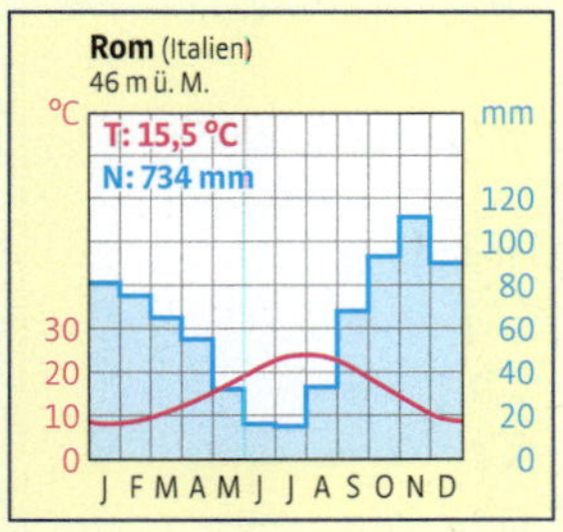

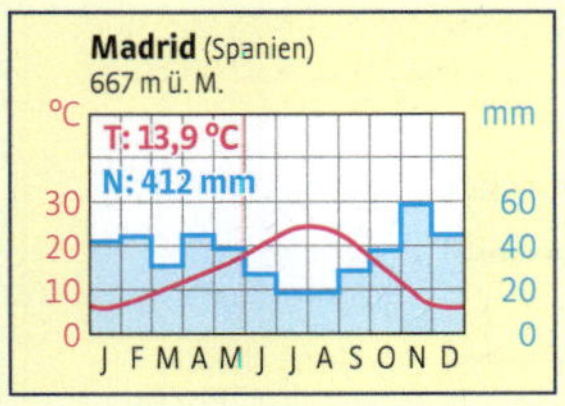

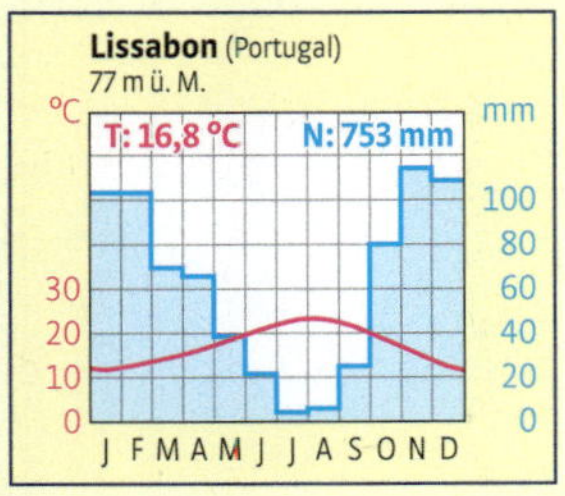

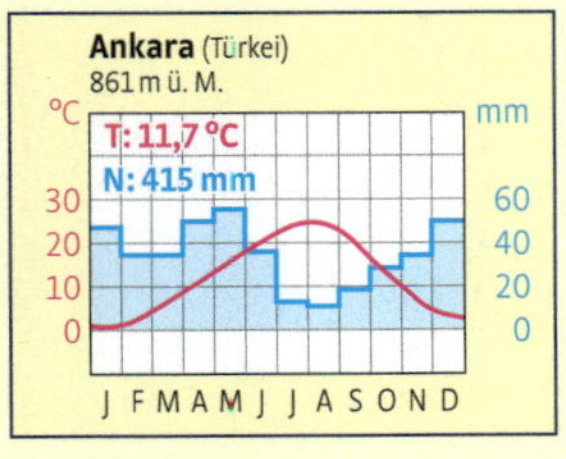

1 Europa – Bodenbedeckung und Landwirtschaft

Waldlandschaften
- nördlicher Nadelwald, Gebirgsnadelwald
- sommergrüner Laub- und Mischwald
- Hartlaubgehölze

offene Landschaften
- Tundra
- Steppe und Hochgebirgsgrasland
- Halbwüste und Wüste
- Heide, Moor
- Eiswüste, Gletscher, Fels

Kulturland
- Ackerbau
- Lössboden
- Weide, z. T. Wiese
- mittelmeerischer Anbau
- Oase

Nutzpflanzen
- Weizen
- Gerste
- Roggen
- Mais
- Reis
- Zuckerrüben
- Sonnenblumen
- Zitrusfrüchte
- Baumwolle
- Tabak
- Tee
- Wein
- Dattelpalmen

Viehhaltung
- Rinder
- Schweine
- Schafe
- Ziegen

(1 großes Zeichen ≙ 20 Mio. Stück
1 kleines Zeichen ≙ 5 Mio. Stück)

Grenzen
- Südgrenze des Dauerfrostbodens
- nördliche Anbaugrenze von Getreide
- Staatsgrenze

Maßstab 1 : 18 000 000 0 200 400 600 km

2 Würm-/Weichselkaltzeit

Maßstab 1 : 40 000 000 0 500 1000 1500 km

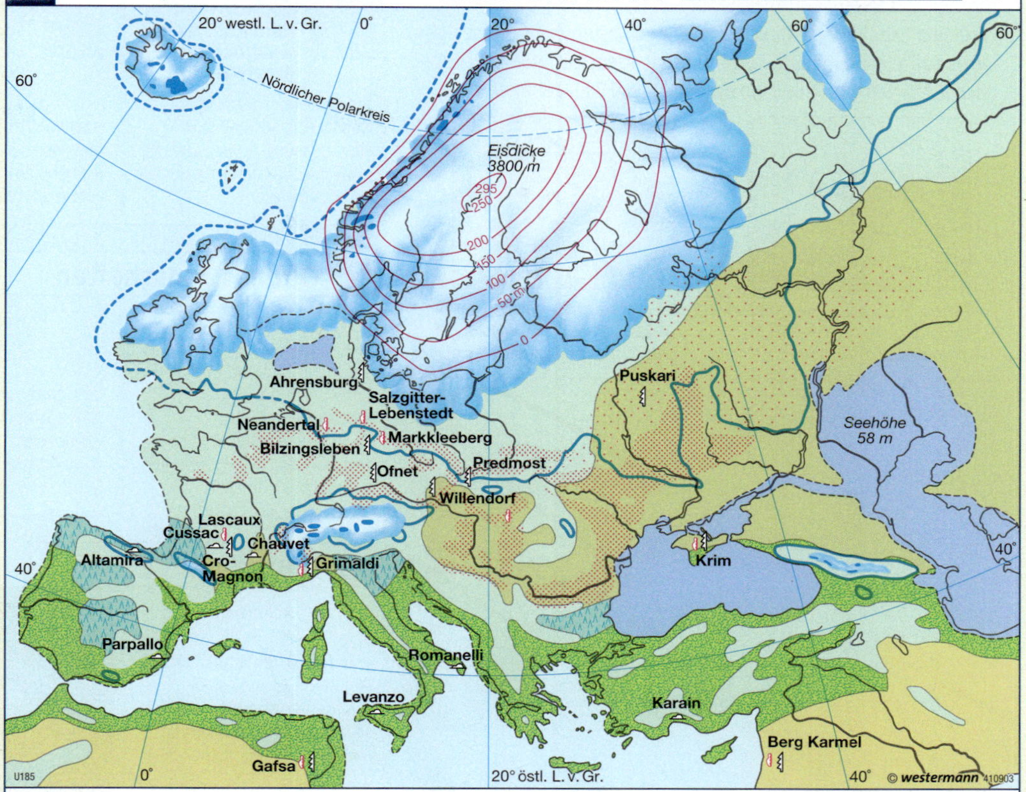

- Vergletscherung vor 25 000 Jahren
- Löss
- eiszeitliches Süßwassermeer
- maximale Ausdehnung der pleistozänen Vergletscherung
- heutige Vergletscherung
- – 50 m – Linien gleicher nacheiszeitlicher Landhebung

Vegetationszonen

- Tundra
- borealer Nadelwald
- Steppe und Waldsteppe
- Laub- und Mischwald
- mediterrane Vegetation (z.B. Hartlaubgehölze)

Altsteinzeit - Fundorte

Altmensch, z. B. Neandertaler

- Knochen, Geräte

Cro-Magnon-Mensch und Jetztmensch

- Knochen, Geräte
- Fels- und Höhlenmalerei

3 Entstehung von Lössbörden durch eiszeitliche Lössverwehung

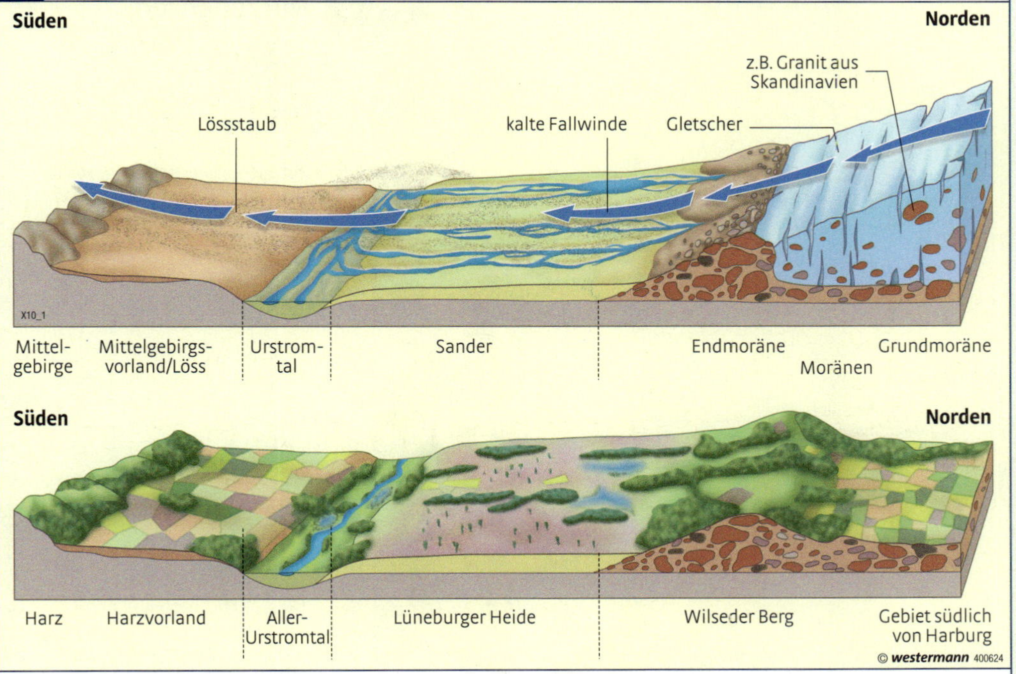

Löss ist ein vom Wind angewehtes Sediment, feiner als Sand und gröber als Ton. Der Löss hat die **Korngröße** von Schluff (Silt).

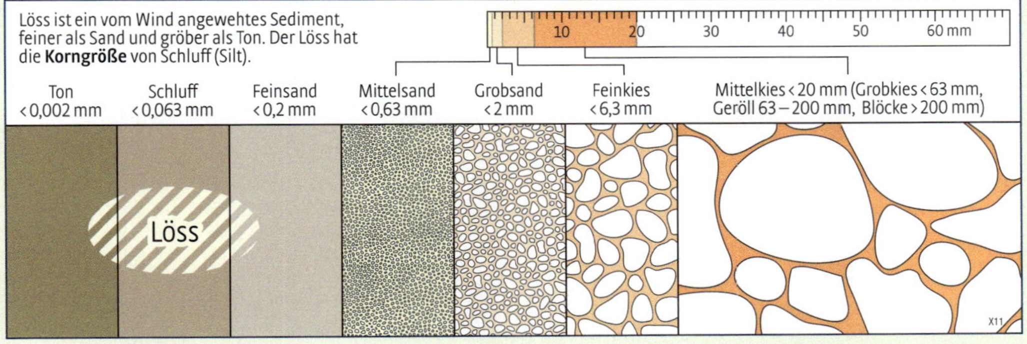

M10 Signaturen in Karten

www.heimatundwelt.de HW-064

Signaturen zu Nutzpflanzen und zur Viehhaltung

Die in der Landwirtschaftskarte gesetzten Kartensignaturen zeigen, wo es auffällige Anbauschwerpunkte wichtiger Getreide-, Gemüse- oder Obstarten gibt – und wo besonders viel Vieh gehalten wird.

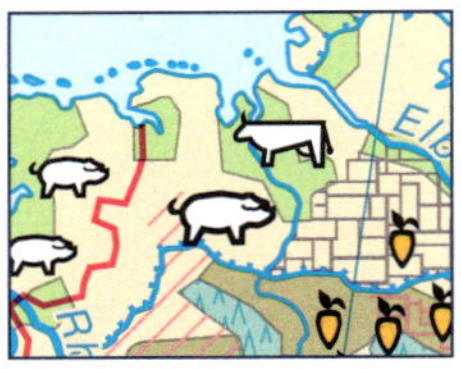

Die große Schweine-Signatur steht für ca. 20 Millionen Tiere in Nordwestdeutschland.

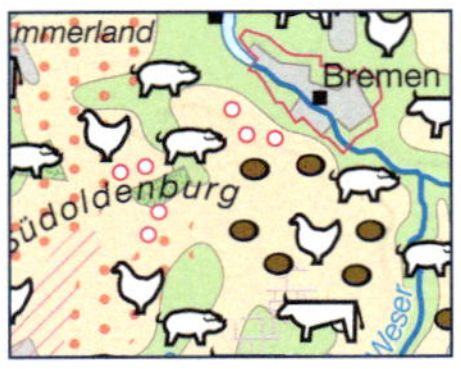

Im größeren Maßstab (aus Karte 40 1) sieht man, wo welche Viehhaltung intensiv betrieben wird.

1 Waldlandschaften

Nördlicher Nadelwald, Gebirgsnadelwald
Teilweise hochwüchsiger Nadelbaumbestand (z.B. Fichte, Kiefer, Lärche), zum Pol hin lichter werdend. Vereinzelt bewirtschaftet.

Sommergrüner Laub- und Mischwald
Hochwüchsige Mischwälder, teilweise bewirtschaftete Nadelholzmonokulturen und vereinzelt reine Laubwälder.

Hartlaubgehölz
Mischform aus Zypressen, Steineichen und Macchia – niedrigwüchsig und in einzelnen Lagen waldbrandgefährdet.

2 Offene Landschaften

Tundra
Baumlose Strauch- und Bodenvegetation (Gräser, Moose, Flechten) auf dauerhaft gefrorenem Boden (Permafrost), der im Sommer oberflächlich auftaut.

Halbwüste, Wüste
Übergang von inselhafter Gras-, Strauch- und vereinzelter Baumvegetation zu vegetationsfreien Fels-, Geröll- und Sandlandschaften.

Fels, Gletscher, Eiswüste
Vegetationslose Fels- oder Eisbedeckung (z.T. Gletscher) von teils erheblicher Mächtigkeit. Saisonal schneebedeckt.

3 Kulturland

Ackerbau
Vom Menschen für den Anbau von Getreide und Ackerfrüchten veränderte Landschaft, meist von einzelnen Bäumen oder Waldstücken durchsetzt.

Lössboden
Nach der Eiszeit angewehter, teils meterdicker und sehr fruchtbarer, feinkörniger Boden, auf dem ertragreicher Ackerbau möglich ist.

Wiese, z.T. Weide
Grasen von Nutztieren. Futterproduktion für die Nutztierhaltung. Bienenhaltung für die Honiggewinnung.

Mittelmeerischer Anbau
Getreideanbau (Weizen, z.T. Reis) und in engem Wechsel stehende Sonderkulturen wie Oliven, südländisches Obst und Gemüse (z.B. Orangen, Paprika).

Oase
Vegetationsinsel in der Halbwüste oder Wüste aufgrund eines Wasservorkommens (Grundwasser oder Flussoase). Meist mit Dattelanbau verbunden.

4 Nutzpflanzen

Weizen (Getreide)
Weizen ist nach Reis das wichtigste Getreide. Weizen kann Frost ebenso überstehen wie trockenheiße Sommer.

Gerste (Getreide)
Gerste wird nicht nur zur Lebensmittelproduktion, sondern auch als Tierfutter und zur Bierherstellung genutzt.

Roggen (Getreide)
Roggenmehl ist dunkler als Weizenmehl und wird für die Brotproduktion und als Lebensmittelgrundstoff eingesetzt.

Mais (Getreide)
Mais wird zum Verzehr (nur 20% des Anbaus) oder als Lebensmittelgrundstoff, vor allem aber als Tierfutter angebaut.

Reis (Getreide)
Das weltweit wichtigste Getreide wird zu 20% im Trockenund zu 80% im Nassfeldanbau kultiviert. Der Anbau erfolgt in den Subtropen und Tropen.

Zuckerrüben (Zuckerpflanze)
Zuckerrüben werden in Zuckerfabriken zu verschiedenen Zuckersorten verarbeitet. Sie dienen auch als nachwachsender Rohstoff für die Treibstoffgewinnung.

Sonnenblumen (Ölpflanze)
Sonnenblumen dienen der Produktion von Öl, Fett und Margarine sowie als nachwachsender Rohstoff für die Treibstoffgewinnung.

Zitrusfrüchte (Obst)
Hartschalige, an Bäumen wachsende Beerenformen, die ursprünglich aus Südostasien stammen: Orangen, Mandarinen, Zitronen, Grapefruit, Granatäpfel.

Baumwolle (Faserpflanze)
Baumwolle ist die wichtigste Faserpflanze weltweit. Sie wächst an Sträuchern und wird in der Textil- und Bekleidungsindustrie weiterverarbeitet.

Tabak (Genussmittel)
Tabak dient der Herstellung von Zigaretten, Zigarren und Pfeifentabak. Es handelt sich um ein Genussmittel.

Wein (Genussmittel)
Weinreben wachsen auch in mittleren Breiten, wenn die Lage ausreichend sonnig ist. Aus Weintrauben wird vor allem Wein gekeltert.

5 Viehhaltung

Rinder
Modernes Haustier, Fleisch- und Milchlieferant, aber regional ebenso wichtig als Zugtier und für die Energiegewinnung aus Dung. Im Hinduismus heilig.

Schweine
Traditionelles Haustier und wichtigste Fleischquelle weltweit. Schweinefleisch gilt in der jüdischen und islamischen Religion als unrein und darf nicht verzehrt werden.

Schafe
Traditionelles Haustier, wichtig als Woll-, Fleisch- und Milchlieferant. Weidetier, wird nicht im Stall gehalten.

Ziegen
Traditionelles Haustier, wichtig als Milch- und Fleischlieferant. Weidet auch in Fels- und Trockengebieten, frisst Sträucher und Hartlaub.

Wichtige Wirtschaftsstandorte auf der Karte

Die in der Wirtschaftskarte dargestellten Standorte sind von hoher Bedeutung für Europa. Sie haben zahlreiche Beschäftigte und eine hohe Wertschöpfung. Die Anzahl der Unternehmen sieht man nicht.

Eine Signatur entspricht hier einem großen Industriebetrieb der Stahlerzeugung.

Eine Signatur entspricht hier vielen kleinen und mittleren Betrieben der Pharmazie und Biotechnologie.

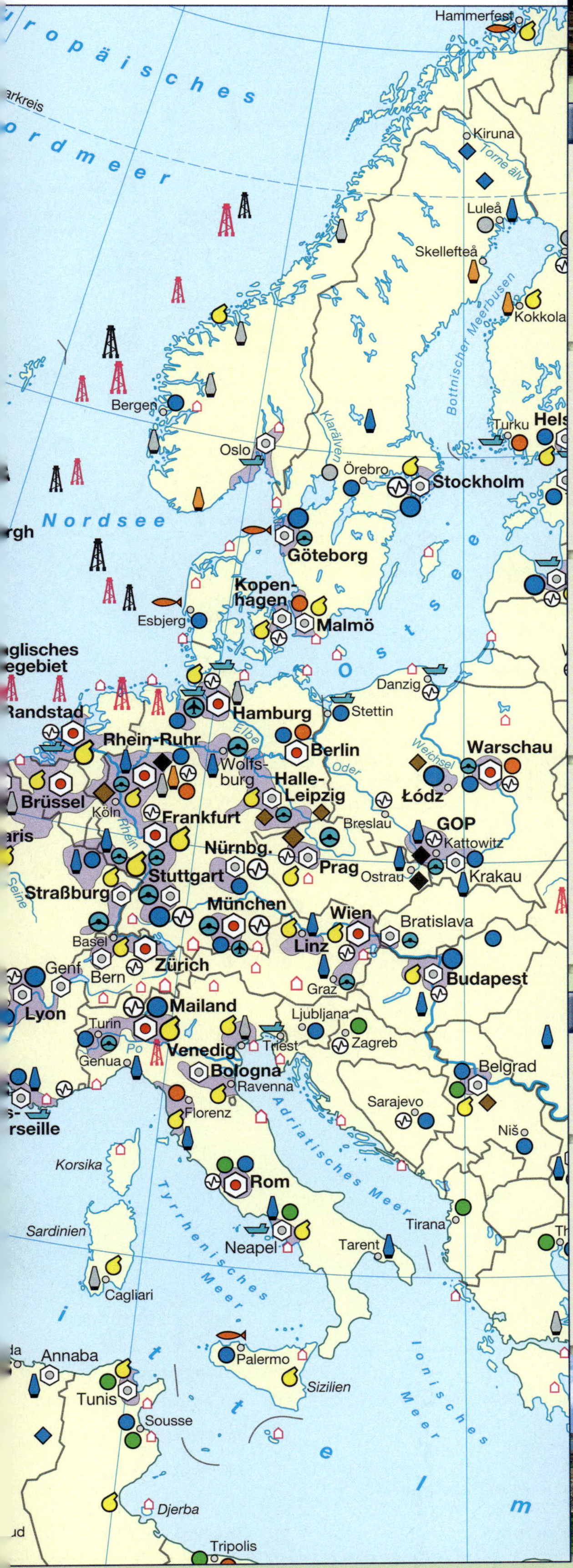

1 Bergbau

Erdöl (fossiler Energieträger)

Nur die wichtigsten Erdölförderstandorte werden gezeigt. Das Symbol – ein schwarzer Förderturm – erscheint in zwei Größen.

Erdgas (fossiler Energieträger)

Der rote Förderturm zeigt die wichtigsten Erdgasförderstandorte in zwei Symbolgrößen.

Steinkohle (fossiler Energieträger)

Steinkohle wird zur Strom- und Wärmeerzeugung und als Grundstoff für die chemische Industrie benötigt.

Braunkohle (fossiler Energieträger)

Braunkohle hat einen geringeren Energiegehalt als Steinkohle, wird aber für ähnliche Zwecke eingesetzt.

Eisenerz

Eisenerz bildet sich aus unterirdisch erstarrendem Magma. Es ist wichtigster Rohstoff für die Eisen- und Stahlproduktion.

2 Industrie

Stahlerzeugung

Das Kartensymbol zeigt einen Hochofen. An diesen Standorten wird Eisenerz mit Stahlveredlern unter hohem Energiebedarf zu Stahl verschmolzen.

Buntmetallverhüttung

Standort von Hochöfen für die Schmelze von Kupfererz und anderen nichteisenhaltigen Erzen zu Buntmetallen.

Aluminiumverhüttung

Standort für die stromintensive Gewinnung von Aluminium aus Bauxit-Erz, die nur in der Nähe von preiswerter Elektroenergie (z.B. Wasserkraft) wirtschaftlich ist.

Eisen- und Metallverarbeitung, Maschinenbau

Produktionsstandorte von Primärmetallprodukten (Röhren, Drähte) und ihre Weiterverarbeitung mit Elektronikkomponenten im Maschinenbau.

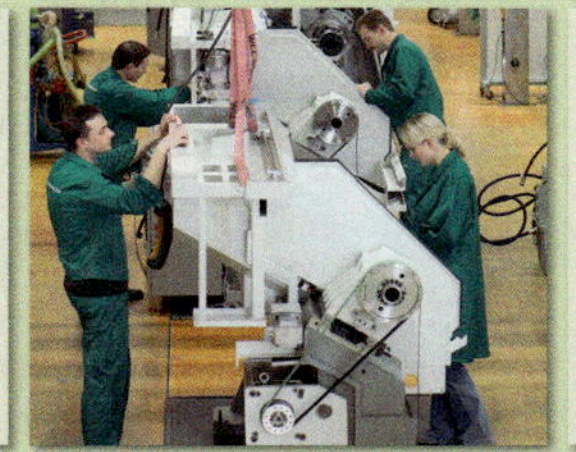

Schiffbau

Große Schiffswerften mit Trocken- und Schwimmdocks zum Bau und zur Reparatur von Hochsee- und Kriegsschiffen.

Kraftfahrzeugbau

Produktionsstandorte für PKW, LKW, Busse und Spezialfahrzeuge. Zusammenbau von Komponenten der Zulieferindustrie.

Luft- und Raumfahrzeugbau

Hightech-Standort für Forschung, Entwicklung und Konstruktion von Flugzeugen, Hubschraubern, Satelliten und Raumschiffen.

Elektrotechnik, Elektronik

Standort für die Entwicklung und Herstellung von elektronischen Geräten (Computer, Handys) und Komponenten (Chips, Regler).

Chemie, Kunststoffe, Pharmaindustrie, Biotechnologie

Standort zur Entwicklung und Herstellung von Basischemikalien, synthetischen, pharmazeutischen und genetisch veränderten Erzeugnissen.

Textilien, Bekleidung, Leder

Arbeits- oder maschinenintensiver Standort zur Erzeugung von Kleidung, Textilien, Schuhen, Taschen und Lederprodukten.

Holz, Papier

Holzverarbeitung in Sägewerken und Weiterverarbeitung in der Möbelherstellung, Zellulose- und Papier- bzw. Pappenproduktion.

Nahrungs- und Genussmittel

Standort zur Verarbeitung von natürlichen Landwirtschaftserzeugnissen unter Beifügung von Zusatzstoffen zu verpackten Lebensmitteln.

Fischverarbeitung

Meist in Hafennähe gelegene Fischfabriken zur Verarbeitung von frischem Fisch zu Lebensmitteln.

3 Dienstleistungszentrum

Klein-, Mittel- und Großstädte verfügen über ein grundlegendes, sehr ähnliches Dienstleistungsangebot, das mit steigender Einwohnerzahl vielfältiger und umfassender wird. Beispiel Gesundheitswesen: In Kleinstädten mit bis zu 5 000 Einwohnern sind Haus- und einige Fachärzte ansässig, in Mittel- und Großstädten (> 20 000 Einwohner) hingegen Allgemeine und Spezialkrankenhäuser. Daneben gibt es übergeordnete Dienstleistungszentren von regionaler, nationaler und internationaler Bedeutung.

mit internationaler Bedeutung

Große Stadt mit einem breiten Dienstleistungsangebot. Führendes Finanz-, Wirtschafts- und Kulturzentrum, politisch bedeutsam, teils Weltstadt/Global City.

mit nationaler Bedeutung

Bedeutende Stadt eines Landes mit hoher Konzentration vor allem solcher Dienstleistungen, die von regional bedeutsamen Zentren nicht angeboten werden.

mit regionaler Bedeutung

Regional wichtige Stadt, in der oft und häufig genutzte Dienstleistungen ansässig sind (z.B. unternehmensnahe Dienstleistungen, spezialisierter Einzelhandel).

Tourismusregion

Region mit attraktiver Natur, in der viele Dienstleistungen auf die Versorgung von Touristen ausgerichtet sind (z.B. Gastronomie, Hotellerie).

Rhein-Ruhr

Europaweit wichtige Wirtschaftsregion mit großem Industrie- und Dienstleistungsangebot. Ballungsraum mit einer oder mehreren Kernstädten.

1 Bergbau, Industrie und Dienstleistungen

Maßstab

Bergbau
- Erdöl
- Erdgas
- Steinkohle
- Braunkohle
- Eisenerz

Industrie
- Stahlerzeugung
- Buntmetallverhüttung
- Aluminiumverhüttung
- Eisen-, Metallverarbeitung, Maschinenbau
- Schiffbau
- Kraftfahrzeugbau
- Luft- und Raumfahrzeugbau
- Elektrotechnik, Elektronik
- Chemie, Kunststoffe
- Textilien, Bekleidung, Leder
- Holz, Papier
- Nahrungs- und Genussmittel
- Fischverarbeitung

Dienstleistungszentrum
- mit internationaler Bedeutung
- mit überregionaler Bedeutung
- mit regionaler Bedeutung
- Tourismusregion

GOP = Górnośląski Okręg Przemysłowy (Oberschlesisches Industrierev

von durch ihre Industrie- oder Dienstleistungsstandorte wichtige Wirtschaftsregion

Staatsgrenze

2 Nicht erneuerbare Energierohstoffe

Maßstab 1 : 40 000 000

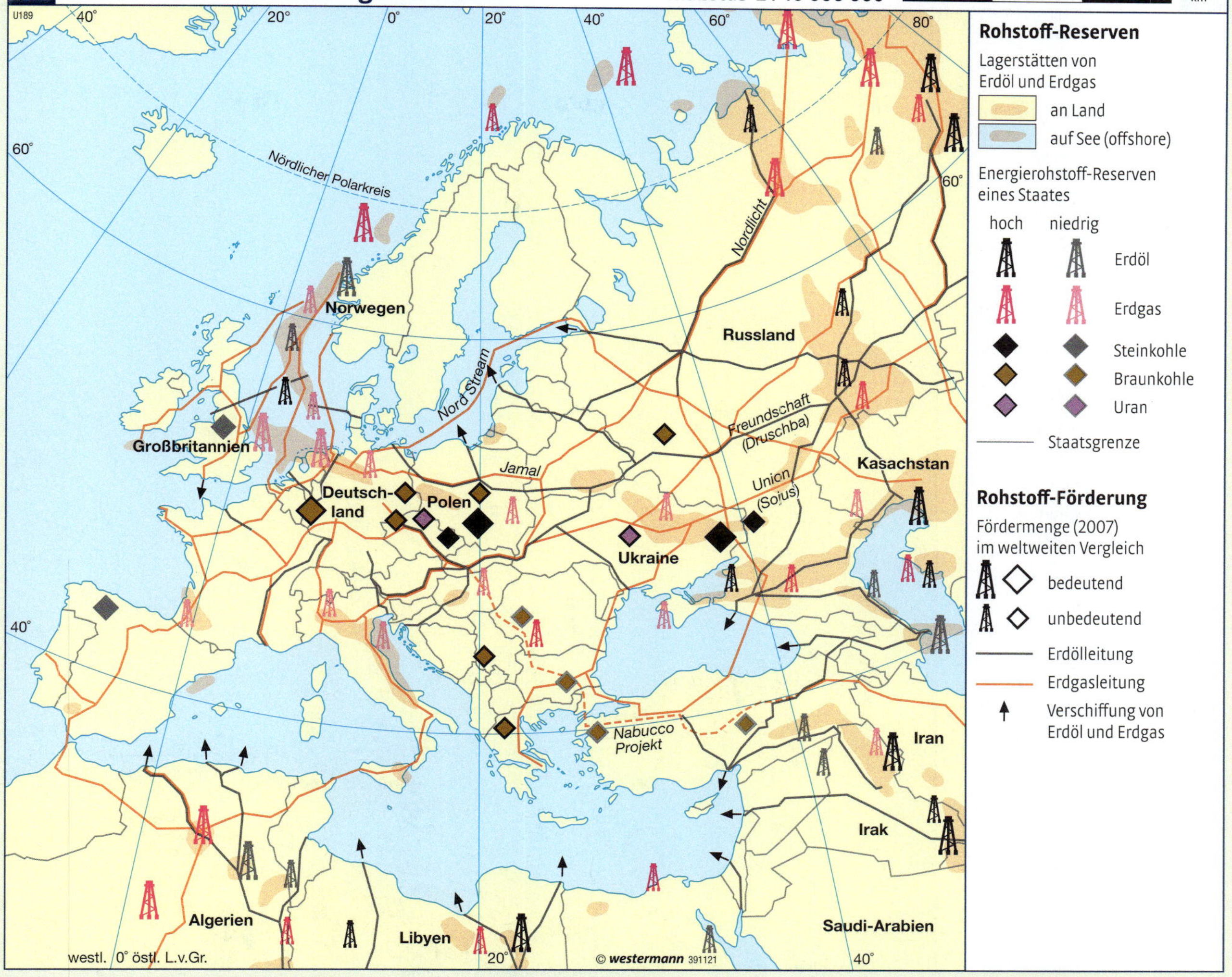

3 Erneuerbare Energiereserven

Maßstab 1 : 40 000 000

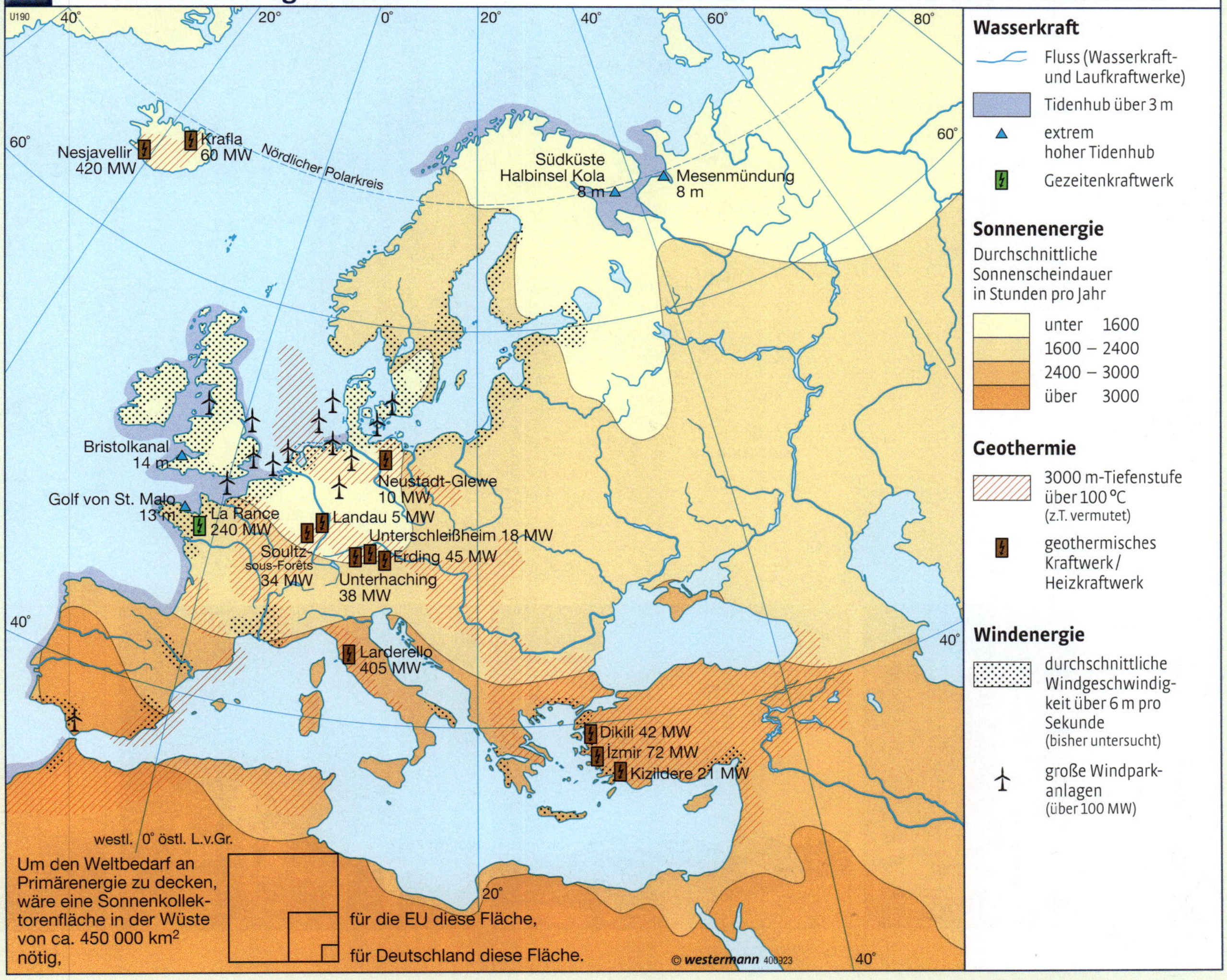

rnbg. = Nürnberg

1 Europa – Tourismus

Tourismusregionen

Binnenland
- überwiegend Sommererholung
- Sommer- und Wintererholung

Meeresküste
- Sommererholung
- Sommer- und Wintererholung

Bedeutende Tourismusorte
(über 1 Million Übernachtungen im Jahr bzw. über 10 000 Fremdenbetten; in Auswahl)

- ○ Tourismusort (südlich 60° nördl. Breite an der Küste Badetourismus)
- ○ Wintersportzentrum
- ♁ Wallfahrtsort
- • Heilbad, Kurort
- ⌂ Städtetourismus (über 5 Millionen Übernachtungen pro Jahr)
- ✲ Freizeitpark

Kreuzfahrtrouten

Meer	Fluss	
—	—	besonders häufig befahren
—	—	häufig befahren

Abkürzungen:

A. = Altötting
A.T. = Abano Terme
B.-B. = Baden-Baden
B.R. = Bad Reichenhall
B.W. = Bad Wildungen
K. = Kevelaer
M. = Mariazell
O.-M. = Orcières-Merlette
W. = Winterberg
Wk. = Wieskirche

○ Tourismusort

○ Wintersportort

♁ Wallfahrtsort

• Heilbad, Kurort

⌂ Städteto

Maßstab 1 : 18 000 000 — 0 200 400 600 km

Freizeitpark

2 M14 Balearen – Tourismus

Maßstab 1 : 2 000 000 — 0 20 40 60 80 100 km

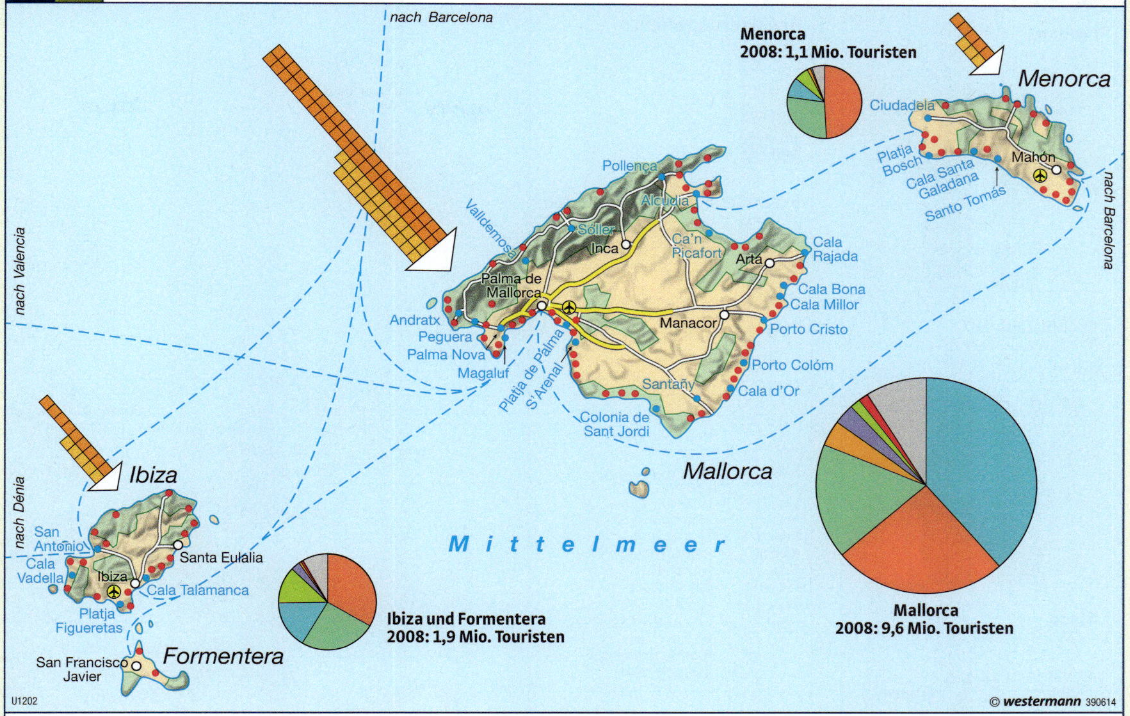

- Natur- und Landschaftsschutzgebiet
- Kulturland
- Palma — wichtiger Ort
- Sóller — Tourismusort
- Feriensiedlung
- Fährverbindung
- internationaler Flughafen

Fluggäste (Ankünfte)
1990 — 2008
1 Kästchen ≙ 250 000 Fluggäste
(Touristen und andere Einreisende)

Herkunft der Touristen
- Deutschland
- Großbritannien
- Spanien
- Skandinavien
- Frankreich
- Italien
- Österreich
- Sonstige

3 Mallorca – Landnutzung und Tourismusstandorte

Maßstab 1 : 800 000

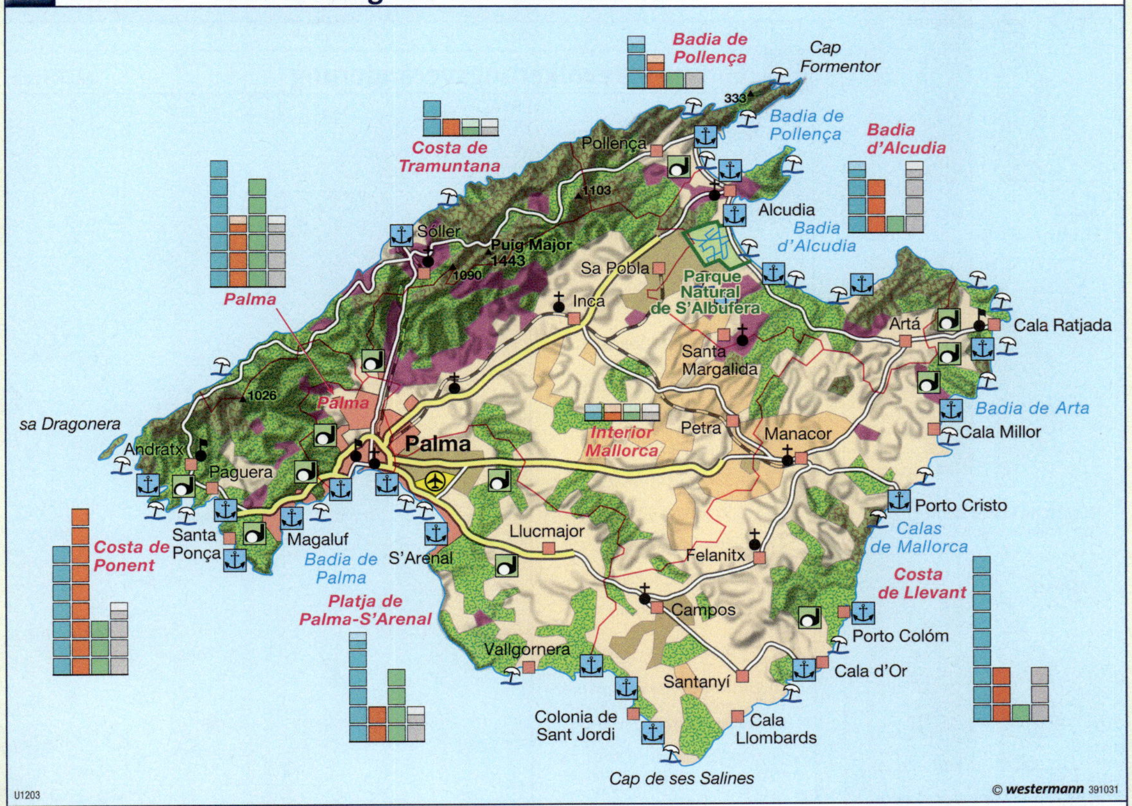

Bodenbedeckung, Landnutzung
- Wald, Macchie
- Sträucher, Macchie, Weide
- Sonderkulturen (Oliven, Obst, Wein)
- Bewässerungsfeldbau
- gemischte Landwirtschaft
- Trockenfeldbau

Verkehr, Transport
- Autobahn
- Hauptstraße
- Eisenbahn
- Flughafen

Orte
- geschlossene Bebauung
- Orte

Freizeit und Erholung
- Badestrand
- Jachthafen
- Golfplatz

Sehenswürdigkeiten
- Kirche, Kloster
- Burg, Schloss

Zahl und Herkunft der Touristen (2008, nach Inselregionen)
- Costa de Ponent — Region
- Grenze einer Region
- Deutschland
- Großbritannien
- Spanien
- sonstige Länder

(ein Kästchen entspricht 100 000 Touristen)

1 M14 Altersaufbau

U172c

Finnland
5,3 Mio. Einwohner 2011

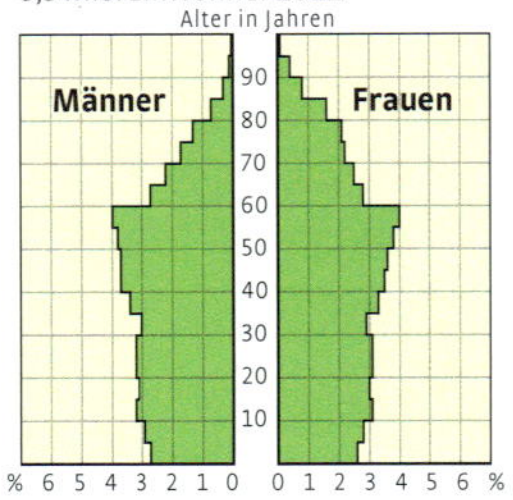

Großbritannien
61,4 Mio. Einwohner 2011

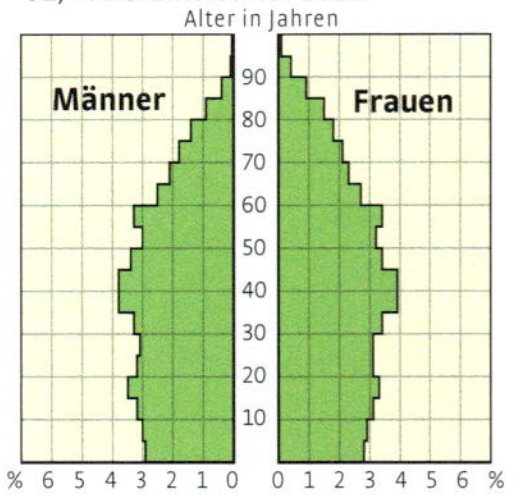

Irland
4,4 Mio. Einwohner 2011

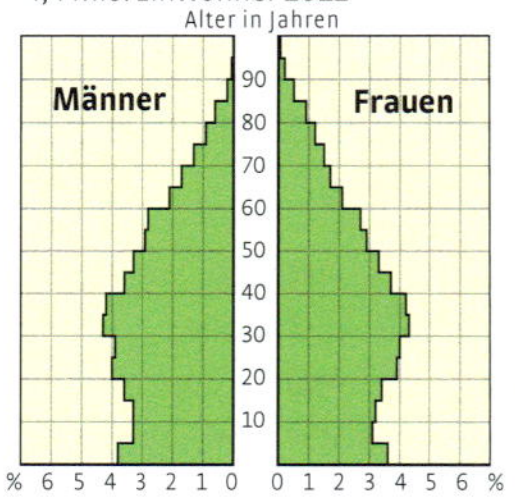

Frankreich
62,3 Mio. Einwohner 2011

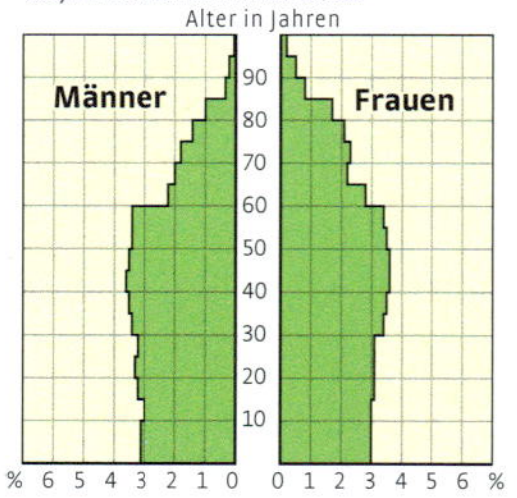

Polen
38,1 Mio. Einwohner 2011

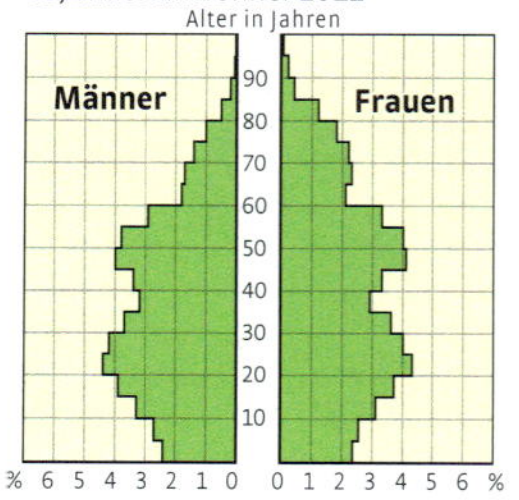

Russische Föderation
142,0 Mio. Einwohner 2011

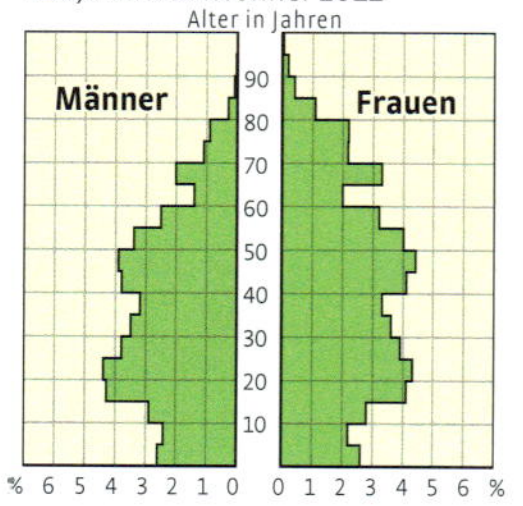

Türkei
73,9 Mio. Einwohner 2011

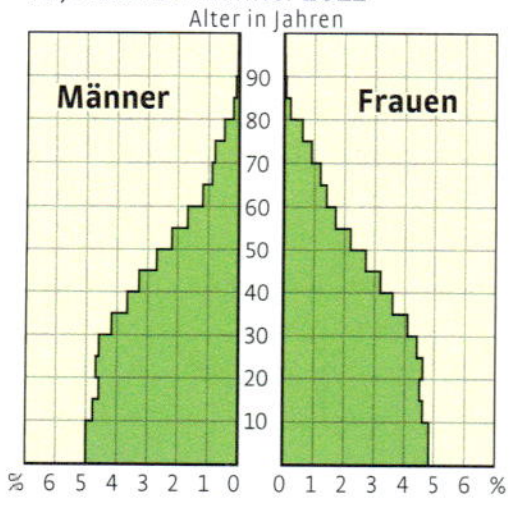

2 Europa – Bevölkerungsdichte

Maßstab 1 : 30 000 000 — 0 500 1000 1500 km

Bevölkerungsdichte
(Einwohner/km²)

- unter 10
- 10–50
- 50–200
- über 200

Städtische Agglomerationen
über 2 Mio. Einwohner

- über 10 000 000 (Megastadt)
- 5 000 000–10 000 000
- 2 000 000– 5 000 000

Abkürzungen:
Bos.u.Herz. = Bosnien und Herzegowina
Jord. = Jordanien
Kos. = Kosovo
Lib. = Libanon
Lux. = Luxemburg
Maz. = Mazedonien
Monten. = Montenegro
Niederl. = Niederlande
Slow. = Slowenien
Tschech. Rep. = Tschechische Republik
GOP = Górnośląski Okręg Przemysłowy (Oberschlesisches Industrierevier)

Bevölkerungswachstum
(Angaben in Millionen)

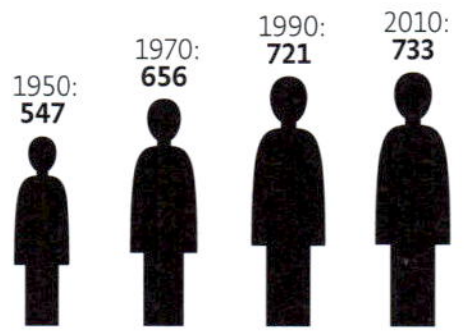

3 Europa – Bevölkerungsveränderung

Maßstab 1 : 30 000 000 — 0 500 1000 1500 km

Natürliche Bevölkerungsveränderung
(jährlicher Durchschnitt 2005–2009)

- Zunahme mehr als 0,5%
- Zunahme bis 0,5%
- Stagnation ± 0%
- Abnahme bis -0,3%
- Abnahme mehr als -0,3% (max. -0,7%)

Bevölkerungsveränderung insgesamt
(Summe der Jahre 2005–2009)

- 1,5 Zunahme mehr als 1 Mio.
- Zunahme 0,2 bis 1 Mio.
- Zunahme 0,1 bis 0,2 Mio.
- Stagnation 0,1 bis -0,1 Mio.
- Abnahme -0,1 bis -0,2 Mio.
- Abnahme -0,2 bis -1 Mio.
- -2,3 Abnahme mehr als 1 Mio.
- Staatsgrenze

Die **natürliche Bevölkerungsveränderung** ergibt sich aus der Differenz der Geburten- und Sterberate eines Landes.

Nimmt man die Migration hinzu, also die Differenz der Zu- und Abwanderungen eines Landes, erhält man die **Bevölkerungsveränderung insgesamt**.

Abkürzungen:
Bos.u.Herz. = Bosnien und Herzegowina
Jord. = Jordanien
Kos. = Kosovo
Lib. = Libanon
Lux. = Luxemburg
Maz. = Mazedonien
Monten. = Montenegro
Niederl. = Niederlande
Slow. = Slowenien
Tschech. Rep. = Tschechische Republik

4 Staatssprachen und Sprachminderheiten

Maßstab 1 : 30 000 000 — 0 500 1000 1500 km

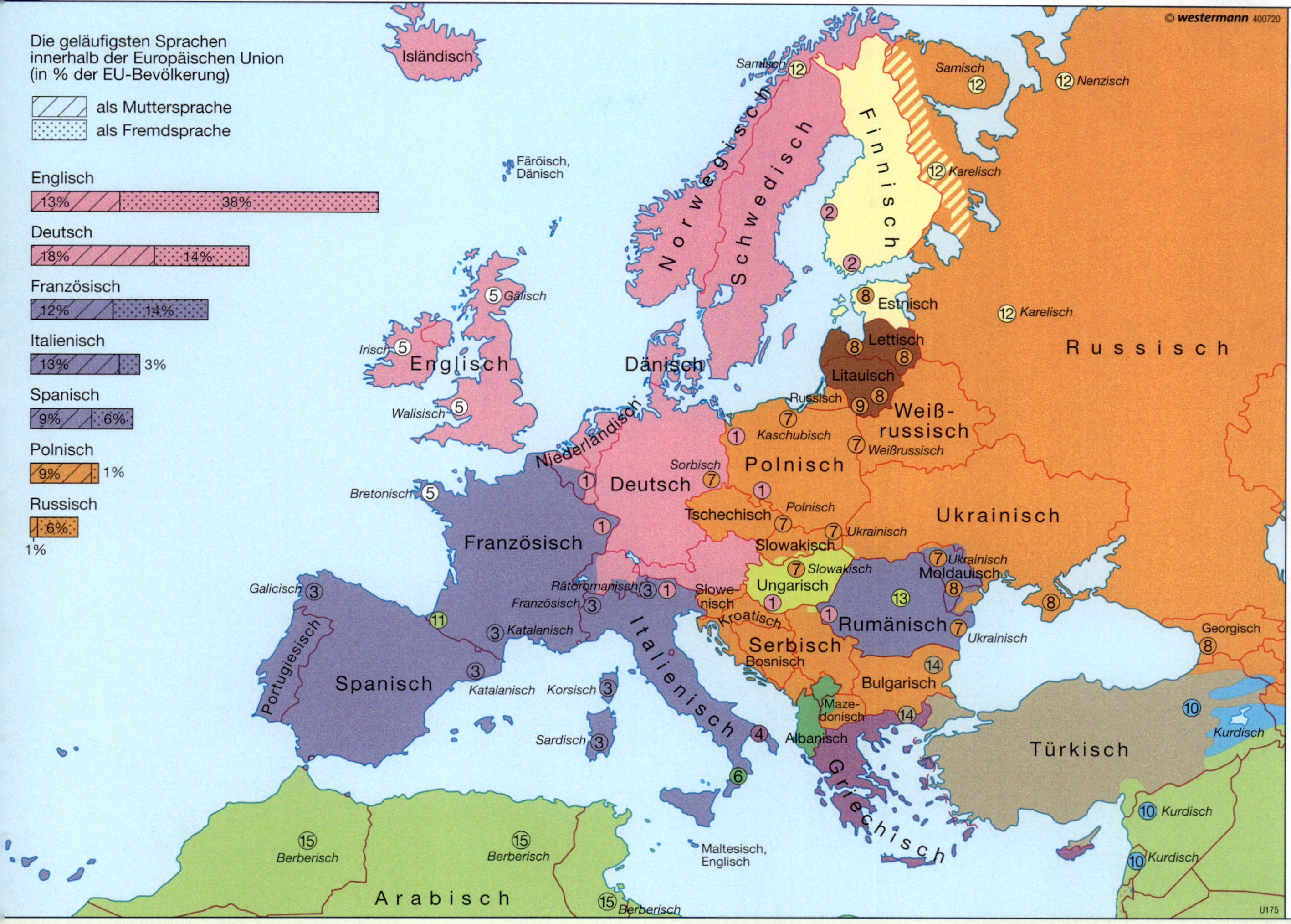

Indoeuropäische Sprachen

- Germanische Sprachen
- ① Deutsch
- ② Schwedisch
- ③ Romanische Sprachen
- ④ Griechisch
- ⑤ Keltische Sprachen
- ⑥ Albanisch
- ⑦ Slawische Sprachen
- ⑧ Russisch
- ⑨ Polnisch
- Baltische Sprachen
- ⑩ Indo-Iranische Sprachen

⑪ **Baskisch**

Ural-Altaiische Sprachen

- ⑫ Finno-ugrische Sprachen
- ⑬ Ungarisch
- ⑭ Türkisch

Hamito-Semitische Sprachen

- Semitische Sprachen
- ⑮ Hamitische Sprachen
- Hebräisch
- Deutsch Staatssprache
- ⑤ Gälisch Minderheitssprachen

5 Individuelle Mobilität

Maßstab 1 : 30 000 000 — 0 500 1000 1500 km

PKW-Dichte
(Zahl der Personenkraftwagen je 100 Einwohner)

- bis 10
- 10 – 20
- 20 – 30
- 30 – 40
- 40 – 50
- über 50

Hochgeschwindigkeitsnetz der Bahn
(über 200 km/h)

- vorhanden
- im Bau / in Planung
- sonstige Strecken

Drehkreuze des Luftverkehrs

- Großflughafen (über 15 Mio. Passagiere pro Jahr)

Staatsgrenzen

- freier Grenzverkehr (Schengenraum)
- mit Ausweiskontrolle oder mit Visumpflicht

Nördliches Europa – Wirtschaft

Maßstab 1 : 10 000 000
1 cm ≙ 100 km
0 100 200 300 400 500 km

Waldlandschaften
- nördlicher Nadelwald
- sommergrüner Laub- und Mischwald, Gebirgsnadelwald

offene Landschaften
- Tundra
- Sumpfgebiet
- Steppe und Hochgebirgsgrasland
- Halbwüste und Wüste
- Fels- und Gletscherregion

Kulturland
- Ackerbau
- mittelmeerischer Anbau (Oliven, Kork, Zitrusfrüchte)
- Bewässerungsland
- Weide, z. T. Wiese

Bergbau
- Erdöl
- Erdgas
- Steinkohle
- Braunkohle
- Uran
- Eisen
- Stahlveredler (Chrom, Mangan, Kobalt)
- Kupfer
- Blei, Zink
- Silber
- Bauxit (Aluminiumrohstoff)
- Phosphat
- Pottasche

Industrie
- Eisen- und Stahlerzeugung
- Buntmetallverhüttung
- Aluminiumverhüttung
- Eisen- und Metallverarbeitung
- Kraftfahrzeugbau
- Luft- und Raumfahrzeugbau
- Schiffbau
- Elektroindustrie
- Feinmechanik
- Atomindustrie
- Chemie, Kunststoffe
- Erdölraffinerie
- Textilien, Bekleidung
- Holz, Papier
- Nahrungs- und Genussmittel
- Fischverarbeitung

Dienstleistungszentrum
- internationale Bedeutung
- überregionale Bedeutung
- regionale Bedeutung
- Tourismus

Transport und Verkehr
- Erdölleitung
- Erdgasleitung
- wichtige Eisenbahn
- Fernstraße

Grenzen
- Staatsgrenze

© westermann 39
Barentssee
Halbinsel Kola
Weißes Meer
Murmansk
Petrosawodsk
Russland
Finnland
Oulu
Jyväskylä
Tampere
Lahti
Lappland
Bottnischer Meerbusen
Schweden
Norwegen
Trondheim
Bergen
Europäisches Nordmeer
Nördlicher Polarkreis
© westermann 40
Island
Vatnajökull
Reykjavík
Atlantischer Ozean
Europäisches Nordmeer
heiße Quelle, Geysir
Inlandeis, Gletscher

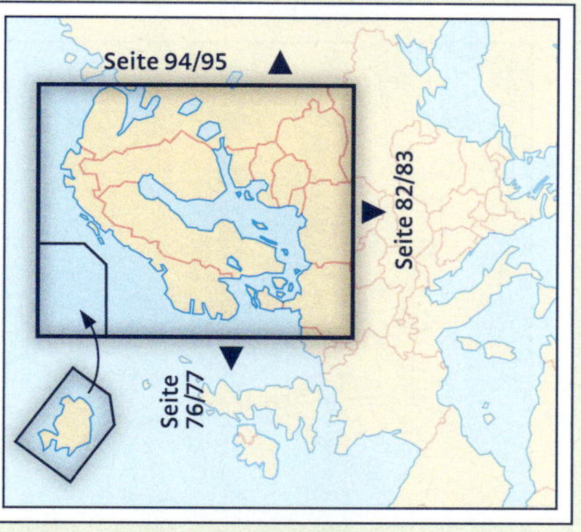

2 Höhenprofil durch Skandinavien

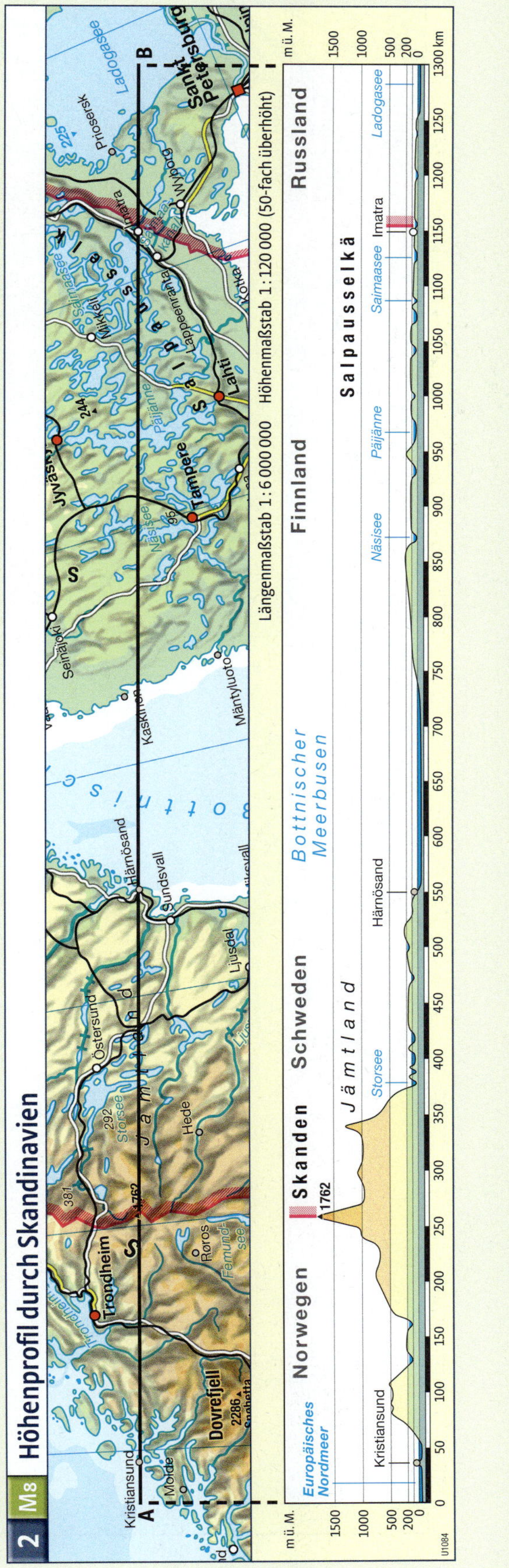

Norwegen
Schweden
Dänemark
Deutschland
Niederlande
Großbritannien
Schottland
England
Wales
Irland
Nordirland
Nordsee
Skagerrak
Kattegat
Doggerbank
Irische See
Sankt-Georgs-Kanal
Atlantischer Ozean
Shetland-Inseln
Orkney-Inseln
Färöer (Dänemark)
Äußere Hebriden
Innere Hebriden
Highlands
Grampian Mountains
Pennines
Cambrian Mountains
Jotunheimen
Hardangervidda
Telemark
Setesdal
Dalarna
Värmland
Götaland
Jütland
Harz
Oslo
Bergen
Stavanger
Göteborg
Kopenhagen
Malmö
Aalborg
Aarhus
Odense
Hamburg
Bremen
Berlin
Hannover
Kiel
Rostock
Lübeck
Leipzig
Magdeburg
Amsterdam
Den Haag
Rotterdam
Utrecht
Antwerpen
Brüssel
London
Birmingham
Manchester
Liverpool
Leeds
Sheffield
Newcastle upon Tyne
Edinburgh
Glasgow
Aberdeen
Dundee
Inverness
Belfast
Dublin
Cork
Limerick
Galway
Cardiff
Swansea
Bristol
Oxford
Cambridge
Norwich
Ipswich
© westermann 39

Maßstab 1 : 6 000 000
1 cm ≙ 60 km
0 50 100 150 200 250 km

1 M7 Die Entwicklung von London

Maßstab 1 : 1 000 000

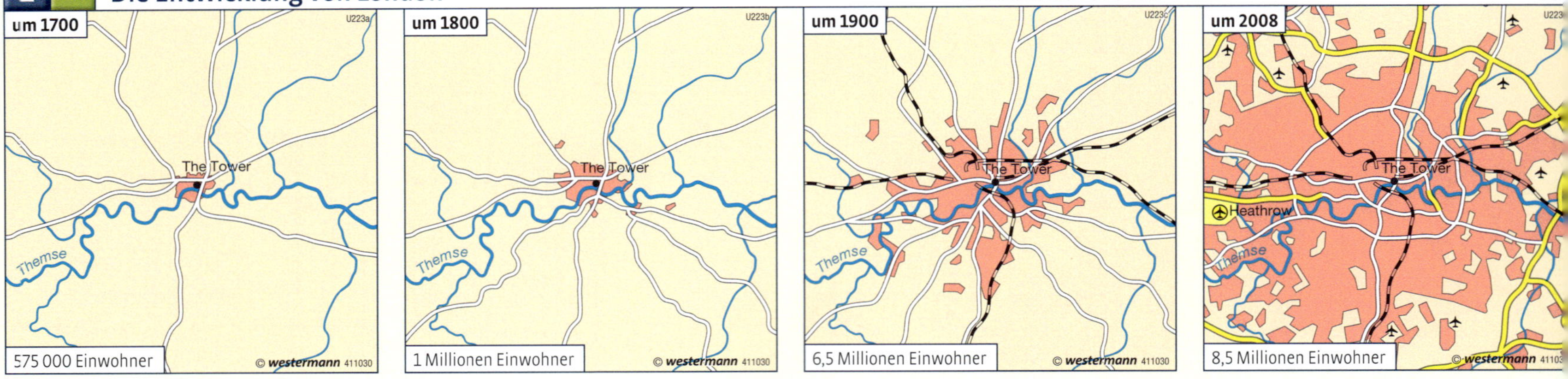

2 London

Maßstab 1 : 50 000

Hauptgeschäftszentrum (vorwiegend Banken, Versicherungen, Büros)
sonstiges Geschäftszentrum (vorwiegend Kaufhäuser, Einzelhandel, Restaurants)
Wohngebiet, gemischt mit Handel und Gewerbe
Gewerbe und Industrie
Eisenbahngelände
Park, Grünanlage, Friedhof
Regierung und Verwaltung
kulturelle Einrichtung (Theater, Museum, Baudenkmal)
Bildungs- und Sozialeinrichtung (Universität, Krankenhaus)
Eisenbahn mit Bahnhof
S-Bahn mit Station
Docklands Light Railway
U-Bahn mit Station

Global Cities – Weltstädte im Zeitalter der Globalisierung

Global Cities sind Städte, in denen besonders viele global tätige Unternehmen der Finanz- und Versicherungsbranche, internationale Organisationen sowie Hauptsitze anderer Branchenführer ansässig sind.

Global Cities verfügen außerdem über exzellente Verkehrsbedingungen, insbesondere im internationalen Flugverkehr.

Herausragende kulturelle und touristische Angebote sowie renommierte Universitäten und Forschungseinrichtungen stärken die weltweite Bedeutung der Global Cities.

Im House of Parliament tagt das britische Parlament. Es steht im Londoner Stadtteil Westminster, dem politischen Zentrum Großbritanniens, in dem sich außerdem viele Ministerien und der Buckingham Palace befinden.

Neben New York und Tokio ist die City of London der wichtigste Finanzplatz der Welt. Viele internationale Banken, Versicherungen, Unternehmen und Börsen haben hier ihren Sitz. Über 200 000 Londoner arbeiten im Finanzsektor und nur noch 300 000 in der Industrie.

3 M7 Die Entwicklung von Paris

Maßstab 1 : 1 000 000 — 0 10 20 30 40 50 km

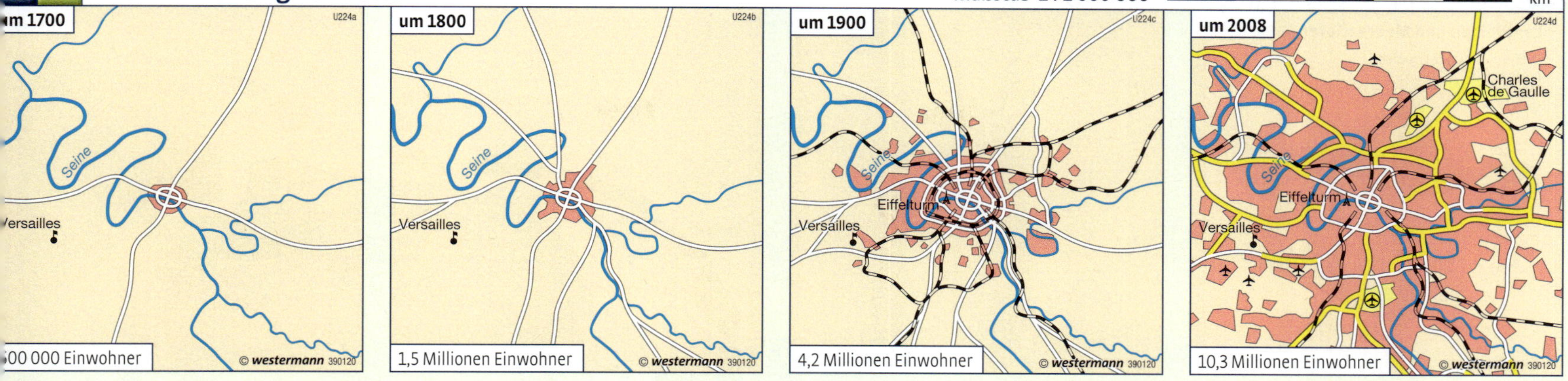

4 Paris

Maßstab 1 : 50 000 — 0 500 1000 1500 m

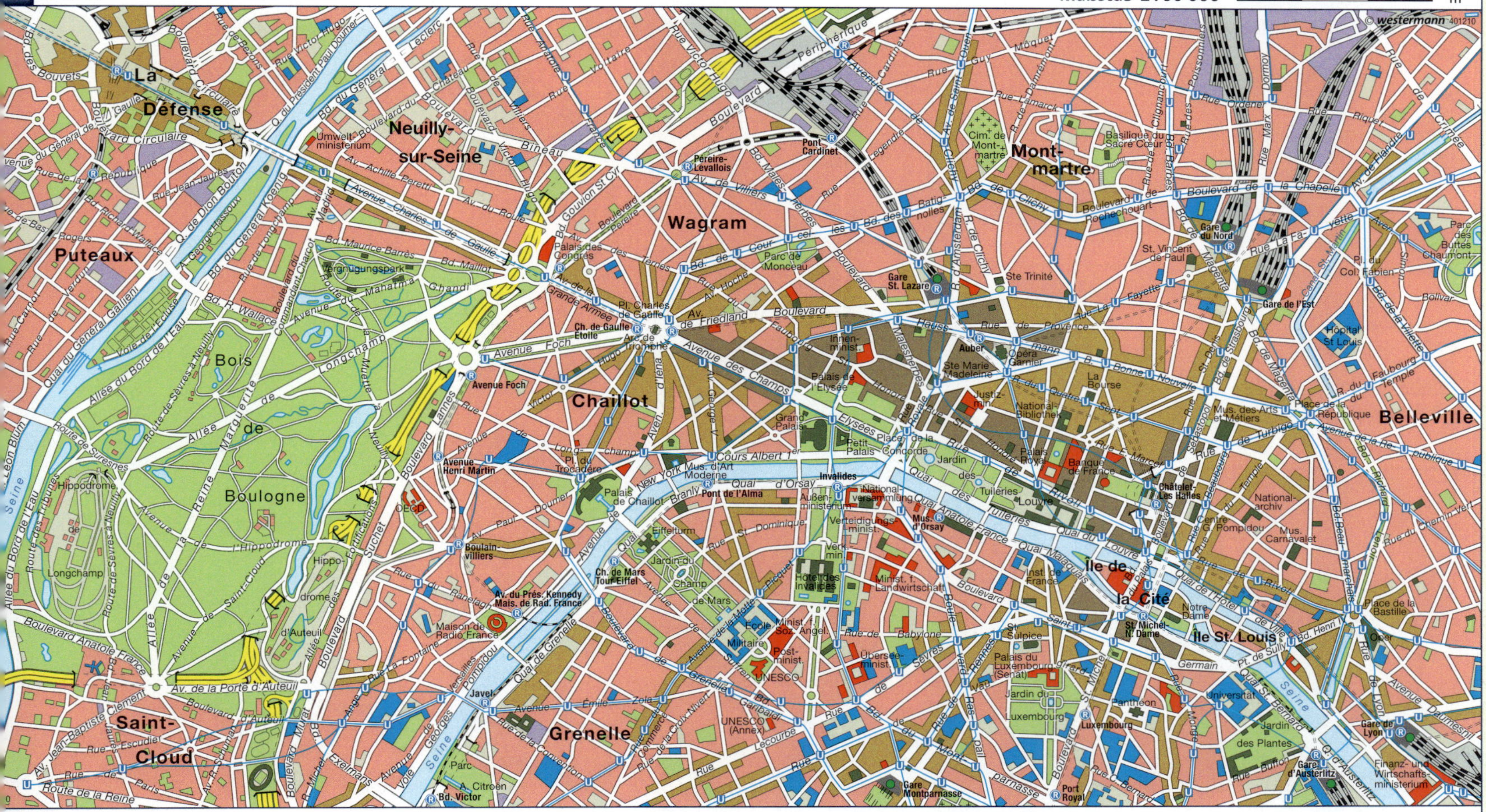

Hauptgeschäftszentrum (vorwiegend Banken, Versicherungen, Büros)
sonstiges Geschäftszentrum (vorwiegend Kaufhäuser, Einzelhandel, Restaurants)
Wohngebiet, gemischt mit Handel und Gewerbe
Gewerbe und Industrie
Eisenbahngelände
Park, Grünanlage, Friedhof
Regierung und Verwaltung
kulturelle Einrichtung (Theater, Museum, Baudenkmal)
Bildungs- und Sozialeinrichtung (Universität, Krankenhaus)
Eisenbahn mit Bahnhof
S-Bahn mit Station
U-Bahn mit Station

Der Louvre ist eines der größten Museen der Welt. Sein berühmtestes Bild ist die Mona Lisa von Leonardo da Vinci. In Paris gibt es über 160 Museen und 100 Theater mit mehreren Millionen Besuchern pro Jahr. Dies belegt die kulturelle Bedeutung dieser Metropole.

Der Flughafen Charles-de-Gaulle ist nach Fluggästen der sechstgrößte und nach Luftfracht der viertgrößte Flughafen weltweit (2009). Zusammen mit seiner zentralen Lage im europäischen Verkehrsnetz ist Paris damit einer der am besten erreichbaren Ballungsräume weltweit.

Die wichtigsten Global Cities

		Rang* (Bedeutung) in		
		Weltpolitik	Wirtschaft	Kultur, Medien
1	New York	2	1	3
2	**London**	**6**	**5**	**1**
3	Tokio	5	2	4
4	**Paris**	**4**	**3**	**2**
5	Hongkong	20	4	32
6	Chicago	26	10	10
7	Los Angeles	27	19	6
8	Singapur	31	7	46
9	Seoul	21	9	12
10	Brüssel	3	18	42
11	San Francisco	33	27	7
12	Washington	1	30	20

* Fehlende Rangplätze entfallen auf nicht gelistete Global Cities mit geringer Gesamtbedeutung. Zur Gesamtbewertung tragen noch weitere Teilbedeutungen bei (Wohlstand, Bildung, Verkehr).

1 M3 Niederlande/Belgien/Luxemburg – physisch

Maßstab 1 : 2 000 000 0 20 40 60 80 100 km

2 Niederlande – Neulandgewinnung

Maßstab 1 : 2 000 000

Zeitraum der Einpolderung
- vor 1600
- 1600 – 1800
- 1800 – 1900
- 1900 – 2000
- nach 2000
- *1961* Jahr der Trockenlegung bzw. Fertigstellung, seitdem Entwässerung
- Kanal
- heutige Grenze

Küstenschutz
- Küstendünen
- Abschlussdamm
- Seedeich

Naturrisiko Überflutung
- Gebiet mit Hochwasser-Schutzkonzept (Landhöhen unter 8 m)
- überflutungssicheres Gebiet (Landhöhen über 8 m)

3 Niederlande um 1300

0 20 40 60 km

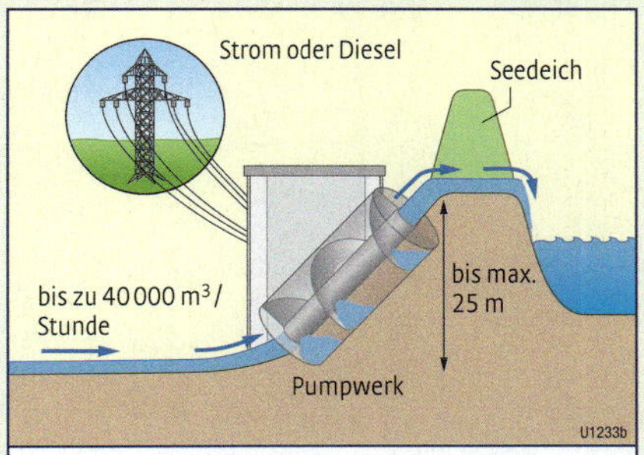

Polderentwässerung heute…

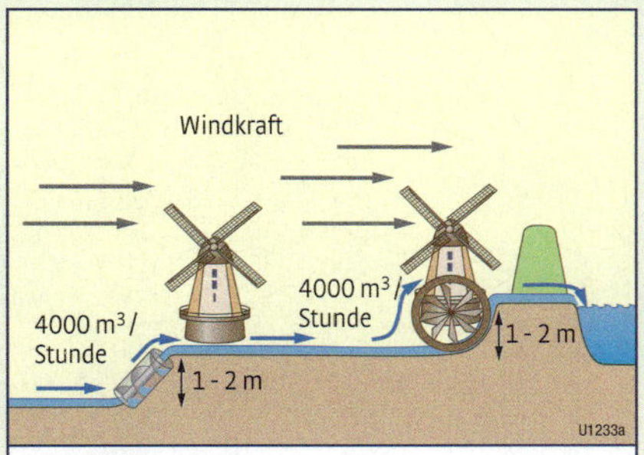

…und früher

Bodenbeschaffenheit
- Watt, Seemarsch
- Dünen
- Hochmoorboden
- Niedermoorboden
- Tonboden durch Flussablagerung
- Tonboden durch Meeresablagerung

Küstenschutz
- Seedeich

4 Rotterdam – Europoort

Maßstab 1 : 250 000

0 2 4 6 8 10 km

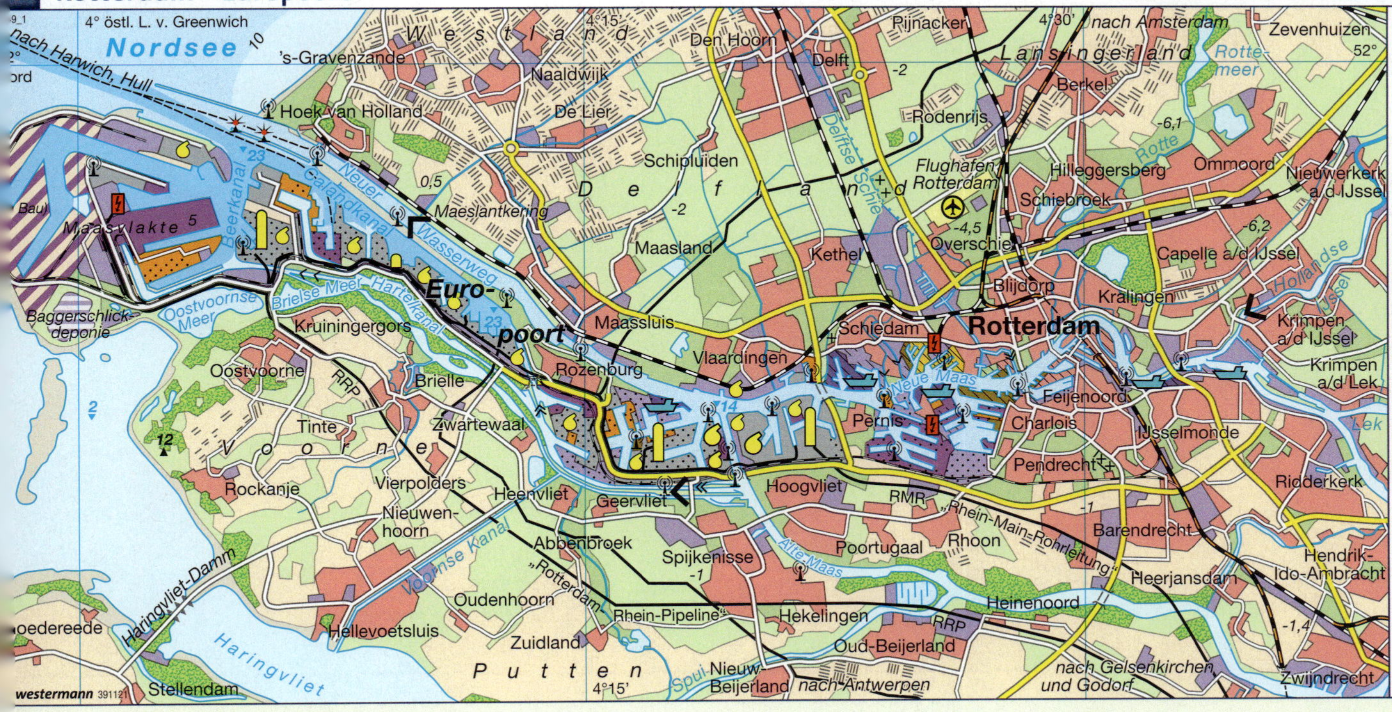

Schifffahrtswege
- über 20 m Fahrwassertiefe (für Großtanker geeignet)
- 10 – 20 m Fahrwassertiefe
- Radarstation
- Leuchtfeuer
- Schleuse, Sturmflutwehr

Hafenfunktion
- Stückgut
- Containerterminal, Roll-on-roll-off-Anlage
- Greifer, Sauggut
- Ölhafen mit Raffinerie und Petrochemie
- Werft
- Lebensmittelhafen
- sonstige Industrieanlage
- Erdölleitung
- Kraftwerk

Hafenerweiterung
- Betriebsfläche vor 1954
- Erweiterung bis 1969
- Erweiterung nach 1969

A
B
C
D
E
F
0°
4° östl. L. v. Greenwich
8°
12°
16°
56°
52°
48°
44°
Nordsee
Doggerbank
Skagerrak
Kattegat
Schottland
Großbritannien
England
Aberdeen
Dundee
Firth of Forth
Edinburgh
Newcastle upon Tyne
Sunderland
Middlesbrough
Pennines
Leeds
York
Kingston upon Hull
Sheffield
Grimsby
Humber
Nottingham
The Wash
Leicester
Norwich
Great Yarmouth
Cambridge
Oxford
Ipswich
Harwich
London
Southend-on-Sea
Greenwich
Dover
Folkestone
Brighton
Straße von Dover
Calais
Ostende
Niederlande
Groningen
Amsterdam
Den Haag
('s-Gravenhage)
Rotterdam
Utrecht
Enschede
Eindhoven
Maas
Belgien
Antwerpen
Gent
Brüssel
(Bruxelles)
Lille
Lüttich
Aachen
Ardennen
Luxemburg
Frankreich
Dieppe
Le Havre
Rouen
Amiens
St-Quentin
Caen
Normandie
Reims
Paris
Versailles
Fontainebleau
Champagne
Troyes
Le Mans
Orléans
Tours
Blois
Loire
Bourges
Burgund
Dijon
Besançon
Châteauroux
Poitiers
Montluçon
Le Creusot
Chalon-sur-Saône
Limoges
Clermont-Ferrand
Vichy
Périgueux
Lyon
St-Etienne
Zentral-massiv
Auvergne
Puy de Sancy
Mont Lozère
Cevennen
Grenoble
Valence
Montauban
Toulouse
Languedoc
Nîmes
Avignon
Arles
Provence
Montpellier
Béziers
Sète
Carcassonne
Marseille
Aix-en-Provence
Toulon
Cannes
Nizza
(Nice)
Monaco
San Remo
Côte d'Azur
Perpignan
Andorra
Lothringen
Metz
Nancy
Epinal
Vogesen
Straßburg
(Strasbourg)
Mülhausen
(Mulhouse)
Jura
Deutschland
Dänemark
Jütland
Aalborg
Aarhus
Esbjerg
Kolding
Odense
Fünen
Seeland
Kopenhagen
(København)
Frederikshavn
Hirtshals
Thisted
Limfjord
Helgoland
Cuxhaven
Wilhelmshaven
Emden
Bremerhaven
Oldenburg
Bremen
Hamburg
Flensburg
Kiel
Lübeck
Rostock
Wismar
Mecklenburg
Schwerin
Neubrandenburg
Stralsund
Rügen
Sassnitz
Gedser
Hannover
Wolfsburg
Braunschweig
Magdeburg
Potsdam
Berlin
Wittenberge
Elbe
Osnabrück
Bielefeld
Münster
Dortmund
Essen
Düsseldorf
Köln
Bonn
Kassel
Harz
Halle
Leipzig
Erfurt
Chemnitz
Dresden
Cottbus
Frankfurt
Görlitz
Zwickau
Erzgebirge
Koblenz
Wiesbaden
Mainz
Trier
Saarbrücken
Mannheim
Heidelberg
Karlsruhe
Stuttgart
Würzburg
Nürnberg
Regensburg
Ingolstadt
Ulm
Augsburg
München
Freiburg
Schwarzwald
Rhön
Fulda
Suhl
Hof
Main
Donau
Bodensee
Lindau
Zugspitze
Passau
Salzburg
Linz
Wien
Österreich
Innsbruck
Großglockner
Ostalpen
Klagenfurt
Graz
Maribor
Slowenien
Ljubljana
Liechtenstein
Vaduz
Schweiz
Basel
Zürich
Luzern
Bern
Lausanne
Genf
(Genève)
Genfer See
Finsteraarhorn
Mont Blanc
Monte Rosa
Westalpen
Aosta
Turin
(Torino)
Monte Viso
Alessandria
Novara
Como
Mailand
(Milano)
Bergamo
Brescia
Bozen
(Bolzano)
Ortler
Trient
(Trento)
Dolomiten
Verona
Vicenza
Padua
(Padova)
Venedig
(Venezia)
Udine
Triest
(Trieste)
Piacenza
Parma
Modena
Bologna
Ferrara
Ravenna
Forlì
Rimini
San Marino
Genua
(Genova)
Riviera
La Spezia
Ligurisches Meer
Pisa
Livorno
Florenz
(Firenze)
Toskana
Siena
Italien
Fano
Ancona
Loreto
Adriatisches Meer
Dalmatinische Inseln
Istrien
Rijeka
Pula
Kroatien
Zagreb
Karlovac
Slawonien
Slavonski
Banja Luka
Bosnien und Herzegowina
Dinarisches Gebirge
Velebit
Zadar
Split
Schweden
Göteborg
Borås
Jönköping
Vättersee
Götaland
Värnamo
Växjö
Halmstad
Lagan
Helsingør
Helsingborg
Schonen
Malmö
Trelleborg
Kalmar
Karlskrona
Öland
Linköping
Vänersborg
Visby
Bornholm
(Dänemark)
Kristiansand
Lindesnes
Pommern
Stolp
(Słupsk)
Köslin
(Koszalin)
Kolberg
(Kołobrzeg)
Swinemünde
(Świnoujście)
Stettin
(Szczecin)
Neustettin
(Szczecinek)
Bromberg
(Bydgoszcz)
Landsberg
(Gorzów Wielkopolski)
Netze
Posen
(Poznań)
Warthe
Oder
Grünberg
(Zielona Góra)
Glogau
(Głogów)
Schlesien
Sudeten
Breslau
Waldenburg
(Wałbrzych)
Aussig
(Ústí nad Labem)
Böhmen
Karlsbad
(Karlovy Vary)
Eger
(Cheb)
Prag
(Praha)
Pilsen
(Plzeň)
Tschechische Republik
Böhmerwald
Budweis
(České Budějovice)
Mähren
Olmütz
(Olomouc)
Brünn
(Brno)
Pardubitz
(Pardubice)
Bratislava
Neusiedler See
Plattensee
(Balaton)
Raab

Maßstab 1 : 6 000 000
1 cm ≙ 60 km
0 50 100 150 200 250 km

Landhöhen und Meerestiefen (in Meter)

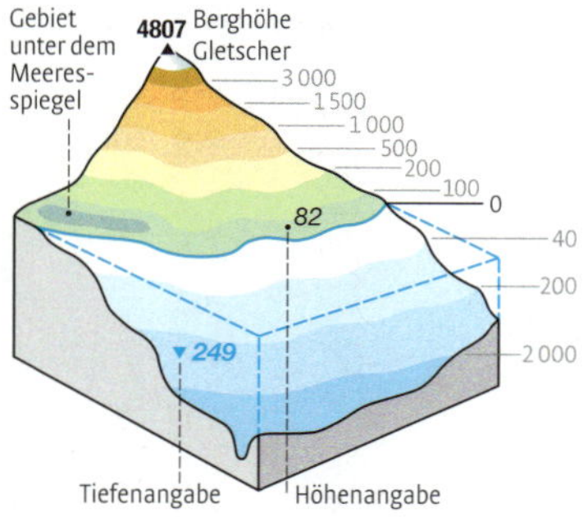

Orte (z.T. mit Umlandgemeinden)

Einwohner	
über	5 000 000
	1 000 000 – 5 000 000
	500 000 – 1 000 000
	100 000 – 500 000
	20 000 – 100 000
unter	20 000

Gewässer

- Fluss
- schiffbarer Fluss (über 1350 t Tragfähigkeit)
- Kanal (bedingt schiffbar)
- schiffbarer Kanal (über 1350 t Tragfähigkeit)
- See
- Stausee, Staumauer
- Sumpf, Moor

Verkehr

- Eisenbahn
- Fähre
- Autobahn
- Fernstraße
- Tunnel
- Pass

Verwaltung

- Staatsgrenze
- **Wien** Hauptstadt eines Staates
- **Den Haag** Regierungssitz eines Staates

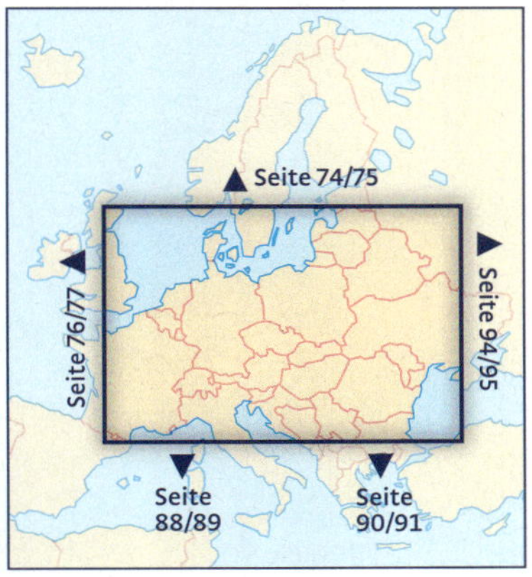

Karlsruhe
Pforzheim
Stuttgart
Nancy
Straßburg
(Strasbourg)
Saarburg
Lunéville
Bar-le-Duc
Saint-Dizier
Vitry-le-François
Toul
Épinal
Saint-Dié
Colmar
Mülhausen
(Mulhouse)
Freiburg
Offenburg
Kehl
Baden-Baden
Tübingen
Reutlingen
Ulm
Augsburg
Aalen
Heidenheim
Biberach
Memmingen
Kempten
Ravensburg
Friedrichshafen
Konstanz
Sigmaringen
Schaffhausen
Donaueschingen
Villingen-Schwenningen
Basel
Belfort
Montbéliard
Besançon
Dijon
Beaune
Dole
Chaumont
Langres
Vesoul
Gray
Plateau von Langres
Frankreich
Vogesen
Schwarzwald
Schwäbische Alb
Burgundische Pforte
Schweizer Jura
Französischer Jura
Zürich
Winterthur
Luzern
Bern
Biel (Bienne)
Solothurn
Olten
Neuenburg (Neuchâtel)
Lausanne
Genf (Genève)
Genfer See
Montreux
Freiburg (Fribourg)
Thun
Interlaken
Sitten (Sion)
Brig
Schweiz
Berner Alpen
Walliser Alpen
Glarner Alpen
Tessiner Alpen
Rätische Alpen
Allgäuer Alpen
Lechtaler Alpen
Verwallgruppe
Silvretta
Liechtenstein
Vaduz
Bregenz
Lindau
Bodensee
Feldkirch
Chur
Davos
St. Moritz
Jungfrau
Finsteraarhorn
Matterhorn
Dufourspitze
Monte Rosa
Mont Blanc
Chamonix
Aosta
Gran Paradiso
Piz Bernina
Lugano
Locarno
Como
Lecco
Bergamo
Bergamasker Alpen
Brescia
Monza
Mailand (Milano)
Novara
Vercelli
Pavia
Lodi
Cremona
Piacenza
Parma
Reggio nell'Emilia
Alessandria
Asti
Turin (Torino)
Pinerolo
Cuneo
Genua (Genova)
Savona
Ligurischer Apennin
Ligurische Alpen
Golf von Genua
Riviera di Levante
Riviera di Ponente
Ligurisches Meer
La Spezia
Carrara
Massa
Viareggio
Lucca
Pisa
Livorno
Gorgona
Apuanische Alpen
Toskanischer Apennin
Italien
Lombardei
Piemont
Emilia
Lyon
Villeurbanne
Vienne
Grenoble
Chambéry
Annecy
Aix-les-Bains
Albertville
Moûtiers
Bourg-en-Bresse
Mâcon
Chalon-sur-Saône
Valence
Montélimar
Orange
Avignon
Carpentras
Aix-en-Provence
Marseille
Nizza (Nice)
Monaco
Menton
San Remo
Imperia
Antibes
Cannes
Grasse
Fréjus
Saint-Raphaël
Draguignan
Brignoles
Digne
Sisteron
Gap
Embrun
Briançon
Barcelonnette
Dombes
Savoyer Alpen
Grajische Alpen
Dauphiné-Alpen
Cottische Alpen
Seealpen
Provençalische Alpen
Französische Kalkalpen
Vercors
Mont Ventoux
Montagne du Lubéron
Provence
Côte d'Or
Charolais
Beaujolais
6° östl. L. v. Greenwich

Maßstab 1 : 2 250 000
1 cm ≙ 22,5 km
0 20 40 60 80 100 km

1 Toskana (Italien) – Nutzung geothermischer Energie

Maßstab 1 : 50 000

Seit über 100 Jahren nutzt man in der Toskana die Erdwärme. Hier ist die Erdkruste so dünn, dass sich Grundwasser durch das Magma darunter erhitzt und als Heißdampf an die Oberfläche drängt.
Den Dampf setzte man zunächst für die chemische Industrie ein, seit 1913 wird damit Strom erzeugt (heute: > 3 Mrd. kWh/Jahr).

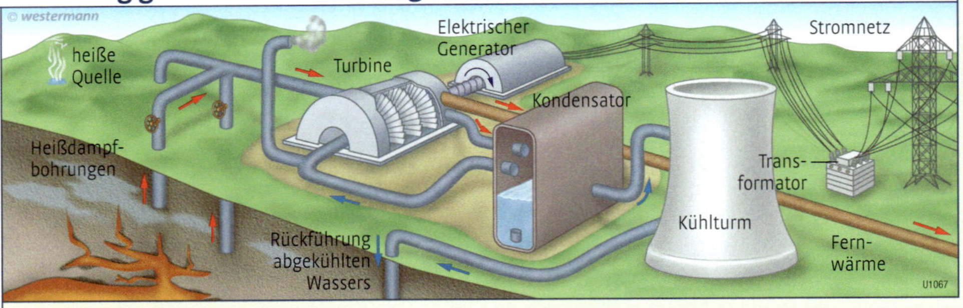

Flächennutzung
- Industriefläche mit Soffioni (Erdspalten mit Dampfaustritt)
- Wohnbebauung
- Ackerland
- Weide, Hartlaubgehölze
- Wald
- Landstraße, Weg

Geothermie
- warme Quellen

Tiefenbohrung von
- > 200°C heißem Dampf
- < 200°C heißem Dampf
- oberirdisch verlegtes Heißdampfrohr
- Einpressung von kühlem Wasser in den Untergrund
- (2000, 14 MW) Kraftwerk mit Baujahr und Leistung (in Megawatt)

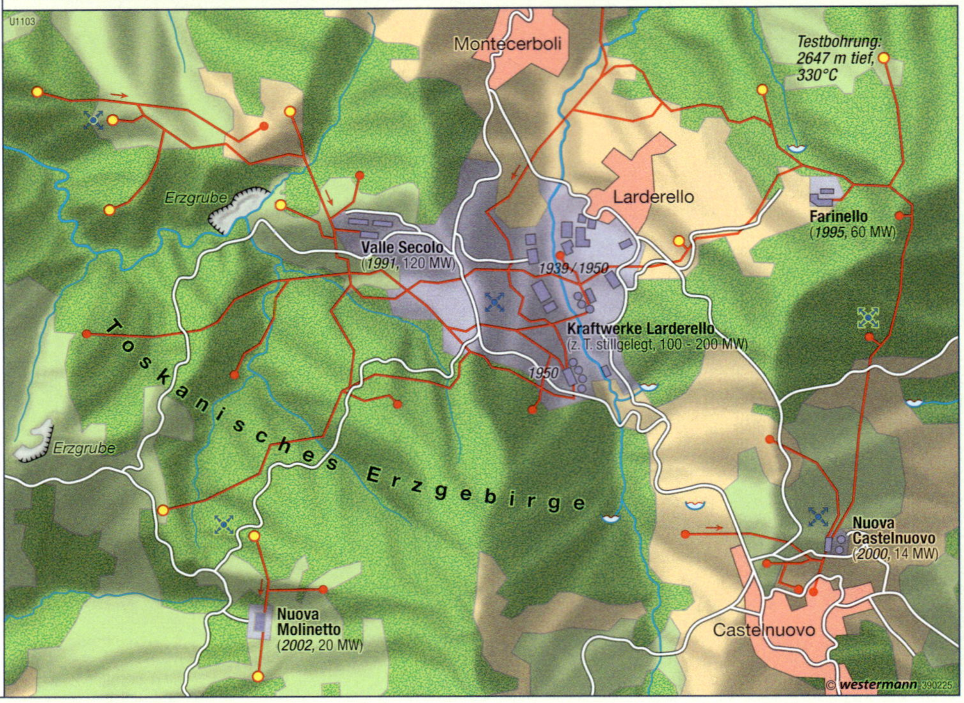

Geothermie-Kraftwerk Larderello (➩ 1)

Ruinen Pompeis vor dem Vesuv (➩ 2)

Erdbebensichere Bosporusbrücke (➩ 5)

2 Golf von Neapel – Leben am Vulkan

Maßstab 1 : 300 000 0 2 4 6 8 10 km

Besiedlung / Verkehr
Antike griechische und römische Siedlungen
- Villa der römischen Kaiser
- Landgüter (Villae) und Sommervillen
- Ruinen 79 n. Chr. verschütteter Städte
- (Pompeji) antiker Name
- heutige Besiedlung
- Eisenbahn mit Tunnel
- Autobahn

Landnutzung
- Wein
- Obst und Gemüse

Geologie
Lavastrom (mit Entstehungszeitraum)
- vor 1700
- 1700 – 1850
- 1850 – 1900
- nach 1900
- Aschen, Tuffe und Lapilli
- umgelagertes vulkanisches Material
- Krater / vermutet
- Caldera
- Fumarole / Mofette
- Mineralquelle
- Thermalquelle
- Quartär
- Tertiär, Kreide, Jura, Trias (überwiegend Kalkgestein)

3 Erdzeitalter

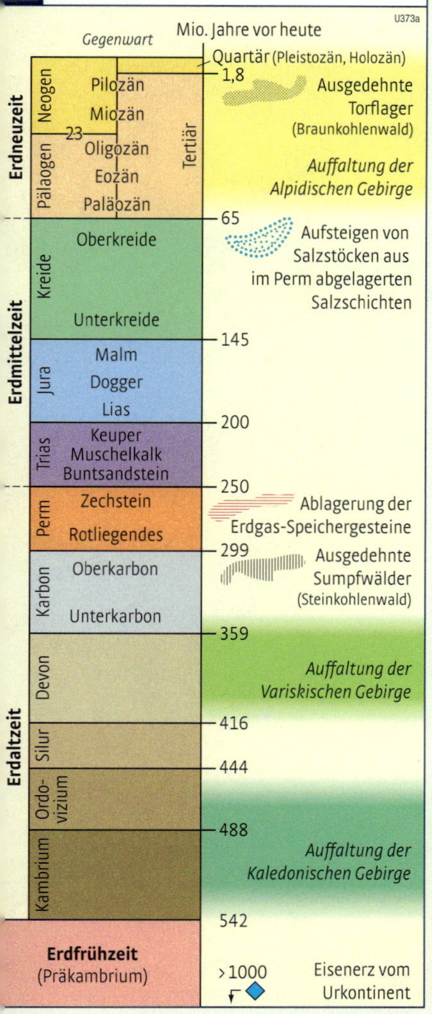

4 Europa – Alter der Gebirge/Rohstofflagerstätten

Maßstab 1 : 36 000 000

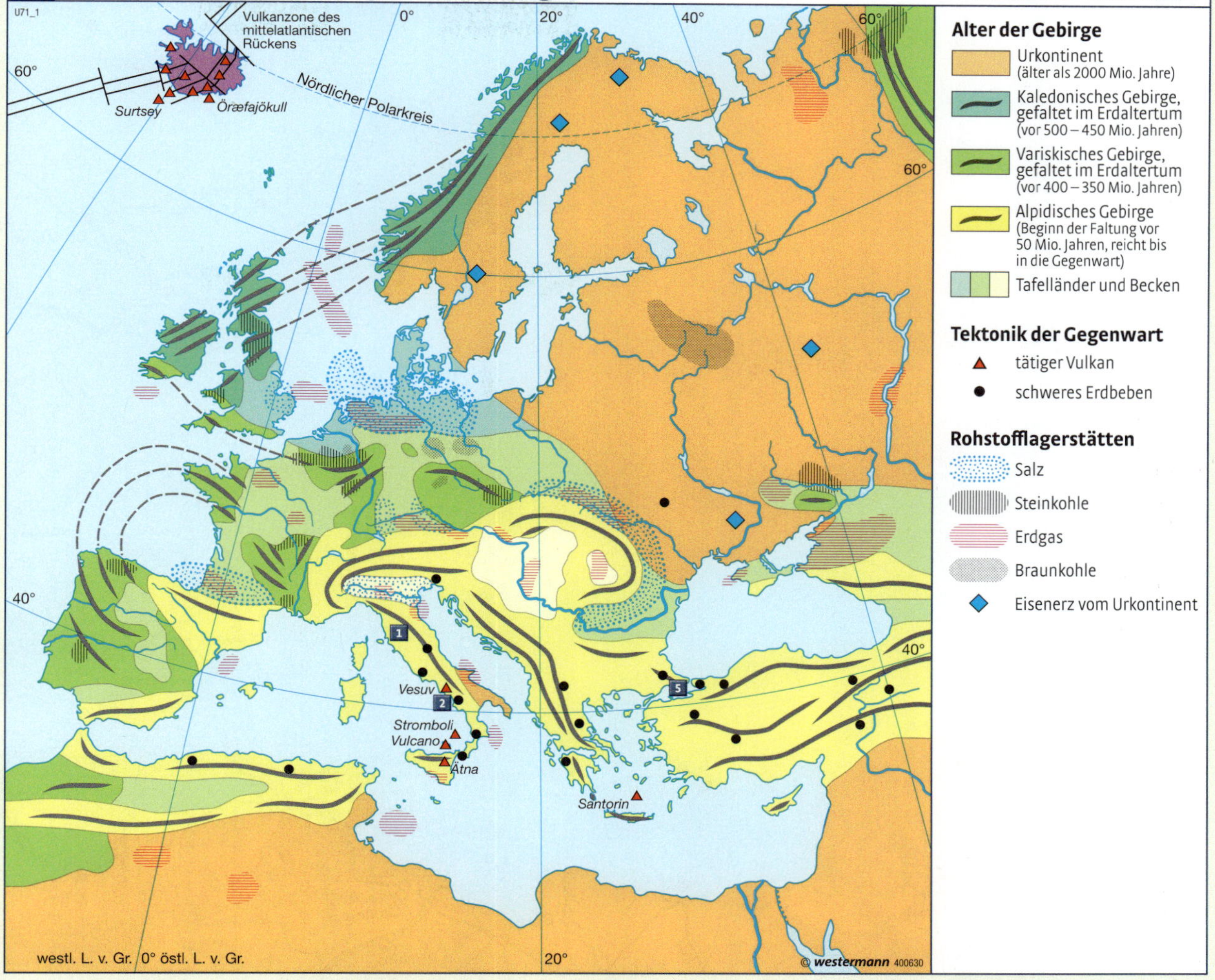

5 İstanbul (Türkei) – erdbebengefährdete Megastadt

Maßstab 1 : 1 000 000

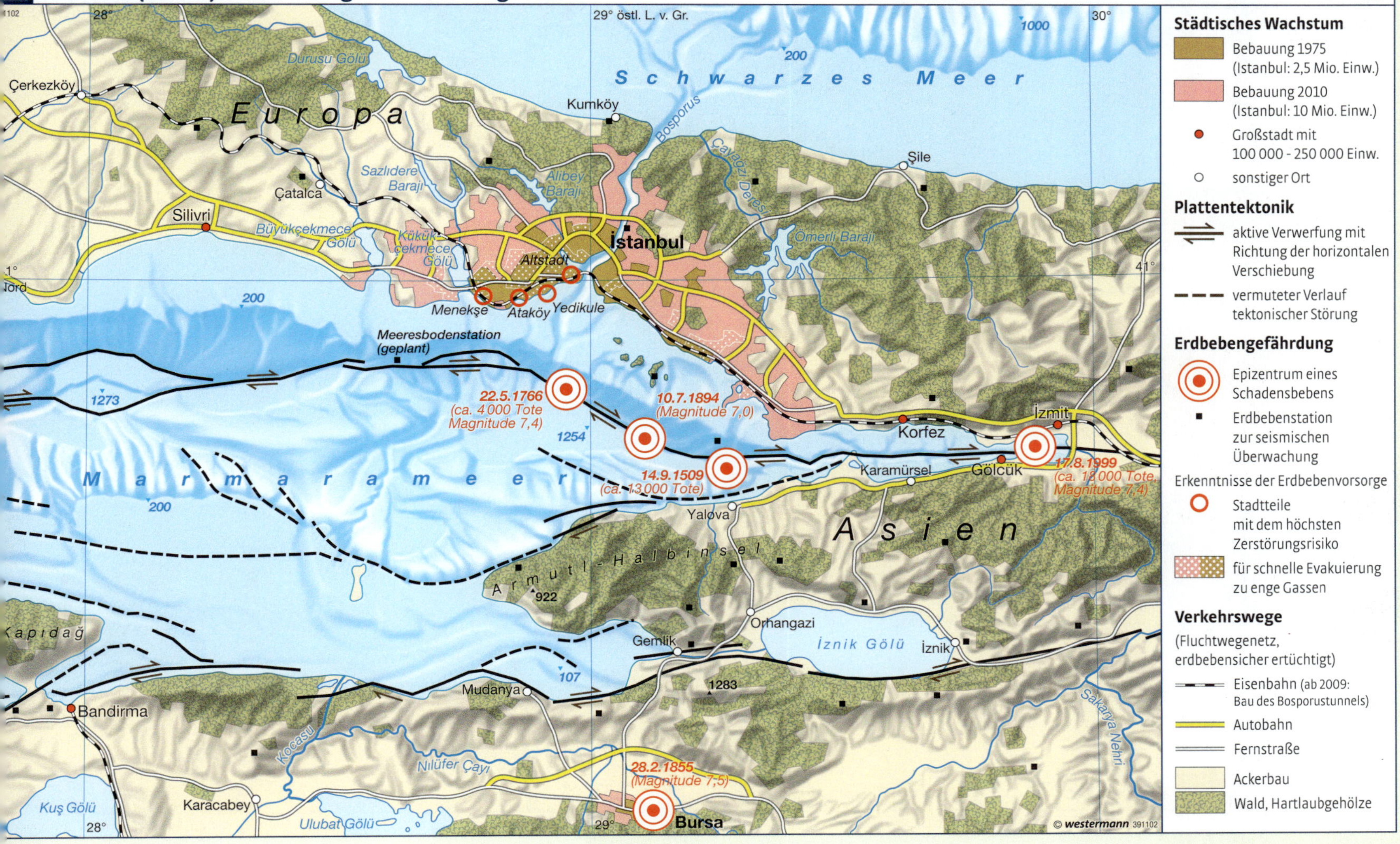

Südwesteuropa – physisch

Maßstab 1 : 6 000 000
1 cm ≙ 60 km
0 50 100 150 200 250 km

Landhöhen und Meerestiefen (in Meter)

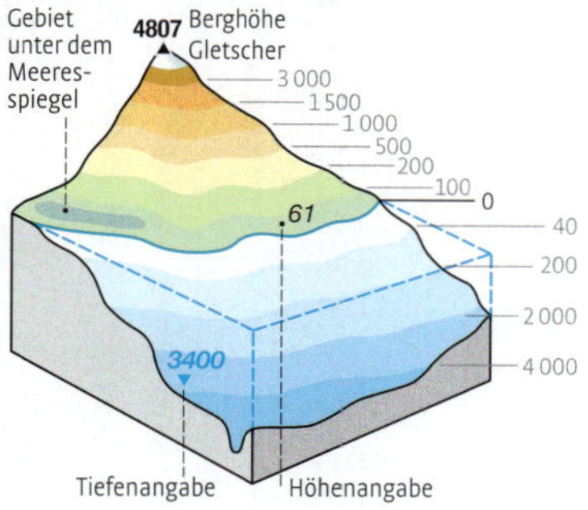

Gewässer

- Fluss
- schiffbarer Fluss (über 1350 t Tragfähigkeit)
- Wadi, Trockental
- Kanal (bedingt schiffbar)
- schiffbarer Kanal (über 1350 t Tragfähigkeit)
- See
- Stausee, Staumauer
- Sumpf, Moor
- Salzpfanne

Orte

Einwohner	
über	5 000 000
1 000 000 –	5 000 000
500 000 –	1 000 000
100 000 –	500 000
20 000 –	100 000
unter	20 000
Ruinenstätte, geschichtlich bedeutsamer Ort	

Verkehr

- Eisenbahn
- Fähre
- Autobahn
- Fernstraße
- Tunnel
- Pass

Verwaltung

- Staatsgrenze
- Teilungsgrenze
- **Paris** Hauptstadt eines Staates

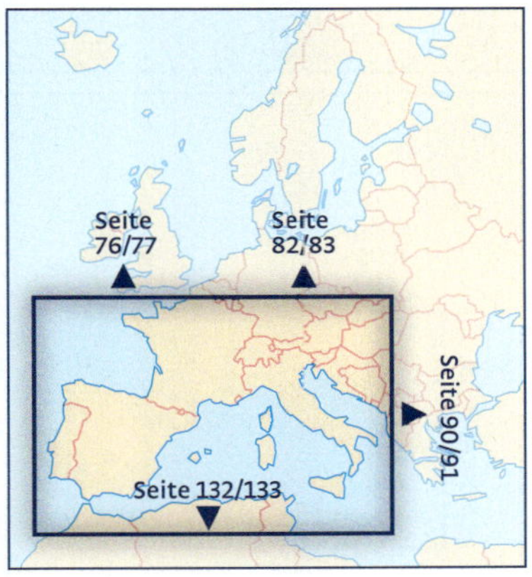

16° östl. L. v. Greenwich
20°
24°
28°
Österreich
Ostalpen
Graz
Klagenfurt
Maribor
Slowenien
Ljubljana
Udine
Triest (Trieste)
Istrien
Rijeka
Pula
Zagreb
Karlovac
Kroatien
Slawonien
Slavonski Brod
Banja Luka
Velebit
Dinarisches Gebirge
Zadar
Split
Bosnien und Herzegowina
Tuzla
Zenica
Sarajevo
Mostar
Dubrovnik
Dalmatinische Inseln
Adriatisches Meer
Pescara
Gargano
Campobasso
Foggia
Benevento
Barletta
Cannae
Bari
Salerno
Potenza
Apulien
Italien
Brindisi
Tarent (Taranto)
Lecce
Otranto
Golf von Tarent
Straße von Otranto
Rossano
Cosenza
1928
Crotone
Catanzaro
Kalabrien
Stromboli
Messina
Reggio di Calabria
Ionisches Meer
Ionische Inseln
Raab (Győr)
Székesfehérvár
Plattensee (Balaton)
Budapest
Vác
Eger
Miskolc
Nyíregyháza
Debrecen
Ungarn
Kecskemét
Szeged
Pécs
Donau
Drau
Save
Drina
Subotica
Novi Sad
Belgrad (Beograd)
Banat
Vršac
Großwardein (Oradea)
Arad
Temeschburg (Timişoara)
Reşiţa
Porta Orientalis
Eisernes Tor
Drobeta-Turnu Severin
Užice
Kragujevac
Serbien
Bor
Kosovo
Priština
Prizren
Niš
Montenegro
Durmitor 2522
Krševa 1625
Podgorica
Skutari (Shkodër)
Skutarisee
Bar
Tirana (Tiranë)
Durrës
Elbasan
Albanien
Vlorë
Korçë
Skopje
Kumanovo
Mazedonien
Bitola
Satu Mare
Baia Mare
Vârful Pietrosu 2303
Hoverla 2061
Tscherniwzi
Bukowina
Karpaten
Klausenburg (Cluj-Napoca)
Curcubăta 1847
Siebenbürgen
Neumarkt (Târgu Mureş)
Rumänien
Deva
Hermannstadt (Sibiu)
Rotenturmpass
Moldoveanu 2543
Kronstadt (Braşov)
Predeal 1033
Râmnicu Vâlcea
Piteşti
Ploieşti
Craiova
Bukarest (Bucureşti)
Giurgiu
Ruse
Olt
Jiu
Ialomiţa
Botoşani
Suceava
Piatra Neamţ
Bacău
Iaşi
Bălţi
Moldau
Chişinău
Dubăsary
Tiraspol
Bender
Odes
Galaţi
Brăila
Buzău
Tulcea
Donaudelta
Schlangeninsel
Dobrudscha
Konstanza (Constanţa)
Dobrič
Pleven
Balkan
Bulgarien
Šumen
Varna
Zlatni Pjasâci (Goldstrand)
Sliven
Burgas
Nesebâr
Iskâr
Pernik
Sofia (Sofija)
Musala 2925
Stara Zagora
Plovdiv
Rhodopen
Goljam Perelik 2191
Maritza
Edirne
1031
Thrakien
Ergene
Komotini
Serrai
Makedonien
Thessaloniki (Saloniki)
Chalkidike
Athos 2033
Thasos
1203
1624
Imros
Tekirdağ
Çorlu
Istanbul
Bosporus
İzmit
Adapa
Marmarameer
1355
Kapıdağı 808
Bandırma
Bursa
İnegöl
2543 Uludağ
Dardanellen
Troja
Kaz dağı 1774
Balıkesir
Limnos
Kap Baba
Lesbos
Pergamon
Kütahya
Eskişe
Simav
Murat Dağı 2312
Afyonkarahisar
Manisa
Izmir
Çeşme
Chios
Sardes
2157
Turgutlu
Uşak
Ephesos
Aydın
Nazilli
Samos
Büyük Menderes (Mäander)
Denizli
Milet
Halikarnassos
Bodrum
Marmaris
Kos
Südliche Sporaden
Rhodos
1215
Westlicher Taurus
3086
Kap Gelidonya
4517
Olymp 2917
Katerini
Korfu (Kerkyra)
Korfu
Ioannina
Pindos
Larissa
Volos
Nördliche Sporaden
Skyros
Ägäisches Meer
Griechenland
Tymfristos 2315
Lamia
Thermopylen
Lefkas
Agrinion
Delphi
2457 Parnass
Euböa
Chalkis
Theben (Thiva)
Marathon
Kefallinia
Patras (Patrai)
Korinth (Korinthos)
Piräus (Piraieus)
Athen (Athinai)
Olympia
Mykene
Zakynthos
Peloponnes
Nauplia (Nafplion)
Andros
1262
Mykonos
Kykladen
Naxos
Milos
Santorin
Kalamata
Mistras
Sparta
2407
Kap Akritas
5121
Kap Tenaro
Kap Malea
Kythira
Chania
Ida 2456
Heraklion (Iraklion)
Knossos
Kreta
Gavdos
Karpathos
Mittelmeer
Seite 82/83
Seite 94/95
Seite 88/89
Seite 119
Seite 132/133

Ukraine
Kirowohrad
Dniprodsershynsk
Dnipropetrowsk
Krywyj Rih
Nikopol
Saporishshja
Donezk
Horliwka
Makijiwka
Schachty
Wolgodonsk
Rostow
Nowotscherkassk
Taganrog
Bataisk
Mariupil
Melitopol
Berdjansk
Mykolajiw
Cherson
Schwarzmeertiefland
Kachiwkaer Stausee
Zimljansker Stausee
Don
Manytschniederung
Salsk
Elista
Jergenihügel
Sarpasee
Kaspische Senke
Astrachan
Wolga
Asowsches Meer
Primorsko-Achtarsk
Jeja
Manytschsee
Russland
Stawropoler Hochland
Stawropol
Krim
Dshankoi
Kertsch
Straße von Kertsch
Jewpatorija
Simferopol
Krimgebirge
Sewastopol
Jalta
Krasnodar
Kuban
Armawir
Newinnomyssk
Krasnodarer Stausee
Maikop
Noworossijsk
Tscherkessk
Pjatigorsk
Kislowodsk
Naltschik
Prochladny
Mosdok
Terek
Grosnyj
Gudermes
Beslan
Terek-Kuma Niederung
Kuma
Sulak
Chasawjurt
Machatschkala
Kaspijsk
Buinaksk
Wladikawkas
Tuapse
Sotschi
Adler
Elbrus
5642
Dych-Tau
5204
Kasbek
5033
Kaukasus
Suchumi
Kutaisi
Georgien
Tiflis
(Tbilissi)
Rustawi
Botlich
Derbent
Tebulosmta
4493
Schwarzes Meer
2245
Batumi
Rioni
Kura
Sinop
Cide
Samsun
Ordu
Trabzon
Artvin
Kaçkar
3931
Gjumri
Wanadsor
Armenien
Aragaz
4090
Jerewan
Sewansee
Gäncä
Aserbaidschan
Kars
Ağrı
Ararat
5137
zu Aserbaidschan
Nachitschewan
Zonguldak
Karabük
Pontisches Gebirge
Köroğlugebirge
Köroğlu Tepesi
2400
Amasya
Çorum
Tokat
Sivas
Erzincan
Erzurum
Ankara
Kırıkkale
Kızılırmak
Hattusa
Bingöl
3194
Süphan
4434
Vansee
Van
Tatvan
Türkei
Anatolien
Hirfanli-Stausee
Tuz gölü
899
Kayseri
Erciyes dağı
3916
Aksaray
Konya
Ereğli
Karaman
Taurus
Innerer Taurus
Östlicher Taurus
Mittlerer Taurus
Malatya
Elâzığ
Keban-Stausee
Karakaya-Stausee
Atatürk-Stausee
Diyarbakır
Karaca
1938
Batman
Siirt
Tigris
Ilisu-Stausee
Cizre
Zakhu
Dahuk
Kurdistan
Resko Tepe
4168
Urmia
Urmiasee
Täbris
Marand
Khvoy
Maragheh
Miandoab
Mahabad
Saqqez
Iran
Kahramanmaraş
Nuruhakdağı
3081
Aladağ
3756
Şanlıurfa
Kızıltepe
Al-Qamishli
Gaziantep
Osmaniye
Adana
Tarsus
Mersin
(Içel)
Ak dağ
2647
Alanya
Anamur
Kap Anamur
Golf von Antalya
Golf von Iskenderun
Iskenderun
Antakya
Al-Bab
Aleppo
(Halab)
Assad-Stausee
Ar-Raqqah
Euphrat
Sinjar
1463
Tall Afar
Mosul
Ninive
Nimrud
Irbil
As-Sulaymaniya
Kirkuk
Irak
Hatra
Assur
Wadi Tharthar
Tikrit
Tharthar-see
Khanaqin
Baqubah
Balad
Bagdad
(Baghdad)
Al-Fallujah
Ar-Ramadi
Kerbala
Al-Milh-See
Zypern
Nikosia
(Lefkosia)
Famagusta
Larnaca
Limassol
1953
Kap Andreas
2633
Latakia
(Al Laziqiya)
Idlib
Hama
Homs
(Hims)
Tartus
Syrien
Dayr az-Zawr
Jabal Abu Rujmayn
Palmyra
Tadmor
(Tudmor)
Abu Kamal
Khabur
Tripoli
(Tarabulus)
Libanon
Beirut
(Bayrut)
Sidon
(Sayda)
Duma
Damaskus (Dimashq)
Syrische Wüste
Wadi Hauran
Wadi al Ghudaf
© westermann

Südliches Europa (Mittelmeerraum) – Wirtschaft und Tourismus

Waldlandschaften
- sommergrüner Laub- und Mischwald, Gebirgsnadelwald
- Hartlaubgehölz (Macchie)

offene Landschaften
- Steppe und Hochgebirgsgrasland
- Halbwüste und Wüste
- Salzpfanne
- Fels- und Gletscherregion

Kulturlandschaften
- Ackerbau
- mittelmeerischer Anbau (Oliven, Kork, Zitrusfrüchte)
- Bewässerungsland
- Weide, z. T. Wiese

Kontinentalschelf
- 200 m-Tiefenlinie

Bergbau
- Erdöl
- Erdgas
- Steinkohle
- Braunkohle
- Eisen
- Stahlveredler (Chrom, Mangan, Wolfram)
- Kupfer
- Blei, Zink
- Silber
- Bauxit (Aluminiumrohstoff)
- Phosphat

Transport und Industrie
- Erdölleitung
- Erdgasleitung
- Ölhafen

Industrie
- Erdölraffinerie
- Chemie, Kunststoffe
- Eisen- und Stahlerzeugung
- Buntmetallverhüttung
- Aluminiumverhüttung
- Eisen- und Metallverarbeitung (Maschinenbau, Stahl- und Leichtmetallbau, Metallwaren)

Maßstab 1 : 10 000 000
1 cm ≙ 100 km
0 100 200 300 400 500 km

	Kraftfahrzeugbau
	Luft- und Raumfahrzeugbau
	Schiffbau
	Elektrotechnik, Elektronik
	Feinmechanik, Optik, Uhren
	Textilien, Bekleidung, Leder
	Nahrungs- und Genussmittel
	Fischverarbeitung

Dienstleistungszentrum

- mit internationaler Bedeutung
- mit überregionaler Bedeutung
- mit regionaler Bedeutung

Grenzen

- Staatsgrenze
- Grenze Palästinensischer Autonomiegebiete

Tourismus

- Städtetourismus (vor allem Kulturtourismus)
- Badetourismus im Sommer
- ganzjähriger Badetourismus
- Pilgerort
- Wintersport
- Kurort, Heilbad
- *Algarve* touristisch bedeutender Küstenabschnitt

Tourismus als bedeutende Dienstleistung
Von je 100 Erwerbstätigen dieser Beispiel-Staaten leben vom Tourismus in

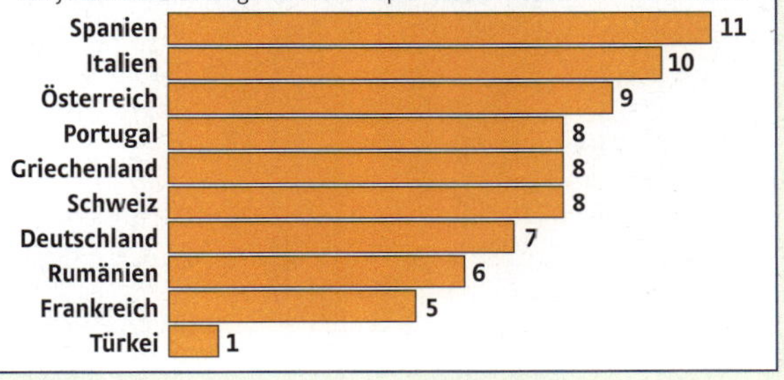

Norwegen
Schweden
Finnland
Dänemark
Deutschland
Polen
Litauen
Lettland
Estland
Weißrussland (Belarus)
Ukraine
Georgien
Armenien
Aserbaidschan
Iran
Turkmenistan
Usbekistan
Kasachstan
Kirgisistan
Tadschikistan
Afghanistan
China
Oslo
Stockholm
Kopenhagen
Helsinki
Tallinn
Riga
Vilnius
Minsk
Warschau
Berlin
Hamburg
Kiew
Moskau
Sankt Petersburg
Tiflis
Jerewan
Baku
Teheran
Ashgabat
Taschkent
Bishkek
Dushanbe
Astana (Akmola)
Almaty
Urumchi
Nowosibirsk
Omsk
Jekaterinburg
Tscheljabinsk
Ufa
Samara
Kasan
Perm
Wolgograd
Astrachan
Rostow
Archangelsk
Murmansk
Spitzbergen (Norwegen)
Bäreninsel (Norwegen)
Franz-Josef-Land
Nowaja Semlja
Barentssee
Karasee
Weißes Meer
Bottnischer Meerbusen
Finnischer Meerbusen
Ostsee
Kaspisches Meer
Aralsee
Balchaschsee
Ural
Uralgebirge
Westsibirisches Tiefland
Kasachische Schwelle
Kaspische Senke
Ustjurt-Plateau
Karakum
Kysylkum
Betpak-Dala (Hungersteppe)
Altai
Dsungarei
Halbinsel Kola
Halbinsel Jamal
Timanrücken
Pamir
60° östl. L. v. Greenwich
70°
80°
90°
50°
40°
30°

Erläuterungen siehe Seite 111

Russland / Zentralasien – Wirtschaft

Waldlandschaften
- nördlicher Nadelwald, Taiga
- sommergrüner Laub- und Mischwald, Gebirgsnadelwald

offene Landschaften
- Tundra
- Steppe und Hochgebirgsgrasland
- Halbwüste und Wüste
- Fels- und Gletscherregion
- Meeresvereisung

Kulturland
- Ackerbau
- Bewässerungsland
- Weide, z. T. Wiese

Bergbau
- Erdöl
- Erdgas
- Steinkohle
- Braunkohle
- Uran
- Eisen
- Stahlveredler (Chrom, Mangan, Kobalt)
- Graphit
- Kupfer
- Zinn
- Blei, Zink
- Gold
- Silber
- Platin
- Diamanten
- Bauxit (Aluminiumrohstoff)
- Phosphat

Industrie
- Eisen- und Stahlerzeugung
- Buntmetallverhüttung
- Aluminiumverhüttung
- Eisen- und Metallverarbeitung
- Kraftfahrzeugbau
- Luft- und Raumfahrzeugbau
- Schiffbau
- Elektroindustrie
- Atomindustrie
- Chemie, Kunststoffe
- Erdölraffinerie
- Textilien, Bekleidung
- Holz, Papier
- Nahrungs- und Genussmittel
- Fischverarbeitung
- Kernkraftwerk
- Wärmekraftwerk
- Wasserkraftwerk

Dienstleistungszentrum
- internationale Bedeutung
- überregionale Bedeutung
- regionale Bedeutung
- Tourismus

Transport und Verkehr
- Erdölleitung
- Erdgasleitung
- wichtige Eisenbahn
- Fernstraße

Grenzen
- Staatsgrenze

Nordpolarmeer
Franz-Josef-Land
Sewernaja Semlja
Laptewsee
Neusibirische Inseln
Ostsibirische See
Wrangelinsel
Linie des Datumswechsels
Beringstraße
Anadyr
Bilibino
Kolymagebirge
Korf
Kamtschatka
Syrjanka
Dukat
Tscherskigebirge
Sussuman
Magadan
Tiksi
Werchojansker Gebirge
Werchojansk
Dudinka
Norilsk
Tasowskij
Igarka
Nowyi Urengoi
Nördlicher Polarkreis
Aichal
Wiljuisk
Jakutsk
Sibirien
Mirny
Lensk
Tommot
Aldan
Nerjungri
Ochotsk
Ochotskisches Meer
Dshugdshurgebirge
Ocha
Nogliki
Nikolajewsk
Sachalin
Uglegorsk
Jushno-Sachalinsk
Sewero-Jenissejsk
Bodaibo
Stanowoigebirge
Tynda
Seja
Skoworodino
Baikal-Amur-Magistrale (BAM)
Ust-Ilimsk
Tomsk
Atschinsk
Krasnojarsk
Kansk
Kemerowo
Nowokusnezk
Abakan
Taischet
Bratsk
Shelesnogorsk-Ilimsk
Tulun
Sima
Tscheremchowo
Angarsk
Irkutsk
Ostsajan
Westsajan
Baikalsee
Ulan-Ude
Petrowsk-Sabaikalski
Tschita
Krasno-kamensk
Hailar
Blagoweschtschensk
Komsomolsk
Sowjetskaja-Gawan
Chabarowsk
Bikin
Dalnegorsk
Hegang
Fujin
Jiamusi
Mandschurei
Daqing
Harbin
Mudanjiang
Nachodka
Wladiwostok
Ulan-Gom
Mongolischer Altai
Erdenet
Ulan Bator
Tschoibalsan
Mongolei
China
Großer Chingan
Jilin
Changchun
Chongjin
Nordkorea
Japanisches Meer (Ostmeer)
Shenyang
Fushun
Anshan
Jinzhou
Hungnam
Wonsan
Dandong
Pjöngjang
Dalian
Seoul
Südkorea
Japan
Sajnschand
Gobi
Urumchi
Hami
Baotou
Datong
Xuanhua
Peking
Tangshan
100° östl. L. v. Gr.

1 Osteuropa / Russland / Zentralasien – Umweltschäden und -gefahren

Maßstab 1 : 40 000 000

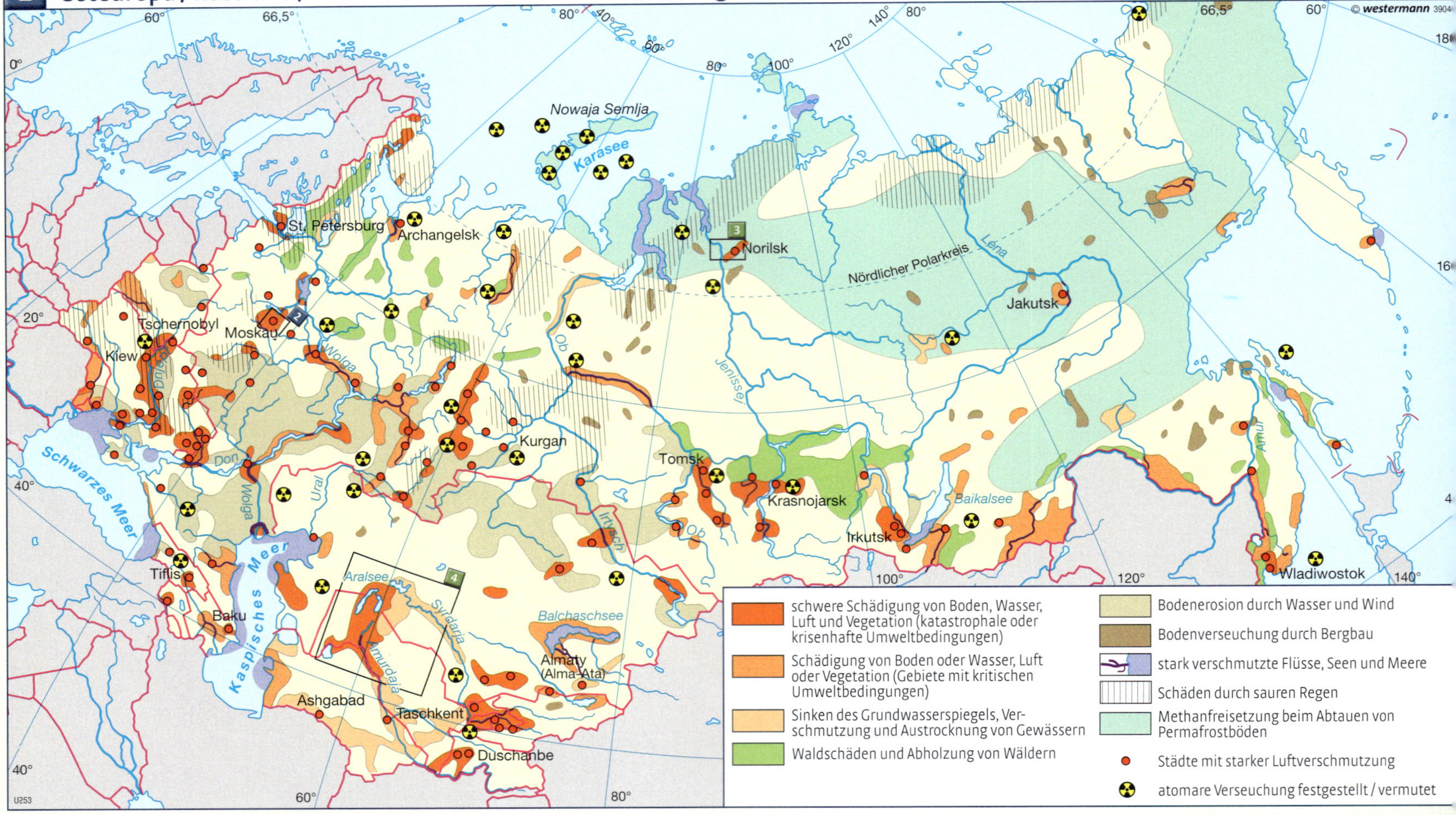

2 Ballungsraum Moskau – Verkehr

Maßstab 1 : 500 000

Orte
- über 10 000 Einwohner
- unter 10 000 Einwohner
- städtische Bebauung
- Moskauer Stadtgrenze
- Einzelhaussiedlung

Bodennutzung
- Park, öffentliche Grünanlage
- Wald
- sonstige Fläche

Industrie
- Industriefläche

Verkehr
- Hochgeschwindigkeitstrasse
- Fernbahn
- Bahnhof Vorort- und Ringbahn
- Autobahn, Schnellstraße
- Straßen
- internationaler Flughafen
- über 500 Stunden Stau im Jahr (2007)

2008 waren in Moskau 3,8 Millionen Autos registriert. Für das Jahr 2015 erwartet man bis zu 8 Millionen Autos.

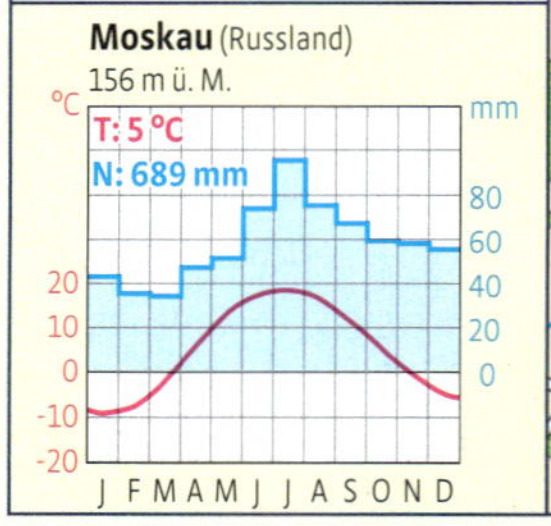

Täglicher Stau auf einer Moskauer Ringstraße

Norilsk: Nickelhütte in der Tundra

Aralsee: junge Salzwüste Aralkum

3 Norilsk – Nickelabbau unter subpolaren Bedingungen

Maßstab 1 : 500 000 (0 – 5 – 10 – 15 km)

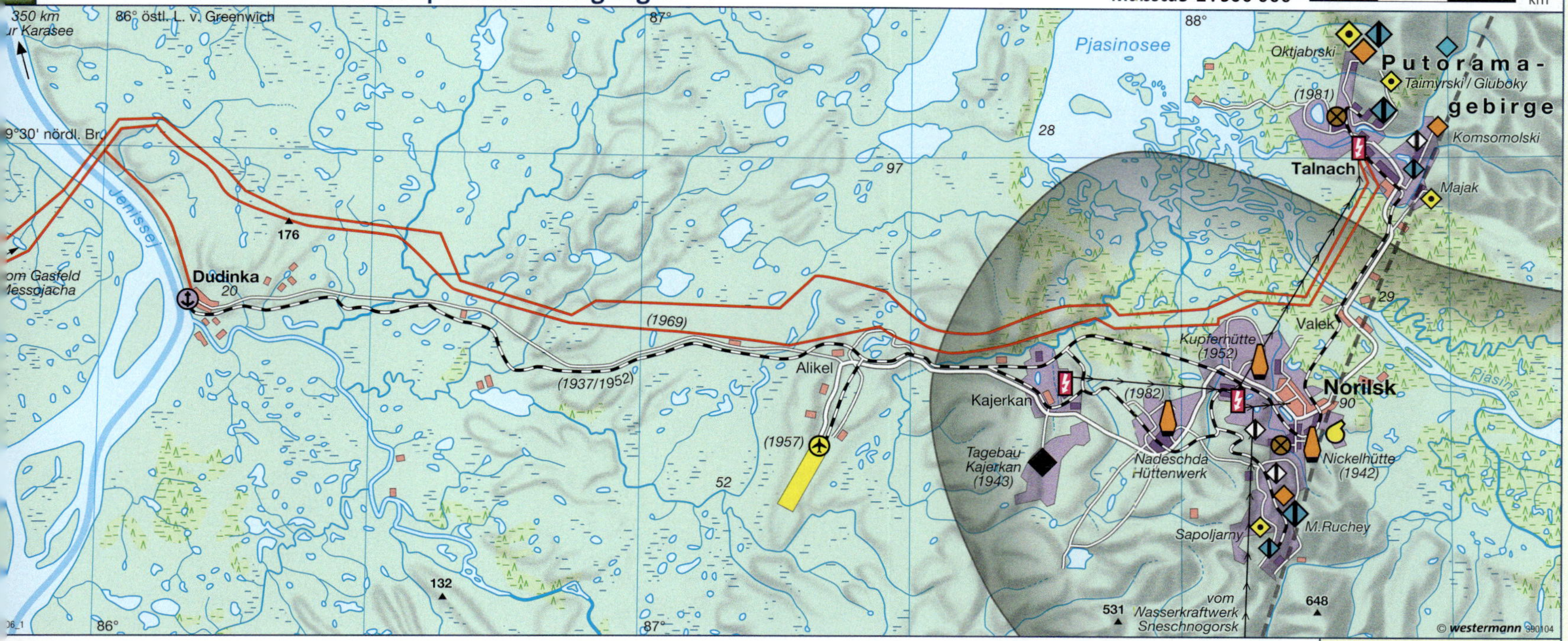

Bodenbedeckung (Dicke des Permafrostbodens 300 – 500 m)
- Tundra
- Moor, Sumpf
- Waldtundra
- Bebauung
- tektonische Verwerfung

Energie
- Erdgasleitung (mit Baujahr)
- Überlandleitung
- Heizkraftwerk (liefert Strom und Wärme)

Umweltbelastung
- Betriebsflächen von Industrie und Bergbau (Fabriken, Gruben, Deponien, Halden, stark mit Schwermetallen belastet)
- durch Schwefeldioxid-Ausstoß stark geschädigte Vegetation

Bergbau (mit Jahr der Erschließung)
- Nickel
- Kupfer
- Platin
- Steinkohle
- geschlossene Schachtanlage

Industrie (mit Jahr der Errichtung)
- Erz-Aufbereitung und -Konzentration
- Buntmetall-verhüttung
- Chemie

Verkehr
- Eisenbahn (Baujahr)
- Straße
- Flughafen (Eröffnung)
- Erzhafen, mit hochseetauglichen Frachtern zu erreichen
- Fahrrinne, durch Eisbrecher offen gehalten

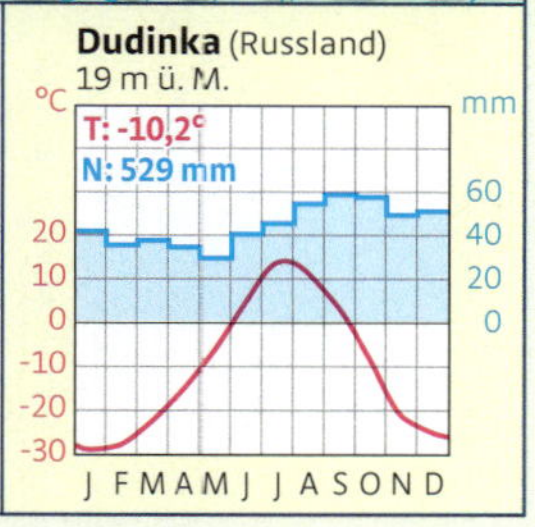

4 M7 Aralsee – Landschaftswandel 1960 / 2010

Maßstab 1 : 6 000 000 (0 – 50 – 100 – 150 km)

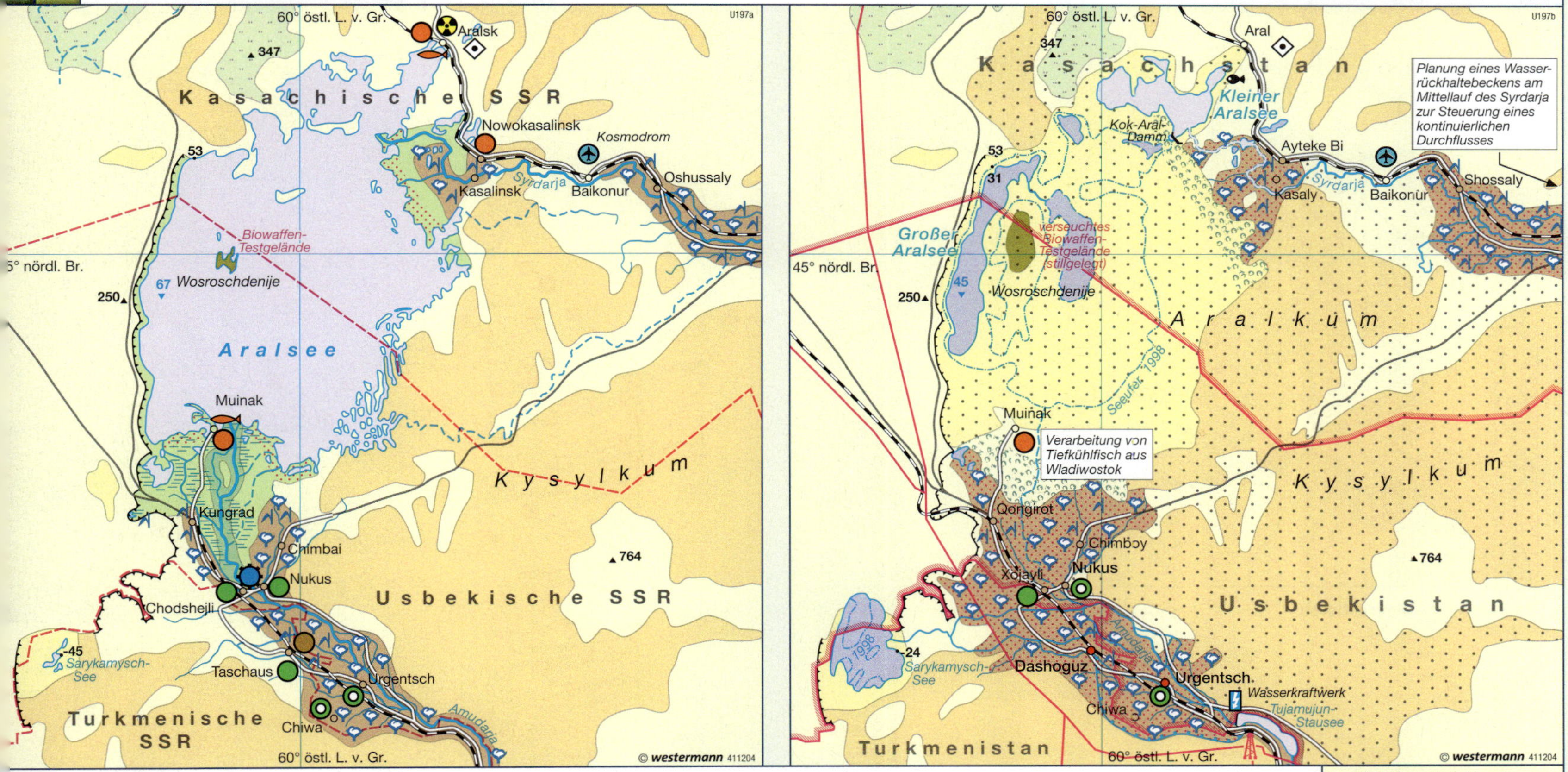

Naturvegetation
- Steppe
- Halbwüste
- Salzwüste
- Sandwüste
- Flussdelta
- Auenwald
- 5 70 Salzwasser (Salzgehalt in g/l)
- periodischer Fluss
- Steilhang

Landnutzung und Umweltfolgen
- Bewässerungsland
- Reis
- Baumwolle
- Bodenversalzung
- Sand- und Salzverwehungen

Umweltsanierung
- Staudammbau (2005)
- Flussbett-Sanierung (Eindämmung der Versickerung)
- Waldschutzstreifen mit salzresistanten Bäumen (Saxaul)
- Wiederbelebung der Fischerei

Industrie
- Fischereihafen
- Nahrungsmittelindustrie
- Landmaschinenbau
- Baumwollentkernung
- Textilindustrie
- Baustoffindustrie
- Salzgewinnung
- Erdgasförderung
- Erdgasleitung
- Atomindustrie
- Eisenbahn
- Straße
- Piste
- Grenze einer Sowjetrepublik
- Staatsgrenze

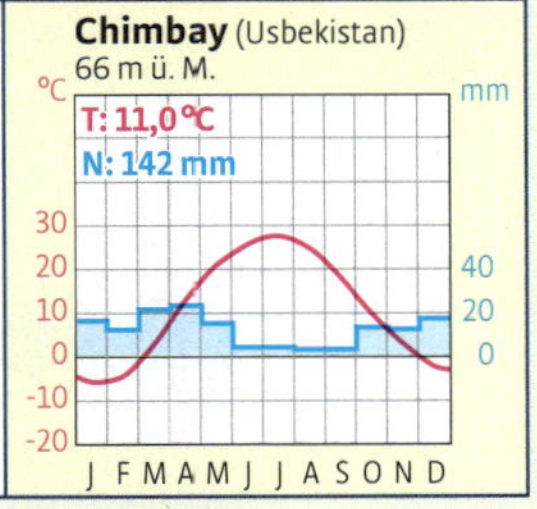

1 Physische Übersicht

Maßstab 1 : 36 000 000 0 200 400 600 800 1000

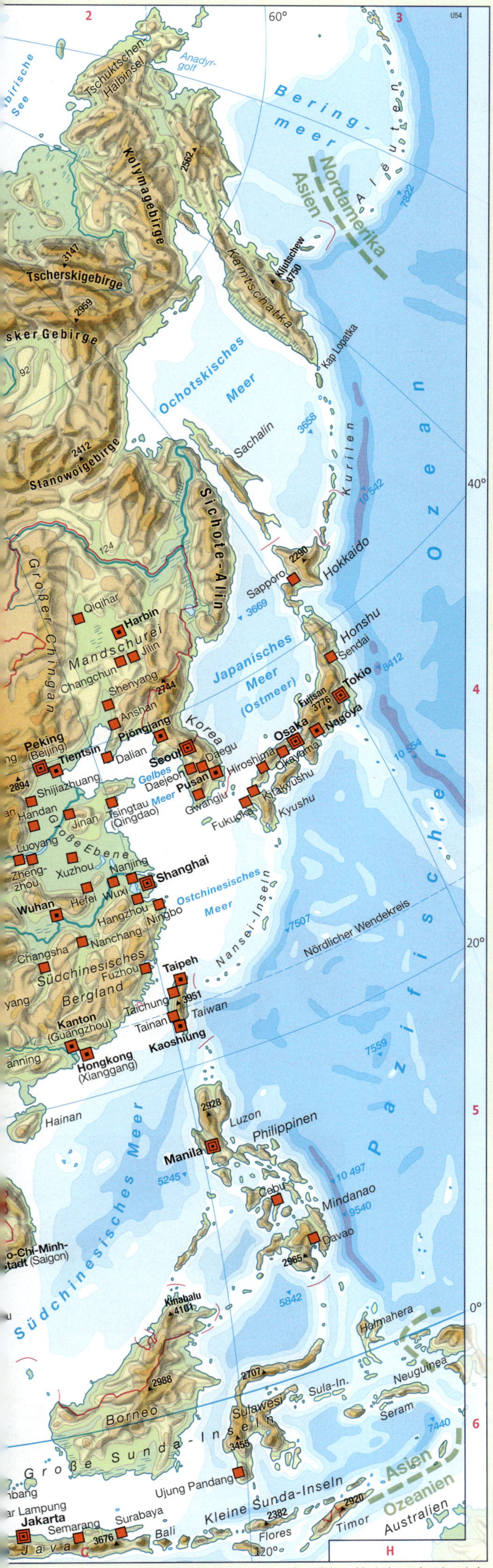

GOP = Górnośląski Okręg Przemysłowy (Oberschlesisches Industrierevier)

2 M8 Bangladesch – physisch

Maßstab 1 : 4 000 000

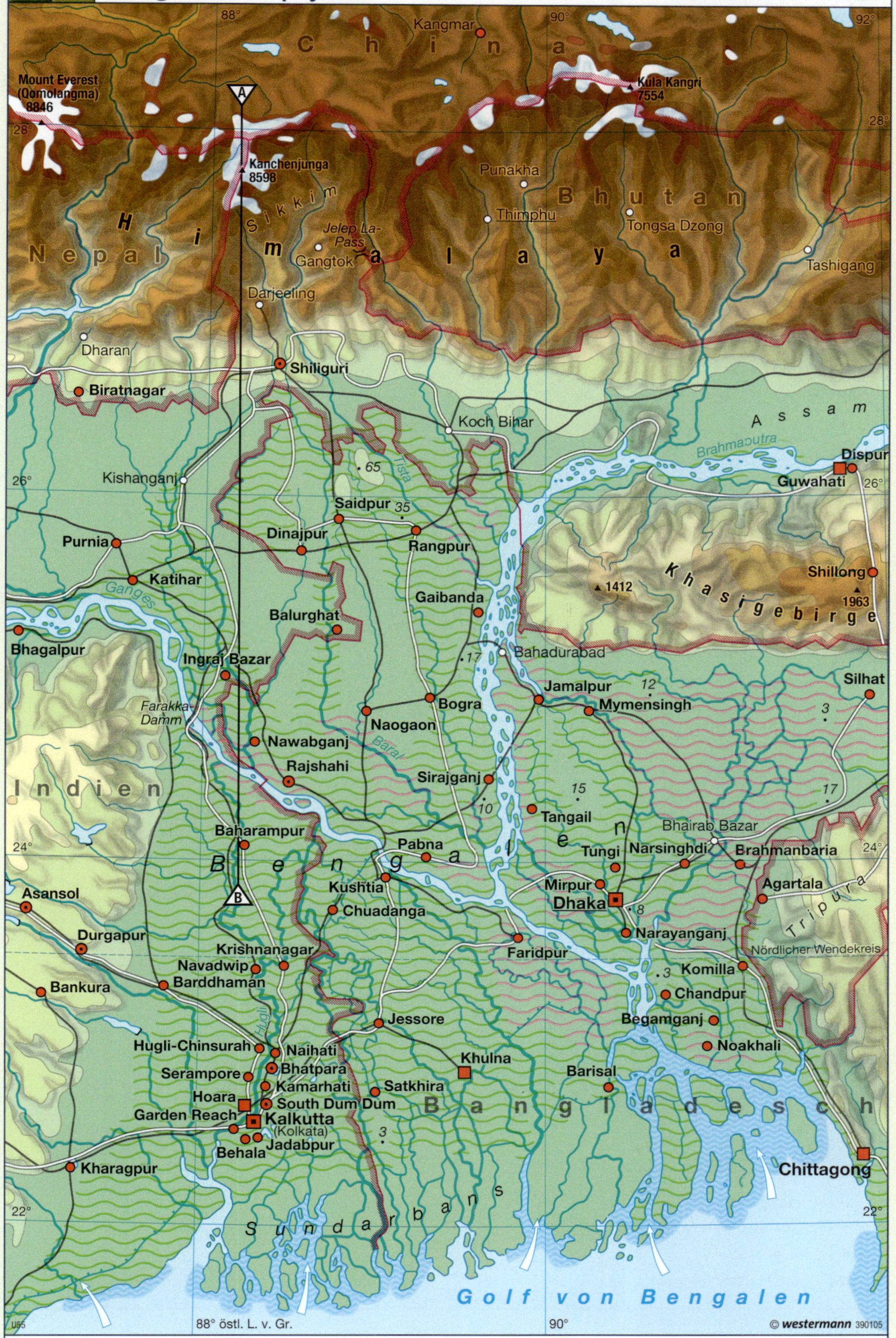

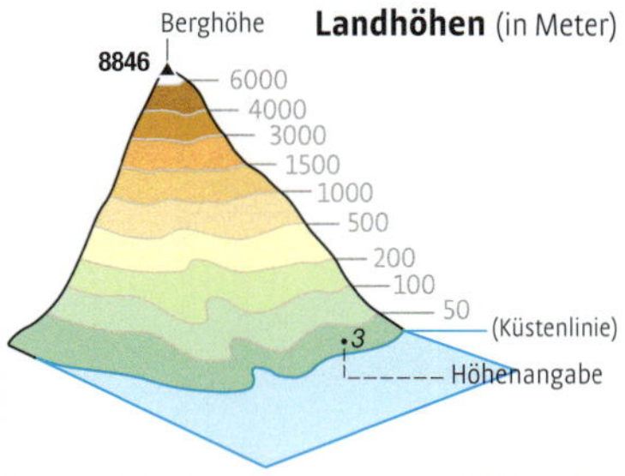

Landhöhen (in Meter)

Überschwemmungsgebiete
- jährliche Überflutung durch Monsunregen
- gelegentliche Überflutung bei extremem Hochwasser
- sturmflutgefährdeter Küstenabschnitt

Verkehr
- Eisenbahn
- Fernstraße

Orte

Einwohner	
über	5 000 000
1 000 000 –	5 000 000
500 000 –	1 000 000
100 000 –	500 000
unter	100 000

Dhaka Hauptstadt eines Staates

Grenze
- Staatsgrenze

Profil vom Himalaya in die Gangesebene

Längenmaßstab 1 : 4 000 000
Höhen sind 12-fach überhöht.

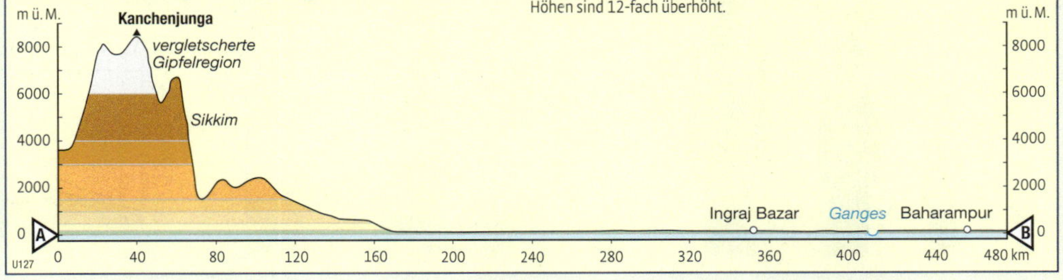

1 Asien – politische Übersicht

Maßstab 1 : 56 000 000

2 M14 Stadt- und Landbevölkerung in Asien

Mit 4,2 Mrd. Menschen ist Asien der einwohnerstärkste Kontinent. Davon wohnen 42% in Städten – 1950 waren es nur 16%, 2050 sollen es 65% sein. Die Gesamtbevölkerung und die Anteile von Stadt- und Landbevölkerung entwickeln sich dabei in einzelnen Ländern sehr unterschiedlich.

Bevölkerungswachstum in Asien:

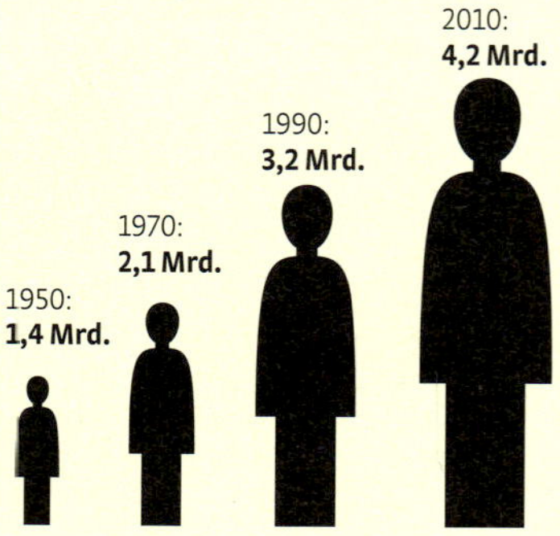

Entwicklung von Stadt- und Landbevölkerung 1950-2050

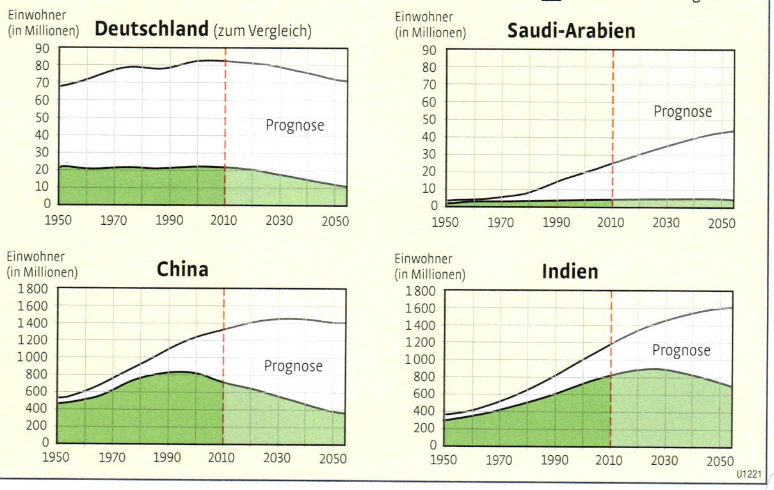

Die harten Arbeitsbedingungen in der Landwirtschaft sind ein Grund für Landflucht, zu dem oft auch Landknappheit, Ernteverluste oder Bevölkerungswachstum hinzukommen.

3 Asien – Bevölkerung

Maßstab 1 : 56 000 000

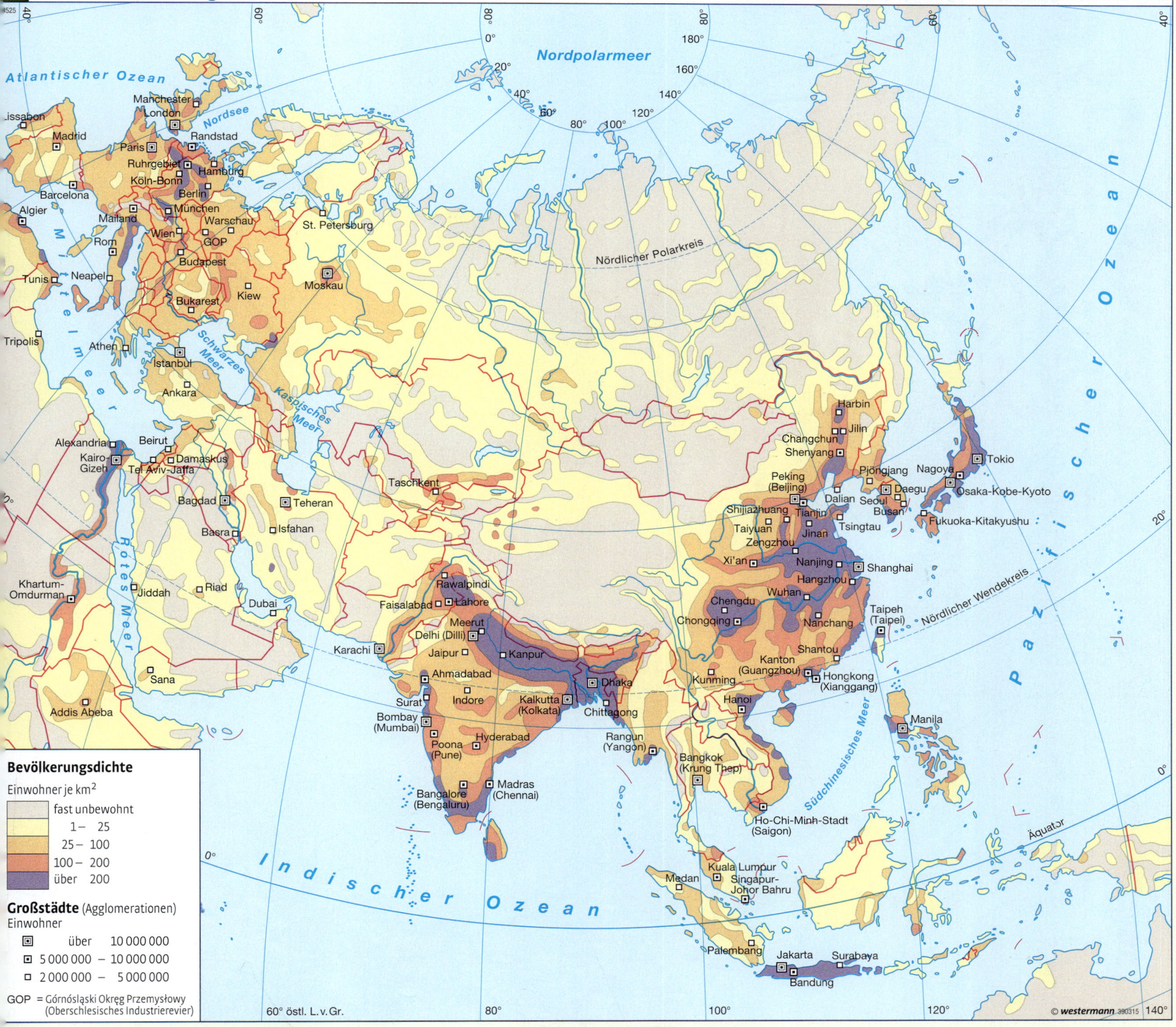

Bevölkerungsdichte
Einwohner je km²

- fast unbewohnt
- 1 – 25
- 25 – 100
- 100 – 200
- über 200

Großstädte (Agglomerationen)
Einwohner

- über 10 000 000
- 5 000 000 – 10 000 000
- 2 000 000 – 5 000 000

GOP = Górnośląski Okręg Przemysłowy (Oberschlesisches Industrierevier)

…uf der Suche nach besseren Lebensbedingungen müssen viele …andflüchtlinge in städtischen Slums leben – vorübergehend …der für immer.

4 Städtewachstum in Asien

Viele Städte in Asien wachsen sehr schnell, besonders in Süd- und Südostasien. Sie erreichen dabei enorme Ausmaße, was Fläche und Bevölkerung angeht. Das Städtewachstum verläuft jedoch nicht immer gleich intensiv und schnell.

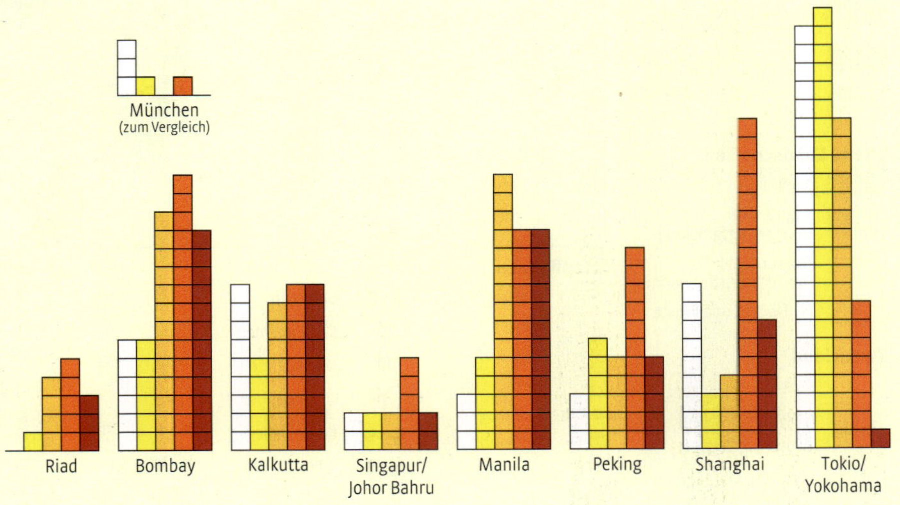

- 0,5 Mio. Einwohner 1950
- +0,5 Mio. Einwohner bis 1970
- +0,5 Mio. Einwohner bis 1990
- +0,5 Mio. Einwohner bis 2010
- +0,5 Mio. Einwohner bis 2025 (Schätzung)

1 Asien – Landwirtschaft

Maßstab 1 : 36 000 000 — 0 200 400 600 800 1000 km

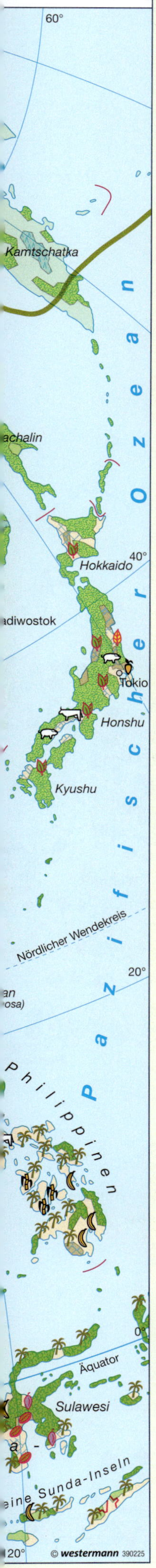

2 Temperaturen und Winde im Januar

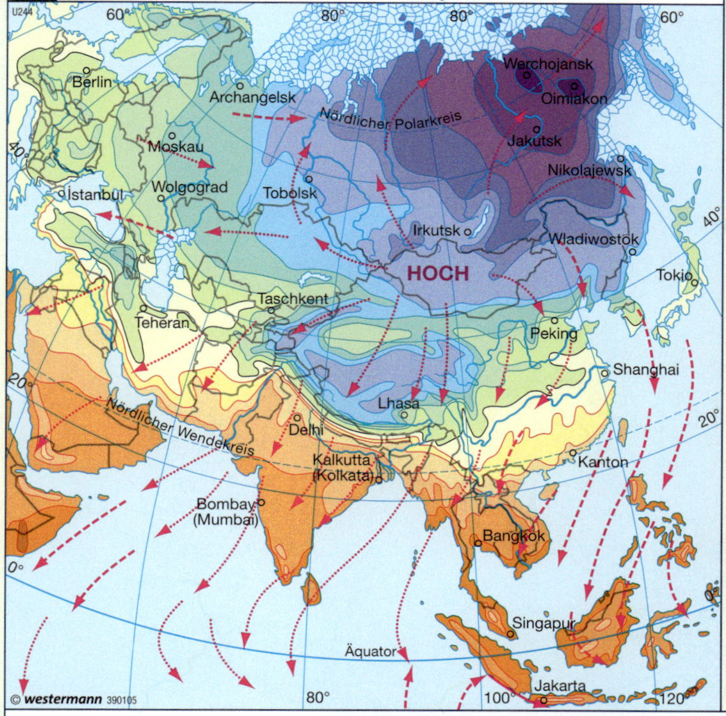

3 Temperaturen und Winde im Juli

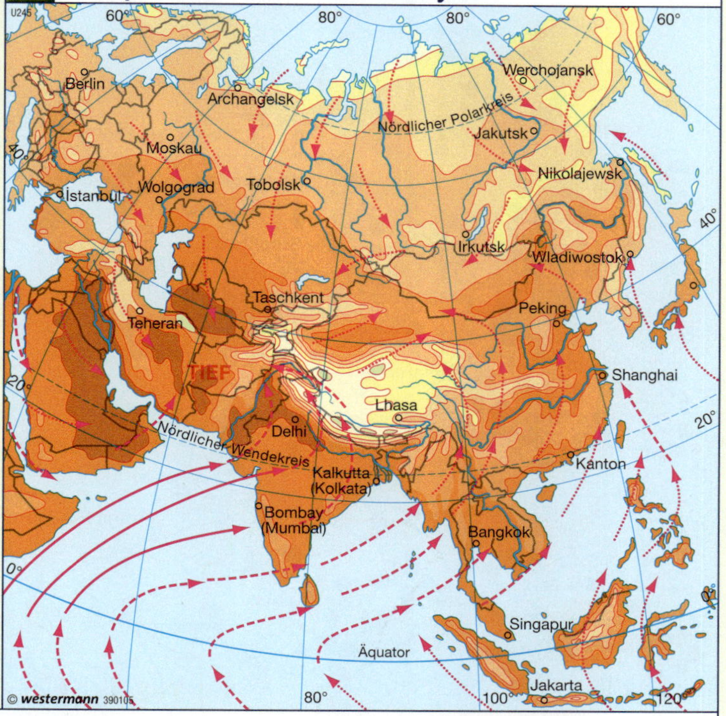

Durchschnittstemperaturen

-50 °C, -45°, -40°, -35°, -30°, -25°, -20°, -15°, -10°, -5°, 0°, 5°, 10°, 15°, 20°, 25°, 30 °C

äußerste Ausdehnung der Meeresvereisung

Windstärke: schwach, mäßig, stürmisch

Windbeständigkeit: lange Pfeile = beständig, kurze Pfeile = veränderlich

Maßstab 1 : 100 000 000

4 Niederschläge im Jahr

Maßstab 1 : 100 000 000

0 mm, 100, 250, 500, 1000, 2000, 3000, 4000 mm

Staatsgrenze

5 Südasien – Monsun

Maßstab 1 : 36 000 000

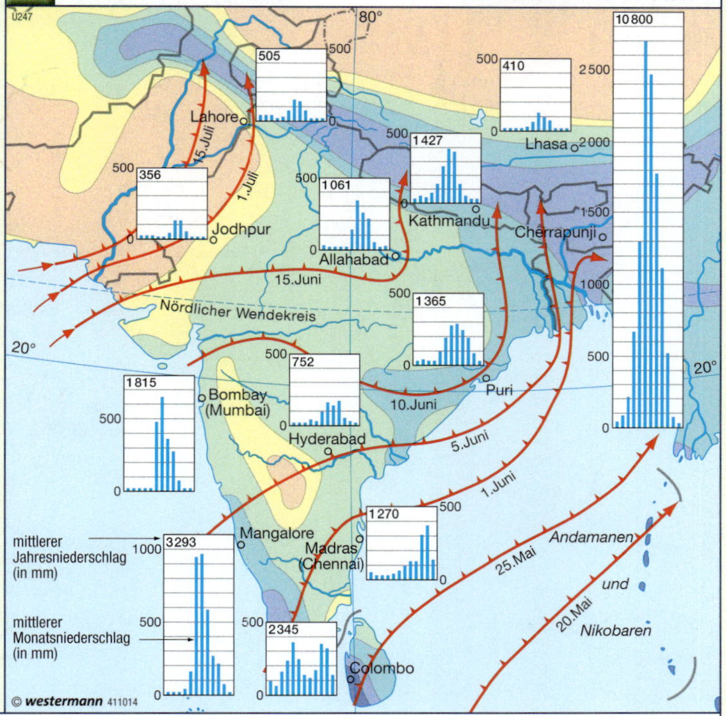

Zahl der humiden Monate: 0, 2, 4, 6, 8, 10

Einsetzen des Südwest-Monsuns

6 Südwest-Monsun

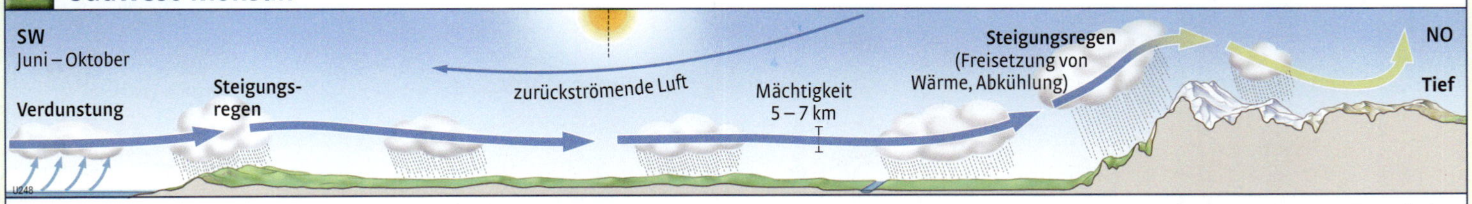

Indischer Ozean | Westghats | Dekkanhochfläche | (Wendekreis) | Ganges | Himalaya | Zentralasien

SW-Monsun (Juni - Oktober): warme feuchte Luft aus südwestlicher Richtung → **Regenzeit**

NO-Monsun (November - Februar): kühle trockene Luft aus nordöstlicher Richtung → **Trockenzeit**

feuchte warme Luftmassen vom Indischen Ozean regnen über dem Festland ab

1 Asien – Wirtschaft (Übersicht)

Maßstab 1 : 36 000 00

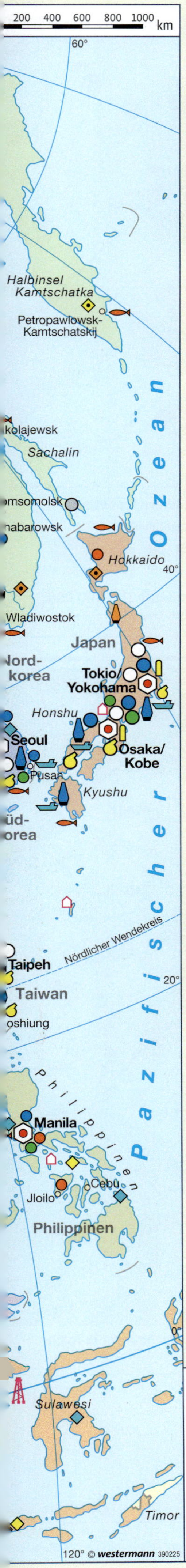

2 Metropolregion Perlflussdelta (Südchina)

Maßstab 1 : 1 000 000 — 0 10 20 30 40 50 km

Banken und Firmenzentralen in Hongkong

Massenproduktion von Konsumgütern in Shenzhen

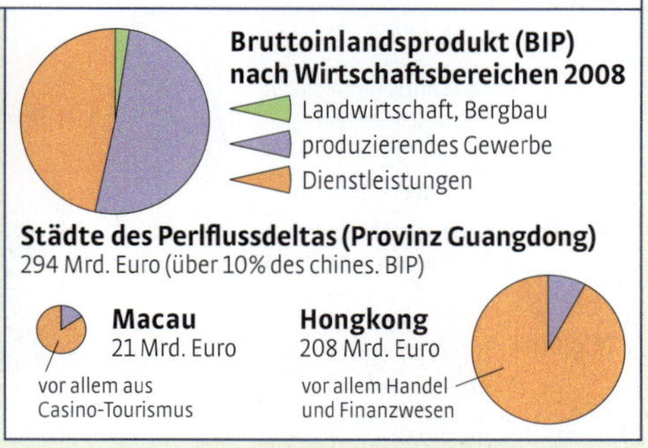

Flächennutzung
- Bebauung bis 1990
- Bebauung bis 2010
- Neulandgewinnung seit 1990
- Marktgemüseanbau, Reis
- Aquakultur (Fisch, Garnelen)
- Buschwald

Produktionsstandorte der Industrie
(Mittel- und Großbetriebe ab einem Jahresumsatz von 500 000 Euro, 2008; zu ⅔ von Hongkong aus verwaltet)
- über 1000 } Betriebe im Stadtgebiet
- 100 – 1000 }

zu Industriebranchen und Dienstleistungen siehe Kartenlegende 1

Verkehr
- Eisenbahn
- Autobahn/Schnellstraße
- Straße
- internationaler Flughafen
- Seehafen
- Tiefwasser (> 10 m tief)

Verwaltung
- Sonderverwaltungszone Chinas (wirtschaftlich unabhängig)
- Stadtgrenze
- Sonderwirtschaftszone mit Steuervergünstigungen für Auslandsinvestitionen
- Freihandelszone (zollfrei)

Bergbau
- Erdöl
- Erdgas
- Erdölleitung
- Erdgasleitung
- Steinkohle
- Uran
- Eisen
- Stahlveredler
- Kupfer
- Zinn
- Blei/Zink
- Bauxit (Aluminiumrohstoff)
- Metalle der Seltenen Erden (Hightech-Rohstoffe)
- Gold
- Silber
- Platin
- Phosphat
- Diamanten

Industrie
- Eisen- und Stahlerzeugung
- Buntmetall- und Aluminiumverhüttung
- Eisen- und Metallverarbeitung, Maschinenbau
- Schiffbau
- Elektroindustrie, Optik
- Chemie, Kunststoffe
- Erdölraffinerie
- Textilien, Bekleidung, Leder
- Holz, Papier
- Nahrungsmittel
- Fischfang, Fischverarbeitung

Dienstleistungszentrum
- mit internationaler Bedeutung
- mit überregionaler Bedeutung
- mit regionaler Bedeutung
- Tourismusregion
- Eisenbahn
- Staatsgrenze

1 Naturrisiken

Maßstab 1 : 16 000 000

Wetterrisiken
- hohe Wahrscheinlichkeit heftiger Schneefälle
- häufige Überschwemmungen
- Durchzugsbahnen von Taifunen

Tektonik
- Plattengrenze mit Subduktion, die Dreiecke kennzeichnen den abtauchenden Plattenrand.
- als aktiv eingeschätzter Vulkan
- schweres Erdbeben zwischen 1885 u. 2008
- verlustreiches Erdbeben (über 1000 Tote)
- Tsunami-gefährdeter Küstenabschnitt

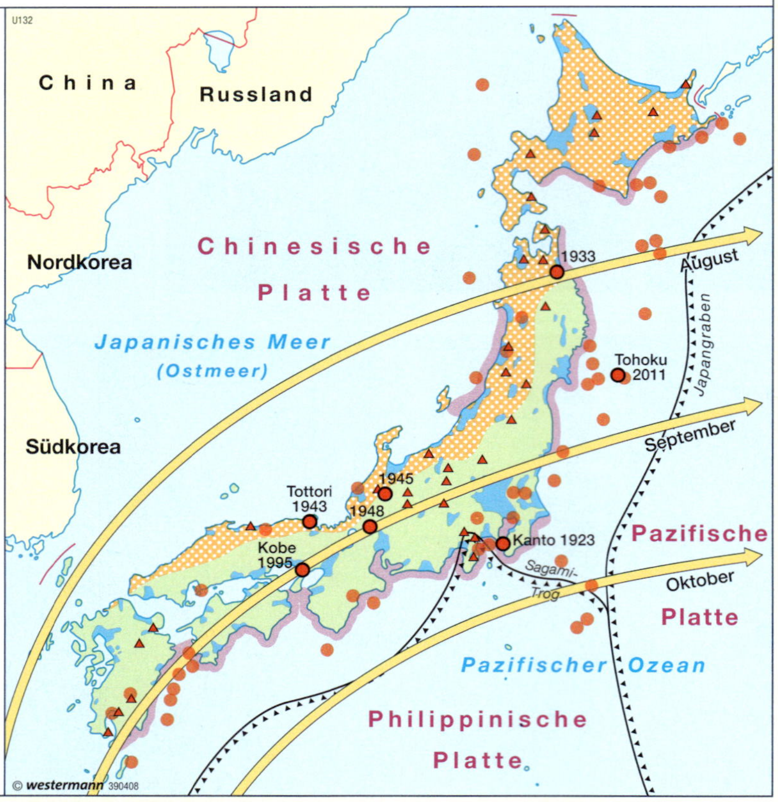

2 Erdbeben im Raum Tokio

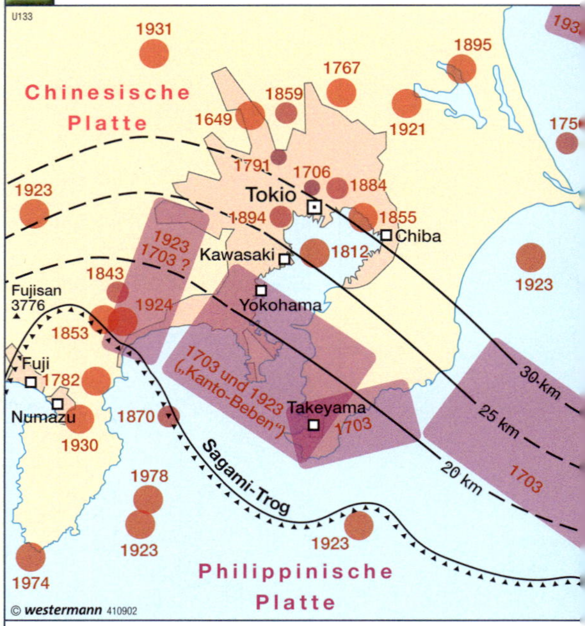

Tektonik
- Plattengrenze mit Subduktion
- 20 km Tiefenlage der Philippinischen Platte (Oberseite, z.T. vermutet)

Schwere Erdbeben

Magnitude (Stärke)

5 6 7 größer als 7,5

Maßstab 1 : 3 000 000

3 Tokio – erdbebengefährdete Weltstadt

Maßstab 1 : 500 000 0 5 10 15 20 25 km

Flächennutzung
- Bebauung 1950
- Bebauung heute
- Geschäfts- und Dienstleistungszentrum (Büros, Banken, Konzernsitze, Hotels)
- Industrie, Gewerbe
- altes Holzhausviertel (Großbrandgefahr)
- landwirtschaftliche Nutzfläche
- Grünfläche, Wald

Neulandgewinnung
- Wohnfläche
- neue Stadtteile (Wohnen, Arbeiten, Einkaufen, Erholen)
- Freizeitfläche
- Industrie, Hafenanlagen

Industrie
- Eisen- und Stahlerzeugung
- Eisen-, Blech-, Metallwaren
- Maschinenbau
- Kraftfahrzeugbau
- Schienenfahrzeugbau
- Schiffbau
- Elektrotechnik, Elektronik
- Feinmechanik, Optik
- Chemie, Kunststoffe
- Erdölraffinerie
- Druckgewerbe
- Nahrungsmittel

Stromversorgung
- Wärmekraftwerk (über 100 MW)

Verkehr
- Shinkansen
- Fernbahn
- S-Bahn
- Autobahn
- Straße
- Flughafen

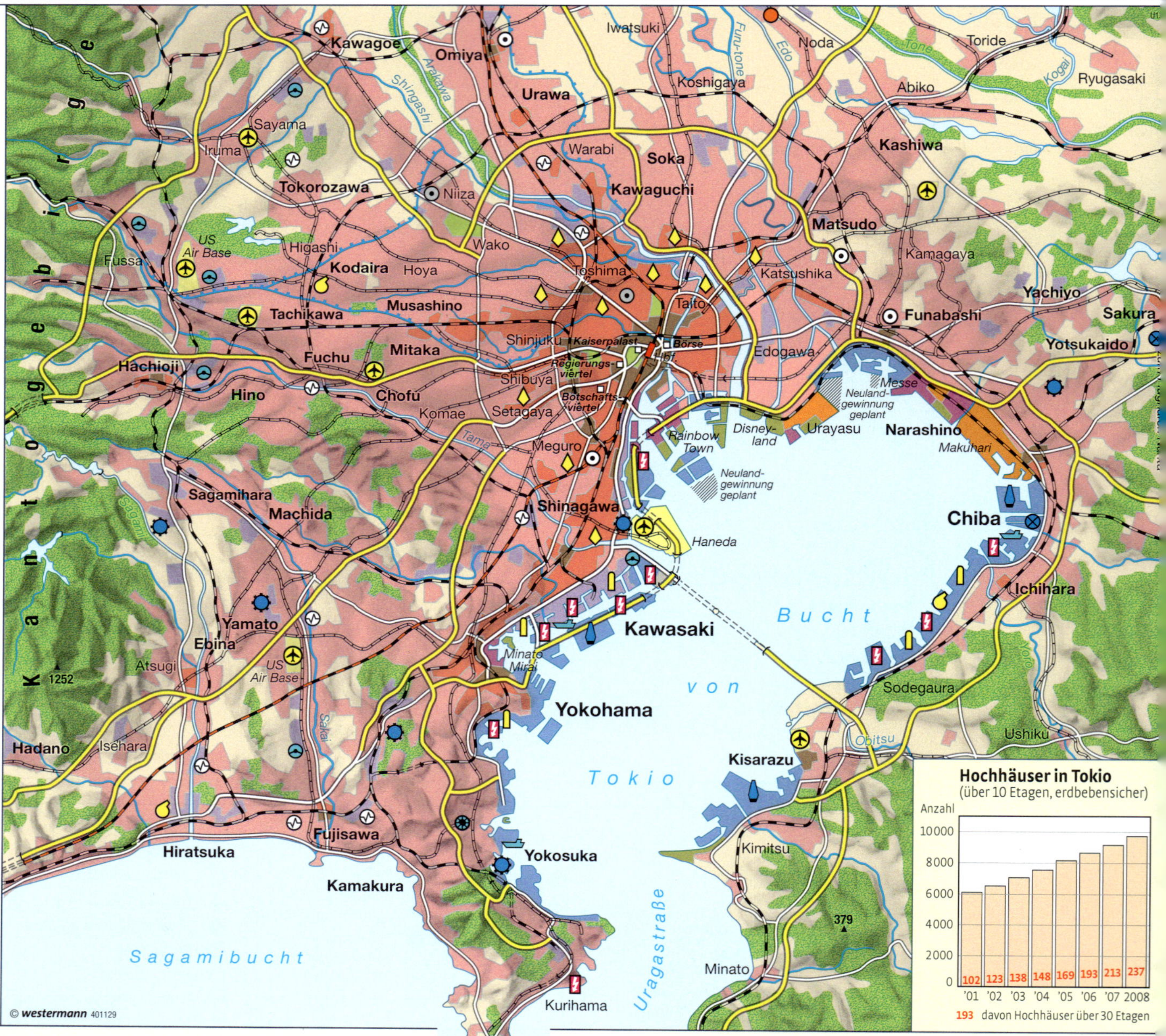

4 Bevölkerung

Maßstab 1 : 16 000 000

5 Wirtschaft

Maßstab 1 : 6 000 000

Südasien und Ostasien – physisch

Maßstab 1 : 18 000 000
1 cm ≙ 180 km

0 200 400 600 km

Landhöhen und Meerestiefen (in Meter)

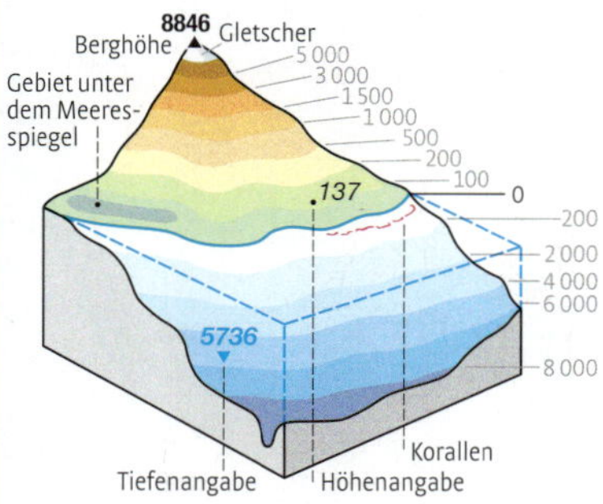

Gewässer

- Fluss
- schiffbarer Fluss
- Fluss, zeitweilig Wasser führend
- Kanal, bedingt schiffbar
- schiffbarer Kanal
- See
- Salzsee
- Stausee, Staumauer
- Sumpf, Moor
- Salzpfanne

Orte

Einwohner

- über 5 000 000
- 1 000 000 – 5 000 000
- 500 000 – 1 000 000
- 100 000 – 500 000
- 20 000 – 100 000
- unter 20 000
- Ruinenstätte, geschichtlich bedeutsamer Ort

Verkehr

- Eisenbahn
- wichtige Fernstraße
- Pass

Verwaltung

- Staatsgrenze
- Grenze einer autonomen Provinz in China
- Waffenstillstandslinie
- nicht festgelegte Grenze
- Grenze von Jammu und Kaschmir
- Chinesische Mauer
- **Hanoi** Hauptstadt eines Staates
- **Kotte** Regierungssitz eines Staates
- **Hohhot** Hauptstadt einer autonomen Provinz in China

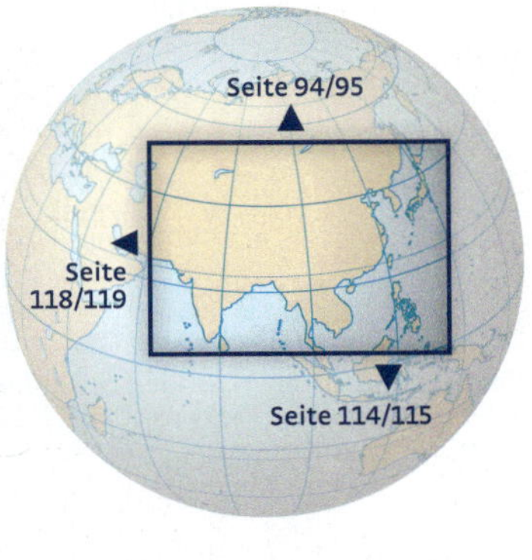

1 Huang He und Jangtsekiang

Maßstab 1 : 16 000 000

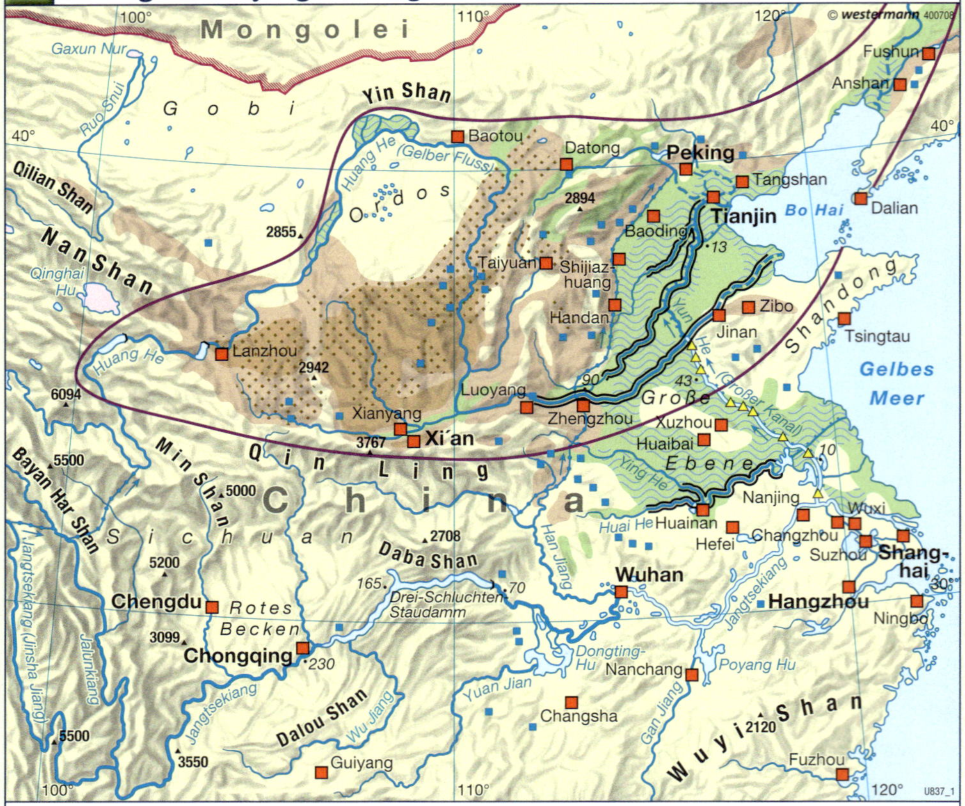

Löss Ablagerungen/Erosion
- Löss, unter 50 m dick
- Löss, über 50 m dick
- starke Erosion im Lösshügelland
- Schwemmlöss

Hochwassergefährdung
- überschwemmungsgefährdetes Gebiet
- Deich
- 3099 Berghöhe
- • 70 sonstige Höhenangabe

Fernwasserversorgung
- vom Menschen verursachte Wasserknappheit
- Rückhaltebecken
- durch Wasserentnahme nicht mehr dauerhaft Wasser führend
- Fernwasserkanal
- Schleuse mit Pumpstation
- Millionenstadt mit hohem Wasserbedarf

2 China – regionale Entwicklungsunterschiede

Maßstab 1 : 36 000 000

Bruttoinlandsprodukt (BIP) in den chinesischen Provinzen
Abweichung vom nationalen Durchschnitt (2008: 3.267 US-Dollar pro Einw.)

- unter -25%
- 0 bis -25%
- 0 bis +100%
- über +100%
- Provinz mit besonders hohem BIP-Wachstum (2000 –2008: > 17,5%; im selben Zeitraum wuchs das deutsche BIP um 10,4%)
- Sonderverwaltungszone
- *Sinkiang* autonomes Gebiet

3 Ostasien – Wirtschaft

Waldlandschaften
- nördlicher Nadelwald
- sommergrüner Laub- und Mischwald, Gebirgsnadelwald
- Monsun- und Regenwald
- Sekundär- und Buschwald, z.T. Weide
- Mangrove

offene Landschaften
- Tundra
- Steppe und Hochgebirgsgrasland
- Halbwüste und Wüste
- Fels- u. Gletscherregion
- Staatsgrenze
- nicht festgelegte Grenze

Kulturland
- Ackerbau
- Bewässerungsland
- Weide, z.T. Wiese

- Erdölleitung
- Erdgasleitung
- wichtige Eisenbahn

Bergbau
- Erdöl
- Erdgas
- Steinkohle
- Braunkohle
- Uran
- Eisen
- Stahlveredler
- Kupfer
- Zinn
- Blei/Zink
- Bauxit
- Metalle der Seltenen Erden (Hightech-Rohstoffe)
- Gold
- Platin
- Phosphat

Industrie
- Eisen- u. Stahlerzeugung
- Buntmetallverhüttung
- Aluminiumverhüttung
- Eisen-, Metallverarbeitung, Maschinenbau
- Kraftfahrzeugbau
- Luft-, Raumfahrttechnik
- Schiffbau
- Elektroindustrie, Optik
- Chemie, Kunststoffe
- Erdölraffinerie
- Textilien, Bekleidung, Leder
- Holz, Papier
- Nahrungs- u. Genussmittel
- Fischverarbeitung
- Kernkraftwerk
- Wasserkraftwerk
- Wärmekraftwerk

Dienstleistungszentrum
- mit internationaler Bedeutung
- mit überregionaler Bedeutung
- mit regionaler Bedeutung
- Tourismusregion

China
Myanmar (Birma)
Indien
Bangladesch
Thailand
Laos
Vietnam
Kambodscha
Malaysia
Indonesien
Philippinen
Taiwan
Osttimor
Guwahati
Shillong
Khasigebirge
Patkaigebirge
Myitkyina
Imphal
Agartala
Dhaka
Aizawl
Chittagong
Arakangebirge
Akyab
Magway
Mandalay
Myingyan
Taunggyi
Pyinmana
Naypyidaw
Pyay
Lashio
Baoshan
Kunming
Kaiyuan
Yünnan
Guiyang
Anshun
Huaihua
Hengyang
Ganzhou
Wuyi Shan
Nanping
Fuzhou
Xiamen
Matsu (Taiwan)
Taipeh (Taipei)
Taichung
Tainan
Kaohsiung
Yu Shan 3951
Liuzhou
Wuzhou
Guangdong
Kanton (Guangzhou)
Rongcheng
Shantou
Shenzhen
Foshan
Hongkong (Xianggang)
Macau (Aomen)
Maoming
Zhanjiang
Nanning
Lao Cai
Tonkin
Lang Son
Hanoi
Haiphong
Golf von Tonkin
Thanh Hoa
Vinh
Hainan
Sanya
Luang Prabang
Vientiane
Nong Khai
Savannakhet
Khon Kaen
Hue
Da Nang
Pakxé
Ubon Ratchathani
Nakhon Ratchasima
Angkor
Stung Treng
Qui Nhon
Nha Trang
Da Lat
Phnom Penh
Ho-Chi-Minh-Stadt (Saigon)
Long Xuyen
Kap Ca Mau
Battambang
Bangkok (Krung Thep)
Ayutthaya
Chanthaburi
Golf von Thailand
Sihanoukville (Kampong Som)
Chiang Mai
Lampang
Phitsanulok
Nakhon Sawan
Moulmein
Rangun (Yangon)
Pegu
Bassein
Kap Negrais
Golf von Bengalen
Tavoy
Myeik
Andamanen (Indien)
Port Blair
Andamanisches Meer
Nikobaren (Indien)
Phuket
Halbinsel Malakka
Hat Yai
Alor Setar
George Town
Kota Bahru
Kuala Terengganu
Taiping
Ipoh
Tahan 2190
Kuala Lumpur
Putrajaya
Kuantan
Seremban
Malakka
Malakkastraße
Johor Bahru
Singapur
Banda Aceh
Peureulak
Leuser 3381
Medan
Simeulue
Pematangsiantar
Sibolga
Nias
Pekanbaru
Sumatra
Padang
Siberut
Mentawai-Inseln
Sungaipenuh
Lubuk Linggau
Bengkulu
Jambi
Tembilahan
Lingga-Inseln
Palembang
Pangkalpinang
Bangka
Belitung
Prabumulih
Baturaja
Dempo 3159
Bandar Lampung
Sundastraße
Paracel-Inseln (China)
Südchinesisches Meer
Spratly-Inseln
Natuna-Besar-Inseln (Bunguran-Inseln)
Dongsha (Pratas) (Taiwan)
Luzonstraße
Formosastraße
Nansei-Inseln
Ryukyu-Inseln
Okinawa
Naha
Aparri
Tuguegarao
Luzon
Pulog 2928
San Fernando
Tarlac
Manila
Quezon City
Batangas
Mindoro
Legaspi
Panay
Iloilo
Tacloban
Leyte
Cebu
Surigao
Galathea-Tief
Dumaguete
Butuan
Cagayan de Oro
Mindanao
Davao
Apo 2954
Cotabato
General Santos
Zamboanga
Basilan
Jolo
Sulu-Inseln
Sulusee
Palawan
Kota Kinabalu
Kinabalu 4101
Sandakan
Sabah
Bandar Seri Begawan
Brunei
Miri
Lahad Datu
Tawau
Tarakan
Bintulu
Sarawak
Sibu
Kuching
Kapuas Hulu-Gebirge
Borneo (Kalimantan)
Singkawang
Pontianak
Sintang
Kapuas
Ketapang
Palangkaraya
Bontang
Samarinda
Mahakam
Balikpapan
Barito
Amuntai
Banjarmasin
Celebessee
Manado
Gorontalo
Ternate
Molukkensee
Molukken
Talaud-Inseln
Palu
Poso
Sulawesi (Celebes)
Rantemario 3455
Malili
Palopo
Kendari
Parepare
Watampone
Lompobatang 2871
Makassar (Ujung Pandang)
Buru
Ambon
Bandasee
Große Sunda-Inseln
Javasee
Jakarta
Cilegon
Bogor
Bandung
Cirebon
Slamet
Merapi
Semarang
Surakarta
Yogyakarta
Cilacap
Java
Madura
Pamekasan
Surabaya
Malang
Semeru 3676
Banyuwangi
Kangean-Inseln
Bali
Denpasar
Lombok
Rinjani 3726
Sumbawa
Tambora 2850
Bima
Raba
Kleine Sunda-Inseln
Flores
Ende
Waingapu
Sumba
Sawu
Alor
Wetar
Dili
Ramelau 2920
Timor
Soe
Kupang
Roti
Timorsee
Christmas-Insel (Australien)
Indischer Ozean
Äquator
Wyndham
Mount Hann
Kimberley-Plateau
Derby
Broome
Zum Vergleich
Hamburg
Hannover
Berlin
Köln
600 km
Frankfurt
Stuttgart
München
100° östl. L. v. Greenwich
90°
100°
110°
120°
20°
10°
0°

Landhöhen und Meerestiefen (in Meter)

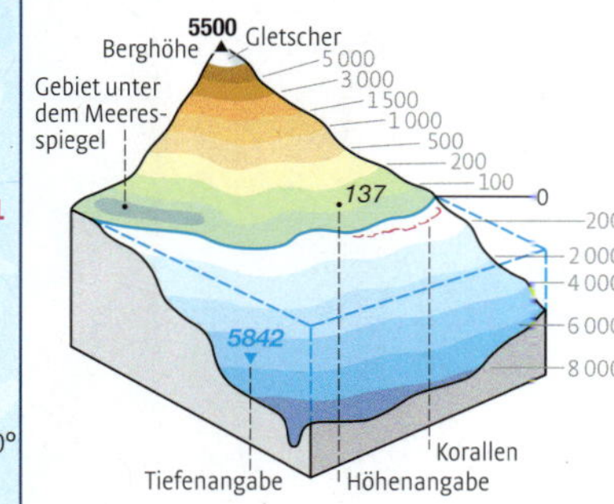

Gewässer

- Fluss
- schiffbarer Fluss
- Fluss, zeitweilig Wasser führend
- Kanal, bedingt schiffbar
- schiffbarer Kanal
- See
- Salzsee
- Stausee, Staumauer
- Sumpf, Moor

Orte

Einwohner

- über 5 000 000
- 1 000 000 – 5 000 000
- 500 000 – 1 000 000
- 100 000 – 500 000
- 20 000 – 100 000
- unter 20 000
- Ruinenstätte, geschichtlich bedeutsamer Ort

Verkehr

- Eisenbahn
- wichtige Fernstraße
- Pass

Verwaltung

- Staatsgrenze
- **Hanoi** Hauptstadt eines Staates
- Putrajaya Regierungssitz eines Staates

1 Bombay (Mumbai) – Überflutung nach Monsunregen

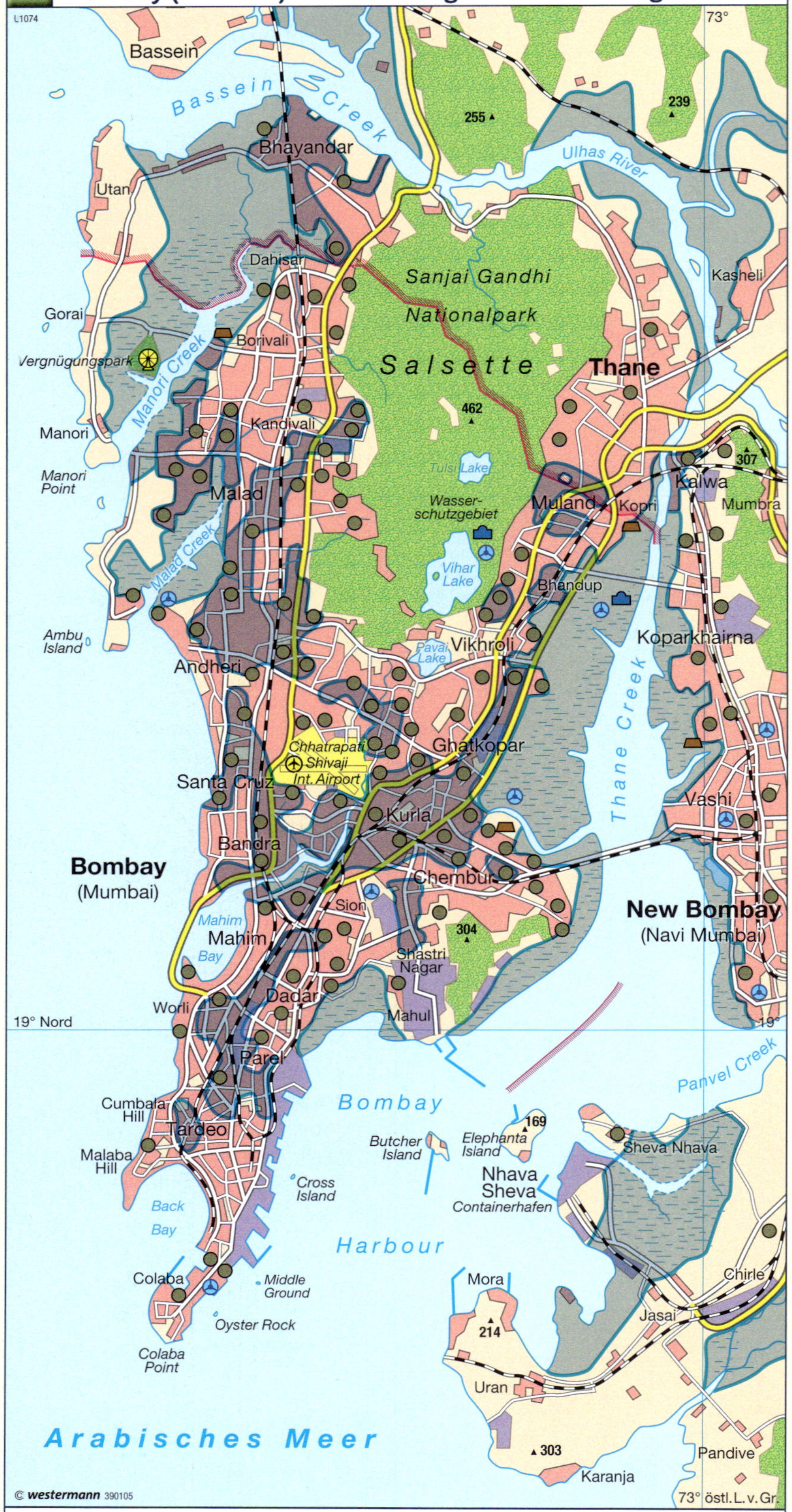

Überschwemmungsgefahr im Stadtgebiet
- Wohn- und Mischgebiete mit ausreichender Entwässerung
- Wohn- und Mischgebiete mit hoher Überflutungsgefahr nach Monsunregen

Überschwemmungsgefahr von unbebauten Flächen
- überschwemmungssicher gelegene Freiflächen
- niedrig gelegene, oft überschwemmte Flächen (zum Teil Mangroven)

Wohnen, Versorgung/Entsorgung

Im Kartenausschnitt wohnen über 17 Mio. Menschen, davon etwa 9 Mio. in Slums.
- Slum mit mehr als 10.000 Bewohnern
- Wasserwerk (90% des Trinkwassers kommen aus dem weiteren Hinterland in die Stadt.)
- Klärwerk (Slums sind oft nicht ans Abwassernetz angeschlossen.)
- Mülldeponie

Maßstab 1 : 250 000 (0 2 4 6 km)

Verkehr, Transport
- Autobahn
- Hauptstraße
- Nebenstraße
- Eisenbahn
- internationaler Flughafen
- Hafengebiet, Industriegebiet
- Stadtgrenze von Greater Mumbai
- 214 Höhe über dem Meer

Monsun setzt Straßen unter Wasser

Noch unfertiger Staudamm im Anantapur-Distrikt

2 Anantapur (Südindien) – Bewässerungsprojekte

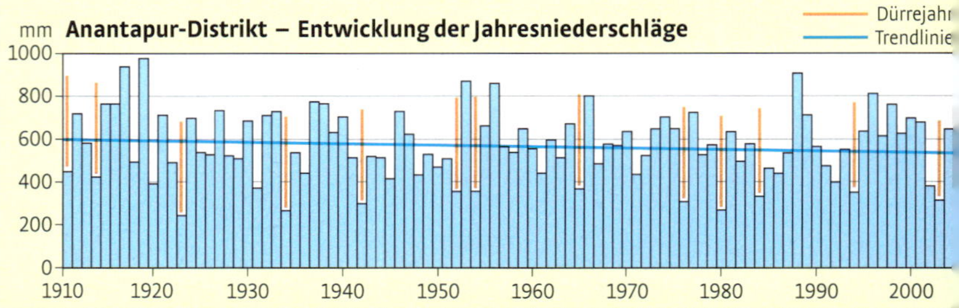

- Fluss, nur in der Regenzeit Wasser führend

Großprojekte zur Bewässerung, getragen von mehreren indischen Bundesstaaten
- Stausee mit Staumauer
- Bewässerungsfernkanal
- Kanal in Bau / in Planung
- Bewässerte Fläche (z.T. noch im Ausbau)

Mittelgroße Bewässerungsprojekte, getragen vom Bundesstaat Andhra Pradesh
- Renovierter Stauteich mit Verteilerkanal
- wieder bewässerbar gemachte Fläche

Kleinprojekte zur Stauteich-Erhaltung/-Renovierung

Durch Stauteich bewässerte Fläche (in Hektar)
- 40 - 200 ha
- 200 - 400 ha
- mehr als 400 ha

Die über 1000 Stauteiche im Anantapur-Distrikt sind schon Jahrhunderte alt und zum großen Teil nicht mehr intakt.

Maßstab 1 : 1 500 000 (0 15 30 45 km)

- Grenze des Bundesstaats Andhra Pradesh
- Distriktgrenze

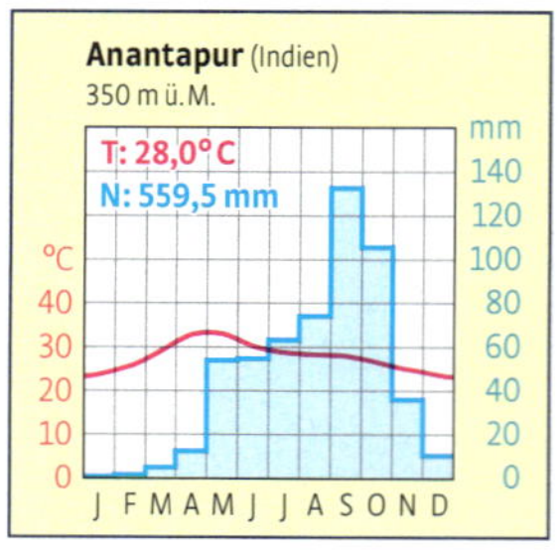

3 Südasien – Wirtschaft

Maßstab 1 : 18 000 000 (0 200 400 600 km)

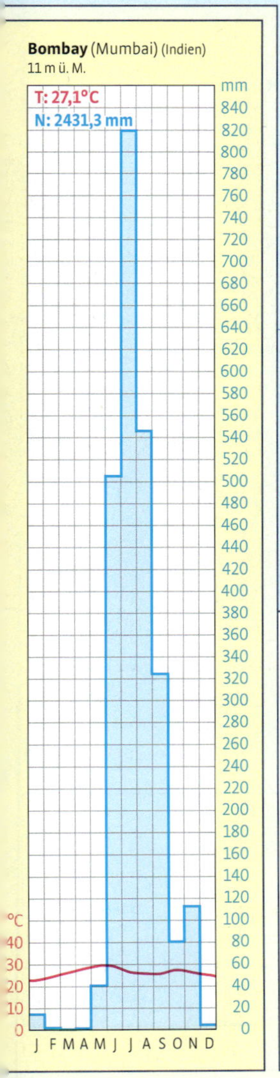

Waldlandschaften
- sommergrüner Laub- und Mischwald, Gebirgsnadelwald
- Monsun- und Regenwald
- Mangrove

offene Landschaften
- Dornstrauchsavanne
- Steppe, Hochgebirgsgrasland
- Halbwüste, Wüste
- Fels- und Gletscherregion

Kulturland
- Ackerbau
- Bewässerungsland
- Weide, z. T. Wiese

Bergbau
- Erdöl
- Erdgas
- Steinkohle
- Braunkohle
- Uran
- Eisen
- Stahlveredler (Chrom, Mangan, Kobalt)
- Kupfer
- Blei/Zink
- Bauxit
- Metalle der Seltenen Erden (Hightech-Rohstoffe)
- Phosphat
- Gold

Industrie
- Eisen- und Stahlerzeugung
- Buntmetallverhüttung
- Aluminiumverhüttung
- Metallverarbeitung, Maschinenbau
- Kraftfahrzeugbau
- Luft- und Raumfahrzeugbau
- Schiffbau
- Elektroindustrie, Optik
- Chemie, Kunststoffe
- Erdölraffinerie
- Textilien, Bekleidung, Leder
- Holz, Papier
- Nahrungsmittel
- Fischverarbeitung

Stromerzeugung
- Wasserkraftwerk
- Wärmekraftwerk
- Kernkraftwerk

Dienstleistungszentrum
- mit internationaler Bedeutung
- mit überregionaler Bedeutung
- mit regionaler Bedeutung
- Tourismusregion

Transport
- Erdölleitung
- Erdgasleitung
- Eisenbahn
- Fernstraße

1 Jerusalem – Altstadt

Maßstab 1 : 25 000 (0 – 250 – 500 – 750 m)

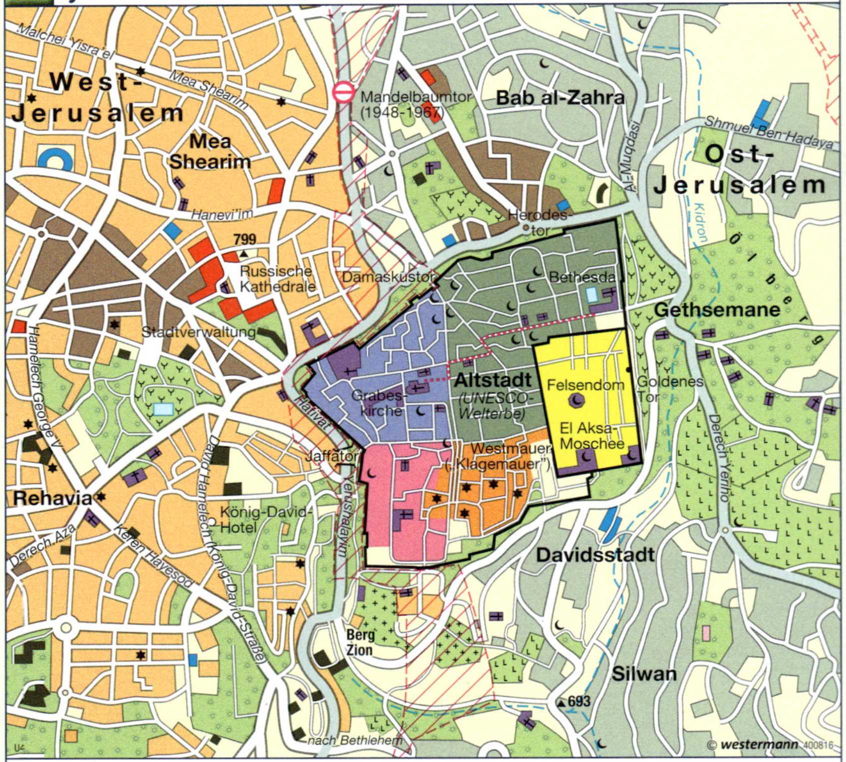

Altstadt
- Stadtmauer (16. Jahrhundert)
- muslimisches Viertel
- christliches Viertel
- armenisches Viertel
- jüdisches Viertel
- Tempelberg
- Via Dolorosa (Kreuzweg)

Wohngebiete
- jüdisch
- palästinensisch

sonstige Bebauung
- Hauptgeschäftszentrum
- öffentliche Verwaltung
- kulturelle Einrichtung
- Bildung
- religiöse Einrichtung

- Niemandsland 1949 – 1967
- ehemaliger Grenzübergang
- Bypass Road (Nutzung durch Palästinenser nur eingeschränkt möglich)
- Synagoge
- jüdischer Friedhof
- Moschee
- islamischer Friedhof
- Kirche, Kloster
- christlicher Friedhof

2 Siedlungsgebiete

Maßstab 1 : 1 000 000

Bauarbeiten am Grenzzaun zwischen Israel und dem Westjordanland

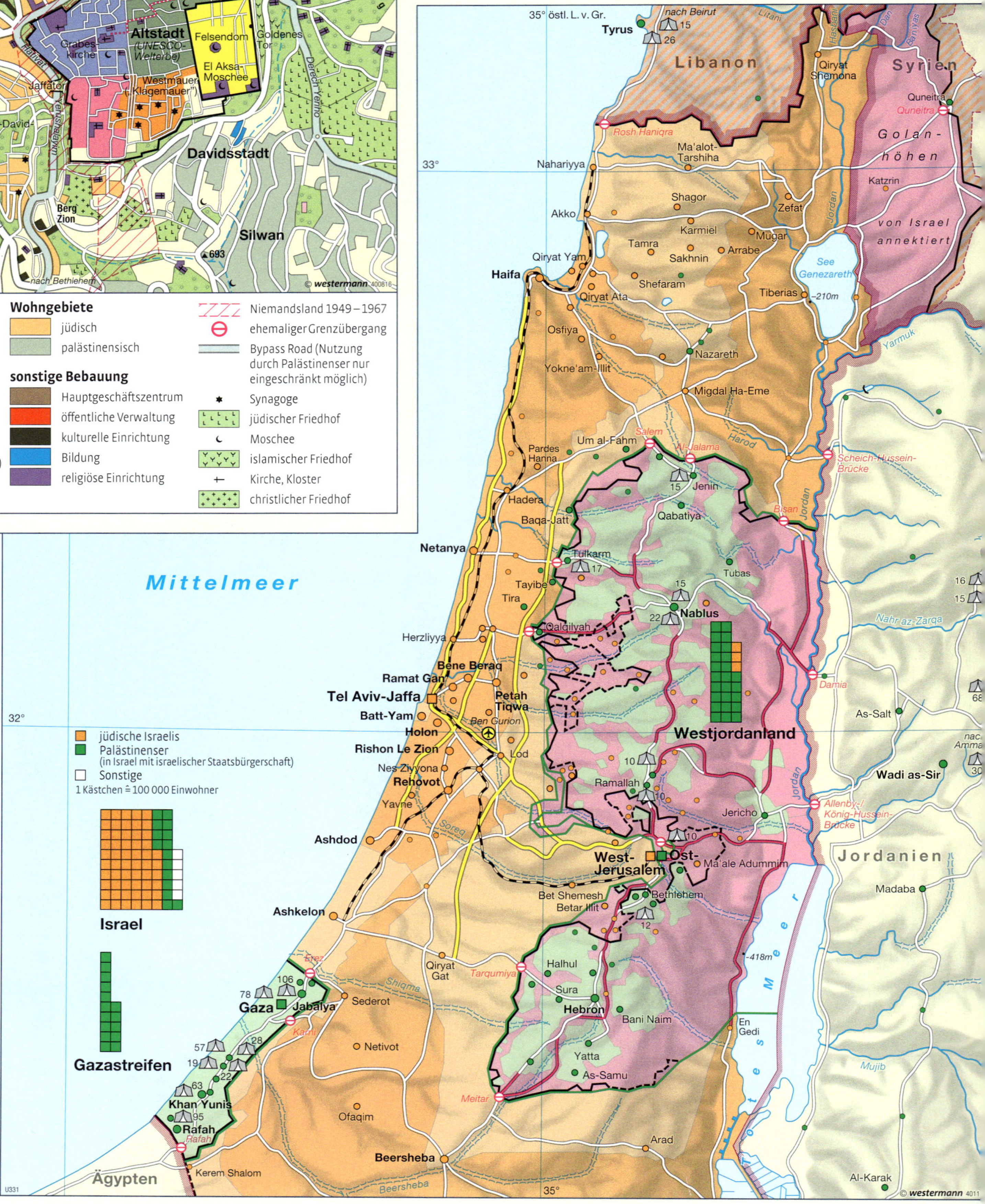

Orte/Siedlungen

Bevölkerungsmehrheit
- jüdisch
- palästinensisch/arabisch

Einwohnerzahl
- über 250 000
- 100 000 – 250 000
- 20 000 – 100 000
- unter 20 000
- Flüchtlingslager (Flüchtlinge in 1000)

Gebiete
- UN-Planung für einen jüdischen Staat von 1947
- Israel heute
- von Israel kontrolliert
- palästinensische Autonomiegebiete (seit 1994)
- UN-Pufferzone

Grenzen
- Waffenstillstandslinie von 1949
- Grenzzaun/Mauer
- Grenzzaun/Mauer in Bau/Planung
- Staatsgrenze
- Grenzübergang/Checkpoint
- für Palästinenser gesperrte Straße

3 Westasien – physisch

Maßstab 1 : 18 000 000

Landhöhen und Meerestiefen
(in Meter)

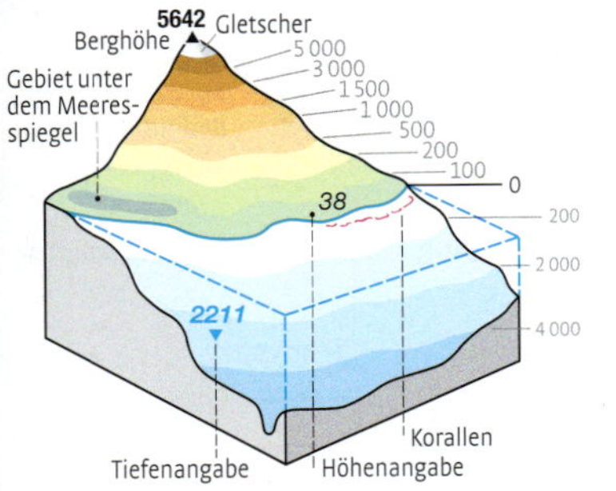

Gewässer
- Fluss
- Stromschnelle, Wasserfall
- schiffbarer Kanal
- Fluss, jahreszeitlich Wasser führend
- Wadi, Trockental
- Kanal, bedingt schiffbar
- See
- Salzsee
- Stausee, Staumauer
- Sumpf, Moor
- Salzpfanne

Orte
Einwohner
- über 5 000 000
- 1 000 000 – 5 000 000
- 500 000 – 1 000 000
- 100 000 – 500 000
- 20 000 – 100 000
- unter 20 000
- Ruinenstätte, geschichtlich bedeutsamer Ort
- Oase

Verkehr
- Eisenbahn
- wichtige Fernstraße
- Pass

Verwaltung
- Staatsgrenze
- nicht festgelegte Grenze
- **Teheran** Hauptstadt eines Staates

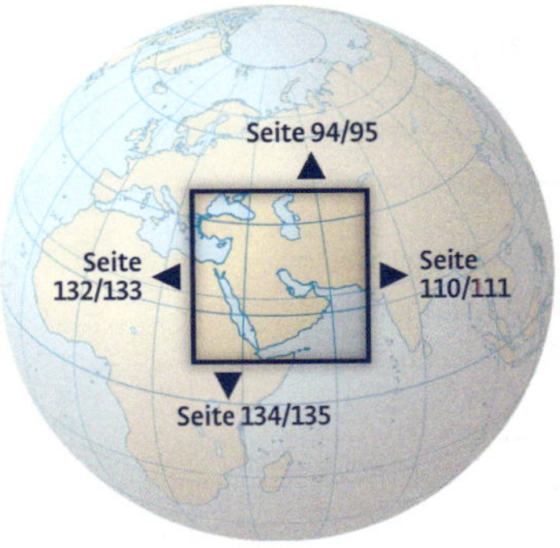

Westasien (Naher und Mittlerer Osten)

1 Westasien – Wirtschaft

Maßstab 1 : 18 000 000 (0 – 200 – 400 – 600 – 800 – 1000 km)

Kulturland
- Ackerbau
- Bewässerungsland
- Weide, z. T. Wiese

offene Landschaften
- Steppe, Gebirgsweide
- Dornstrauchsavanne
- Trockensavanne
- Halbwüste, Wüste
- Salzpfanne

Waldlandschaften
- sommergrüner Laub- und Mischwald, Gebirgsnadelwald
- Mangrove
- Hartlaubgehölz

Bodenschätze
- Erdöl
- Erdgas
- Steinkohle
- Braunkohle
- Uran
- Eisen
- Stahlveredler (Chrom, Mangan, Kobalt)
- Kupfer
- Blei / Zink
- Bauxit (Aluminiumrohstoff)
- Phosphat
- Gold

Industrie
- Eisen- und Stahlerzeugung
- Buntmetallverhüttung
- Aluminiumverhüttung
- Metallverarbeitung und Maschinenbau
- Kraftfahrzeugbau
- Schiffbau
- Elektroindustrie, Optik
- Chemie, Kunststoffe
- Erdölraffinerie
- Textilien, Bekleidung, Leder
- Holz, Papier
- Nahrungsmittel
- Fischverarbeitung

Strom-/ Wasserversorgung
- Wasserkraftwerk
- Wärmekraftwerk
- Kernkraftwerk
- Meerwasserentsalzung

Dienstleistungszentrum
- mit internationaler Bedeutung
- mit überregionaler Bedeutung
- mit regionaler Bedeutung
- Tourismusregion

Transport
- Erdölleitung
- Erdgasleitung

2 M7 Dubai – Wandel zur Tourismusmetropole

Maßstab 1 : 250 000 0 2 4 6 8 10 km

1990

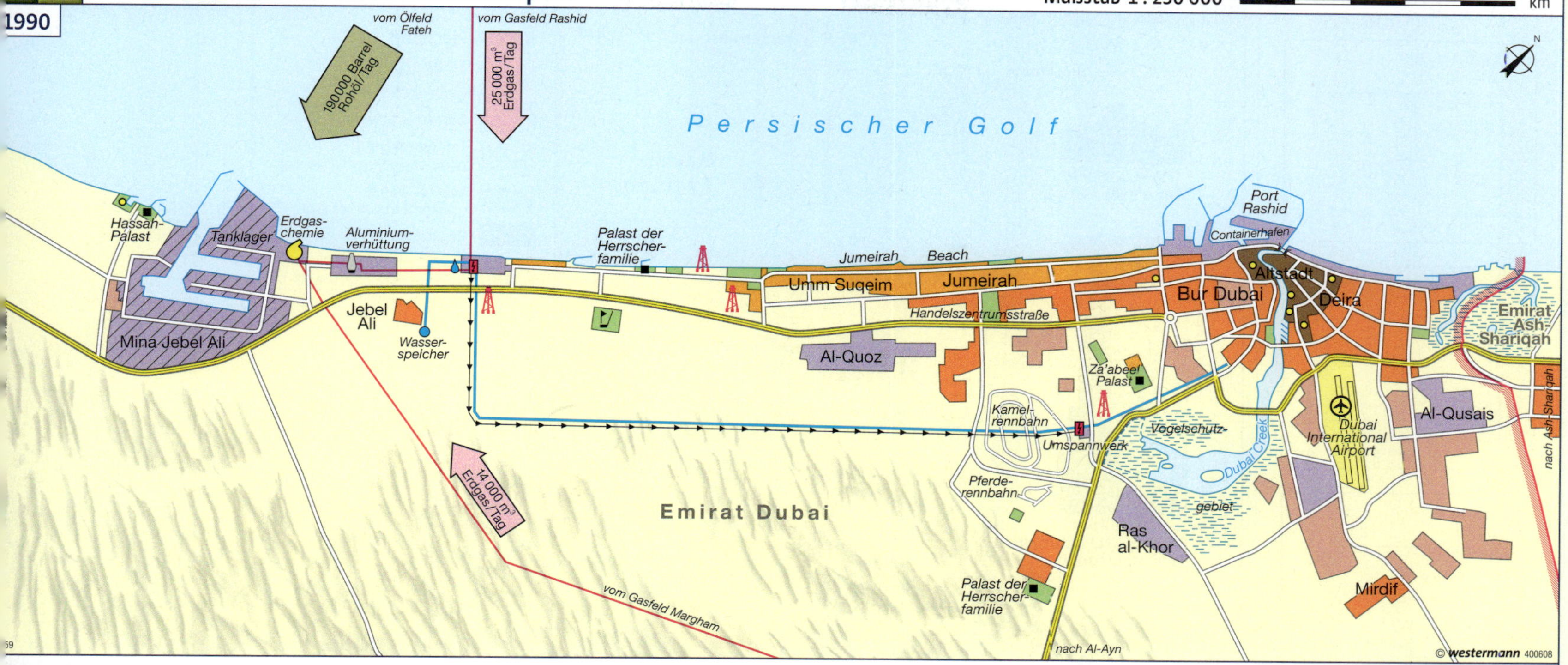

Bebauung
- luxuriöser / hoher Wohnkomfort
- mittlerer Wohnkomfort
- einfacher / niedriger Wohnkomfort
- bewachtes Wohn- und Geschäftsviertel (private Großinvestitionen)
- Hochhaus über 200m Höhe

Tourismus
- bewässerte Grünanlage
- Wüste
- Golfplatz
- Luxushotel
- Einkaufs- / Vergnügungszentrum

Wirtschaft
- Industrie-/ Gewerbegebiet
- Geschäfts-/ Einkaufsviertel
- Freihandelszone
- Gas (erschöpftes Vorkommen)
- Wärmekraftwerk
- Erdgasleitung
- tägliche Gas-Fördermenge
- Meerwasser-entsalzungsanlage
- Hauptwasser-leitung
- Hochspannungs-leitung

Verkehr
- Autobahn / Schnellstraße
- sonstige Straße
- Hochbahn / U-Bahn (im Bau)
- Emiratsgrenze

2008

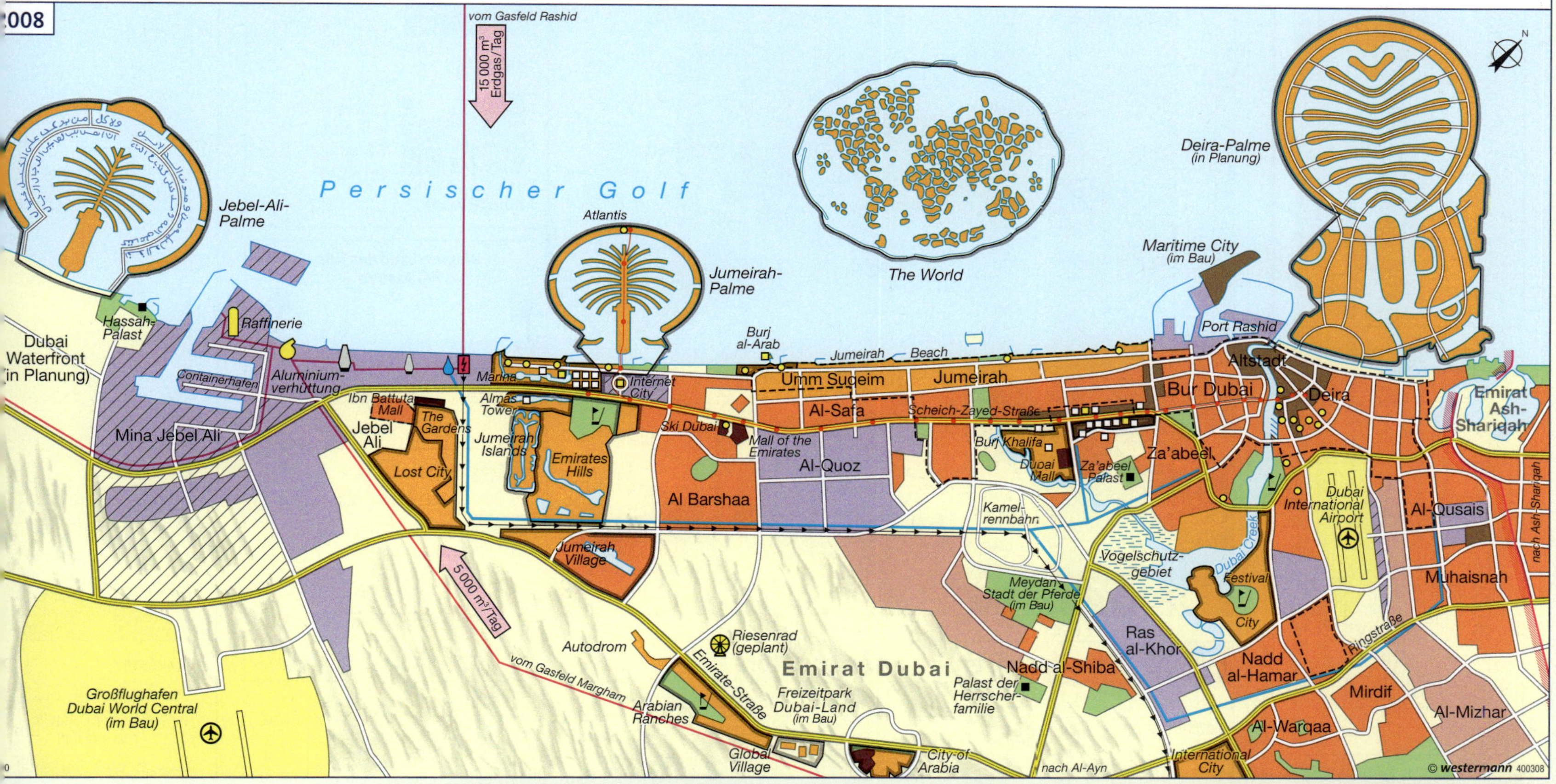

n Dubai Creek 1990

Luxushotel Burj al-Arab (seit 1999)

Bau der Dubai Marina (seit 2003)

Burj Khalifa (2009): höchstes Haus der Welt

Klimadiagramme (Nil)

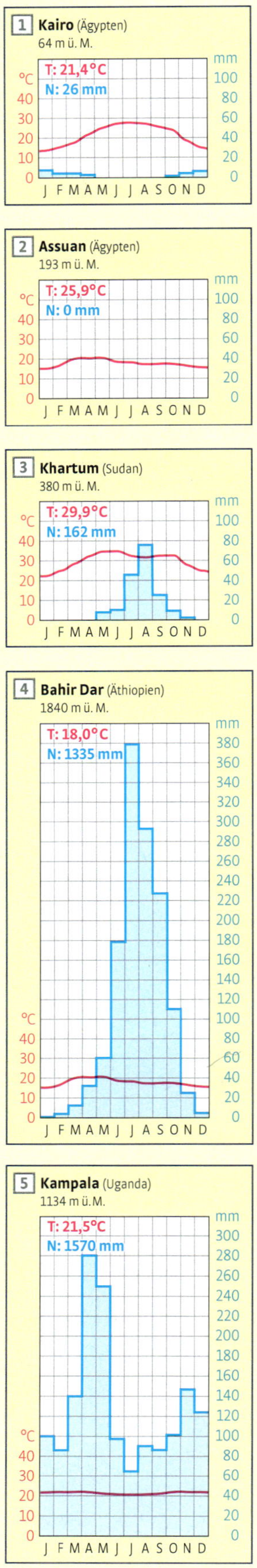

Klimadiagramme

- Temperaturen im Monatsmittel
- Niederschläge im Monat insgesamt
- 25,8 °C Jahresdurchschnitt Temperatur
- 368 mm Jahressumme Niederschlag
- 47m ü. M. Angabe in Meter über dem Meeresspiegel

1 Der Nil – ein Fremdlingsfluss

Maßstab 1 : 18 000 000

Bodenbedeckung

- Wüste
- Halbwüste
- Dornstrauchsavanne
- Trockensavanne (schwach genutztes Weideland)
- Feuchtsavanne (stark genutztes Weideland)
- Regenwald
- Bewässerungsland (heute vorwiegend Baumwoll- und Zuckerrohranbau)
- Ackerbau
- Staatsgrenze

Wasserführung

- Fluss
- Fluss (ganzjährig schiffbar)
- Staudamm
- Wasserkraftwerk
- Schleuse
- Stromschnelle (Katarakt)
- Wadi
- zeitweilig überschwemmtes Gebiet
- 480 Höhenangabe
- Ablagerung von fruchtbarem Nilschlamm
- Ort mit Klimadiagramm

Abflussdiagramme

- Kairo (Nil): monatliche Wasserführung (2mm Säulenhöhe ≙ 1 Milliarde m³)
- Köln (Rhein): Zum Vergleich: monatliche Wasserführung des Rheins

Wasserstand des Nils bei Assuan

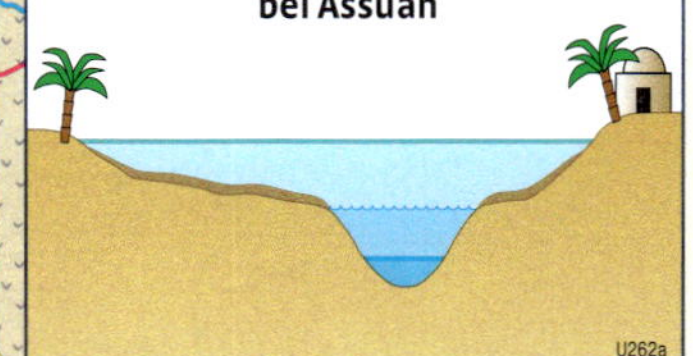

- heute
- vor dem Bau des Assuan-Staudammes
- Februar bis Juni
- Juni bis Oktober
- Nilschlamm

2 M8 Höhenprofil entlang des Äquators

Längenmaßstab 1 : 36 000 000 Höhenmaßstab 1 : 360 000 (100-fach überhöht)

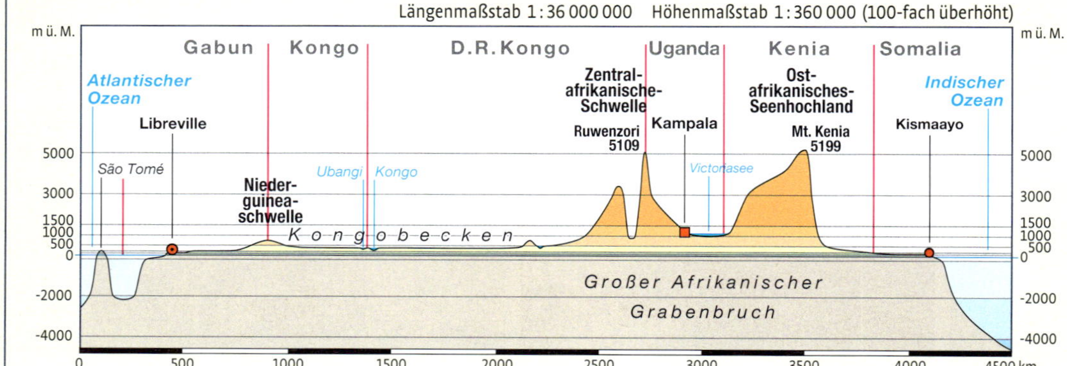

3 Afrika – physi

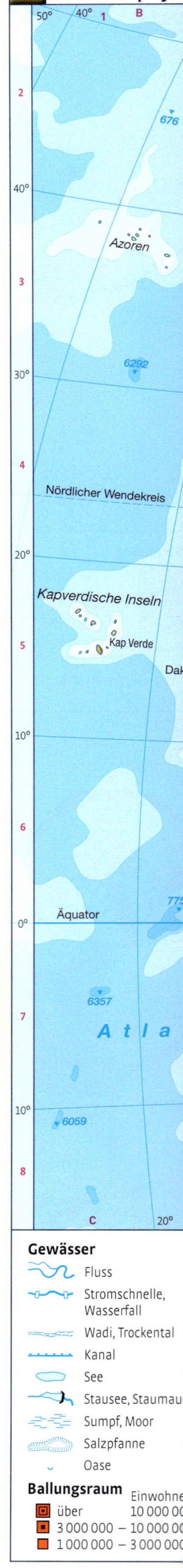

Gewässer

- Fluss
- Stromschnelle, Wasserfall
- Wadi, Trockental
- Kanal
- See
- Stausee, Staumau
- Sumpf, Moor
- Salzpfanne
- Oase

Ballungsraum Einwohne

- über 10 000 00
- 3 000 000 – 10 000 00
- 1 000 000 – 3 000 00

e Übersicht

Maßstab 1 : 36 000 000

1 Afrika – politische Übersicht

Maßstab 1 : 36 000 000

Gründung eines Staates
- 1960 Jahr der Staatsgründung
- ● Hauptstadt
- Staatsgrenze

Völker und Stämme
(in Auswahl)

Orientalen:	Araber - Berber - Somali - Tuareg
Sudanvölker:	Fulbe - Haussa
Guineavölker:	Akan - Yoruba - Ibo
Bantus:	Massai - Nguni - Pygmäen - Sotho - Tsonga - Venda - Xhosa - Zulu
Khoisan	Khoi Khoi - San (Buschleute)

Religionen
- Grenze in Afrika zwischen dem Islam im Norden, den Naturreligionen und Christen im Süden

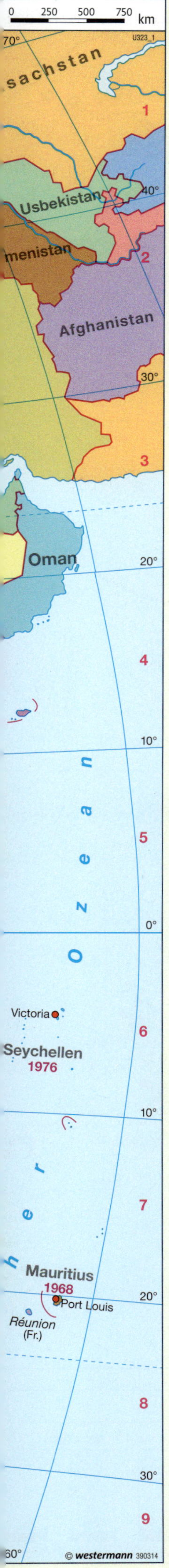

2 Afrika – 1914/1918

Maßstab 1 : 72 000 000

Kolonialbesitz der europäischen Mächte in Afrika 1914

(1 Mio. km² ≙ 50 mm²)

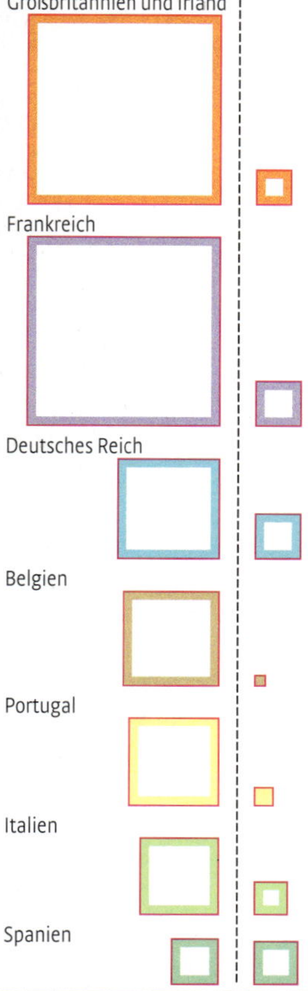

Selbstständige Staaten in Flächenfarbe

1848 Jahr der Unabhängigkeit

Kolonialgebiete europäischer Staaten 1914

1787 Beginn der Kolonialherrschaft

- belgisch
- britisch
- deutsch
- französisch
- italienisch
- portugiesisch
- spanisch
- Außengrenze der Kolonien und Staaten
- Grenze zwischen Kolonien der gleichen Macht

Wirtschaftliche Bedeutung der afrikanischen Kolonien

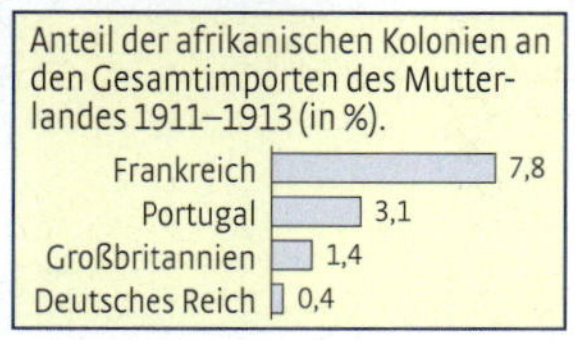

3 Afrika – Bevölkerung

Maßstab 1 : 72 000 000

Einfluss von HIV auf den Altersaufbau

(5-Jahresgruppen in Prozent der Bevölkerung)

Botsuana 2005
1,8 Millionen Einwohner

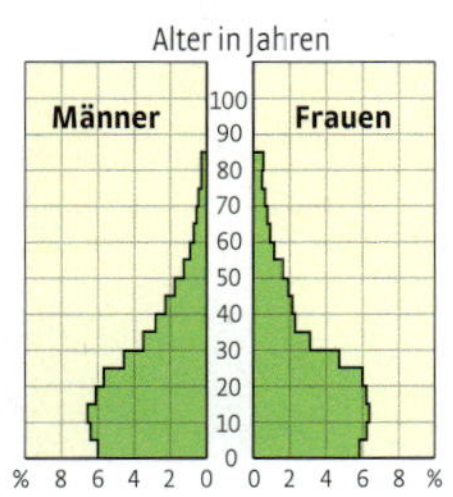

Botsuana 2025
1,2 Millionen Einwohner (Schätzung)

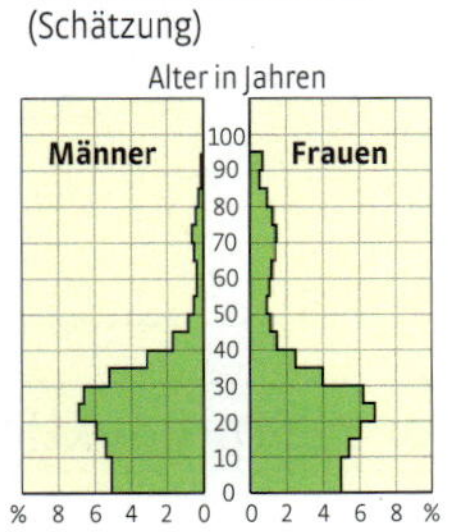

Die Länder südlich der Sahara haben weltweit die höchste HIV/AIDS-Infektionsrate. Im Jahr 2005 waren 23,9 % der Bevölkerung in Botsuana mit dem Virus infiziert.

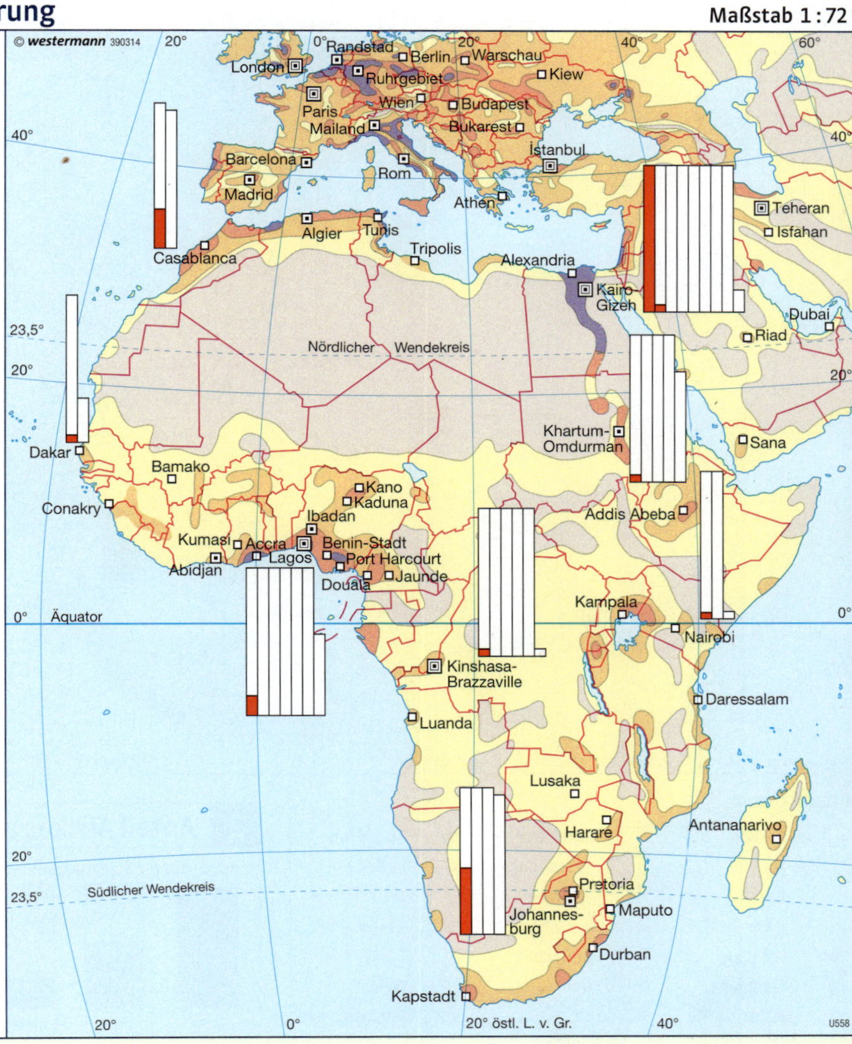

Bevölkerungsdichte

Einwohner je km²

- fast unbewohnt
- 1 – 25
- 25 – 100
- 100 – 200
- über 200

Großstädte (Agglomerationen)

Einwohner

- über 10 000 000
- 5 000 000 – 10 000 000
- 1 000 000 – 5 000 000

Wachstum afrikanischer Städte

- Wachstum bis 2009
- davon Einwohner bis um 1950

1mm Säulenhöhe ≙ 100000 Einwohner

Quelle: UN Centre for Human Settlements and UN Population Division

Bevölkerungswachstum

In Afrika wächst die Bevölkerung pro 100 Einwohner um 4,8 Menschen im Jahr (1990 – 2010). Das ist die höchste Wachstumsrate der Erde. (Angaben in Millionen)

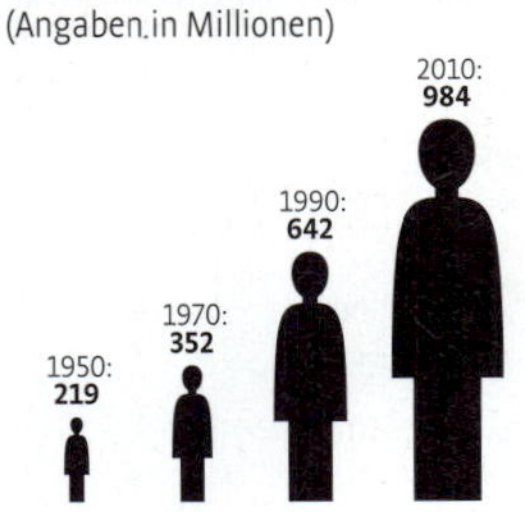

1 Afrika – Landwirtschaft

Maßstab 1 : 36 000 000

Waldlandschaften
- sommergrüner Laub- und Mischwald, Gebirgsnadelwald
- Hartlaubgehölz
- Monsun- und Regenwald

offene Landschaften
- Steppe und Hochgebirgsgrasland
- Trocken- und Dornstrauchsavanne
- Feuchtsavanne
- Halbwüste und Wüste

Kulturland
- Ackerbau
- mittelmeerischer und kapländischer Anbau
- Bewässerungsland
- Weide, z. T. Wiese
- Dürre gefährdete Zone

Viehhaltung
- Kleinvieh, überwiegend für den Eigenbedarf
  1 Zeichen ≙ 5 Mio. Stück Schafe und Ziegen (außerdem bis zu 10 Mio. Stück Hühner)
- Kamele
  1 großes Zeichen ≙ 5 Mio. Stück
  1 kleines Zeichen ≙ 1 Mio. Stück
- Rinder
- Schafe
- Schweine
  1 großes Zeichen ≙ 20 Mio. Stück
  1 kleines Zeichen ≙ 5 Mio. Stück

Nutzpflanzen
Weizen, Mais, Reis, Hirse, Erdnüsse, Bananen, Zitrusfrüchte, Dattelpalmen, Kokospalmen, Ölpalmen, Kautschuk, Baumwolle, Sisal, Jute, Zuckerrohr, Kaffee, Tee, Kakao, Tabak, Wein, Schnittblumen

2 Anteil Afrikas an der Weltproduktion

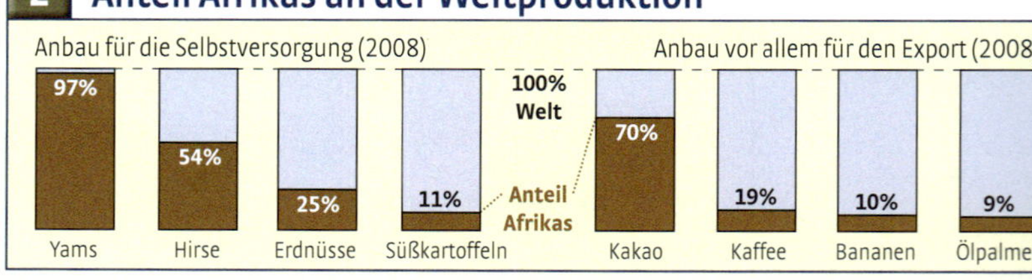

3 Temperaturen im Januar
Maßstab 1 : 72 000 000

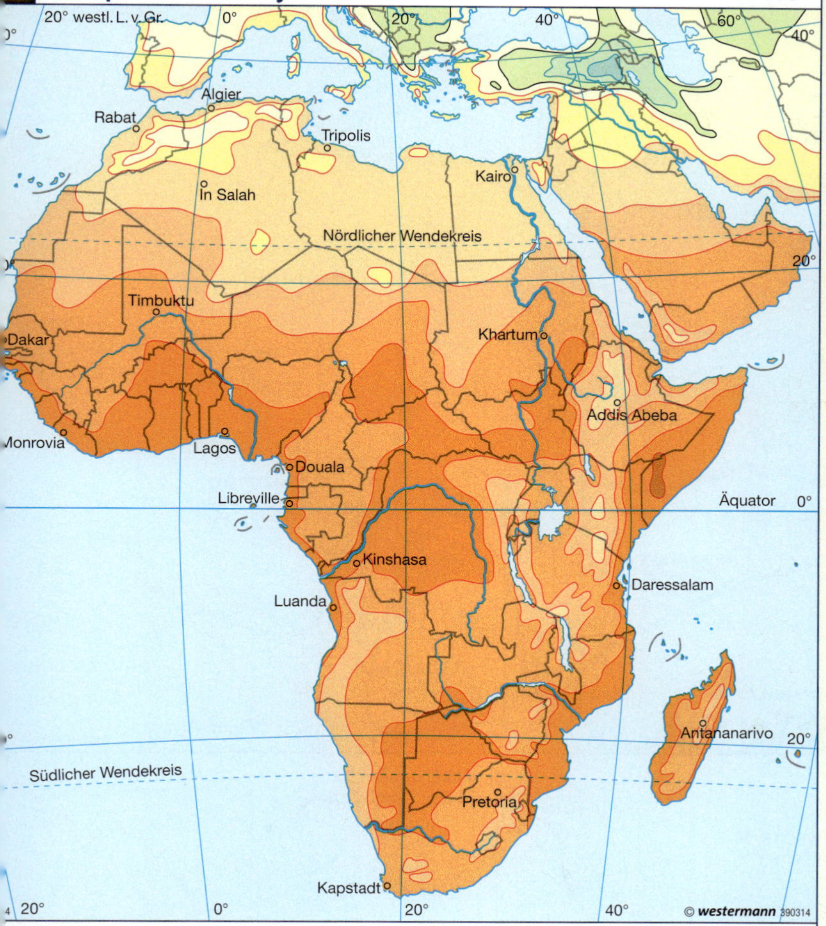

(Monatsmittel in Grad Celsius)

-10°C | -5° | 0° | 5° | 10° | 15° | 20° | 25° | 30°C

—— Staatsgrenze

4 Temperaturen im Juli
Maßstab 1 : 72 000 000

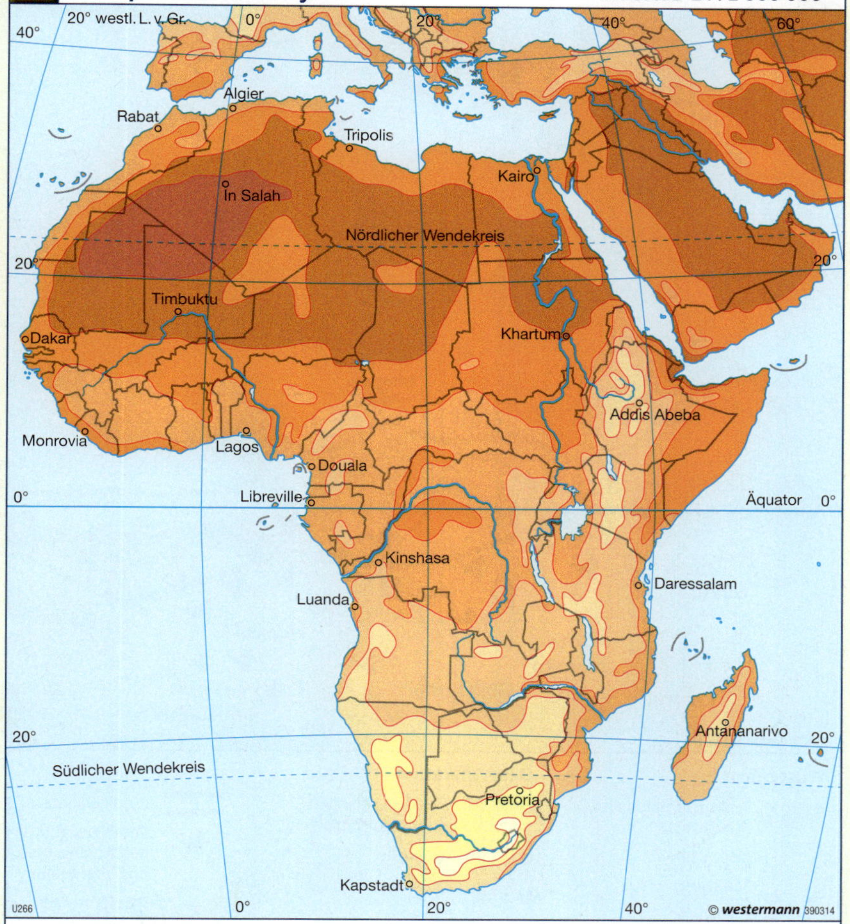

(Monatsmittel in Grad Celsius)

-10°C | -5° | 0° | 5° | 10° | 15° | 20° | 25° | 30° | 35°C

5 Niederschläge im Januar
Maßstab 1 : 72 000 000

(langjähriges Monatsmittel in mm)

25 mm | 50 | 100 | 200 | 300 | 400 mm im Januar

6 Niederschläge im Juli
Maßstab 1 : 72 000 000

(langjähriges Monatsmittel in mm)

25 mm | 50 | 100 | 200 | 300 | 400 mm im Juli

—— Staatsgrenze

1 Wüstenarten und Wüstenausbreitung (Desertifikation)

Maßstab 1 : 36 000 000

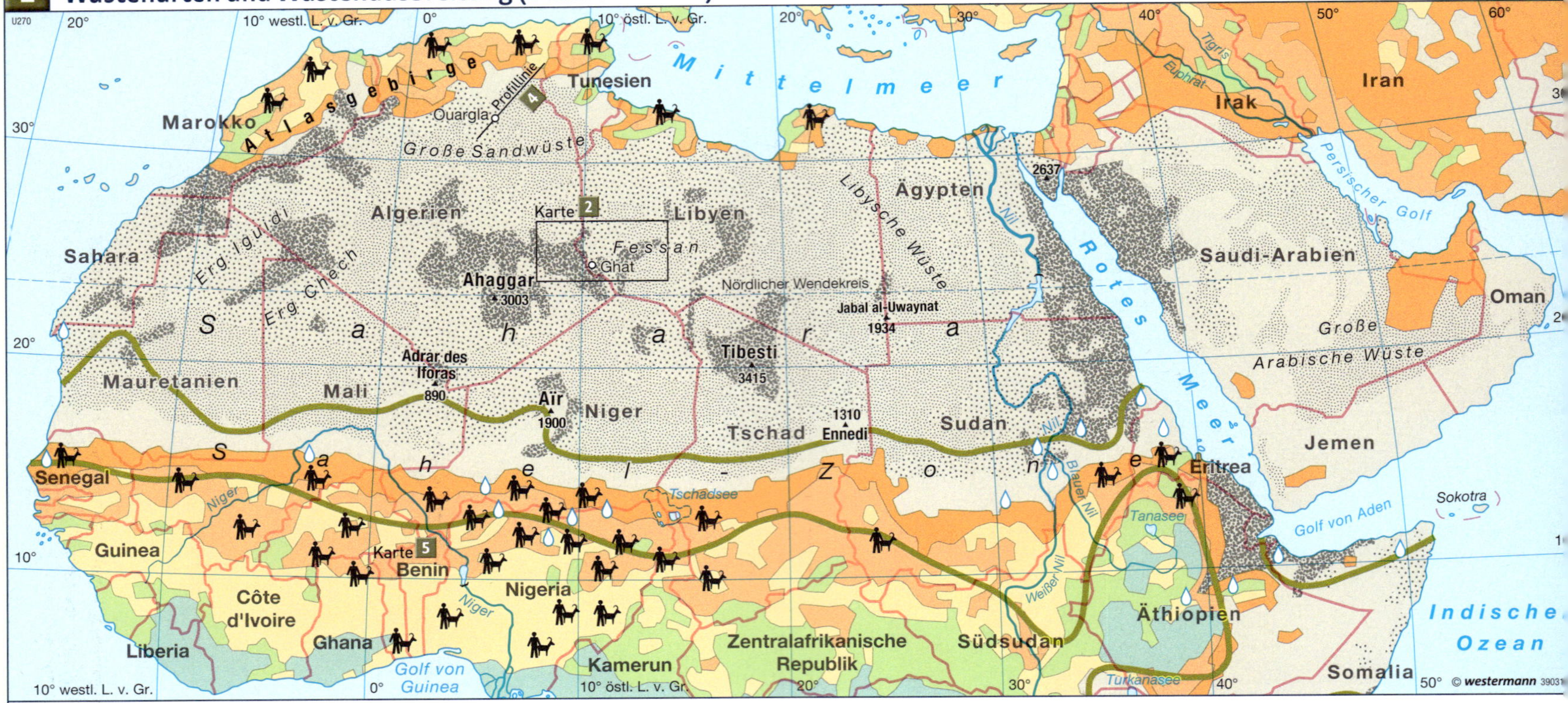

Wüstenarten
- Felswüste, Blockwüste, Schuttwüste
- Kieswüste
- Sandwüste
- Halbwüste

Desertifikation

Empfindlichkeit der Landschaft für fortschreitende Wüstenbildung
- sehr hoch
- hoch
- mäßig
- gering
- keine (humide Zone)

- dürregefährdete Zone
- Beschleunigung der Desertifikation durch hohen Bevölkerungsdruck und Überweidung
- Wassermangel durch hohen Bevölkerungsdruck

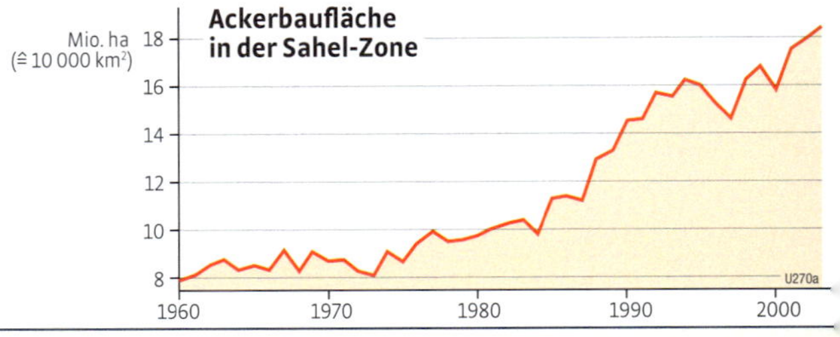

2 Sahara – Wüstenarten im Satellitenbild

Maßstab 1 : 3 000 000

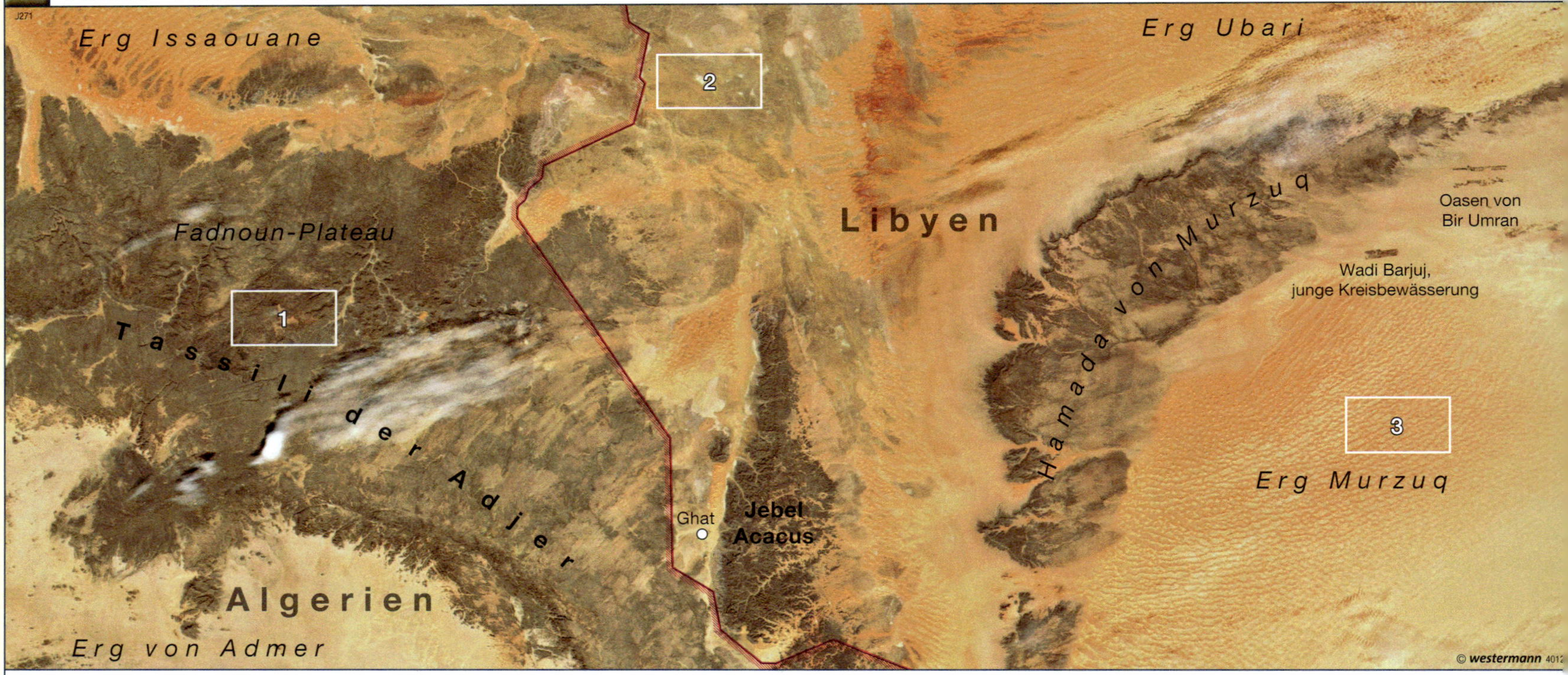

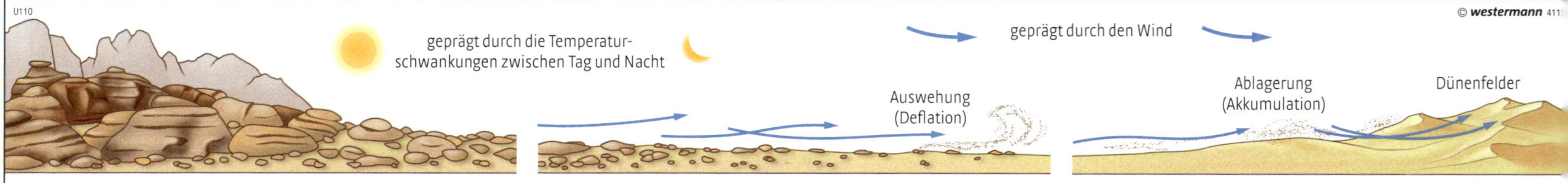

1 Fels- und Blockwüste (Hamada)

2 Kieswüste (Serir)

3 Sandwüste (Erg)

3 Ouargla – Brunnenoase in Algerien

Maßstab 1 : 100 000

Der Ksar von Quargla

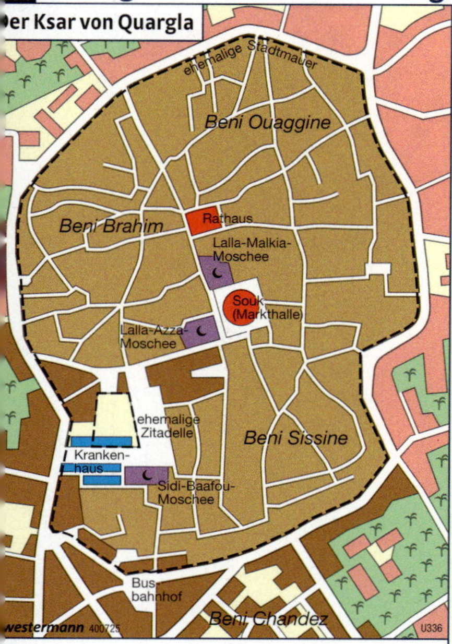

Autostraße
Gasse, z.T. überdacht
Maßstab 1 : 10 000

Der Ksar, die ehemals befestigte Wohnburg der Berber, ist die orientalische Altstadt von Quargla.

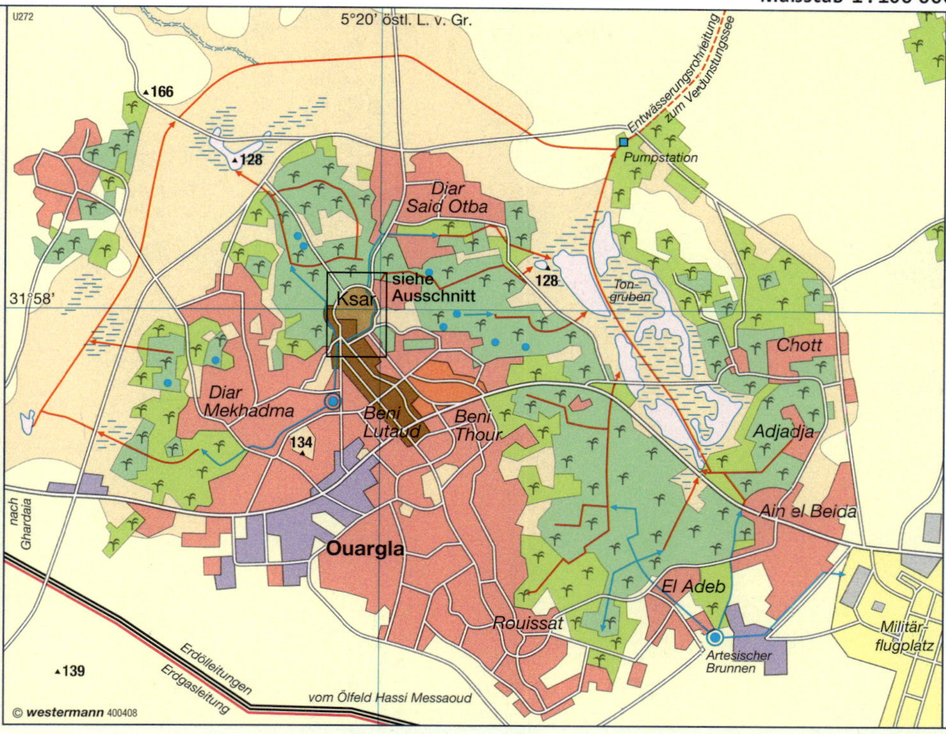

Wüste
- Sandwüste (Erg)
- Schott (Salztonebene)
- Verdunstungssee
- Wadi (selten Wasser führend)
- Sumpf

Siedlung
- alte Berber-Stadt (Medina)
- modernes Geschäftsviertel
- europäisch geprägtes Viertel
- jüngere Stadterweiterung,
- u. a. Nomadenansiedlungen Gewerbegebiet

Dattelpalmkulturen
- ältere Palmenhaine (Unterkultur: Getreide, Luzerne)
- junge Palmenhaine seit 1960 (z.T. mit Gemüse-/Obstgärten)
- Artesischer Brunnen (aufsteigendes Grundwasser)
- Brunnen/Pumpstation
- Bewässerung
- Entwässerung

4 Grundwasser führende Gesteinsschichten in der Nordostsahara

Längenmaßstab 1 : 4 000 000

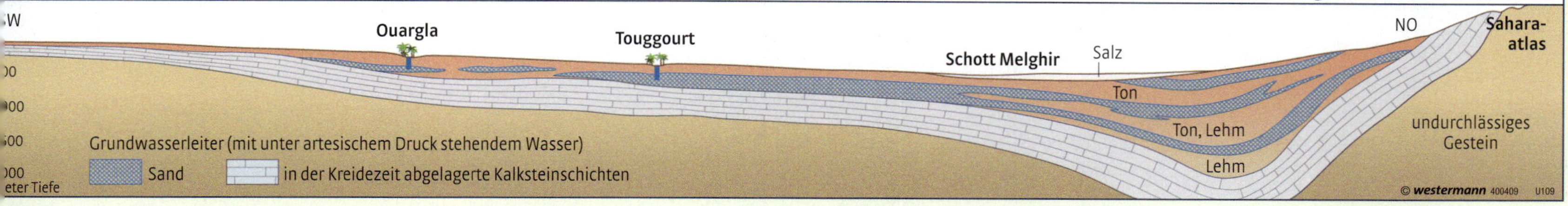

Grundwasserleiter (mit unter artesischem Druck stehendem Wasser)
- Sand
- in der Kreidezeit abgelagerte Kalksteinschichten

5 Halbnomadismus der Fulbe in der Sahel-Zone

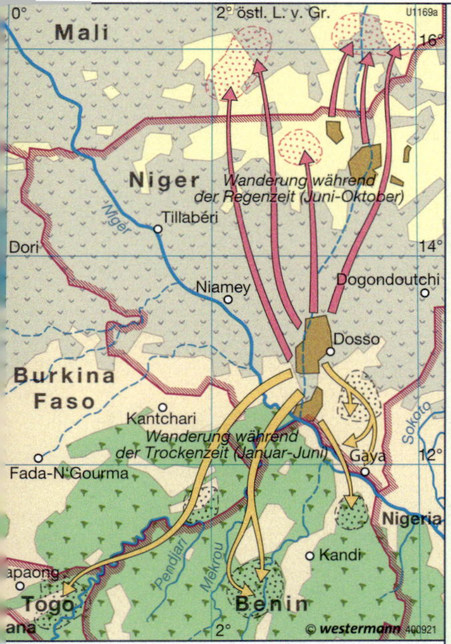

Dauersiedlungsgebiet des Fulbe-Volkes
Beweidung (Trockenzeit)
Beweidung (Regenzeit)
Maßstab 1 : 8 000 000
Halbwüste

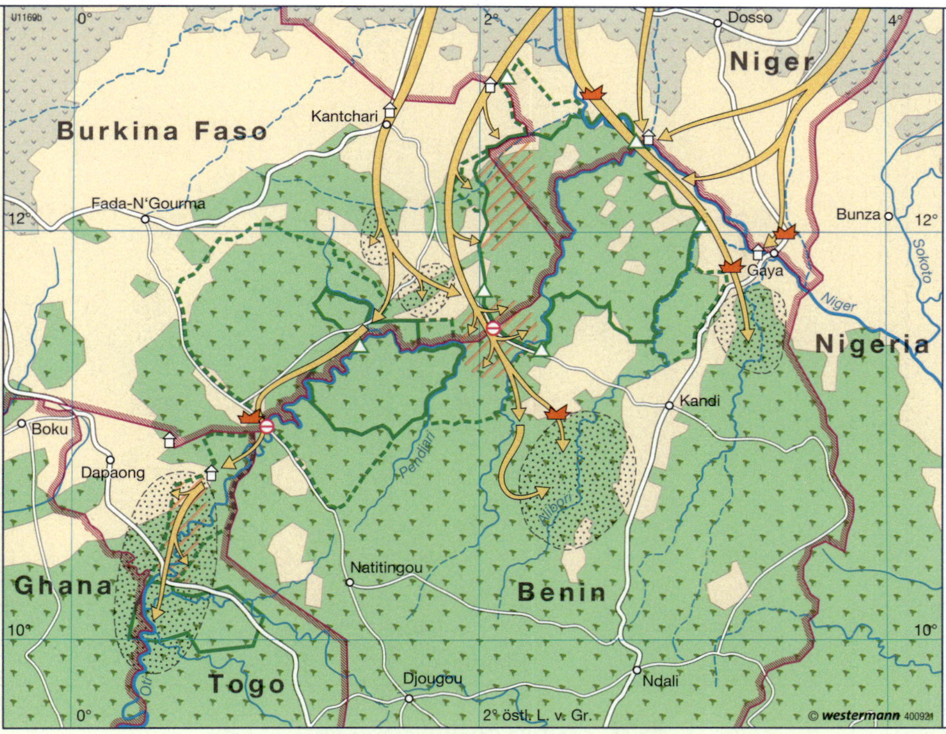

Maßstab 1 : 4 000 000

Landnutzung
- Dornstrauch- und Trockensavanne
- Feuchtsavanne
- Ackerbau (Hirse, Mais)
- Nationalpark
- Naturreservat mit Jagdzonen

Wanderweidewirtschaft (insgesamt mehr als 100 000 Rinder, Ziegen und Schafe)
- saisonale Wanderung (während der Trockenzeit Januar - Juni)
- saisonale Beweidung

Nutzungskonflikte
- illegale Beweidung
- gewaltsame Konflikte mit lokalen Bauern
- Grenzschließung durch Benin 2003-2004

Verwaltung
- Posten staatlicher Wildhüter
- Grenzposten
- Staatsgrenze

6 Niederschlagsvariabilität in der Sahel-Zone

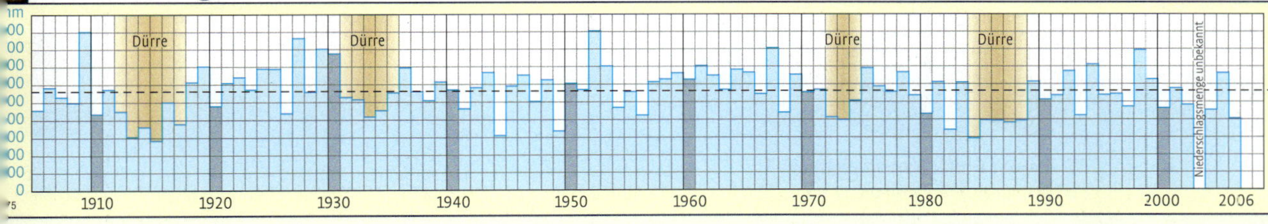

durchschnittliche Jahresniederschläge (563mm)

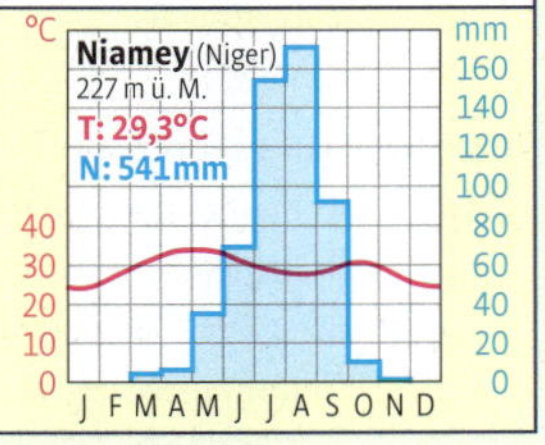

1 Afrika – Wirtschaft (Übersicht)

Maßstab 1 : 36 000 000

Bergbau

- Erdöl
- Erdgas
- Steinkohle
- Uran
- Eisen
- Stahlveredler (Chrom, Mangan, Kobalt, Nickel)
- Coltan
- Kupfer
- Blei, Zink
- Bauxit (Aluminiumrohstoff)
- Gold
- Platin
- Phosphat
- Diamanten

Industrie

- Eisen- und Stahlerzeugung
- Buntmetall- und Aluminiumverhüttung
- Eisen- und Metallverarbeitung, Maschinenbau
- Elektroindustrie, Optik
- Chemie, Kunststoffe
- Erdölraffinerie
- Textilien, Bekleidung, Leder
- Holz, Holzverarbeitung
- Nahrungsmittel
- Fischfang

Dienstleistungszentrum

- mit internationaler Bedeutung
- mit überregionaler Bedeutung
- mit regionaler Bedeutung
- Fremdenverkehrsregion

Transport und Verkehr

- Erdölleitung
- Erdgasleitung
- wichtige Eisenbahn
- Staatsgrenze

2 Afrikas Stellung am Weltmarkt

Anteil Afrikas an der Weltproduktion

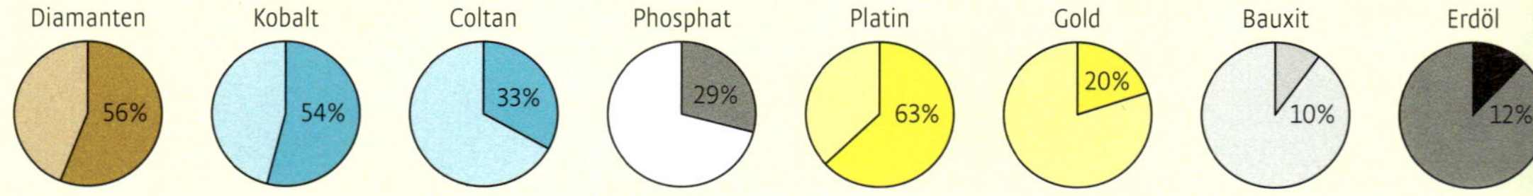

Weltweite Produktionsmenge 2008

Diamanten	Kobalt	Coltan	Phosphat	Platin	Gold	Bauxit	Erdöl
159 Mio. Karat	76 Mio. t	1170 t	50 Mio. t	465 t	2280 t	205 Mio. t	3821 Mio. t

3 Nigerdelta – Erdölwirtschaft

Maßstab 1 : 2 250 000 — 0 20 40 60 80 100 km

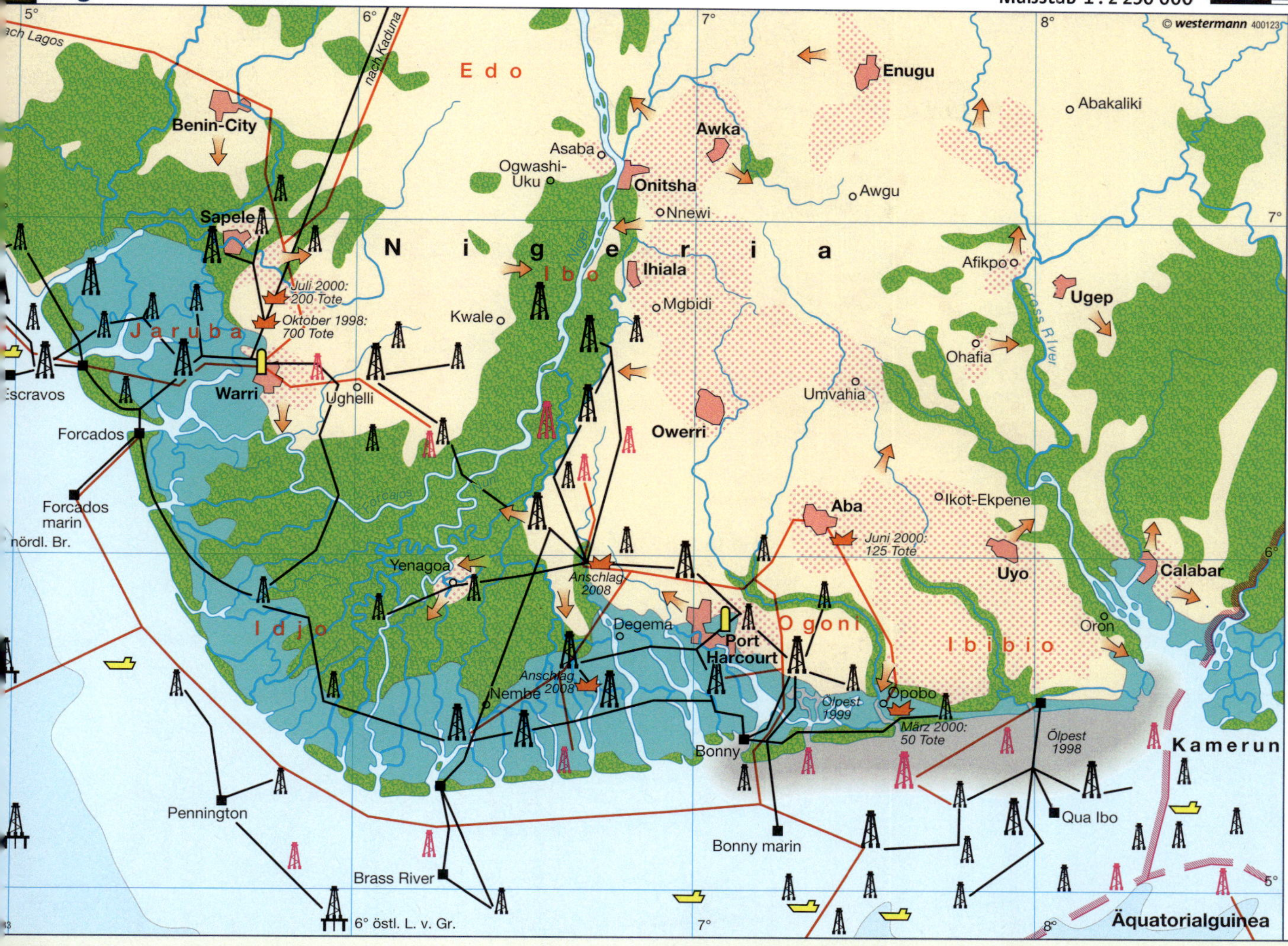

Bodenbedeckung
- Anbauflächen für Ölpalmen, Maniok, Yams, Mais
- Monsun- und Regenwald
- Mangroven (Fischgründe)

Erdöl-/Erdgaswirtschaft
- Erdölförderung (Shell, Exxon, Agip, BP, Mobil, Statoil, Texaco, Total und Chevron)
- Exploration und Erdölförderung im Tiefwasserbereich
- Erdgasförderung
- Erdölleitung
- Erdgasleitung
- Verladeterminal
- Erdölraffinerie
- Rohölverarbeitungsschiff, vor Anker liegend

Orte
- über 100 000 Einwohner
- unter 100 000 Einwohner

Bevölkerung
- dicht besiedelter ländlicher Raum (> 400 Einwohner/km²)
- Bevölkerungswanderung und Agrarkolonisation
- Ibo Stammesgebiet
- Explosion durch illegales Anzapfen
- Staatsgrenze
- Kontinentalschelf (200-m-Tiefenlinie)

4 Victoriasee – Fischerei und Landnutzung

Maßstab 1 : 4 500 000 — 0 50 100 150 km

Bodenbedeckung
- Regenwald mit Wanderfeldbau
- Feuchtsavanne
- Dornstrauch- und Trockensavanne mit Wanderweidewirtschaft
- Feldbau zur Selbstversorgung (Hirse, Mais, Maniok)

Gewässer
- See, Salzsee
- Überschwemmungsgebiet, Sumpf
- Wasserhyazinthe

Fischereiwirtschaft
- Fischerhafen
- Fischverarbeitung (Export)
- Buntbarsch
- Sardinenfische
- Victoriabarsch (Export: 75%)
- gefährdete oder erschöpfte Bestände

(1 Symbol ≙ 25 000 t Fangmenge)

weitere Exportwirtschaft
- Gold
- Kaffee
- Diamanten
- Tee
- Baumwolle
- Tabak
- Schnittblumen
- Obst und Gemüse
- Exportflughafen

Tourismus
- Safari-Lodge

Orte
- über 1 000 000 Einwohner
- unter 1 000 000 Einwohner

Afrika (nördlicher Teil) – physisch

Türkei
Pontisches Gebirge
Taurus
Istanbul
Ankara
Izmir
Bursa
Eskişehir
Konya
Kayseri
Malatya
Adana
Antalya
Gaziantep
Diyarbakır
Erzurum
Trabzon
Samsun
Sofia
Thessaloniki
Athen
Griechenland
Heraklion
Kreta
Nikosia
Zypern
Aleppo
Hama
Homs
Syrien
Syrische Wüste
Latakia
Tripoli
Libanon
Beirut
Damaskus
Haifa
Israel
Tel Aviv-Jaffa
Jerusalem
Gaza
Amman
Jordanien
Armenien
Jerewan
Aserbaidschan
Baku
Kaspisches Meer
Täbris
Urmia
Rascht
Babol
Elburs
Teheran
Qom
Qazvin
Hamadan
Kermanshah
Arak
Isfahan
Zagrosgebirge
Iran
Große Salzwüste
Yazd
Kerman
Rafsanjan
Shiraz
Bandar-e Bushehr
Bandar-e Abbas
Zahedan
Birjand
Tabas
Meschhed
Aschgabat
Mary
Kopetdag
Herat
Afghanistan
Mosul
Irbil
Kirkuk
Irak
Mesopotamien
Bagdad
Kerbala
An-Najaf
Basra
Ahvaz
Abadan
Kuwait
Persischer Golf
Straße von Hormus
Golf von Oman
Mekran
Bahrain
Manama
Katar
Doha
Ad-Dammam
Al-Jubayl
Al-Hufuf
Abu Dhabi
Dubai
Vereinigte Arabische Emirate
Maskat
Omangebirge
Oman
Saudi-Arabien
Nefud
Hedschas
Riad
Medina
Mekka
Jiddah
Taif
Tabuk
Ha'il
Buraydah
Große Arabische Wüste
Tuwaik
Abha
Najran
Jizan
Jemen
Sana
Aden
Hadramaut
Al-Mukalla
Dhofar
Salalah
Sokotra
Golf von Aden
Rotes Meer
Alexandria
Kairo
Gizeh
Suez
Port Said
Sinai
Ägypten
Libysche Wüste
Arabische Wüste
Asyut
Luxor
Assuan
Hurghada
Siwa
Nubische Wüste
Sudan
Khartum
Omdurman
Port Sudan
Kassala
Atbara
Kordofan
Darfur
El-Fasher
El-Obeid
Nyala
Südsudan
Juba
Sudd
Eritrea
Asmara
Massawa
Dschibuti
Äthiopien
Addis Abeba
Gonder
Mekele
Bahir Dar
Dire Dawa
Harar
Ogaden
Somalia
Hargeysa
Berbera
Mogadischu
Kismaayo
Benadir
Kenia
Nairobi
Mombasa
Uganda
Kampala
Victoriasee
Ruanda
Kigali
Tansania
R. Kongo
Kisangani
Indischer Ozean
Zum Vergleich
Hamburg
Hannover
Berlin
Köln
Frankfurt
Stuttgart
München
600 km

Afrika (südlicher Teil) – physisch

Landhöhen und Meerestiefen (in Meter)

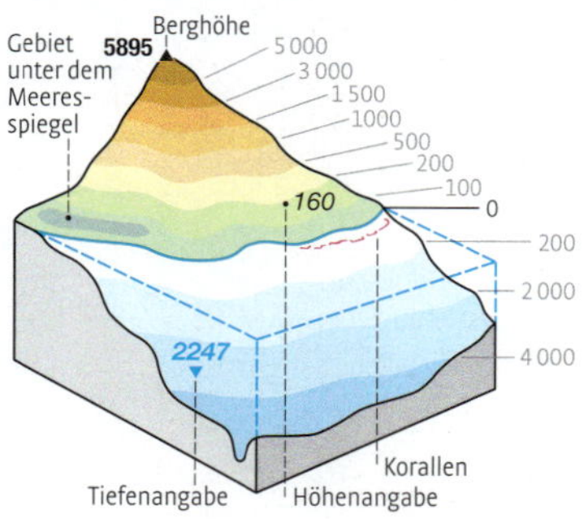

Gewässer

- Fluss
- schiffbarer Fluss
- Stromschnelle, Wasserfall
- Fluss, jahreszeitlich Wasser führend
- Wadi, Trockental, selten Wasser führend
- Kanal, bedingt schiffbar
- schiffbarer Kanal
- See
- Salzsee
- Stausee, Staumauer
- Sumpf, Moor
- Salzpfanne

Orte

Einwohner	
über	5 000 000
1 000 000 –	5 000 000
500 000 –	1 000 000
100 000 –	500 000
20 000 –	100 000
unter	20 000

- Ruinenstätte, geschichtlich bedeutsamer Ort
- Oase

Verkehr

- Eisenbahn
- wichtige Fernstraße
- Piste

Verwaltung

- Staatsgrenze
- nicht festgelegte Grenze
- Nationalparkgrenze

Nairobi	Hauptstadt eines Staates
Daressalam	Regierungssitz eines Staates
Kapstadt	Parlamentssitz

Indischer Ozean / Pazifischer Ozean

Maßstab 1 : 64 000 000
1 cm ≙ 640 km

0 500 1000 1500 2000 2500 3000 3500 km

Landhöhen und Meerestiefen
(in Meter)

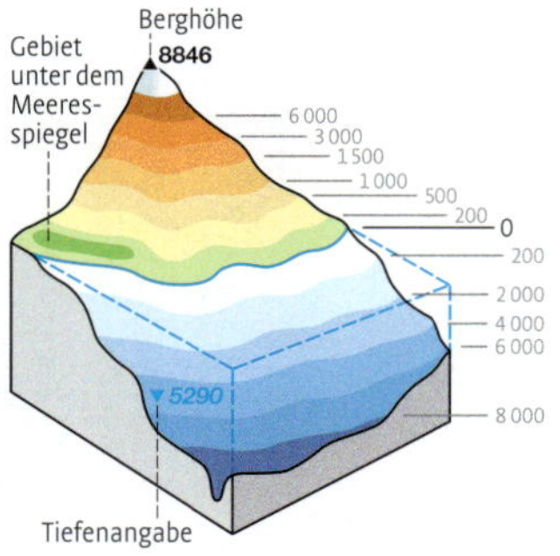

Gewässer

- Fluss
- Kanal
- See
- Schelfeis
- Packeisgrenze
- äußere Treibeisgrenze

20°-Isotherme des Meerwassers
- im Februar
- im August

Orte

- über 1 000 000 Einwohner
- unter 1 000 000 Einwohner

Verteilung Land / Wasser

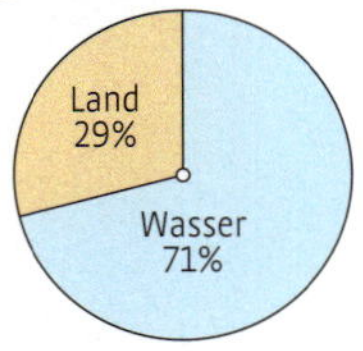

Größe der Kontinente
(in Prozent der Landoberfläche)

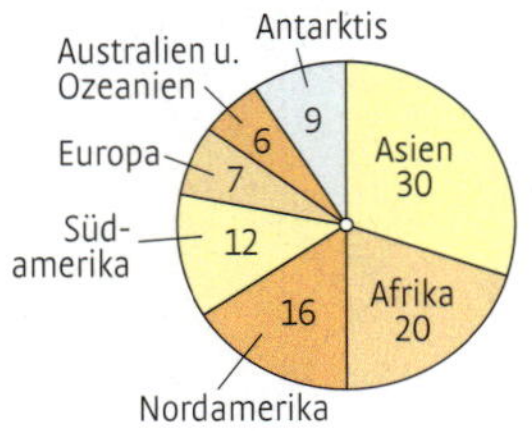

Größe der Weltmeere
(in Prozent der Wasseroberfläche)

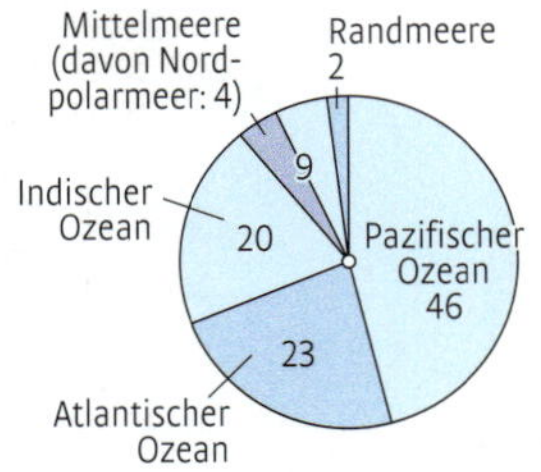

Höchster Berg auf dem Kontinent
(Meter über dem Meeresspiegel)

Afrika Kilimandscharo	5895 m
Antarktis Mount Vinson	4892 m
Asien Mount Everest	8846 m
Australien und Ozeanien Mount Kosciusko	2230 m
Europa Mont Blanc	4807 m
Nordamerika Mount McKinley	6198 m
Südamerika Aconcagua	6960 m

Tiefste Stelle im Ozean
(Meter unter dem Meeresspiegel)

Atlantischer Ozean Milwaukee-Tief	9219 m
Indischer Ozean Diamantina-Tief	8047 m
Pazifischer Ozean Witjas-Tief	11034 m

1 Australien und Neuseeland – physische Übersicht

Landhöhen und Meerestiefen (in Meter)

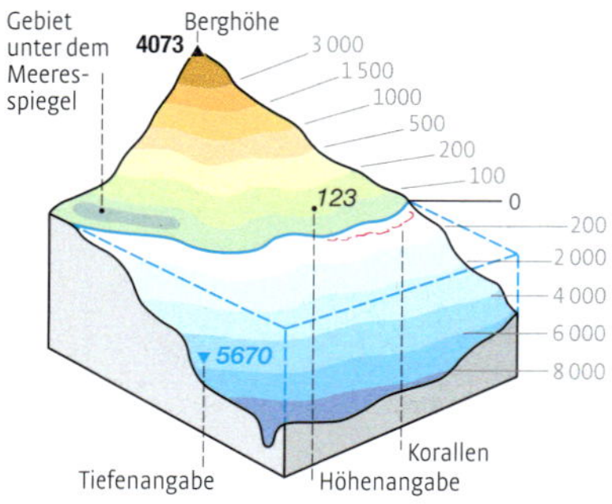

Gewässer

- Fluss
- Wadi, Trockental
- See
- Stausee, Staumauer
- Salzsee
- Sumpf, Moor
- Salzpfanne

Orte

Einwohner

- 1 000 000 – 5 000 000
- 500 000 – 1 000 000
- 100 000 – 500 000
- 20 000 – 100 000
- unter 20 000

Verkehr

- Eisenbahn
- Fernstraße

Verwaltung

- Staatsgrenze
- Grenze australischer Bundesstaaten
- **Canberra** Hauptstadt eines Staates
- **Hobart** Hauptstadt eines Bundesstaates oder Überseegebietes

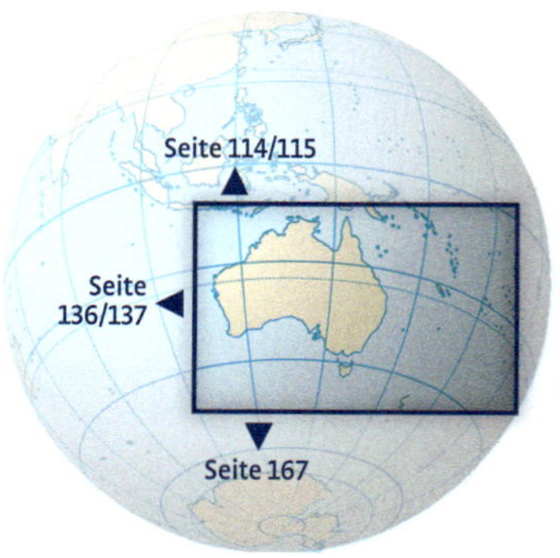

Maßstab 1 : 18 000 000

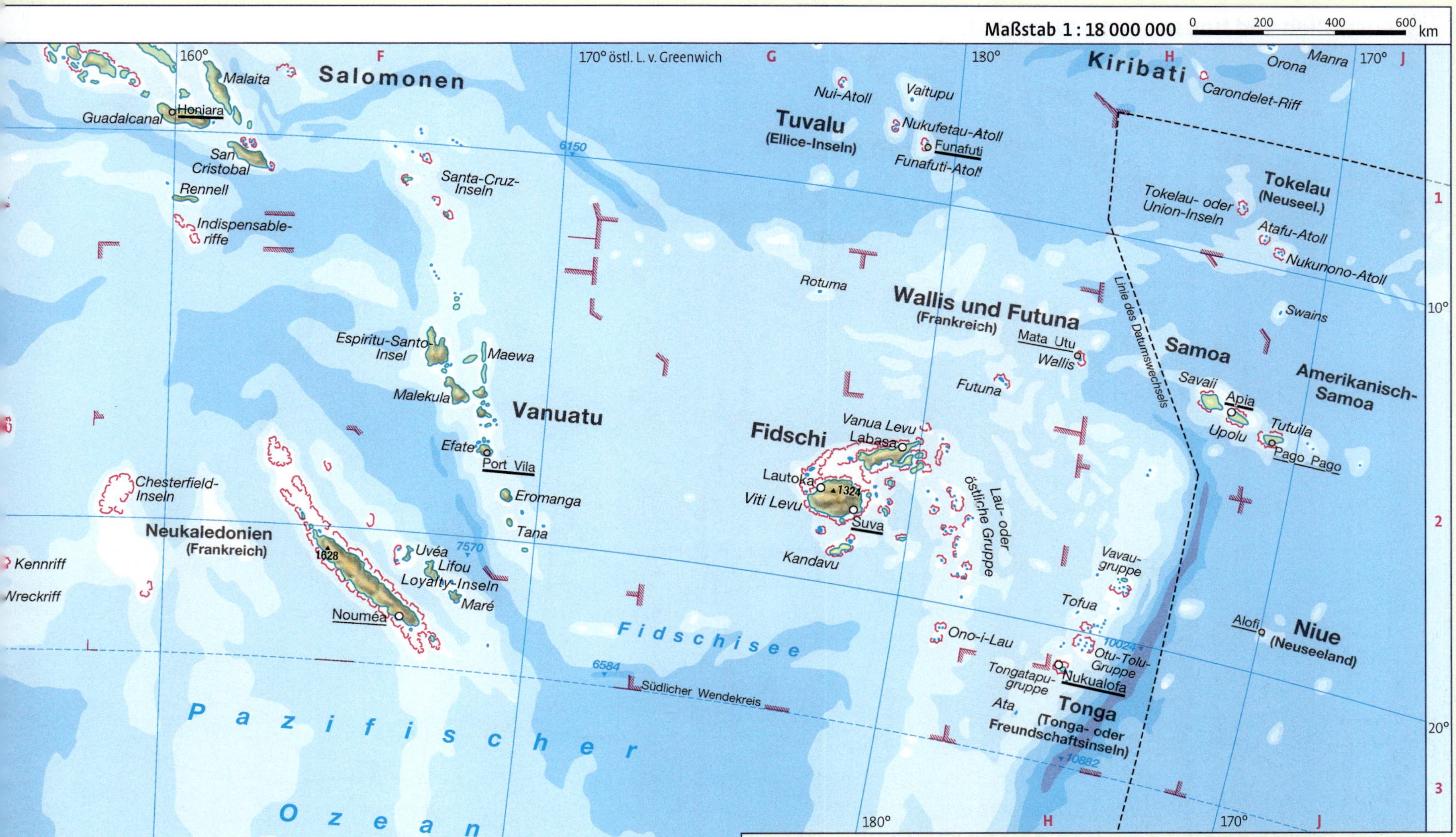

2 Ureinwohner (Aborigines)

Maßstab 1 : 54 000 000

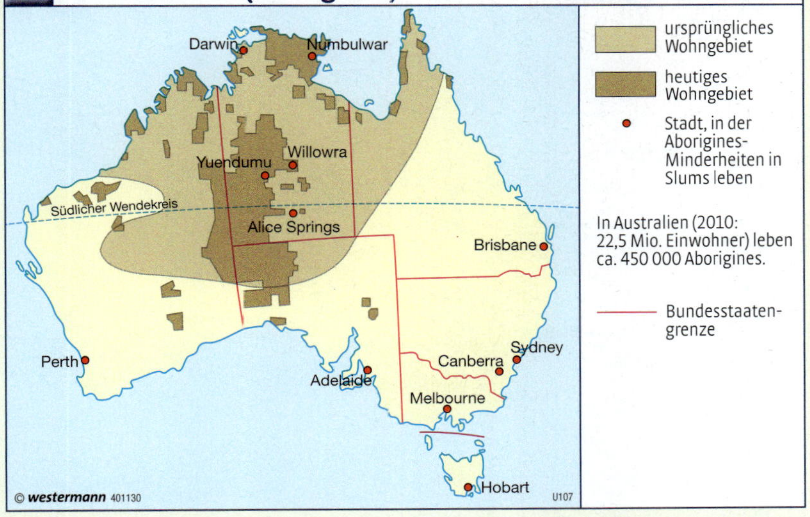

3 Bevölkerungsdichte

Maßstab 1 : 54 000 000

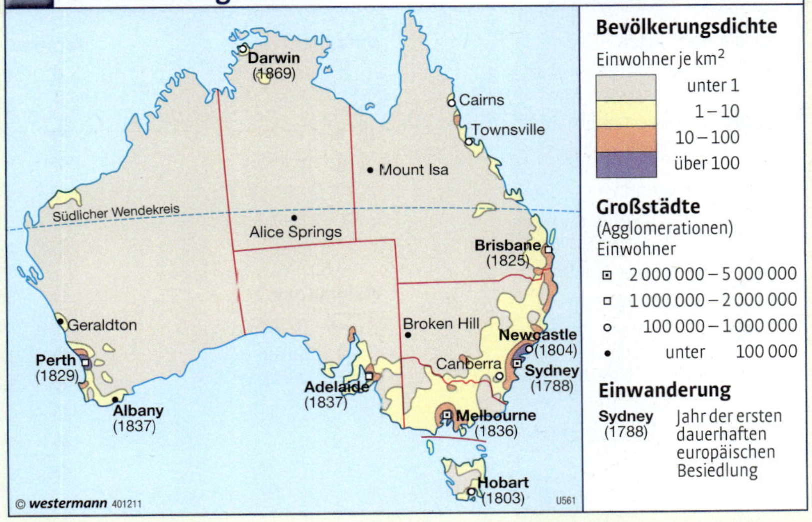

1 Australien und Neuseeland – Wirtschaft

Waldlandschaften
- Feucht- und Trockenwald der gemäßigten Zone
- tropischer Feucht- und Regenwald

offene Landschaften
- Trockensavanne (Eukalyptus) und Dornstrauchsavanne (Akazie)
- Halbwüste und Wüste
- Feuchtsavanne
- Mangrove

Kulturland
- Ackerbau
- Bewässerungsland
- Weide, z. T. Wiese

Nutzpflanzen
- Weizen
- Reis
- Zuckerrohr
- Bananen
- Zitrusfrüchte
- Baumwolle
- Wein

Viehhaltung
- Rinder
- Schafe

(1 Zeichen = 5 Millionen Stück)

Bergbau
- Erdöl
- Erdgas
- Steinkohle
- Braunkohle
- Uran
- Eisen
- Stahlveredler (Chrom, Mangan, Nickel, Kobalt, Wismut, Wolfram)
- Bauxit
- Kupfer
- Zinn
- Blei, Zink
- Gold
- Silber
- Diamanten

Industrie
- Eisen- und Stahlerzeugung
- Buntmetallverhüttung
- Aluminiumverhüttung
- Eisen- und Metallverarbeitung, Maschinenbau
- Elektrotechnik, Elektronik
- Chemie, Kunststoffe
- Erdölraffinerie
- Textilien, Bekleidung, Leder
- Holz, Papier
- Nahrungsmittel
- Wasserkraftwerk
- Wärmekraftwerk

Dienstleistungszentrum
- mit internationaler Bedeutung
- mit überregionaler Bedeutung
- mit regionaler Bedeutung
- Tourismusregion

Verkehr und Transport
- Erdölleitung
- Erdgasleitung
- Eisenbahn
- Straße
- Grenze der Bundesstaaten in Australien

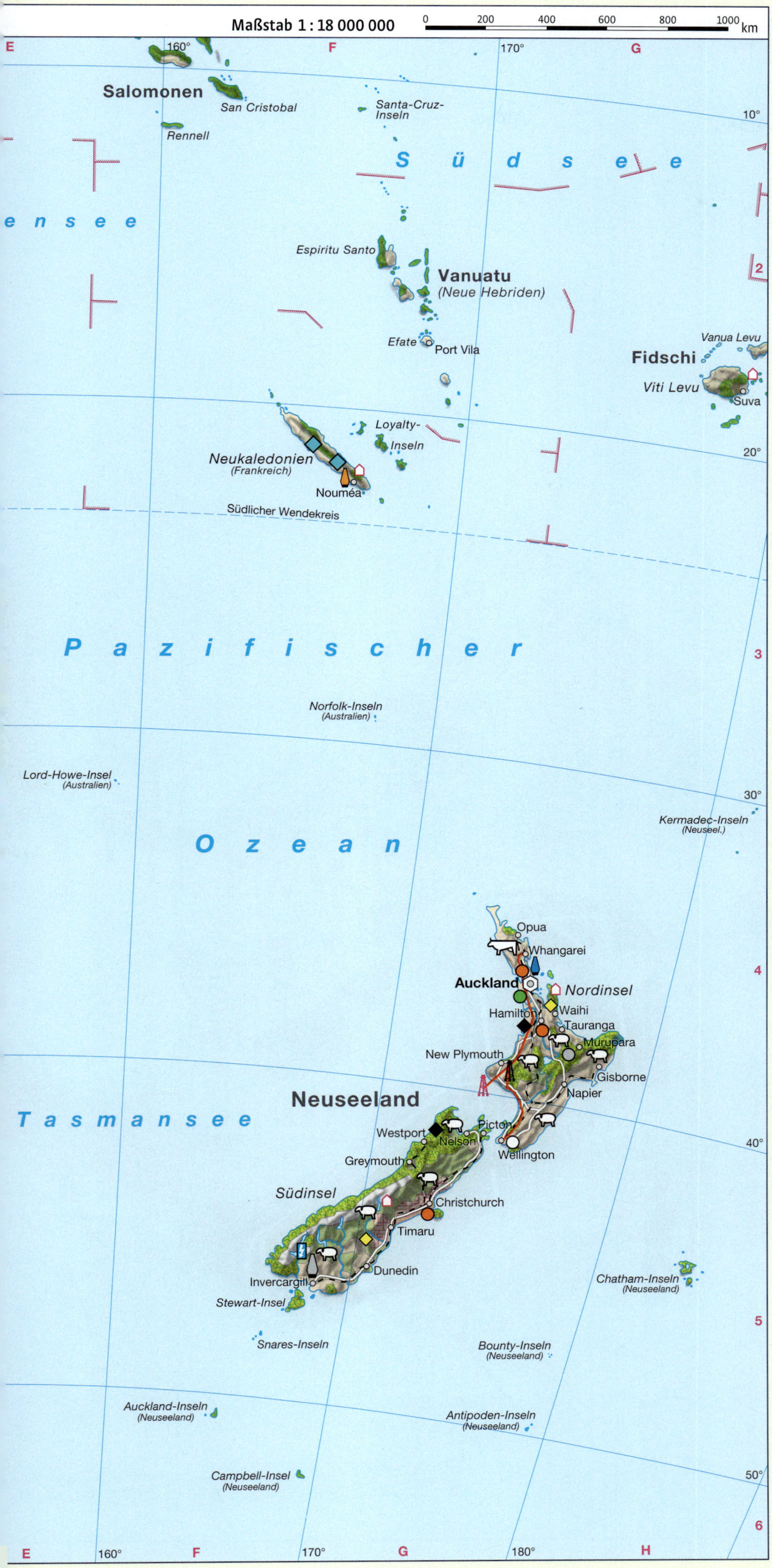

2 Temperaturen im Januar

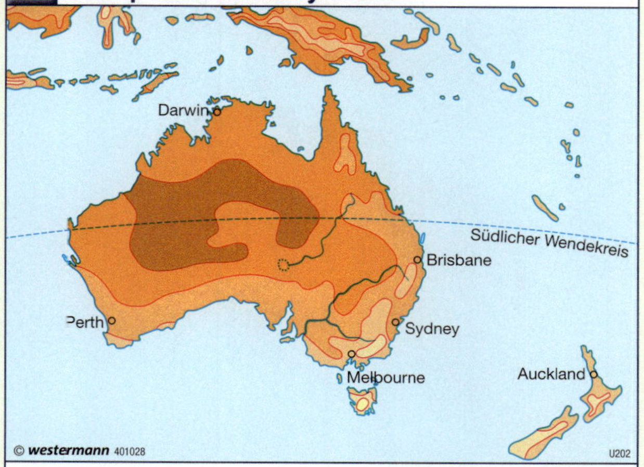

(Monatsmittel in Grad Celsius) **Maßstab 1 : 84 000 000**

5° 10° 15° 20° 25° 30° Celsius

3 Temperaturen im Juli

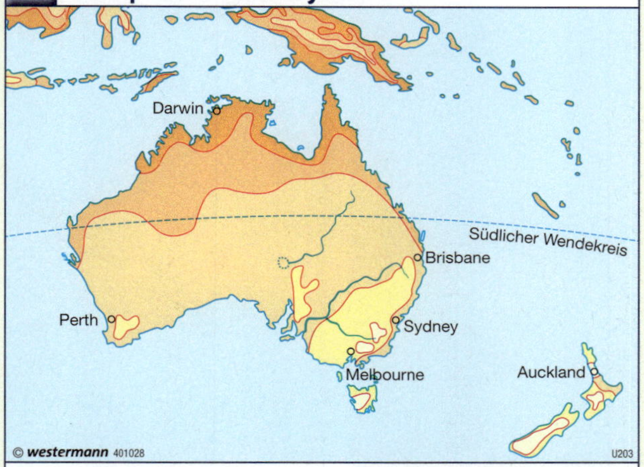

(Monatsmittel in Grad Celsius) **Maßstab 1 : 84 000 000**

5° 10° 15° 20° 25° Celsius

4 Niederschläge im Jahr

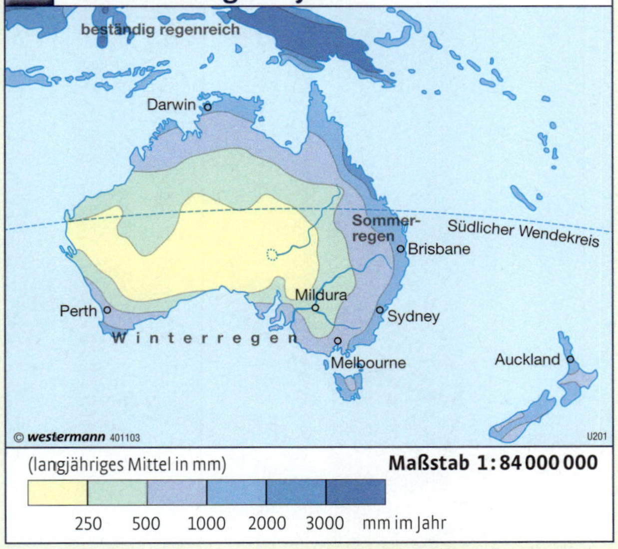

(langjähriges Mittel in mm) **Maßstab 1 : 84 000 000**

250 500 1000 2000 3000 mm im Jahr

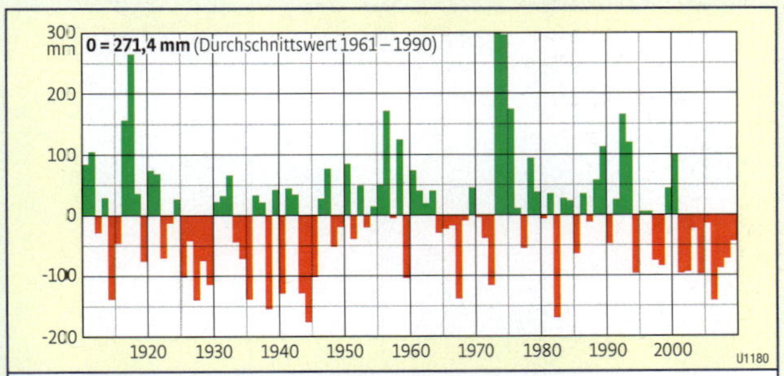

Mildura am Murray (Victoria) – Niederschlagsvariabilität

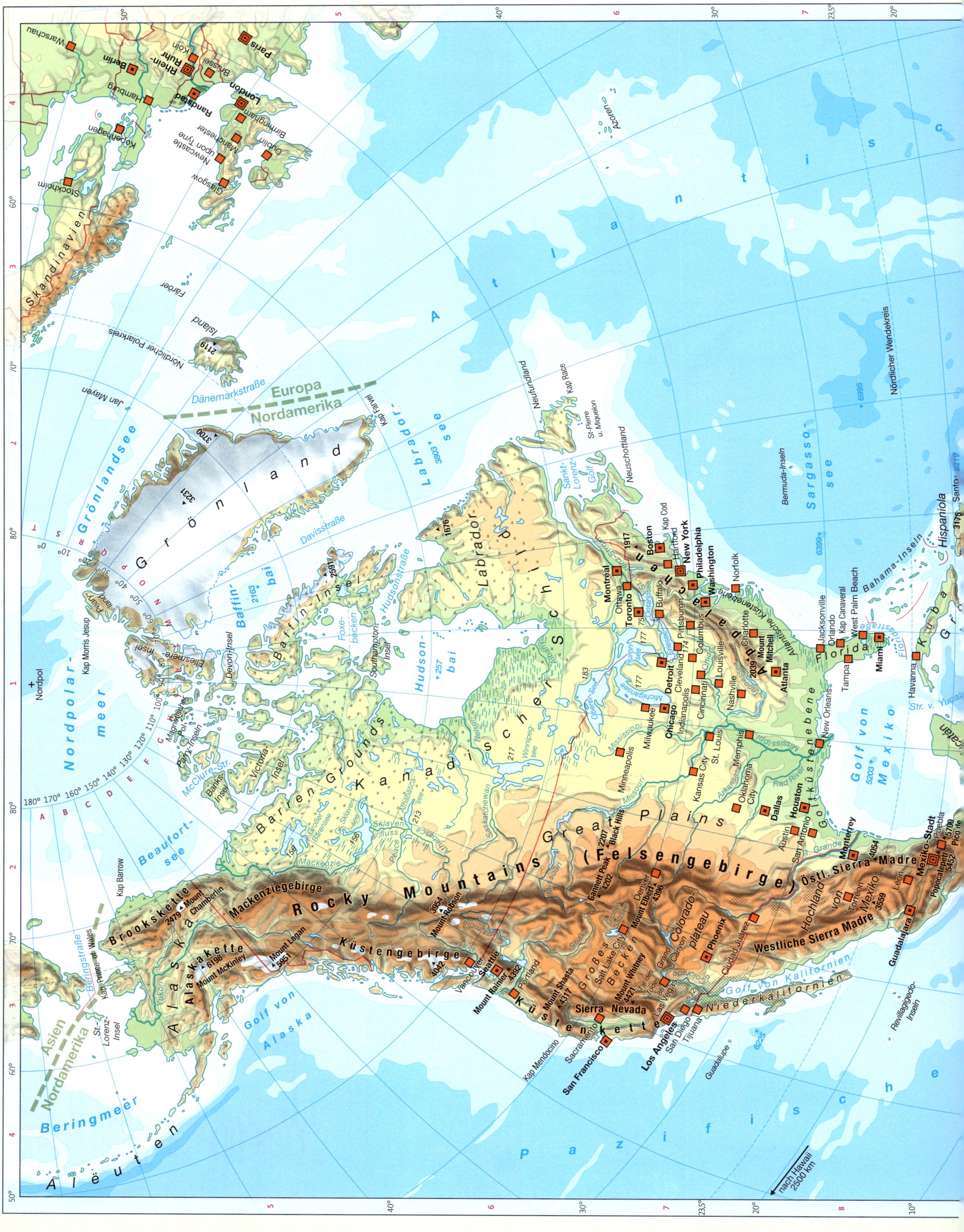
Europa
Nordamerika
Asien
Nordamerika
Grönland
Grönlandsee
Nordpolarmeer
Nordpol
Dänemarkstraße
Island
Färöer
Skandinavien
Stockholm
Kopenhagen
Hamburg
Berlin
Warschau
Rhein-Ruhr
Randstad
London
Paris
Brüssel
Köln
Birmingham
Manchester
Dublin
Newcastle upon Tyne
Glasgow
Azoren
Nördlicher Polarkreis
Jan Mayen
Kap Farvel
Kap Morris Jesup
Baffin-Insel
Baffinbai
Davisstraße
Ellesmere-Insel
Devon-Insel
Victoria-Insel
Banks-Insel
Parry-Inseln
Southampton-Insel
Foxebecken
Hudsonstraße
Hudsonbai
Labrador
Labradorsee
Neufundland
Kap Race
St-Pierre u. Miquelon
Sankt-Lorenz-Golf
Neuschottland
Kap Cod
Boston
Hartford
New York
Philadelphia
Washington
Norfolk
Montreal
Ottawa
Toronto
Buffalo
Pittsburgh
Cleveland
Detroit
Columbus
Cincinnati
Louisville
Nashville
Charlotte
Atlanta
Mount Mitchell
Indianapolis
Chicago
Milwaukee
Minneapolis
St. Louis
Memphis
Kansas City
Oklahoma City
Dallas
Houston
Austin
San Antonio
New Orleans
Jacksonville
Orlando
Kap Canaveral
West Palm Beach
Tampa
Miami
Florida
Bahama-Inseln
Kuba
Havanna
Hispaniola
Bermuda-Inseln
Sargassosee
Nördlicher Wendekreis
Golf von Mexiko
Kanadischer Schild
Barren Grounds
Great Plains
Rocky Mountains
(Felsengebirge)
Black Hills
Gannett Peak
Denver
Mount Elbert
Coloradoplateau
Phoenix
Ciudad Juárez
Großes Becken
Salt Lake City
Mount Whitney
Las Vegas
Los Angeles
San Diego
Tijuana
San Francisco
Sacramento
Sierra Nevada
Mount Shasta
Küstenkette
Kap Mendocino
Portland
Seattle
Mount Rainier
Vancouver
Küstengebirge
Mount Robson
Mackenziegebirge
Mount Logan
Mount McKinley
Alaskakette
Alaska
Brookskette
Mount Chamberlin
Kap Barrow
Beaufortsee
Beringstraße
Kap Prince of Wales
St.-Lorenz-Insel
Beringmeer
Aleuten
Golf von Alaska
Niederkalifornien
Golf von Kalifornien
Guadalupe
Revillagigedo-Inseln
Westliche Sierra Madre
Östl. Sierra Madre
Hochland von Mexiko
Monterrey
Torreón
León
Guadalajara
Mexiko-Stadt
Puebla
Popocatépetl
Golfküstenebene
Atlantische Küstenebene
Appalachen
Mississippi
Missouri
Red River
Arkansas
Rio Grande
Nelson
Saskatchewan
Athabasca
Peace
Mackenzie
Yukon
Oberer See
Michigansee
Huronsee
Eriesee
Ontariosee
Winnipegsee
Großer Bärensee
Großer Sklavensee
Atlantischer Ozean
Pazifischer Ozean
nach Hawaii 2500 km

Maßstab 1 : 36 000 000
1 cm ≙ 360 km

0 500 1000 1500 2000 2500 km

1 Amerika – politische Übersicht

Maßstab 1 : 36 000 000 (0 200 400 600 800 1000 km)

Gründung eines Staates

- **1981** Jahr der Staatsgründung
- Hauptstadt
- Staatsgrenze
- Innerstaatliche Grenze (Bundesstaat, Provinz) weiterer Staat mit Bundesstaaten: Mexiko, Venezuela

Vereinigte Staaten von Amerika (USA)

Aufnahme der 50 Einzelstaaten in den Bund

- **Virginia** vor 1790 (13 Neuenglandstaaten)
- **Maine** bis zum Bürgerkrieg 1861
- **Idaho** zwischen 1862 und 1912
- **Hawaii** nach 1912
- Indianerreservat

Geschichtliche Entwicklung

- spanisch-portugiesische Interessengrenze 1494 (45°45' westl. Länge)
- spanische Nordgrenze um 1750
- französisches Gebiet (Louisiana) um 1750, östlich und nördlich dieser Linie englisches Gebiet

Herkunft der Bevölkerung

Gruppen mit einem Bevölkerungsanteil von über 10%

- Indigene Völker (Indianer, Inuit)
- aus Europa (Weiße)
- aus Afrika (Afroamerikaner)
- aus Asien (Asiaten)
- Mischlinge (Mestizen, Kreolen)
- verschiedene Gruppen mit einem Bevölkerungsanteil von jeweils unter 10%

Gesamtbevölkerung eines Staates

unter 1 Mio | 1 – 15 Mio. | 15 – 35 Mio.

Größere Kreisdurchmesser: 1 mm² ≙ 250 000 Einwohner (Einwohnerzahlen der Staaten siehe Seite 208/209)

Bevölkerung (in Millionen)

	1950	1960	1970	1980	1990	2000	2010
Nordamerika	172	204	231	254	283	319	352
Mittel- und Südamerika	167	220	286	363	442	521	594

Bevölkerungswachstum 2000 – 2010 (in %)

Afrika	26,1
Australien/Ozeanien	15,0
Mittel- u. Südamerika	12,9
Asien	12,7
Nordamerika	10,4

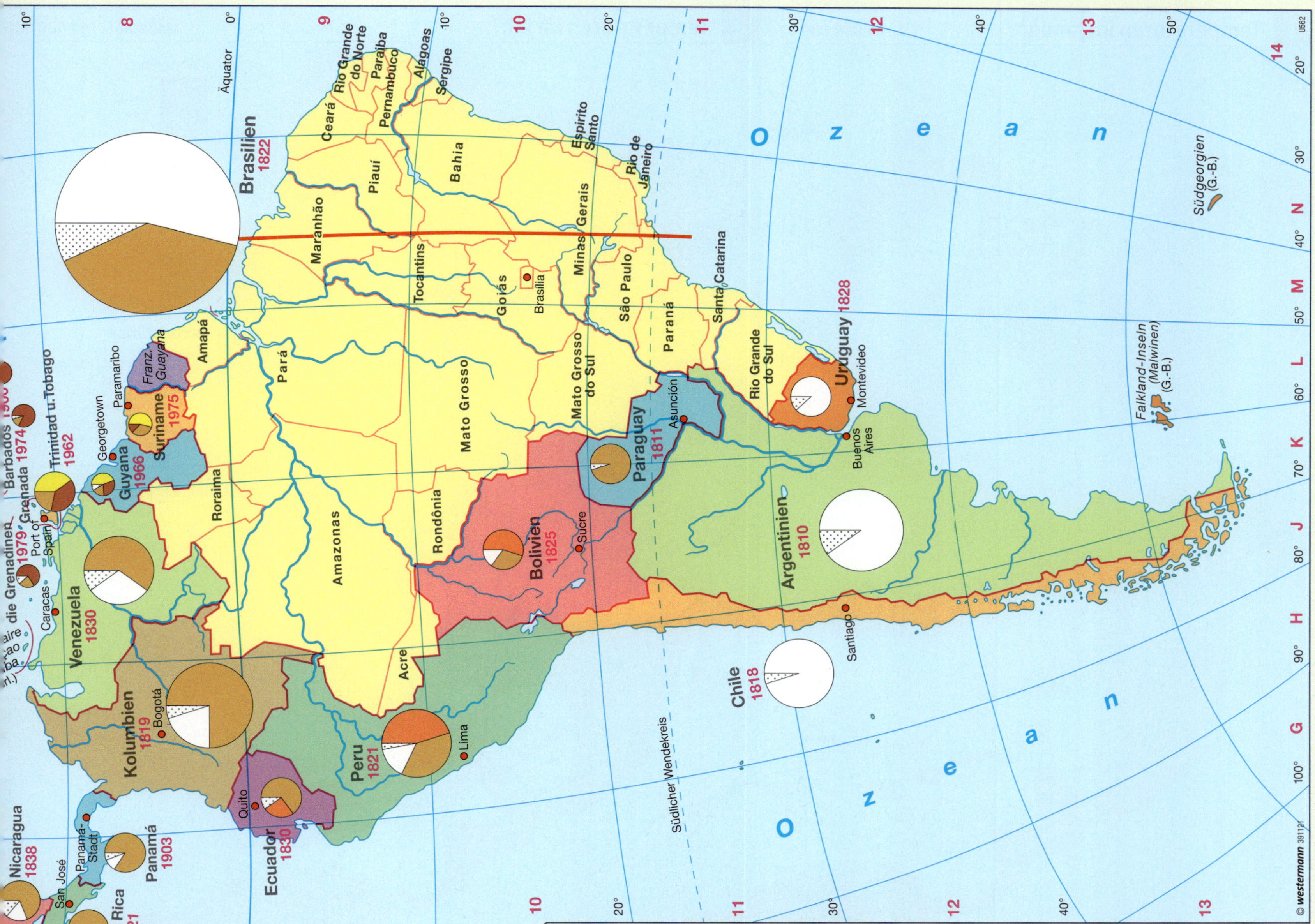

2 Bevölkerungsdichte 1 : 80 000 000

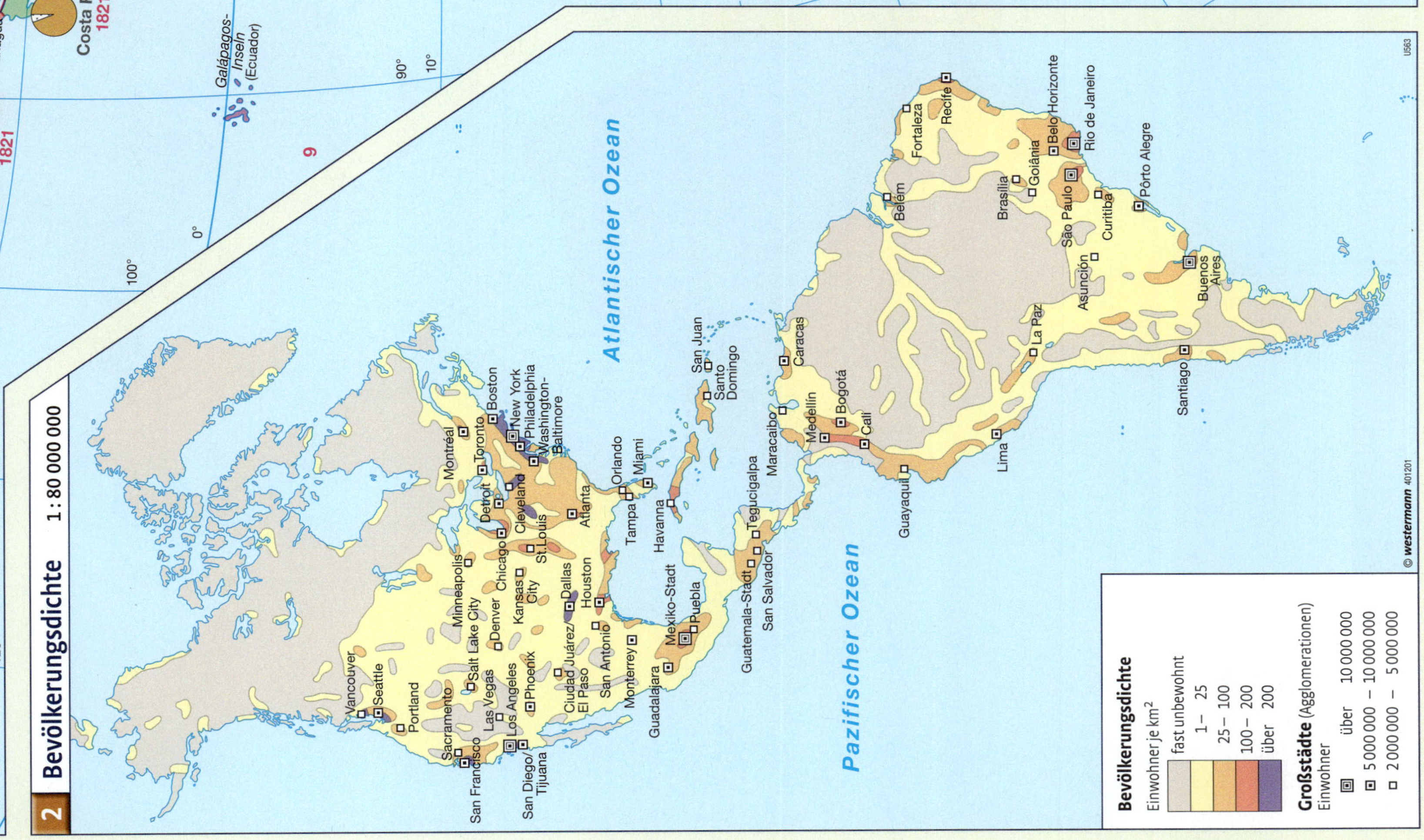

1 Temperaturen im Januar

1 : 64 000 000

2 Temperaturen im Juli

Maßstab 1 : 64 000 000

3 Niederschläge im Jahr
1 : 64 000 000

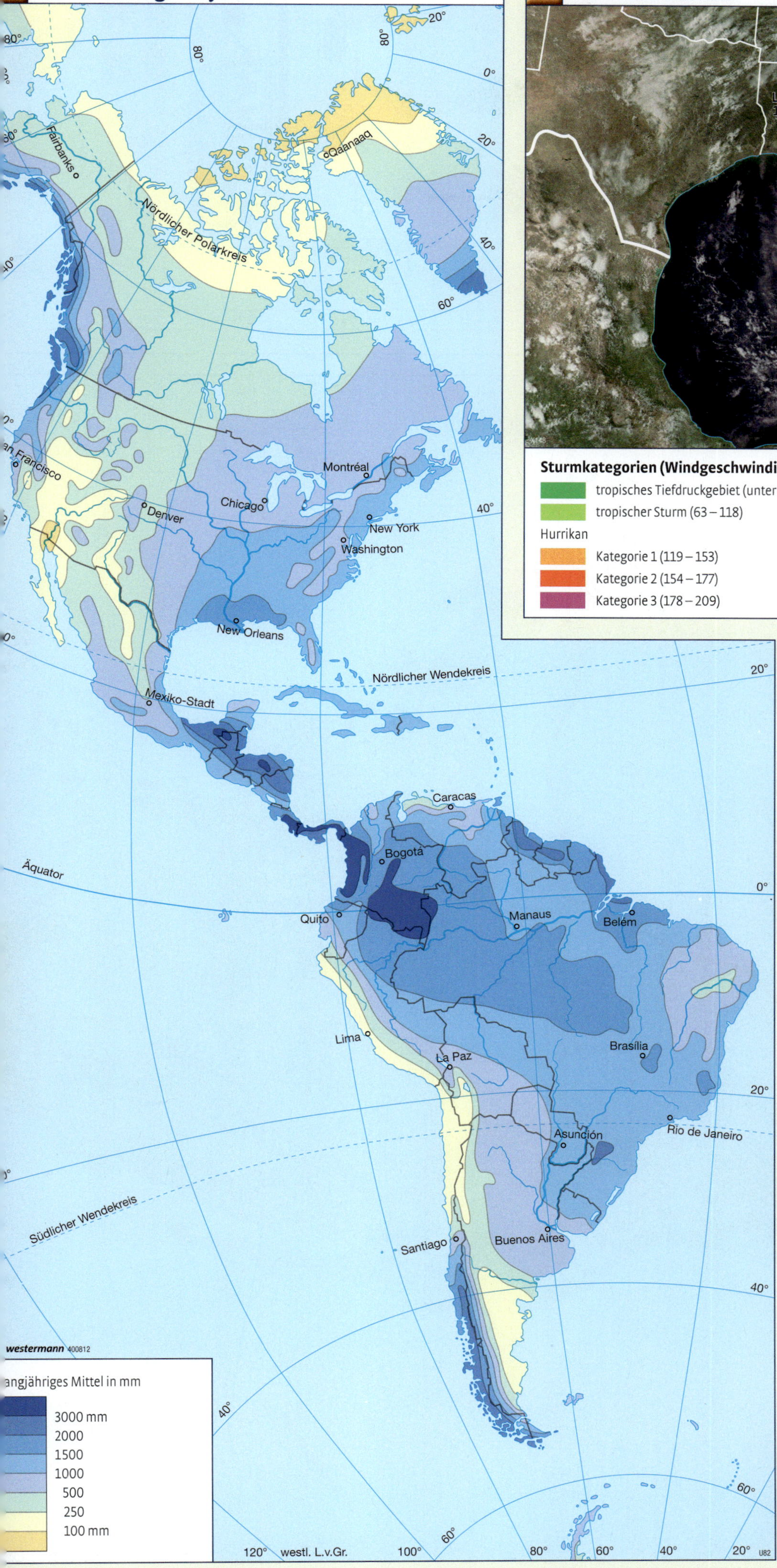

4 Hurrikan Katrina
Maßstab 1 : 24 000 000

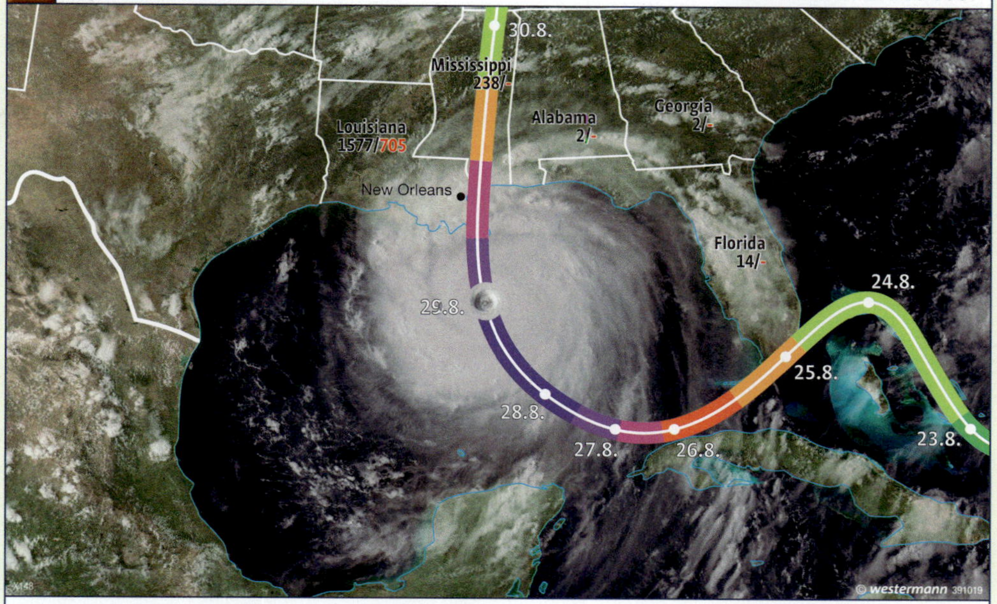

Sturmkategorien (Windgeschwindigkeit in km/h)

- tropisches Tiefdruckgebiet (unter 63)
- tropischer Sturm (63 – 118)

Hurrikan
- Kategorie 1 (119 – 153)
- Kategorie 2 (154 – 177)
- Kategorie 3 (178 – 209)
- Kategorie 4 (210 – 249)
- Kategorie 5 (über 250)

Zugbahn des Hurrikans Ende August 2005

27.8. Lage des Hurrikans um 0 Uhr Greenwichzeit

1577/705 Tote/Vermisste in den Bundesstaaten

5 Entstehung eines Hurrikans

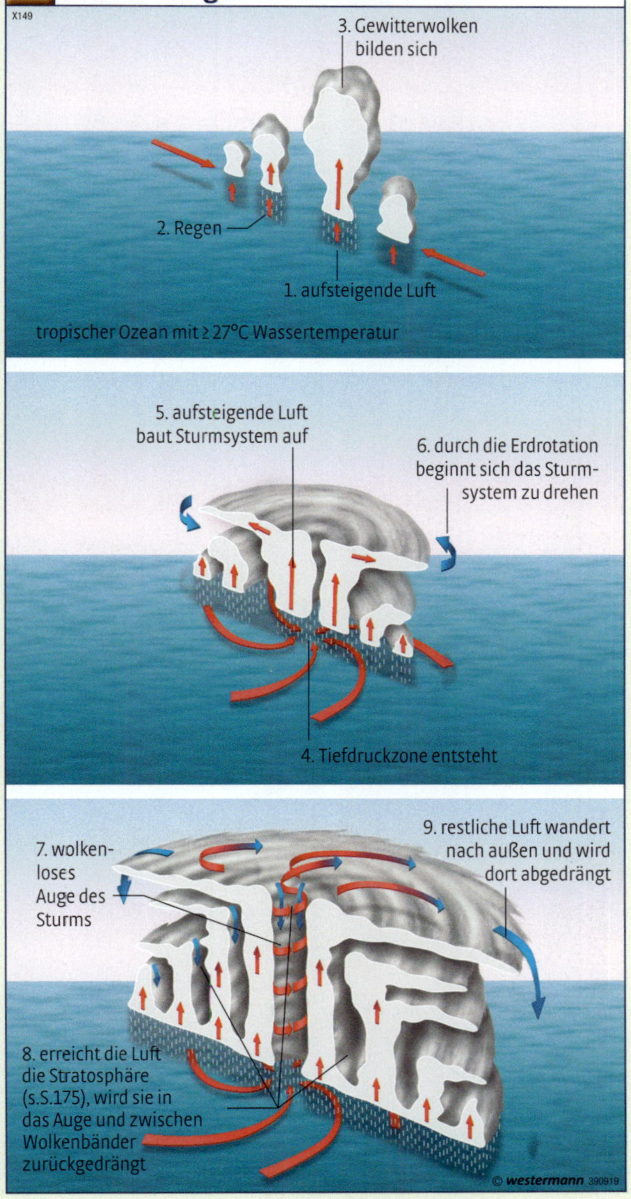

1 Amerika – Landwirtschaft

Maßstab 1 : 36 000 000 (0 – 200 – 400 – 600 – 800 – 1000 km)

Waldlandschaften
- nördlicher Nadelwald
- sommergrüner Laub- und Mischwald, Gebirgsnadelwald
- Feuchtwald
- Monsun- und Regenwald

offene Landschaften
- Tundra
- Steppe und Hochgebirgsgrasland
- Trocken- und Dornstrauchsavanne
- Halbwüste und Wüste
- Fels- und Gletscherregion

Kulturland
- Ackerbau
- Bewässerungsland
- Weide, z.T. Wiese

- nördliche und südliche Anbaugrenze von Getreide
- Staatsgrenze

Nutzpflanzen
- Weizen
- Reis
- Mais
- Sojabohnen
- Erdnüsse
- Sonnenblumen
- Zuckerrüben
- Zuckerrohr
- Bananen
- Zitrusfrüchte
- Baumwolle
- Kautschuk
- Tabak
- Kaffee
- Kakao
- Tee
- Wein

Viehhaltung
- Rinder
- Schweine
- Schafe
- Ziegen

1 großes Zeichen = 20 Mio. Stück
1 kleines Zeichen = 5 Mio. Stück

2 Der Weg von Bananen

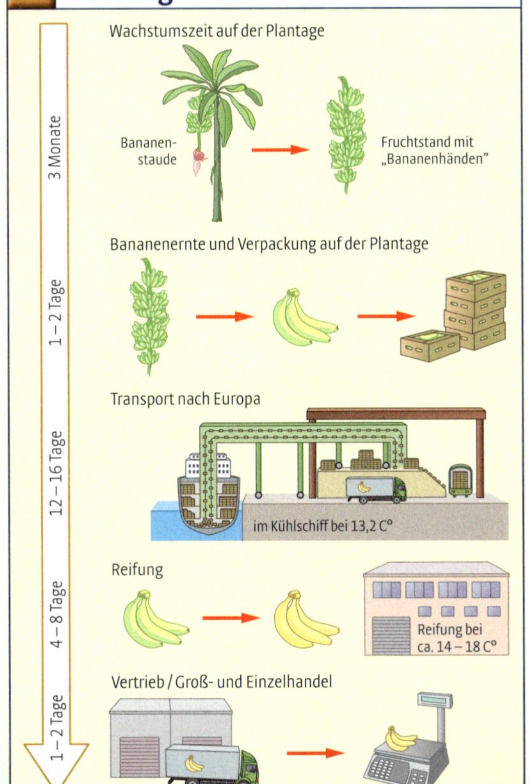

3 Mittelamerika – Bananenanbau

Maßstab 1 : 16 000 000

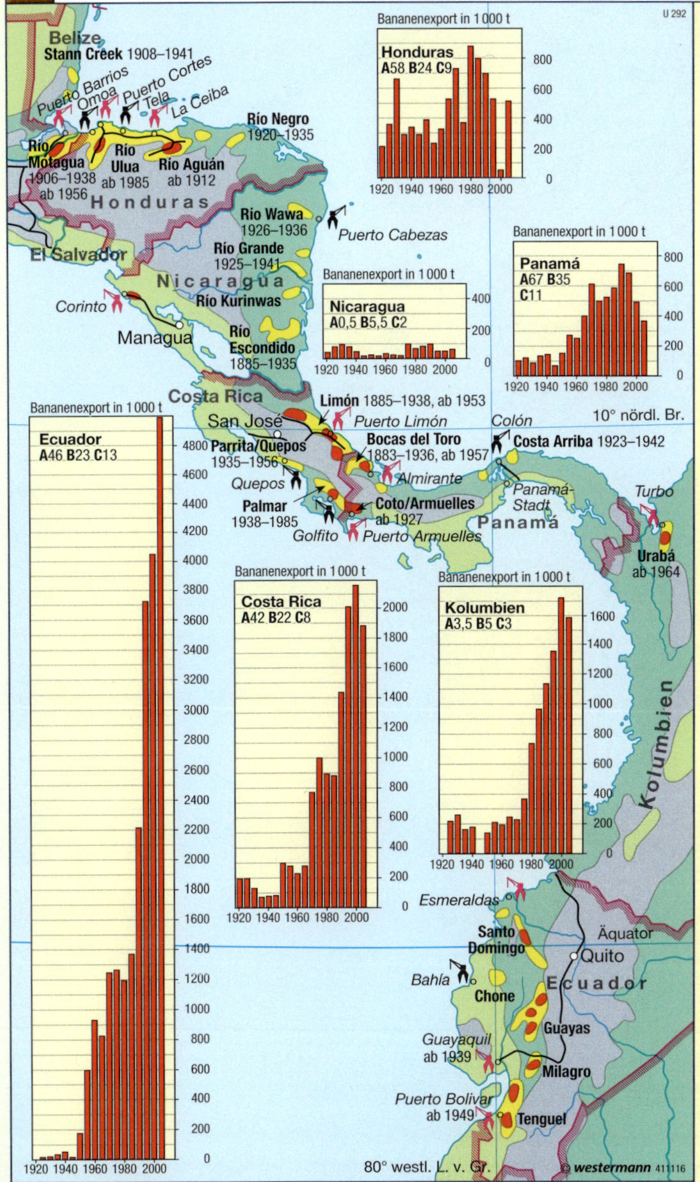

regenreiches, heißes Tiefland

wechselfeuchtes, heißes Tiefland

höhere, kühlere Region

Bananenanbau (Plantagengebiete)

ehemaliges Anbaugebiet

heutiges Anbaugebiet

1885–1935 Produktionsperiode

Bananenexporthafen in Betrieb / aufgegeben

Transportbahn (z. T. stillgelegt)

Diagramme: Anteil der Bananenausfuhr am Exporterlös eines Staates in Prozent: **A** 1950–1959 **B** 1992–1996 **C** 2002–2006

Klimaanspruch der Bananen
eingetragen in ein Klimadiagramm aus den Tropen

Niederschlagsanspruch von Bananen (Minimum)

Temperaturanspruch von Bananen (Durchschnitt)

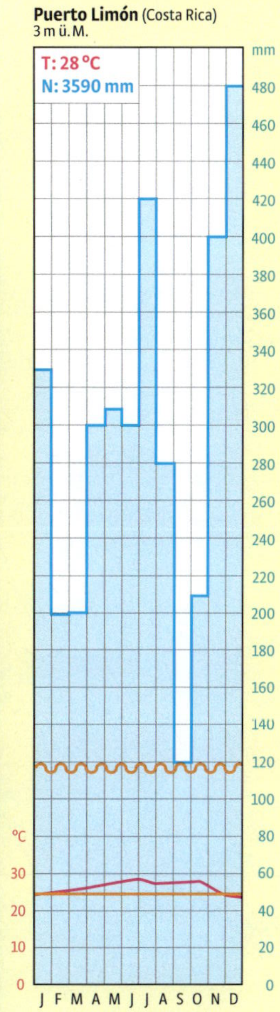

Temperaturen im Monatsmittel

Niederschläge im Monat insgesamt

T: 28 °C Jahresdurchschnittstemperatur

N: 3590 mm Jahressumme Niederschlag

3 m ü. M. Höhenangabe in Meter über dem Meeresspiegel

1 Amerika – Wirtschaft (Übersicht)

Maßstab 1 : 36 000 000

Bergbau
Energierohstoffe
- Erdöl
- Erdgas
- Steinkohle
- Uran

Metalle
- Eisen
- Stahlveredler (Chrom, Mangan, Kobalt, Nickel)
- Kupfer
- Zinn
- Blei/Zink
- Bauxit (Aluminiumrohstoff)

Edelmetalle
- Gold
- Silber
- Platin
- Phosphat
- Diamanten

Industrie
- Eisen- und Stahlerzeugung
- Buntmetall- und Aluminiumverhüttung
- Eisen- und Metallverarbeitung, Maschinenbau
- Schiffbau
- Elektroindustrie, Optik
- Chemie, Kunststoffe
- Erdölraffinerie
- Textilien, Bekleidung, Leder
- Holz, Papier
- Nahrungsmittel
- Fischfang, Fischverarbeitung

Dienstleistungszentrum
- mit internationaler Bedeutung
- mit überregionaler Bedeutung
- mit regionaler Bedeutung
- Tourismusregion

Transport und Verkehr
- Erdölleitung
- Erdgasleitung
- Eisenbahn

Grenzen
- Staatsgrenze

2 Panamakanal – Verbindung der Weltmeere

Maßstab 1 : 600 000

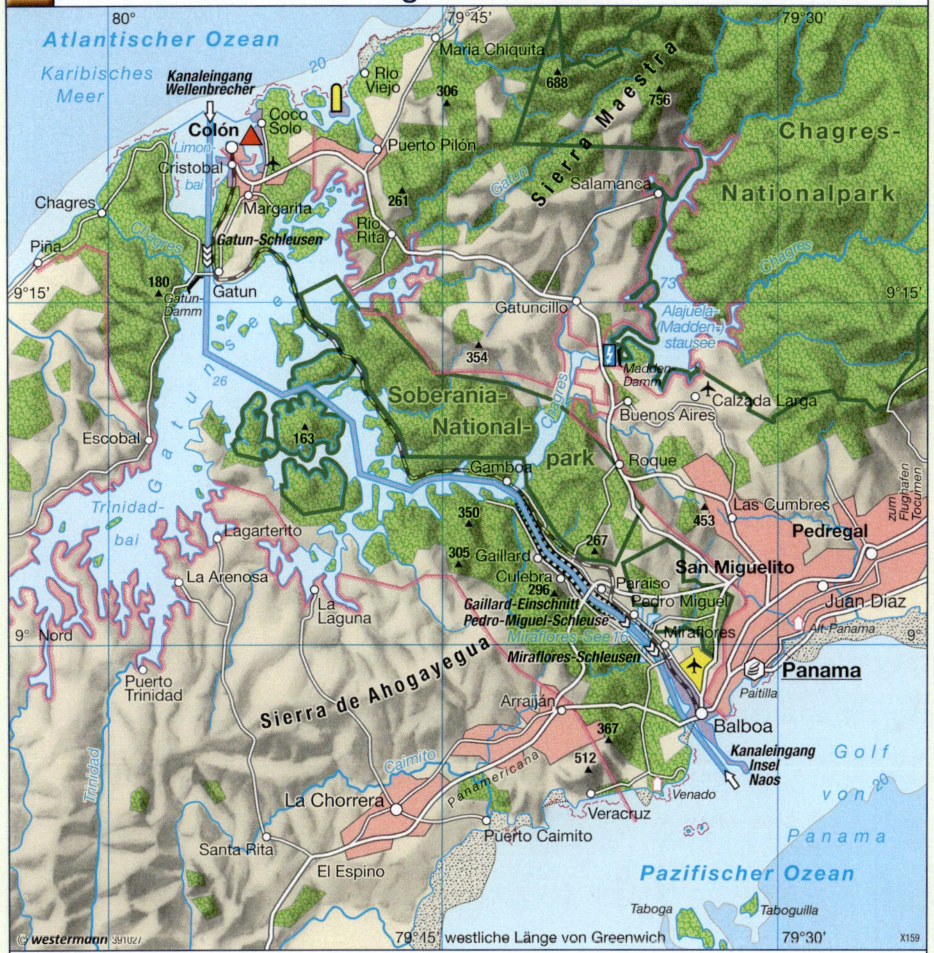

Siedlungsfläche	
Hafenanlagen, z. T. Militäreinrichtungen	
vorwiegend Ackerbau	
Tropischer Regenwald	
Watt	
Korallenriff	

Kanalzone

- Kanaleinschnitt
- Schleuse
- Grenze der Kanalzone

Die zwischen 1903 und 1979 von den USA kontrollierte Kanalzone wurde 1999 ganz an Panama zurückgegeben.

- Staudamm
- Wasserkraftwerk
- Erdölraffinerie
- Freihandelszone
- Finanzzentrum
- Tourismusort
- Nationalpark

Profil entlang des Panamakanals

Längenmaßstab 1 : 800 000
Höhen sind 100fach überhöht

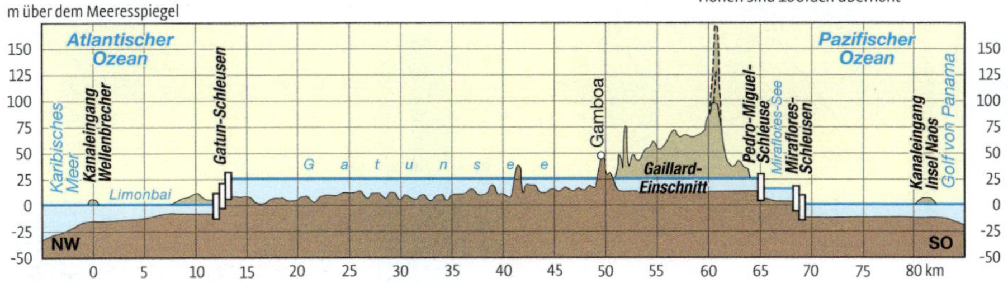

Nordamerika (nördlicher Teil) – physisch

Maßstab 1 : 18 000 000
1 cm ≙ 180 km
0 200 400 600 km

Nord- und Mittelamerika – physisch

Landhöhen und Meerestiefen (in Meter)

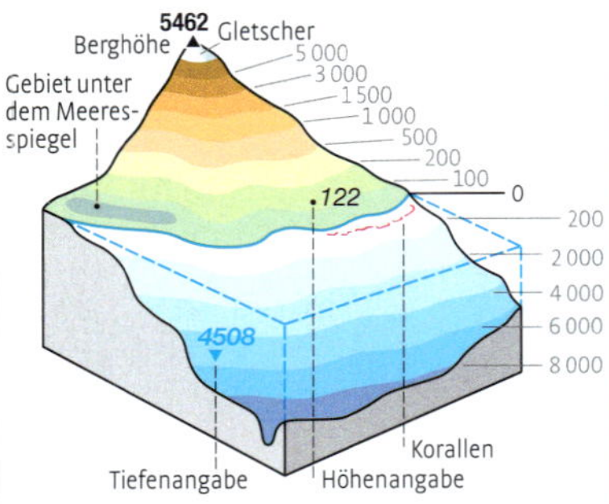

Gewässer

- Fluss
- schiffbarer Fluss
- Stromschnelle, Wasserfall
- Kanal, bedingt schiffbar
- schiffbarer Kanal
- Wasserleitung
- See
- Salzsee
- Stausee, Staumauer
- Sumpf, Moor

Orte

Einwohner

- über 5 000 000
- 1 000 000 – 5 000 000
- 500 000 – 1 000 000
- 100 000 – 500 000
- 20 000 – 100 000
- unter 20 000
- Ruinenstätte, geschichtlich bedeutsamer Ort

Verkehr

- Eisenbahn
- Panamerican Highway
- Fernstraße
- Pass

Verwaltung

- Staatsgrenze
- Grenze eines Bundesstaates in den USA oder einer Provinz in Kanada
- Nationalparkgrenze
- **Nassau** Hauptstadt eines Staates
- **Salem** Hauptstadt eines Bundesstaates in den USA oder einer Provinz in Kanada

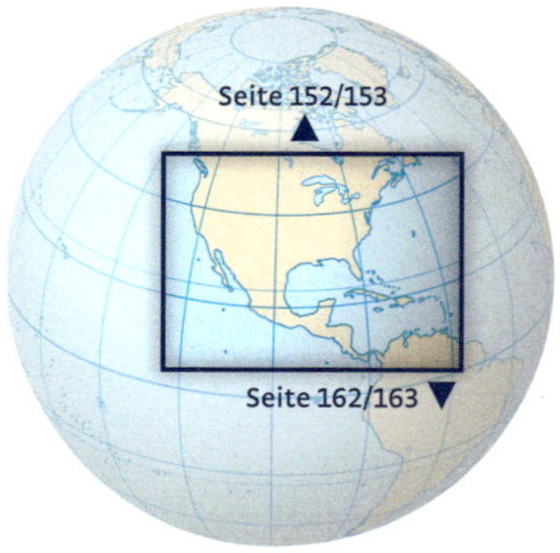

Höhenprofil durch die Vereinigten Staaten

Längenmaßstab 1 : 18 000 000 Höhenmaßstab 1 : 180 000 (100-fach überhöht)

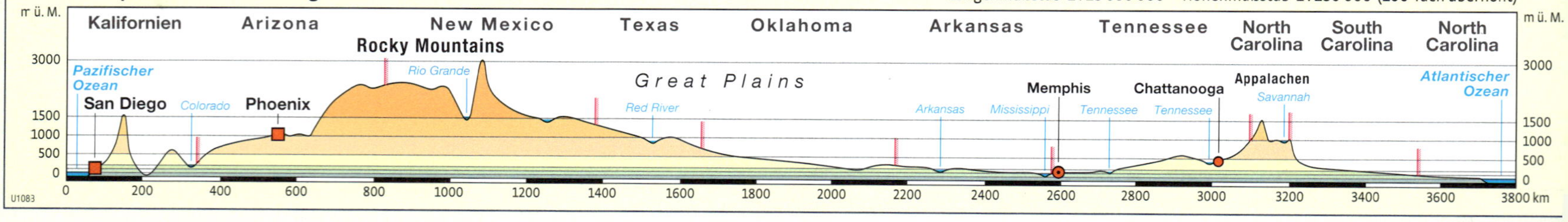

Maßstab 1 : 18 000 000
1 cm ≙ 180 km
0 200 400 600 800 1000 km

www.heimatundwelt.de
HW-156

1 USA – Wirtschaft

Bodenbedeckung
- Tundra
- nördlicher Nadelwald
- sommergrüner Laub- und Mischwald, Gebirgsnadelwald
- Steppe, z. T. Halbwüste
- Wüste
- Sumpf
- Mangrove

Bodennutzung

Ackerbau
- auf ärmeren Böden
- auf guten Böden (Löss)
- Bewässerungsland
- Wiese, z. T. Weide
- Prärie / extensive Weide

Hauptanbaufrüchte
- Weizen
- Mais
- Reis
- Sojabohnen
- Erdnüsse
- Sonnenblumen
- Baumwolle
- Zuckerrohr
- Zuckerrüben
- Zitrusfrüchte
- Tabak
- Wein

Bergbau
- Eisen
- Stahlveredler (Chrom, Kobalt, Molybdän, Nickel)
- Blei, Zink
- Kupfer
- Steinkohle
- Braunkohle
- Erdöl
- Erdgas
- Uran
- Gold
- Silber
- Platin
- Pottasche
- Steinsalz

Stromerzeugung
- Wasserkraftwerk
- Wärmekraftwerk
- Kernkraftwerk
- Geothermiekraftwerk

Industrie
- Eisen- und Stahlerzeugung
- Buntmetallverhüttung
- Aluminiumverhüttung
- Metallindustrie
- Maschinenbau
- Schiffbau
- Kraftfahrzeugbau
- Luft- und Raumfahrttechnik
- Elektroindustrie, Elektronik (Hightech), Optik
- Chemie, Kunststoffe
- Biotechnologie, Pharmazie
- Erdölraffinerie
- Atomindustrie

Industrieregionen

- traditionelle Industrieregion (starkes Wachstum ca. 1870 – 1970)
- junge Industrieregion (starkes Wachstum ca. seit 1970)
- führender Hightech-Standort
- Manufacturing Belt
- Sunbelt
- Cascadia
- Staatsgrenze
- Bundesstaatengrenze

1 Ballungsraum BosWash – Bevölkerungsdichte

Maßstab 1 : 5 000 000 (0 50 100 150 km)

Bevölkerungsdichte
Einwohner je km²

- 1 – 50
- 50 – 100
- 100 – 250
- 250 – 500
- 500 – 1 000
- über 1 000
- Kleinstädte und Dörfer

Verwaltung

- Staatsgrenze
- Bundesstaatengrenze
- US-Stadtregion (Metropolitan Statistical Area) mit mehr als 1 Mio. Einwohnern
- US-Stadtregion mit weniger als 1 Mio. Einwohnern

Mit „BosWash Region" wird das Städteband zwischen Washington im Südwesten und Boston im Nordosten bezeichnet. Es erstreckt sich über mehr als 700 km und hat ca. 45 Mio. Einwohner (15 % der US-Bevölkerung).

2 New York – Bevölkerungsdichte

Maßstab 1 : 500 000

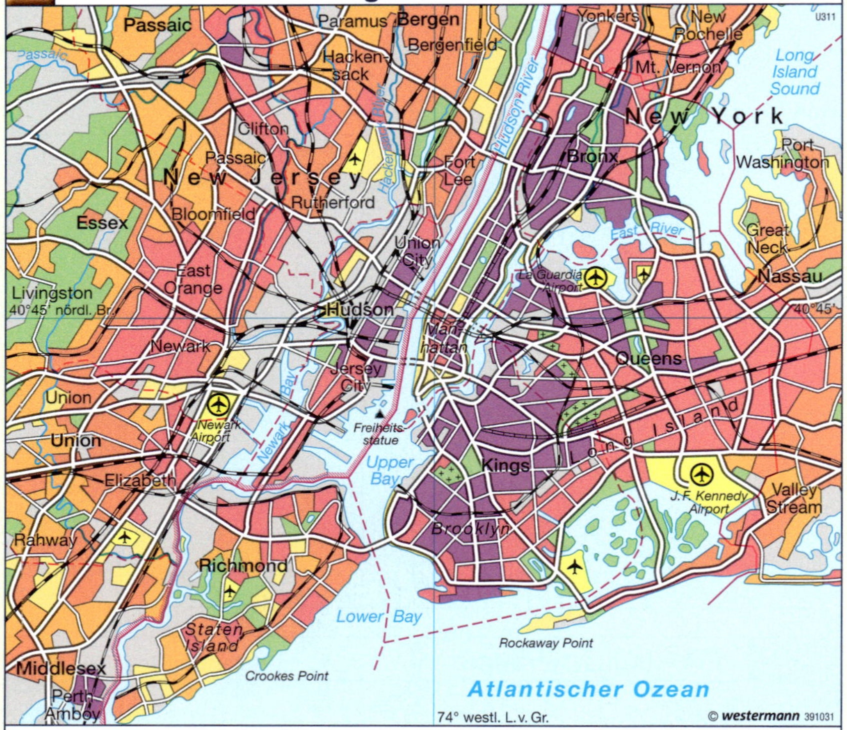

Wohngebiete

- über 15 000
- 5 000 – 15 000
- 2 500 – 5 000
- 1 000 – 2 500
- unter 1 000 Einw./km²
- Industriegebiet, sonstige Flächen
- Grünanlage, Wald
- Bundesstaatengrenze
- Stadtgrenze New York City
- Stadtteil- und Countygrenze
- Kings – Countryname
- *Manhattan* – Stadtteilname
- Newark – Stadtname

Vorort (Suburb) mit unter 2 500 Einwohner/km²

Innerstädt. Wohngebiet mit bis zu 15 000 Einw./km²

3 New York – kulturgeprägte Wohngebiete

Maßstab 1 : 200 000

Bevölkerungsanteil (über 25 Prozent)

- Hispanics / Latinos
- Asiaten
- Afroamerikaner
- Gebiete mit älteren Häusern (vor 1900 erbaut)

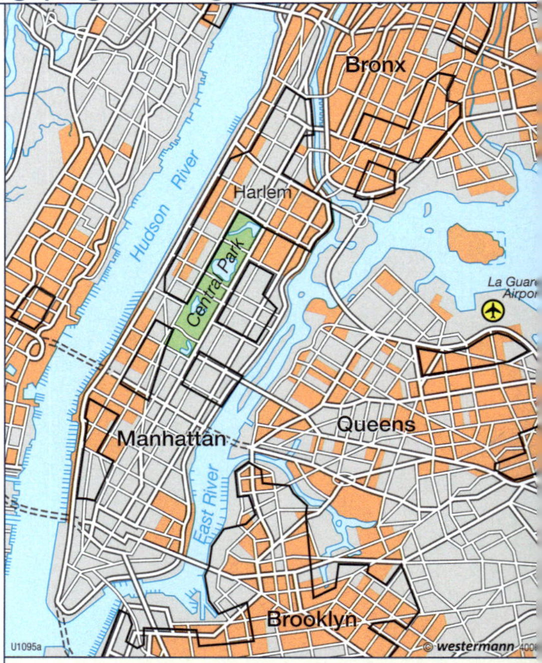

Bevölkerungsgruppen von New York City 2008
(Einwohner insgesamt: 8.308.163)

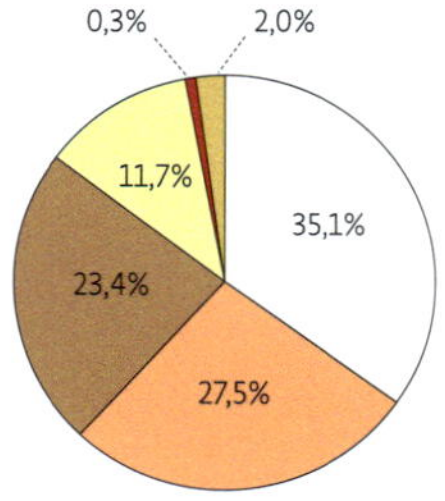

Bevölkerungsgruppen von New York City 1990
(Einwohner insgesamt: 7.322.564)

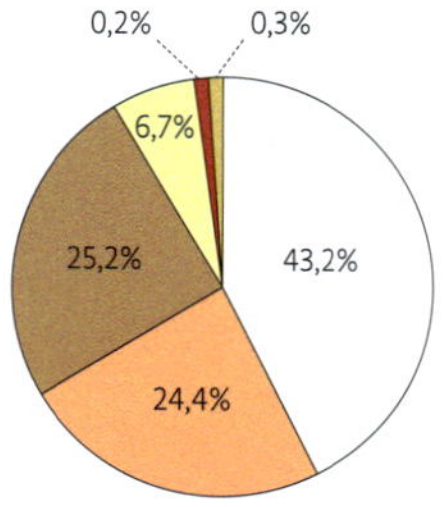

- Weiße
- Hispanics / Latinos
- Schwarze / Afroamerikaner
- Asiaten
- Indianer, Alaskaner, Pazifikinsulaner
- andere

4 M2 Manhattan – Gebäudehöhenmodell

5 New York – Manhattan

Maßstab 1 : 50 000 0 500 1000 1500 m

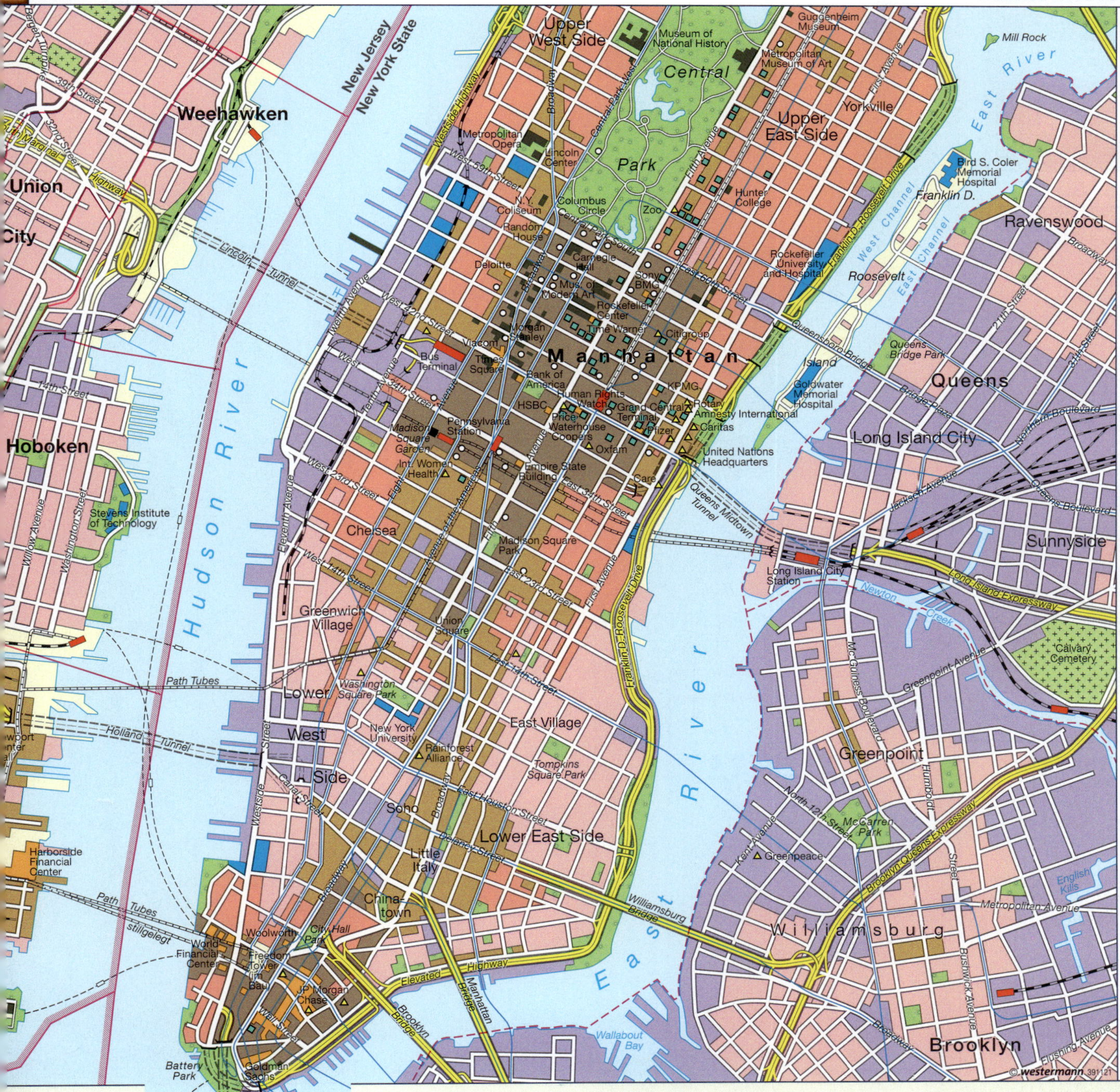

Flächennutzung
- Hauptgeschäftszentrum (Central Business District) Hochhausviertel – vorwiegend Verwaltung von Industrie und Handel, Geschäftsstraßen
- wichtiges Handelszentrum (Major Commercial Center) – vorwiegend Kaufhäuser und Geschäfte
- Finanzzentrum – Banken, Börsen und Versicherungen
- sehr hohe Wohndichte – vorwiegend Hochhäuser, sehr stark durchsetzt mit Geschäften sowie Büros privater und öffentlicher Institutionen
- Wohngebiete mit mehrgeschossigen Häusern alter und neuer Bauart, gemischt mit Geschäften und Büros
- Industrie, Gewerbe und Lagerhäuser, Großmärkte, Verkehrs- und Hafenflächen
- Universitätsgelände
- Parkanlage
- Friedhof
- Freifläche

Kultur und Tourismus
- Theater, Konzertsaal, Museum, Sportstätte
- Großhotel (Auswahl)

Vereinte Nationen
- diplomatische Vertretung
- internationale Nichtregierungsorganisation (NGO)

Verkehr und Verwaltung
- Straßentunnel
- Hauptbahn mit Bahnhof
- Neben- und Industriebahn
- Eisenbahntunnel
- Untergrundbahn
- Fähre
- Bundesstaatengrenze
- Stadtgrenze
- Stadtteilgrenze

1 M2 Kalifornisches Längstal – Panoramabild

Staumauer Lake Shasta

California Aquädukt

Grenze zwischen den USA und Mexiko bei Calexico

2 Wasserwirtschaft

Maßstab 1 : 6 000 000

Niederschläge im Jahr

über	2000 mm
1000 -	2000
500 -	1000
250 -	500
100 -	250
unter	100

Wasserbevorratung

Stausee mit Speicherkapazität
1 Kästchen = 500 Mio. m³

Wassertransport

Bewässerungskanal
Trinkwasser-Fernleitung
1913 Jahr der Fertigstellung

Wasserverbrauch

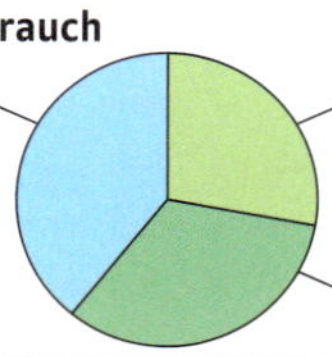

3 Kalifornien – Klima

U1163a

Klimadiagramme

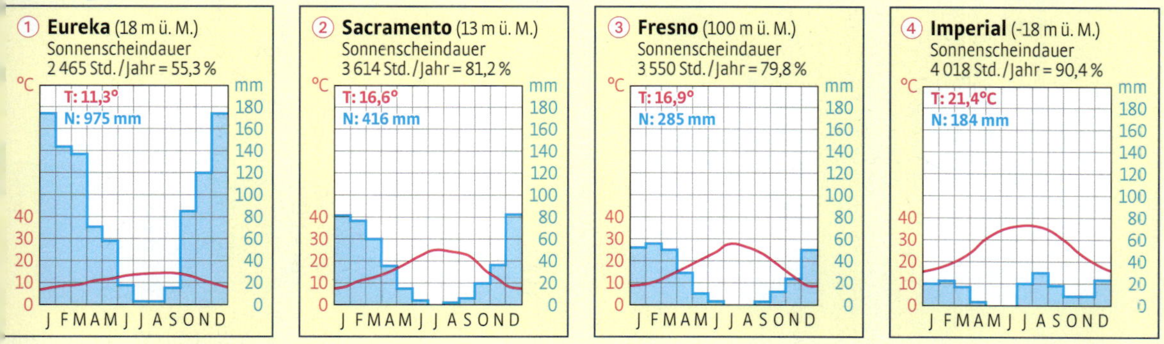

Sacramento River – Schwankungen des Oberflächenabflusses (in Mrd. m³)

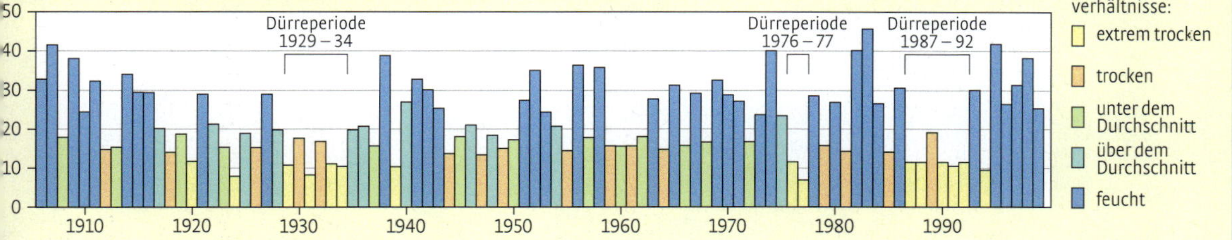

4 Landwirtschaftsexporte

Anteil der Exporte an der kalifornischen Landwirtschaft: 35,6 %

Anteil der kalifornischen Landwirtschaft an der US-Landwirtschaft: 11,3 %

Wichtigste Exportprodukte Kaliforniens (2008)

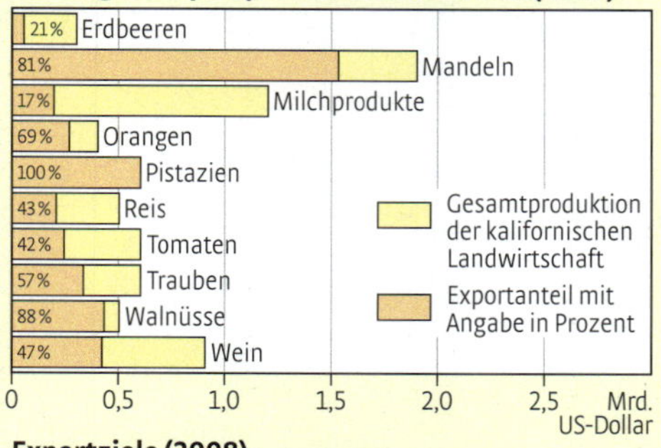

Exportziele (2008)

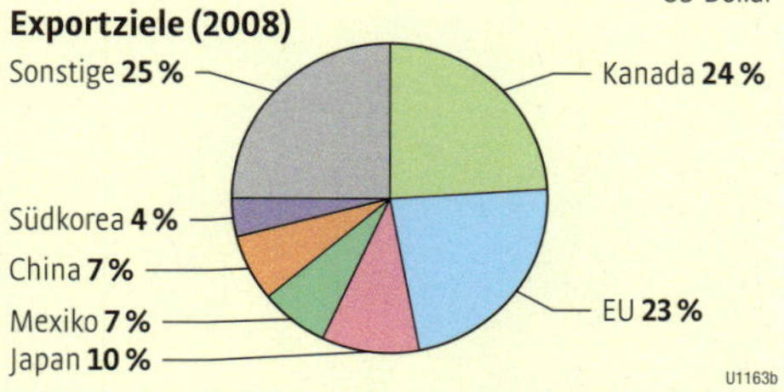

U1163b

5 Landwirtschaft

Maßstab 1 : 6 000 000

Salatfelder mit Furchenbewässerung

Apfelsinenplantage in Kalifornien

Baumwollplantage in Kalifornien

Bodenbedeckung
- Weide (Ranching)
- Wald, z. T. Weide
- Strauchsteppe
- Hartlaubgehölze
- Halbwüste, Wüste
- Nationalparkgrenze

Verkehr, Gewässer
- wichtige Autobahn
- Stausee
- Bewässerungskanal
- überregionaler Bewässerungskanal

Anbauarten
- Feldfrüchte auf Bewässerungsland (Weizen, Gerste, Mais, Alfalfa und Gemüse)
- Reis
- Baumwolle
- Wein
- Zitrusfrüchte
- Mandeln, Walnüsse
- Erdbeeren
- sonstiges Obst (Pfirsiche, Aprikosen, Pflaumen u. a.)
- Tomaten
- Kopfsalat

© westermann40
Atlantischer
Ozean
Karibisches Meer
Antillen
Kleine Antillen
Inseln über dem Winde
Inseln unter dem Winde
Kuba
Jamaika
Kingston
Haiti
Port-au-Prince
Dominikanische Republik
Santo Domingo
Puerto Rico (USA)
San Juan
Antigua und Barbuda
Saint John's
Dominica
Roseau
Saint Lucia
Castries
Barbados
Bridgetown
Saint Vincent und die Grenadinen
Kingstown
Grenada
Saint George's
Trinidad und Tobago
Port of Spain
Niederländische Antillen
Willemstad
Panama
Panamá-Stadt
Kolumbien
Bogotá
Medellín
Cali
Barranquilla
Cartagena
Venezuela
Caracas
Maracaibo
Ciudad Guayana
Ciudad Bolívar
Bergland von Guayana
Guyana
Georgetown
Suriname
Paramaribo
Franz.-Guayana
Cayenne
Ecuador
Quito
Guayaquil
Chimborazo 6310
Peru
Lima
Callao
Iquitos
Cuzco
Arequipa
Bolivien
La Paz
Brasilien
Amazonas
Manaus
Belém
Santarém
São Luís
Fortaleza
Natal
João Pessoa
Recife
Maceió
Aracaju
Salvador
Teresina
Brasília
Goiânia
Cuiabá
Porto Velho
Rio Branco
Mato Grosso
Pará
Bahia
Maranhão
Piauí
Tocantins
Rondônia
Acre
Äquator
Amazonasdelta
Insel Marajó
Serra dos Cachimbo
Serra dos Parecis
Serra Pacaraima
Pico da Neblina 3014
Roraima 2810
Tabatinga
Boa Vista
Macapá

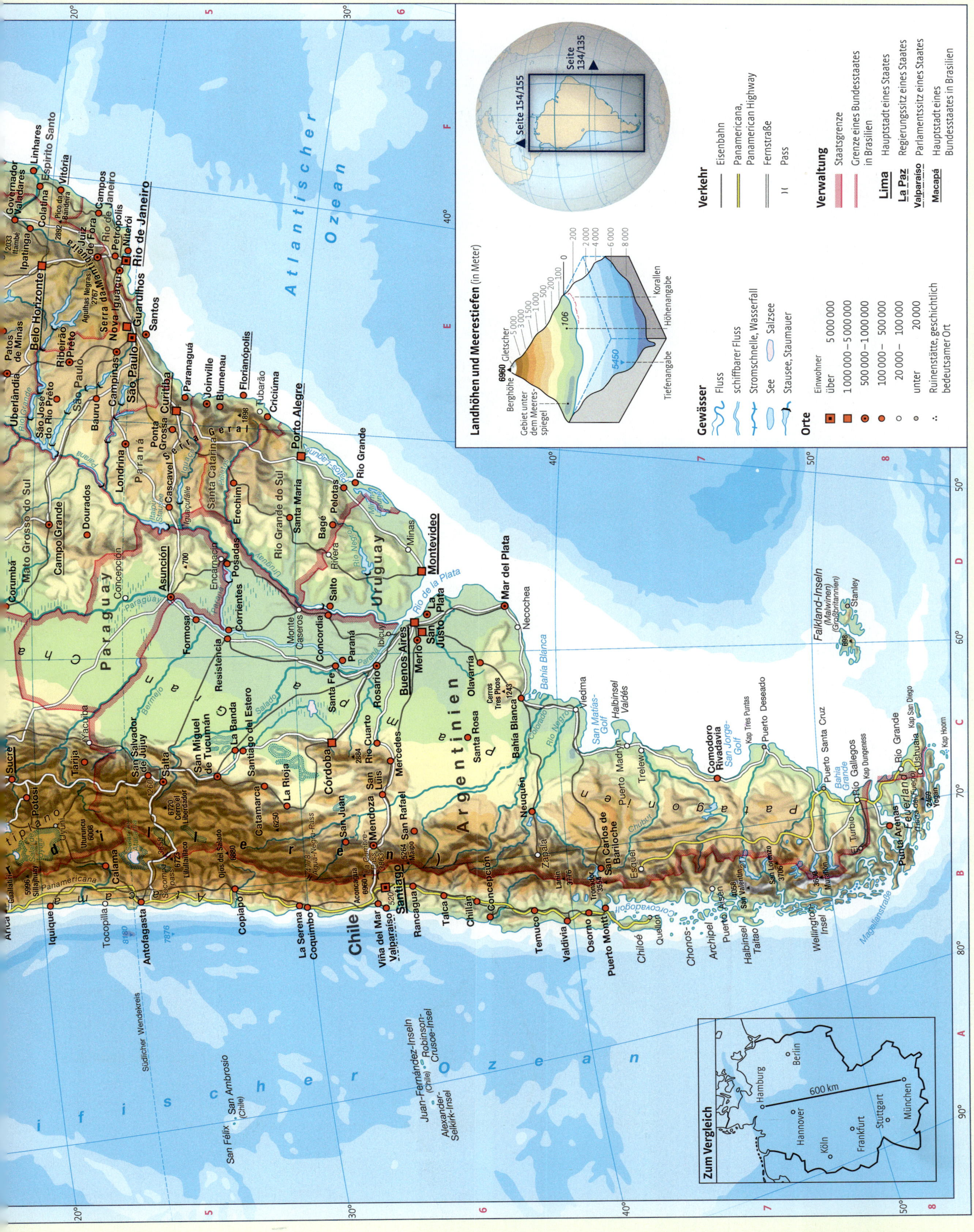
Atlantischer Ozean
Chile
Argentinien
Paraguay
Uruguay
Landhöhen und Meerestiefen (in Meter)
Gebiet unter dem Meeresspiegel
Berghöhe
Gletscher
Tiefenangabe
Höhenangabe
Korallen
Gewässer
Fluss
schiffbarer Fluss
Stromschnelle, Wasserfall
See
Salzsee
Stausee, Staumauer
Orte
Einwohner über 5 000 000
1 000 000 – 5 000 000
500 000 – 1 000 000
100 000 – 500 000
20 000 – 100 000
unter 20 000
Ruinenstätte, geschichtlich bedeutsamer Ort
Verkehr
Eisenbahn
Panamericana, Panamerican Highway
Fernstraße
Pass
Verwaltung
Staatsgrenze
Grenze eines Bundesstaates in Brasilien
Lima Hauptstadt eines Staates
La Paz Regierungssitz eines Staates
Valparaíso Parlamentssitz eines Staates
Macapá Hauptstadt eines Bundesstaates in Brasilien
Seite 154/155
Seite 134/135
Zum Vergleich
Hamburg
Berlin
Hannover
Köln
Frankfurt
Stuttgart
München
600 km

1 Amazonien – Eingriffe in den tropischen Regenwald

Maßstab 1 : 15 000 000 — 0 150 300 450 km

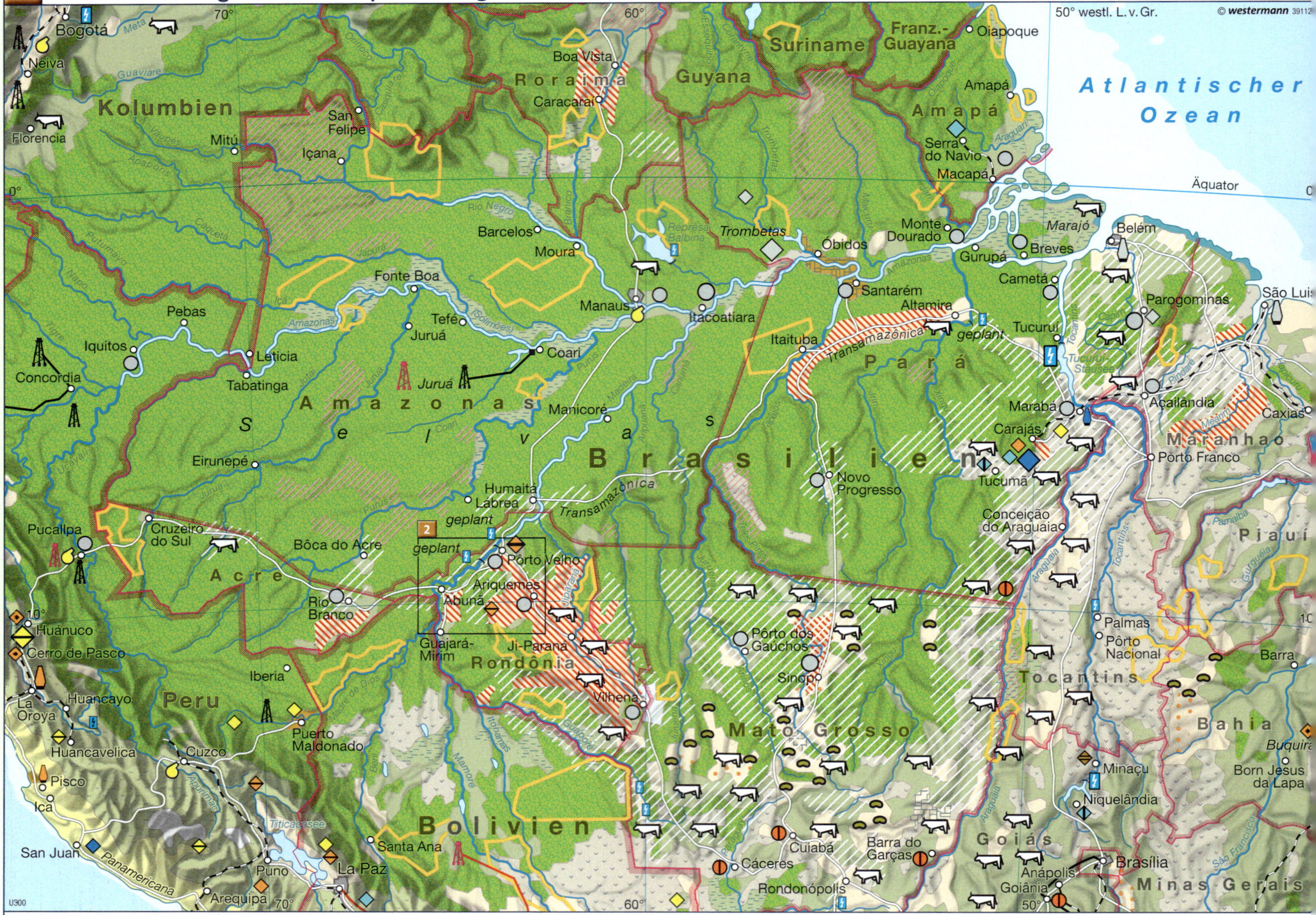

Bodenbedeckung
- tropischer Regenwald
- Sumpfland
- Trockenwald und Strauchsavanne
- Steppe und Hochgebirgsgrasland
- Wüste, Halbwüste

Landwirtschaft
- Ackerbau
- Weideland
- Mais
- Sojabohnen
- landwirtschaftliches Kolonisationsgebiet
- starke Rodungen
- Rinderhaltung in Großbetrieben
- Waldreservegebiet
- vermessene Indianerreservate

Bergbau
- Eisen
- Stahlveredler
- Nickel
- Blei, Zink
- Kupfer
- Gold
- Silber
- Bauxit
- Asbest
- Erdöl
- Erdgas
- Petrochemie
- Aluminiumverhüttung
- Eisenverhüttung
- Buntmetallverhüttung
- Fleischverarbeitung
- Holz, Papier

- Erdgasleitung
- Erdölleitung
- Wasserkraftwerk
- Stausee, Staumauer
- Staatsgrenze
- Grenze eines Bundesstaates

2 Rondônia (Amazonien) – Rodung des tropischen Regenwaldes

Maßstab 1 : 3 000 000 — 0 30 60 90 km

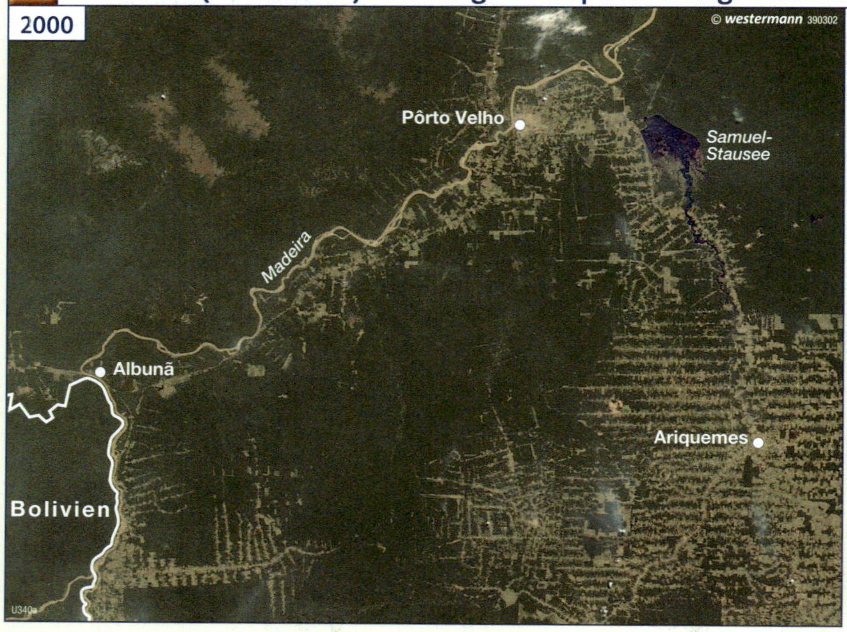

3 M2 Rio de Janeiro – Segregation

Maßstab 1 : 250 000 (0 – 2 – 4 – 6 km)

Blick vom Corcovado auf den Zuckerhut

Einkaufsstraße im Stadtzentrum

Die Favela da Rocinha

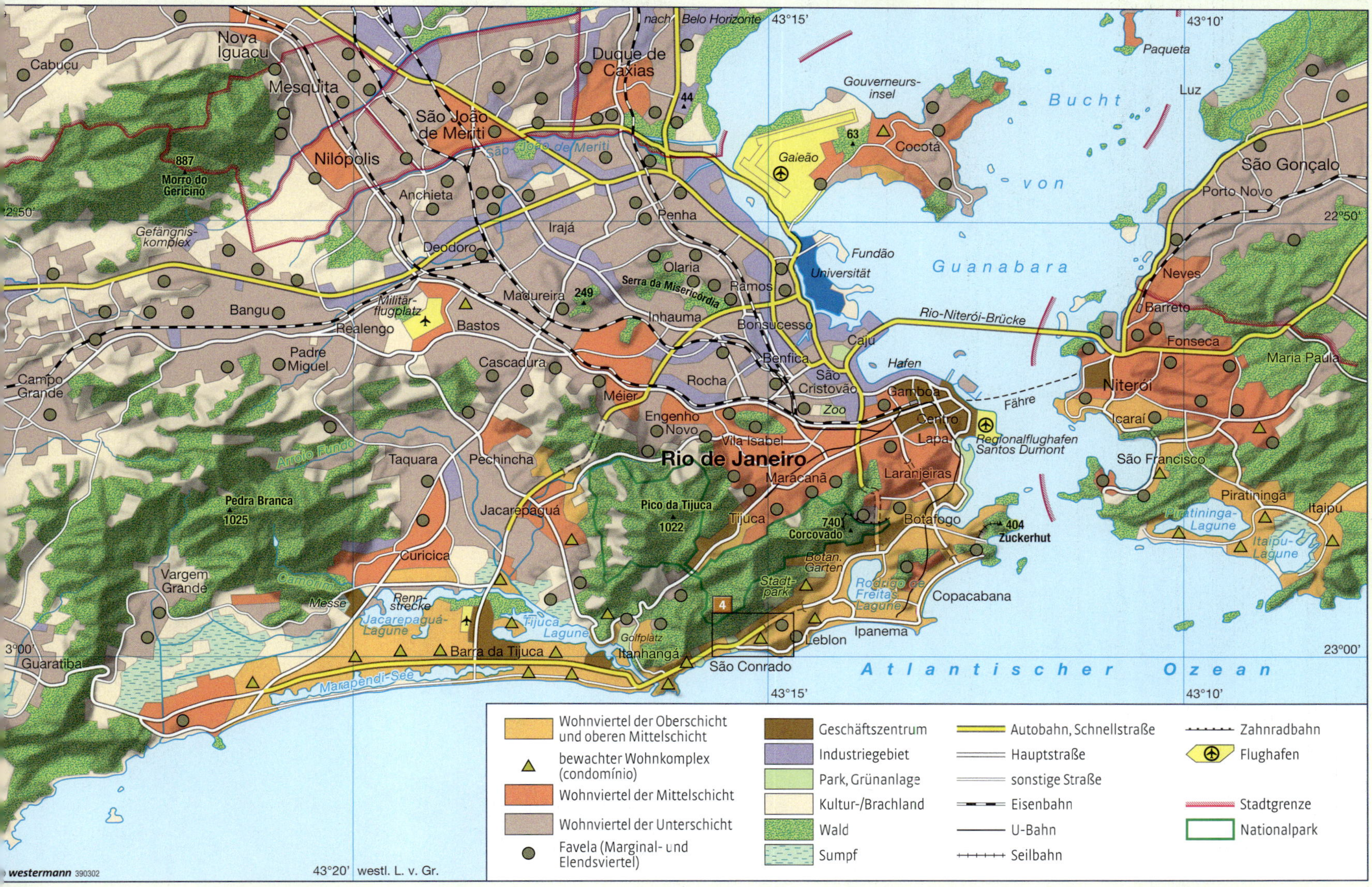

4 São Conrado/Favela da Rocinha – Benachbarte Wohnviertel der Ober- und Unterschicht

Maßstab 1 : 15 000 (0 – 150 – 300 – 450 m)

Im Satellitenbild erkennbare Stadtstrukturen

- Apartmenthochhäuser
- Favela
- Golfplatz
- Villenviertel

Die Favela da Rocinha ist ein traditionelles, legalisiertes Wohnviertel der Unterschicht. Es liegt an den Hängen eines steil zulaufenden Tales, in direkter Nähe zum Villenviertel São Conrado. An den umgebenden Bergrücken finden sich noch weitgehend unberührte Wälder. In Rocinha leben zwischen 100 000 und 250 000 Menschen. Das größte Einzelproblem ist die Trinkwasserversorgung und Abwasserentsorgung.

1 Nordpolargebiet (Arktis)

Maßstab 1 : 36 000 000 — 0 400 800 1200 1600 2000 km

Eisverhältnisse
- Inlandeis
- tätiger Vulkan
- Meereisgrenze (minimale Eisausdehnung nach warmen Sommern)
- durchschnittliche Packeisgrenze
- äußerste Treibeisgrenze
- 3488 / 3700 Höhe über dem Meeresspiegel, Eisdicke (in Meter)
- 10 °C Juli-Isotherme (Grenze der Arktis)

Meeresströmungen
- kalt
- warm

Dauerfrostboden (Permafrost)
- geschlossene Verbreitung
- inselartiges Vorkommen

Vegetation
- Tundra
- nördlicher Nadelwald
- sommergrüner Laub- und Mischwald
- Steppe (Prärie), Hochgebirgssteppe
- Halbwüste und Wüste
- landwirtschaftliche Nutzfläche

Bergbau
- Kohle
- Eisen
- Stahlveredler
- Buntmetalle
- Edelmetalle
- Erdöl
- Erdgas
- radioaktive Verseuchung des Meeres durch Atommüll

Ballungsräume (Einwohner)
- über 10 000 000
- 3 000 000 – 10 000 000
- 1 000 000 – 3 000 000
- 500 000 – 1 000 000
- 100 000 – 500 000
- unter 100 000

Weitere Erläuterungen siehe Karte 2 Südpolargebiet (Antarktis).

2 Südpolargebiet (Antarktis)

Maßstab 1 : 36 000 000 0 400 800 1200 1600 2000 km

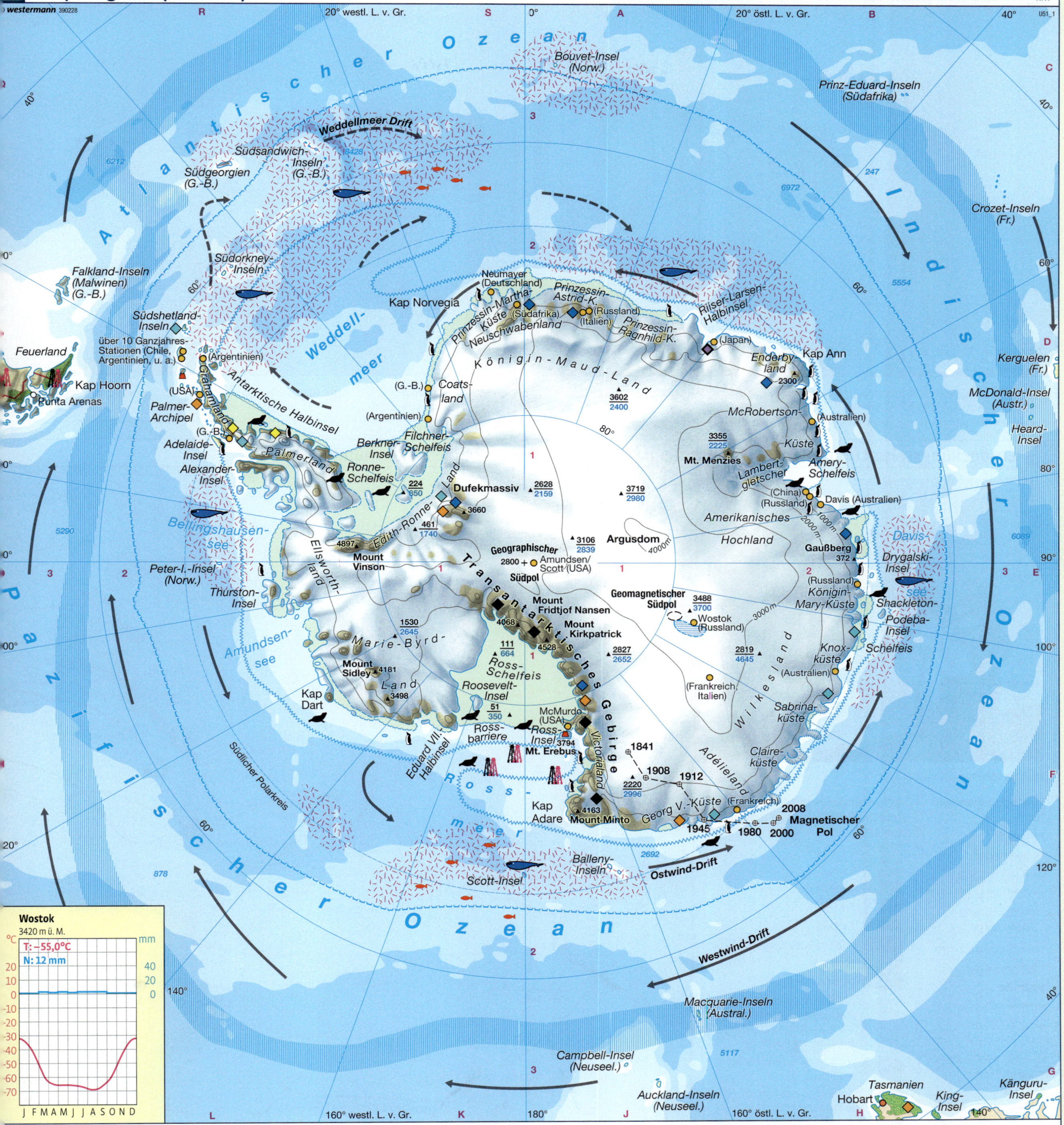

Eisverhältnisse

- Inlandeis
- Gebiete mit eisfreien Arealen
- Schelfeis
- Gletscher
- Packeisgrenze
- äußerste Treibeisgrenze
- tätiger Vulkan
- antarktische Konvergenz (Aufeinandertreffen kalter und warmer Oberflächenströmungen, Grenze der Antarktis)
- Winddrift
- 3488 / 3700 Höhe über dem Meeresspiegel, Eisdicke (in Meter)
- Unter-Eis-See (bisher erkundet)

Lebensräume

- Krill (Hauptverbreitungsgebiet)
- Wal
- ganzjährig besetzte Polarstation (Forschungsnation)
- Robbe
- Pinguine (bedeutende Kolonien)
- Fischgründe

Fundorte von Erzen und Energierohstoffen

- Eisen
- Stahlveredler
- Buntmetalle
- Edelmetalle
- Kohle
- Erdöl / Erdgas (fündige Bohrungen)
- Uran

Meerestiefen

- 0 – 200
- 200 – 2 000
- 2 000 – 4 000
- 4 000 – 6 000
- 6 000 – 8 000
- über 8 000 m

1 Frühe Hochkulturen

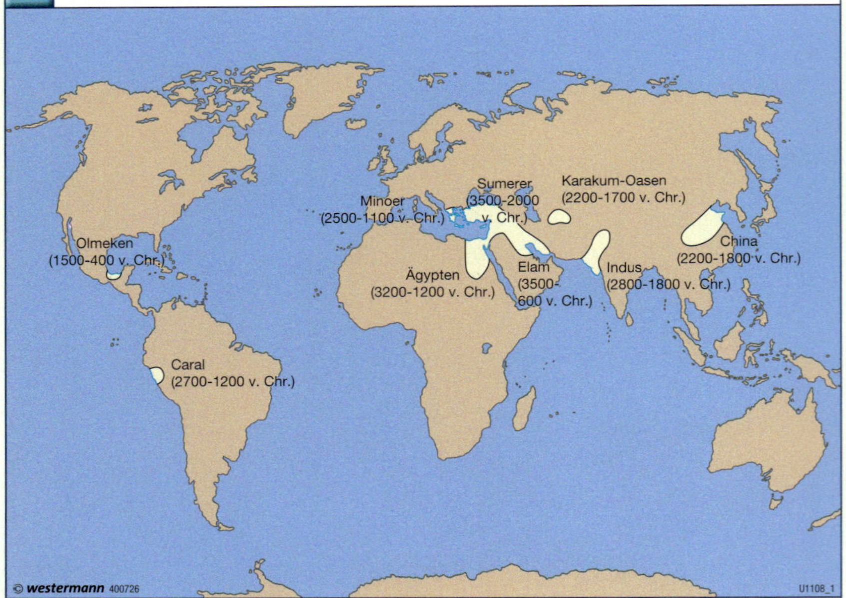

frühe Hochkulturen (Städte, Landwirtschaft, Arbeitsteilung, Schrift) — weitere jungsteinzeitliche und metallzeitliche Kulturen (Antarktis ausgenommen)

2 Bekannte Welt aus europäischer Sicht um 100 n. Chr.

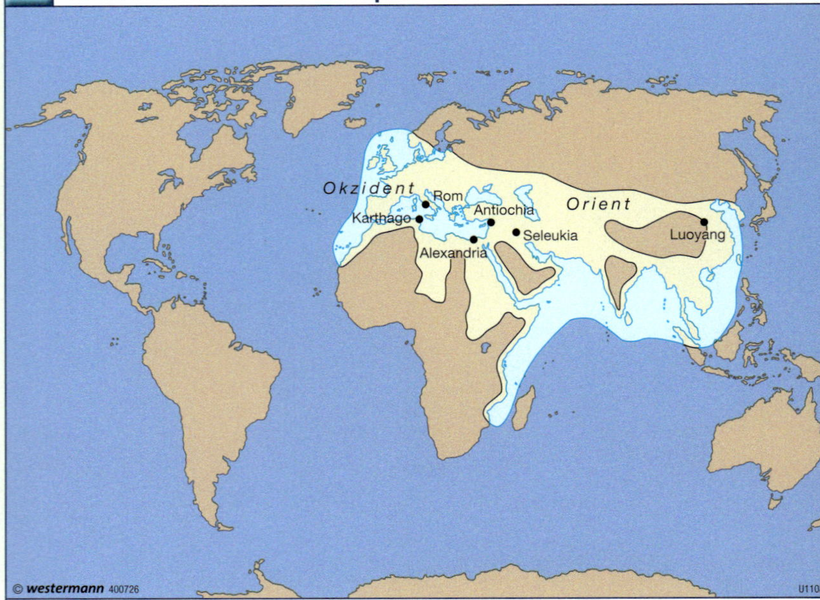

bekannte Welt aus europäischer Sicht — den Europäern unbekannte Landfläche — • weltgrößte Städte um 100 n. Chr.

5 Entdeckungsreisen und koloniale Eroberungen (15. Jahrhundert bis Mitte 17. Jahrhundert)

Breitengradmessung mit Astrolabium

Entdeckungsreisen für

Portugal
- Diaz
- da Gama
- Vespucci
- Sequeira
- Perestrello
- Mascarenhas
- Pinto

Spanien
- Kolumbus
- Magellan/Elcano
- Rodriguez/Legazpi

England
- Caboto
- Drake
- Hudson

Frankreich
- Cartier

Niederlande
- Barents
- Tasman

Russland
- Deschnew

Kolonialmächte mit Besitzungen und Niederlassungen (Auswahl) um 1650
- Portugal
- Spanien
- Niederlande
- Frankreich
- England
- Dänemark-Norwegen
- Russland
- Osmanisches Reich

1508 (Port.) Jahr der ersten Inbesitznahme durch die angegebene Kolonialmacht, bei Orten (•) auch Gründungsjahr

wichtige außereuropäische Großreiche

Aden Ziel der chinesischen Schatzflotte (Admiral Zheng He, 15. Jh.)

Die zehn größten Städte der Erde (1600)
- ● über 500 000 Einwohner
- ○ 200 000 – 500 000 Einwohner

Demarkationslinie

spanisch-portugiesische Interessengrenze: Im atlantischen Raum nach dem Vertrag von Tordesillas (1494) und im pazifischen Raum nach dem Vertrag von Zaragoza (1529).

3 Bekannte Welt aus europäischer Sicht um 1500 n. Chr.

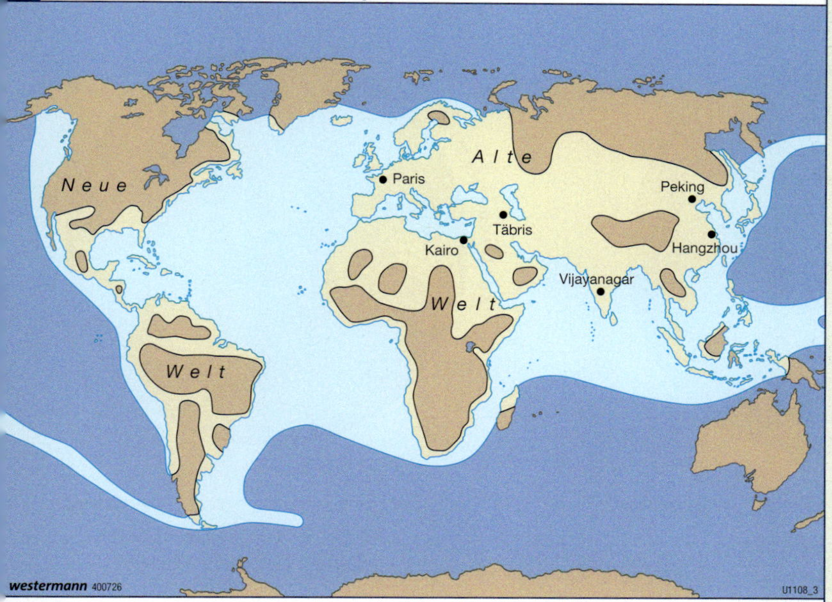

bekannte Welt aus europäischer Sicht | durch Entdeckungs- und Eroberungsreisen bekannte Meeresfläche | • weltgrößte Städte um 1500 n. Chr.

4 Weitgehend unberührte Weltregionen heute

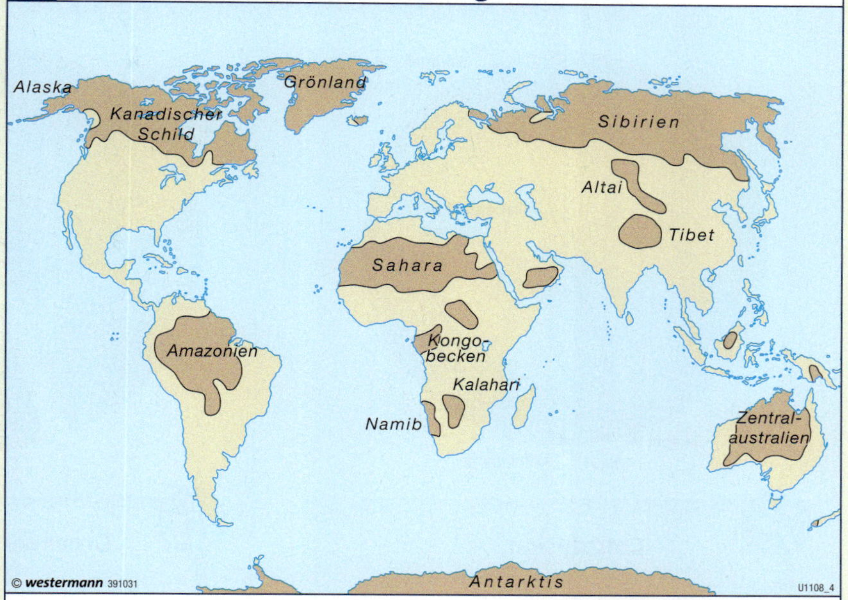

kaum erschlossene Landschaft heute | mäßig bis gut erschlossenes Kulturland

Maßstab der Karten 3 - 4
1 : 240 000 000

Maßstab 1 : 90 000 000

M11 Gradnetz und Orientierung

1 Das Gradnetz der Erde (Geographisches Koordinatensystem)

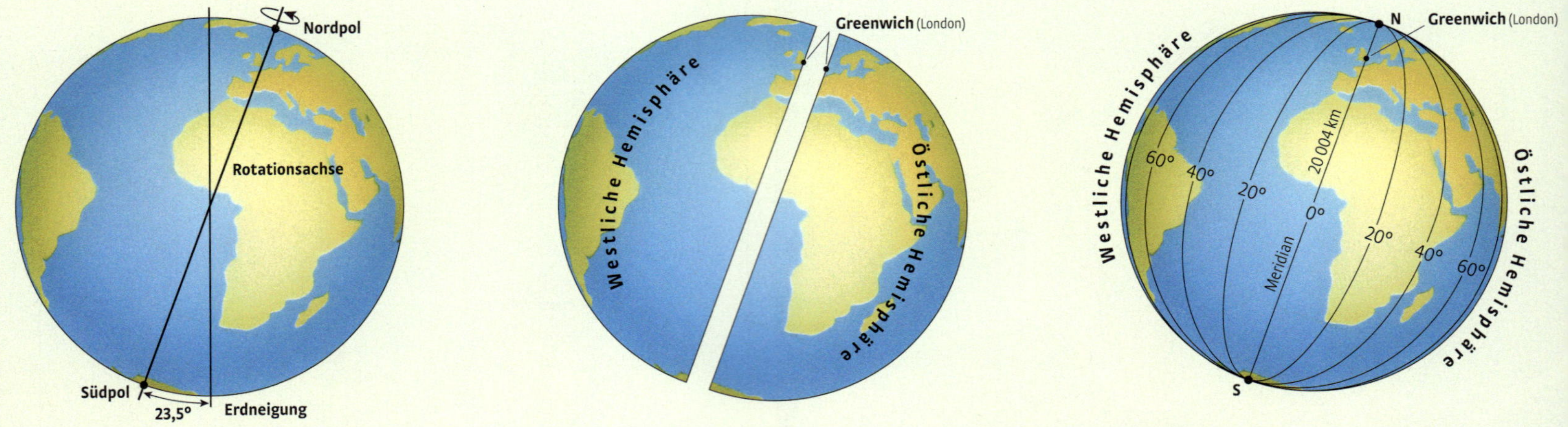

Erdrotation

Greenwich-Meridian

Längengrade (=Meridiane =halbe Längenkreise)

2 Orientierung im Gelände in Mitteleuropa

Der Tagesgang der Sonne hängt von der Uhrzeit und der Jahreszeit ab: Die Sonne geht im Osten auf, nimmt im Süden ihren Lauf und geht im Westen unter. Sie steht im Sommer höher am Himmel als im Winter.

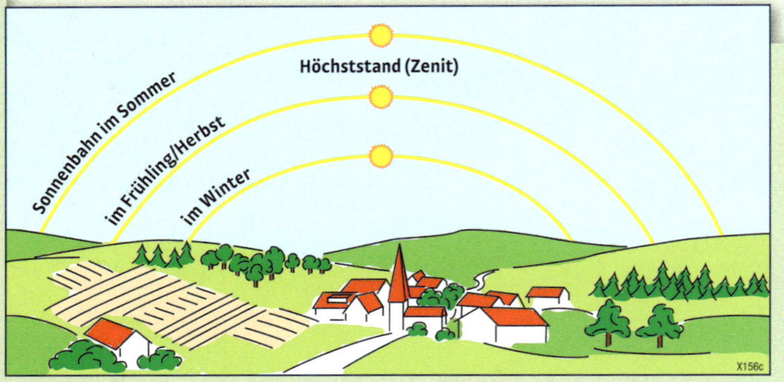

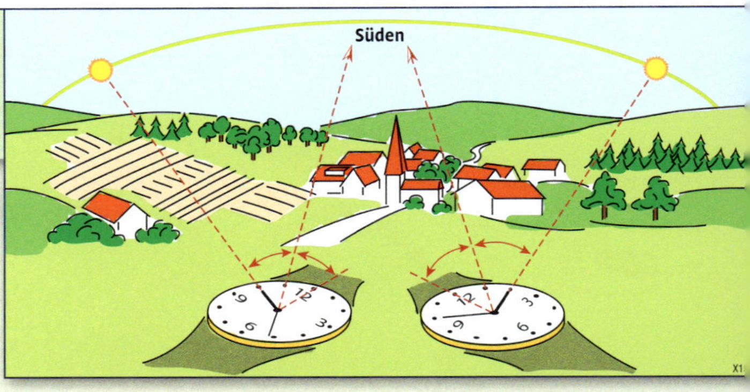

Mit der Winterzeit lässt sich durch den Stundenzeiger einer Armbanduhr die Himmelsrichtung Süden bestimmen. Mittags um 12.00 Uhr steht die Sonne direkt im Süden, der Stundenzeiger steht auf 12.00 Uhr. Am Vormittag ist Süden zwischen Stundenzeiger und 12.00 Uhr, am Nachmittag zwischen 12.00 Uhr und Stundenzeiger.

3 Orientierung mit dem Kompass und Magnetfeld

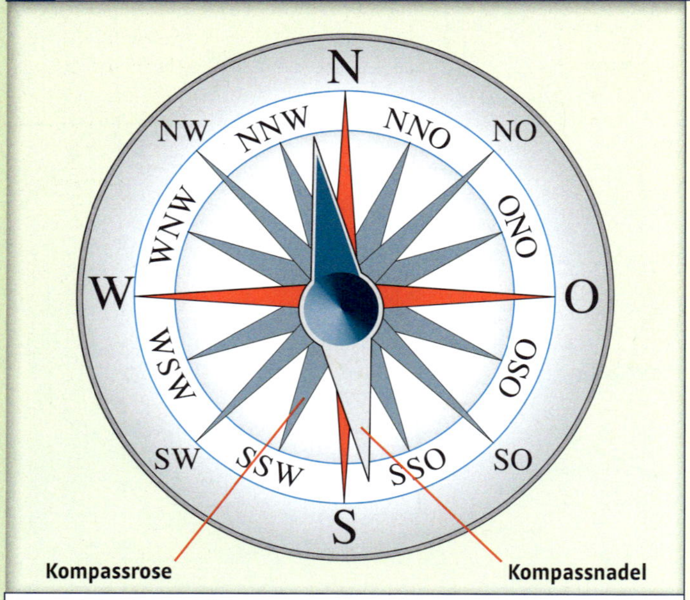

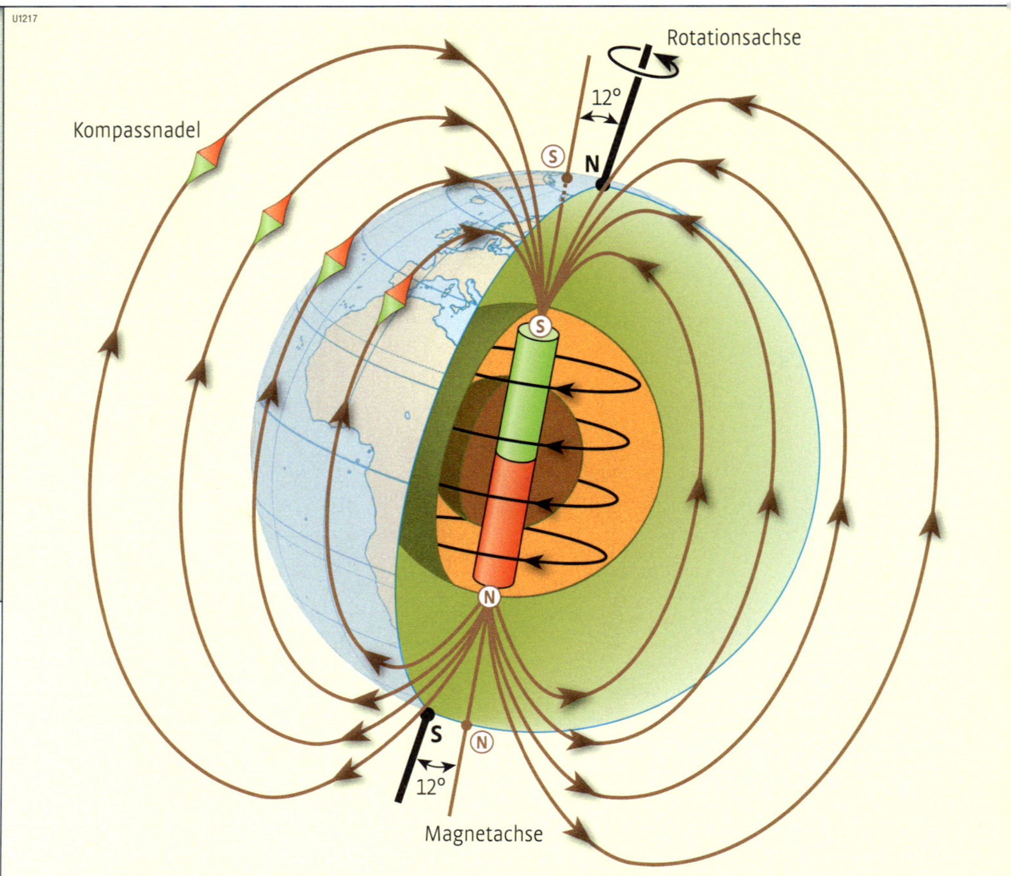

Die Erde hat im Modell die Wirkung eines großen Stabmagneten. Der magnetische Nordpol (N) und Südpol (S) liegen entgegengesetzt zum geographischen Nordpol **N** und Südpol **S**.

- fester innerer Erdkern aus Eisen (Fe) und Nickel (Ni)
- äußerer flüssiger Kern mit Wärmeströmungen (Konvektion)
- Erdmantel
- Erzeugung des elektromagnetischen Feldes durch unterschiedliche Drehgeschwindigkeit von flüssigem und festem Kern.
- magnetische Feldlinie

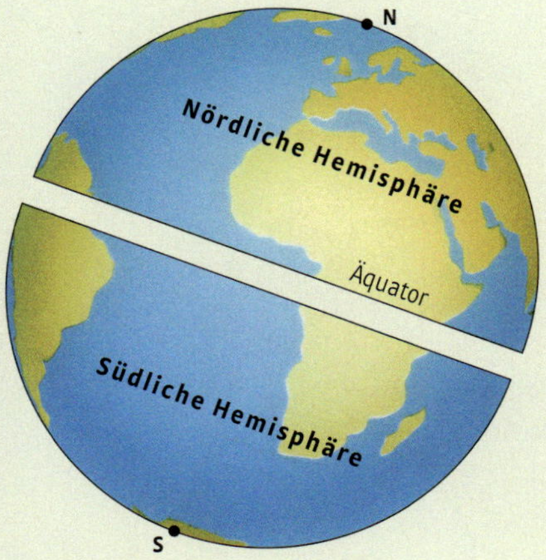

Äquator

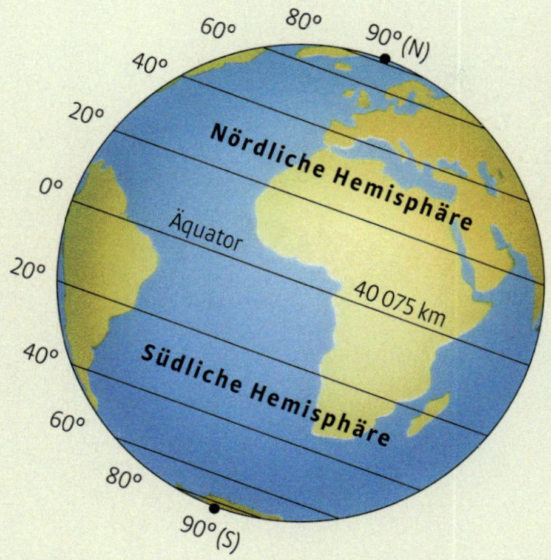

Breitengrade (=Breitenkreise)

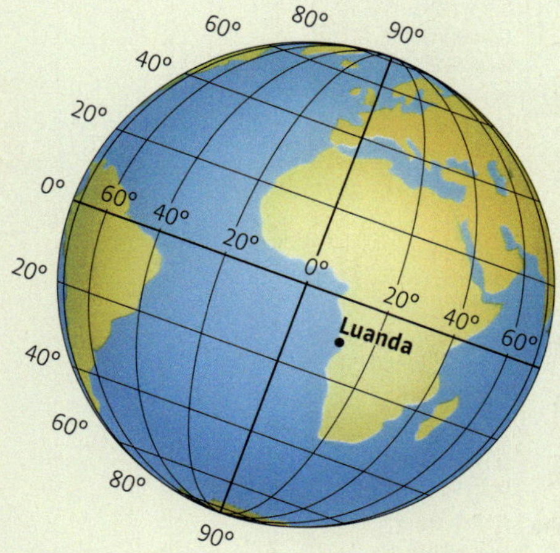

Gradnetz

4 Global Positioning System (GPS)

GPS Satelliten im Orbit

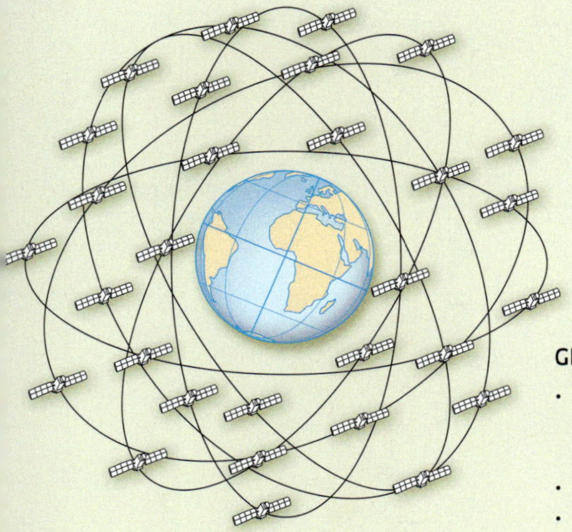

Komponenten des GPS

GPS Satelliten

- 24 Satelliten (8 in Reserve)
- 6 Umlaufbahnen um die Erde
- 20 000 km über der Erde
- Übertragung der Radiowellen mit 300 000 km/s

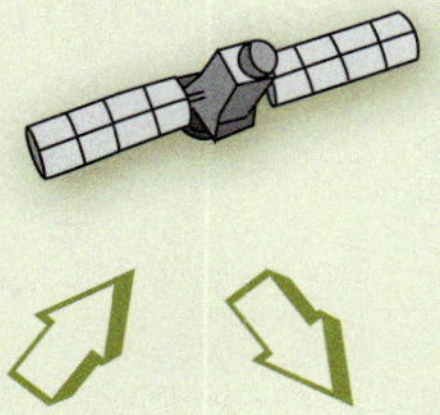

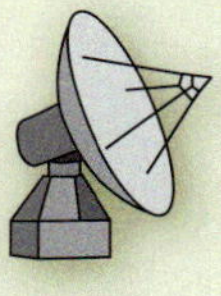

GPS Kontrollsystem

- 31 Kontrollstationen (Hauptstation Schriever Air Force Base in Colorado Springs, USA)
- Zeitliche Synchronisation der Satelliten
- Datenabruf
- Fernwartung der Satelliten

GPS Empfänger

- Empfang der Satellitensignale
- Auswertung der Signale
- Positionsbestimmung

Positionsbestimmung

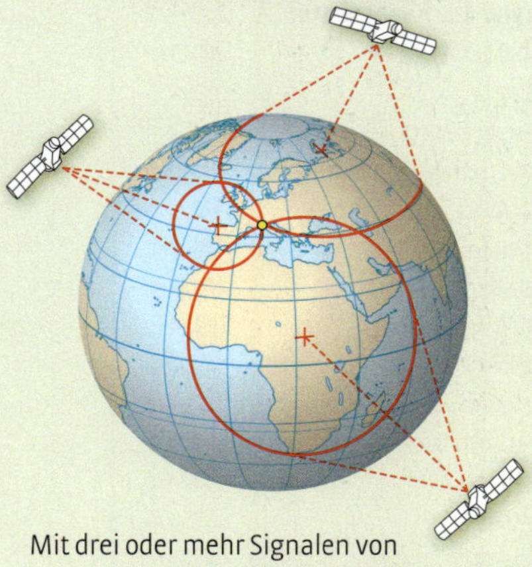

Mit drei oder mehr Signalen von verschiedenen Satelliten in der Erdumlaufbahn kann ein Empfänger seine Position berechnen. Die Berechnung des Längen- und Breitengrades erfolgt in Grad, Minuten und Sekunden (M12).

Vom Globus zur Karte

Der Globus als Modell der Erde in Kugelgestalt. Die Oberfläche ist allseits gewölbt.

Aufklappen der Oberfläche der Kugel.

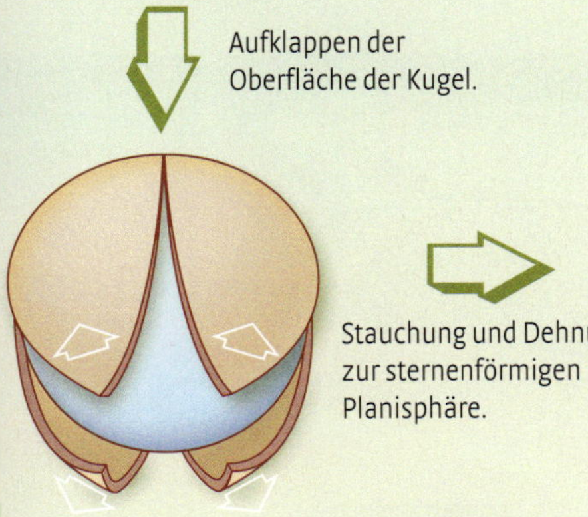

Stauchung und Dehnung zur sternenförmigen Planisphäre.

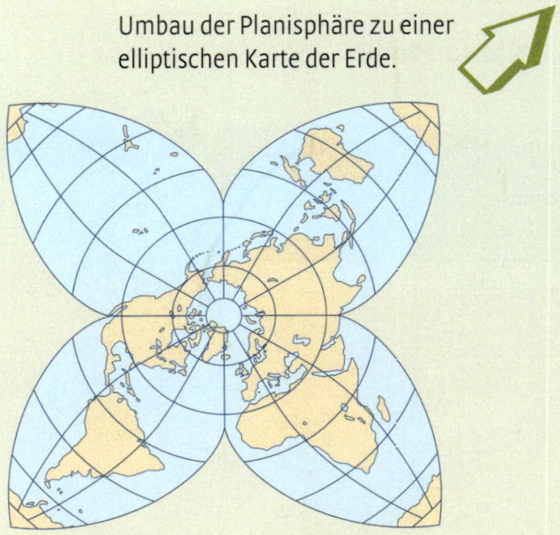

Umbau der Planisphäre zu einer elliptischen Karte der Erde.

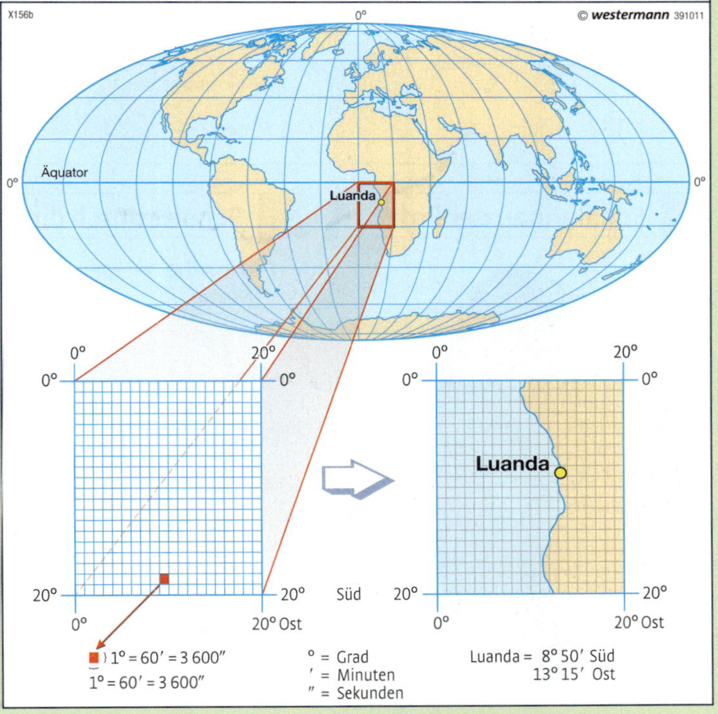

1 Plattentektonik, Vulkanismus und Erdbeben

Urkontinent (alter Festlandskern)

ältere Faltungszone (Erdaltertum)

junge Faltungszone (Erdmittelalter bis Gegenwart)

Plattengrenzen
(zum Teil vermutet)

Tektonische Platten
- driften auseinander (ozeanische Rücken)
- tauchen ab (Tiefseegraben)
- verschieben sich gegeneinander
- stoßen zusammen (Kollision)

Naturkatastrophen seit 1980
- aktiver Vulkan
- 2001 schweres Erdbeben im Jahr
- Erdbeben mit Flutwelle (Tsunami)
- 1996 schwere Flutwelle (Tsunami) im Jahr

Auswahl hoher und aktiver Vulkane der Kontinente:

1	Guallatiri	6071 m
2	Lascar	5990 m
3	Popocatépetl	5452 m
4	Kljutschewskaja Sopka	4750 m
5	Mount Rainier	4395 m
6	Mauna Loa	4170 m
7	Kamerunberg	4070 m
8	Colima	3984 m
9	Kerinci	3800 m
10	Mount Erebus	3795 m
11	Nyiragongo	3475 m
12	Mount Spurr	3374 m
13	Ätna	3350 m
14	Ruapehu	2797 m
15	Big Ben	2745 m
16	Stromboli	926 m

Wanderung der Kontinente
(Nebenkärtchen (a) bis (d))

(a) vor 220 Mio. Jahren (Ende Perm)
(b) vor 190 Mio. Jahren (Ende Trias)
(c) vor 135 Mio. Jahren (Ende Jura)
(d) vor 65 Mio. Jahren (Ende Kreide)

2 Schalenbau der Erde

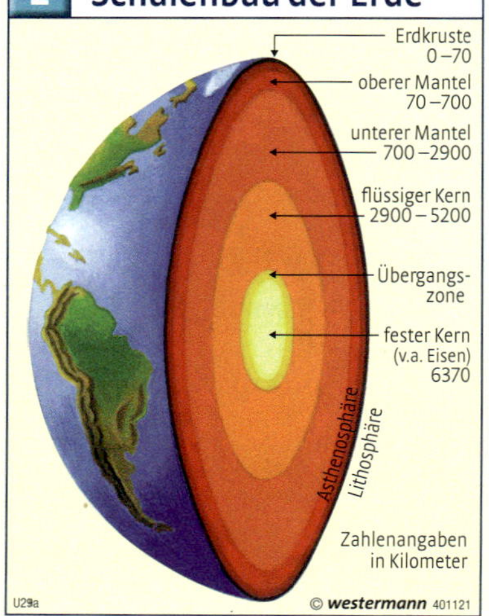

3 Schnitt durch die Erdkruste

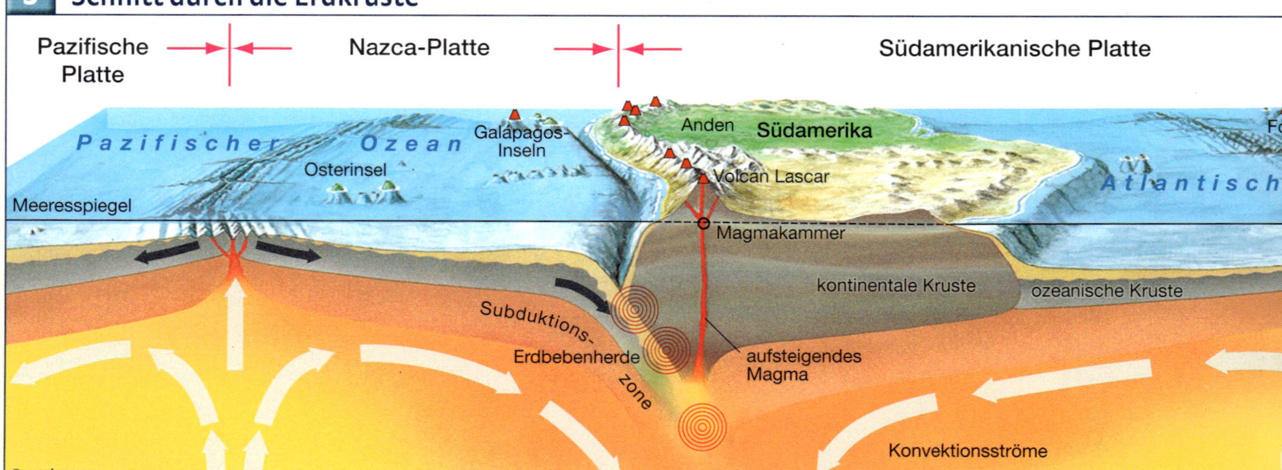

Maßstab 1 : 90 000 000

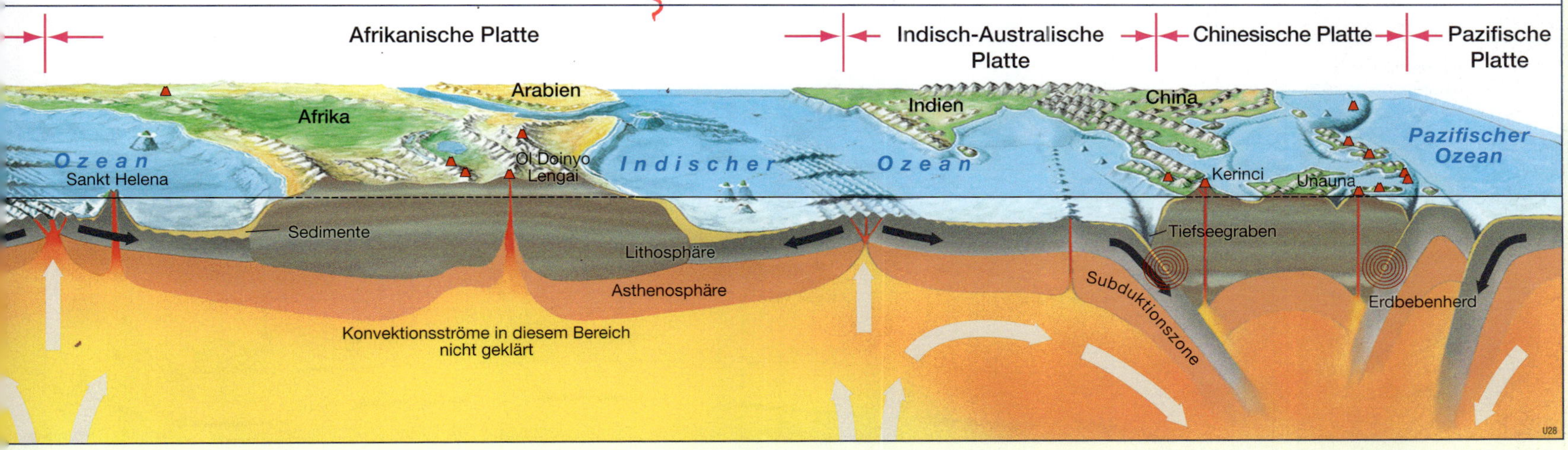

1 Klimate der Erde (genetische Gliederung nach Neef)

I Polare Klimazone
- Polarklima

II Subpolare Klimazone
- subpolares Klima

III Gemäßigte Klimazone
- 1 maritimes Westseitenklima
- 2 Übergangsklima
- 3 kühles Kontinentalklima
- 4 sommerheißes Kontinentalklima mit Frühjahrsregen
- 5 Ostseitenklima

IV Subtropische Klimazone
- 1 Winterregenklima der Westseiten
- 2 subtropisches Ostseitenklima

V Passatklimazone
- 1 trockenes Passatklima
- 2 feuchtes Passatklima stark beregnete Außenseiten, trockenere Binnenländer

VI Zone des tropischen Wechselklimas
- tropisches Wechselklima

VII Äquatoriale Zone
- Äquatorialzone

VIII Hochgebirgsklimate
- Hochgebirgsklimate
- Trockengebiete
- Klimazonengrenze

Druckverhältnisse und Luftströmungen
- HOCH / TIEF Druckgebiete (ganzjährig)
- $HOCH_W$ / $TIEF_W$ Druckgebiete (Nordwinter)
- $TIEF_S$ Druckgebiete (Nord- und Südsommer)
- Luftströmungen (ganzjährig, sowie Nord- und Südsommer)
- winterliche Luftströmungen (Nordhalbkugel)
- Klimastation (Klimadiagramme siehe Seite 176/177)

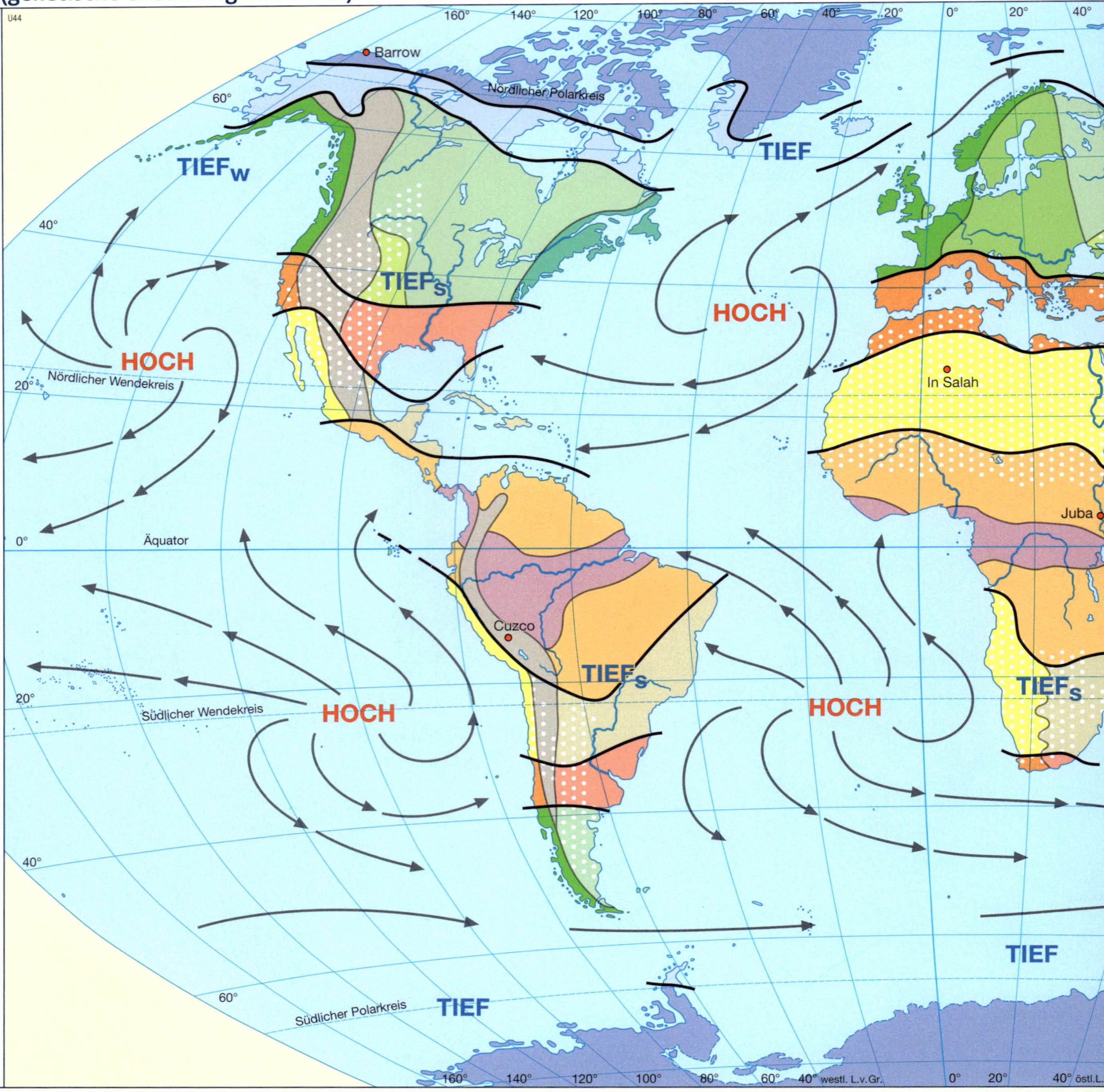

3 Niederschläge im Juli (Nordsommer / Südwinter)

Maßstab 1 : 180 000 000

Monatliche Niederschläge
- über 400 mm
- 300 – 400
- 200 – 300
- 100 – 200
- 50 – 100
- 25 – 50
- unter 25

- nördliche innertropische Konvergenz (ITC) im Juli (nach Flohn)

weitere Erläuterungen siehe Karte 4

Tageslänge

Beleuchtung der Erde am 21. Juni

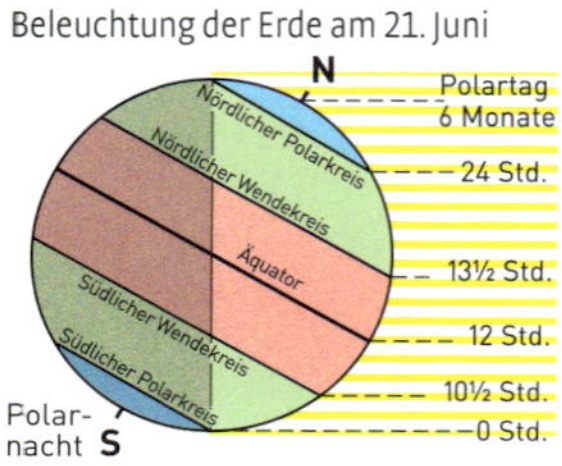

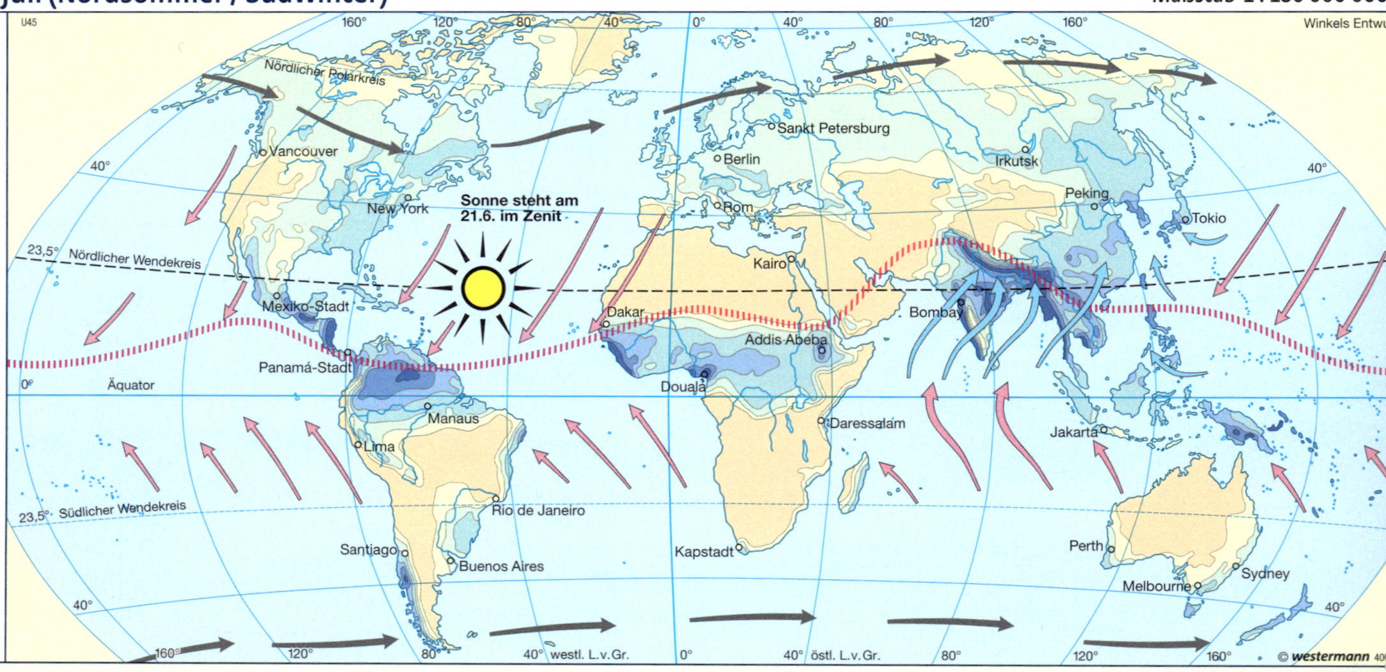

Maßstab 1 : 100 000 000

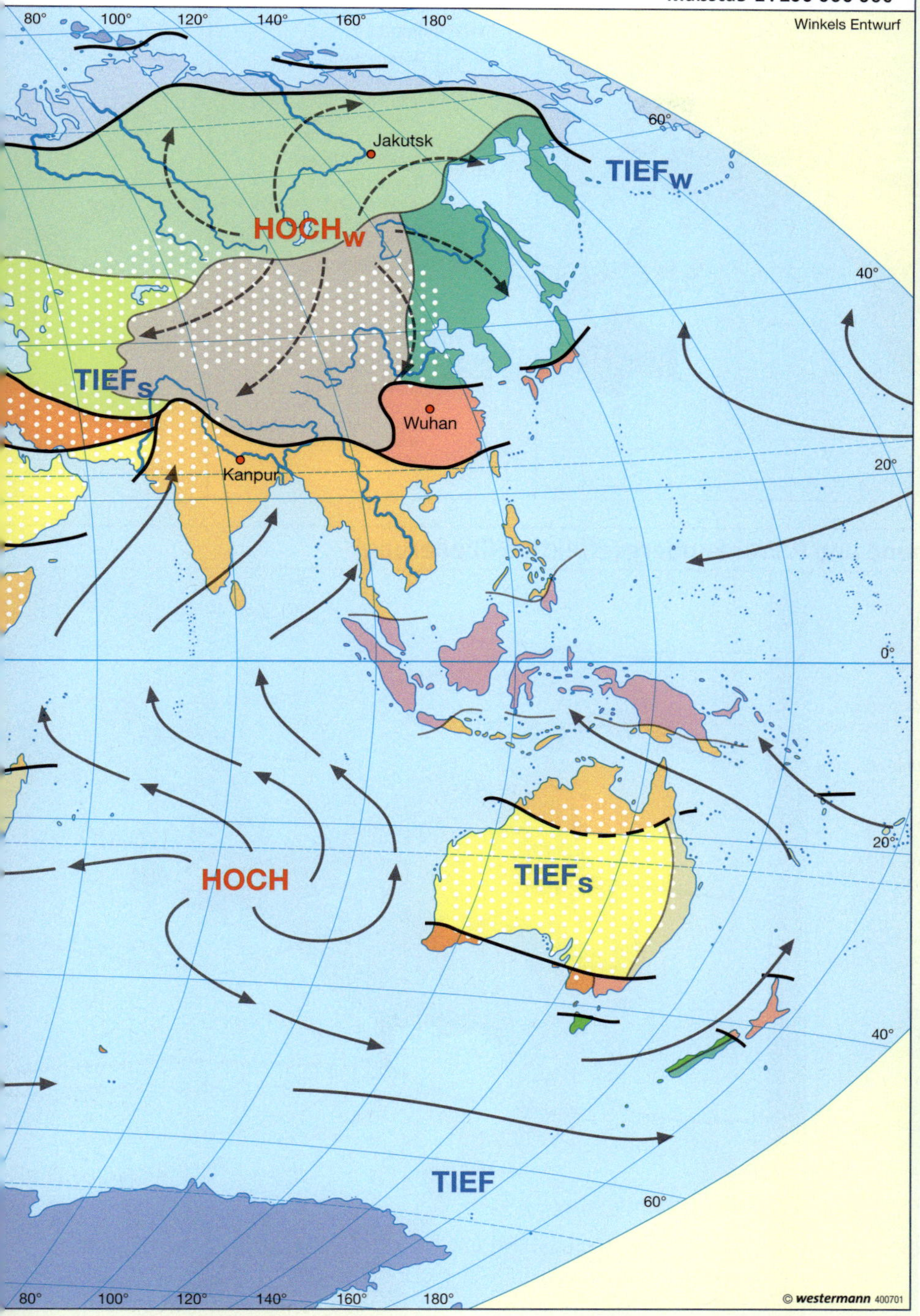

2 Schema der globalen Windzirkulation

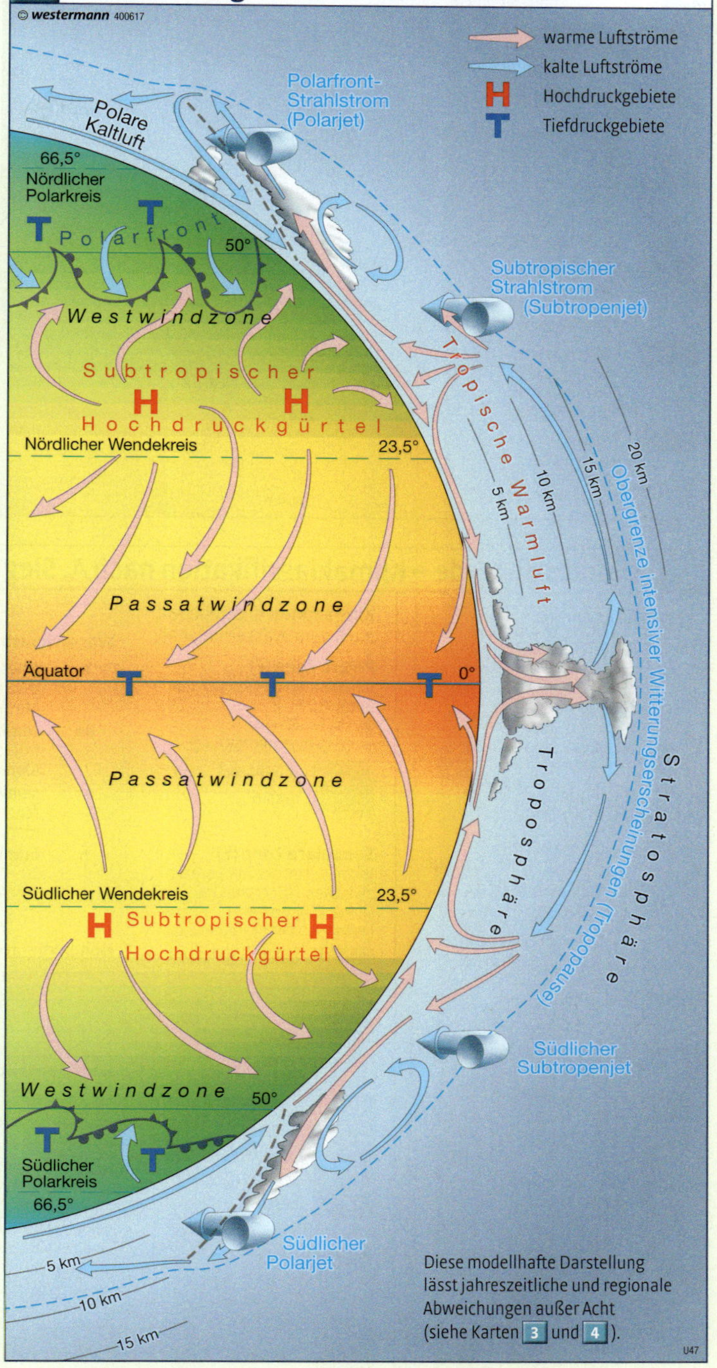

Diese modellhafte Darstellung lässt jahreszeitliche und regionale Abweichungen außer Acht (siehe Karten 3 und 4).

4 Niederschläge im Januar (Nordwinter / Südsommer)

Maßstab 1 : 180 000 000

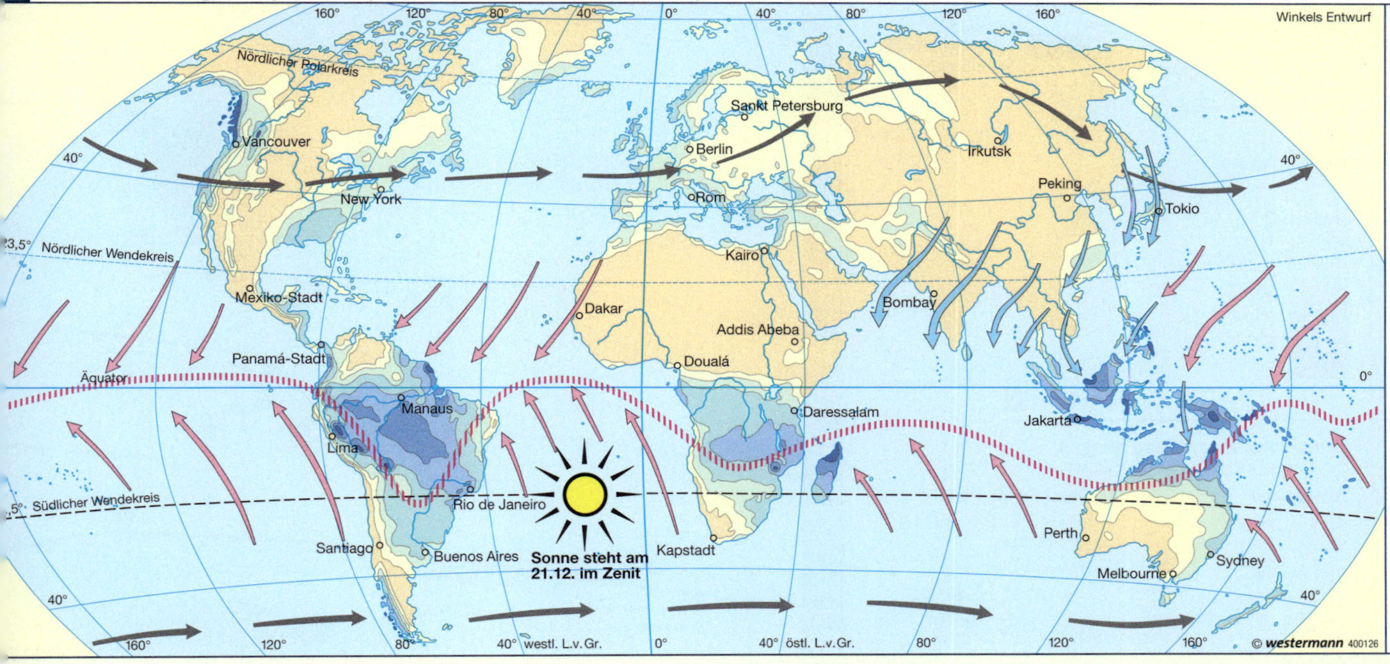

Die großen Windsysteme der Erde

- Passat
- Monsun
- Westwind der hohen nördlichen und südlichen Breiten
- südliche innertropische Konvergenz (ITC) im Januar (nach Flohn)

Tageslänge

Beleuchtung der Erde am 21. Dezember

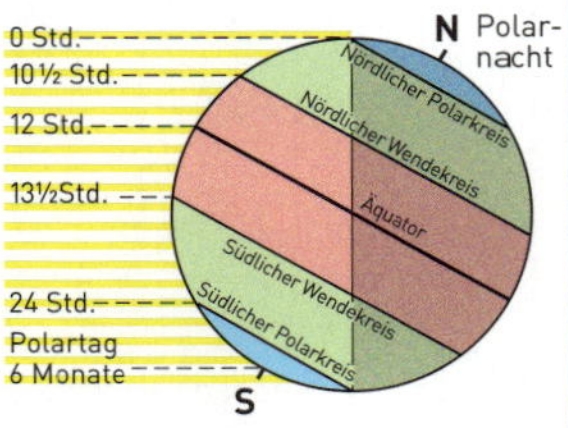

1 Thermische Klimazonen

Maßstab 1 : 250 000 000

Thermische Klimazonen werden nach der Jahresdurchschnittstemperatur abgegrenzt.

- **F** **Polare Zone** (Eiszone) Jahresmittel der Temperatur unter -10 °C
- **E** **Subpolare Zone** (Kalte Zone) Jahresmittel der Temperatur zw. -10 °C und 0 °C
- **D** **Mittelbreiten** (Gemäßigte Zone) Jahresmittel der Temperatur zw. 0 °C und 12 °C
- **C** **Subtropen** (Warme Zone) Jahresmittel der Temperatur zw. 12 °C und 24 °C
- **A** **Tropen** (Heiße Zone) Jahresmittel der Temperatur über 24 °C

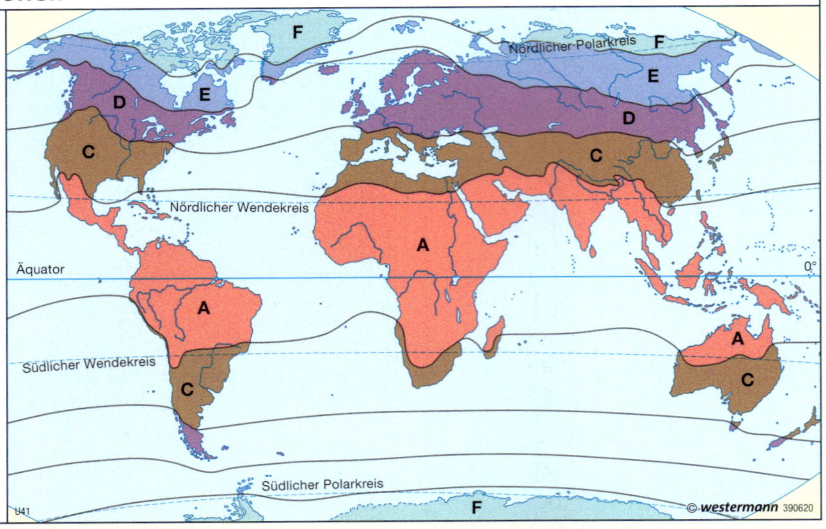

2 Extremklimate der Erde

Extremklimate

- **F** **Polare Zone** Jahresmittel der Temperatur unter -10 °C (zu kalt für intensive landwirtschaftliche Nutzung)
- **B** **Trockenklimate** Jahresmittel des Niederschlags unter 250 mm (zu trocken für intensive landwirtschaftliche Nutzung)
- **Höhenklimate** (zu kalt für intensive landwirtschaftliche Nutzung)

Agrarklimate

- **Feuchtklimate** Jahresmittel des Niederschlags über 250 mm (Eignung für landwirtschaftliche Nutzung hängt von anderen Faktoren ab)

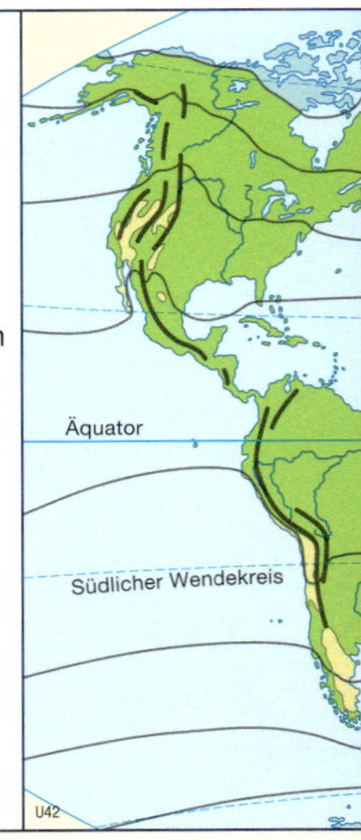

4 Klimate der Erde – Klimaklassifikation nach A. Siegmund und P. Frankenberg (effektive Gliederung)

Klimadiagramme

- Temperaturen im Monatsmittel
- Niederschläge im Monat insgesamt
- 16,8 °C — Jahresdurchschnitt Temperatur
- 213 mm — Jahressumme Niederschlag
- 7 m ü. M. — Angabe in Meter über dem Meeresspiegel
- Fh — Klimaschlüssel der jeweiligen Klimazone
- • Cuzco — zum Klimadiagramm gehöriger Ort in der Karte

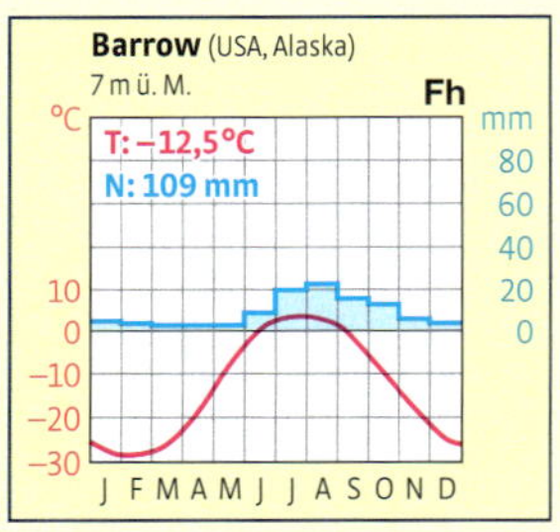

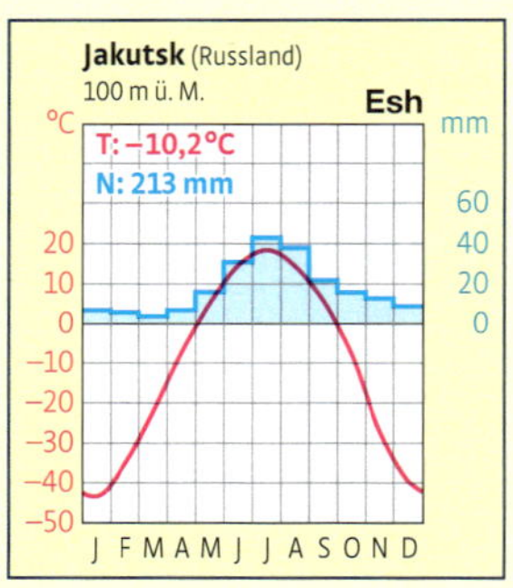

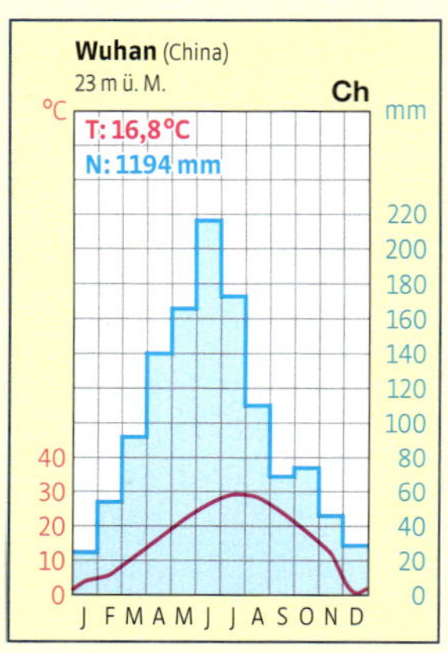

Klimazonen untergliedert nach dem Wasserhaushalt

Polare Zone (F)
Jahresmittel der Temperatur unter -10 °C (zu kalt für intensive landwirtschaftliche Nutzung)

- Fsh semihumid
- Fh humid

Subpolare Zone (E)
Jahresmittel der Temperatur zwischen -10 °C und 0 °C (zu kalt für intensive landwirtschaftliche Nutzung)

- Esh semihumid
- Eh humid

Mittelbreiten (D)
(Gemäßigte Breiten) Jahresmittel der Temperatur zwischen 0 °C und 12 °C

- Da arid
- Dsa semiarid
- Dsh semihumid
- Dh humid

Subtropen (C)
Jahresmittel der Temperatur zwischen 12 °C und 24 °C

- Ca arid
- Csa semiarid
- Csh semihumid
- Ch humid

Trockenklimate (B)
Jahresmittel des Niederschlags unter 250 mm (zu trocken für intensive landwirtschaftliche Nutzung)

- Ba arid
- Bsa semiarid

Tropen (A)
Jahresmittel der Temperatur über 24 °C

- Aa arid
- Asa semiarid
- Ash semihumid
- Ah humid

Wasserhaushalt

- a **arid** (trocken, 0–2 humide Monate)
- sa **semiarid** (wechseltrocken, 3–5 humide Monate)
- sh **semihumid** (wechselfeucht, 6–9 humide Monate)
- h **humid** (feucht, 10–12 humide Monate)

Höhenklimate

- Höhenklimate des jeweiligen Klimatyps

Wärmehaushalt/Kontinentalität (außerhalb der Tropen)

- maritim
- kontinental
- hochkontinental

Jahresschwankung der monatlichen Durchschnittstemperaturen

maritim	unter 20 °C
kontinental	20 °C bis 40 °C
hochkontinental	über 40 °C

Lesebeispiel für einen Klimatyp:

Dsh — semihumides, maritimes Klima der Mittelbreiten

Winterregengebiete im Mittelmeerraum siehe Seite 61 4

Klimamotor Meeresströmungen
dargestellt für den Nordwinter / Südsommer

Temperatur

- warm
- kühl
- kalt
- Küstennebel (Winter/Sommer)

Geschwindigkeit
in Seemeilen (sm) pro 24 Std. (1 sm = 1852 m)

- über 24
- 12 – 24
- 6 – 12

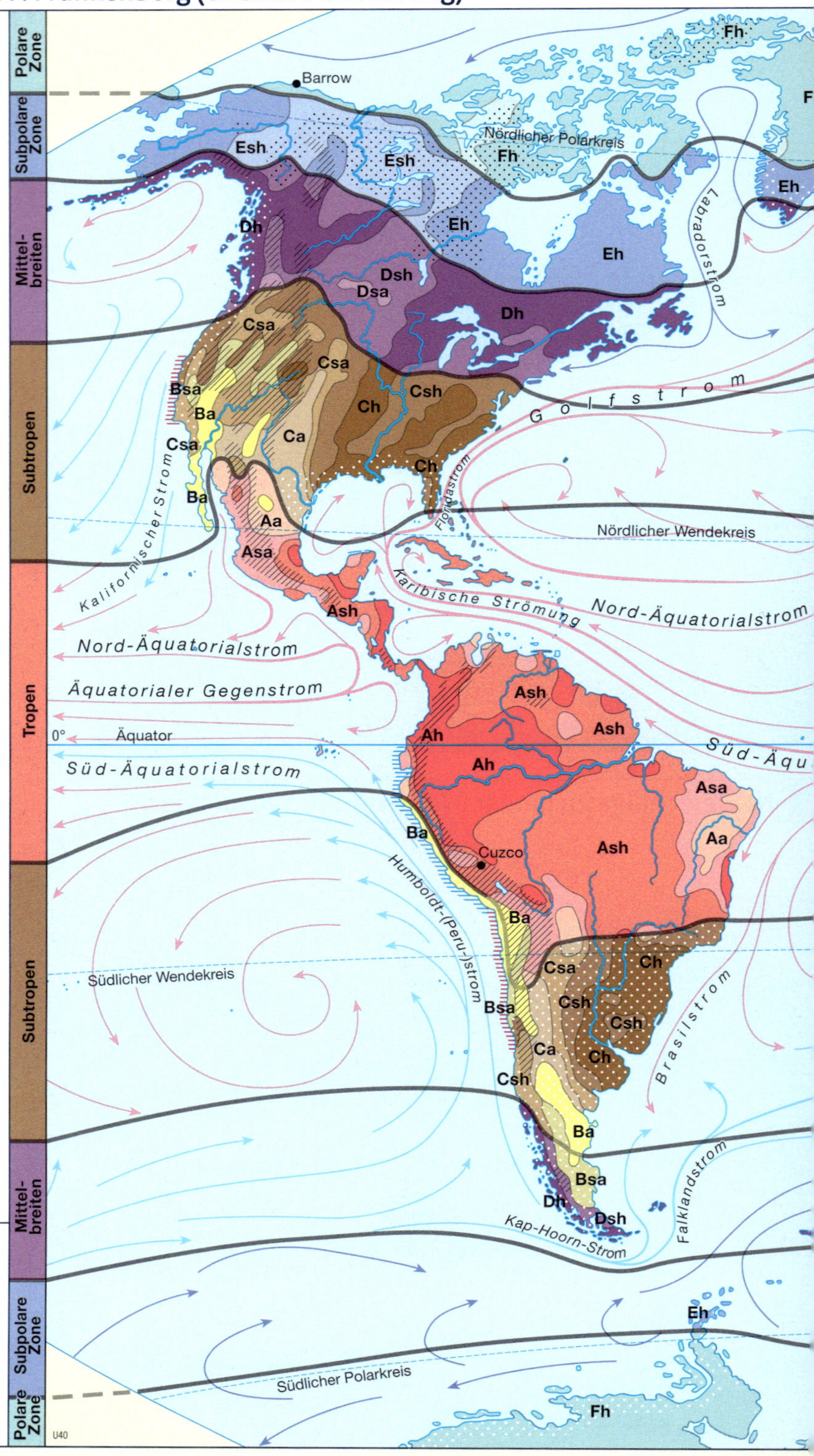

Maßstab 1 : 250 000 000

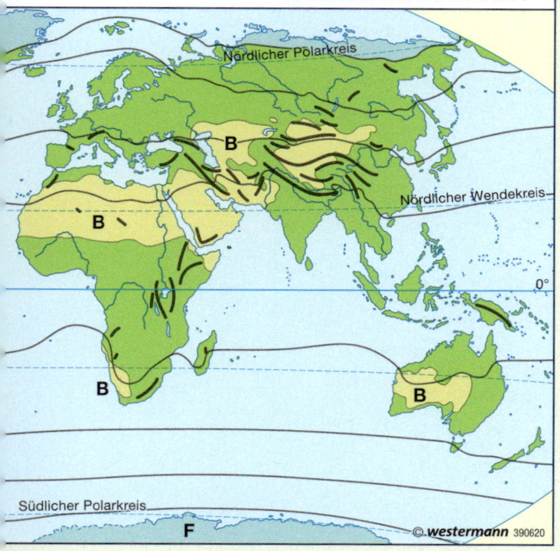

3 Jahreszeitenklima und Tageszeitenklima

Maßstab 1 : 250 000 000

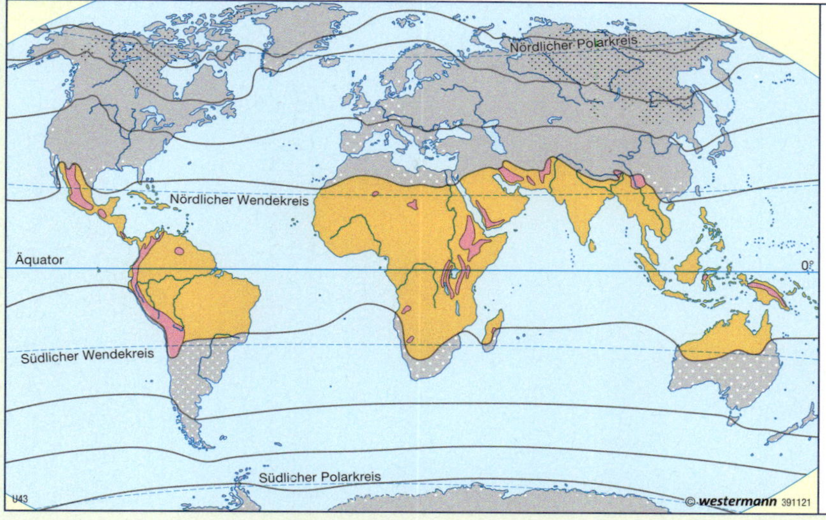

Jahreszeitenklimate außerhalb der Tropen

Innerhalb des Jahres beträgt der Unterschied zwischen dem Monat mit der höchsten und dem mit der niedrigsten Durchschnittstemperatur beim

- maritimen Klima bis zu 20 °C
- kontinentalen Klima 20 °C bis 40 °C
- hochkontinentalen Klima über 40 °C

Tageszeitenklimate der Kalt- und Warmtropen

- Kalttropen (über 1600 m kann Frost auftreten)
- Warmtropen (Frost tritt nie auf)

Maßstab 1 : 90 000 000

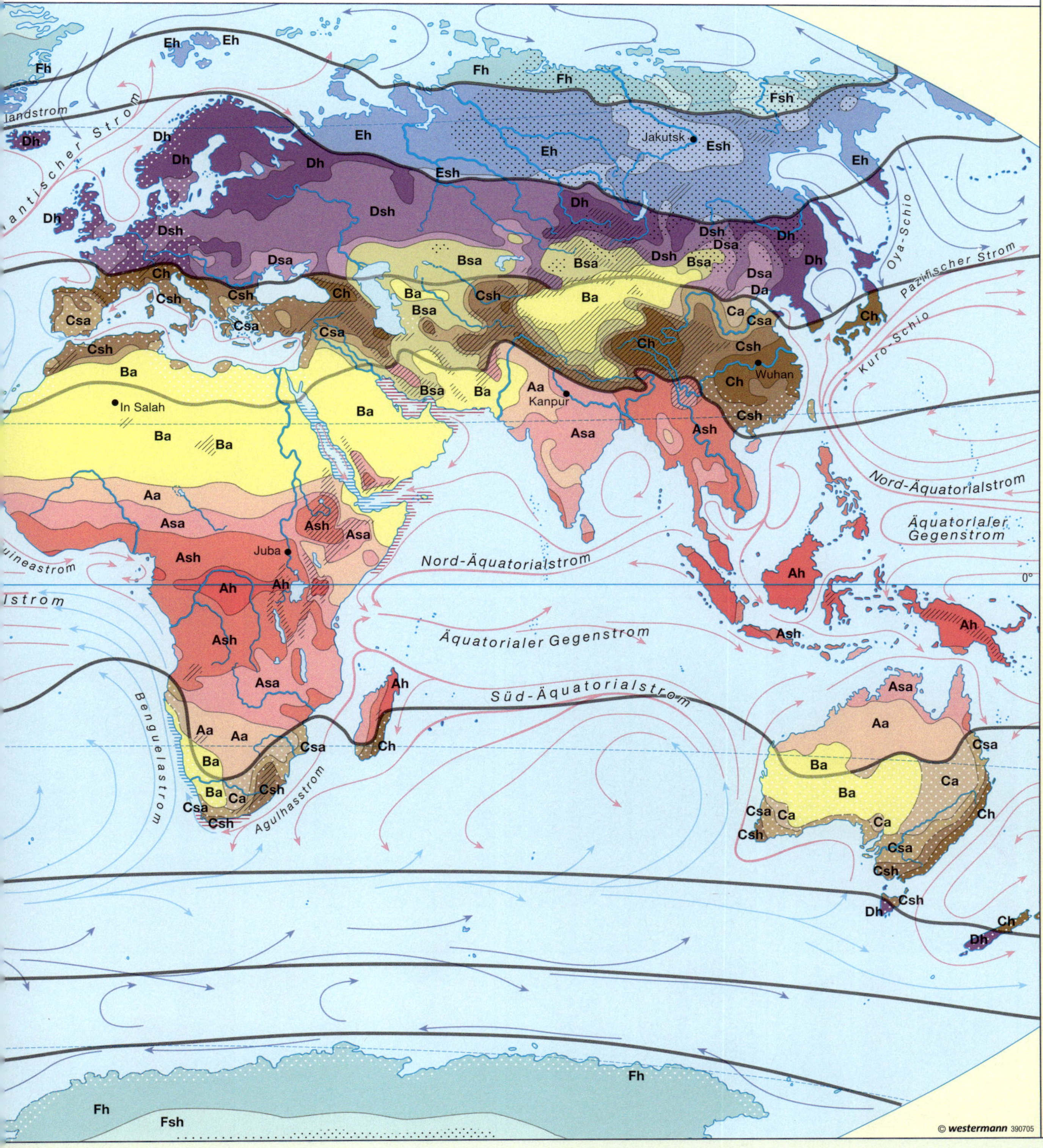

Klimadiagramme zu Europa auf den Seiten 60/61

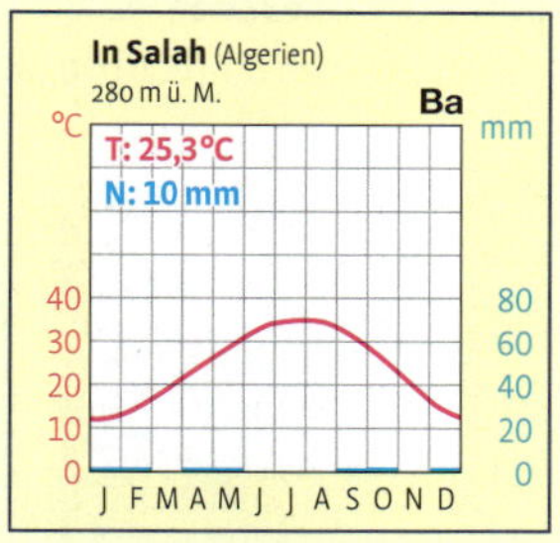

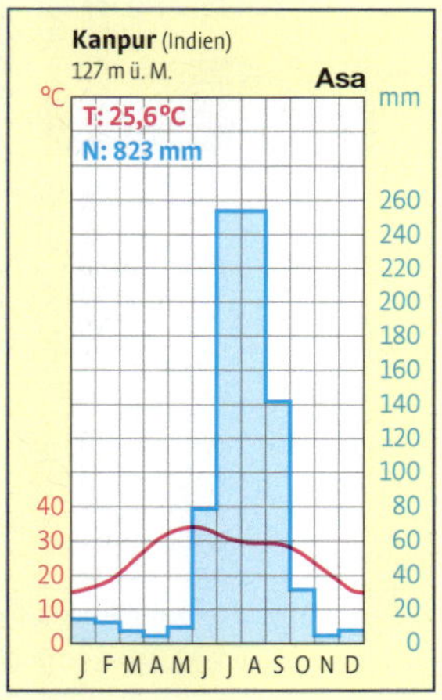

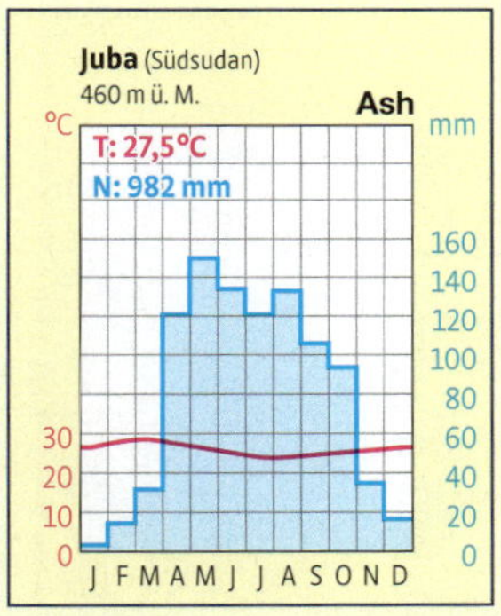

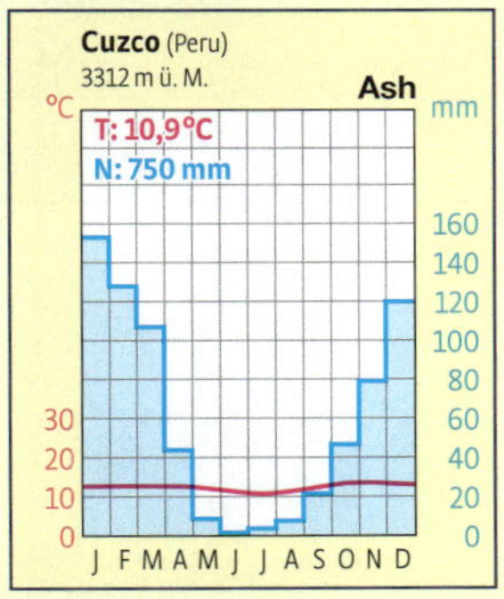

Ökozonen / Vegetation

Waldlandschaften

- nördlicher Nadelwald
- sommergrüner Laub- und Mischwald, Gebirgsnadelwald
- Feuchtwald
- Hartlaubgehölz
- Monsunwald und Regenwald

offene Landschaften

- polare Kältewüste
- Tundra
- Steppe und Hochgebirgsgrasland
- Dornstrauchsavanne
- Trockensavanne
- Feuchtsavanne
- Halbwüste und Wüste

Kulturland

- Ackerbau, Grünland

Größe der Ökozonen

1 Kästchen entspricht 1 000 000 km², also 1 000 km x 1 000 km.

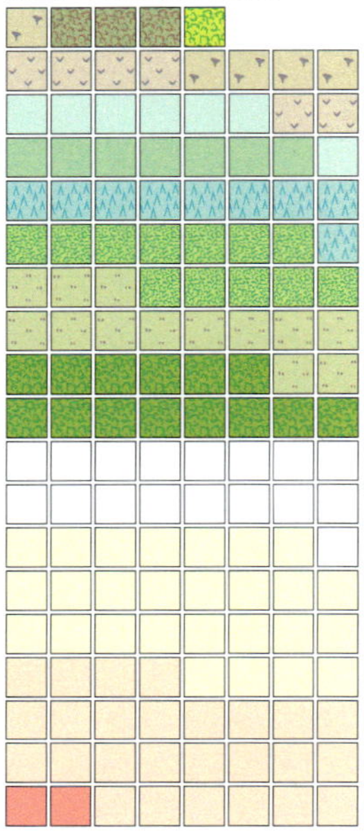

▲ Siedlungsfläche (in der Karte nicht dargestellt)

(Landflächen der Erde: 148 900 000 km²)

Tundra

nördlicher Nadelwald

sommergrüner Laub- und Mischwald

Steppe und Hochgebirgsgrasland

Hartlaubgehölze

albwüste und Wüste

Dornstrauchsavanne

Trockensavanne

Feuchtsavanne

Monsunwald und Regenwald

1 Erde bei Nacht

Maßstab 1 : 140 000 000

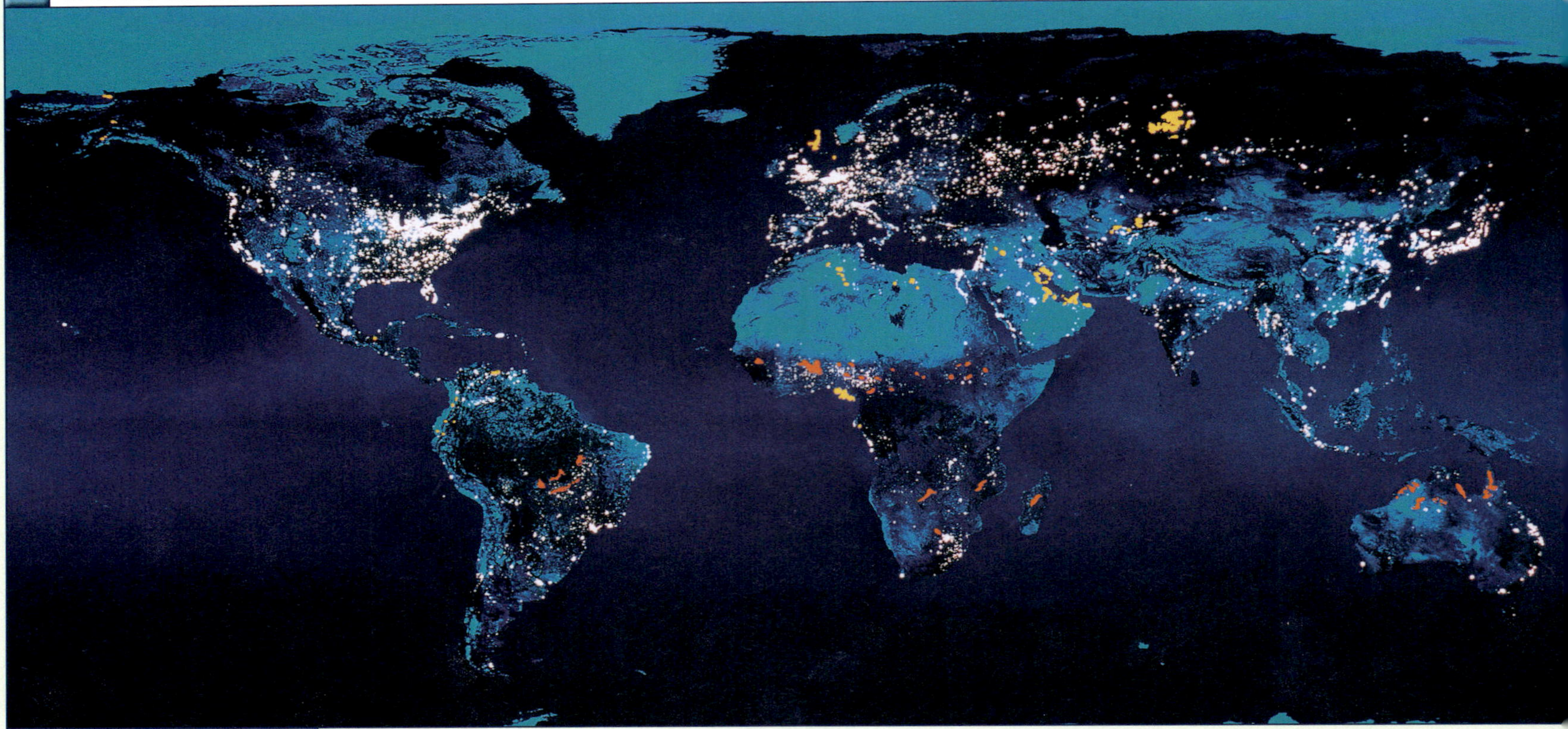

Lichtquellen
- Wald- und Buschbrände
- Erdöl- und Erdgasfackeln
- Beleuchtung

2 Treibhausgas Kohlenstoffdioxid

Maßstab 1 : 140 000 000

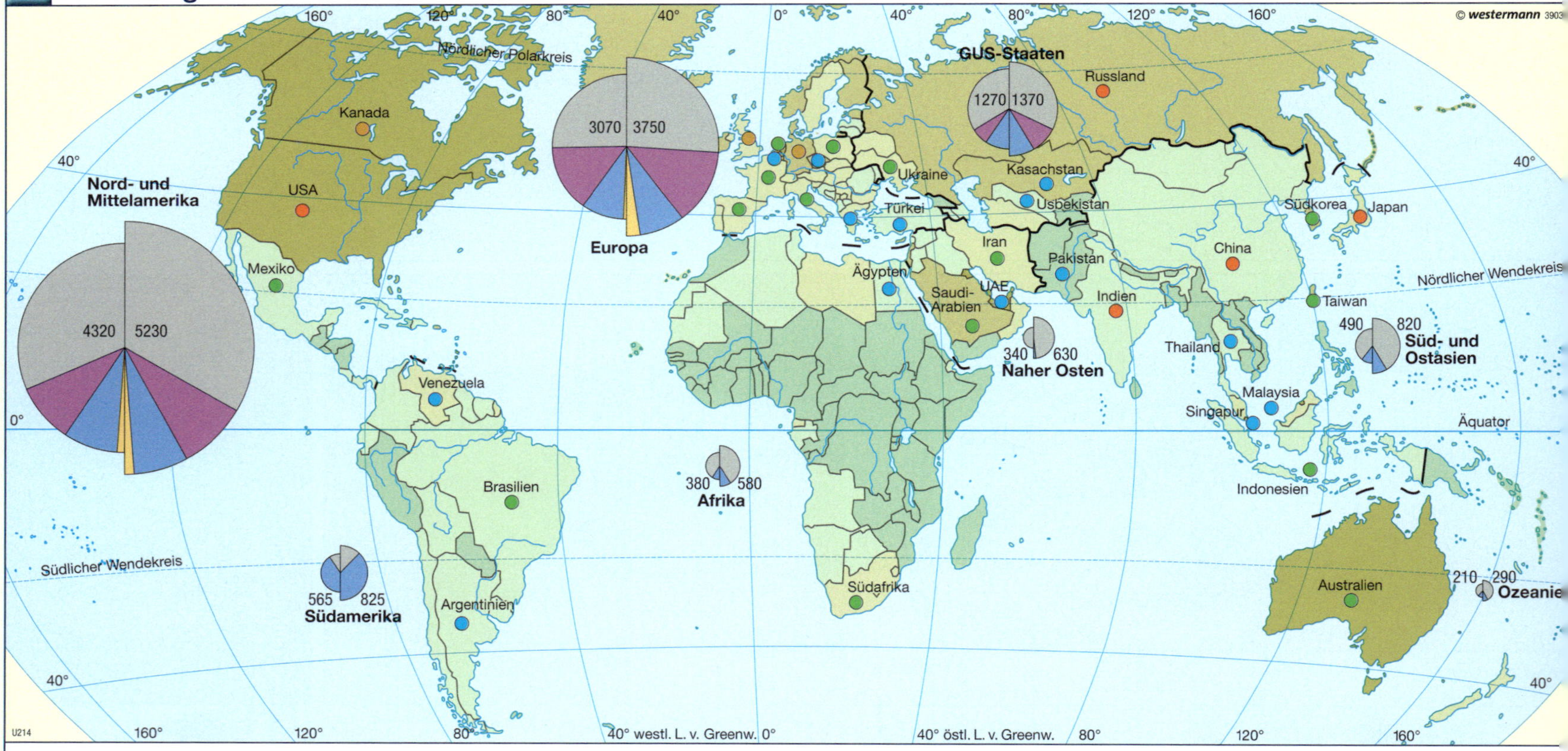

CO_2-Emission pro Einwohner (in Tonnen je Einwohner)
- unter 1
- 1 – 5
- 5 – 10
- 10 – 15
- über 15

Bei einem Flug von Berlin nach London und zurück werden pro Kopf 1,2 t CO_2 emittiert. Im Emissionshandel kostet das ca. 20 Euro. Dafür können in Südostasien etwa 100 m² Ödland renaturiert werden.

CO_2-Emission absolut (in Mio. Tonnen)
- 100 – 250
- 250 – 500
- 500 – 1000
- über 1000

Stromerzeugung (in Mrd. kWh/Jahr)

1995 2005
- fossile Energieträger (CO_2-Emission bei Verbrennung)
- Kernkraft
- Wasserkraft
- erneuerbare Energieträger (außer Wasserkraft)
- Regionsgrenze

Treibhausgasemissionen nach Quelle (2007)
(Treibhausgase sind CO_2, CH_4, N_2O, FKW, SF_6)

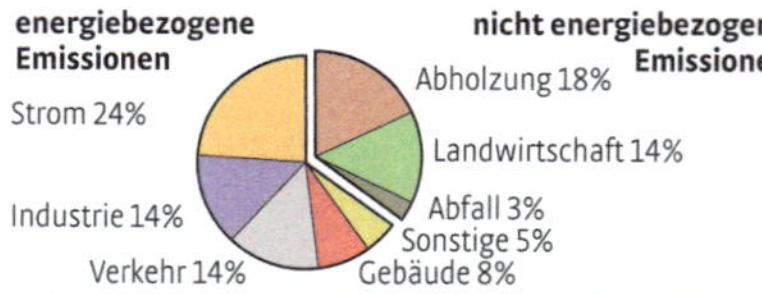

3 Landschaftswandel

Maßstab 1 : 140 000 000

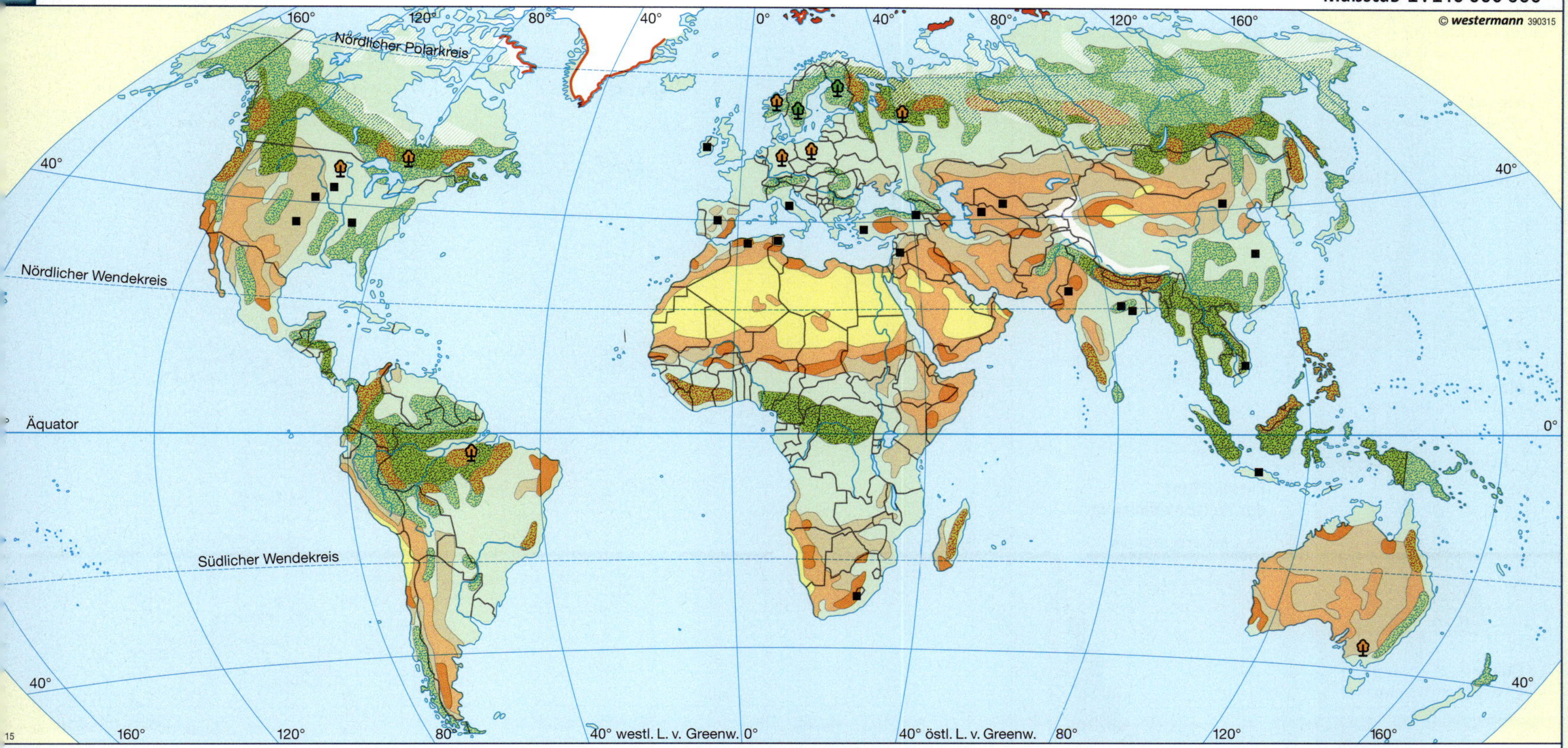

Waldrückgang

Bedrohung der Wälder durch Holzeinschlag und Brandrodung

- Wald ist stark betroffen
- betroffen
- wenig betroffen

Waldsanierung

- ■ umfangreiche Aufforstung

Nachhaltige Waldwirtschaft

- 5 – 50 Mio. ha
- 50–100 Mio. ha

Desertifikation (Wüstenbildung)

Trockenwüsten und deren Ausbreitung durch Dürre, Überweidung und unsachgemäßen Ackerbau

- Trockenwüste
- Gebiet ist stark betroffen, Verschlechterung des Bodens
- betroffen
- gefährdet

Kältewüsten und deren Rückgang durch ansteigende Temperaturen (Treibhauseffekt)

- Kältewüste (Inlandeis, Gletscher)
- Gebiet ist stark von Eisabschmelzung betroffen
- Gebiet mit tauendem Permafrostboden (Methanemissionen)

4 Fleischproduktion / Fischfang

Maßstab 1 : 140 000 000

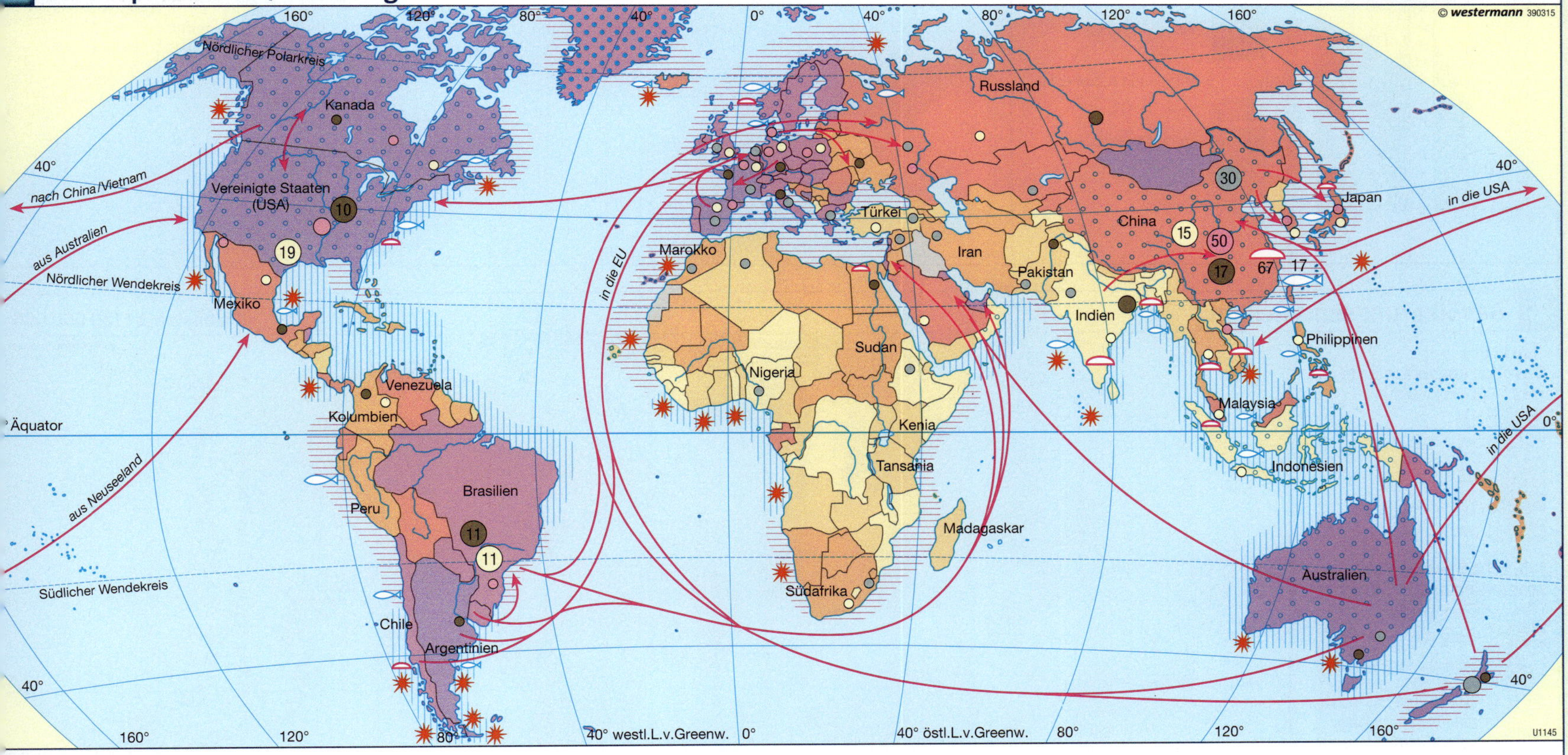

Fleischproduktion/Fischerei

- Rinder/Büffel
- Schweine
- Schafe
- Geflügel
- Fischfang
- Aquakulturen (Garnelen, Muscheln, Lachs)
- internationaler Fleischhandel

Größenstufen in % der Weltproduktion (2005)

- unter 5
- 5 – 10
- über 10 % mit Prozentangabe (31)

Fischbestände

- relativ stabil
- überfischt
- Konflikte zwischen nationalen und ausländischen Fangflotten

jährlicher Fleisch-/Fischkonsum (kg pro Kopf)

Fleisch		Fisch
0 – 10	40 – 60	0 – 20
10 – 20	60 – 100	20 – 60
20 – 40	über 100	über 60

1 Bevölkerungsdichte und Megastädte

Altersaufbau (2007)
5-Jahresgruppen in Prozent der Bevölkerung

Nigeria
155 Millionen Einwohner

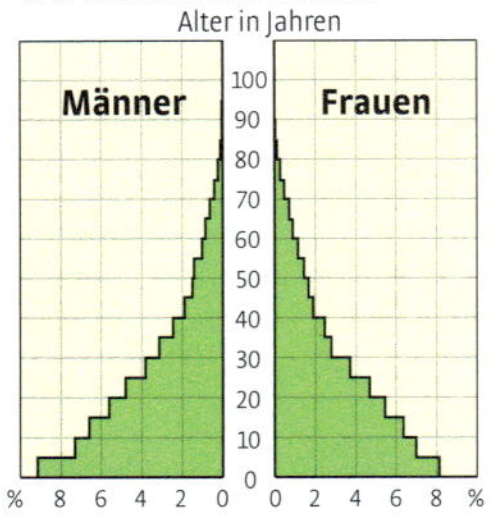

Mexiko
111 Millionen Einwohner

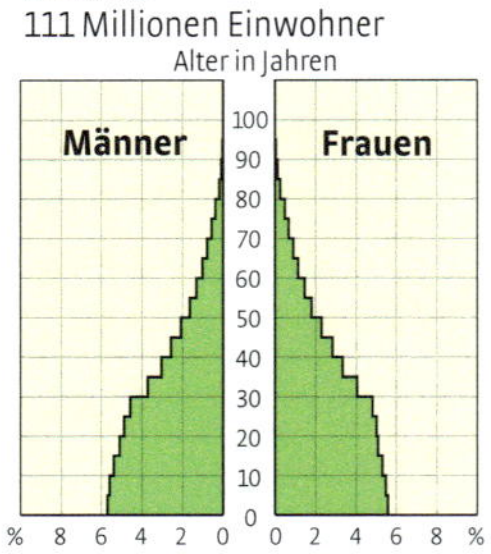

China
1 346 Millionen Einwohner

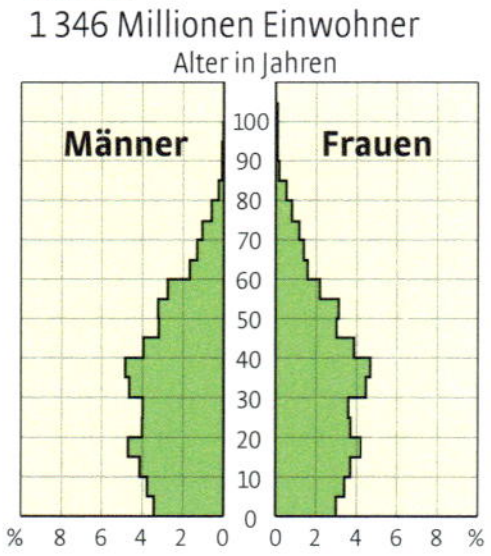

Japan
128 Millionen Einwohner

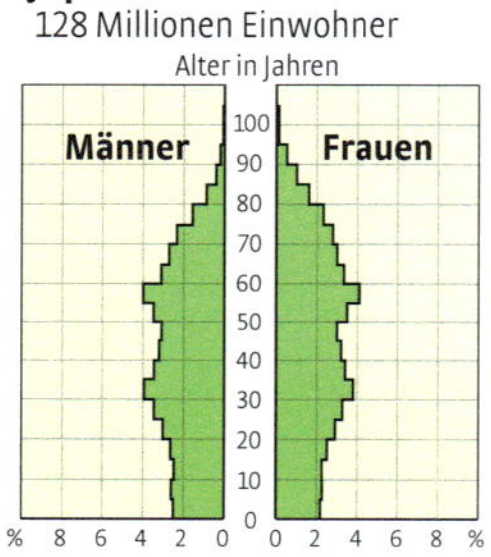

Einwohner je km²

- unbewohnt
- unter 1
- 1 – 10
- 10 – 25
- 25 – 50
- 50 – 100
- 100 – 200
- über 200

Megastädte (2007)
Städtische Agglomeration mit

- 5 000 000 – 10 000 000
- über 10 000 000 Einwohnern (Megastädte)

Entwicklung der Weltbevölkerung (in Mrd.)

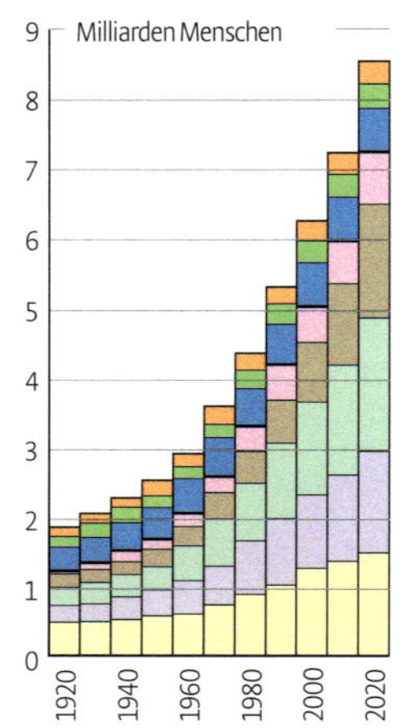

Länder und Ländergruppen

- USA und Kanada
- GUS-Staaten
- Europa
- Mittel- und Südamerika
- Afrika
- übriges Asien/Ozeanien
- Indien
- China

A Österreich
BG Bulgarien
CZ Tschechische Republik
D Deutschland
DK Dänemark
GE Georgien

2 Bevölkerungsentwicklung

Maßstab 1 : 180 000 000

Jährliches Bevölkerungswachstum (1997–2007 in Prozent)

- bis 1,0
- 1,1 – 2,0
- 2,1 – 3,0
- 3,1 und mehr
- keine Angabe

Jährliche Bevölkerungsstagnation oder -abnahme (1997–2007 in Prozent)

- 0 bis –1,0

28 jährliche Veränderung in 100 000 Einwohner (1997–2007, nur Staaten mit über 20 Millionen Einwohnern)

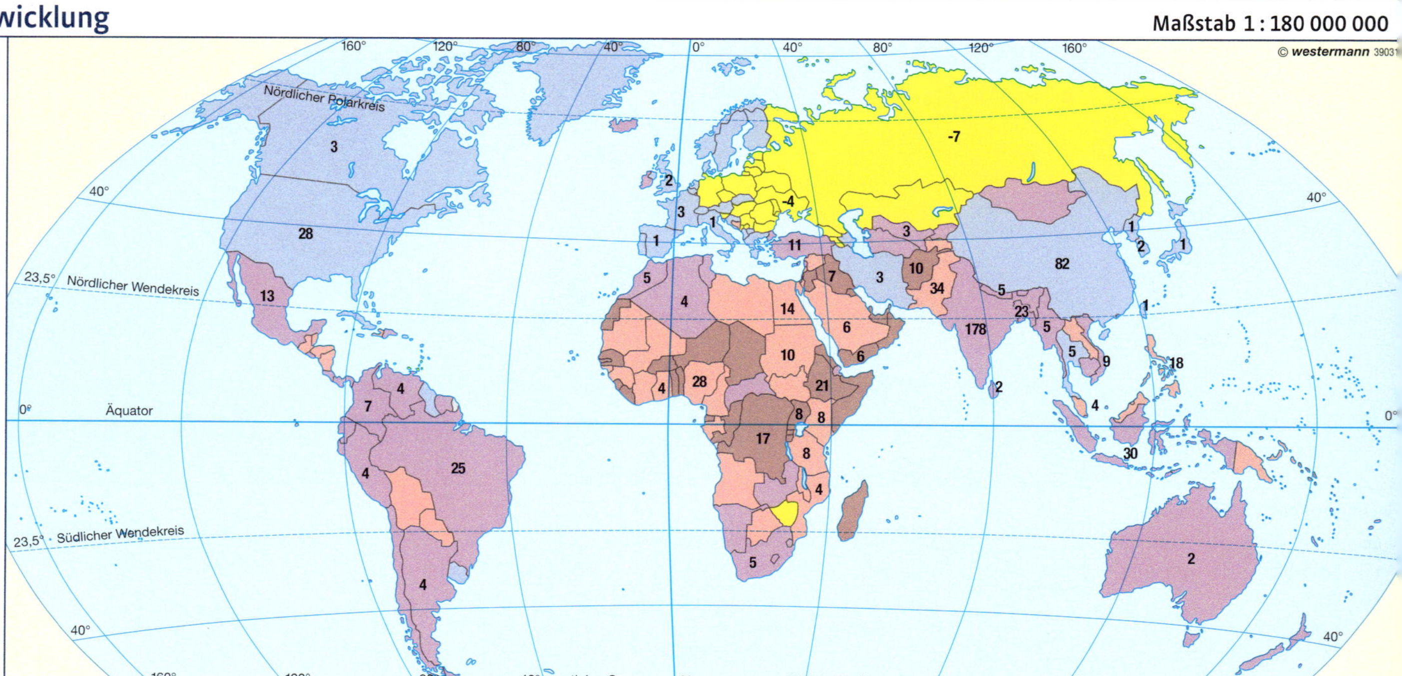

Maßstab 1 : 90 000 000

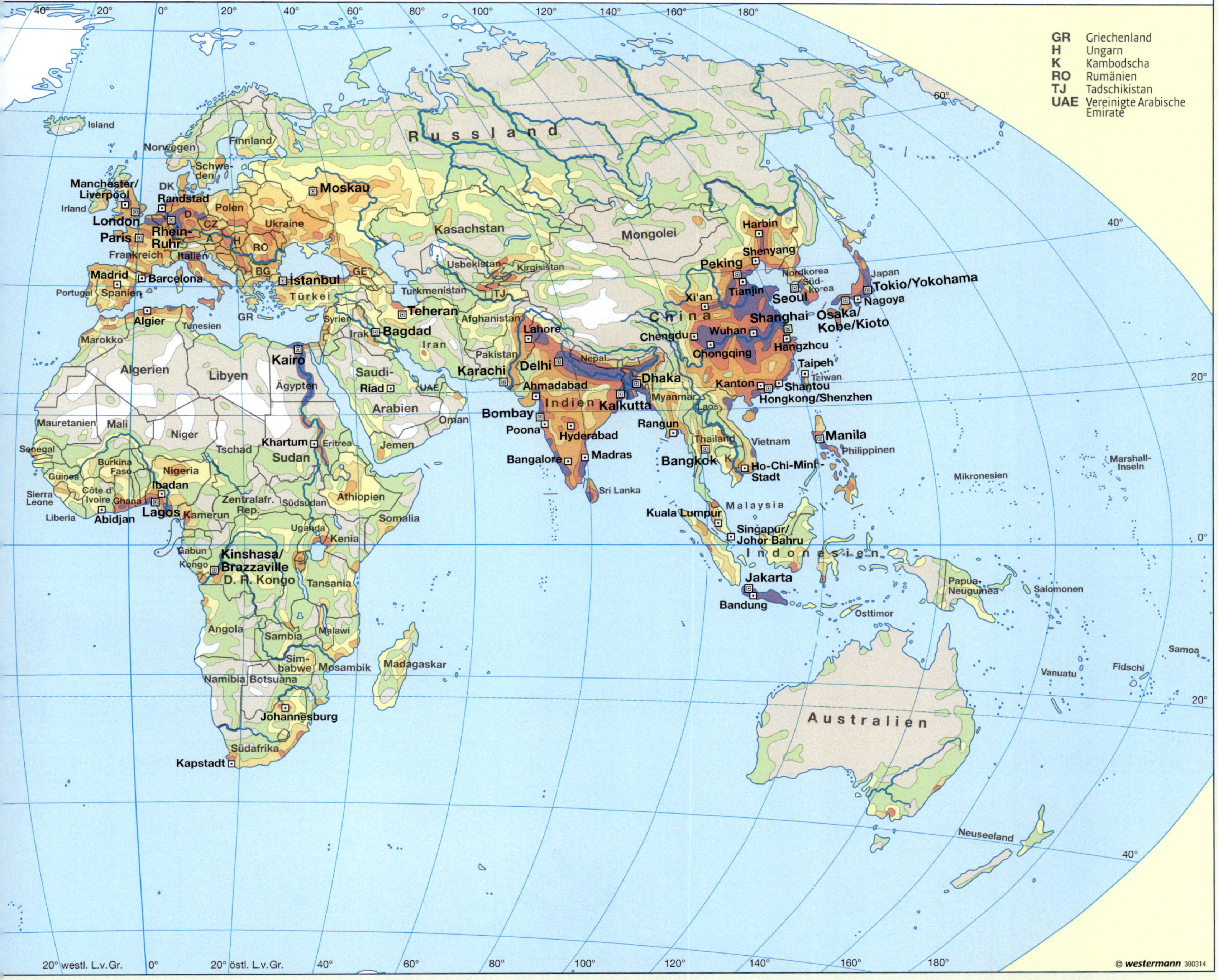

3 Religionen

Maßstab 1 : 180 000 000

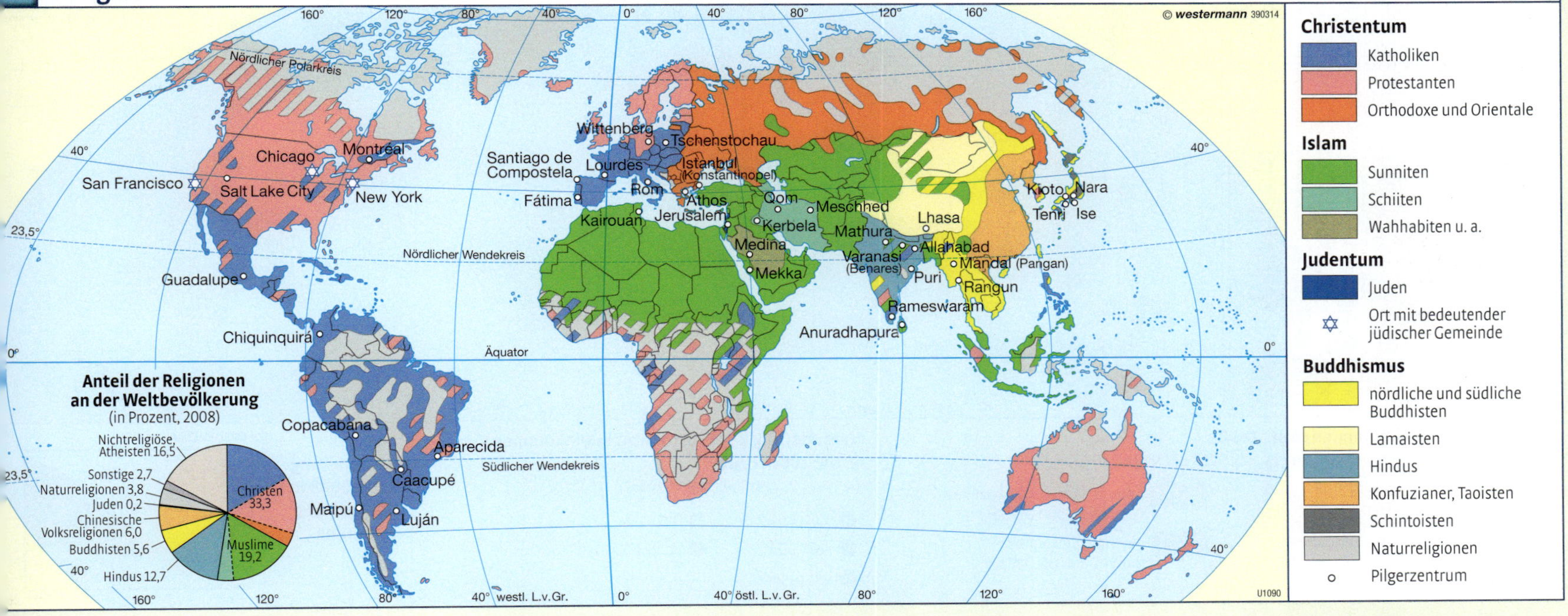

1 Lebensbedingungen

Maßstab 1 : 140 000 000

Lebensbedingungen (Menschlicher Entwicklungsindex HDI, 2010)

- sehr gut (hochentwickeltes Land)
- gut (entwickeltes Land z.T. Schwellenländer)
- mittelmäßig (z.T. Entwicklungsländer)
- schlecht (Entwicklungsländer)
- keine Angaben

Zur Berechnung des menschlichen Entwicklungsindex (engl. Human Development Index – HDI) werden folgende Merkmale herangezogen:

1. Lebenserwartung
2. Mittlere Zahl an Schuljahren und mittlere Dauer der gesamten Ausbildung (Jahre)
3. Bruttonationaleinkommen pro Einwohner (nach Kaufkraft, in US-Dollar)

Der HDI-Wert liegt immer zwischen 0 und 1.

HDI-Rang	Land	HDI 2010
1	Norwegen	0,938
4.	Vereinigte Staaten von Amerika	0,902
10.	Deutschland	0,885
65.	Russische Föderation	0,719
89.	China	0,663
119.	Indien	0,519
169.	Simbabwe	0,140

2 Wirtschaftskraft

Maßstab 1 : 140 000 000

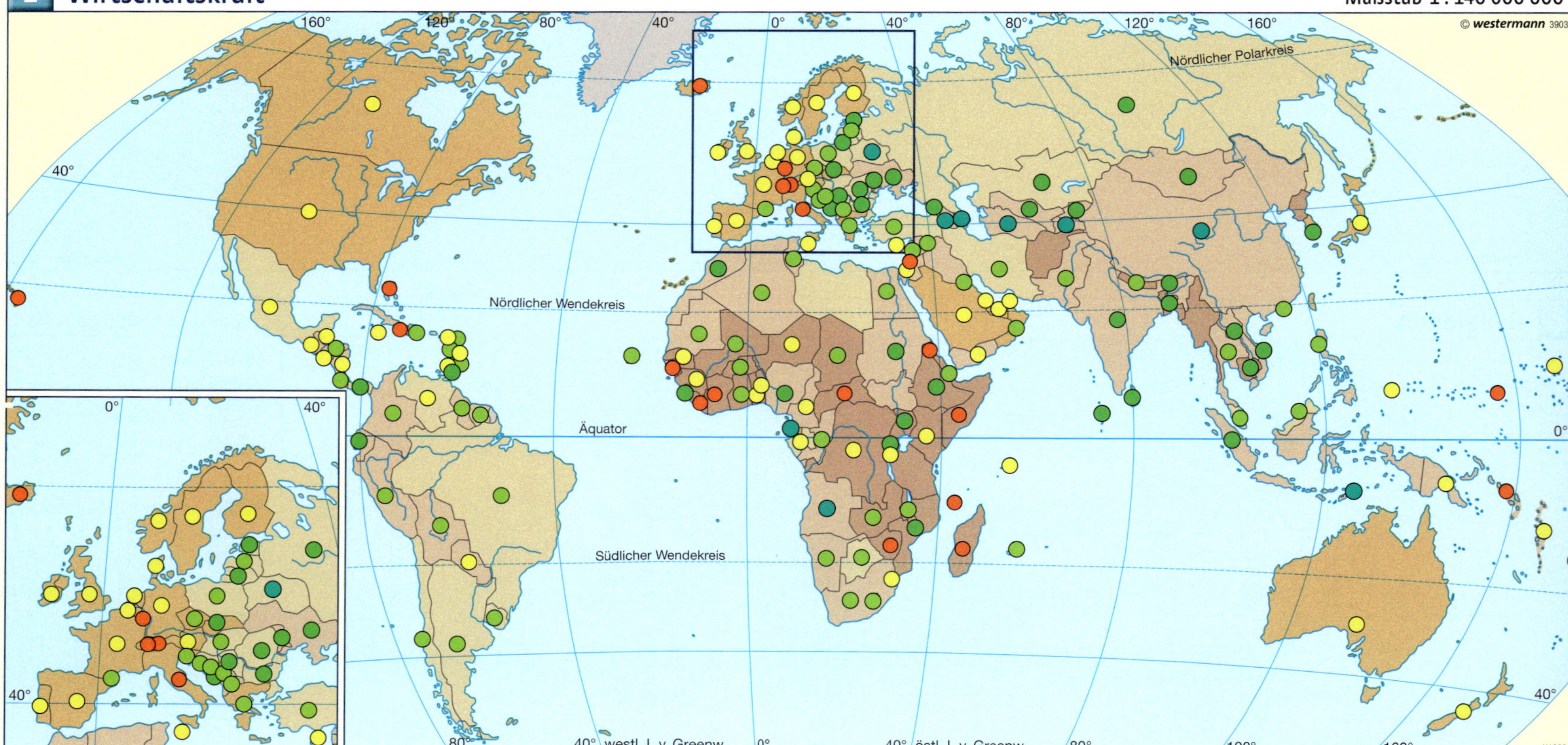

Bruttonationaleinkommen (BNE, 2008)

(in US-Dollar pro Einwohner, Weltdurchschnitt = 10 631 US-Dollar)

- hohes Einkommen (über 20 000 US-Dollar)
- oberes mittleres Einkommen (10 000 – 20 000 US-Dollar)
- unteres mittleres Einkommen (2 000 – 10 000 US-Dollar)
- niedriges Einkommen (unter 2 000 US-Dollar)

Veränderung des Bruttonationaleinkommens (BNE) 2000-2008

(in Prozent, Weltdurchschnitt = 45%)

- über 100 %
- 46 -100 %
- 21 - 45 %
- 0 - 20 %
- unter 0 %

BNE-Veränderung 1995-2009 in Deutschland und China

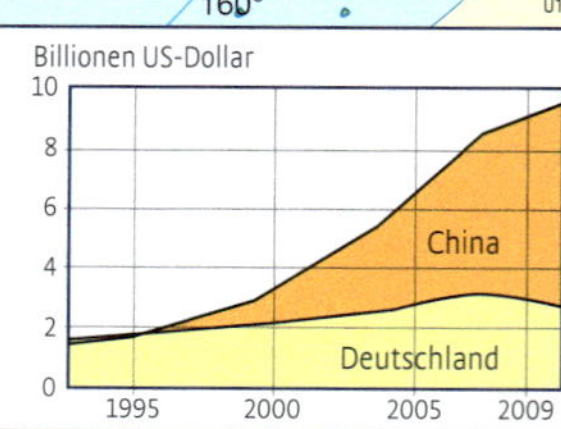

3 Lebenserwartung und Säuglingssterblichkeit

Maßstab 1 : 140 000 000

Lebenserwartung 2010

- unter 50 Jahre
- 50 – 59
- 60 – 69
- 70 – 79
- 80 Jahre und älter
- keine Angabe

Durchschnittliche Lebenserwartung der Weltbevölkerung 2010 (in %)

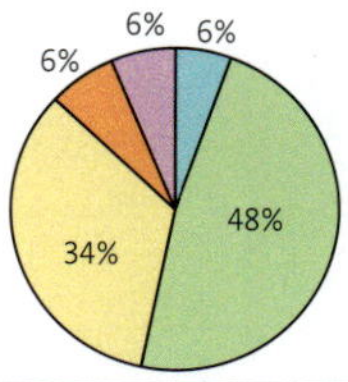

Säuglingssterblichkeit 2010
(je 1 000 Geburten)

- unter 10
- 10 – 49
- 50 – 99
- über 100

Anteil der Kinder (bis 14 Jahre) an der Gesamtbevölkerung 2010 (in %)

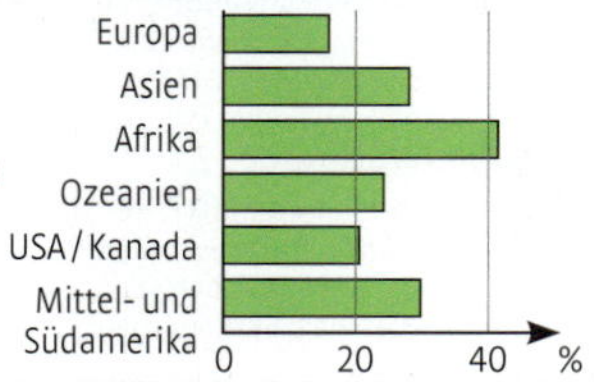

4 Alphabetismus und Ernährung

Maßstab 1 : 140 000 000

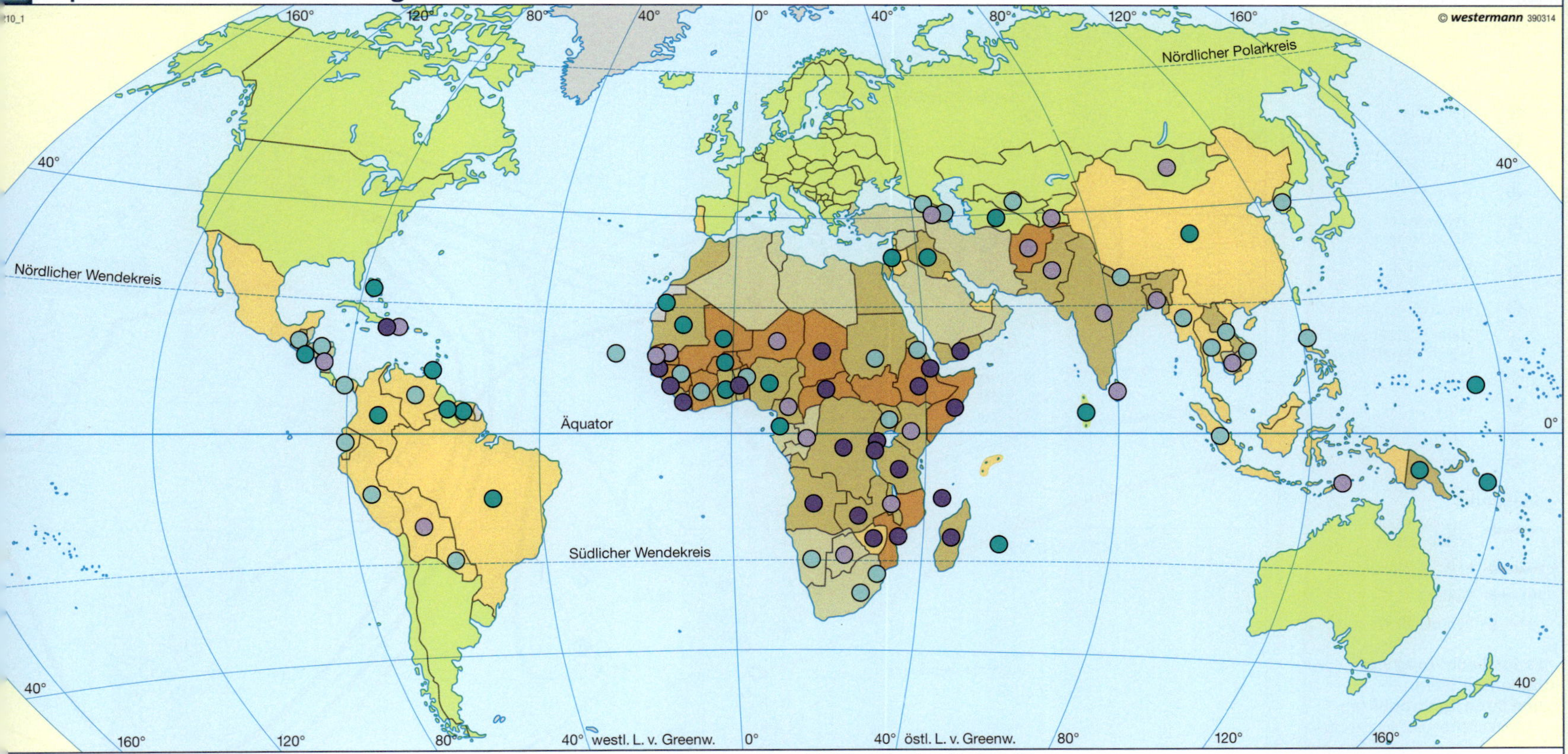

Lese- und Schreibkundige 2010
(Anteil der Landesbevölkerung über 14 Jahre in Prozent)

- bis 50
- 50 – 75
- 75 – 90
- 90 – 95
- über 95
- keine Angaben

Entwicklung des durchschnittlichen Schulbesuchs in Deutschland und China 1980-2010
Grundlage: Gesamtbevölkerung

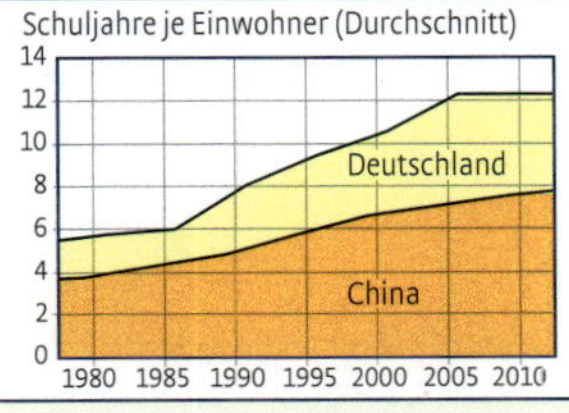

Unterernährte 2004 – 2006
(Anteil der Landesbevölkerung in Prozent)

- über 30%
- 21 – 30%
- 11 – 20%
- 6 – 10%

www.heimatundwelt.de HW-186

1 Wirtschaftsbündnisse und Kommunikation

Wirtschaftszentrum
- global bedeutendes Zentrum (Weltstadt, Global City)
- kontinental bedeutendes Zentrum
- Steuerparadies

Wirtschaftsbündnisse
- Europäische Union (EU)
- Organisation für wirtschaftliche Zusammenarbeit und Entwicklung (Organisation for Economic Cooperation and Development = OECD)
- Organisation Erdöl exportierender Länder (Organization of the Petroleum Exporting Countries = OPEC)
- Nordamerikanische Freihandelszone (North American Free Trade Agreement = NAFTA)
- Gemeinsamer Südamerikanischer Markt (Mercado Común del Cono Sur = Mercosur)
- Entwicklungsgemeinschaft Südliches Afrika (Southern African Development Community = SADC)
- Gemeinschaft Unabhängiger Staaten (GUS)
- Verband Südostasiatischer Staaten (Association of Southeast Asian Nations = ASEAN)

Kommunikation
- interkontinentale Datenströme (Telefongespräche, Routen mit über 100 Millionen Minuten Telekommunikation im Jahr)

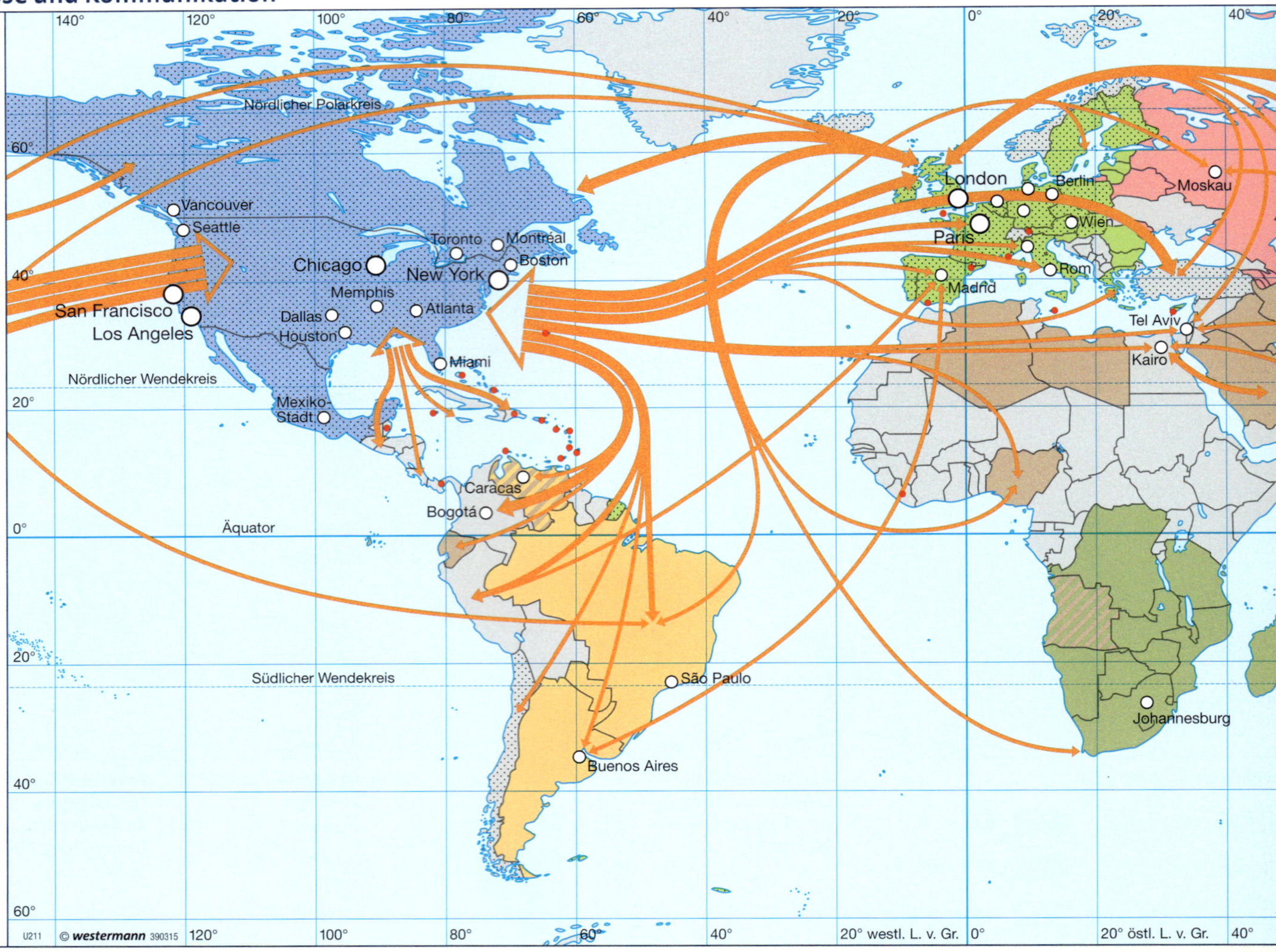

2 Bodenschätze und der Welthandel mit Rohstoffen

Bergbau
- Erdöl
- Erdgas
- Steinkohle
- Braunkohle
- Uran
- Eisen
- Stahlveredler (Chrom, Mangan, Kobalt u. a.)
- Buntmetalle (Kupfer, Zinn, Blei, Zink u. a.)
- Bauxit (Aluminiumrohstoff)
- Metalle der Seltenen Erden (Hightech-Rohstoffe)
- Gold
- Silber
- Platin
- Diamanten

Seehandel
- Steinkohle und Braunkohle
- Erdöl, Erdölprodukte
- Eisenerz
- Buntmetallerze

Exportbedeutung von Bodenschätzen und ihren Rohprodukten
Prozentanteil am Gesamtexport
- unter 4
- 4 – 8
- 8 – 16
- 16 – 35
- 35 – 70
- über 70 %
- keine Angaben

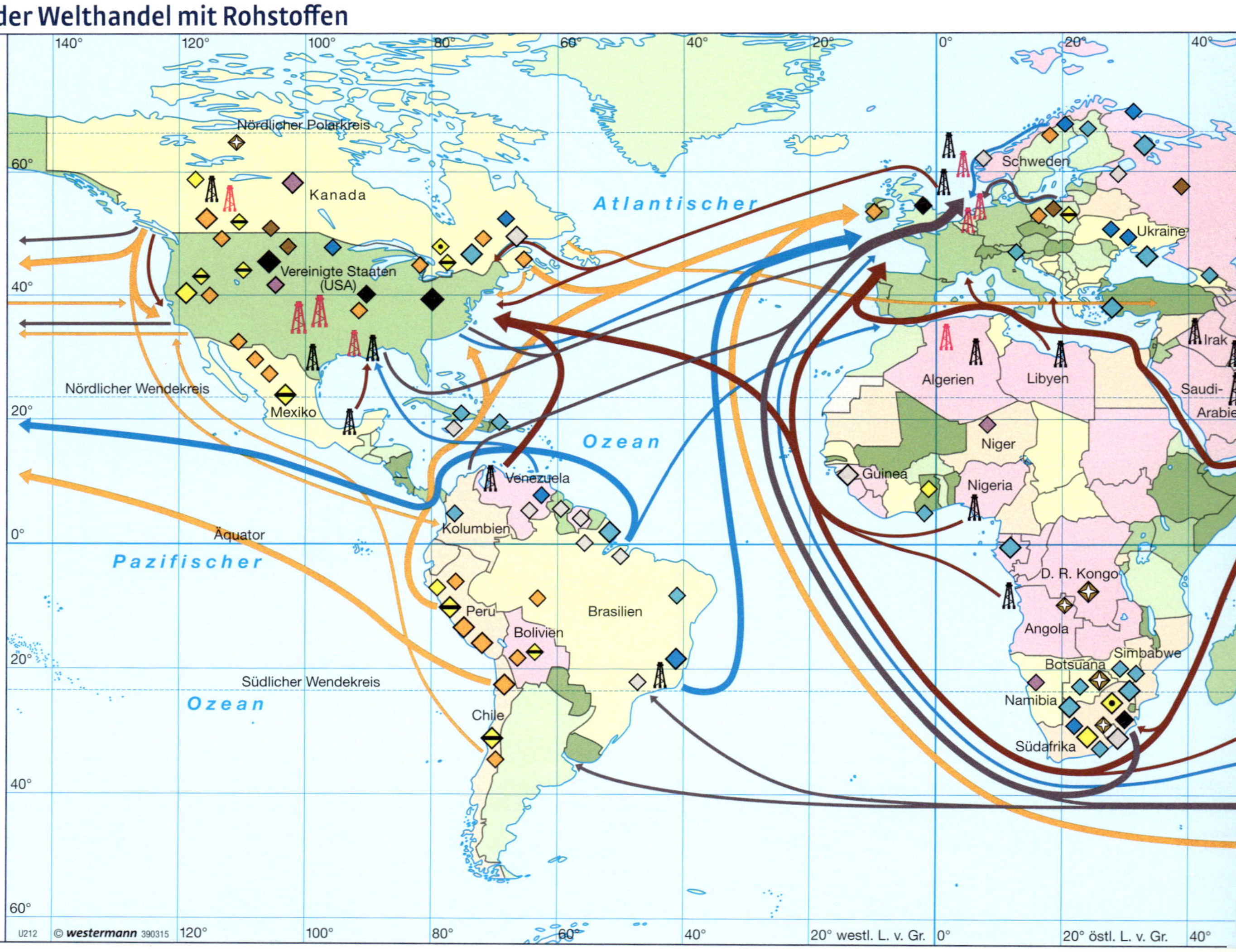

Maßstab 1 : 120 000 000 *

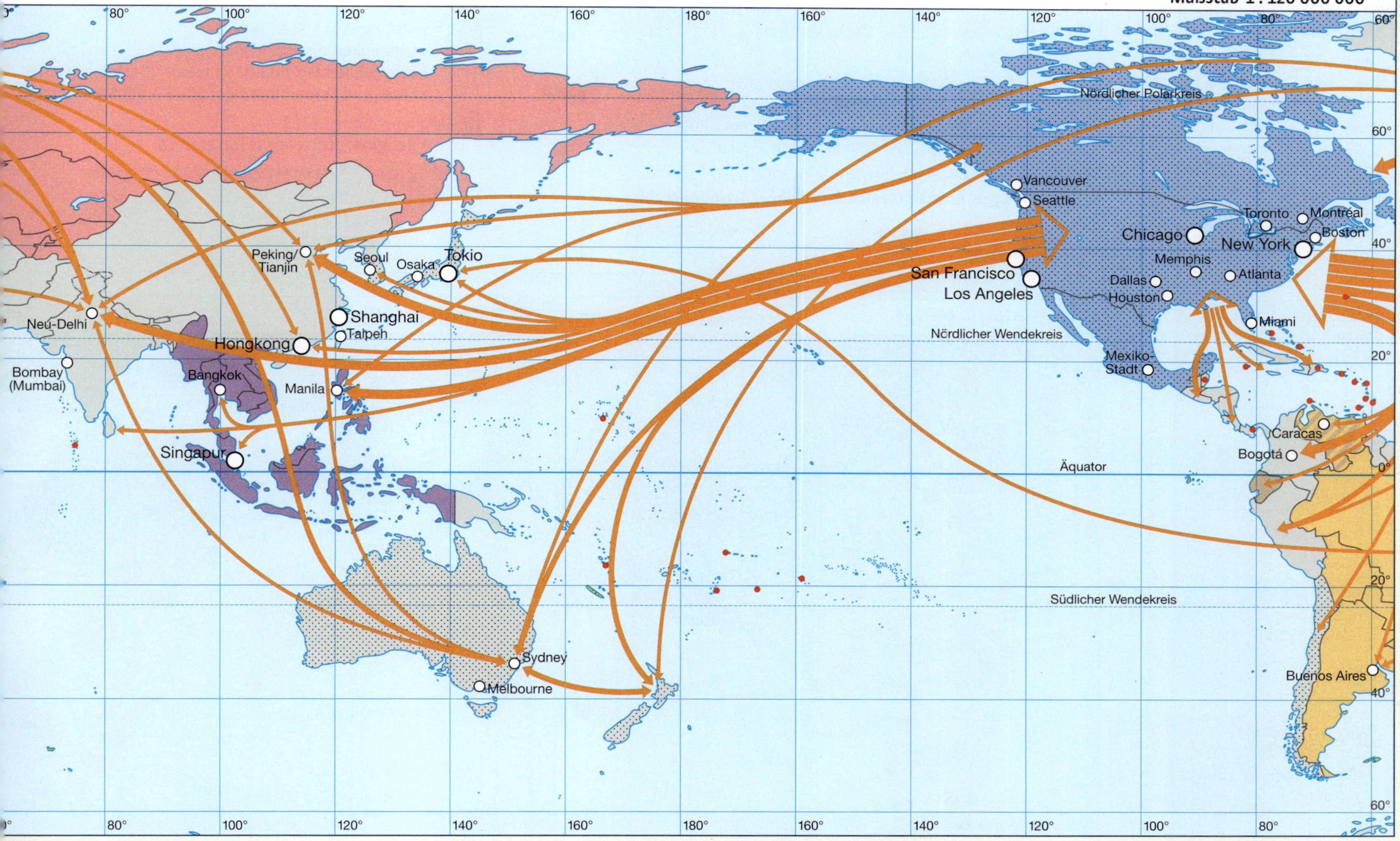

Maßstab 1 : 120 000 000 *

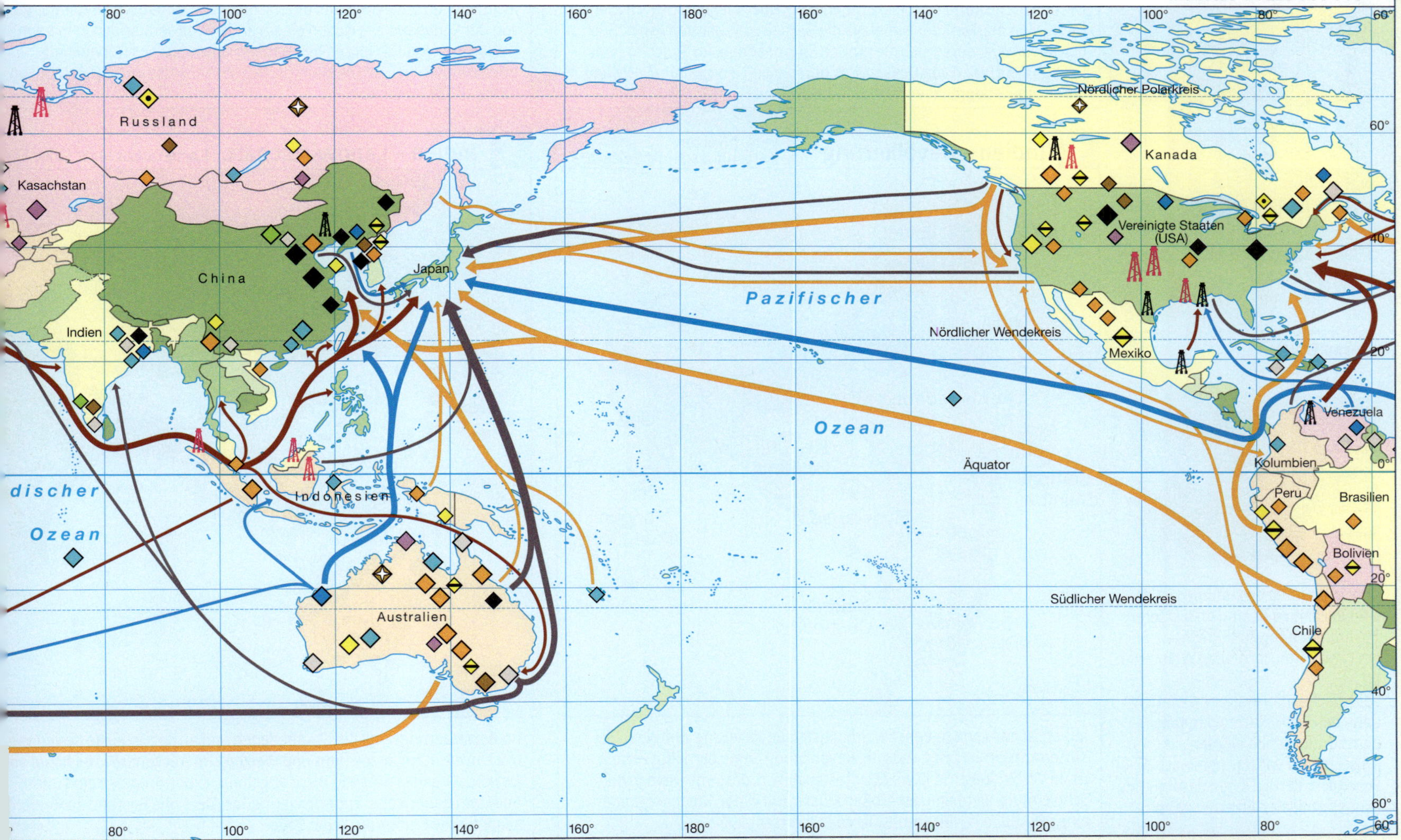

* Die Karten auf dieser Seite wurden so entworfen, dass sowohl die Breitenkreise als auch die Längenhalbkreise als gerade Strecken abgebildet werden und sich überall rechtwinklig schneiden. Bei dieser sogenannten Zylinderprojektion kann die Erdoberfläche mehrfach abgebildet werden. Der Maßstab 1 : 120 000 000 gilt nur am Äquator und in Messrichtung vom Äquator zu den Polen.

Ein Land unter die Lupe nehmen

Um eine Region oder ein Land zu beschreiben, werden die Merkmale, die einen geographischen Raum prägen, untersucht. Dabei sollen typische oder besondere Kennzeichen des Raumes herausgestellt werden. Ein Raum kann umfassend und systematisch oder unter einem ausgewählten Gesichtspunkt (z.B. Bevölkerung) betrachtet werden.

Kulturraum
Religion, Sprache, Tradition, Bauweise, Kleidung

Politik und Geschichte
politische Verhältnisse, geschichtliche Entwicklung

Verkehrsraum
Kraftfahrzeug-, Eisenbahn-, Luft- und Wasserverkehr

Wirtschaftsraum
Landwirtschaft, Bergbau, Industrie, Dienstleistungen, Tourismus

Bevölkerung
Bevölkerungsdichte, Bevölkerungsverteilung, Städte und Dörfer, soziale Aspekte (z. B. Einkommen, Altersaufbau)

Naturraum
Oberflächenformen, Boden, Landschaften, Gewässer, Klima, Pflanzen- und Tierwelt

Gesamtraum

Zur Einordnung des Raumes ist es sinnvoll, ihn zu Beginn im größeren Zusammenhang zu betrachten. Für ein Land bieten sich dazu Weltkarten an.
Spezifische Informationen können dann den Detailkarten des Kontinents entnommen werden. Hinweise auf Spezialthemen und besondere Kennzeichen des Raumes können Fallbeispielkarten geben.

1 Indien – Allgemeine Informationen aus Weltkarten

Physische Übersicht, Buchdeckel vorne innen:
- **Lage:** Asien

Politische Übersicht, Buchdeckel hinten innen:
- **Hauptstadt:** Neu-Delhi
- **Nachbarstaaten:** Pakistan, China, Nepal, Bhutan, Myanmar, Bangladesch

Staaten – Flaggen und Statistik, Seite 208/209:
- **Flagge, Autokennzeichen, Fläche, Einwohnerzahl:**

(IND)	**Indien**		3 287 263	(7)
			1 139 965 000	(2)

Entwicklungsstand, Seite 184/185:
- **Lebensbedingungen:** mittelmäßig bis schlecht
- **Bruttoinlandsprodukt:** unteres mittleres Einkommen
- **Lese- und Schreibkundige:** 50-75 % der Bevölkerung

Religionen, Seite 183 3:
- **Religion:** überwiegend Hinduismus

! Es ist hilfreich die Angaben und Kennzeichen in Bezug zu einem bekannten Land (z.B. Deutschland) zu betrachten.

2 Indien – Relief

Kartenausschnitt Seite 100

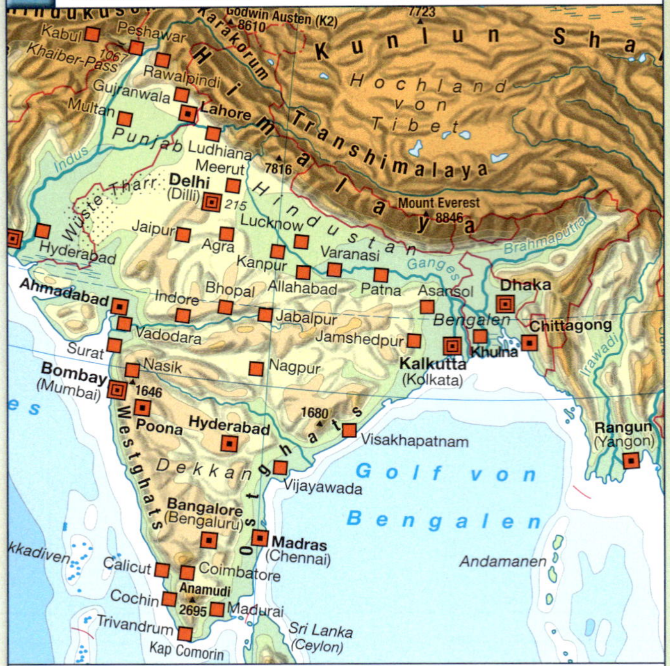

Die physische Karte gibt Auskunft über die Oberflächenformen Indiens. Im Norden markiert der Himalaya die Grenze zum übrigen Asien. Südlich davon erstrecken sich die großen Stromebenen. Im Süden Indiens liegt das Hochland von Dekkan, das durch zwei Gebirge, die West- und die Ostghats begrenzt wird.

3 Indien – Klima

Kartenausschnitt Seite 176 / 177

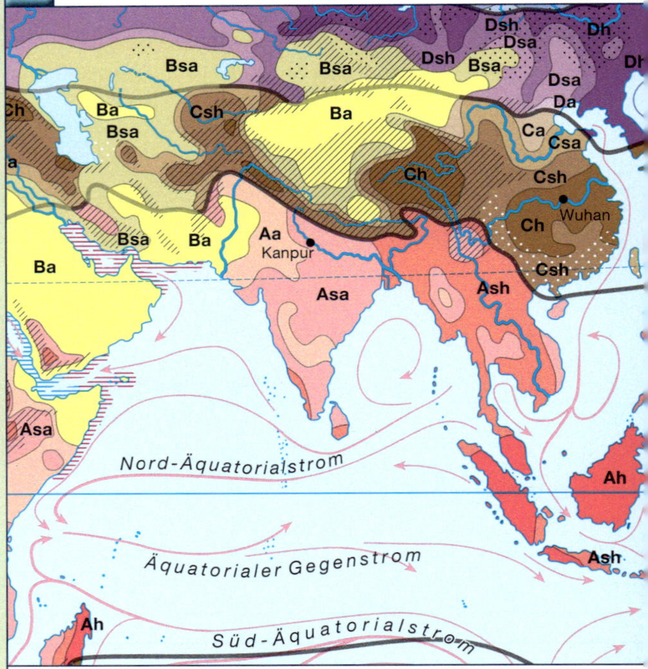

In Indien herrschen regional unterschiedliche klimatische Bedingungen vor. Der Süden Indiens ist von einem ariden und semiariden Klima der Tropen geprägt. Im Norden herrscht ein subtropisches Höhenklima. Jahreszeitlich werden die klimatischen Verhältnisse durch den Monsun (Seite 105 5) bestimmt.

4 Indien – Bevölkerung

vergrößerter Kartenausschnitt Seite 103

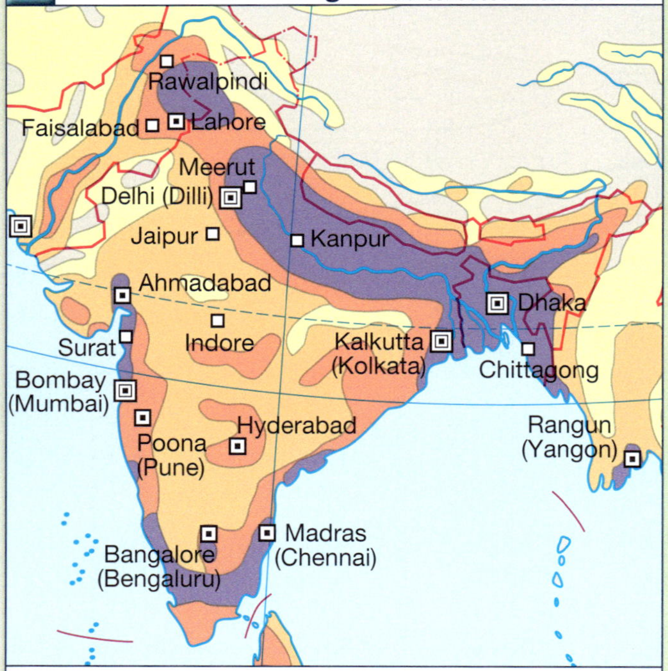

Indien ist das Land mit der zweithöchsten Bevölkerung weltweit. Der Kartenausschnitt zeigt, dass die Bevölkerung ungleichmäßig verteilt ist. In Verbindung mit Karte 1 ist festzustellen, dass vor allem in den Schwemmlandebenen der großen Flüsse und in den Küstenregionen eine sehr hohe Bevölkerungsdichte vorherrscht.

5 Indien – Landwirtschaft

Kartenausschnitt Seite 104

Im Bewässerungsland der Stromebenen und an der Ostküste dominiere intensive Nutzpflanzen (Reis und Weizen). Im trockeneren Hochland vo Dekkan wird überwiegend Hirse angebaut. Exportprodukte sind unter anderem Baumwolle, Zuckerrohr und Tee. Der hohe Bestand an Rindern spielt für die Ernährung keine Rolle.

Linien-, Säulen- und Kreisdiagramme

In einem **Diagramm** werden Zahlen als Bild dargestellt. So kann man die Zahlenwerte schnell erkennen und miteinander vergleichen.

Die bildhafte Darstellung kann aus Linien, Flächen, Säulen, Balken, kleinen Quadraten (Rahmen) oder Kreisen bestehen, die den Diagrammen meist auch ihren Namen geben: Liniendiagramm, Säulendiagramm, Kreisdiagramm usw.

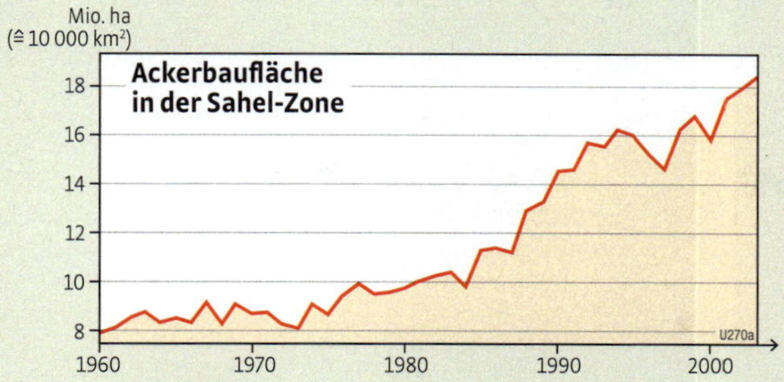

Linien-/Flächendiagramm (Seite 126)

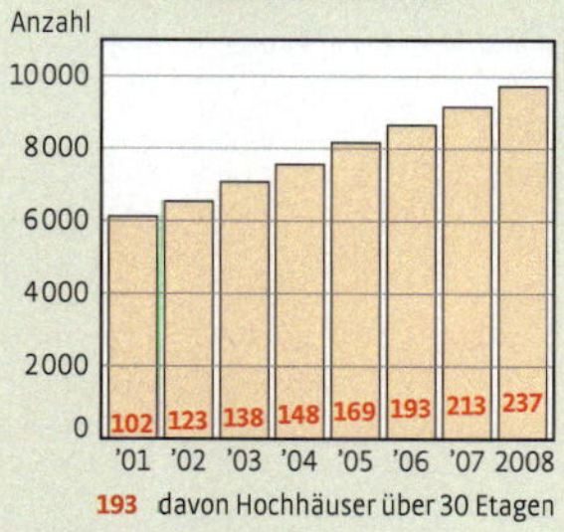

Säulendiagramm (Seite 108; in gekippter Form ⇒ Balkendiagramm)

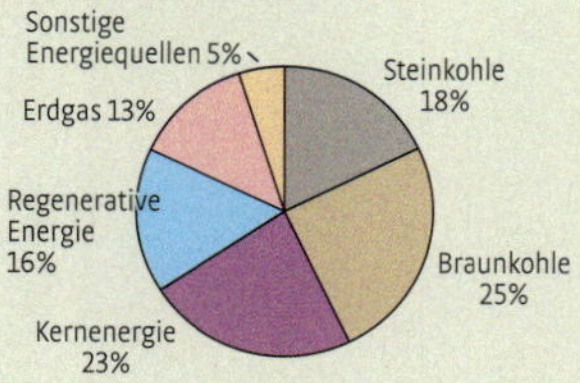

Kreisdiagramm (Seite 46)

1 Diagramme und Karten zusammen betrachten

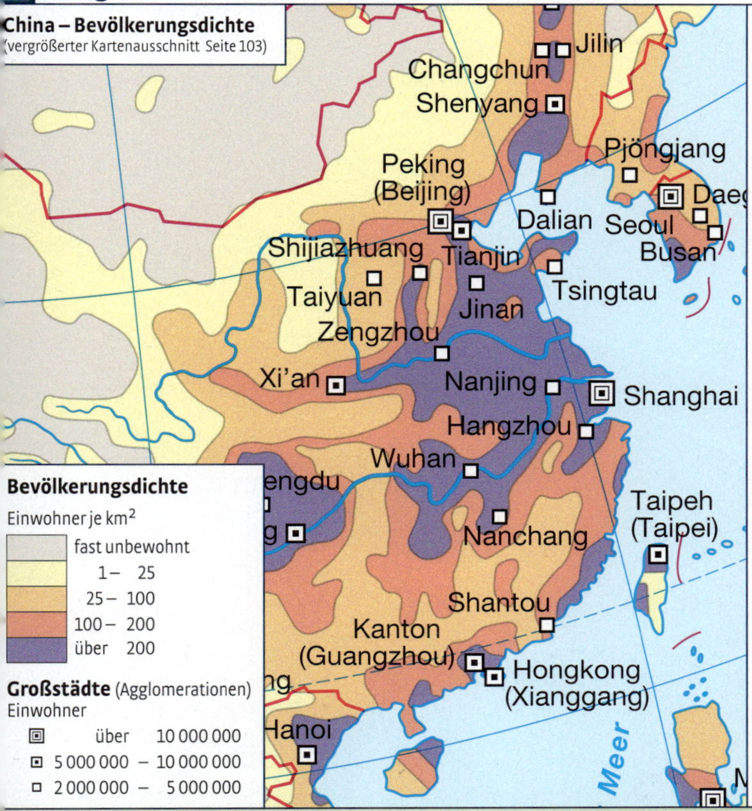

Diagramme und die Zahlen, auf denen sie beruhen, dienen der Ergänzung oder Vertiefung des Kartenthemas oder eines bestimmten Aspektes einer Karte.

Beispiel:
Diagramm zur Entwicklung der Gesamtbevölkerung und der Anteile von Stadt- und Landbevölkerung in China 1950 – 2050.

Linien-/Flächendiagramm (Seite 102)

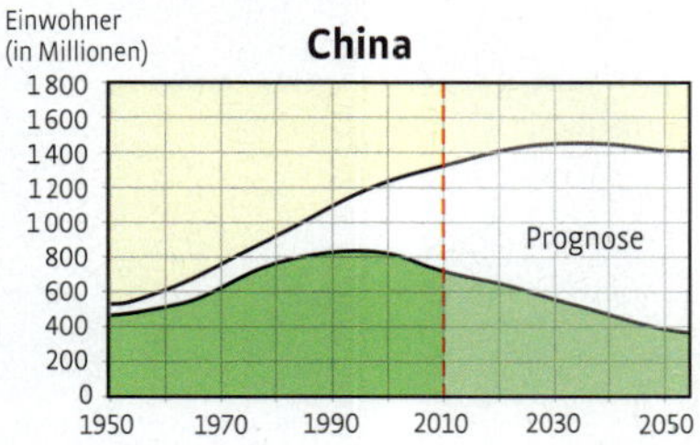

Zusammen mit der Bevölkerungsdichtekarte von China, die auch die städtischen Ballungsräume zeigt, können folgende Fragen zum Thema Bevölkerung in China gestellt werden:

1. Wie groß ist der Anteil der Stadtbevölkerung gegenüber der Landbevölkerung in China?
2. Wie hat sich beides bis heute entwickelt – wie ist die Prognose für die Zukunft?
3. Wie spiegeln sich die Diagrammwerte in der Karte? Dazu kann auch Deutschland als Größenvergleich herangezogen werden:

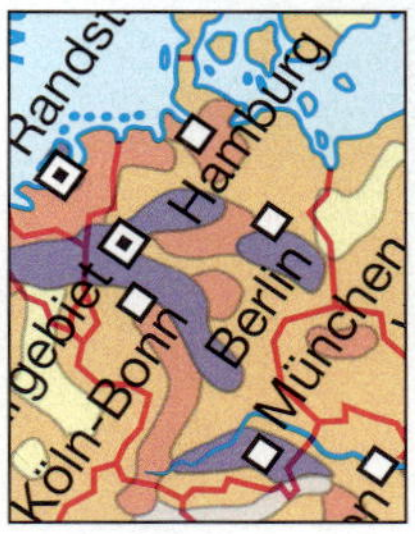

Bevölkerungsdichte von Deutschland
(vergrößerter Kartenausschnitt Seite 103)

4. Wie wird die zukünftige Bevölkerungsentwicklung die Karte verändern?

2 Klimadiagramme verstehen

Ein **Klimadiagramm** (Darstellung nach Köppen/Geiger) besteht aus einem Säulendiagramm mit den durchschnittlichen Monatssummen aller Niederschläge und aus einem Kurvendiagramm mit den Monatswerten der Durchschnittstemperatur.

Einfaches Temperaturdiagramm

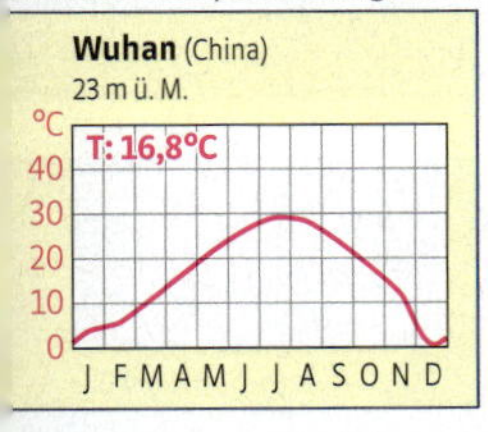

Einfaches Niederschlagsdiagramm

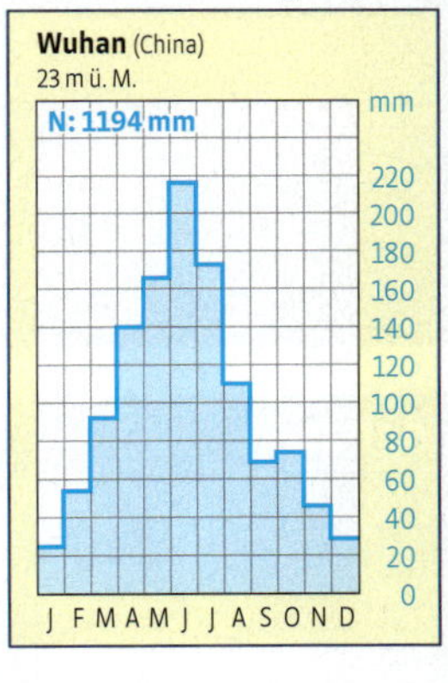

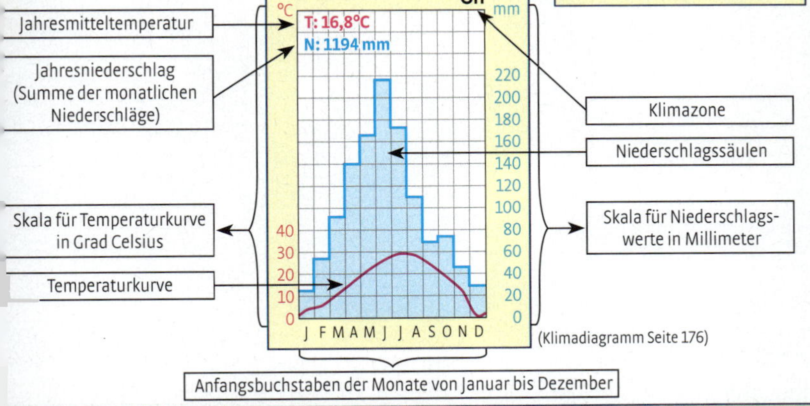

(Klimadiagramm Seite 176)

3 Altersdiagramme verstehen

Ein **Altersdiagramm** besteht aus zwei Balkendiagrammen, die links den Anteil der männlichen und rechts den Anteil der weiblichen Bevölkerung eines Altersjahrgangs oder einer Altersgruppe an der Gesamtbevölkerung eines Landes zeigen.

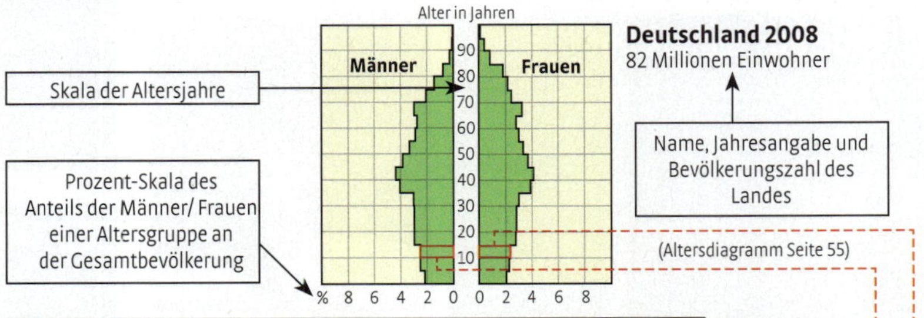

(Altersdiagramm Seite 55)

Alter in Jahren:	Anzahl Personen (männlich):	Anzahl Personen (weiblich):
10	405 688	385 292
11	419 004	397 755
12	412 249	390 619
13	399 477	379 503
14	405 384	383 966
10 – 14	2 041 802	1 937 135

Beispiel:
Altersgruppe der 10 – 14-Jährigen

Bei einer Gesamtbevölkerung von 82 002 356 in Deutschland (31.12.2008) ergeben sich folgende Anteile:

$\frac{2\,041\,802}{82\,002\,356} * 100 = 2{,}49...\%$ (Prozentanteil der 10 – 14 jährigen Männer) 2,49%

$\frac{1\,937\,135}{82\,002\,356} * 100 = 2{,}36...\%$ (Prozentanteil der 10 – 14 jährigen Frauen) 2,36%

1 Milchstraßensystem (Galaxis)

2 Das Sonnensystem

Unsere Sonne ist ein Stern in der Milchstraße. Ein Stern ist eine glühende Gaskugel mit sehr großer Masse. Die Sonne wird von 8 Planeten umkreist. Planeten leuchten nicht selbst, sondern reflektieren das Sonnenlicht. Einige Planeten werden von kleinen Himmelskörpern begleitet, die man Monde nennt. Sonne, Planeten und Monde bilden das Sonnensystem.

3 Größenvergleich Sonne und Planeten

4 Erde aus Mondsicht

5 Die Mondphasen

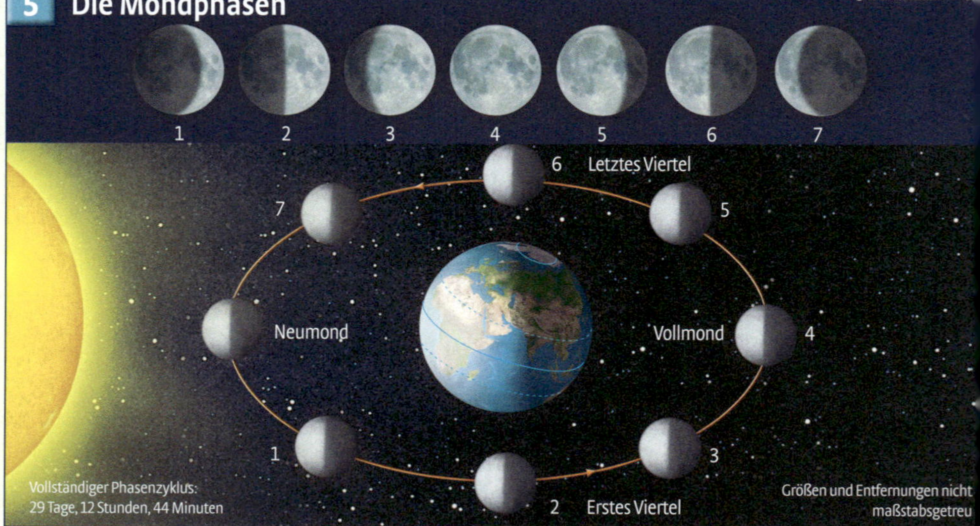

Planet	Astronomisches Symbol	Zahl der Monde	Äquatordurchmesser	Rotationsperiode (Zeit für eine Eigenumdrehung)			mittlere Entfernung von der Sonne	Umlaufzeit
			km	d	h	min	Mio. km	Erdjahre
Merkur	☿	0	4 879	58	15	30	57,91	0,24
Venus	♀	0	12 104	243	0	26	108,21	0,62
Erde	♁	1	12 742		23	56	149,60	1,00
Mars	♂	2	6 774		24	37	227,94	1,88
Jupiter	♃	63	142 984		9	50	778,30	11,86
Saturn	♄	60	120 660		10	14	1 427,01	29,46
Uranus	⛢	27	51 118		17	14	2 884,00	84,67
Neptun	♆	13	49 528		16	6	4 509,00	165,49
Pluto (Zwergplanet)	♇	3	2 300	6	9	17	5 966,00	247,70

Stand Juli 2007

6 Die Bahn der Erde um die Sonne / Jahreszeiten

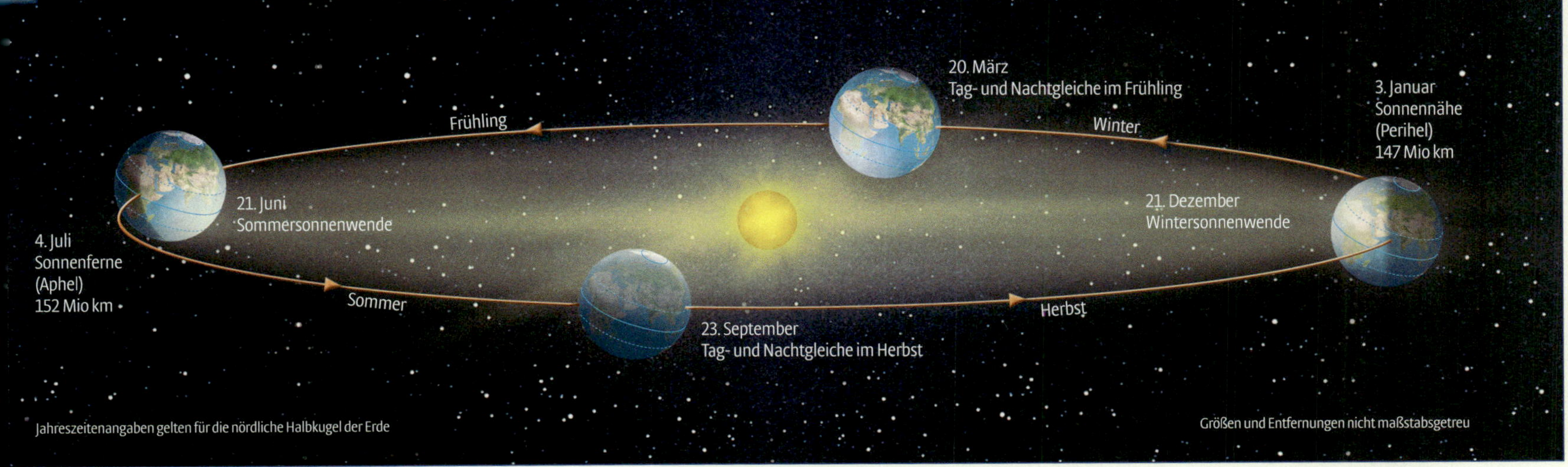

Jahreszeitenangaben gelten für die nördliche Halbkugel der Erde

Größen und Entfernungen nicht maßstabsgetreu

Kartenübersicht Geschichte

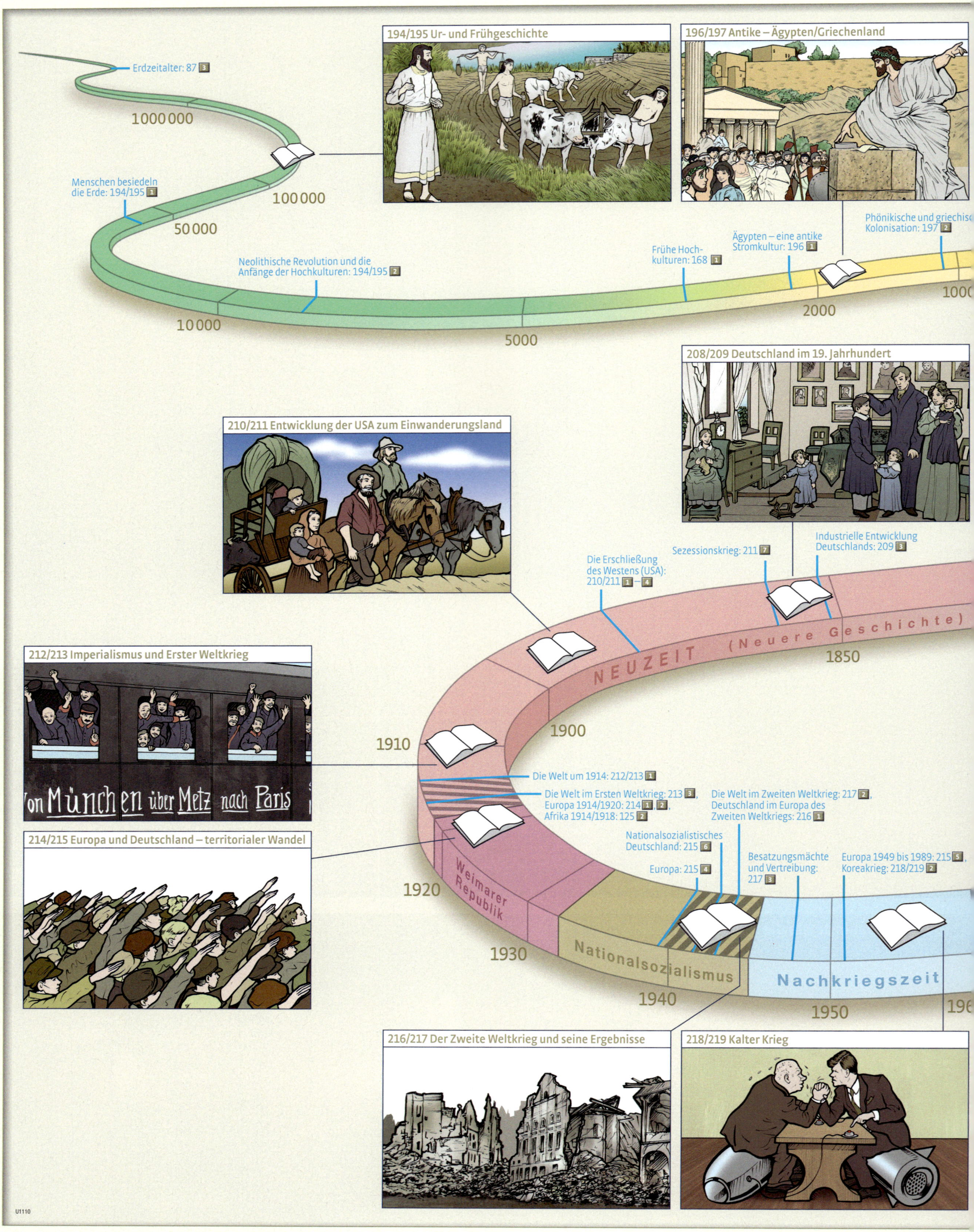

198/199 Römisches Reich und Germanien

200/201 Früh- und Hochmittelalter

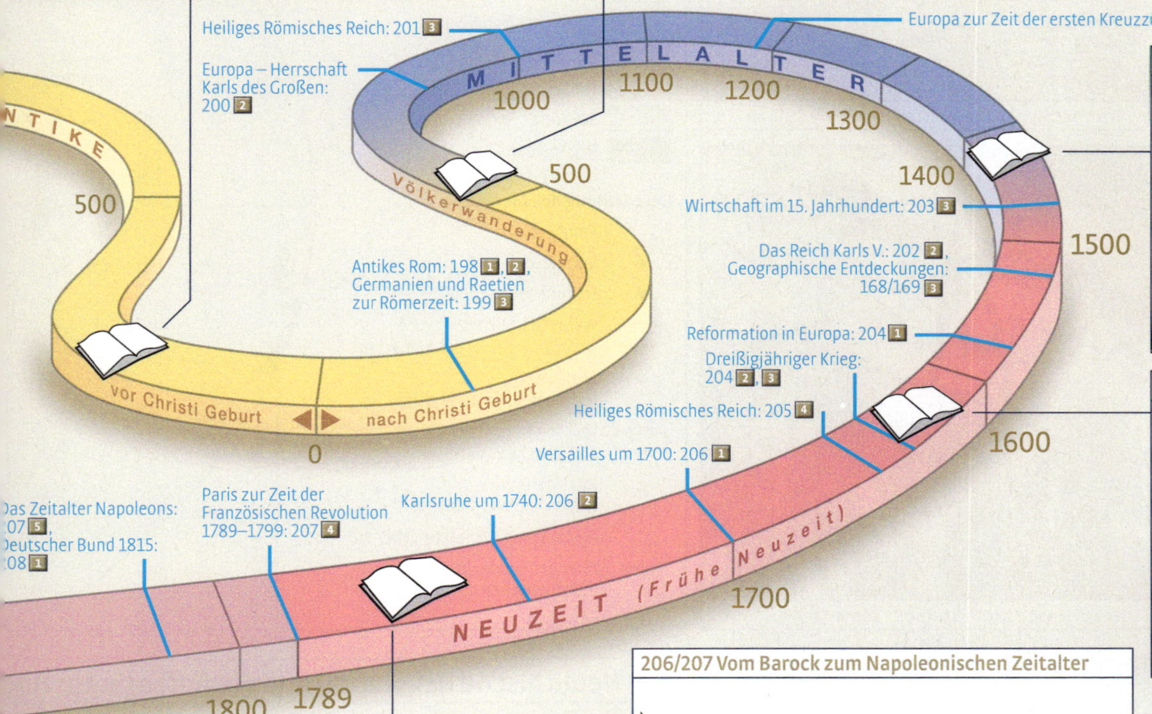

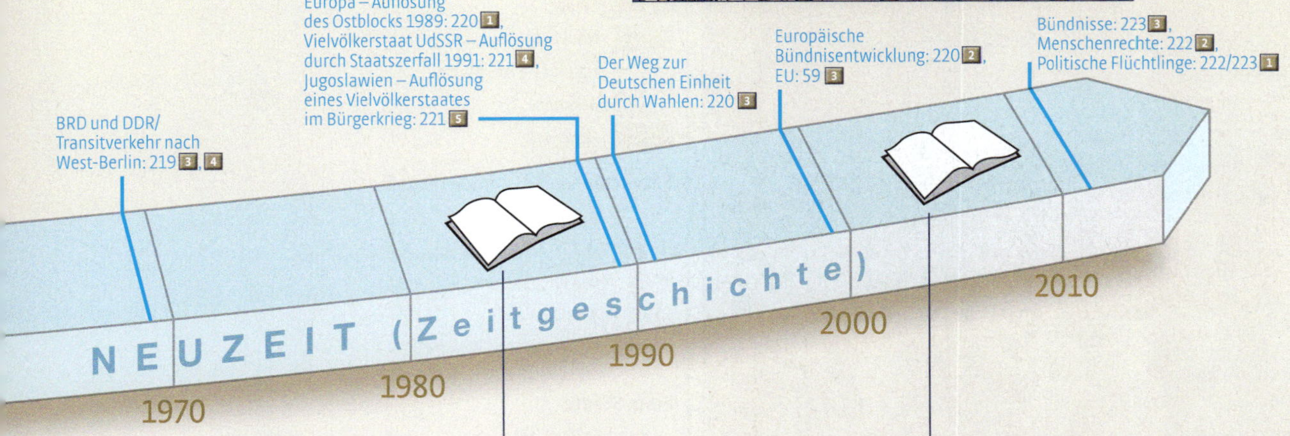

202/203 Spätmittelalter (12. bis 15. Jahrhundert)

204/205 Reformation und Dreißigjähriger Krieg

206/207 Vom Barock zum Napoleonischen Zeitalter

220/221 Europa nach dem Kalten Krieg

222/223 Vereinte Nationen/Bündnisse

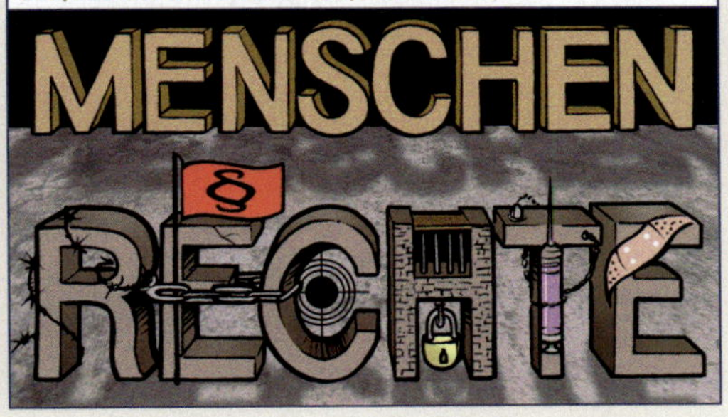

Abkürzungen der Staatsformen in den Geschichtskarten

Ksr.	=	Kaiserreich
Kgr.	=	Königreich
Ghzm.	=	Großherzogtum
Ehzm.	=	Erzherzogtum
Hzm.	=	Herzogtum
Gfsm.	=	Großfürstentum
Kfsm.	=	Kurfürstentum
Mgft.	=	Markgrafschaft
Lgft.	=	Landgrafschaft
Gft.	=	Grafschaft
Ebm.	=	Erzbistum
Bm.	=	Bistum
Rep.	=	Republik
VR	=	Volksrepublik
FVR	=	Föderative Volksrepublik
SFR	=	Sozialistische Föderative Republik

Abkürzungen für Staaten

Austr.	=	Australien
Bras.	=	Brasilien
Fr.	=	Frankreich
G.-B.	=	Großbritannien
Ind.	=	Indien
Jap.	=	Japan
Mex.	=	Mexiko
Norw.	=	Norwegen
Port.	=	Portugal
Span.	=	Spanien
USA	=	Vereinigte Staaten von Amerika

▲ Vormensch (Australopithecus)

■ Frühmensch (Homo erectus)

● Altmensch (Homo neanderthalensis)

● Jetztmensch (Homo sapiens sapiens)

1 Menschen besiedeln die Erde

Vegetation vor 18 000 Jahren, auf dem Höhepunkt der Würmkaltzeit (115 000 bis 10 000 vor heute)

- Eis vor 18 000 Jahren
- Küste vor 18 000
- Eis vor 10 000 Jahren
- 3300 Eisdicke in Meter
- Packeisgürtel
- Tundra
- Steppe
- nördlicher Nadelwald
- Nadel- und Laubwald
- Halbwüste und Wüste
- Savanne
- Regenwald

Entwicklung des Menschen

Funde von
- ▲ Vormensch
- ■ Frühmensch
- wahrscheinliches Ursprungsgebiet der Menschen
- ● Altmensch (Homo neanderthalensis)
- Verbreitungsgebiet des Altmenschen
- ● Jetztmensch (Homo sapiens sapiens)
- Ausbreitung der Jetztmenschen
- 12 000 Alter der Funde des Jetztmenschen

Neolithische Revolution durch frühe Landwirtschaft und ersten Städtebau (Zweistromland)

2 Neolithische Revolution und die Anfänge der Hoc

Natürliche Vegetation der Nacheiszeit

- Eis
- 3000 Eisdicke in Meter
- Packeisgürtel
- Tundra
- nördlicher Nadelwald
- Steppe
- Nadel- und Laubwald
- Halbwüste und Wüste
- Savanne
- Regenwald

Entwicklung der Landwirtschaft

frühester Nachweis
- von Töpferei (Vorratshaltung)
- von Pflugbau und Dorfkultur
- 6000 Alter der Funde
- *Wein* Herkunft der Nutzpflanzen und Nutztiere

Erste Städte

- ● Stadt im Kerngebiet städtischer Hochkultur

Kennzeichen der Zivilisation früher Hochkulturen (siehe Bild)

1. feste Siedlungen, Tempelbau (Zikkurat)
2. Vorratshaltung (Töpferei)
3. Bewässerung (Schöpfanlagen, Kanäle)
4. Ackerbau und Viehzucht (Pflugbau)
5. Schrift (Keilschrifttafel)

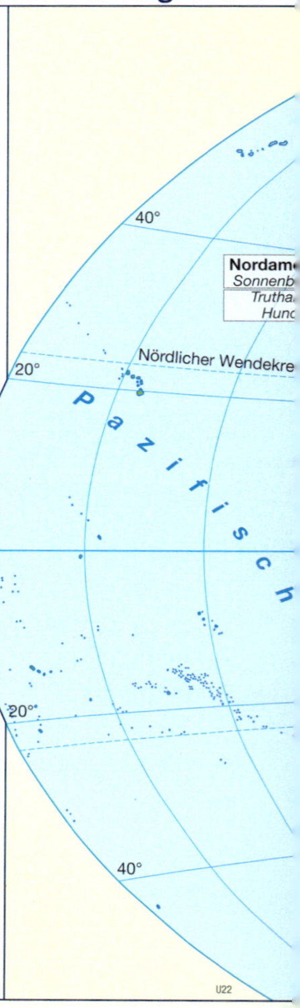

Schädel des Sahelanthropus 2001 im Norden des Tschad (Djurab-Wüste) gefunden

Knochenfund „Lucy" 1974 in (Frühmensch: Australopithecus afar

7 000 000 | 6 000 000 | 5 000 000 | 4 000 000 | 3 50

Maßstab 1 : 130 000 000

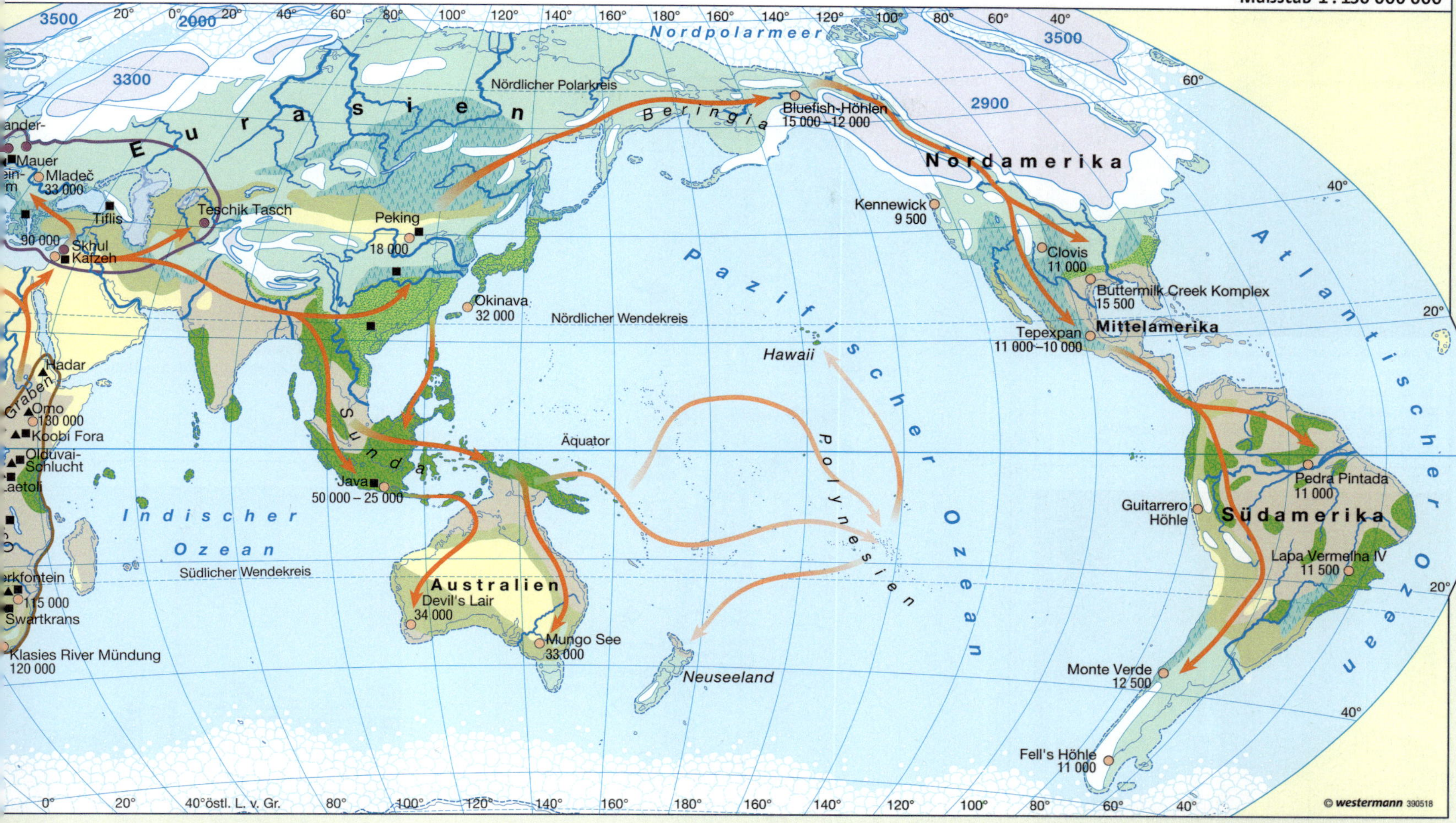

ulturen

Maßstab 1 : 130 000 000

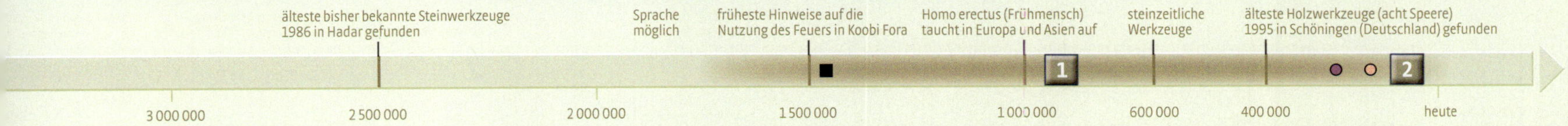

𓏤 Pyramiden von Gizeh: Cheops, Chephren, Mykerinos (von links oben nach rechts unten)
𓏥 Altägyptische Grabstätten für Pharaonen
𓏦 ca. 2620 – 2500 v.Chr.
⁓ eines der 7 Weltwunder der Antike – immer bekannt
⁋ Stadtrand von Gizeh bei Kairo

𓏤 Grabkammer und Sarkophag von Tutenchamun
𓏥 unterirdische Grabstätte
𓏦 ca. 1323 v. Chr.
— Tal der Könige bei Theben, 1922
⁓ Howard Carter (brit.)
⁋ Tal der Könige/Ägyptisches Museum, Kairo

𓏤 Mumie von Ramses II.
𓏥 einbalsamierter Leichnam
𓏦 1213 v. Chr.
— Deir el-Bahari bei Theben, 1881
⁓ Muhammad Abd el-Rassul/Emil Brugsch (dt.)
⁋ Ägyptisches Museum, Kairo

Bedeutende ägyptische Kunstsammlungen:

1. Ägyptisches Museum, Kairo (120 000 Objekte)
2. Britisches Museum, London (110 000 Objekte)
3. Neues Museum, Berlin (80 000 Objekte)
4. Louvre-Museum, Paris (50 000 Objekte)
5. Archäologisches Museum, Philadelphia (42 000 Objekte)

1 Ägypten – eine antike Stromkultur

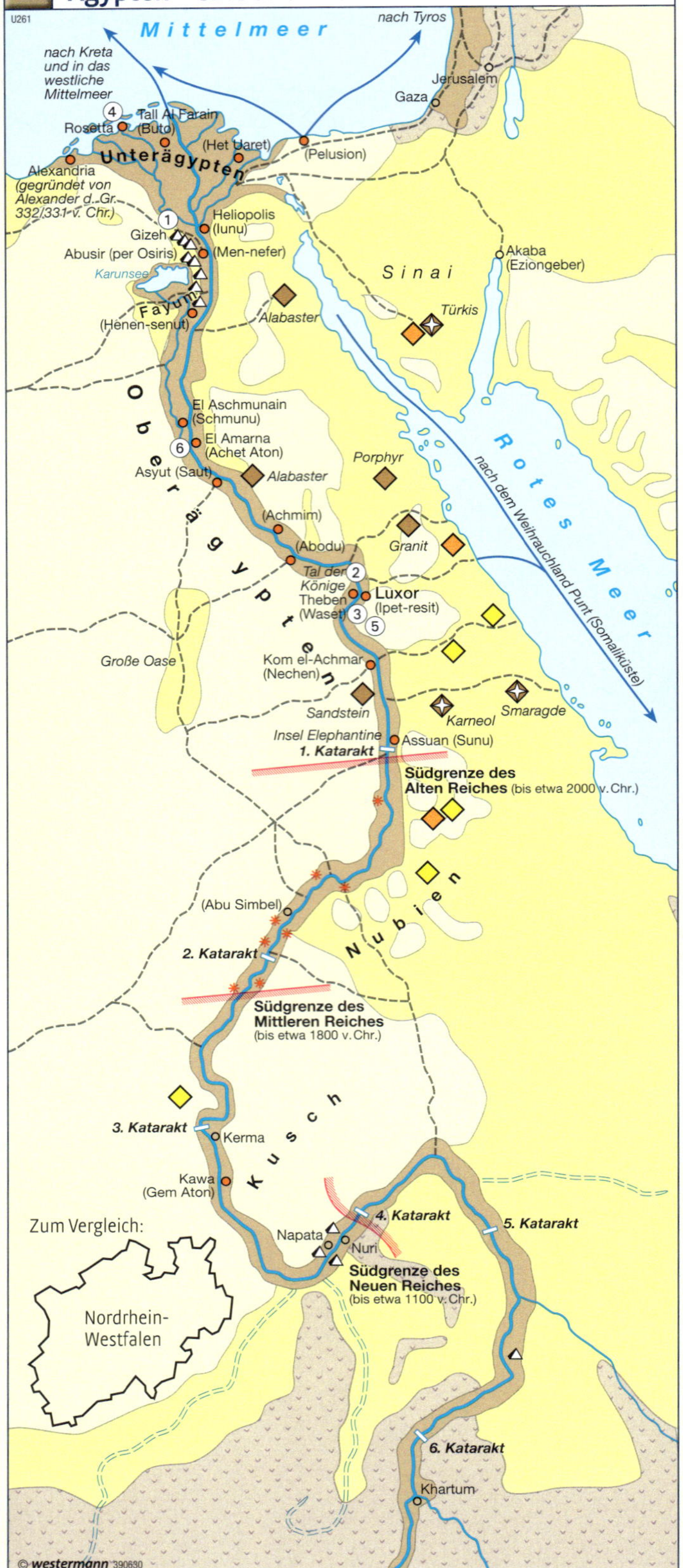

Bodenbedeckung
- Kulturland
- Wüste
- Halbwüste
- Dornstrauchsavanne

Bodenschätze
- Steinbruch
- Gold
- Kupfer
- Edelsteine

Orte, Fundorte
- Stadt, Palast, Grabanlage
- Assuan – heutiger Name
- (Sunu) – altägyptischer Name
- Pyramide
- Fundort vom Nassersee überflutet

Transport und Verkehr
- Stromschnelle (Katarakt)
- Karawanenweg

Maßstab 1 : 9 000 000 0 100 200 300 km

𓏤 Stein von Rosetta
𓏥 Text in Hieroglyphen, demotisch und altgriechisch
𓏦 196 v. Chr.
— Rosetta, 1799
⁓ Pierre Bouchard (franz.)
⁋ Britisches Museum, London

𓏤 Obelisk von Luxor, beauftragt von Ramses II.
𓏥 steingewordener Strahl des Sonnengottes
𓏦 ca. 1270 – 1240 v.Chr.
— Tempel von Luxor (dort steht der Zwillingsobelisk)
⁓ Geschenk an Frankreich 1833
⁋ Place de la Concorde, Paris

𓏤 Büste der Nofretete
𓏥 Hauptgemahlin des Pharaos Echnaton
𓏦 1353 – 1336 v.Chr.
— El-Amarna, 1912
⁓ Ludwig Borchardt (dt.)
⁋ Ägyptisches Museum, Museumsinsel Berlin

Zur Erläuterung der Kunstschätze:

Zahlen 1 – 6 in Hieroglyphen:
𓏤 Name des Kunstwerkes
𓏥 dargestellte Person oder Bedeutung
𓏦 Entstehungszeit
— Fundort, Fundjahr
⁓ Entdecker (Nationalität)
⁋ heutiger Ausstellungsort

3500 v.Chr. – 3000: Erfindung der Keilschrift – 2600: Pyramiden von Gizeh – 2500 – 2300: Tempelturm von Ur im Zweistromland – 2000: erste Siedlungsspuren der Griechen – König Hammurabi von Babylon – 1 – 179…

2 Phönikische und griechische Kolonisation

Maßstab 1 : 24 000 000 — 0 200 400 600 800 1000 km

1 Weinmischkrug aus einer griechischen Grabbeilage

Phönikische Kolonisation (11.–7. Jahrhundert v. Chr.)
- Herrschaftsgebiet
- Mutterstadt
- Tochter- oder Enkelstadt (Auswahl)

Griechische Kolonisation (8.–6. Jahrhundert v. Chr.)
- Herrschaftsgebiet
- Mutterstadt
- Tochter- oder Enkelstadt (Auswahl)

Handelswege
- Phöniker
- Griechen
- Landweg
- *Kelten* Stammesgebiet
- ○ sonstige Siedlung

Landwirtschaft
- Getreide
- Wein
- Olivenöl
- Holz
- Fischfang
- Vieh

Bergbau und Mineralien
- Eisen
- Kupfer
- Blei/Zink
- Zinn
- Gold
- Silber
- Marmor
- Bernstein
- Salz

Gewerbe
- Keramik
- Glas
- Papyrus
- Kosmetik
- Wolle, Wollwaren
- Purpur
- Schiffbau
- Sklaven

2 Auf der **physisch-geographischen Karte** lassen sich die Wege der Menschen in vergangenen Zeiten nachvollziehen. Häufig lässt sich auf diese Weise der Grund für den Wegverlauf erkennen.

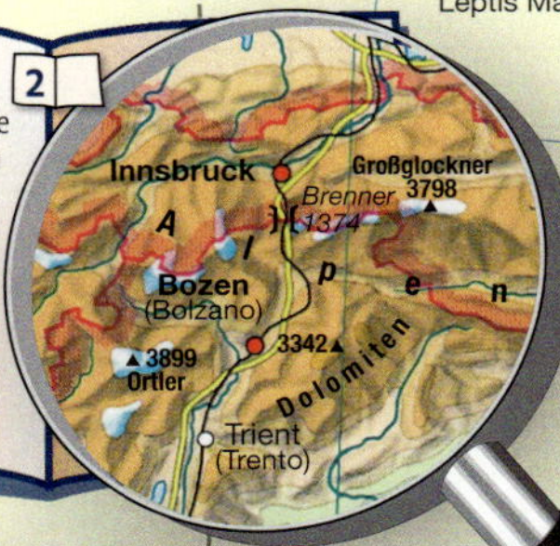

ie Griechen gründeten n einer Handelsroute ie Tochterstadt Massilia. Die Stadt hat ich zu einer bedeu- enden Hafenstadt ntwickelt und heißt eute Marseille. Im **Register** findet sich eshalb die Eintragung: **Massilia (hist. Marseille).** 5

3 An der Ostsee existierte damals noch kein **Staat** und keine **Staatsgrenze**. In der Karte sind deshalb die Verbreitungsgebiete von Stammesgruppen eingetragen. Über die heutigen Staaten mit ihren Grenzen informiert die **politische Karte**.

Die Griechen waren mit ihren Schiffen oft mehrere Monate unterwegs. Ihre Routen zeigen rote **Linien**. Wo der Verlauf der Handelswege nicht genau darstellbar ist, geben **Pfeile** ⟶ die ungefähre Richtung der Handelsreisenden an. 4

1 Vasen dienten zum Transport und zur Aufbewahrung flüssiger Handelsgüter wie Wein und Olivenöl. Die **Vignette** gibt einen Hinweis auf das Dargestellte in der Karte.

6 Carthago wurde 146 v. Chr. zerstört. Die physische Karte auf Seite 89 zeigt den Ort im Planquadrat F4 als Ruinenstadt ∴. Für die Ruinenstadt wurde jedoch eine andere Schreibweise verwendet.

In Geschichtskarten werden Ereignisse und Entwicklungen der Vergangenheit abgebildet. Auf dem **Zeitstrahl** lässt sich der dargestellte **Zeitraum** genau ablesen. 7

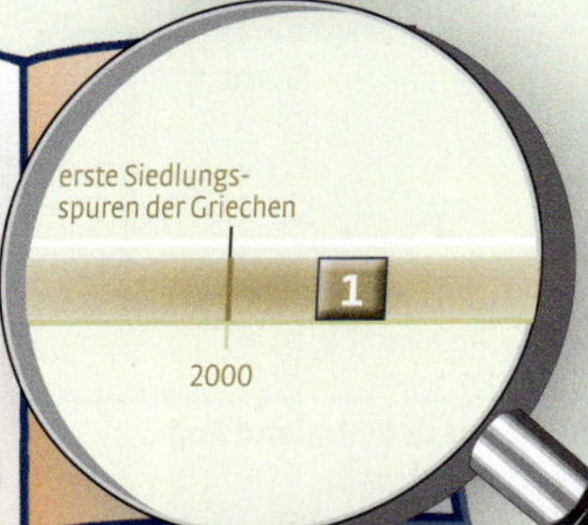

www.heimatundwelt.de
HWG-198

1 Handel und Wirtschaft im Römischen Reich

Maßstab 1 : 24 000 000

Prunkglas mit der Aufschrift in griechischen Buchstaben „Trinke, lebe angenehm, immerdar"

Ausdehnung des Römischen Reiches

- um 200 v. Chr., nach den Punischen Kriegen
- 44 v. Chr., beim Tode Julius Caesars
- zum Zeitpunkt seiner größten Ausdehnung (117 n. Chr., Trajan)
- Grenzbefestigung
- Handelsweg
- Leuchtturm

Bergbau und Mineralien

- Eisen
- Kupfer
- Blei/Zink
- Zinn
- Gold
- Silber
- Bernstein
- Salz
- Marmor, Kalkstein

weitere Erläuterungen zum Handel siehe Karte 3

2 Wasserversorgung der antiken Millionenstadt Rom

Maßstab 1 : 40 000

Rom zur Kaiserzeit

- Stadtmauer z. Zt. der Republik, zu Beginn der Kaiserzeit bereits überbaut
- Stadtmauer in der Kaiserzeit (3. Jh.)
- Wasserleitung (Aquädukt)
- Hauptabwasserkanal (Kloake)

Bedeutende Bauwerke

- öffentliche Gebäude und Plätze (Säulenhallen, Gerichtsgebäude, Theater, Bibliotheken, Versammlungs- und Vergnügungsstätten, Sport- und Freizeitanlagen)
- Tempel
- öffentliches Badehaus (Therme)
- Speicher, Markthalle
- militärische Anlage
- Garten, Parkanlage
- Katakomben der Christen (unterirdische Bestattungs- und Versammlungsstätte)
- Feuer- und Polizeiwache

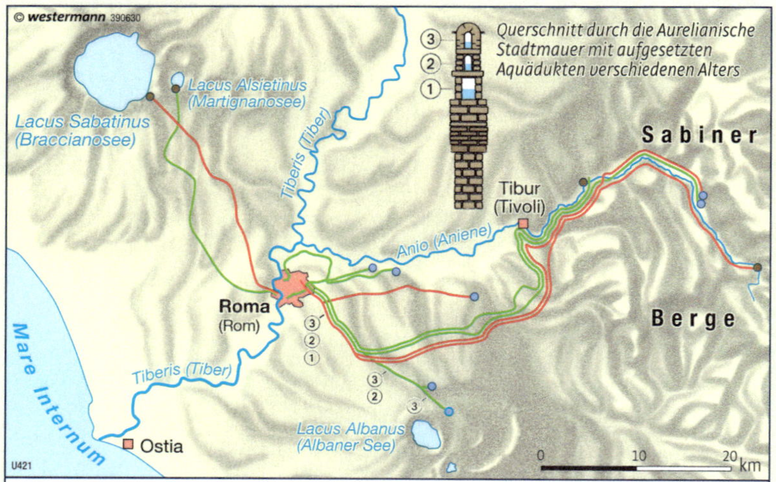

Aquädukte aus dem Umland Roms

- erbaut zwischen 312 v. Chr. und 10 v. Chr.
- erbaut zwischen 40 n. Chr. und 230 n. Chr.
- sauberes Quellwasser
- Oberflächenwasser minderer Qualität

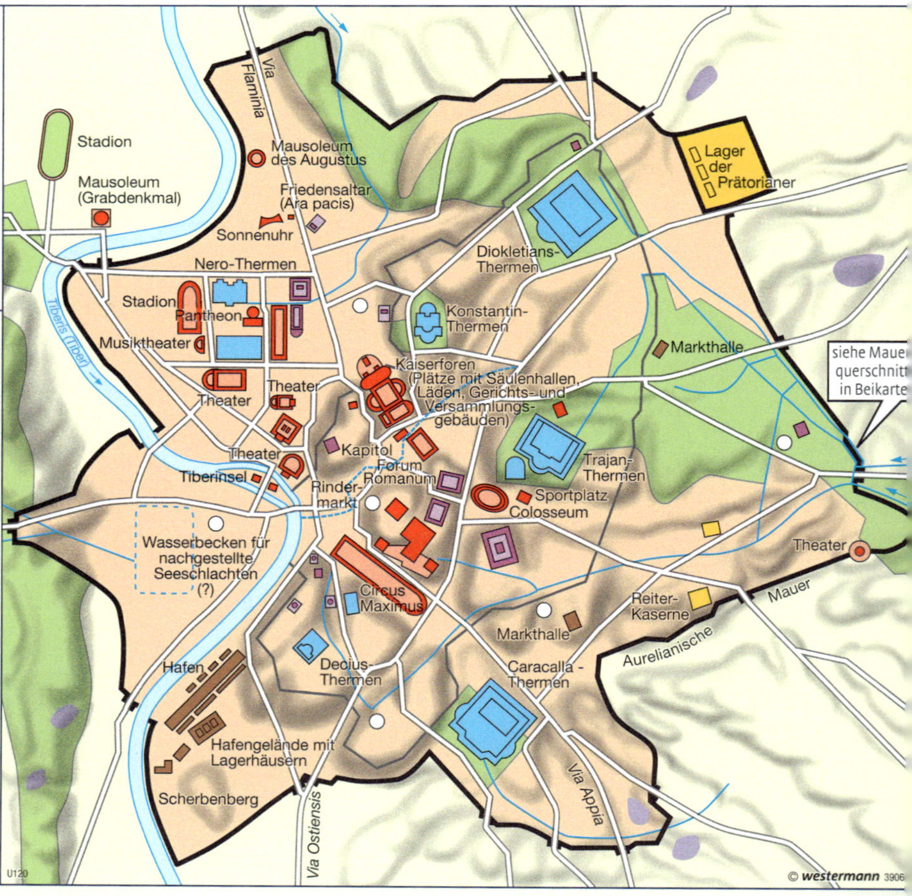

Gründung Roms der Sage nach – 753
Römische Republik: Rom wird Stadtstaat – 475
Kelten erobern Rom – 387
Roms erstes Aquädukt: 16km – 312
1. Punischer Krieg (Rom gegen Karthago) – 264–241
Sicilia zu Rom – 241
Östliches Hispania zu Rom – 197

800 753 700 600 500 475 400 387 312 300 264 241 200 197

3 Germanien und Raetien zur Römerzeit 100 n. Chr.

Maßstab 1 : 3 500 000 (0 30 60 90 120 150 km)

Weintransport auf der Mosel, dargestellt auf einem römischen Grabstein

Römisches Reich

- Limes
- römische Provinzgrenze
- Legionslager
- Kastell
- Stadt
- Bonna – römischer Name
- (Bonn) – heutiger Name
- Römerstraße
- Handelsweg
- **Raetia** – römische Provinz

Germanien

- *Chatti* – germanischer Stamm

Bodenbedeckung

besiedelte Waldlandschaft, vorherrschende Baumart

- Eiche
- Buche
- Buche und Fichte
- Fichte, Tanne und Buche
- Tanne und Buche
- Kiefer und Eiche
- Moorlandschaft mit Erlenbruchwald

Landnutzung

- Kulturlandschaft mit Äckern und Weiden

Landwirtschaft (Karten 1 und 3)

- Getreide
- Wein
- Honig, Wachs
- Olivenöl
- Holz
- Fischfang
- Federn, Daunen
- Papyrus
- Vieh

Bergbau und Mineralien (Karten 1 und 3)

- Eisen
- Blei/Zink
- Salz
- Bernstein
- Kalkstein

Gewerbe (Karten 1 und 3)

- Metallwaren
- Tuche, Wollwaren
- Leinwand
- Leder, Pelze
- Frauenhaare (Perückenherstellung)
- Keramik
- Glas
- Kosmetik
- Purpur
- Schiffbau
- Sklaven

www.heimatundwelt.de HWG-200

1 Völkerwanderungen und Reiche (bis zum Tode Theoderichs um 526)

Maßstab 1 : 60 000 000 (0 – 500 – 1000 – 1500 – 2000 – 2500 km)

Grabmal des Ostgotenkönigs Theoderich (451/56-526) in Ravenna

⚔ 451 Schlacht auf den Katalaunischen Feldern (Römer besiegen Hunnen)

Germanische Reichsbildungen (nach Zerfall des Römischen Reiches)

- Ostgoten
- Westgoten
- Vandalen
- Franken
- Burgunder
- Sachsen, Angeln, Jüten
- 5. Jh. Wanderzüge, zum Teil mit Jahr der Reichsgründung
- Chinesische Mauer

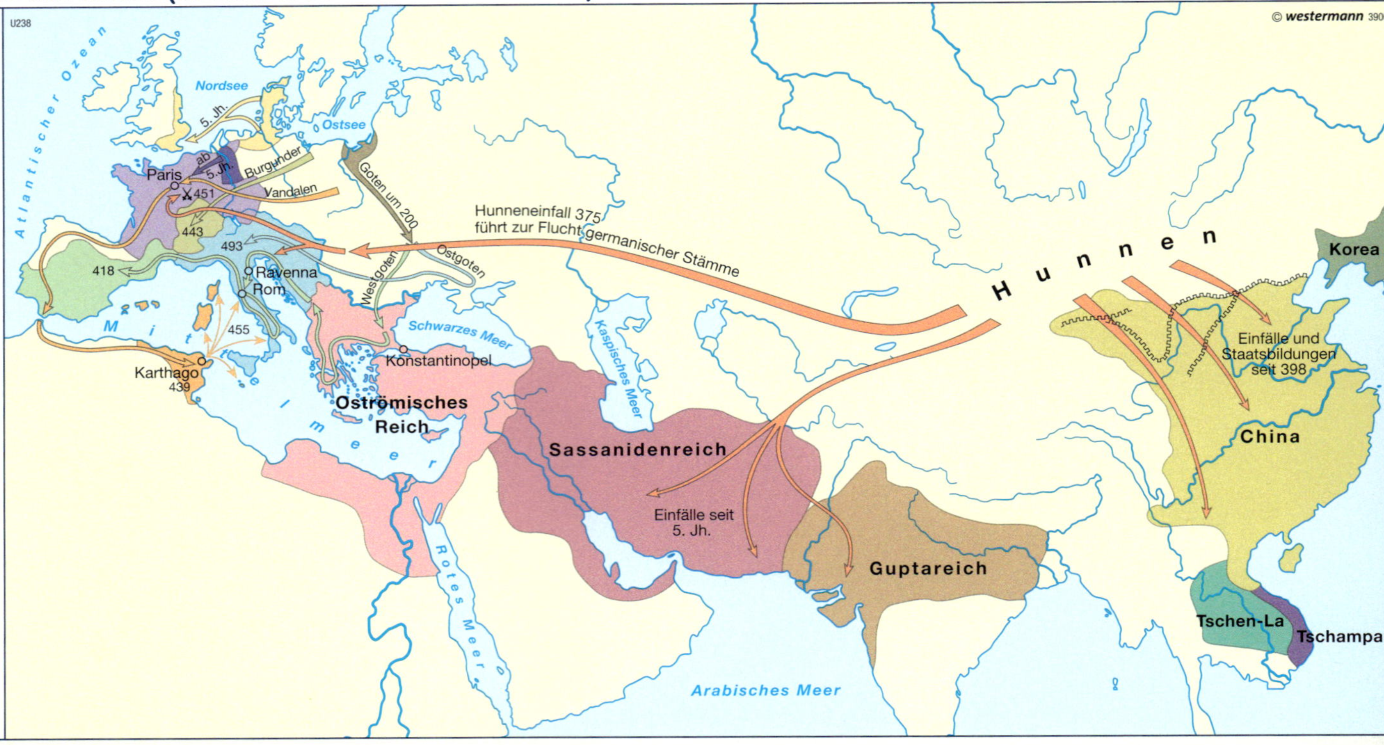

2 Europa am Ende der Herrschaft Karls des Großen um 814

Maßstab 1 : 30 000 000 (0 – 500 – 1000 – 1500 km)

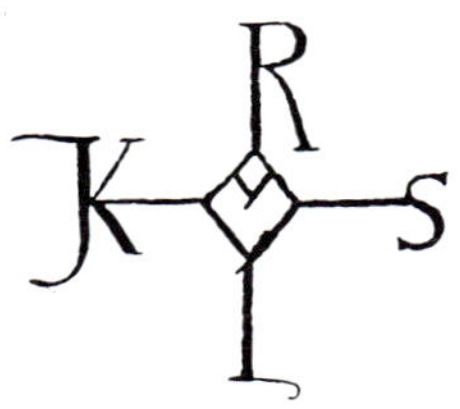

Namenszeichen (Monogramm) Karls des Großen auf einer Urkunde von 781

Weltliche Gebiete der Karolinger

- Frankenreich um 768
- Frankenreich um 814
- fränkische Grenzmarken (nur Grenzsicherung)
- fränkisches Einflussgebiet

Geistliche Gebiete

- Kirchenstaat unter Schutz des Frankenkaisers

- ungefähre Staatsgrenze
- Stammesgebiete
- Züge der Wikinger

Teilung des Reiches Karls des Großen im Vertrag von Verdun 843

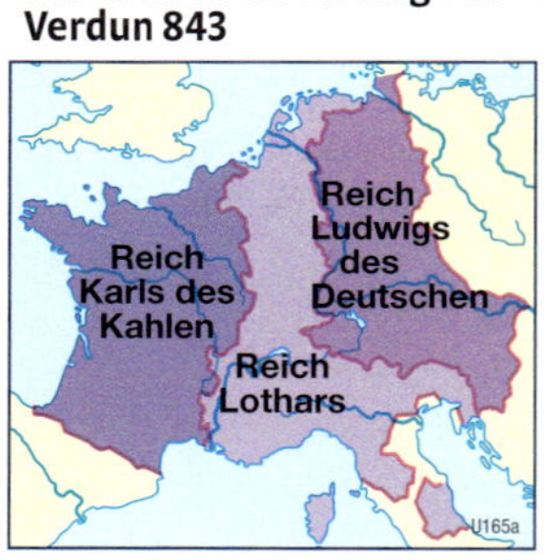

Abkürzungen: Kgr. = Königreich

3 Heiliges Römisches Reich um 1000

Maßstab 1 : 6 000 000

Das Stammelternpaar deutscher Kaiser und Könige: Heinrich I. und seine Frau Mathilde mit den Reichsinsignien (Zepter, Reichsapfel und Krone) um 920.

Weltliche Herrschaft

- Reichsgrenze zur Kaiserkrönung Otto I. 962
- Reichsgrenze 1033 zur Zeit des Saliers Konrad II. (1024 – 1039)
- Staatsgrenze
- Provinzgrenze
- bedeutende Königspfalz
- wichtige Schlacht
- Slawenaufstand 983

Begräbnisstätten der Ottonen

- Heinrich I. 919 – 936
- Otto I. 936 – 973
- Otto II. 973 – 983
- Otto III. (983) 995 – 1002
- Heinrich II. 1002 – 1024

Geistliche Herrschaft

- Papsttum
- Erzbischofssitz
- Bischofssitz
- erloschenes Bistum
- Kloster

Abkürzungen der Staatsformen siehe Seite 193

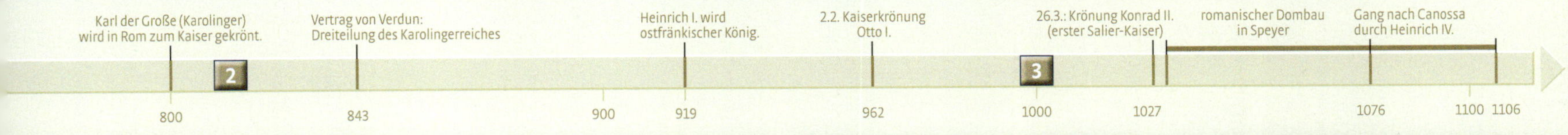

1 Europa zur Zeit der ersten Kreuzzüge Ende des 12. Jahrhunderts

Maßstab 1 : 30 000 000

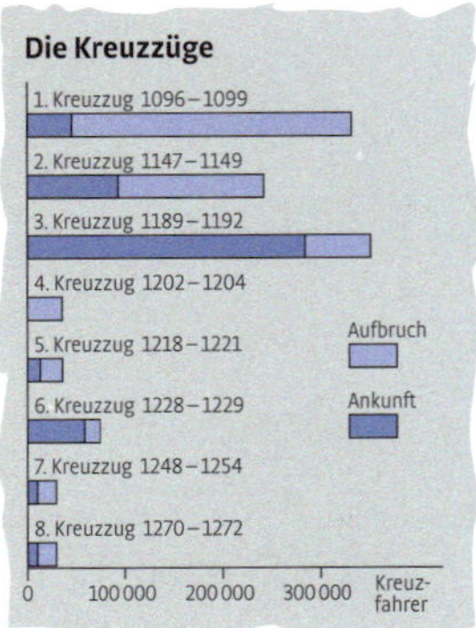

Religionen

- Stammesreligionen
- katholische Christen
- orthodoxe Christen
- Muslime

Kreuzfahrerstaaten

- zur Zeit der größten Ausdehnung nach dem 1. Kreuzzug

3. Kreuzzug (1189 – 1192)

- Friedrich I. Barbarossa
- Barbarossa 1190 ertrunken
- Philipp II. August
- Richard Löwenherz

Abkürzungen der Staatsformen siehe Seite 193

2 Das Reich Karls V. – Habsburgische Vormacht in Europa

Maßstab 1 : 18 000 000

Der junge Kaiser Karl V. um 1509 nach einem zeitgenössischen Gemälde

Entwicklung der Habsburger Lande durch Heiratspolitik und Erbfall

- Erblande und Erwerbungen unter Maximilian I. (bis 1519)
- Erwerbungen Karls V. und Ferdinands I.
- Erwerbungen Philipps II. von Spanien
- versuchte Erwerbung der Habsburger

Antihabsburgische Allianzen

- Liga von Cognac
- Schmalkaldischer Bund

Beteiligung der Habsburger

- Schlacht
- Friedensvertrag

Kriegszüge

- Osmanen
- Deutsche Landsknechte
- Don Juan d'Austria

Abkürzungen der Staatsformen siehe Seite 193

1000	
1054	Schisma: Trennung von Ost- und Westkirche
1096	Papst Urban I. ruft zum ersten Kreuzzug
1100	
1152	Friedrich I. Barbarossa wird König
1187	Einnahme Jerusalems durch Sultan Saladin
1200	
1241	Hamburg und Lübeck begründen die Hanse
	Gründung des Osmanischen Rei…

3 Handel und Wirtschaft im 15. Jahrhundert

Maßstab 1 : 24 000 000 — 0 200 400 600 800 1000 km

Handelsorte

- Handelszentrum (> 100 000 Einwohner)
- Hansestadt
- Lyon — Messestadt
- Niederlassung der Fugger (Hauptsitz seit 1367: Augsburg; Handel, Banken, Bergwerke); Jakob Fugger aus Nürnberg finanziert 1519 die Wahl von Karl V. zum Kaiser

Handelswege

- Seeweg
- Handelsstraße
- Karawanenweg

Handelsgüter

- Sklavenmarkt
- Gold — Handelsgut
- Erzbergbau (Eisen, Edelmetalle, Blei, Quecksilber)
- handelsorientierter Getreideanbau
- Glas
- Metallwaren
- Papier
- Pelze, Lederwaren

Textilien

- Tuche, Wollware
- Leinen
- Seide

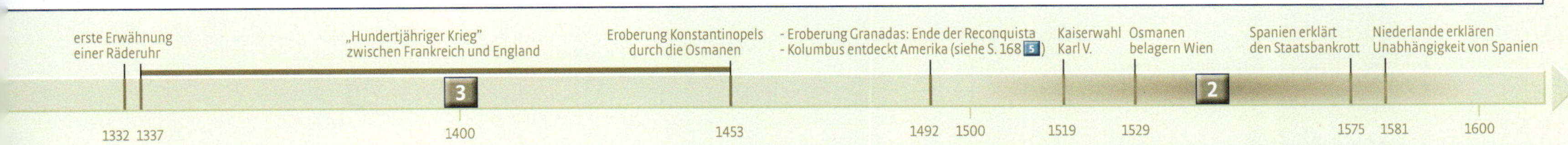

1 Reformation in Europa um 1570

Maßstab 1 : 24 000 000

In einer Druckerei werden Bleilettern für den Bibeldruck gesetzt.

- Reichsgrenze (Heiliges Römisches Reich Deutscher Nation)
- Staatsgrenze

alte Konfessionen

Mehrheit / Minderheit

- Katholiken
- Orthodoxe
- Muslime

neue Konfessionen

- Lutheraner
- Reformierte (Calvinisten, Zwinglianer)
- Anglikaner
- böhmische u. mährische Brüder

- Täufer – protestantische Minderheit
- 1560 – Einführung der Reformation
- ■ – geistiges Zentrum einer Konfession
- bedeutende Burg

Abkürzungen: Kgr. = Königreich

2 Der Dreißigjährige Krieg (1618-1648)

Maßstab 1 : 8 000 000

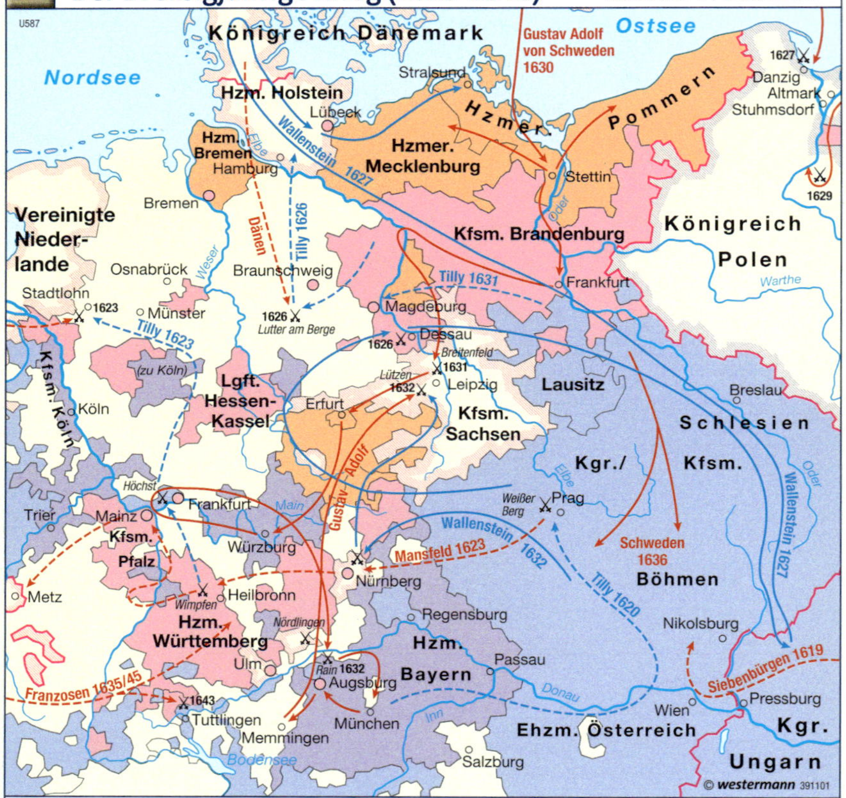

Katholisch-habsburgisches Lager

- Gebiete des Kaisers und andere habsburgische Lande
- Mitglieder der „Liga" (1609 – 1635)
- Verbündete
- 1623 Feldzug, Schlacht

Antihabsburgisches Lager

- Mitglieder der protestantischen „Union" (1608 – 1616)
- 1632 – 1635 von Schweden abhängig
- Verbündete
- 1623 Feldzug, Schlacht

3 Bevölkerungsverluste im Dreißigjährigen Krieg

Bevölkerungsabnahme 1618 – 1648 durch Krieg und Seuchen

0 – 15 – 33 – 66 %

- Reichsgrenze
- wichtige Straße im Reich

Abkürzungen der Staatsformen in den Karten 2 und 3 siehe Seite 193

1500	
1517	31.10. Thesen Martin Luthers gegen den Ablasshandel
1524/25	Der Große Bauernkrieg
1535	Sachsen gibt sich eine Landeskirche, unabhängig von Rom
1550	
1555	Augsburger Religionsfrieden
1559	Einführung des päpstlichen Verzeichnisses aller verbotenen Bücher (Index)
1572	Bartholomäusnacht: Ermordung von protestantischen Hugenotten
1598	Edikt von Nantes: Religionsfreiheit für Hugenotten

1

4 Heiliges Römisches Reich um 1648

Maßstab 1 : 6 000 000

Zeitgenössische Darstellung der Verkündung des Westfälischen Friedens 1648 durch einen Postillion

- Reichsgrenze
- Staatsgrenze

Besitzungen der:

- Habsburger
- Hohenzollern
- Wittelsbacher
- Wettiner
- Oldenburger
- Freie Reichsstadt
- Geistliches Gebiet
- Gebiet mit geteiltem Hoheitsrecht
- nicht mehr darstellbare Gebiete mit zahlreichen kleinen, jedoch selbstständigen Grafschaften, Fürstentümern sowie geistlichen Gebieten

Abkürzungen der Staatsformen siehe Seite 193

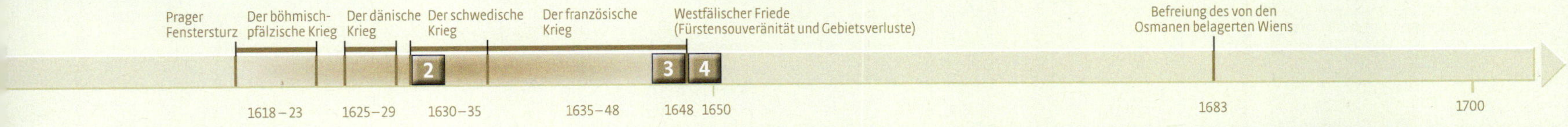

1 Versailles um 1700

Maßstab 1 : 40 000 — 0 200 400 600 800 1000 m

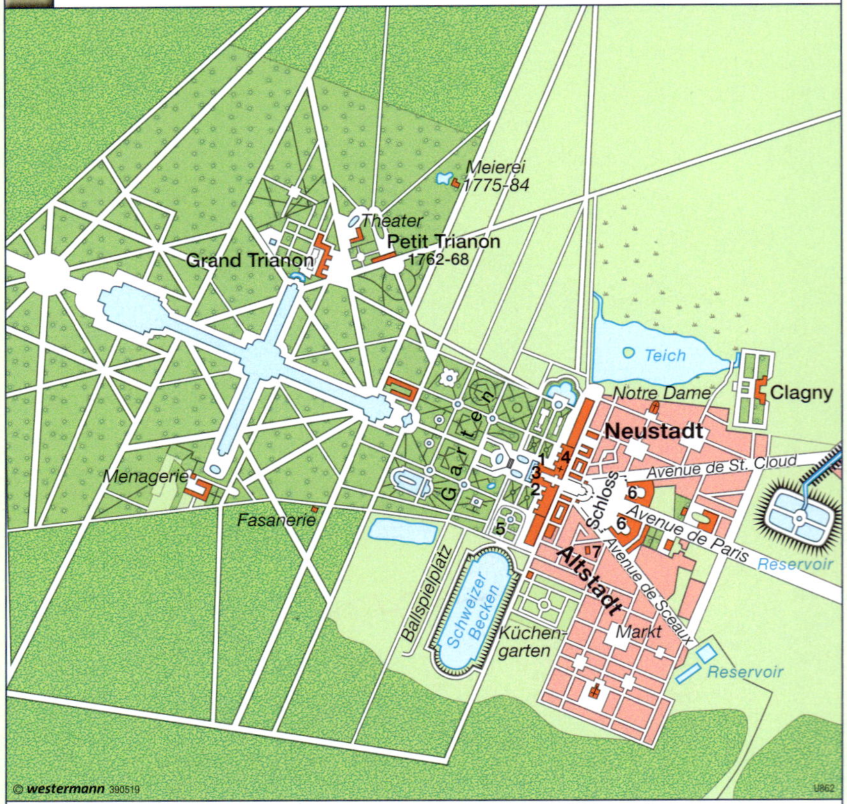

Hauptgebäude des barocken Königsschlosses (Baubeginn 1624, Neubau 1661, Architekten: Louis Le Vau 1670; Jules Hardouin-Mansart 1708)

1 Schlafgemach des Königs
2 Schlafgemach der Königin
3 Spiegelsaal
4 Schlosskapelle
5 Orangerie
6 Marstall
7 Ballhaus

Schlosspark (Architekt: André Le Nôtre 1670)
Wohn- und Wirtschaftsgebäude
Hausgärten, Kulturland
Wald

2 Karlsruhe um 1740

Maßstab 1 : 10 000 — 0 100 200 300 m

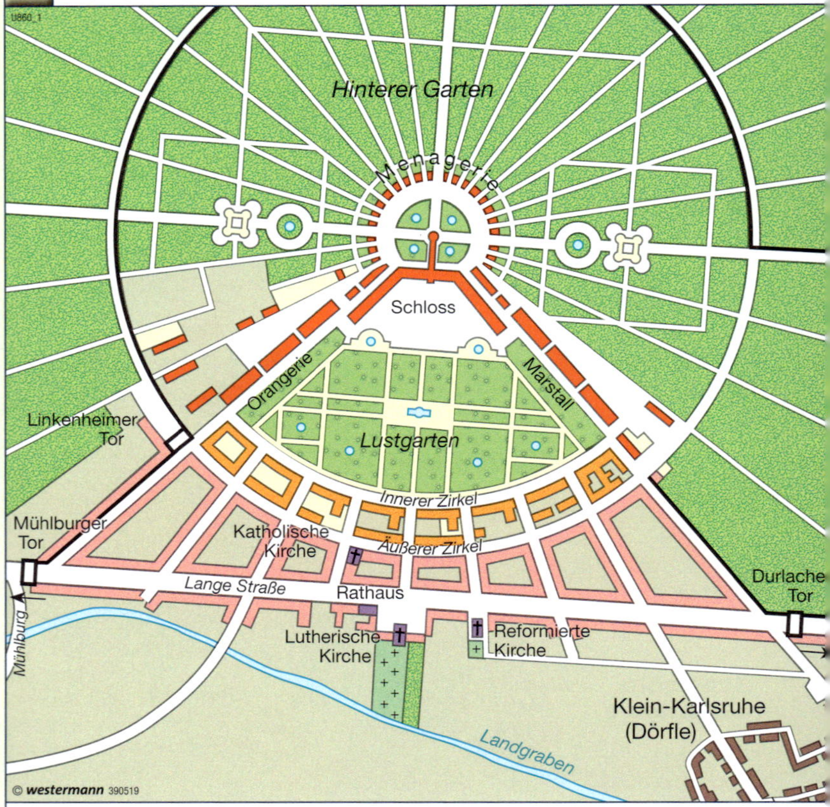

Bewohner
Fürst
Hofstaat, Adel
Bürger
Handwerker und Tagelöhner

Palisadenzaun mit Stadttor
Springbrunnen
Wald
Hausgärten, Kulturland

3 Absolutismus in Europa

Maßstab 1 : 24 000 000 — 0 200 400 600 800 1000 km

Das Sinnbild Ludwig XIV. (1638–1715) als „Sonnenkönig" ist die Sonne, hier dargestellt als Verzierung des Eingangstores zum Schloss Versailles.

barocke Schlossbauten nach dem Vorbild von Versailles
absolutistische Staaten in Flächenfarbe
Kgr. Brandenburg-Preußen
Kfsm. Bayern
Kfsm. Sachsen
Kaisertum Österreich (Habsburgische Gebiete)
Gebiete absolutistischer Klein- und Mittelstaaten
Reichsgrenze (Heiliges Römisches Reich Deutscher Nation)
Staatsgrenze

Kfsm. = Kurfürstentum
Kgr. = Königreich
Rep. = Republik

1649 Hinrichtung Karls I. von England, Abschaffung der Monarchie durch Cromwell
1685 Flucht der Hugenotten aus Frankreich
1697 August der Starke von Sachsen wird König von Polen
1700 1
1701 Kurfürst Friedrich III. von Brandenburg wird König in Preußen
1721 Russisches Kaisertum unter Peter dem Großen

1649 1650 1660 1670 1680 1685 1690 1697 1700 1701 1710 1720 1721 1730

4 Paris zur Zeit der Französischen Revolution 1789 – 1799

Maßstab 1 : 40 000 — 0 200 400 600 800 1000 m

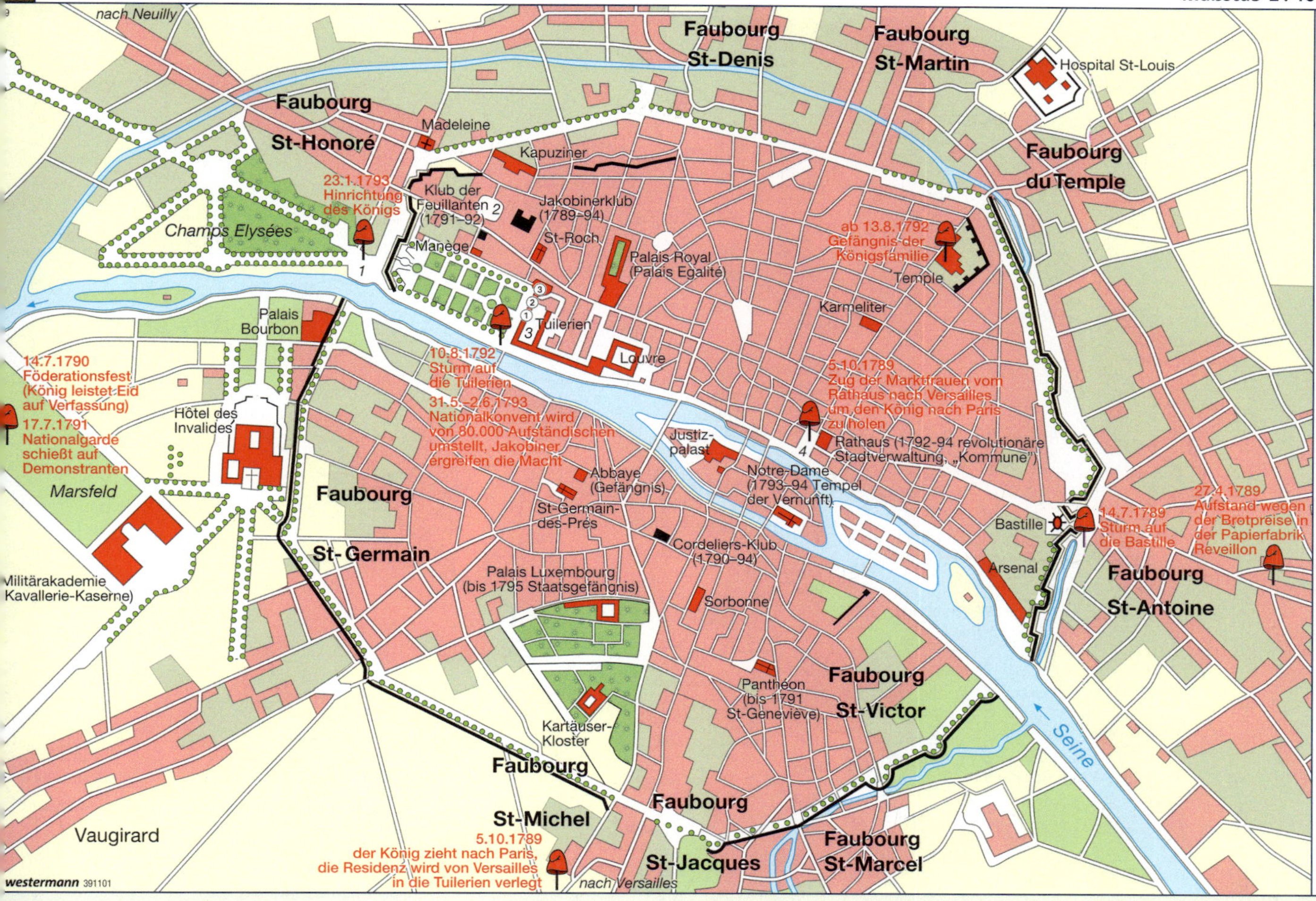

Phasen der Revolution

Gemäßigte Phase (1789 – Herbst 1792)	
Legislative: ab 12.10.1789 die Nationalversammlung in der Manège	**Exekutive:** ab 5.10.1789 der König mit Residenz in den Tuilerien (1)

Radikale Phase (Herbst 1792 – Juli 1794)	
Legislative: der Nationalkonvent in den Tuilerien (2)	**Exekutive:** der Wohlfahrtsausschuss (zuerst Exekutivrat) in den Tuilerien (3)

Phase des Direktoriums (1794/95 – 1799)	
Legislative: Parlament (Rat der 500 im Palais Bourbon und Rat der Alten in den Tuilerien)	**Exekutive:** Direktorium im Palais Luxembourg

- wichtiges Ereignis in den Jahren der Revolution
- Sitz eines politischen Klubs
- öffentliches Gebäude
- Bebauung
- Park
- Hausgarten
- Wiese
- Reste der Stadtmauer

1 Place de la Concorde (bis 1792 Place Louis XV, bis 1795 Place de la Révolution)
2 Place Vendôme (bis 1799 Place Louis-le-Grand)
3 Place du Carrousel
4 Place de Grève

5 Das Zeitalter Napoleons um 1812

Maßstab 1 : 24 000 000 — 0 200 400 600 800 1000 km

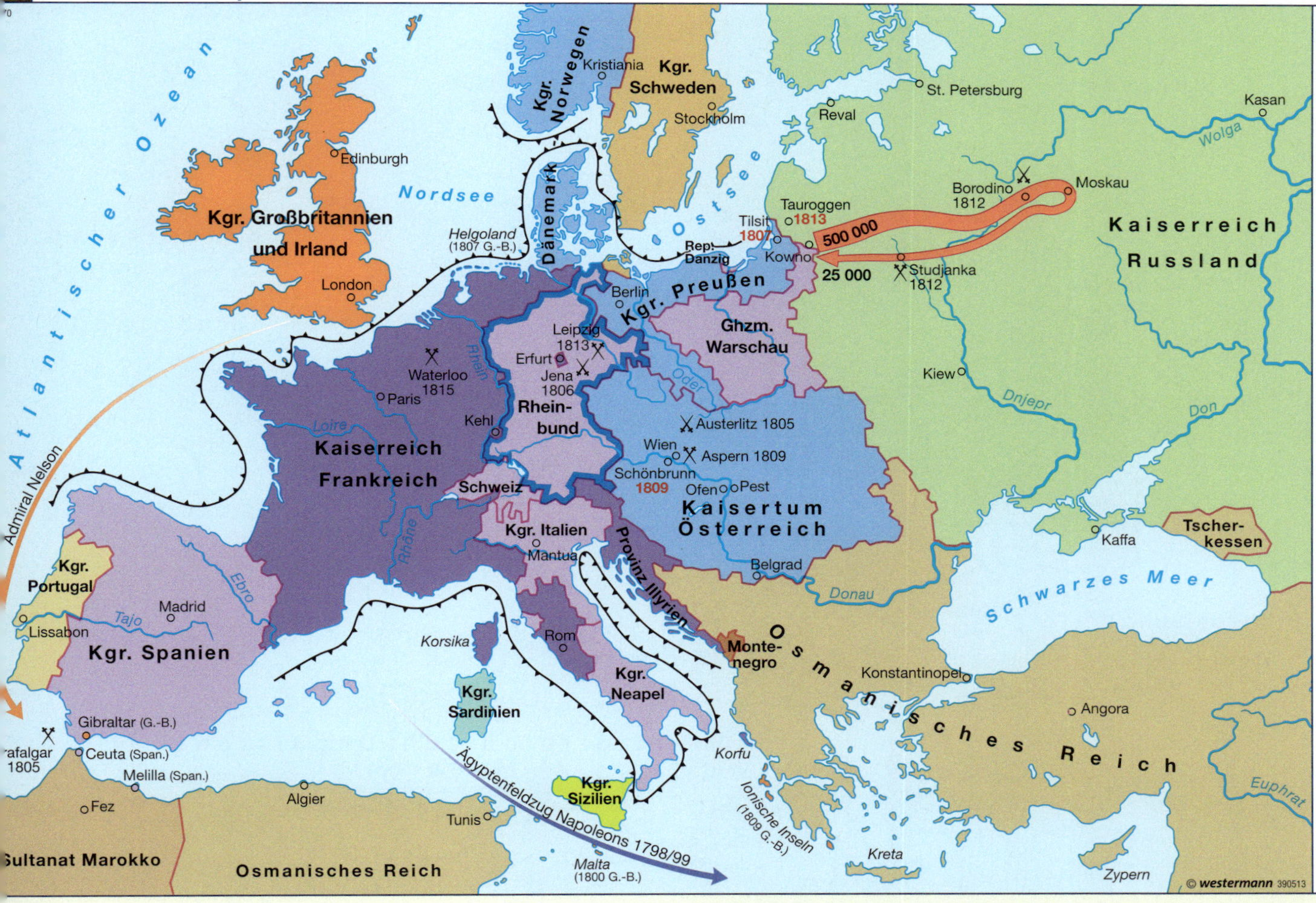

Erstes Bürgerliches Gesetzbuch (1804), kodifizierte viele Ergebnisse der Französischen Revolution und bildete im napoleonischen Europa die Basis von Rechtsreformen in vielen Ländern.

- Frankreich 1812
- von Frankreich regierte und abhängige Staaten
- mit Frankreich verbündete Staaten vor dem Russlandfeldzug
- Russlandfeldzug Napoleons 1812
- 25 000 Stärke des Heeres
- Kontinentalsperre Napoleons (seit 1806)
- militärischer Sieg Napoleons
- militärische Niederlage Napoleons
- 1809 Vertragsabschluss

Kgr. = Königreich

...edrich II. von Preußen wählt den ...g des aufgeklärten Absolutismus — 1740 [2]
Siebenjähriger Krieg (Preußen gegen Österreich) — 1756–1763
1760
1770 [3]
–17.6. Konstitution der französischen Nationalversammlung in Versailles
–26.8. Erklärung der Menschen- und Bürgerrechte — 1789 [4]
1750, 1780, 1790
9.11. Staatsstreich Napoleons — 1799
1800
Goethes Faust Teil I — 1808
1810
–Sept. 1814–Juni 1815 Wiener Kongress
–Verbannung Napoleons nach St. Helena — 1815 [5]
1820

www.heimatundwelt.de HWG-208

1 Deutscher Bund 1815 bis 1866

Maßstab 1 : 9 000 000

Seidenrips-Kokarde aus der Zeit des Hambacher Festes (1832)

- Grenze des Deutschen Bundes
- Staatsgrenze
- Provinzgrenze
- Freie Stadt
- endgültige Niederlage Napoleons 1815
- Vertragsabschluss
- Unruhen/Aufstände 1830–1848

Abkürzungen der Staatsnamen

H.-H.	Lgft. Hessen-Homburg
Lau.	Hzm. Lauenburg
L.-D.	Fsm. Lippe-Detmold
L.	Fsm. Liechtenstein
M.-Str.	Ghzm. Mecklenburg-Strelitz
S.-L.	Fsm. Schaumburg-Lippe
W.	Fsm. Waldeck

Abkürzungen der Staatsformen siehe Seite 193

2 Deutsches Kaiserreich 1871

Maßstab 1 : 9 000 000

Wappen des Deutschen Kaiserreiches: Reichsadler mit preußischem Wappenschild und einer an das Heilige Römische Reich erinnernden Krone

- Grenze des Deutschen Kaiserreiches
- Staatsgrenze
- Teilreichsgrenze
- Provinzgrenze
- Freie Stadt
- bedeutende Schlacht im Deutsch-Französischen Krieg 1870/71

Österreichisch-Ungarische Monarchie

- Transleithanien (Länder der ungarischen Krone)
- Cisleithanien (im Reichsrat vertretene Königreiche und Länder)

Abkürzungen der Staatsnamen siehe Karte 1, Abkürzungen der Staatsformen siehe Seite 193

1806	Ende des Heiligen Römischen Reiches Deutscher Nation
1815	Wiener Kongress: Neuordnung Europas, Restauration
1818	Preußen wird einheitliches Zollgebiet
1832	27.5. bis 30.5. Hambacher Fest
1834	Deutscher Zollverein
1835	erste dt. Eisenbahn Nürnberg – Fürth
1844	Weberaufstand in Schlesien
1848	Revolution in Deutschland

1800 1806 1810 1815 1818 1820 1830 1832 1834 1835 1840 1844 1848 1850

3 Industrielle Entwicklung in Deutschland im 19. Jahrhundert

Maßstab 1 : 4 500 000

4 Entwicklung der Großstädte in Deutschland

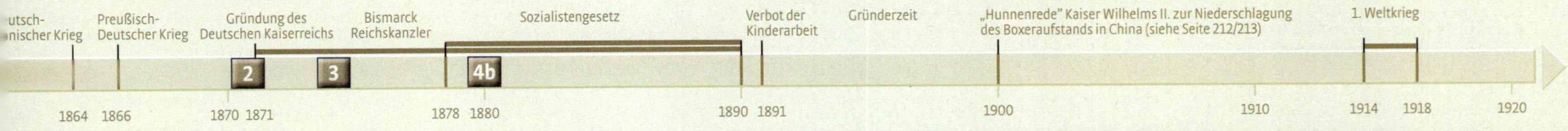

1 Die Erschließung des Westens 1840

Maßstab 1 : 40 000 000

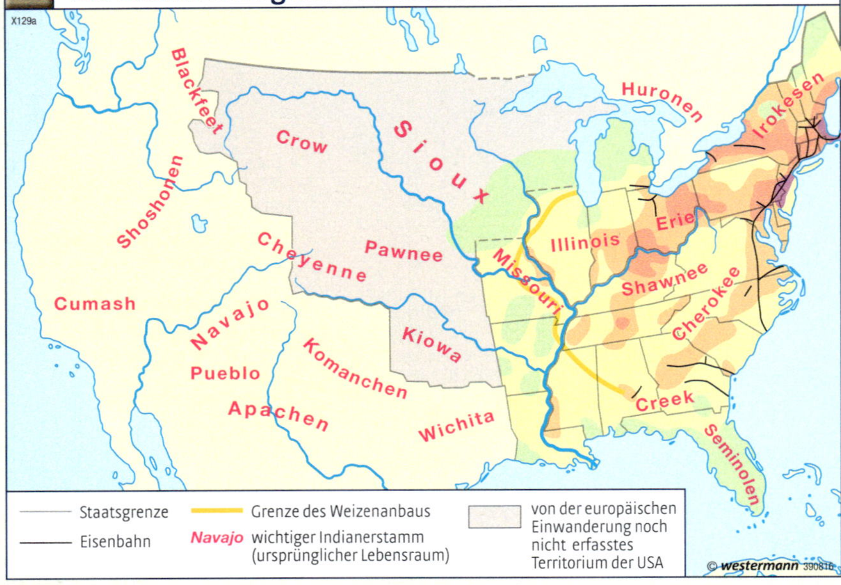

2 Die Erschließung des Westens 1860

Maßstab 1 : 40 000 000

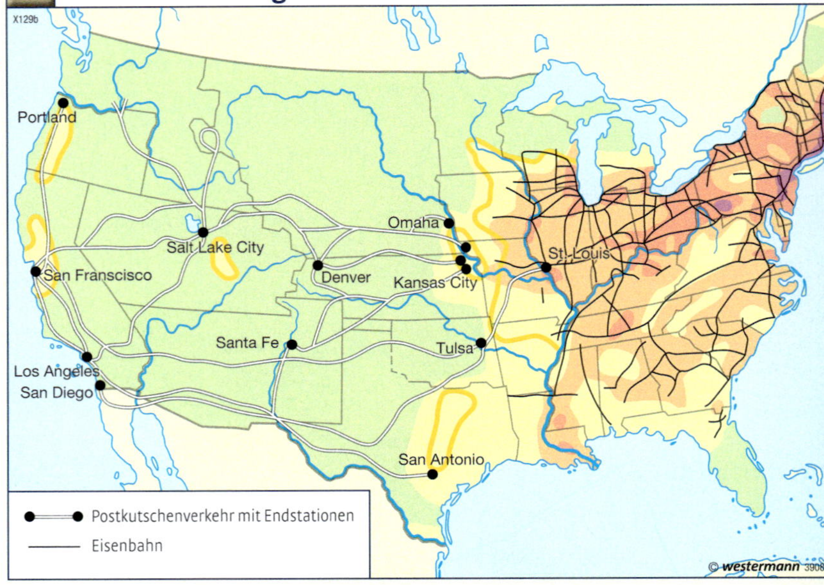

5 Atlantischer Dreieckshandel (16. bis 19. Jahrhundert)

Maßstab 1 : 80 000 000

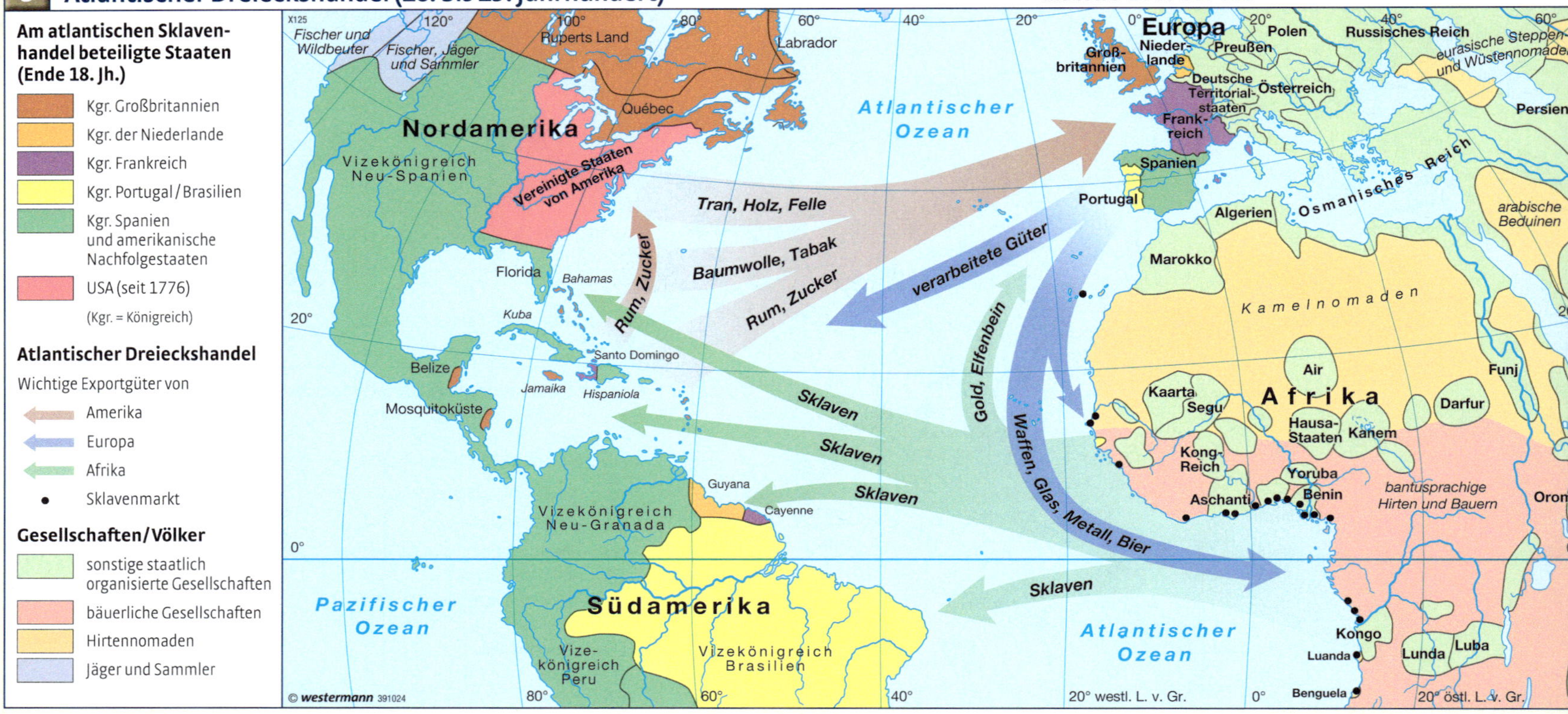

6 Verschiffung afrikanischer Sklaven 1500 – 1865

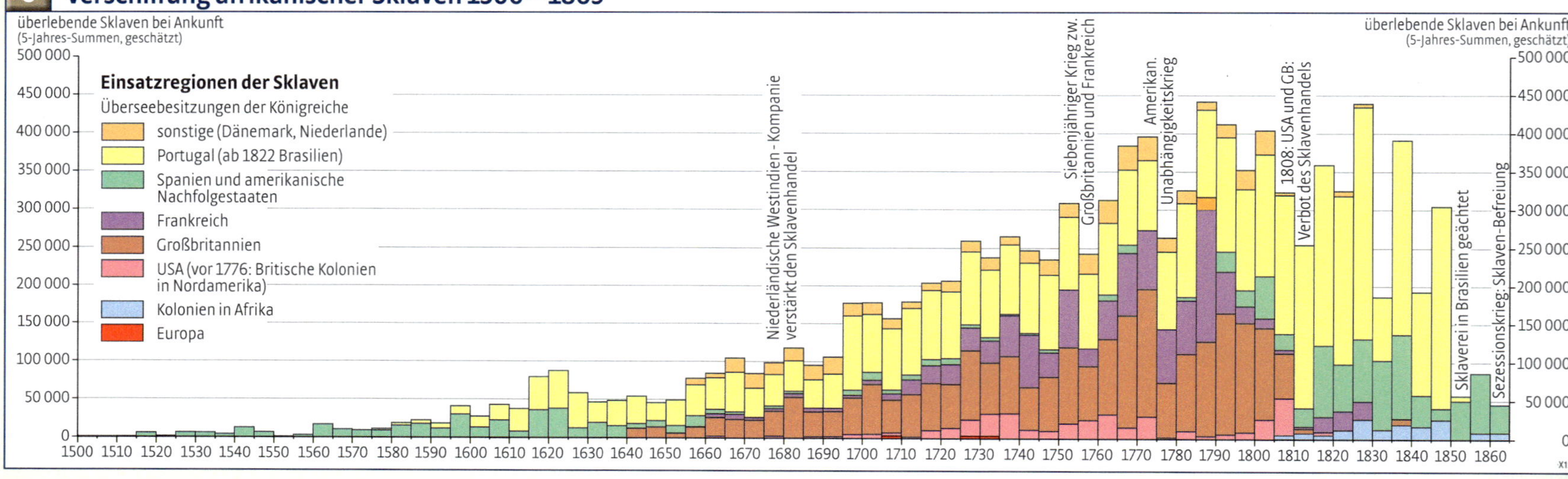

Siebenjähriger Krieg zw. Großbritannien und Frankreich sowie ihren indianischen Verbündeten um die Vorherrschaft in Nordamerika (1754–1762)

16.12. Boston Tea Party (1773)

4.7. Unabhängigkeitserklärung der USA (1776)

Georg Washington – erster Präsident der USA (1789–1797)

Verbot des transatlantischen Sklavenhandels durch Präsident Jefferson (1808)

Monroe-Dokt... („Amerika den Amerikaner...") (1823)

1750 1754 1760 1762 1770 1773 1776 1780 1789 1797 1800 1808 1810 1820 1823

5

3 Die Erschließung des Westens 1890

Maßstab 1 : 40 000 000

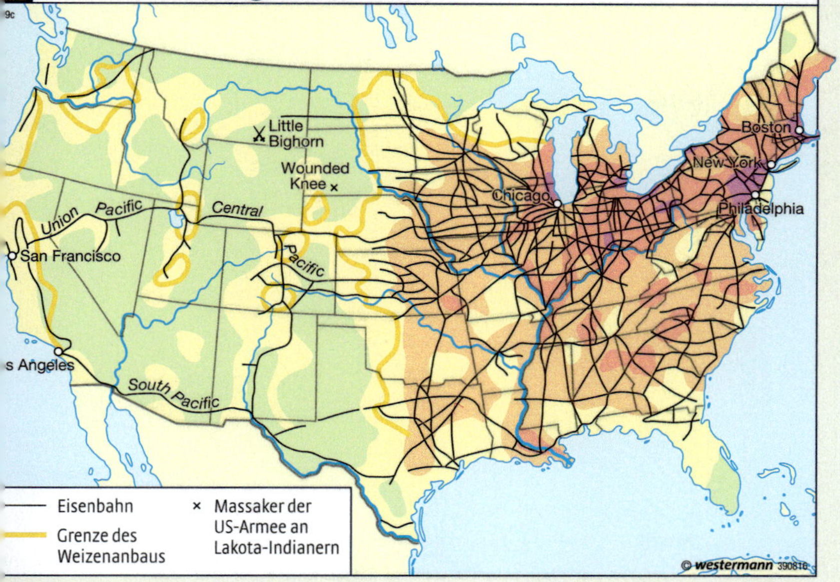

4 Die Erschließung des Westens 1910

Maßstab 1 : 40 000 000

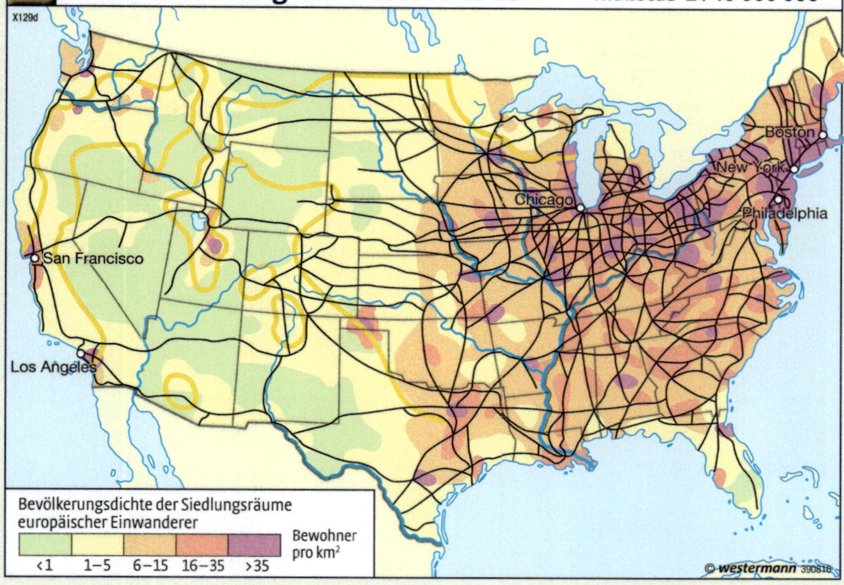

7 Sezessionskrieg 1861–1865 (Amerikanischer Bürgerkrieg)

Maßstab 1 : 30 000 000

8 Einwanderung (Immigration) in die USA seit 1820

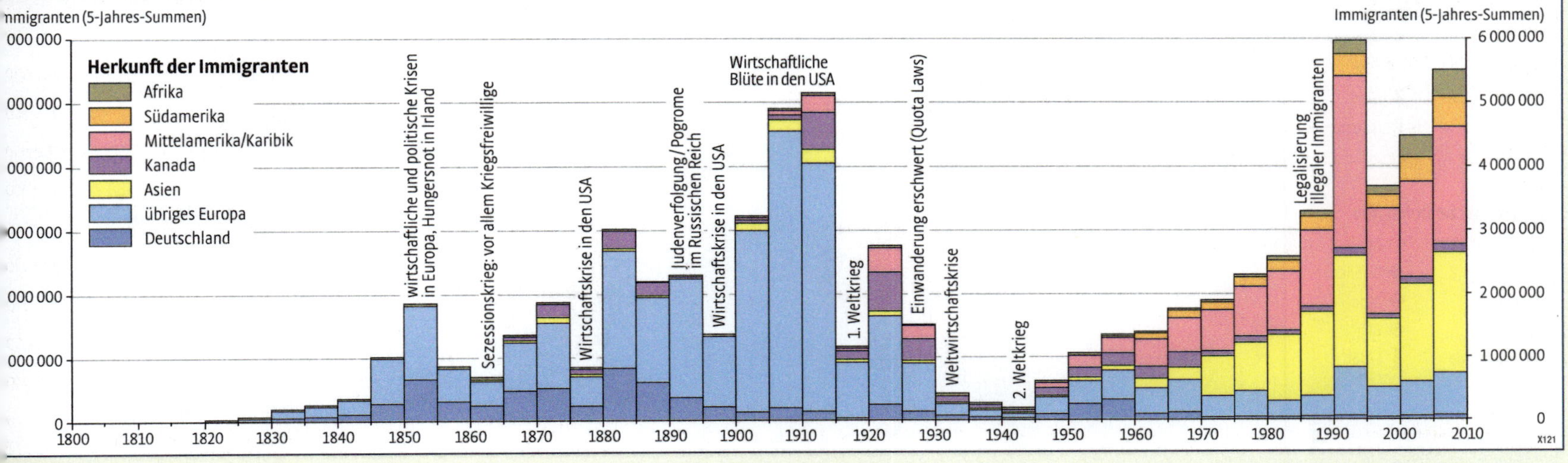

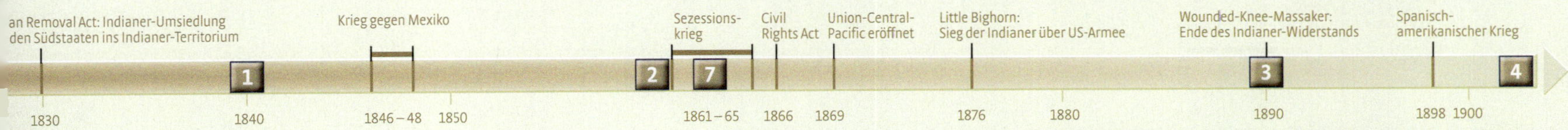

1 Die Welt um 1914

Selbstständige Staaten, ihre Besitztümer (Kolonien) und abhängige Gebiete

- Großbritannien (British Empire)
- Frankreich
- Deutsches Reich
- Belgien
- Dänemark
- Italien
- Niederlande
- Portugal
- Spanien
- USA
- Japanisches Reich
- Russisches Reich
- selbstständige Staaten (sonstige)

Interessengebiete

- britisch
- französisch
- deutsch
- US-amerikanisch
- japanisch
- russisch

Afrika – 1914/1918 siehe auch Seite 125 2

2 Handelsgüter der Kolonien und imperialistischer Interessensgebiete (um 1914)

Maßstab 1 : 180 000 00

Agrarische Rohstoffe

- Getreide (einschl. Reis)
- Zucker
- Bananen
- Kaffee
- Kakao
- Tee
- Tabak
- Gewürze
- Palmöl
- Wolle
- Fleisch
- Fisch
- Baumwolle
- Jute
- Seide
- Kautschuk
- Holz

Mineralische Rohstoffe

- Düngemittel
- Salpeter
- Gold
- Silber
- Edelsteine
- Kupfer
- Eisenerz
- Zinn
- Blei
- Erdöl

Staats- und Gebietsnamen siehe Karte 1

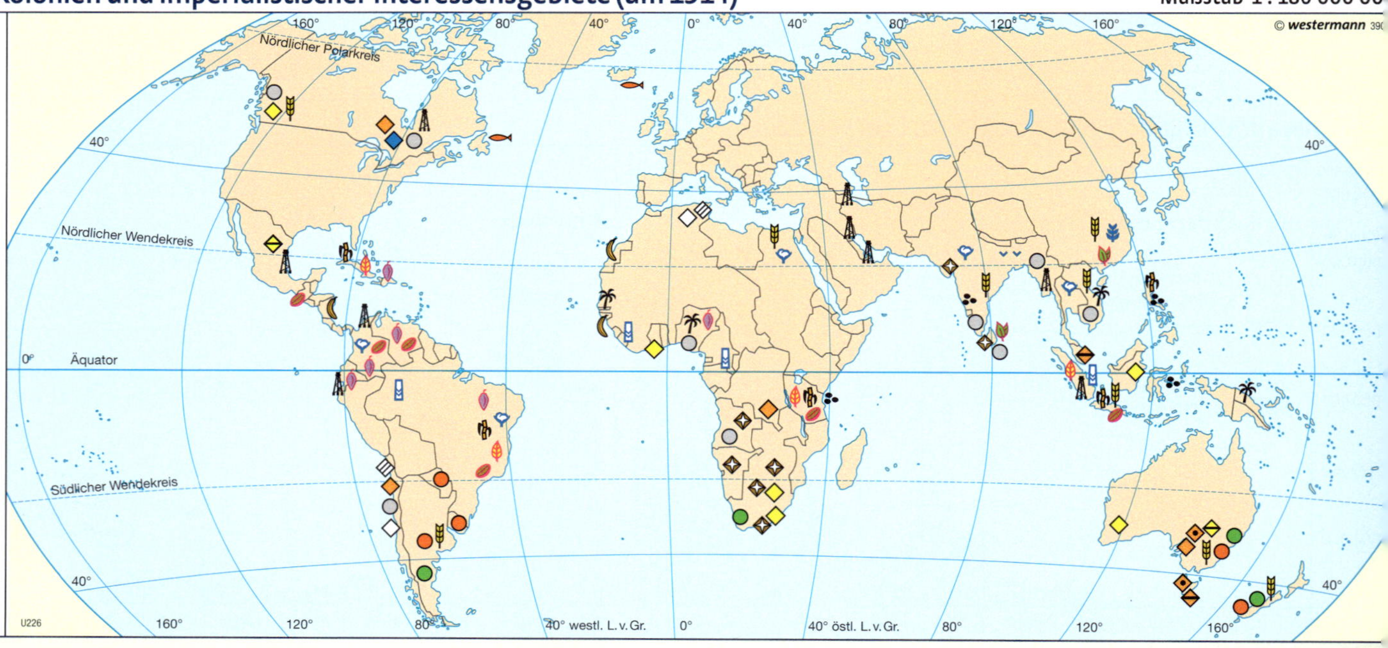

1850 – 1854–1856: Krim-Krieg: Großbritannien und Frankreich treten der russischen Expansion auf osmanischem Territorium entgegen – 1860 – 1869: Eröffnung des von den Franzosen gebauten Suezkanals – ab 1870: Starke Absenkung der Preise für Getreide und Hauptnahrungsmittel in Folge des Welthandels – 1880 – 1882: - Dreibund (Deutschland, Österreich, Ita - Großbritannien besetzt Ägypten

Maßstab 1 : 90 000 000

3 Die Welt im Ersten Weltkrieg (1914–1918)

Maßstab 1 : 180 000 000

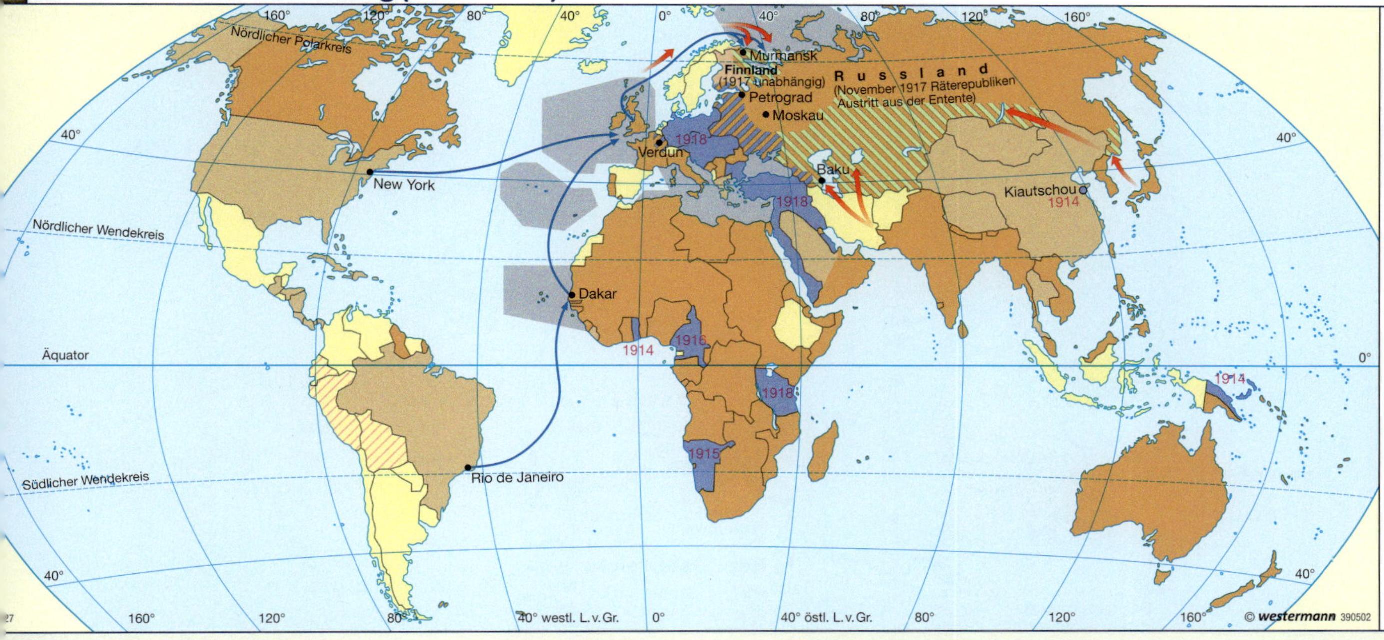

Mittelmächte
- Mittelmächte und Verbündete
- von den Mittelmächten besetzte Gebiete
- Deutsches Seesperrgebiet

Entente („Bündnis")
- Entente und Verbündete 1914 – 1916
- Verbündete der Entente seit 1917/18
- Geleitzüge der Entente für Kriegslieferungen
- Interventionen der Entente im März 1918
- von „Weißen" und Interventionstruppen beherrschte Gebiete

Neutralität
- neutrale Staaten
- diplomatische Beziehungen zu den Mittelmächten 1917 abgebrochen
- 1918 Jahr der Kapitulation

Staats- und Gebietsnamen siehe Karte 1

1890	…konferenz: Aufteilung Afrikas den europäischen Großmächten
1891	Baubeginn der Transsibirischen Eisenbahn
1897	Deutschland rüstet unter Kaiser Wilhelm II. die Flotte auf
1904	Entente cordiale zwischen Großbritannien und Frankreich
1914	2.8. Ausbruch des Ersten Weltkriegs
1916	Schlacht von Verdun
1919	Pariser Friedenskonferenz der Siegermächte

1 2 3

1890 1891 1897 1900 1904 1910 1914 1916 1918 1919 1920

1 Europa vor dem 1. Weltkrieg (1914)

Maßstab 1 : 36 000 000

1830 Jahr der Erwerbung — Staatsgrenze — Teilreichsgrenze — • Hauptstadt

2 Europa nach dem 1. Weltkrieg (1920/21)

Maßstab 1 : 36 000 000

1908 Jahr der Unabhängigkeit — Staatsgrenze (für Mitteleuropa festgelegt durch die Pariser Vorortverträge 1919/1920)

Europa

- 1900
- 1901 Tod der britischen Königin Victoria (regierte seit 1837)
- 1908
- 1910
- 1911 Marokkokrise: Deutschland droht Frankreich („Kanonenbootpolitik")
- 1914 24.6. Attentat in Sarajewo auf den österreichischen Thronerben; 1914–1918 Erster Weltkrieg
- 1917 Oktoberrevolution in Russland
- 1918
- 1919
- 1920 Diktator Horthy in Ungarn an die Macht
- 1922 –Mussolinis Marsch auf R –30.12. Gründung der Ud
- 1923

Deutschland

- 1900 Neufassung des Bürgerlichen Gesetzbuches
- 1908 Frauen dürfen politischen Parteien und Vereinen beitreten
- 1918 November-revolution
- 1919 –Versailler Vertrag –Weimarer Verfassung
- 1923 Frankreich und Belgien besetzen das Ruhrgebiet

3 Weimarer Republik 1933

Maßstab 1 : 9 000 000

Nationalflagge, abgeleitet aus der Uniform der Lützowschen Jäger (schwarzer Stoff, rote Litzen, goldene Knöpfe) in den Freiheitskriegen gegen die napoleonische Fremdherrschaft 1813–1815

- Grenze der Weimarer Republik
- Staatsgrenze
- Landesgrenze
- Provinzgrenze

Versailler Vertrag (ausgewählte Bestimmungen)

- Freie Stadt Danzig unter Schutz des Völkerbundes
- Saargebiet unter Verwaltung des Völkerbundes 1919–1935
- entmilitarisierte Zone
- nach Volksabstimmung abgetretenes Gebiet
- internationalisierter Wasserweg

Abkürzungen der Staatsnamen siehe Seite 208, Karte 1, Abkürzungen der Staatsformen siehe Seite 193

4 Europa vor dem 2. Weltkrieg (1939)

Maßstab 1 : 36 000 000

Jahr der Errichtung einer Diktatur

1922 faschistisch | 1928 autoritär-militärisch | 1917/1922 kommunistisch

5 Europa nach dem 2. Weltkrieg (1949 bis 1989)

Jahr des Beitritts zu einem Militärbündnis

1949 North Atlantic Treaty Organization (NATO) | 1955 Warschauer Pakt

Eiserner Vorhang

undurchlässig | durchlässig

Zeitleiste

Europa:
- 1926 Militärputsch Polen
- 1928 Salazar regiert Portugal autoritär
- 1929 Aufhebung der Verfassung in Jugoslawien durch König Alexander I.
- 1936 General Metaxas regiert Griechenland
- 1938 Carol II. von Rumänien errichtet Königsdiktatur
- 1939 Franco errichtet in Spanien die Diktatur
- 1939–1945 Zweiter Weltkrieg
- 1949 Nordatlantikpakt: Gründung der NATO

Deutschland:
- 1929 Weltwirtschaftskrise
- 1932 Hindenburg wird Reichspräsident
- 1933 30.1. Hitler wird Reichskanzler
- 1935 Nürnberger Gesetze
- 1938 –13.3. Anschluss Österreichs –9.11. Reichspogromnacht
- 1939 1.9. Einmarsch in Polen, Beginn des 2. Weltkrieges
- 1944 20.7. Attentat auf Hitler
- 1945 8.5. bedingungslose Kapitulation Deutschlands
- 1949 Gründung der BRD und der DDR

1926 | 1928 | 1929 | 1930 | 1932 | 1933 [3] | 1935 | 1936 | 1938 [4] | 1939 | 1940 | [6] | 1944 | 1945 | 1949 [5] | 1950

6 Nationalsozialistisches Deutschland 1942

Maßstab 1 : 9 000 000 (0 – 100 – 200 – 300 km)

Das Eingangstor zum Konzentrationslager Auschwitz als Sinnbild für Terror und Völkermord der faschistischen Diktatur

- Nationalsozialistisches Deutschland
- Gebietsgrenze („Großdeutsches Reich")
- 1.11.1938 Datum der Annektion
- von Deutschland besetzte Gebiete
- Verbündete Deutschlands
- neutrale Staaten

Konzentrationslager

- Hauptlager
- Außenlager (Auswahl)
- reines Frauenlager
- Außenlager des Frauenlagers
- Sonderghetto
- Vernichtungslager (außerhalb der Karte: Jungfernhof, Maly, Trostnec)

Die genaue Zahl der Lager muss noch wissenschaftlich aufgearbeitet werden.

1 Deutschland im Europa des Zweiten Weltkrieges (1.9.1939 – 8.5.1945)

Maßstab 1 : 24 000 000

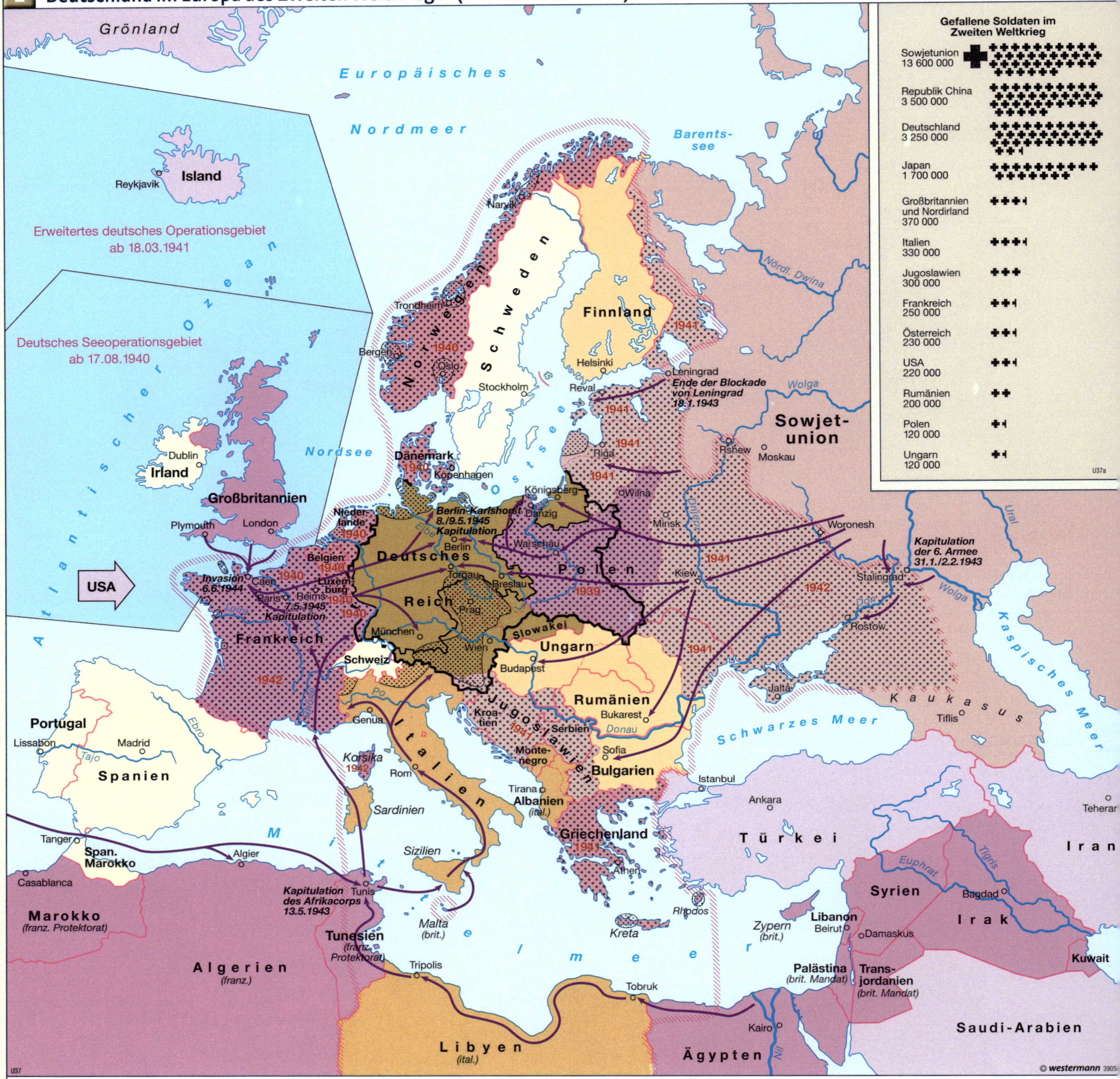

Luxemburger Briefmarken von 1945 mit Dank an die Alliierten

Achsenmächte

Kriegseintritt
- 1939
- 1940
- 1941
- Deutsche Seeoperationsgebiete

- 1942 von Deutschland besetzte Gebiete (Jahr der Besetzung)
- weitestes Vordringen der Achsenmächte November 1942
- Deutscher Machtbereich zum Zeitpunkt der bedingungslosen Kapitulation im Mai 1945

Alliierte Mächte

Kriegseintritt
- 1939
- 1940
- 1941
- nach 7.12.1941
- Alliierte Vorstöße
- neutrale Staaten

Grenzen
- Deutsches Reich 1937
- „Großdeutsches Reich" 1942
- Staatsgrenzen nach 1940
- Binnengrenzen und Erwerbungen

1935	1936	1937	1938	1939	1940	1941	1942
Wiedereinführung der allgemeinen Wehrpflicht	7.3. deutsche Besetzung des entmilitarisierten Rheinlandes	13.3. Anschluss Österreichs	29.9. Münchner Abkommen	„Stahlpakt" der Achsenmächte und „Hitler-Stalin-Pakt"	1.9. Angriff auf Polen, Beginn des 2. Weltkrieges	22.6. deutscher Angriff auf die Sowjetunion	7.12. Überfall Japans auf Pe… Harbor, Kriegseintritt der U…

2 Zweiter Weltkrieg 1939 – 1945 (Bündnisse)

Maßstab 1 : 180 000 000

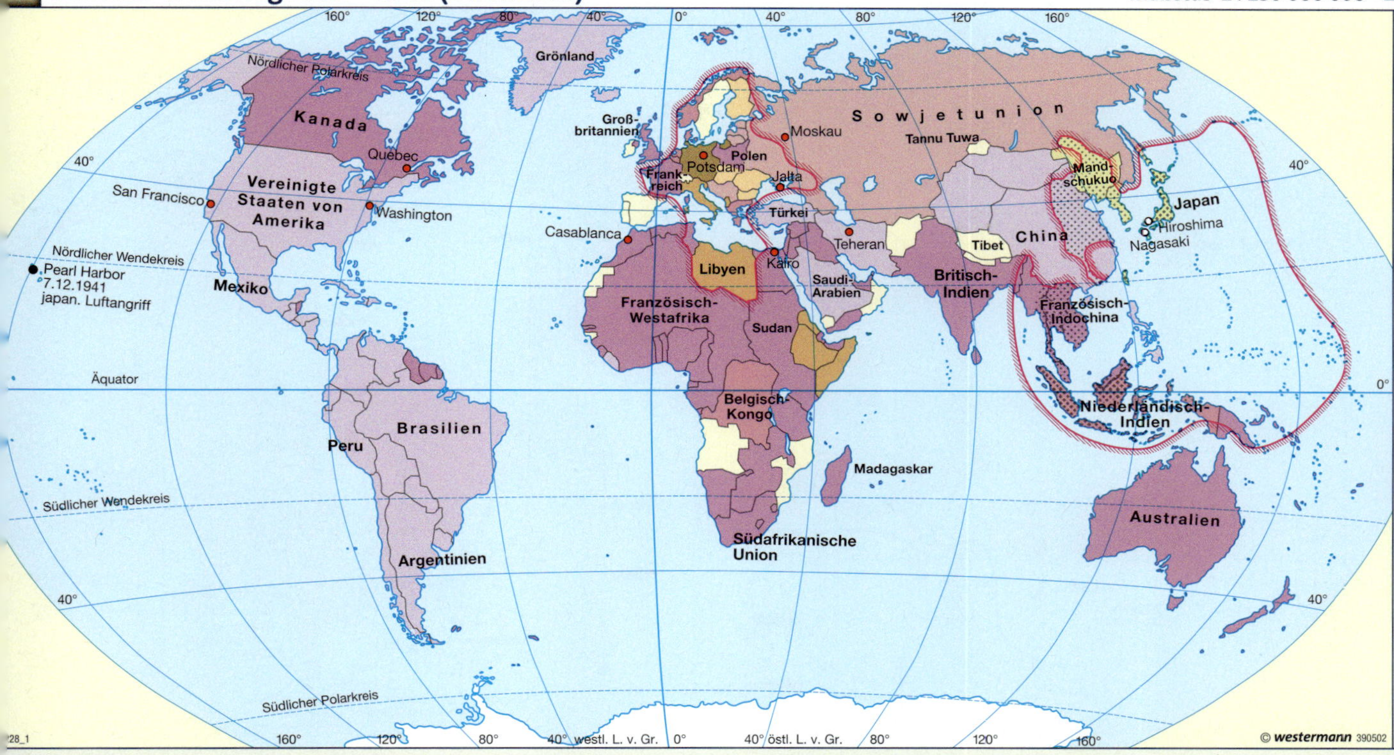

Achsenmächte und Verbündete (Kriegseintritt)
- 1939
- 1940
- 1941
- seit 7.12.1941
- größter Machtbereich der Achsenmächte 1942
- japanischer Machtbereich August 1945 zum Zeitpunkt der Kapitulation

Alliierte Mächte und Verbündete (Kriegseintritt)
- 1939
- 1940
- 1941
- ab 7.12.1941
- Konferenzort der Alliierten
- Atombombenabwürfe im August 1945 durch die USA

3 Besatzungsmächte und Vertreibung 1945 – 1949

Maßstab 1 : 10 000 000

- Deutschland in den Grenzen von 1937 bleibt als Einheit bis zur endgültigen Grenzregelung durch einen Friedensvertrag mit den Alliierten erhalten.
- Demarkationslinie nach dem Potsdamer Abkommen vom 2.8.1945

Besatzungszonen:
- amerikanisch
- britisch
- französisch
- sowjetisch

- Sektorenstadt
- Alliierter Kontrollrat
- Hauptquartier
- Internationaler Militärgerichtshof

Verwaltungszonen:
- französisch
- sowjetisch
- polnisch

Auswanderung nach Israel 1945 – 1950
- 91 Zahl der Auswanderer in Tausend

Vertreibung/Umsiedlung von
- Deutschen
- Polen
- Tschechen und Slowaken
- Ungarn

(Angaben in Tausend)

4 Roosevelts Plan zur deutschen Teilung

- zwischen 1937 und 1942 dem Deutschen Reich angegliederte Gebiete
- internationale Gebiete unter Verwaltung der Vereinten Nationen

Die **Konferenz von Teheran (28.11. – 1.12.1943)** fand als erste Konferenz der drei Hauptalliierten statt. US-Präsident Franklin D. Roosevelt, der britische Premierminister Winston Churchill, der sowjetische Staatschef Josef Stalin stimmten sich über die weitere Vorgehensweise im Krieg und über die Zukunft Deutschlands ab.

5 Stalins Plan zur deutschen Teilung

- zwischen 1937 und 1942 dem Deutschen Reich angegliederte Gebiete

Im Badeort **Jalta** auf der Krim **(4. – 11.2.1945)** trafen sich die Staatschefs der Hauptalliierten zum zweiten Mal. Themen der Konferenz waren die Aufteilung Deutschlands in Zonen, die Interessensphären in Europa sowie die Gründung der Vereinten Nationen.

Zeitleiste:
- 1943: Konferenz von Teheran (4)
- 1944: 6.6. Landung der Alliierten in der Normandie
- 1945: 8.5. bedingungslose Kapitulation Deutschlands (5); Atombombenabwürfe der USA auf Hiroshima am 6.8. und Nagasaki am 9.8.
- 1947: Truman-Doktrin/Marshallplan (3)
- 1948: 20.6. Währungsreform in den Westzonen; Berlinblockade
- 1949: 23.5. Gründung der BRD; 7.10. Gründung der DDR
- 1950

1 Das Zeitalter des Kalten Krieges (1949 – 1989)

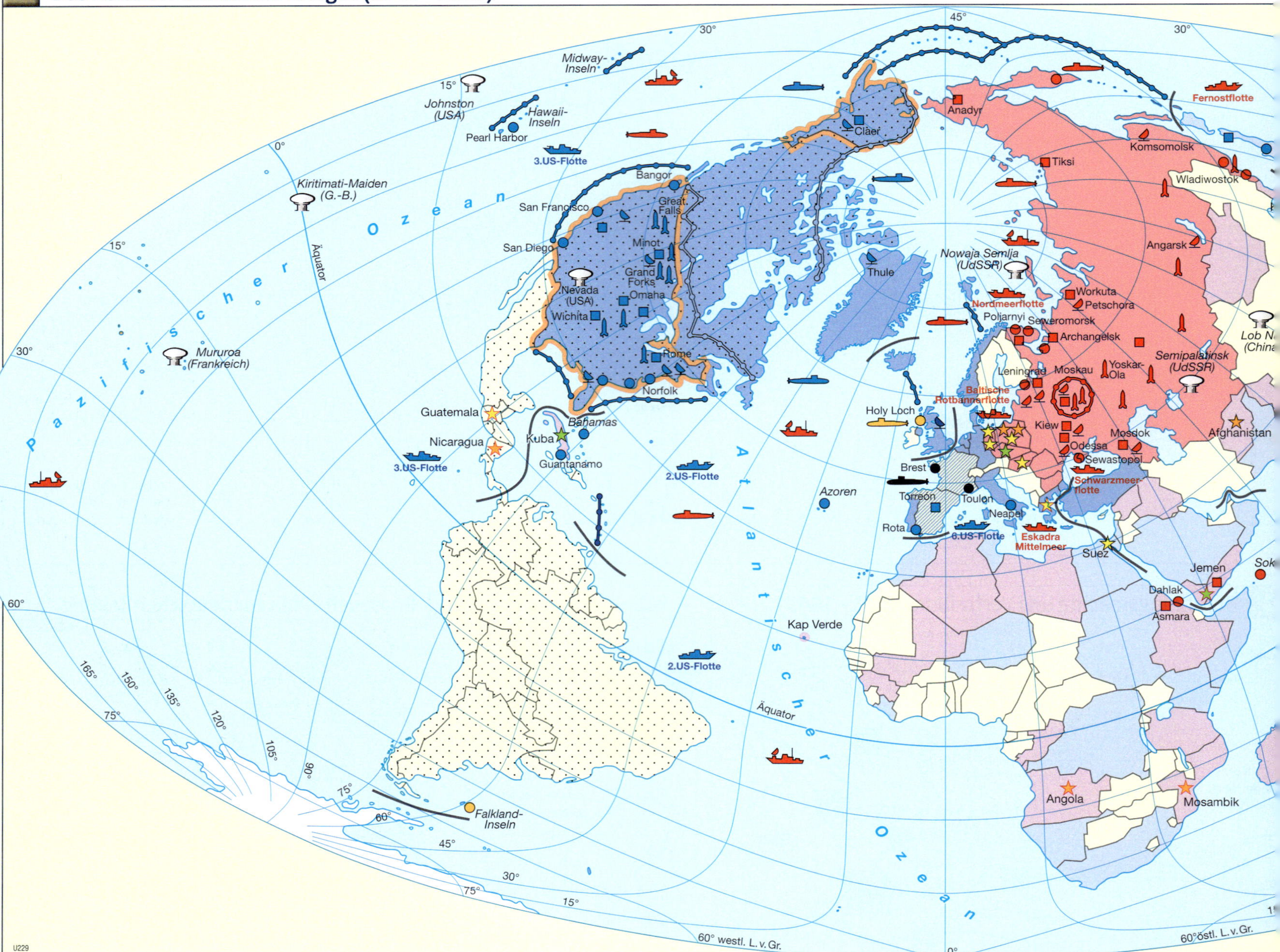

Konflikte im Zeichen des Kalten Krieges

- Bürgerkriege
- internationale Krisen und Kriege
- zwischen 1945 und 1960
- zwischen 1961 und 1975
- zwischen 1976 und 1990

Bündnis- und Paktsysteme (80er Jahre)

- **NATO** (**N**orth **A**tlantic **T**reaty **O**rganization)
- militärisch nicht in der NATO integriert
- **ANZUS** (**A**ustralia-**N**ew **Z**ealand-**U**nited **S**tates 1951 – 1986, danach ausgesetzt)
- **OAS** (**O**rganization of **A**merican **S**tates seit 1948)
- **Warschauer Pakt**

Beistandsabkommen oder Militärkooperationen außerhalb von Bündnissen (80er Jahre)

- USA
- UdSSR

- geostrategisch wichtige Engstellen
- nukleares Testgebiet

Nukleare Militärpotenziale

Marinebasen
- USA
- Frankreich
- Großbritannien
- UdSSR

Bomberstützpunkte
- USA / UdSSR

Interkontinentalraketen (Reichweite 10 000 – 12 000 km)
- USA / UdSSR

Radarfrühwarnsysteme (Reichweite 4 000 – 6 000 km)
- USA / UdSSR

Radarketten zur Luftverteidigung
- USA / UdSSR

Ortungs- und Überwachungssysteme
- USA (Unterwasserabhöranlagen)
- UdSSR (Datensammelschiffe)

Operationsräume von Flottenverbänden
- USA / UdSSR

Operationsräume von Atom-U-Booten
- USA / Großbritannien
- Frankreich / UdSSR

2 Der Koreakrieg (1950 – 1953) – ein Stellvertreterkrieg

a) Ausgangslage

b) 25. Juni 1950 – 14. Sept. 1950

Angriff der Volksrepublik Korea auf die Republik Korea

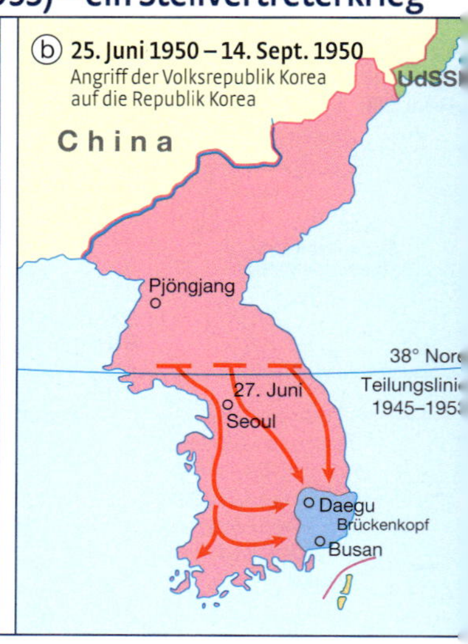

Gebiete unter Kontrolle der Truppen von

- Nordkorea, unterstützt durch die UdSSR und China
- Südkorea, unterstützt durch die UN, vor allem die USA

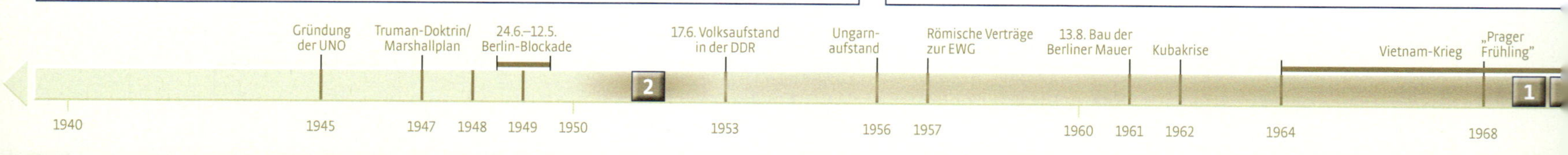

Maßstab 1 : 100 000 000

Maßstab 1 : 18 000 000

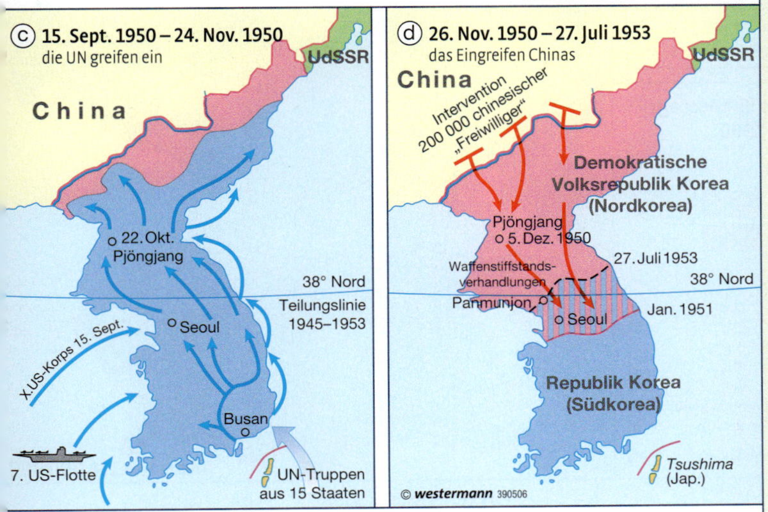

Kriegsverlauf

- Vorrücken nordkoreanischer Truppen und ihrer Verbündeten
- Vorrücken südkoreanischer Truppen und ihrer Verbündeten
- Kampfgebiet (Jan. 1951 – Juli 1953)
- Waffenstillstandslinie 27. Juli 1953, heutige Demilitarisierte Zone

3 Teilung Deutschlands 1949–1989

Maßstab 1 : 9 000 000

Bundesrepublik Deutschland (BRD) und Deutsche Demokratische Republik (DDR) 1949–1989

- umstrittene Staatsgrenze unter Berücksichtigung des Fortbestehens der Viermächteverantwortung für Gesamtdeutschland sowie der Rechtsprechung der BRD; von der DDR 1950 als Staatsgrenze anerkannt
- Hauptstadt
- Eiserner Vorhang des Warschauer Paktes
- Grenzübergang BRD–DDR
- militärisches Sperrgebiet in den Nachtstunden

Verwaltung im geteilten Deutschland:

- Sitz der Landesregierung
- Sitz der Bezirksregierung

Abkürzungen der Staatsformen siehe Seite 193

Berlin unter der Viermächteverantwortung

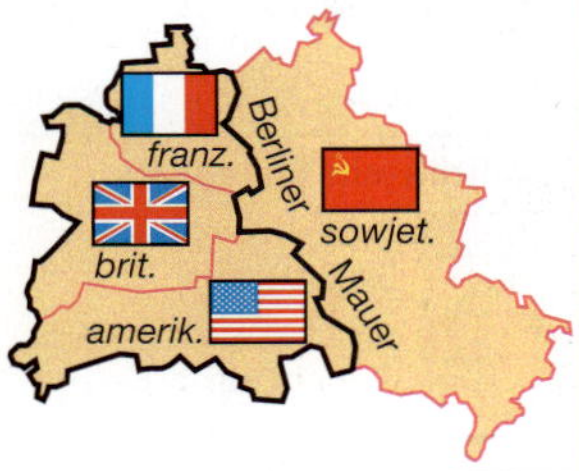

4 Transitverkehr nach West-Berlin

Maßstab 1 : 4 500 000

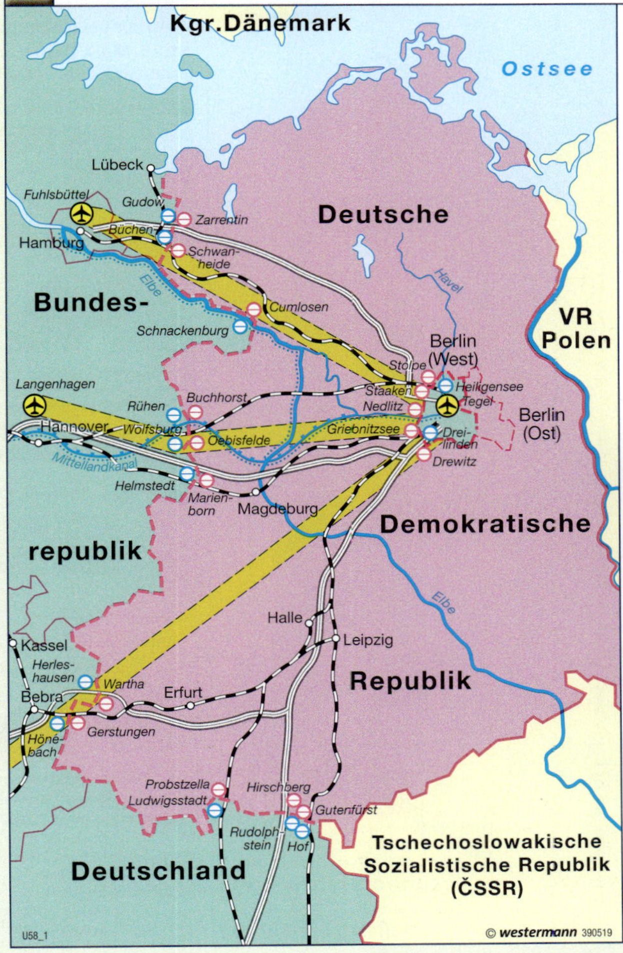

Transitverkehr bis 1990

- Eisenbahn
- Autobahn
- Fernstraße
- Wasserstraße (Fluss und Kanal)
- Luftkorridor
- Flughafen
- Grenzübergangsstelle der DDR
- Grenzübergangsstelle der Bundesrepublik Deutschland

Berliner Mauer

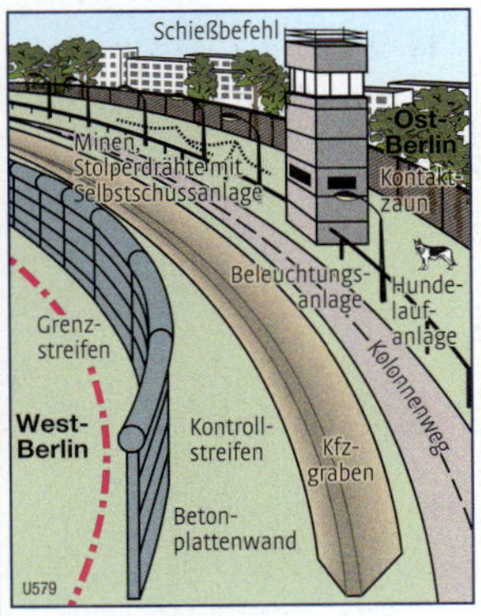

Grenzsperranlagen gegen die Flucht aus der DDR (1949–1961: 2 686 942 Flüchtlinge in den Westen; 1961–1989: 110 000 Verfahren wegen „versuchter Republikflucht"; mehr als 200 Mauertote)

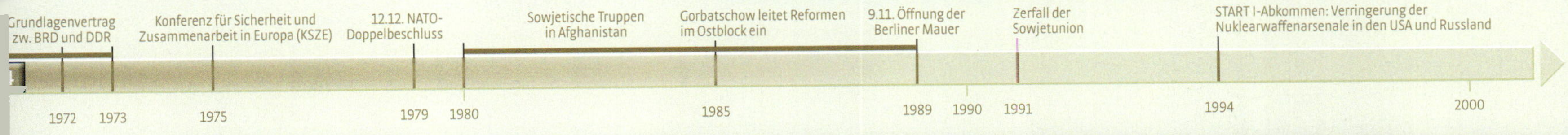

1 Europa – Auflösung des Ostblocks 1989

Maßstab 1 : 24 000 000

Militärische Bündnisse
- Staaten der NATO (Westbündnis)
- Staaten des Warschauer Paktes (Ostbündnis)
- Eiserner Vorhang

Gewaltfreier Widerstand
- Großdemonstration
- Runder Tisch (Bürgerrechtsbewegung)
- Prag – Besetzung der bundesdeutschen Botschaften
- Massenflucht aus der DDR
- Menschenkette

2 Europäische Bündnisentwicklung

Maßstab 1 : 24 000 000

Nordatlantik-Pakt (NATO)
- Gründungsstaaten 1949
- 1955 Neumitglieder (Beitrittsjahr)
- Beitrittskandidat
- NATO-Partnerschaft für den Frieden
- Sitz des NATO-Rates
- 1991 Jahr der Unabhängigkeit

Schengen-Raum der EU
(Wegfall der Personenkontrollen)
- Außengrenze bis 2000
- Außengrenze heute

(Europäische Zusammenschlüsse siehe Seite 59 3)

3 Der Weg zur Deutschen Einheit durch Wahlen

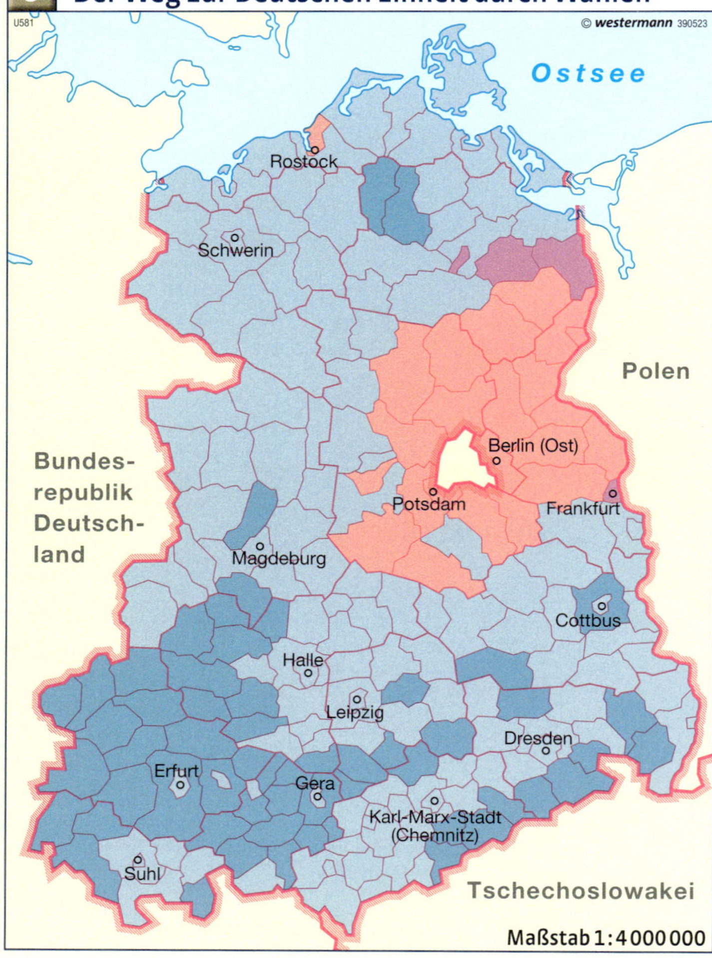

Wahl zur Volkskammer der DDR am 18. März 1990
(erste freie, gleiche und geheime Wahl)

Mehrheit nach Wahlkreisen

	CDU	SPD	PDS
relative	■	■	■
absolute	■	—	—

Stimmenanteil der Parteien (in %)

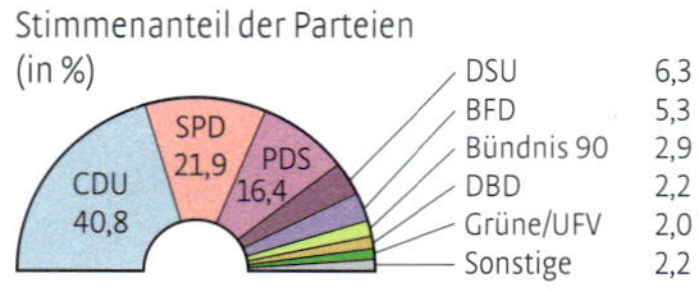

Wahlberechtigte: 12,4 Mio. Wahlbeteiligung: 93,4%

Erste gesamtdeutsche Bundestagswahl am 2. Dezember 1990

Mehrheit nach Wahlkreisen

	CDU	CSU	SPD	FDP
relative	■	■	■	■
absolute	■	■	■	—

Stimmenanteil der Parteien (in %)

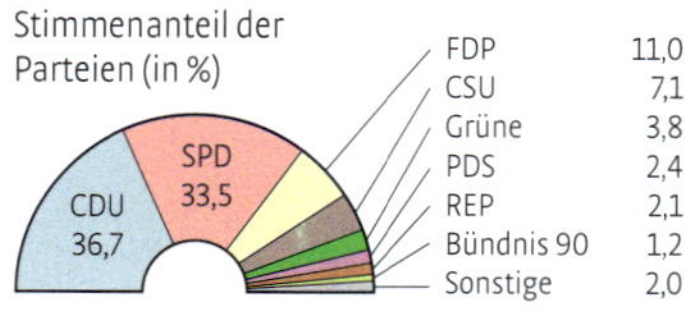

Wahlberechtigte: 60,4 Mio. Wahlbeteiligung: 77,8%

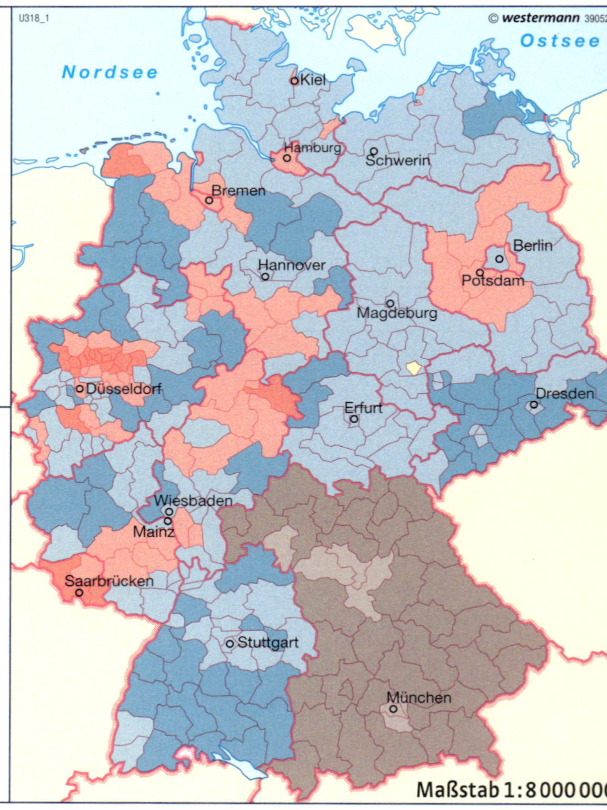

Maßstab 1:8 000 000

Gruppierungen am 18.3.1990:

DSU	Deutsche Soziale Union
BFD	Bund Freier Demokraten (Listenverbindung)
Bündnis 90	Neues Forum, „Demokratie jetzt" u.a. (Listenverbindung)
DBD	Demokratische Bauernpartei Deutschlands
Grüne/UFV	Grüne Partei, Unabhängiger Frauenverband (Listenverbindung)

Parteien Deutschlands 1990

CDU	Christlich-Demokratische Union Deutschlands
SPD	Sozialdemokratische Partei Deutschlands
FDP	Freie Demokratische Partei
CSU	Christl.-Soziale Union in Bayern
GRÜNE	Die Grünen
PDS	Partei d. Demokrat. Sozialismus (bis Dez. 1989: Sozialistische Einheitspartei Deutschlands)
REP	Die Republikaner
B90/Gr	Bündnis 90/Die Grünen (Listenverbindung)

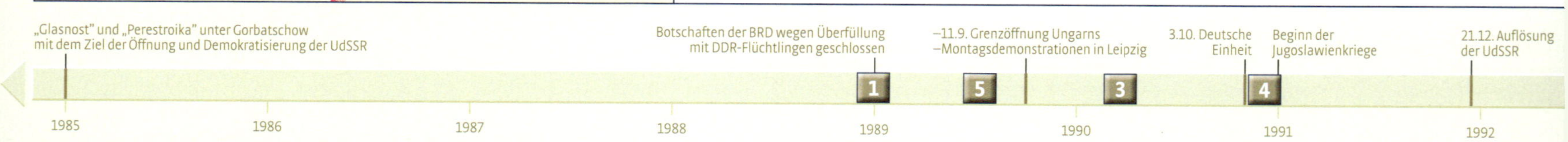

4 Vielvölkerstaat UdSSR – Auflösung durch Staatszerfall 1991

Maßstab 1 : 48 000 000

0 400 800 1200 1600 2000 km

Grenze der Sowjetunion 1922-1991

Indoeuropäer
1 Russen
2 Ukrainer
3 Weißrussen
4 Litauer
5 Letten
6 Moldawier
7 Armenier
8 Osseten
9 Tadschiken
Deutsche

Finno-Ugrier
10 Esten
11 Karelier, Samen
12 Komi, Nenzen
13 Mari
14 Udmurten
15 Mordwinen

Turkvölker
16 Aserbaidschaner
17 Balkaren, Karatschaier
18 Tataren
19 Baschkiren
20 Tschuwaschen
21 Kasachen
22 Usbeken
23 Kirgisen
24 Turkmenen
25 Jakuten
26 Tuwiner, Altaier

Kaukasusvölker
27 Georgier, Kabardiner
28 Tschetschenen u.a.
29 Dagestanische Völker

Mongolen
30 Burjaten
31 Kalmücken

grün unterstrichen: vorherrschende Religion Islam

5 Jugoslawien – Auflösung eines Vielvölkerstaates im Bürgerkrieg

Maßstab 1 : 7 000 000

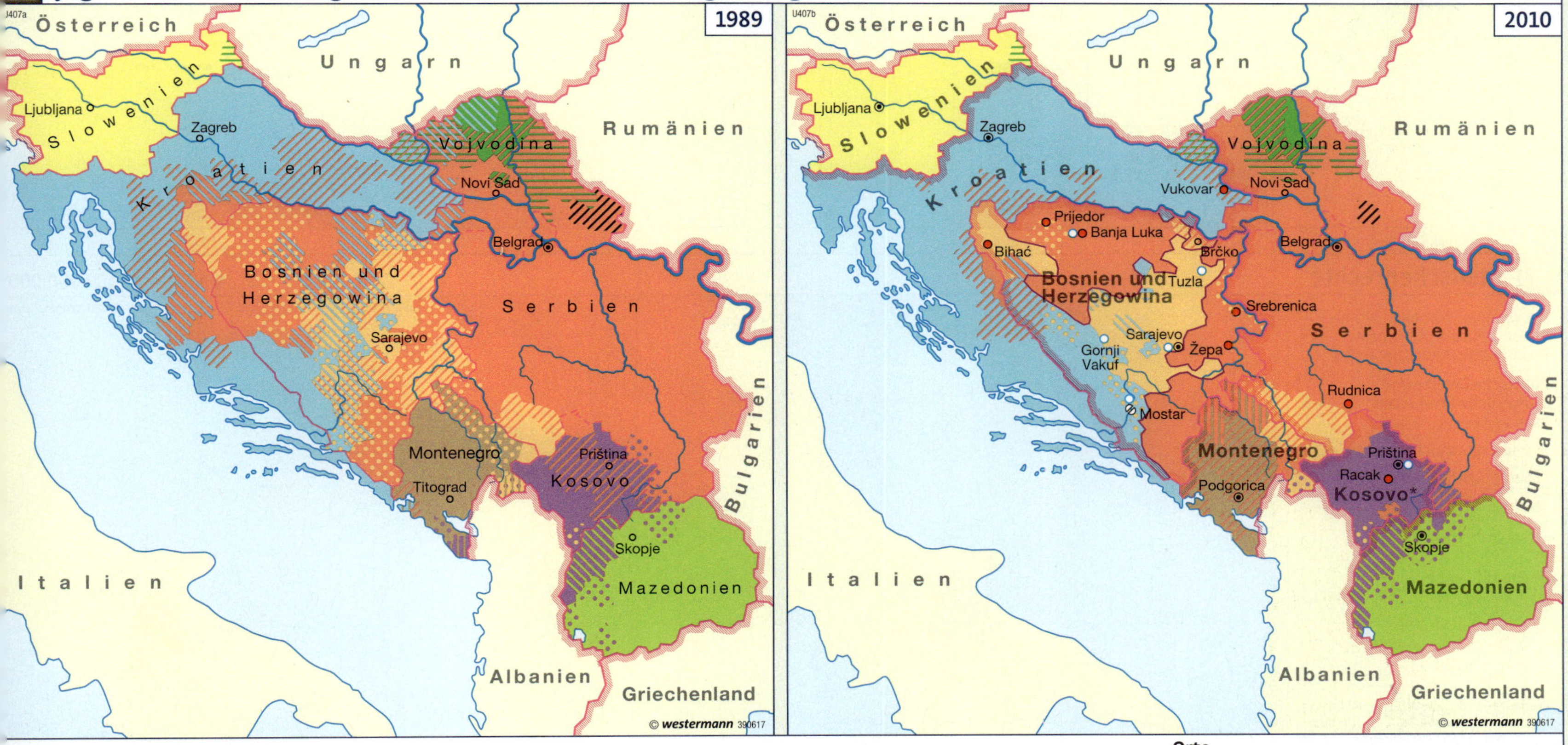

Ethnische Bevölkerungszusammensetzung

Bevölkerung	Slowenen	Kroaten	Serben	Bosniaken	Mazedonier	Montenegriner	Albaner	Ungarn	Rumänen
Mehrheit									
Minderheit (unter 35%)									

Grenzen
- Staat
- Republik
- autonome Provinz
- Teilrepublik (nach Dayton-Vertrag)

Orte
- Hauptstadt
- Ort, in dem schwere Menschenrechtsverletzungen begangen wurden
- Hauptquartier der internationalen Friedenstruppen
- geteilte Stadt (bis 2004)

* unter UN-Verwaltung

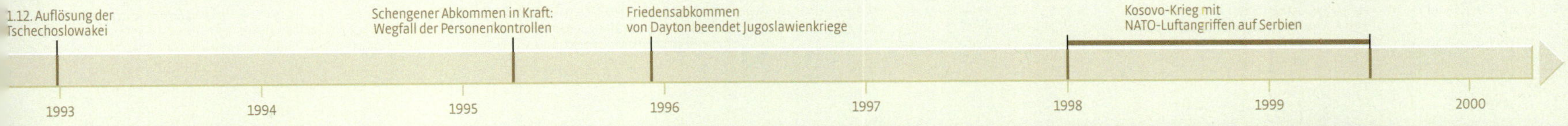

1 Konflikte und Flüchtlinge

Konflikte
(nach Heidelberger Institut für internationale Konfliktforschung 2010)

- ★ Bürgerkrieg oder internationaler Konflikt
- ☆ ernste Krise

Flucht
(nach UNHCR 2008)

- Binnenflüchtlinge (mehr als 100 000)
- Auslandsflüchtlinge
  - in die Nachbarstaaten
  - in die Europäische Union
  - 5 000 – 10 000
  - 10 000 – 100 000
  - über 100 000

Aufnahmeländer
(nach UNHCR 2008)

Anzahl der erfassten Auslandsflüchtlinge je 1 000 Einwohner

- bis 1
- 1 – 10
- 10 – 25
- über 25
- keine Angaben

A	Österreich	RT	Togo
ARM	Armenien	RU	Burundi
AZ	Aserbaidschan	RWA	Ruanda
B	Belgien	SRB	Serbien
BIH	Bosnien und Herzegowina	SYR	Syrien
CH	Schweiz		
DJI	Dschibuti		
DK	Dänemark		
GE	Georgien		
GR	Griechenland		
K	Kambodscha		
NL	Niederlande		
RL	Libanon		
RO	Rumänien		

Logo des UNHCR

Hoher Flüchtlingskommissar der Vereinten Nationen (United Nations High Commissioner for Refugees – UNHCR)

Der UNHCR schützt und unterstützt Flüchtlinge, die meist wegen Konflikten ihre Heimat verlassen. Grundlage dafür ist die Genfer Flüchtlingskonvention, der fast 150 Staaten angehören. Schätzungsweise 25,7 Mio. Menschen waren 2008 ins Ausland geflohen oder in ihrem Land auf der Flucht. Diese Binnenflüchtlinge unterstützt der UNHCR ebenfalls, wenn er dafür den Auftrag erhält.
Aber nicht jeder Konflikt zieht Flüchtlinge nach sich und nicht jeder Flüchtlingsstrom beruht auf einem Konflikt.

vom **UNHCR** anerkannte und unterstützte Flüchtlinge (2008)

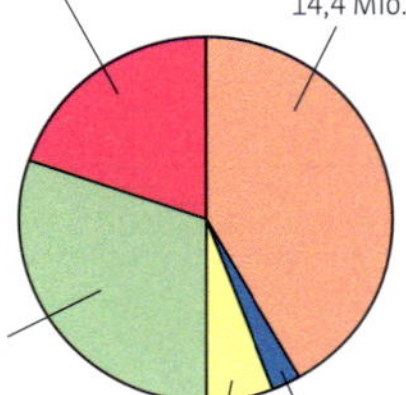

Entwicklung der Flüchtlingsbewegung

	Flüchtlinge auf der Erde gesamt	Hilfe des UNHCR
1990	15 Mio.	544 Mio. $
1995	27,4 Mio.	1300 Mio. $
2000	22,3 Mio.	915 Mio. $
2008	34,4 Mio.	1600 Mio. $

2 Menschenrechte

Maßstab 1 : 180 000 000

Die Vereinten Nationen formulierten 1948 die „Allgemeine Erklärung der Menschenrechte".

Politische Rechte und bürgerliche Freiheiten
(nach Freedom House, 2008)

- geschützt
- teilweise geschützt
- nicht geschützt
- keine Angaben

Recht auf Leben
(nach Amnesty International, 2011)

- Todesstrafe
- Todesstrafe zur Zeit ausgesetzt

Freiheits-status	Staaten-verteilung	Bevölkerung (in Mrd.)
geschützt	89 (46%)	3,06 (46%)
teilweise geschützt	62 (32%)	1,35 (20%)
nicht geschützt	42 (22%)	2,28 (34%)
Gesamt	**193 Staaten**	**6,68 Mrd.**

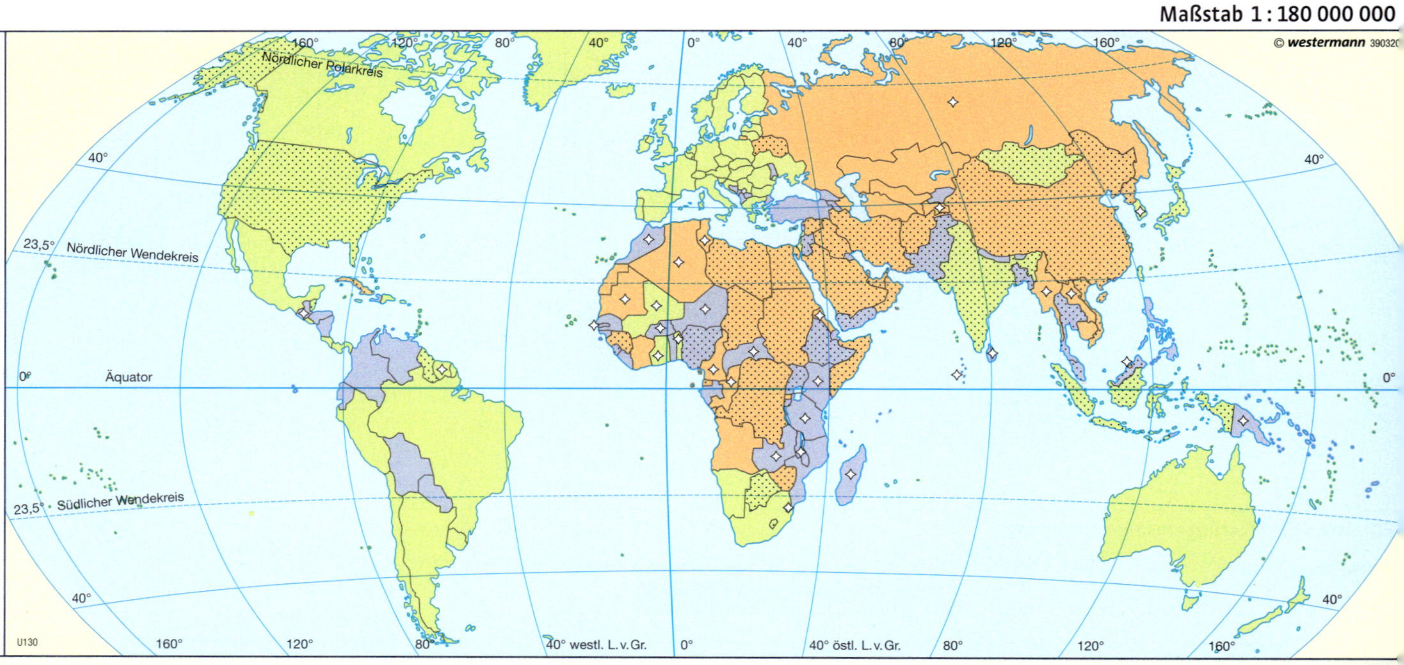

11.9. Terroranschlag der islamistischen Al-Kaida auf das World Trade Center in New York
7.10. Beginn des Afghanistan-Krieges
12.10. Terroranschlag auf Bali (Indonesien); 200 Tote
20.3. Beginn des Dritten Golfkrieges gegen den Irak unter Diktator Saddam Hussein
2003-2007 Aufstand und Flüchtlingswelle in der sudanesischen Provinz Darfur
19.10. Prozessauftakt gegen Saddam Hussein
Höhepunkt von Terroranschlägen durch Al-Kaida und andere Gruppen im Ir

2001 2002 2003 2004 2005 20

Maßstab 1 : 90 000 000

3 Politische und militärische Bündnisse

Maßstab 1 : 180 000 000

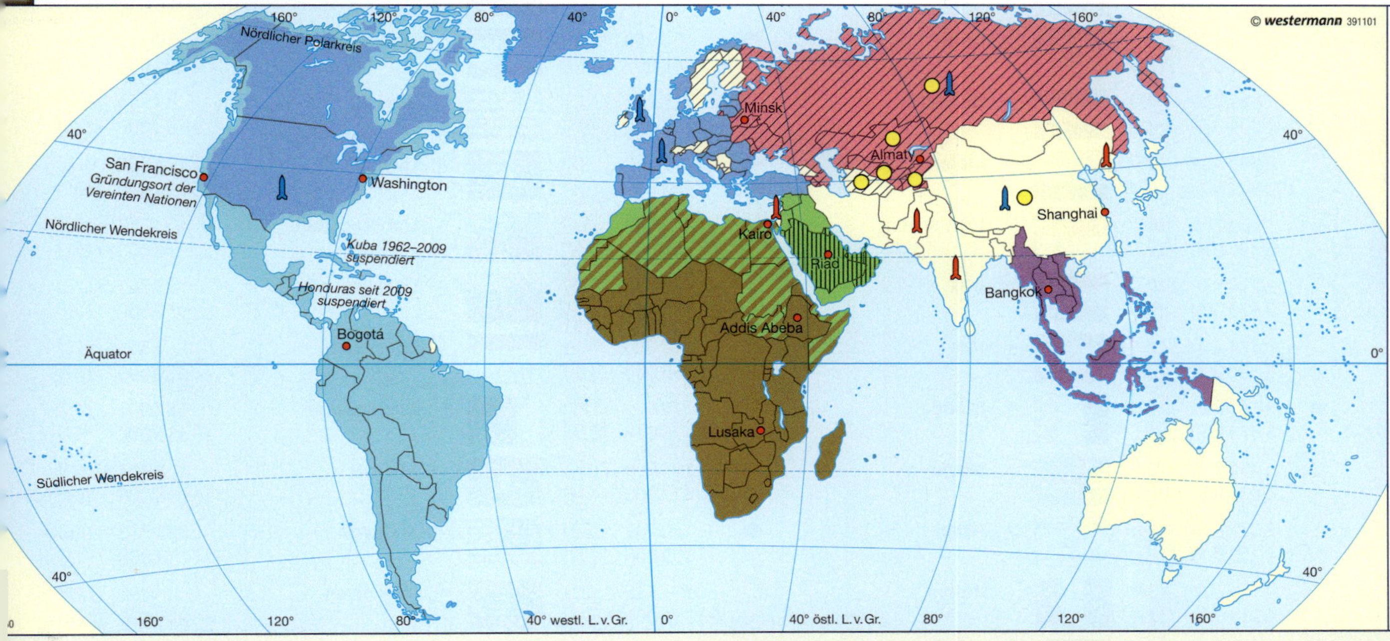

- **Arabische Liga** (1945)
- **ASEAN** (1967) (Association of Southeast Asian Nations)
- **AU** (2001) (African Union)
- **Gemeinschaft Unabhängiger Staaten** (GUS) (1991)
- **Golfrat** (1981)
- **NATO** (1949) (North Atlantic Treaty Organization)
- NATO „Partnerschaft" für den Frieden
- **SCO** (1996) (Shanghai Cooperation Organization)
- **OAS** (1890/1948) (Organization of American States)
- Gründungsort der Bündnisse

Nuklearmächte

- Unterzeichner Atomwaffensperrvertrag (1968)
- außerhalb Atomwaffensperrvertrag

2007	2008	2009	2010	2011
Krieg in der ostkongolesischen Seenregion; viele Flüchtlinge	17.2. Der Kosovo wird unabhängig	26.11. Terroranschlag von Mumbai (Indien); 200 Tote [3]	Beginn von Unruhen in arabischen Ländern, die zum Sturz von jahrzehntelangen Diktaturen führten [2]	2.5. Tod von Osama Bin Laden in Pakistan [1]

Staaten – Flaggen und Statistik

www.heimatundwelt.de HW-224

Kennzeichen	Staat	Fläche in km²	(Rang)	Einwohner	(Rang)
AFG	**Afghanistan**	652 225	(40)	29 021 000	(40)
ET	**Ägypten**	1 002 000	(29)	81 527 000	(15)
AL	**Albanien**	28 748	(141)	3 143 000	(133)
DZ	**Algerien**	2 381 741	(10)	34 373 000	(34)
AND	**Andorra**	468	(182)	84 000	(187)
ANG	**Angola**	1 246 700	(22)	18 021 000	(59)
AG	**Antigua und Barbuda**	442	(184)	87 000	(183)
GQ	**Äquatorialguinea**	28 051	(142)	659 000	(161)
RA	**Argentinien**	2 780 403	(8)	39 883 000	(31)
ARM	**Armenien**	29 743	(140)	3 077 000	(134)
AZ	**Aserbaidschan**	86 600	(112)	8 680 000	(89)
ETH	**Äthiopien**	1 133 380	(26)	80 713 000	(16)
AUS	**Australien**	7 692 030	(6)	22 432 000	(53)
BS	**Bahamas**	13 939	(157)	338 000	(171)
BRN	**Bahrain**	716	(177)	776 000	(158)
BD	**Bangladesch**	147 570	(93)	160 000 000	(7)
BDS	**Barbados**	430	(185)	255 000	(175)
B	**Belgien**	32 545	(138)	10 708 000	(76)
BZ	**Belize**	22 965	(149)	322 000	(172)
BJ	**Benin**	112 622	(101)	8 662 000	(90)
BHT	**Bhutan**	46 500	(130)	687 000	(160)
BOL	**Bolivien**	1 098 581	(27)	9 694 000	(85)
BIH	**Bosnien und Herzegowina**	51 129	(126)	3 773 000	(126)
RB	**Botsuana**	581 730	(47)	1 921 000	(144)
BR	**Brasilien**	8 547 404	(5)	191 972 000	(5)
BRU	**Brunei**	5765	(166)	392 000	(170)
BG	**Bulgarien**	110 994	(103)	7 623 000	(95)
BF	**Burkina Faso**	274 200	(73)	15 234 000	(63)
RU	**Burundi**	27 834	(143)	8 074 000	(93)
RCH	**Chile**	756 096	(37)	16 804 000	(60)
PRC	**China**	9 572 419	(4)	1 332 159 000	(1)
CR	**Costa Rica**	51 100	(127)	4 519 000	(117)
CI	**Côte d'Ivoire (Elfenbeinküste)**	322 462	(68)	20 591 000	(54)
DK	**Dänemark**	43 098	(132)	5 494 000	(109)
D	**Deutschland**	357 112	(62)	82 110 000	(14)
WD	**Dominica**	751	(175)	73 000	(188)
DOM	**Dominikanische Republik**	48 671	(129)	9 953 000	(81)
DJI	**Dschibuti**	23 200	(148)	849 000	(156)
EC	**Ecuador**	256 370	(76)	13 481 000	(68)
ES	**El Salvador**	21 041	(150)	6 134 000	(105)
ER	**Eritrea**	121 144	(98)	4 927 000	(114)
EST	**Estland**	45 227	(131)	1 341 000	(149)
FJI	**Fidschi**	18 376	(153)	844 000	(157)
FIN	**Finnland**	338 144	(64)	5 313 000	(111)
F	**Frankreich**	543 965	(48)	62 277 000	(21)
G	**Gabun**	267 667	(75)	1 448 000	(148)
WAG	**Gambia**	11 295	(161)	1 660 000	(146)
GE	**Georgien**	69 700	(120)	4 307 000	(122)
GH	**Ghana**	238 537	(81)	23 351 000	(48)
WG	**Grenada**	345	(187)	104 000	(180)
GR	**Griechenland**	131 957	(96)	11 237 000	(73)
GB	**Großbritannien und Nordirland**	242 910	(79)	61 414 000	(22)
GCA	**Guatemala**	108 889	(105)	13 686 000	(67)
RG	**Guinea**	245 857	(78)	9 833 000	(83)
GUB	**Guinea-Bissau**	36 125	(135)	1 575 000	(147)
GUY	**Guyana**	214 969	(84)	763 000	(159)
RH	**Haiti**	27 750	(144)	9 876 000	(82)
HN	**Honduras**	112 492	(102)	7 319 000	(97)
IND	**Indien**	3 287 263	(7)	1 139 965 000	(2)
RI	**Indonesien**	1 912 988	(14)	227 345 000	(4)
IRQ	**Irak**	438 317	(58)	30 711 000	(39)
IR	**Iran**	1 648 000	(17)	71 956 000	(18)
IRL	**Irland**	70 273	(119)	4 426 000	(120)
IS	**Island**	103 000	(106)	317 000	(173)
IL	**Israel**	20 991	(151)	7 309 000	(98)
I	**Italien**	301 336	(71)	59 832 000	(23)
JA	**Jamaika**	10 991	(162)	2 687 000	(137)
J	**Japan**	377 837	(61)	127 704 000	(10)
YAR	**Jemen**	536 869	(49)	22 917 000	(50)
JOR	**Jordanien**	89 342	(111)	5 906 000	(106)
K	**Kambodscha**	181 035	(89)	14 562 000	(66)
CAM	**Kamerun**	475 442	(53)	19 088 000	(58)
CDN	**Kanada**	9 984 670	(2)	33 311 000	(35)
CV	**Kap Verde**	4 036	(168)	499 000	(166)
KZ	**Kasachstan**	2 724 900	(9)	15 675 000	(62)
Q	**Katar**	11 437	(160)	1 281 000	(151)
EAK	**Kenia**	582 646	(46)	38 765 000	(32)
KS	**Kirgisistan**	199 900	(86)	5 278 000	(112)
KIR	**Kiribati**	811	(174)	97 000	(185)
CO	**Kolumbien**	1 141 748	(25)	45 012 000	(29)
COM	**Komoren**	1 862	(172)	644 000	(162)
RCB	**Kongo**	342 000	(63)	3 615 000	(128)
CGO	**Kongo, Demokratische Republik**	2 344 885	(11)	64 257 000	(20)
KOS	**Kosovo**	10 887	(163)	1 795 000	(145)
HR	**Kroatien**	56 542	(125)	4 434 000	(119)
C	**Kuba**	110 860	(104)	11 205 000	(74)
KWT	**Kuwait**	17 818	(154)	2 728 000	(136)
LAO	**Laos**	236 800	(83)	6 205 000	(104)
LS	**Lesotho**	30 355	(139)	2 049 000	(141)
LV	**Lettland**	64 589	(123)	2 266 000	(139)
RL	**Libanon**	10 452	(164)	4 194 000	(124)
LB	**Liberia**	97 754	(108)	3 793 000	(125)
LAR	**Libyen**	1 775 500	(16)	6 294 000	(102)
FL	**Liechtenstein**	160	(192)	36 000	(191)
LT	**Litauen**	65 301	(122)	3 358 000	(130)
L	**Luxemburg**	2 586	(170)	489 000	(167)
RM	**Madagaskar**	587 041	(45)	19 111 000	(57)
MW	**Malawi**	118 484	(100)	14 846 000	(64)
MAL	**Malaysia**	329 733	(66)	27 014 000	(45)
MV	**Malediven**	298	(189)	305 000	(174)
RMM	**Mali**	1 240 192	(23)	12 706 000	(69)
M	**Malta**	316	(188)	412 000	(169)

Kennz.	Staat	UN-Mission	Fläche in km²	(Rang)	Einwohner	(Rang)
MA	Marokko		458 730	(55)	31 606 000	(38)
MH	Marshall-Inseln		181	(191)	60 000	(189)
RIM	Mauretanien		1 030 700	(28)	3 215 000	(132)
MS	Mauritius		2 040	(171)	1 269 000	(152)
MK	Mazedonien		25 713	(147)	2 041 000	(142)
MEX	Mexiko		1 953 162	(13)	106 350 000	(11)
FSM	Mikronesien		700	(179)	110 000	(180)
MD	Moldau		33 800	(137)	3 633 000	(127)
MC	Monaco		2	(196)	33 000	(192)
MGL	Mongolei		1 564 100	(18)	2 641 000	(138)
MNE	Montenegro		13 812	(158)	622 000	(163)
MOC	Mosambik		799 380	(34)	22 383 000	(51)
MYA	Myanmar		676 552	(39)	49 563 000	(24)
NAM	Namibia		824 292	(33)	2 130 000	(140)
NAU	Nauru		21	(195)	10 000	(194)
NEP	Nepal		147 181	(94)	28 810 000	(42)
NZ	Neuseeland		270 534	(74)	4 269 000	(123)
NIC	Nicaragua		120 254	(99)	5 667 000	(107)
NL	Niederlande		41 526	(133)	16 446 000	(61)
RN	Niger		1 267 000	(21)	14 704 000	(65)
NGR	Nigeria		923 768	(31)	151 212 000	(8)
KP	Nordkorea		122 762	(97)	23 819 000	(47)
N	Norwegen		323 759	(67)	4 768 000	(116)
OM	Oman		309 500	(70)	2 785 000	(135)
A	Österreich		83 879	(113)	8 337 000	(91)
TL	Osttimor	◓	14 604	(156)	1 098 000	(154)
PK	Pakistan	◓	796 095	(35)	166 111 000	(6)
PAL	Palau		508	(181)	20 000	(195)
PA	Panama		75 517	(117)	3 399 000	(129)
PNG	Papua-Neuguinea		462 840	(54)	6 577 000	(100)
PY	Paraguay		406 752	(59)	6 238 000	(103)
PE	Peru		1 285 216	(19)	28 837 000	(41)
RP	Philippinen		300 000	(72)	90 348 000	(12)
PL	Polen		312 685	(69)	38 126 000	(33)
P	Portugal		92 345	(110)	10 622 000	(77)
RWA	Ruanda		26 338	(146)	9 721 000	(84)
RO	Rumänien		238 391	(82)	21 514 000	(52)
RUS	Russland		17 075 400	(1)	141 950 000	(9)
SH	Sahara (von Marokko besetzt)	◓	252 120	(77)	417 000	(168)
SOL	Salomonen		27 556	(145)	511 000	(165)
Z	Sambia		752 614	(38)	12 620 000	(70)
WS	Samoa		2 831	(169)	179 000	(177)
RSM	San Marino		61	(193)	31 000	(193)
STP	São Tomé und Príncipe		1 001	(173)	160 000	(179)
KSA	Saudi-Arabien		2 240 000	(12)	24 646 000	(46)
S	Schweden		449 964	(56)	9 220 000	(87)
CH	Schweiz		41 285	(134)	7 648 000	(94)
SN	Senegal		196 722	(87)	12 211 000	(72)
SRB	Serbien		77 474	(116)	7 350 000	(96)
SY	Seychellen		454	(183)	87 000	(186)
WAL	Sierra Leone		71 740	(118)	5 560 000	(108)
ZW	Simbabwe		390 757	(60)	12 463 000	(71)
SGP	Singapur		710	(178)	4 839 000	(115)
SK	Slowakei		49 034	(128)	5 407 000	(110)
SLO	Slowenien		20 253	(152)	2 021 000	(143)
SO	Somalia		637 657	(41)	8 926 000	(88)
E	Spanien		504 645	(51)	45 556 000	(28)
CL	Sri Lanka		65 610	(121)	20 156 000	(56)
KAN	St. Kitts und Nevis		269	(190)	49 000	(190)
WL	St. Lucia		616	(180)	170 000	(178)
WV	St. Vincent und die Grenadinen		389	(186)	109 000	(182)
ZA	Südafrika		1 219 090	(24)	48 687 000	(25)
SUD	Sudan	◓	1 886 068	(15)	33 088 000	(36)
ROK	Südkorea		99 313	(107)	48 607 000	(26)
SSD	Südsudan		619 745	(43)	8 260 000	(92)
SME	Suriname		163 265	(92)	515 000	(164)
SD	Swasiland		17 363	(155)	1 168 000	(153)
SYR	Syrien	◓	185 180	(88)	20 581 000	(55)
TJ	Tadschikistan		143 100	(95)	6 836 000	(99)
RC	Taiwan		36 006	(136)	23 120 000	(49)
EAT	Tansania		945 087	(30)	42 484 000	(30)
T	Thailand		513 115	(50)	67 386 000	(19)
RT	Togo		56 785	(124)	6 459 000	(101)
TON	Tonga		748	(176)	104 000	(183)
TT	Trinidad und Tobago		5 128	(167)	1 333 000	(150)
TD	Tschad	◓	1 284 000	(20)	10 914 000	(75)
CZ	Tschechische Republik		78 866	(114)	10 424 000	(78)
TN	Tunesien		163 610	(91)	10 328 000	(79)
TR	Türkei		779 452	(36)	73 914 000	(17)
TM	Turkmenistan		488 100	(52)	5 044 000	(113)
TUV	Tuvalu		26	(194)	10 000	(196)
EAU	Uganda		241 548	(80)	31 657 000	(37)
UA	Ukraine		603 700	(44)	46 258 000	(27)
H	Ungarn		93 030	(109)	10 038 000	(80)
ROU	Uruguay		176 215	(90)	3 334 000	(131)
UZ	Usbekistan		447 400	(57)	27 314 000	(44)
VU	Vanuatu		12 190	(159)	234 000	(176)
V	Vatikanstadt		0,4	(197)	700	(197)
YV	Venezuela		912 050	(32)	27 935 000	(43)
UAE	Vereinigte Arabische Emirate		77 700	(115)	4 485 000	(118)
USA	Vereinigte Staaten von Amerika		9 809 155	(3)	304 060 000	(3)
VN	Vietnam		331 114	(65)	86 211 000	(13)
BY	Weißrussland		207 595	(85)	9 681 000	(86)
RCA	Zentralafrikanische Republik	◓	622 436	(42)	4 339 000	(121)
CY	Zypern	◓	9 251	(165)	862 000	(155)

(EU) Im Staatenverbund der **Europäischen Union** (EU) sind 27 Staaten zusammengeschlossen. Damit repräsentiert die EU mehr als 495 Millionen Europäer. Die Fläche aller EU-Staaten beträgt 4 325 000 km².

(UN) Die **UNO** repräsentiert fast die gesamte Weltbevölkerung von 7,1 Milliarden Menschen (2011). Außer der Vatikanstadt sind dort alle Staaten Mitglied. Kosovo, Taiwan und Sahara sind von der UNO nicht anerkannt.

◓ Einsatz durch UN-Friedenstruppen oder UN-Beobachter (UNO-Mission)

Das Orientierungssystem besteht aus
- Seitenzahlen für die Kartenseiten
- arabischen Ziffern für Teilkarten
- Suchangaben aus roten Buchstaben im oberen und unteren und aus roten Zahlen im rechten und linken Kartenrand.

In dieser Reihenfolge ist die Lage der Namen nach Atlasseite, Teilkarte und Gradfeld im Register ausgewiesen,
z. B. Aachen 34, B 5.

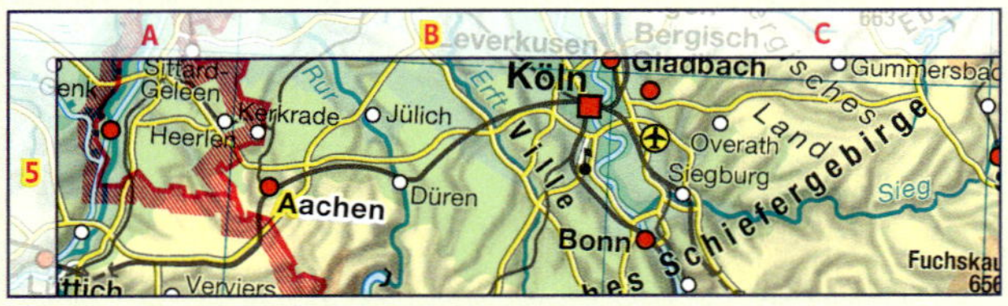

Hinweise zum Gebrauch des Registers finden sich auch auf Seite 5 M1.

Bei Flüssen ist in der Regel die Lage des quellnächsten Namens angegeben.
Liegen Wortanfang und dazu gehörige Signatur (z.B. Orte, Berge, Pässe und andere Einzelobjekte) in verschiedenen Gradfeldern, werden im Register beide Gradfelder genannt,
z. B. Kopenhagen 75, C/D 6.

Für weit gespannte Namenszüge (z. B. Namen von Landschaften, Gebirgen oder Meeren) werden mehrere Suchfelder genannt,
z. B. Nördlicher Landrücken 30, C 1 – E 2.

Gleich lautenden Begriffen ist eine unterscheidende Lage- oder Objektbezeichnung beigefügt, z. B. Valencia (Spanien), Valencia (Venezuela) oder Nauru (Insel), Nauru (Staat). Ortsnamen tragen keine Objektbezeichnung.

Sämtliche Namen sind alphabetisch geordnet. Die Umlaute ä, ö, ü sind wie die Selbstlaute a, o, u behandelt, Buchstaben mit besonderen Zeichen aus fremden Schriften wie einfache lateinische Buchstaben.

Namenteile wie etwa Aïn, Bad, Djebel, Golf, Groß, Kap, Klein, Mount, Oase, Pass, Puerto, Punta, Rio, Saint, Wadi bleiben in ihrer Stellung erhalten und sind bei der Alphabetisierung berücksichtigt.

Ortsnamen sind in ihrer gebräuchlichen Schreibweise eingetragen. Der landesübliche Name ist in Klammern dazugesetzt, z. B.: Mailand (Milano). Zusätzlich ist an entsprechender Stelle der landesübliche Name mit Verweis auf den deutschen Namen aufgenommen, z. B.: Milano = Mailand.

Verzeichnis der Abkürzungen:
Das Verzeichnis enthält Abkürzungen, die nicht in den Legenden erläutert sind. Es fehlen jene Abkürzungen im Verzeichnis, die allgemein verständlich sind. Dazu gehören Adjektive und Adverbien mit der abgekürzten Endsilbe -lich und -isch (zum Beispiel nördl. statt nördlich).

Austr.	Australien
Bras.	Brasilien
Fr.	Frankreich
Ind.	Indien
Jap.	Japan
Mex.	Mexiko
Norw.	Norwegen
Port.	Portugal
Span.	Spanien
USA	Vereinigte Staaten von Amerika

A

A Coruña = La Coruña 88, A 3
a Nuurder la = Norderaue 14, B/C 2
a Nuurdfresk Eilunen = Nordfriesische Inseln 14, B 2/3
a Söler la = Süderaue 14, B/C 2
Aachen 34, B 5
Aalborg 75, C 5
Aalen 35, F 7
Aalst 80, D 4
Aare 84, D 4
Aarhus 75, C 5
Aba as-Suud = Najran 119, 3 C 4
Abadan 119, 3 C 2
Abadla 132, C 1
Abagnar Qi 111, G 2
Abakan 94, K 4
Abancay 162, B 4
Abayasee 133, G 4
Abbeville 80, A 4
Abéché 133, F 3
Åbenrå = Apenrade 15, D 1
Åbenrå Fjord 15, D/E 1
Aberdeen 76, C 2
Abha 119, 3 C 4
Abidjan 132, C 4
Abilene 154, D/E 3
Abisko 74, E 2
Åbo = Turku 74, F 4
Aborigen 95, P 3
Abruzzen 89, G 3
Abu Dhabi 102, 1 D 3
Abu Hamed 133, G 3
Abu Kamal 91, H 5
Abu Simbel 133, F/G 2
Abuja 124, 1 D 5
Abydos (historischer Ort) 197, 2 E 3
Acapulco 154, D 5
Accra 124, 1 C/D 5
Achern 35, D 7
Achim 34, E 2
Aconcagua 143, M 13
Acre 145, 1 J 9
Adamaoua 123, 3 G 6
Adana 91, F 4
Adapazarı 90, E 3
Ad-Dakhla 132, B 2
Ad-Damazin 133, G 3
Ad-Damir 133, G 3
Ad-Dammam 119, 3 C/D 3
Ad-Dawadimi 119, 3 C 3
Ad-Dawhah = Doha 119, 3 D 3
Addis Abeba 124, 1 G/H 5
Ad-Du'ayn 133, F 3
Adelaide 138, C 4
Adelaide-Insel 167, 2 P 2
Adélieland 167, 2 G 2
Aden 119, 3 C 4
Adendorf 15, F 5
Adige = Etsch 84, G 4
Adıyaman 91, G 4
Adler 91, G 3
Admiralitäts-Inseln 115, G 4
Admont (Kloster) 201, 3 D 3
Adour 77, C 6
Adrar 132, C 2
Adrar des Iforas 123, 3 F 4/5
Adria 85, J 5
Adriatisches Meer 89, G 2
Ærø 15, F 2
Ærøskøbing 15, F 2
Afghanistan 102, 1 E 3
Afif 119, 3 C 3
Afrika vorderer Buchinnendeckel, J – L 5
Afyon 90, E 4
Agadez 132, D 3
Agadir 132, B/C 1
Ägadische Inseln 89, F/G 4
Ägäisches Meer 90, D 4
Agalega-Inseln 123, 3 L 8
Agartala 110, E 4
Agepsta 91, H 3
Agorro = Kinyeti 133, G 4
Agra 110, C 4
Agram (hist. Zagreb) 201, 3 E 3
Ağri 91, H 4
Agrigento 89, G 4
Agrinion 90, C 4
Agua-Negra-Pass 163, C 6
Aguascalientes 154, D 4
Agulhas Negras 163, E 5
Ägypten 124, 1 F/G 3
Ahaggar 123, 3 F 4
Ahlen 34, C 4
Ahlerstedt 15, D 5
Ahmadabad 110, C 4
Ahr 34, C 5
Ahrensbök 15, G 3
Ahrensburg 15, F 4
Ahvaz 119, 3 C 2
Ain 84, B 4
Aïn Oussera 88, D 5
Aiquile 163, C 4
Aïr 123, 3 F 5
Aire 80, B 4
Airolo 84, E 4
Aisne 80, D 5
Aix-en-Provence 77, E 6
Aix-les-Bains 84, B/C 5
Aizawl 110, E 4
Ajaccio 89, F 3
Ajagus 94, H/J 5
Ajan 95, O 4
Ajdabiya 132, E/F 1
Ajka 85, O 3
Ajmer 110, C 4
Ak dağ 91, F 4
Akaba (Al-'Aqabah) 119, 3 B 3
Akita 111, J/K 3
Akjoujt 132, B 3
Akmola = Astana 94, H 4
Akobo 133, G 4
Akobo (Fluss) 133, G 4
Aksai Chin 110, C 3
Aksaray 91, F 4
Aksaut 91, H 2
Aksu 110, D 2
Aksum 133, G 3
Aktjubinsk = Aqtöbe 94, F 4
Akureyri 74, C 1
Akyab (Sittwe) 110, E 4
Al Djazâir = Algier 88, D 4
Al Junaynah = El-Geneina 133, F 3
Al Laziqiya = Latakia 91, F 5
Al Mina (historischer Ort) 197, 2 F 3
Al Ubayyid = El-Obeid 133, F 3
Alabama 144, 1 H 5
Alacant = Alicante 88, C 4
Aladağ 91, F 4
Alagoas 145, 1 N 9
Alagoinhas 163, F 4
Alalia (hist. Aléria) 197, 2 C 2
Åland-Inseln 74, E 4 – F 4
Alanya 91, E/F 4
Al-'Aqabah = Akaba 119, 3 B 3
Alasani 91, J 3
Alaska (Bundesstaat) 144, 1 A/B 2
Alaska (Landschaft) 142, C/D 3
Alaska-Halbinsel 152, D/E 4
Alaskakette 142, C/D 3
Alassio 84, E 7
Alatau 94, H/J 5
Al-Ayn 119, 3 D 3
Alba 84, E 6
Al-Bab 91, G 4
Albacete 88, C 4
Al-Bahah 119, 3 C 4
Al-Bahariya 133, F 2
Albaner Berge 89, G 3
Albanien 58, 1 G/H 4
Albany (Australien) 138, A 4
Albany (Fluss) 142, K 4
Albany (USA) 155, G 2
Al-Basrah = Basra 119, 3 C 2
Al-Beida 133, F 1
Alberga Creek 138, C 3
Albersdorf 15, D 3
Albert 80, B 4
Alberta 144, 1 E 3
Albert-Kanal 80, E 3
Albertsee (Mobuto-Sese-Seko-See) 135, D 2
Albertville 84, C 5
Albuquerque 154, D 3
Albury 138, D 4
Alcázar de San Juan 88, C 4
Aldabra 123, 3 K 7
Aldabragruppe 135, F 3
Aldan 95, N 4
Aldan (Fluss) 95, O 4
Alentejo 88, A/B 4
Aleppo (Halab) 91, G 4
Alert 153, O 1
Alessandria 84, E 6
Ålesund 74, B 4
Alëuten 137, M 2
Alëutenkette 152, D/E 4
Alexander-Archipel 152, G 4
Alexander-Insel 167, 2 P 2
Alexander-Selkirk-Insel 163, A 6
Alexandria 133, F 1
Alexandrowsk-Sachalinskij 95, P 4
Al-Fallujah 91, H 5
Algarve 88, A/B 4
Algeciras 88, B 4
Algerien 124, 1 D 3
Algier (Al-Djazaïr) 124, 1 D 2
Al-Hamadah al-Hamra 132, E 2
Al-Harujal-Aswad 132, E 2
Al-Hufuf 119, 3 C 3
Aliakmon 90, C 3
Alicante 88, C 4
Alice Springs 138, C 3
Aligarh 110, C 4
Aling Gangri 110, D 3
Aliskerowo 95, R 3
Al-Jawf (Landschaft) 132, C 2
Al-Jawf (Libyen) 133, F 2
Al-Jawf (Saudi-Arabien) 119, 3 B 3
Al-Jubayl 119, 3 C 3
Al-Kharj 119, 3 C 3
Al-Khartum = Khartum 133, G
Al-Khums 132, E 1
Alkmaar 80, D 2
Al-Kut 119, 3 C 2
Allahabad 110, D 4
Allenstein (Olsztyn) 83, G 2
Aller 34, G 3
Allgäu 30, 1 C/D 5
Allgäuer Alpen 35, E 8 – F 8
Alma-Ata = Almaty 94, H 5
Almaty (Alma-Ata) 94, H 5
Al-Mawsil = Mosul 91, H 4
Almelo 80, F 2
Almere 80, E 2
Almería 88, C 4
Al-Milh-See 91, H 5
Al-Mukalla 119, 3 C 4
Alofi 139, H/J 2
Alor 114, E 4
Alor Setar 114, B/C 3
Alpe-d'Huez 84, C 5
Alpen 56/57, 2 E/F 3
Alpenvorland 30, 1 C 5 – E 4
Alphonsegruppe 135, G 3
Al-Qahira = Kairo 124, 1 F 2 – G 3
Al-Qamishli 91, H 4
Als = Alsen 15, E 1
Als Fjord 15, E 1/2
Alsen (Als) 15, E 1
Alsfeld 34, E 5
Alster 15, F 4
Alta 74, F 2
Altai 110, E 2
Altai (Gebirge) 100, 1 F 3
Altamira 163, D 3
Altay 110, D 2
Altdorf 84, E 4
Alte IJssel 80, F 3
Altenburg 34, H 5
Altenholz 15, F 3
Altes Land 15, E 4
Altiplano 163, C 4/5
Altkastilien 88, B 3
Altmark 30, 1 D 2
Altmühl 35, F 6
Altona (Hamburg-) 15, E 4
Altötting 35, H 7
Altun Shan 110, D/E 3
Al-Wajh 119, 3 B 3
Alzey 35, D 6
Am Timan 133, F 3
Amadeussee 138, B/C 3
Amami-Inseln 111, H 4
Amapá 145, 1 L 8
Amarillo 154, D 3
Amasya 91, F 3
Amazonas (Bundesstaat) 145, 1 K 9
Amazonas (Fluss) 143, M 10
Amazonasdelta 163, E 2
Ambato 162, B 3
Ambatondrazaka 135, F 4
Amberg 35, G 6
Ambon 114, E 4
Ambon (Insel) 114, E 4
Ambositra 135, F 5
Amderma 94, G 3
Ameland 80, E 1
Amerikanisches Hochland 167, 2 D/E 2
Amerikanisch-Samoa 243, T 6
Amersfoort 80, E 2
Amery-Schelfeis 167, 2 D 2
Amga 95, N 4
Amgun 95, O 4
Amhara 133, G 3
Amiens 80, B 5
Amiranten 123, 3 K/L 7
Amman 102, 1 C/D 3
Ammassalik = Tasiilaq 153, R 3
Ammerland 14, A/B 5
Ammersee 35, F 8
Ammochostos/Gazi Magusa = Famagusta 91, F 5
Ampato 162, B 4
Amper 35, G 7
Ampurimac 162, B 4
Amravati 110, C 4
Amritsar 110, C 3
Amrum (Oomram) 14, B 2
Amsterdam 58, 1 F 3
Amstetten 85, L 2
Amt Neuhaus 15, G 5
Amudarja 100, 1 E 4
Amundsen-Golf 152, H 2
Amundsensee 167, 2 N 2
Amuntai 114, D 4
Amur 101, 1 H 3
Anabar 95, M 2
Anaco 162, C 2
Anadyr 95, S 3
Anadyr (Fluss) 95, S 3
Anadyrgolf 101, 1 L 2
Anai Mudi 110, C 5/6
Analalava 135, F 4
Anamudi 100, 1 E 5
Anamur 91, F 4

Anatolien 57, 2 G/H 4
Anchorage 152, E 3
Ancona 85, K 7
Andalusien 88, B 4
Andamanen 100, 1 F 5
Andamanisches Meer 114, B 2
Anden (Kordilleren) 143, M 9 – M 13
Andenne 80, E 4
Anderlecht 80, D 4
Andermatt 84, E 4
Andernach 35, C 5
Andishan 119, 3 F 1
Andorra 58, 1 F 4
Andorra la Vella 88, D 3
Andreanof-Inseln 152, C 4
Andringitra 135, F 5
Andros (Bahamas) 155, G 4
Andros (Griechenland) 90, D 4
Angara 95, K 4
Angarsk 95, L 4
Angel (Úhlava) 35, J 6
Angeln 15, E 2
Angermanälv 74, E 3/4
Angers 77, C 5
Angkor 114, C 2
Anglesey 76, B 3
Angola 124, 1 E 7
Anguilla 155, H 5
Anjuigebirge 95, R 3
Ankara 102, 1 C 2
Ankaratra 135, F 4
Anklam 34, J 2
Annaba 89, E 4
Annaberg-Buchholz 34, J 5
An-Najaf 119, 3 C 2
Annam 114, C 2
Annapolis 155, G 3
Annapurna 110, D 4
Annecy 84, C 5
Annemasse 84, C 4
Annobón 134, B 3
An-Nuhud 133, F 3
Anqing 111, G 3
Ansbach 35, F 6
Anshan 111, H 2
Anshun 111, F 4
Antakya 91, F/G 4
Antalya 90, E 4
Antananarivo 124, 1 H 7
Antarktis 167, 2 P 1
Antarktische Halbinsel 167, 2 Q 2
Antiatlas 132, C 1/2
Antibes 84, D 7
Anticosti 153, O 5
Antigua und Barbuda 144, 1 L 7
Antipoden-Inseln 137, M 7
Antipolis (hist. Antibes) 197, 2 C 2
Antsiranana 135, F 4
Antofagasta 163, B 5
Antsirabe 135, F 4
Antwerpen 80, D 3
Anyang 111, G 3
Äolische Inseln = Liparische Inseln 89, G 4
Aomen = Macau 111, G 4
Aomori 111, K 2
Aosta (Aoste) 84, D 5
Aoste = Aosta 84, D 5
Aouk 132, F 4
Aparri 114, E 2
Apatity 74, J 3
Apeldoorn 80, E 2
Apenrade (Åbenrå) 15, D 1
Apensen 15, E 5
Apia 243, T 6
Apo 114, E 3
Apolda 34, G 4
Appalachen 142, K 6 – L 5
Appenzeller Alpen 84, F 3
Apuanische Alpen 84, G 6 – G 7
Apuka 95, R 3
Apulien 89, G 3
Apure 162, B/C 2
Aqtau 94, F 5
Aqtöbe (Aktjubinsk) 94, F 4
Aquae (hist. Aachen) 199, 3 B 3
Aquae (hist. Baden-Baden) 199, 3 C 4
Äquatorialguinea 124, 1 D 5
Aquileia (hist. Heidenheim) 199, 3 C/D 4
Aquileja 201, 3 D 3
Arabien 100, 1 D 4
Arabische Wüste 133, G 2
Arabisches Meer 100, 1 E 5
Aracajú 163, F 4
Arad 83, G 4
Arae Flaviae (hist. Rottweil) 199, 3 B/C 4
Arafurasee 115, F 4
Aragaz 91, J 3
Aragonien 88, C/D 3
Araguaia 163, D 4
Araguaína 163, E 3
Arak 119, 3 C 2
Arakangebirge 110, E 4/5
Aral 94, G 5
Aralsee 100, 1 D 3
Aran-Inseln 76, A 3
Aranjuez 88, C 4
Arapiraca 163, F 3
Arar 119, 3 C 2
Ararat 100, 1 D 4
Arauca 162, C 2
Aravalligebirge 110, C 4
Arawa 115, H 4
Arax 91, H 3
Arc 84, C 5
Arcachon 77, C 5
Archangelsk 94, E 3
Ardennen 80, D 5
Arendal 75, C 5
Arequipa 162, B 4
Arezzo 85, H 7
Arga Emneke 95, P 3
Argens 84, C 7
Argenta 85, H 6
Argentera 84, D 6
Argenteuil 80, B 6
Argentinien 145, 1 K 12
Argentoratum (hist. Straßburg) 199, 3 B 4
Argun 111, G/H 1
Argusdom 167, 2 D 1
Argylesee 138, B 2
Arica 163, B 4
Arizona 144, 1 E/F 5
Arkalyk 94, G 4/5
Arkansas (Bundesstaat) 144, 1 G 5
Arkansas (Fluss) 142, J 6
Arktisches Kap 95, K 1
Arlberg 84, G 3
Arles 77, E 6
Arlon 80, E 5
Armawir 91, H 2
Armenien 102, 1 C/D 2
Armentières 80, B 4
Armidale 138, D/E 4
Arnå 14, C 2
Arnas 91, H 4
Arnheim (Arnhem) 80, E 3
Arnhem = Arnheim 80, E 3
Arnhemland 138, C 2
Arnis 15, E 2
Arno 85, H 7
Arnsberg 34, D 4
Ar-Ramadi 119, 3 C 2
Ar-Raqqah 91, G 4/5
Arras 80, B 4
Artois 80, A 4
Artvin 91, H 3
Arua 135, E 2
Aruba 155, G/H 5
Aru-Inseln 115, F 4
Arusha 135, E 3
Aruwimi 123, 3 H 6
Arve 84, C 4
Asahi Dake 111, K 2
Asahikawa 111, J/K 2
Asandeschwelle 123, 3 G/H 6
Asansol 110, D 4
Ascension 123, 3 D 7
Aschaffenburg 35, E 6
Ascheberg 15, F 3
Aschersleben 34, G 4
Aserbaidschan 102, 1 D 3
Ashburton 138, A 3
Ashgabat 102, 1 D/E 3
Ash-Shariqah 119, 3 D 3
Asi 91, G 5
Asien vorderer Buchinnendeckel, N – P 3
Asino 94, J 4
Askja 74, C 1
Asmara 124, 1 G/H 4
Asowsches Meer 83, D 5
Aspern (historischer Ort) 207, 5
Assab 133, H 3
Assad-Stausee 91, G 4
Assalsee 123, 3 K 5
Assen 80, F 2
Assuan (Aswan) 133, G 2
As-Sulaymaniya 91, J 5
Assur 91, H 5
Astana (Akmola) 102, 1 E 2
Asti 84, E 6
Astrachan 91, J/K 2
Asunción 145, 1 L 11
Aswan = Assuan 133, G 2
Asyut 133, F/G 2
Ata 139, H 3
Atacama 143, L/M 12
Atafu-Atoll 139, H 1
Atar 132, B 2
Atatürk-Stausee 91, G 4
Atbara 133, G 3
Atbara (Fluss) 123, 3 J 5
Atbassar 94, G 4
Ath 80, C 4
Athabasca 142, G 4
Athabascasee 142, H 4
Athen 58, 1 H 5
Äthiopien 124, 1 G/H 5
Athos 90, D 3
Ati 132, E 3
Atlanta 155, F 3
Atlantische Küstenebene 142, K/L 6
Atlantischer Ozean vorderer Buchinnendeckel, G 3 – K 7
Atlasgebirge 123, 3 E/F 3
Ätna 89, G 4
Atranos 90, E 4
Atschinsk 94, J/K 4
Atschkassar 91, H 3
Attáviros 90, D 4
Atyrau 94, F 5
Aube 84, A 2
Auckland 139, G 4
Auckland-Inseln 136, L 7
Aue 34, H 5
Aue (Fluss) 15, D/E 5
Augsburg 35, F 7
Augusta 155, H 2
Augusta Raurica (hist. Augst) 199, 3 B 5
Augusta Treverorum (hist. Trier) 199, 3 B 4
Augusta Vindelicorum (hist. Augsburg) 199, 3 D 4
Augustenborg 15, E 2
Aukrug 15, E 3
Aurangabad 110, C 4/5
Aurich 34, C 2
Auron 84, C 6
Ausangate 162, B 4
Auschwitz 83, F 3
Äußere Hebriden 76, B 2
Aussig (Ústí nad Labem) 34, K 5
Austerlitz (hist. Slavkov u Brna) 207, 5
Austin 154, E 3
Australien vorderer Buchinnendeckel, P – R 7
Authie 80, B 4
Autun 84, A 4
Auvergne 77, D 5
Auyán-Tepuí 162, C 2
Aventicum (hist. Avenches) 199, 3 B 5
Avernakø 15, F 1
Avesnes 80, C 4
Avignon 84, A 7
Ávila 88, B 3
Avilés 88, B 3
Awasa 133, G 4
Awash 133, H 3
Awjilah 133, F 2
Axios 90, C 3
Ayacucho 162, B 4
Aydın 90, D 4
Ayers Rock (Uluru) 138, C 3
Ayorou 132, D 3
Ayteke Bi 94, G 5
Ayutthaya 114, C 2
Azaouad 132, C 3
Azare 132, D/E 3
Azoren 122, 3 C 3

B

Baalbek 91, G 5
Bab al-Mandab 100, 1 D 5
Babol 119, 3 D 2
Babruisk 83, J 2
Babylon 119, 3 C 2
Bacău 83, H 4
Bachergebirge 85, M 4
Bachmatsch 83, K 3
Backnang 35, E 7
Bad Bederkesa 14, C 4
Bad Bramstedt 15, E 4
Bad Gastein 85, K 3
Bad Hersfeld 34, E 5
Bad Homburg 35, D 5
Bad Honnef 34, C 5
Bad Ischl 85, K 3
Bad Kissingen 35, F 5
Bad Kleinkirchheim 85, K 4
Bad Kreuznach 35, C 6
Bad Lauterberg 34, F 4
Bad Lobenstein 35, G 5
Bad Malente-Gremsmühlen 15, G 3
Bad Mergentheim 35, E 6
Bad Nauheim 35, D 5
Bad Neustadt 35, F 5
Bad Oldesloe 15, F 4
Bad Pyrmont 34, E 3/4
Bad Radkersburg 85, M 4
Bad Reichenhall 35, H 8
Bad Salzungen 34, F 5
Bad Schwartau 15, G 4
Bad Segeberg 15, F 4
Bad Tölz 35, G 8
Badain Jaran Shamo 110, F 2/3
Badajoz 88, B 4
Badalona 88, D 3
Baden (Österreich) 85, N 2
Baden (Schweiz) 84, E 3
Baden-Baden 35, D 7
Baden-Württemberg 31, 2
Baffinbai 142, L/M 2
Baffin-Insel 142, K 2 – M 3
Bafing 132, B 3
Bagdad (Baghdad) 91, J 5
Bagé 163, D 6
Bagenkop 15, G 2
Baghdad = Bagdad 91, J 5
Baghlan 119, 3 E 2
Baguezane 132, D 3
Bahama-Inseln 142, L 7
Bahamas 144, 1 J 6
Bahawalpur 110, C 4
Bahia 145, 1 M 10
Bahía Blanca 163, C 6
Bahía Blanca (Bucht) 163, C 6
Bahia Grande 163, C 8
Bahir Dar 133, G 3
Bahr al-Arab 123, 3 H 5
Bahr al-Ghazal (Fluss) 133, F 4
Bahrain 102, 1 D 3
Baia Mare 83, G 4
Baicheng 111, H 2
Baidoa = Baydhabo 133, H 4
Baie-Comeau 153, N/O 5
Baikalgebirge 95, L 4
Baikalsee 100, 1 G 3
Bajah (Béja) 89, F 4
Bajanhongor 110, F 2
Bajudasteppe 133, G 3
Bakhtaran = Kermanshah 119, 3 C 2
Bakkabucht 74, D 1
Bakonywald 85, O 4
Baku 102, 1 D 2
Balad 91, H/J 5
Balaton = Plattensee 82, F 4
Balchasch 94, H 5
Balchaschsee 100, 1 E 3
Balearen 88, D 4 – E 3
Bali 101, 1 G 6
Balıkesir 90, D 4
Balikpapan 114, D 4
Balingen 35, D 7
Balkan 90, C/D 3
Ballarat 138, D 4
Balleny-Inseln 167, 2 J 2
Balonne 138, D 3
Bălți 83, H 4
Baltimore 155, G 3
Baltischer Landrücken 57, 2 F/G 2
Baltisk = Pillau 83, F 2
Baltrum 34, C 2
Balykchy 94, H 5
Bamako 124, 1 C 4
Bambari 133, F 4
Bamberg 35, F 6
Banat 90, C 2
Banater Gebirge 83, G 4
Banda Aceh 114, B 3
Bandar Lampung 114, C 4
Bandar Seri Begawan 114, D 3
Bandar-e Abbas 119, 3 D 3
Bandar-e Bushehr 119, 3 D 3
Bandasee 114, E 4
Bandırma 90, D/E 3
Bandundu 134, C 3
Bandung 114, C 4
Bangalore (Bengaluru) 110, C 5
Bangassou 133, F 4
Banghazi = Bengasi 132, E/F 1
Bangka 114, C 4
Bangkok 102, 1 F/G 4
Bangladesch 102, 1 F 3
Bangui 132, E 4
Bangweulusee 135, D/E 4
Bani 132, C 3
Banja Luka 90, B 2
Banjarmasin 114, D 4
Banjul 132, B 3
Bank von Campeche 155, E/F 4
Banks-Insel 142, F/G 2
Bantrybai 76, A 4
Banyuwangi 114, D 4
Baoding 111, G 3
Baoji 111, F 3
Baoshan 110, E 4
Baotou 111, F 2
Baoulé 132, C 3
Bapaume 80, B 4
Baqubah 91, J 5
Bar 90, B 3
Baranawitschi 83, H 2
Baraque de Fraiture 80, E 4
Barbados (Insel) 143, N 8
Barbados (Staat) 145, 1 L 7
Barbuda 155, H 5
Barcaldine 138, D 3
Barcelona 88, D 3
Barcelonette 84, C 6
Barcoo 138, D 3
Bardaï 132, E 2
Bardowick 201, 3 C 1
Bareilly 110, C 4
Bäreninsel 94, B 2
Bären-Inseln = Medweshi-Inseln 95, R 2
Barentsburg 166, 1 J – H 2
Barentssee 100, 1 C/D 2
Bargstedt 15, D 5
Bargteheide 15, F 4
Bari 89, H 3
Barinas 162, B 2
Baris 133, G 2
Barito 114, D 4
Barklytafelland 138, C 2
Bar-le-Duc 84, B 2
Barlee-See 138, A 3
Barletta 89, H 3
Barmstedt 15, E 4
Barnaul 94, J 4
Barnim 34, J 3
Barquisimeto 162, B/C 1
Barranquilla 162, B 1
Barreiras 163, E 4
Barren Grounds 142, F – J 3
Barrow-Insel 138, A 3
Barsbüttel 15, F 4
Bar-sur-Aube 84, A 2
Baruun Urt 111, G 2
Barwon 138, D 3
Barysau 83, H/J 2
Basel 84, D 3
Basilan 114, E 3
Basilia (hist. Basel) 199, 3 B 5
Baskenland 88, C 3
Basra (Al-Basrah) 119, 3 C 2
Bassano del Grappa 85, H 5
Bassein (Pathein) 110, E 5
Basse-Terre 155, H 5
Bass-Straße 138, D 4
Bastia 89, F 3
Bastogne 80, E 5
Bata 132, D 4
Bataisk 91, G 2
Batang 110, E 3/4
Batangas 114, D/E 2
Bathurst 138, D 4
Bathurst-Insel 153, K/L 2
Batman 91, H 4
Batna 89, E 5
Baton Rouge 155, E 3
Battambang 114, C 2
Batumi 91, H 3
Baturaja 114, C 4
Bauchi 132, D 3
Baunatal 34, E 4
Bauru 163, D/E 5
Bautzen 34, K 4
Bayan Har Shan 110, E/F 3
Baydhabo (Baidoa) 133, H 4
Bayerische Alpen 35, F 8 – H 8
Bayerischer Wald 35, H 6 – J 7
Bayern 31, 2
Bayonne 77, C 6
Bayreuth 35, G 6
Beaufortsee 142, D/E 2
Beaujolais 84, A 4
Beaune 84, A/B 3
Beauvais 80, B 5
Bebra 34, E 5
Béchar 132, C 1
Bechuanaland 134, D 5
Bedsted 14, D 1
Bei Shan 110, E 2
Bei'an 111, H 2
Beinn Dearg 76, B 2
Beira 135, E 4
Beirut 102, 1 C 3
Beja 88, B 4
Béja = Bajah 89, F 4
Bejaia (Bougie) 88, E 4
Belaja (Berg) 95, S 3
Belaja (Fluss) 91, H 2/3
Belarus = Weißrussland 58, 1 H 3
Belcher-Inseln 153, M 4
Belém 163, E 3
Belfast 76, B 3
Belfort 84, C 3
Belgien 58, 1 F 3
Belgrad 58, 1 G/H 4
Belikh 91, G 4
Belitung 114, C 4
Belize 144, 1 H 7
Bellegarde 84, B 4
Bellingshausensee 167, 2 O 2
Bellinzona 84, F 4
Belluno 85, J 4
Belmopan 144, 1 G/H 7
Belo Horizonte 163, E 4
Belogorsk 95, N 4
Belutschistan 110, B 4
Ben Nevis 76, B 2
Benadir 133, H 4
Bender 83, J 4
Bender Qasim = Boosaaso 133, H 3
Bendigo 138, D 4
Benediktbeuern (Kloster) 201, 3 C 3
Benevento 89, G 3
Bengalen 100, 1 F 4
Bengaluru = Bangalore 110, C 5
Bengasi (Banghazi) 132, E/F 1
Bengbu 111, G 3
Bengkulu 114, C 4
Benguela 134, C 4
Beni Abbes 132, C 1
Benidorm 88, C 4
Benin 124, 1 D 4
Benin-Stadt 132, D 4
Benue 123, 3 F 6
Benue (Fluss) 132, D 4
Beraun (Beroun) 35, J/K 6
Beraun (Berounka) 35, J/K 6
Berbera 133, H 3
Berbérati 132, E 4
Berchtesgaden 35, H 8
Beresina (Bjaresina) 83, J 2
Beresowo 94, G 3
Bergamasker Alpen 84, F 4/5
Bergamo 84, F 5
Bergedorf (Hamburg-) 15, F 5
Bergen (Norwegen) 74, B 4
Bergen (Rügen) 34, J 1
Bergen op Zoom 80, D 3
Bergisch Gladbach 34, C 4/5
Bergisches Land 34, C 4/5
Bergland von Guayana 143, M/N 9
Bergse Maas 80, D/E 4
Beringen 80, E 3
Bering-Insel 95, R 4
Beringmeer 142, A 3/4
Beringowskij 95, S 3
Beringstraße 142, B 3
Berkel 80, F 2
Berkentin 15, G 4
Berkner-Insel 167, 2 Q 2
Berlin 58, 1 G 3
Berlin (Bundesland) 31, 2
Bermejo 163, C 5
Bermuda-Inseln 142, M 6
Bern 58, 1 F 4
Bernau 34, J 3
Bernburg 34, G 4
Berner Alpen 84, D 4 – E 4
Beroun = Beraun 35, J 6
Berounka = Beraun 35, J/K 6
Berta 91, H 3
Bertoua 132, E 4
Besançon 84, B/C 3
Beshta 91, J 3
Beskiden 83, F/G 3
Beslan 91, J 3
Bethel 152, D 3
Béthune 80, B 4
Betische Kordillere 88, B/C 4
Betpak-Dala (Hungersteppe) 94, G/H 5
Beuthen (Bytom) 83, F 3
Beveren 80, D 3
Beverstedt 14, C 5
Béziers 77, D 6
Bhavnagar 110, C 4
Bhopal 110, C 4
Bhutan 102, 1 F 3
bi a Wik/Feer = Wyk auf Föhr 14, C 2
Biak 115, F 4
Białystok 83, G 2
Biarritz 77, C 6
Biberach 35, E 7
Bibione 85, J/K 5
Biel (Bienne) 84, D 3
Bielefeld 34, D 3
Bieler See 84, D 3
Biella 84, E 5
Bienne = Biel 84, D 3
Bihać 85, M 6
Bijsk 94, J 4
Bikaner 110, C 4
Bila-Zerkwa 83, J 3
Bilbao (Bilbo) 88, C 3
Bilbo = Bilbao 88, C 3
Bille 15, F 4
Billings 154, D 2
Bilma 132, E 3
Bima-Raba 114, D 4
Bingen 35, C 6
Bingöl 91, H 4
Bintulu 114, D 3
Biograd 85, M 7
Bioko 123, F 6
Bir Mogreïn 132, B 2
Birao 133, F 3
Birdum 138, C 2
Birjand 119, 3 D 2
Birma = Myanmar 102, 1 F 3
Birmingham (England) 76, C 3
Birmingham (USA) 155, F 3
Birnin Kebbi 132, D 3
Birobidshan 95, O 5
Birrie 138, D 3
Bischofshofen 85, J/K 3
Bishkek 102, 1 E 2
Bisho 134, D 6
Biskra 88, E 5
Bismarck 154, D 2
Bismarck-Archipel 115, G/H 4
Bismarcksee 115, G/H 4
Bissagos-Inseln 132, B 3
Bissau 124, 1 B 4
Bitburg 35, B 6
Bitola 90, C 3
Bitterfeld-Wolfen 34, H 4
Bitterrootkette 154, C 2

Bizerte 89, F 4
Bjaresina = Beresina 83, J 2
Bjelaja 94, F 4
Bjelomorsk 74, J 3
Bjelucha 100, 1 F 3
Black Hills 142, H 5
Blagoweschtschensk 95, N 4
Blanca Peak 154, D 3
Blanc-Sablon 153, P 4
Blangy 80, A 5
Blantyre 135, E 4
Blauer Nil 123, 3 J 5
Blauort 14, C 3
Bleckede 15, G 5
Blida 88, D 4
Bloemfontein 134, D 5
Blois 77, D 5
Bludenz 84, F 3
Bluff Knoll 138, A 4
Blumenau 163, E 5
Bo 132, B 4
Boa Vista 162, C 2
Bobigny 80, B 6
Bobo Dioulasso 132, C 3
Bôca do Acre 162, C 3
Bocholt 34, B 4
Bochum 34, C 4
Bockhorn 14, A/B 5
Bodaibo 95, M 4
Bode 34, F/G 4
Bodelé 132, E 3
Boden 74, F 3
Bodensee 35, E 8
Bodø 74, D 3
Bodrum 90, D 4
Boende 134, D 3
Bogor 114, C 4
Bogotá 145, 1 J 8
Böhmen 35, J/K 6
Böhmerwald 35, J 6/7
Böhmisch Krumau (Český Krumlov) 35, J/K 7
Böhmisch Leipa (Česká Lípa) 34, K 5
Böhmisches Mittelgebirge 34, J/K 5
Boise 154, C 2
Boizenburg 15, G 5
Bokel 14, C 5
Böklund 15, E 2
Boknafjord 75, B 5
Bolivien 145, 1 K 10
Bologna 85, H 6
Bolscherezk 95, Q 4
Bolschewik-Insel 95, L/M 2
Boltenhagen 15, H 4
Bolu 91, E 3
Bolzano = Bozen 85, H 4
Boma 134, C 3
Bombay (Mumbai) 110, C 5
Bonaire 155, H 5
Bonifacio 89, F 3
Bonin-Inseln 136, K 3
Bonn 34, B 5
Bonna (hist. Bonn) 199, 3 B 3
Bontang 114, D 3
Boosaaso (Bender Qasim) 133, H 3
Boostedt 15, F 3/4
Boothia-Halbinsel 153, L 2
Bor (Serbien) 90, C 2
Bor (Sudan) 133, G 4
Borås 75, D 5
Borbetomagus (Worms) 199, 3 B/C 4
Börde 30, 1 D 2 – D 3
Bordeaux 77, C 5
Bordesholm 15, F 3
Borðeyri 74, B 1
Borgarnes 74, B 1
Børgefjell 74, D 3
Borkou 132, E 3
Borkum 34, B 2
Bormida 84, E 6
Bormio 84, G 4
Borna 34, H 4
Borneo 136, H 4
Bornholm 75, D 6
Bornhöved 15, F 3
Börnsen 15, F 5
Borsja 95, M 4
Bosau 15, F 3
Bosnien und Herzegowina 58, 1 G 4
Bosporus 90, E 3
Bossangoa 132, E 4
Boston 155, G 2
Botlich 91, J 3
Botoşani 83, H 4
Botrange 80, F 4
Botsuana 124, 1 F 8
Bottnischer Meerbusen 74, E 4 – F 3
Bottrop 34, B 4
Bou Saâda 88, E 5
Bouaké 132, C 4
Bouar 132, E 4
Bougainville 115, H 4
Bougie = Bejaia 88, E 4
Bouillon 201, 3 B 2
Boujdour (Bu Jaydur) 132, B 2
Boulia 138, C 3
Boulogne-Billancourt 80, A 6
Boulogne-sur-Mer 80, A 4
Bounty-Inseln 243, T 8
Bourem 132, C 3
Bourg-en-Bresse 84, B 4
Bourges 77, D 5
Bourgoin-Jallieu 84, B 5
Bourke 138, D 4
Bouvet-Insel 167, 2 A 3
Bov 15, D 2
Bovrup 15, E 2
Boxtel 80, E 3
Bozen (Bolzano) 85, H 4
Brabant 80, D 4
Bradano 89, H 3
Braga 88, A 3
Brahmaputra 100, 1 F 4
Brăila 83, H 4
Bräist = Bredstedt 14, C/D 2
Brake 14, B/C 5
Bramsche 34, C 3
Brandberg 123, 3 G 9
Brandenburg 34, H 3
Brandenburg (Bundesland) 31, 2
Brasília 145, 1 L/M 10
Brasilianisches Bergland 143, N 11 – O 10
Brasilien 145, 1 L 9
Braşov = Kronstadt 83, H 4
Bratislava 58, 1 G 4
Bratsk 95, L 4
Braunau 85, K 2
Brazzaville 124, 1 E 6
Breda 80, D 3
Bredebro 14, C 1
Bredstedt (Bräist) 14, C/D 2
Breg 35, D 8
Bregenz 84, F 3
Bregenzerwald 84, F/G 3
Breidafjord 74, B 1
Breisgau 35, C 8 – C 7
Bremen 34, D 2
Bremen (Bundesland) 31, 2
Bremerhaven 14, C 4
Bremervörde 14, C/D 5
Brenner 85, H 3
Brenta 85, H 5
Brescia 84, G 5
Breslau (Wrocław) 82, F 3
Bressanone = Brixen 85, H 4
Brest (Frankreich) 77, B 4
Brest (Weißrussland) 83, G 2
Bretagne 77, C 4/5
Brevnow (Břevnov, Kloster) 201, 3 D 2
Bria 133, F 4
Briançon 84, C 6
Bridgetown 155, J 5
Brienz 84, D/E 4
Brienzer See 84, D 4
Brig 84, D 4
Brigach 35, D 7
Brigantium (hist. Bregenz) 199, 3 C 5
Brighton 76, C 4
Brignoles 84, C 7
Brijuni 85, K 6
Brilon 34, D 4
Brindisi 89, H 3
Brisbane 138, E 3
Bristol 76, C 4
Bristolkanal 76, C 4
British Columbia 144, 1 D 3
Brive 77, D 5
Brixen (Bressanone) 85, H 4
Brjansk 83, K 2
Brno = Brünn 82, F 3
Broager 15, E 2
Brocken 34, F 4
Brokdorf 15, D 4
Broken Hill 138, D 4
Bromberg (Bydgoszcz) 82, F 2
Brookskette 142, B/D 3
Broome 138, B 2
Bruchsal 35, D 6
Bruck 85, M 3
Brügge (Brugge) 80, C 3
Brugge = Brügge 80, C 3
Brunei 102, 1 G 4
Brünn (Brno) 82, F 3
Brunsbüttel 14, D 4
Brüssel 58, 1 F 3
Brüx (Most) 34, J 5
Bu Jaydur = Boujdour 132, B 2
Bucaramanga 162, B 2
Buchanan 132, B/C 4
Buchara 119, 3 E 2
Büchen 15, G 5
Buchholz 15, E 5
Buchholz (Landschaft) 15, F 4
Buchloe 35, F 7
Bucht von Benin 132, D 4
Bucht von Bonny 132, D 4
Budapest 58, 1 G/H 4
Büdelsdorf 15, E 3
Budweis (České Budějovice) 35, K 7
Buenaventura 162, B 2
Buenos Aires 145, 1 K/L 12
Buffalo 155, G 2
Bug 83, G 3
Buinaksk 91, J 3
Bujumbura 124, 1 F 6
Bukama 134, D 3
Bukarest 58, 1 H 4
Bukavu 134, D 3
Bukowina 83, H 3
Bulawayo 134, D 4/5
Bulgarien 58, 1 H 4
Bumba 134, D 2
Bunbury 138, A 4
Bundaberg 138, E 3
Bungsberg 15, G 3
Bunguran-Inseln = Natuna-Besar-Inseln 114, C 3
Bur Sudan = Port Sudan 133, G 2/3
Buraydah 119, 3 C 3
Burco 133, H 4
Büren (hist. Wäschenbeuren) 201, 3 C 2
Burg (Dithmarschen) 15, D 4
Burg (Fehmarn-) 15, H 3
Burg (Kreis Jerichower Land) 34, G 3
Burgas 90, D 3
Burgenland 85, N 3
Burgos 88, B/C 3
Burgund 77, D/E 5
Burgundische Pforte 84, C/D 3
Burkina Faso 124, 1 C/D 4
Burrundie 138, C 2
Bursa 90, E 3
Buru 114, E 4
Burundi 124, 1 G 6
Busan 111, H 3
Busselton 138, A 4
Busto Arsizio 84, E 5
Büsum 14, C 3
Buta 134, D 2
Butjadingen 14, B 4
Butjadingen (Landschaft) 14, B 4
Butte 154, C 2
Butuan 114, E 3
Bützow 34, G 2
Buxtehude 15, E 5
Büyük Menderes (Mäander) 90, E 4
Buzău 83, H 4
Bydgoszcz = Bromberg 82, F 2
Bylot-Insel 153, N 2
Byrrangagebirge 95, K/M 2
Bytom = Beuthen 83, F 3
Byzantion (hist. İstanbul) 197, 2 E 2

C

Caatingas 143, O/P 10
Cabinda 124, 1 D/E 6
Cabotstraße 153, O/P 5
Cáceres 88, B 4
Cadenberge 14, C/D 4
Cádiz 88, B 4
Caen 77, C 4
Cagayan de Oro 114, E 3
Cagliari 89, F 4
Cahora Bassa 135, E 4
Caicos-Inseln 155, G 4
Cairns 138, D 2
Cajamarca 162, B 3
Calais 80, A 4
Calama 163, C 5
Calgary 152, J 4
Cali 162, B 2
Calicut (Kozhikode) 110, C 5
California = Kalifornien 144, 1 D/E 5
Callao 162, B 4
Caloundra 138, E 3
Caluula 133, J 3
Calvi 89, F 3
Calvinia 134, C 6
Camagüey 155, G 4
Cambodunum (hist. Kempten) 199, 3 C/D 5
Cambrai 80, C 4
Cambrian Mountains 76, B 4 – C 3
Cambridge 76, C/D 3
Camooweal 138, C 2
Campbell-Insel 167, 2 J 3
Campeche 155, E 5
Campina Grande 163, F 3
Campinas 163, E 5
Campo Grande 163, D 5
Campos 163, E 5
Campos (Landschaft) 143, N/O 11
Canal de la Marne au Rhin = Rhein-Marne-Kanal 84, C 2
Canal du Centre 84, A 4
Canberra 138, D 4
Canche 80, B 4
Cancún 155, F 4
Cangzhou 111, G 3
Caniapiscau 153, O 4
Cannae 89, H 3
Cannes 77, E 6
Canossa 84, G 6
Cantwell 152, F 3
Canumã 162, D 3
Cáorle 85, J 5
Cape Coast 132, C 4
Cape Dorset 153, N 3
Cape Town = Kapstadt 134, C 6
Cap-Haïtien 155, G 5
Capri 89, G 3
Caquetá 162, B 3
Caracas 145, 1 K 7
Carajás 163, D 3
Carcassonne 77, D 6
Cardiff 76, C 4
Cargados-Carajos-Inseln 123, 3 L/M 8
Caribouberge 152, J 4
Carlisle 76, C 3
Carlow 15, G 4
Carnarvon 138, A 3
Carnegiesee 138, B 3
Carondelet-Riff 139, H 1
Carpentariagolf 138, C/D 2
Carpentras 84, B 6
Carrara 84, F/G 6
Carrauntoohil 76, A 3/4
Carson City 154, C 3
Cartagena (Kolumbien) 162, B 1
Cartagena (Spanien) 88, C 4
Cartema (historischer Ort) 197, 2 C 3
Carthago (historischer Ort) 197, 2 C/D 3
Caruaru 163, F 3
Casablanca 132, B/C 1
Casale Monferrato 84, E 5
Cascavel 163, D 5
Casper 154, D 2
Cassai 134, D 3
Cassel 80, B 4
Cassinga 134, C 4
Castel del Monte 89, G 3
Castellane 84, C 7
Castelló de la Plana = Castellón 88, C 4
Castellón (Castelló de la Plana) 88, C 4
Castra Batava (hist. Passau) 199, 3 E 4
Castra Regina (hist. Regensburg) 199, 3 E 4
Castries 155, H 5
Cat 155, G 4
Catamarca 163, C 5
Catania 89, G 4
Cauca 162, B 2
Cauvery 110, C 5
Cavalese 85, H 4
Cavally 132, C 4
Caxito 134, C 3
Cayambe 162, B 2/3
Cayenne 163, D 2
Cayman-Inseln 144, 1 H 6/7
Ceará 145, 1 M/N 9
Cebu 114, E 2
Celebes = Sulawesi 114, D/E 4
Celebessee 114, E 3
Celje (Cilli) 85, M 4
Celle 34, F 3
Ceres 84, D 5
Cerf 135, G 3
Cerro Bolívar 162, C 2
Cerro de Pasco 162, B 4
Cerro el Liberdador 163, C 5
Cerros Tres Picos 163, C 6
Cesena 85, J 6
Cesenatico 85, J 6
Česká Lípa = Böhmisch Leipa 34, K 5
České Budějovice = Budweis 35, K 7
Çeşme 90, D 4
Ceuta 88, B 5
Cevennen 77, D 6 – E 5
Ceyhan 91, F 4
Ceylon = Sri Lanka 100, 1 F 5
Chabahar 119, 3 D/E 3
Chabarowsk 95, O 5
Chablais 84, C 4
Chalcedon (historischer Ort) 197, 2 E 2
Chalkida 90, C 4
Chalkidike 90, C 3
Châlons-en-Champagne 80, D 6
Chalon-sur-Saône 84, A 4
Cham 35, H 6
Chaman 110, B 3
Chambal 110, C 4
Chambéry 84, B 5
Chamonix 84, C 5
Champagne 77, D/E 4
Chan-Chan 162, B 3
Chandigarh 110, C 3
Chandyga 95, O 3
Changaigebirge 100, 1 F/G 3
Changchun 111, H 2
Changde 111, G 4
Changsha 111, G 4
Changzhou 111, G 3
Chania 90, C 5
Chankasee 95, O 5
Channel-Port-aux-Basques 153, P 5
Chanthaburi 114, C 2
Chanty-Mansijsk 94, G 3
Char Choto 110, F 2
Chari 123, 3 G 5
Charkiw 94, D 4
Charleroi 80, D 4
Charleston (USA, South Carolina) 155, F 3
Charleston (USA, West Virginia) 155, F 3
Charleville 138, D 3
Charleville-Mézières 80, D 5
Charlotte 155, F 3
Charlottetown 155, H 2
Charolais 84, A 4
Charters Towers 138, D 3
Chasawjurt 91, J 3
Chasseral 84, C/D 3
Chasseron 84, C 4
Chatanga 95, L 2
Châteauroux 77, D 5
Château-Salins 84, C 2
Châtelet 80, D 4
Chatham-Inseln 137, M 7
Châtillon-sur-Seine 84, A 3
Chattagam = Chittagong 110, D 4
Chattanooga 155, F 3
Chaumont 84, B 2
Chauny 80, B 5
Cheb = Eger (Tschechische Republik) 35, H 5
Cheju 111, H 3
Cheliff 88, D 4
Chelles 80, B 6
Chemnitz 34, H 5
Chengdu 110, F 3
Chennai = Madras 110, D 5
Cheonju 111, H 3
Cherbourg-Octeville 77, C 4
Chersonesus (historischer Ort) 197, 2 E/F 2
Chesapeakebai 155, G 3
Chesterfield-Inseln 139, E 2
Cheta 95, K 2
Chetumal 155, E/F 5
Cheyenne 154, D 2
Chiang Mai 114, B 2
Chiange 134, C 4
Chiavari 84, F 6
Chiavenna 84, F 4
Chicago 155, E/F 2
Chichén Itza 155, F 4
Chiclayo 162, A/B 3
Chiemsee 35, H 8
Chienti 85, K 7
Chieri 84, D 5
Chiese 84, G 5
Chifeng 111, G 2
Chihuahua 154, D 4
Chile 145, 1 J 11
Chillán 163, B 6
Chiloé 163, B 7
Chilok 95, M 4
Chilwasee 135, E 4
Chimay 80, D 4
Chimborazo 143, K/L 10
Chimbote 162, B 3
Chimoio 135, E 4
China 102, 1 F/G 3
Chincha Alta 162, B 4
Chindwin 110, E 4
Chingola 134, D 4
Chioggia 85, J 5
Chios 90, D 4
Chipata 135, E 4
Chirripó 143, K 9
Chişinău 58, 1 H/J 4
Chittagong (Chattagam) 110, D 4
Chmelnizkij 83, H 3
Choiseul 115, H 4
Cholmsk 95, O/P 5
Choma 134, D 4
Chongjin 111, H/J 2
Chongqing 111, F 4
Chonos-Archipel 163, B 7
Chosrech 91, J 3
Chovd 110, E 2
Chövsgöl Nuur 110, F 1
Christchurch 139, G 5
Christmas-Insel 136, G/H 5
Chubut 163, C 7
Chudshand 119, 3 E 1
Chugachberge 152, F 3
Chur 84, F 4
Churchill 153, L 4
Churchill (Fluss) 152, K 4
Chuuk-Inseln 115, H 3
Cide 91, F 3
Cienfuegos 155, F 4
Cilacap 114, C 4
Cıldırsee 91, H 3
Cilegon 114, C 4
Cilli = Celje 85, M 4
Cima Presanella 84, G 4
Cincinnati 155, F 3
Ciney 80, E 4
Cirebon 114, C 4
Ciskei 134, D 6
Citeaux (Kloster) 201, 3 B 3
Citlaltépetl 154, E 5
Ciudad Bolívar 162, C 2
Ciudad Guayana 162, C 2
Ciudad Juárez 154, D 3
Ciudad Piar 162, C 2
Ciudad Real 88, B/C 4
Ciudad Victoria 154, E 4
Cizre 91, H 4
Claireküste 167, 2 G 2
Clairvaux 84, A 2
Clarenna (hist. Cannstatt) 199, 3 C 4
Clermont 80, B 5
Clermont-Ferrand 77, D 5
Cleveland 155, F 2
Clipperton-Insel 143, H 9
Cloncurry 138, D 3
Cloppenburg 34, D 3
Cluj-Napoca = Klausenburg 83, G 4
Clunia (hist. Feldkirch) 199, 3 C 5
Cluny 84, A 4
Clutha 139, F 5
Coari 162, C 3
Coatsland 167, 2 R 2
Coatzacoalcos 155, E 5
Cobar 138, D 4
Coburg 35, F 5
Cochabamba 162, C 4
Cochem 35, B/C 5
Cochin 110, C 5/6
Cochrane 153, M 5
Coëtivy 135, G 3
Coevorden 80, F 2
Coffs Harbour 138, E 4
Cognac 77, C 5
Coimbatore 110, C 5
Coimbra 88, A 3
Col de l'Iseran 84, C/D 5
Col de la Bonette 84, C 6
Col de Larche 84, C 6
Colatina 163, E 4
Colmar 84, D 2
Colombo 102, 1 E 4
Colón 155, F/G 6
Colonia 115, F 3
Colonia Claudia Ara Agrippinensium (hist. Köln) 199, 3 B 3
Colorado (Bundesstaat) 144, 1 F 5
Colorado (Fluss, Argentinien) 143, M 13/14
Colorado (Fluss, USA) 142, G 6
Coloradoplateau 142, G/H 6
Columbia 155, F 3
Columbia (Fluss) 142, G 4/5
Columbus (USA, Georgia) 155, F 3
Columbus (USA, Ohio) 155, F 3
Comacchio 85, J 6
Comer See 84, F 4
Como 84, F 5
Comodoro Rivadavia 163, C 7
Comoé 132, C 4
Compiègne 80, B 5
Conakry 124, 1 B 5
Concepción (Chile) 163, B 6
Concepción (Paraguay) 163, D 5
Concord 155, G 2
Concordia 163, C/D 6
Confluentes (hist. Koblenz) 199, 3 B 3
Connecticut 144, 1 J/K 4
Constanța = Konstanza 83, J 4
Constantia (hist. Konstanz) 199, 3 C 5
Constantine (Qacentina) 89, E 4
Cook-Inseln 137, N 5
Cook-Straße 139, G 5
Cooktown 138, D 2
Coolgardie 138, B 4
Cooper 138, C 3
Cooper Creek 138, D 3
Copán 155, F 5
Copiapó 163, B 5
Coppermine 152, J 3
Coquimbo 163, B 5/6
Corbie 80, B 5
Corcaigh = Cork 76, A 4
Corcovadogolf 163, B 7
Córdoba (Argentinien) 163, C 6
Córdoba (Spanien) 88, B 4
Cork (Corcaigh) 76, A 4
Çorlu 90, D 3
Corner Brook 153, O/P 5
Cornwall 77, B 4
Coropuna 143, L 11
Corpus Christi 154, E 4

Corrientes 163, D 5
Cortina d'Ampezzo 85, J 4
Çoruh 91, H 3
Çorum 91, F 3
Corumbá 163, D 4
Corvey 201, 3 C 2
Cosenza 89, G/H 4
Cosmoledo 135, F 3
Costa Blanca 88, C/D 4
Costa Brava 88, D 3
Costa del Sol 88, B/C 4
Costa Rica 145, 1 H 8
Costa Smeralda 89, F 3
Cotabato 114, E 3
Côte d'Ivoire (Elfenbeinküste) 124, 1 C 5
Côte d'Azur 77, E 6
Côte d'Or 84, A 4 – A 3
Cotonou 132, D 4
Cotopaxi 143, L 10
Cottbus 34, K 4
Cottische Alpen 84, C 6
Courcelles 80, D 4
Couvin 80, D 4
Craiova 83, G 4
Crau 84, A 7
Creil 80, B 5
Crema 84, F 5
Cremona 84, G 5
Cres 85, L 6
Crêt de la Neige 84, B 4
Criciúma 163, E 5
Crikvenica 85, L 5
Crişul Alb 83, G 4
Crotone 89, H 4
Crozet-Inseln 136, E 7
Cruzeiro do Sul 162, B 3
Cuamba 135, E 4
Cuango 134, C 3
Cuanza 134, C 3/4
Cubango 123, 3 G 8
Cúcuta 162, B 2
Cuenca (Ecuador) 162, B 3
Cuenca (Spanien) 88, C 3
Cuiabá 163, D 4
Cuito 134, C 4
Culiacán 154, D 4
Cumaná 162, C 1
Cuneo 84, D 6
Cunnamulla 138, D 3
Curaçao 155, H 5
Curcubăta 83, G 4
Curitiba 163, E 5
Cuttack 110, D 4
Cuxhaven 14, C 4
Cuxhaven (Landkreis) 27, 6
Cuzco 162, B 4
Cyrenaika 133, F 1

D

dä Halie = Halligen 14, C 2
Da Lat 114, C 2
Da Nang 114, C 2
Daba Shan 111, F 3
Dachau 35, G 7
Dachstein 85, K 3
Daegu 111, H 3
Daejeon 111, H 3
Dagebüll (Doogebel) 14, C 2
Dagö (Hiiumaa) 75, F 5
Dahlak-Archipel 133, H 3
Dahme 15, H 3
Dahuk 91, H 4
Daito-Inseln 111, J 4
Dakar 124, 1 B 4
Dakhla-Oasen 133, F 2
Dalan-Dzadgad 110, F 2
Dalarna 74, D 4
Dalian 111, H 3
Dallas 154, E 3
Dalmatien 85, M 6/7
Dalmatinische Inseln 90, A 2 – B 3
Dalnegorsk 95, O 5
Daloa 132, C 4
Daly Waters 138, C 2
Damanhur 133, F/G 1
Damaraland 134, C 5
Damaskus 102, 1 C/D 3
Damaturu 132, E 3
Dammastock 84, E 4
Damp 15, E/F 2
Dampier 138, A 3
Dandong 111, H 2
Dänemark 58, 1 F/G 3
Dänemarkstraße 142, Q 3
Dangori 110, E 4
Dänischer Wohld 15, F 3
Dannenberg 34, G 2
Dannewerk 15, D/E 3
Danzig (Gdańsk) 82, F 2
Dar as-Salam = Daressalam 135, E 3
Darchan 110, F 2
Dardanellen 90, D 3/4
Daressalam (Dar as-Salam) 135, E 3
Darfur 133, F 3
Darling 138, D 4
Darmstadt 35, D 6
Darßer Ort 34, H 1
Daru 115, G 4
Darwin 138, B 2
Dashoguz 119, 3 D 1
Dassow 15, G 3/4
Datong 111, G 2/3
Daua 133, H 4
Daugavpils 75, G 6
Dauphiné-Alpen 84, C 5 – C 6
Davao 114, E 3
Davissee 167, 2 E 2
Davisstraße 142, N 3
Davos 84, F 4
Dawson 152, G 3
Dawson Creek 152, H 4
Dayr az-Zawr 91, G/H 5
De Aar 134, D 6
De Grey 138, A 3
de Gröőe = Gröde 14, C 2
de Hääverstruum = Heverstrom 14, C 3
de Huuge = Hooge 14, B/C 2
de Meersch-de Nees = Nordmarsch-Langeneß 14, C 2
De Panne 80, B 3
de Ströön = Nordstrand 14, C 3
deät Lun (Helgoland) 14, A 3
Debauch Mountain 152, D/E 3
Debre Markos 133, G 3
Debrecen 83, G 4
Děčín = Tetschen 34, K 5
Dédougou 132, C 3
Deggendorf 35, H 7
Deinze 80, C 4
Deister 34, E 3
Dekkan 100, 1 E 5
Delano Peak 154, C 3
Delaware 144, 1 J 5
Delémont 84, D 3
Delft 80, D 3
Delfzijl 80, F 1
Delhi (Dilli) 110, C 4
Delmenhorst 34, D 2
Delphi 90, C 4
Demawend 119, 3 D 2
Demer 80, D 4
Demmin 34, J 2
Demokratische Republik Kongo 124, 1 E/F 6
Dempo 114, C 4
Den Burg 80, D 1
Den Haag ('s-Gravenhage) 80, C 2
Den Helder 80, D 2
Denain 80, C 4
Dendermonde 80, D 3
Deniliquin 138, D 4
Denizli 90, E 4
Denpasar 114, D 4
D'Entrecasteaux-Inseln 115, H 4/5
Denver 154, D 3
Der Kanal 77, B/C 4
Derby 138, B 2
Derry (Londonderry) 76, B 3
Des Moines 155, E 2
Dese 133, G 3
Desenzano del Garda 84, G 5
Desna 83, K 2
Dessau-Roßlau 34, H 4
Detmold 34, D 4
Detroit 155, F 2
Deutsche Bucht 30, 1 B 1
Deutsche Mittelgebirge 57, 2 E/F 2
Deutschland 58, 1 F/G 3
Deva 83, G 4
Deventer 80, F 2
Devodi Munda 110, D 5
Devon-Insel 142, K/L 2
Devonport 138, D 5
Dhaka 102, 1 F 3
Dhaulagiri 110, D 4
Dhofar 119, 3 D 4
Diamantina 163, E 4
Diamantina (Fluss) 138, D 3
Diamantino 163, D 4
Dibrugarh 110, E 4
Diedenhofen (Thionville) 80, F 5
Diego Garcia 243, N 6
Diepholz 34, D 3
Dieppe 77, D 4
Diest 80, E 3
Dietfurt 35, G 6
Dievenow (Dziwnów) 34, K 1
Dievenow (Fluss) (Dziwna) 34, K 2
Differdange 80, E 5
Digne 84, C 6
Dijon 84, B 3
Diksmuide 80, B 3
Dikson 94, J 2
Dili 102, 1 H 5
Dilli = Delhi 110, C 4
Dinant 80, D 4
Dinarisches Gebirge 90, A 2 – B 3
Dingolfing 35, H 7
Dioskurias (hist. Sochumi) 197, 2 F/G 2
Dire Dawa 133, H 4
Dirschau (Tczew) 83, F 2
Disappointment-See 138, B 3
Diskobai 153, P 3
Disko-Insel 153, P 3
Dithmarschen (Landkreis) 27, 6
Dithmarschen (Landschaft) 14, C 3 – D 4
Divodurum (hist. Metz) 199, 3 B 4
Diyala 91, J 5
Diyarbakır 91, G/H 4
Djado 132, E 2
Djadoplateau 132, E 2
Djailolo = Halmahera 114, E 3
Djanet 132, D 2
Djebel Bou-Nassere 88, B 5
Djebel Chelia 89, E 5
Djebel Foua 89, E/F 5
Djebel Tidirhine 88, B 5
Djelfa 132, D 1
Djerba 132, E 1
Djultydag 91, J 3
Dneprovsko-Bugskij-Kanal 83, J 3
Dnipro 83, J 3
Dnipropetrowsk 94, D 5
Dnister (Dnjestr) 83, H 3
Dnjepr 83, K 2
Dnjestr = Dnister 83, H 3
Dobbiaco = Toblach 85, J 4
Döbraberg 35, G 5
Dobrič 90, D/E 3
Dobrudscha 83, H 5 – J 4
Dodoma 124, 1 G 6
Doetinchem 80, F 3
Doggerbank 76, D/E 3
Doha (Ad-Dawhah) 119, 3 D 3
Dokkum (Dongeradeel-) 80, E 1
Dole 84, B 3
Dollart 34, C 2
Dolo Odo 133, H 4
Dolomiten 85, H 4 – J 4
Domažlice = Taus 35, H 6
Dombes 84, A/B 4
Dominica 144, 1 K/L 7
Dominikanische Republik 144, 1 K 6
Domodossola 84, E 4
Domrémy-la-Pucelle 84, B 2
Don 91, H 2
Donau (Duna) 35, E 7
Donaudelta 83, J 4
Donaueschingen 35, D 8
Donaumoos 35, G 7
Donauried 35, F 7
Donauwörth 35, F 7
Dondo 134, C 3
Donegalbai 76, A 3
Donez 94, D 5
Donezk 94, D 5
Donezplatte 57, 2 H 3
Dongsha (Pratas) 111, G 4
Dongting-Hu 111, G 4
Donnerpass 154, B 3
Donnersberg 35, C 6
Donon 84, D 2
Donostia-San Sebastián 88, C 3
Doogebel = Dagebüll 14, C 2
Dora Baltea 84, D 5
Dora Riparia 84, D 5
Dordogne 77, D 5
Dordrecht 80, D 3
Dori 132, C 3
Dornbirn 84, F 3
Dortmund 34, C 4
Dortmund-Ems-Kanal 34, C 3
Dorum 14, C 4
Douai 80, C 4
Douala 132, D/E 4
Doubs 84, C 3/4
Douglas 76, B 3
Dourados 163, D 5
Douro 88, B 3
Dover (England) 76, D 4
Dover (USA) 155, G 3
Dovrefjell 74, C 4
Drachten (Smallingerland-) 80, F 1
Drage 15, F 5
Draguignan 84, C 7
Drakensberge 123, 3 J 9 – H 10
Drammen 75, C 5
Drau (Drava) 85, K 4
Drava = Drau 85, K 4
Drejø 15, F 2
Dresden 34, J 4
Drin 90, C 3
Drina 90, B 2
Drobeta-Turnu Severin 83, G 4
Drochtersen 15, D 4
Drömling 34, G 3
Drushina 95, P 3
Drygalski-Insel 167, 2 E 2
Dschibuti 124, 1 H 4
Dsershinsk 83, M 1
Dshugdshurgebirge 95, O/P 4
Dsungarei 100, 1 F 3
Dsungarische Pforte 110, D 2
Dubai 119, 3 D 3
Dubăsary 83, J 4
Dubbo 138, D 4
Dublin 58, 1 E 3
Dubrovnik 90, B 3
Duero 88, C 3
Dufekmassiv 167, 2 R/S 2
Dufourspitze 84, D 5
Dugi Otok 85, L/M 7
Duisburg 34, B 4
Duklapass 83, G 3
Dulce 163, C 5
Duluth 155, E 2
Duma 91, G 5
Dumaguete 114, E 3
Dümmer 15, H 4
Dümmer (See) 34, D 3
Düna 83, H 1
Duna = Donau 35, E 7
Dunajská Streda 85, O 3
Dundalk 76, B 3
Dundas 153, O 2
Dundee 76, C 2
Dunderland 74, D 3
Dunedin 139, G 5
Dunkerque = Dünkirchen 80, B 3
Dünkirchen (Dunkerque) 80, B 3
Durance 84, B/C 6
Durban 135, E 5
Düren 34, B 5
Durgapur 110, D 4
Durrës 90, B 3
Dushanbe 102, 1 E 3
Düsseldorf 34, B 4
Dych-Tau 91, H 3
Dziwna = Dievenow (Fluss) 34, K 2
Dziwnów = Dievenow 34, K 1

E

e Hoorne = Langenhorn 14, C 2
East London 134, D 6
Ebbe 34, C 4
Eberswalde 34, J 3
Ebolowa 132, E 4
Ebro 88, C 3
Ech Chélif 88, D 4
Eckernförde 15, E 3
Eckernförder Bucht 15, E 3 – F 2
Écrins 77, E 5
Ecuador 145, 1 H 9
Edam-Volendam 80, E 2
Ede 80, E 2
Eden 138, D/E 4
Eder 34, E 4
Edeyin Marzuq 132, E 2
Edinburgh 76, C 3
Edirne 90, D 3
Edith-Ronne-Land 167, 2 P/Q 1
Edjeleh 132, D 2
Edmonton 152, J 4
Edolo 84, G 4
Eduard VII.-Halbinsel 167, 2 L 2
Eemshaven (Eemsmond-) 80, F 1
Efate 139, F 2
Eger (Fluss, Ohře) 35, J 5
Eger (Tschechische Republik, Cheb) 35, H 5
Eger (Ungarn) 83, G 4
Eggebek 15, D 2
Eglab 132, C 2
Eğridirsee 90, E 4
Ehingen 35, E 7
Eichsfeld 34, F 4
Eichstätt 201, 3 C 2
Eider 15, D 3
Eiderdamm 14, C 3
Eiderstedt 14, C 3
Eifel 35, B 5 – C 6
Eindhoven 80, E 3
Einödriegel 35, J 7
Einsiedeln 84, E 3
Eirunepé 162, B/C 3
Eisack (Isarco) 85, H 4
Eisenach 34, F 4/5
Eisenerz 85, L 3
Eisenerzer Alpen 85, L 3
Eisenhüttenstadt 34, K 3
Eisenstadt 85, N 3
Eiskap = Kap Shelanija 94, G 2
Ekibastus 94, H 4
El Araich (Larache) 88, B 5
El Arenal 88, D 4
El Eulma 88, E 5
El Paso 154, D 3
El Qenitra = Kenitra 88, B 5
El Salvador 145, 1 G 7
El Turbio 163, B 8
El-Aaiún 132, B 2
El-Alamein 133, F 1
Elat 133, G 2
Elâzığ 91, G 4
Elba 89, F 3
Elbasan 90, B/C 3
Elbe 82, E 3
Elbe-Havel-Kanal 34, H 3
Elbe-Lübeck-Kanal 15, G 4
Elbe-Seitenkanal 34, F 3
Elbing (Elbląg) 83, F 2
Elbląg = Elbing 83, F 2
Elbrus 91, H 3
Elbsandsteingebirge 34, J/K 5
Elburs 100, 1 D 4
Elche (Elx) 88, C 4
Eldikan 95, O 3
Eldoret 135, E 2
Elea (historischer Ort) 197, 2 D 2/3
Elektrostal 83, L 2
Eleuthera 155, G 4
El-Faiyum 133, F/G 2
El-Fasher 133, F 3
Elfenbeinküste 132, C 4
El-Geneina (Al Junaynah) 133, F 3
El-Golea 132, D 1
Elgon 135, E 2
Elisabethville = Lubumbashi 134, D 4
Elista 91, J 2
Ełk = Lyck 83, G 2
El-Kharga 133, F/G 2
Ellesmere-Insel 142, K 2 – L 1
Ellsworthland 167, 2 O 2
El-Mansura 133, G 1
El-Minya 133, F 2
Elmshorn 15, E 4
El-Obeid (Al Ubayyid) 133, F/G 3
El-Qahira = Kairo 133, G 2
el-Rharsa 89, F 5
Elsdorf 15, D 5
Elsene = Ixelles 80, D 4
Elsfleth 14, B 5
Elstergebirge 35, H 5
Elx = Elche 88, C 4
Emba 94, F 5
Embrun 84, C 6
Emden 34, B/C 2
Emerald 138, D 3
Emi Koussi 132, E 2/3
Emilia-Romagna 84/85, F 6 – J 6
Emmeloord (Noordoostpolder-) 80, E 2
Emmen 80, F 2
Emmendingen 35, C 7
Emmental 84, D 3 – D 4
Emmerich 34, B 4
Emporion (historischer Ort) 197, 2 C 2
Ems 34, C 2
Ems-Jade-Kanal 34, C 2
Emsland 30, 1 B 2
Encarnacin 163, D 5
Encounterbucht 138, C 4
Ende 114, E 4
Enderby-Land 167, 2 C 2
Engadin 84, F 4 – G 4
Engels 94, E 4
Enkhuizen 80, E 2
Ennedi 123, 3 H 5
Enns 85, L 2
Enns (Fluss) 85, L 3
Enschede 80, F 2
Entenbühl 35, H 6
Enz 35, D 7
Epe 80, E 2
Épernay 80, C 5
Ephesos 90, D 4
Epidamnos (hist. Durrës) 197, 2 D 2
Épinal 84, C 2
Er Rif 132, C 1
Erbeskopf 35, C 6
Erciyas dağı 91, F 4
Erding 35, G 7
Erdinger Moos 35, G 7
Erechim 163, D 5
Ereğli 91, F 4
Erenhot 111, G 2
Eresburg 201, 3 C 2
Erfde 15, D 3
Erft 34, B 5
Erfurt 34, G 5
Erg Chech 123, 3 E 4
Erg Iguidi 123, 3 E 4
Ergene 90, D 3
Ergoldsbach 35, H 7
Erie 155, F 2
Eriesee 142, K 5
Eritrea 124, 1 G 4
Erlangen 35, F/G 6
Eromanga 139, F 2
Er-Ribat = Rabat 132, C 1
Er-Rif 88, B 5
Erzgebirge 35, H 5 – J 5
Erzincan 91, G 4
Erzurum 91, H 4
Esbjerg 75, B/C 6
Esch-sur-Alzette 80, E 5
Eschwege 34, E/F 4
Eskilstuna 75, E 5
Eskişehir 90, E 4
Esla 88, B 3
Esmeraldas 162, B 2
Esperance 138, B 4
Espirito Santo 145, 1 M/N 10
Espiritu-Santo-Insel 139, F 2
Espoo 75, F/G 4
Esquel 163, B 7
Es-Sallum 133, F 1
Es-Semara 132, B 2
Essen 34, B/C 4
Esslingen 35, E 7
Este 15, E 5
Estland 58, 1 H 3
Estorf 15, D 4
Estoril 88, A 4
Etang de Berre 84, B 7
Étaples 80, A 4
Etorofu (Iturup) 111, K 2
Etoschapfanne 134, C 4
Etsch (Adige) 84, G 4
Ettal (Kloster) 201, 3 C 3
Euböa 90, C 4
Eucla 138, B 4
Eupen 80, E 4
Euphrat 100, 1 C/D 4
Eureka 153, M 2
Europa vorderer Buchinnendeckel, J – L 3
Europäisches Nordmeer 74, A 3 – E 2
Eutin 15, G 3
Evansville 155, F 3
Everglades 155, F 4
Évora 88, B 4
Exeter 76, B/C 4
Extremadura 88, B 4
Eyl 133, H 4
Eyresee 138, C 3

F

F.-D.-Roosevelt-Stausee 154, B/C 2
Fåborg 15, F 1
Fabriano 85, J 7
Fada 133, F 3
Faenza 85, H 6
Fairbanks 152, F 3
Faisalabad 110, C 3
Falkensee 34, H/J 3
Falkland-Inseln (Malwinen) 143, N 15
Falster 34, H 1
Falun 74, D 4
Famagusta (Ammochostos/ Gazi Magusa) 91, F 5
Fano 85, K 7
Farafra 133, F 2
Farah 119, 3 E 2
Farasan-Inseln 119, 3 C 4
Fargo 154, E 2
Faro 88, B 4
Färöer 76, B 1
Farquhar 135, G 4
Farquhargruppe 135, G 3
Fas = Fès 132, C 1
Faxabucht 74, B 1
Faya 132, E 3
Feer = Föhr 14, B/C 2
Fehmarn 15, H 3
Fehmarnbelt 15, G/H 3
Fehmarnsund 15, H 3
Feira de Santana 163, E/F 4
Feldbach 85, M 4
Feldberg 35, C 8
Feldkirch 84, F 3
Femundsee 74, C 4
Fenoarivo 135, F 4
Fergana 119, 3 F 1/2
Fermo 85, K 7
Fernando de Noronha 242, H/J 6
Ferrara 85, H 6
Fès (Fas) 132, C 1
Fessan 123, 3 G 4
Feuerland 143, M 15
Fianarantsoa 135, F 5
Fichtelberg 35, H 5
Fichtelgebirge 35, G 5 – H 6
Fidenza 84, F/G 6
Fidschi 243, S 6
Fidschi-Inseln 137, L/M 5
Fidschisee 139, G 3
Filchner-Schelfeis 167, 2 Q 2 – R 1
Filderstadt 35, D/E 7
Filyos Çayı 91, F 3
Finale Ligure 84, E 6
Finke 138, C 3
Finne 34, G 4
Finnische Seenplatte 57, 2 G 1
Finnischer Meerbusen 75, F 5 – G 5
Finnland 58, 1 H 2
Finnmark 74, F 2 – G 2
Finsteraarhorn 84, D/E 4

Finsterwalde 34, J 4
Firenze = Florenz 85, H 7
Firth of Clyde 76, B 3
Firth of Forth 76, C 2/3
Firth of Lorne 76, B 2
Fischerhalbinsel 74, J 2
Fischt 91, G 3
Fishguard 76, B 3
Fitzroy Crossing 138, B 2
Fläming 34, H 3
Flandern 80, B 4
Fleckeby 15, E 3
Flensburg 15, D 2
Flensburger Förde 15, D/E 2
Fleurus 80, D 4
Flevoland 80, E 2
Flims 84, F 4
Flin Flon 152, K 4
Flinders 138, D 2
Flinderskette 138, C 4
Flint 155, F 2
Flintbek 15, F 3
Florenz (Firenze) 85, H 7
Flores 101, 1 H 6
Florianópolis 163, E 5
Florida (Bundesstaat) 144, 1 H 6
Florida (Landschaft) 142, K 6/7
Florida Keys 155, F/G 4
Floridastraße 142, K/L 7
Florø 74, B 4
Fly 115, G 4
Fockbek 15, E 3
Foggia 89, G 3
Föhr (Feer) 14, B/C 2
Folkestone 76, D 4
Fontainebleau 77, D 4
Forchheim 35, G 6
Forlí 85, J 6
Formentera 88, D 4
Formosa 163, D 5
Formosastraße 111, G 4
Forrest 138, B 4
Forsayth 138, D 2
Forst (Barsč) 34, K 4
Fort Chimo = Kuujjuaq 153, O 4
Fort McMurray 152, J 4
Fort Nelson 152, H 4
Fort Reliance 152, K 3
Fort Simpson 152, H 3
Fort Worth 154, E 3
Fort Yukon 152, F 3
Fortaleza 163, F 3
Fort-de-France 155, H 5
Fortescue 138, A 3
Foshan 111, G 4
Fossano 84, D 6
Fos-sur-Mer 77, E 6
Fourmies 80, C 4
Fouta Djalon 132, B 3
Foxebecken 142, K/L 3
Franceville (Masuku) 134, C 3
Francistown 134, D 5
Frankenthal 35, D 6
Frankenwald 35, G 5
Frankfort 155, F 3
Frankfurt (Oder) 34, K 3
Frankfurt am Main 35, D 5
Fränkische Alb 35, F 7 – G 6
Fränkische Saale 35, E/F 5
Fränkische Schweiz 35, G 6
Frankreich 58, 1 E/F 4
Franz-Josef-Land 100, 1 D/E 1
Französische Kalkalpen 84, B 6 – B 7
Französischer Jura 84, B 5 – C 4
Französisches Tiefland 56, 2 D/E 3
Französisch-Guayana 145, 1 L 8
Französisch-Polynesien 242, B 6 – C 7
Fraser 142, F 4/5
Fraser-Insel 138, E 3
Fredenbeck 15, D 4
Fredericton 155, H 2
Frederikshavn 75, C 5
Fredrikstad 75, C 5
Freetown 124, 1 B 5
Freiberg 34, J 5
Freiberger Mulde 34, J 4
Freiburg (Elbe) 15, D 4
Freiburg (Schweiz, Fribourg) 84, D 4
Freiburg im Breisgau 35, C 7/8
Freising 35, G 7
Freistadt 85, L 2
Freital 34, J 5
Fréjus 84, C 7
Fremantle 138, A 4
Fresno 154, B/C 3
Freudenstadt 35, D 7
Friaul 85, J/K 4
Fribourg = Freiburg (Schweiz) 84, D 4
Friedberg 35, F/G 7
Friedrichshafen 35, E 8
Friedrichskoog 14, C 3
Friedrichstadt 14, C/D 3
Friesland 80, E 2
Fritzlar 201, 3 C 2
Frobisher Bay = Iqaluit 153, O 3
Fromesee 138, C/D 4
Fuchs-Inseln 152, C/D 4
Fuchskauten 34, C/D 5
Fuerteventura 132, B 2
Fujisan 101, 1 H 4
Fukuoka 111, H/J 3
Fulda 34, E 5
Fulda (Fluss) 34, E 5
Funafuti 243, S 6
Funafuti-Atoll 139, G 1
Funchal 132, B 1
Fünen 75, C 6
Furkapass 84, E 4
Furneaux-Gruppe 138, D 5
Fürstenberg 34, J 2
Fürstenfeld 85, M/N 3
Fürstenfeldbruck 35, F/G 7
Fürstenwalde 34, K 3
Fürth 35, F/G 6
Furth im Wald 35, H 6
Fushun 111, H 2
Füssen 35, F 8
Futapass 85, H 6
Futuna 139, H 2
Fuxin 111, H 2
Fuzhou 111, G 4
Fynshav 15, E 2

G

Gaalkacyo 133, H 4
Gabis 132, D 1
Gaborone 124, 1 F 8
Gabun 124, 1 E 6
Gadebusch 15, H 4
Gades (hist. Cádiz) 197, 2 B 3
Gafsa 132, D 1
Gail 85, K 4
Gailtaler Alpen 85, J/K 4
Gainesville 155, F 4
Gairdnersee 138, C 4
Galana 135, E 3
Galápagos-Inseln 143, K 10
Galați 83, H/J 4
Galdhøpiggen 74, B 4
Galicien 88, A/B 3
Galizien 83, G 3
Gallarate 84, E 5
Gallin 15, G 5
Gällivare 74, F 3
Galway 76, A 3
Gambia 124, 1 A/B 4
Gambia (Fluss) 132, B 3
Gäncä 91, J 3
Gandajika 134, D 3
Gandersheim (Kloster) 201, 3 C 2
Gandia 88, C 4
Ganges 100, 1 F 4
Gangesdelta 110, D/E 4
Gangtok 110, D 4
Gannett Peak 142, H 5
Ganzhou 111, G 4
Gao 132, C/D 3
Gap 84, C 6
Gar 110, D 3
Gardasee 84, G 5
Gardelegen 34, G 3
Garding 14, C 3
Gargano 89, G/H 3
Garmisch-Partenkirchen 35, G 8
Garonne 77, D 5
Garoowe 133, H 4
Garoua 132, E 4
Garzê 110, E/F 3
Gascogne 77, C 5 – D 6
Gascoyne 138, A 3
Gatschina 75, H 5
Gäuboden 35, H 7
Gaußberg 167, 2 E 2
Gavdos 90, D 5
Gävle 74, E 4
Gaya 132, D 3
Gaza 119, 3 B 2
Gaziantep 91, G 4
Gdańsk = Danzig 82, F 2
Gdingen (Gdynia) 82, F 2
Gdynia = Gdingen 82, F 2
Gedaref 133, G 3
Gediz 90, E 4
Gedser (Guldborgsund-) 34, G 1
Geelong 138, D 4
Geeste 14, C 4
Geesthacht 15, F 5
Geiersberg 35, E 6
Geiranger 74, B 4
Geislingen 35, E 7
Gelbes Meer 101, 1 H 4
Gelderland 80, E 2
Gelnhausen 35, D/E 5
Gelsenkirchen 34, B/C 4
Gelting 15, E 2
Geltinger Bucht 15, E 2
Gemena 134, C 2
Gemona 85, K 4
Gemünden 35, E 5
General Santos 114, E 3
Genève = Genf 84, B/C 4
Genf (Genève) 84, B/C 4
Genfer See 84, C 4
Genil 88, B 4
Genk 80, E 4
Genova = Genua 84, E 6
Gent 80, C 3
Genthin 34, H 3
Genua (Genova) 84, E 6
Georg V.-Küste 167, 2 H 2
George 134, D 6
George Town (Australien) 138, D 5
George Town (Malaysia) 114, B/C 3
Georgetown 145, 1 L 8
Georgia 144, 1 H 5
Georgien 102, 1 D 2
Georgina 138, C 3
Gera 34, H 5
Geraldton 138, A 3
Germering 35, G 7
Gerolstein 35, B 5
Gersthofen 35, F 7
Gêrzê 110, D 3
Gesäuse 85, L 3
Gesellschaftsinseln 137, N 5/6
Getafe 88, B/C 3
Gettorf 15, E 3
Gezira 133, G 3
Ghadamis 132, D 1
Ghana 124, 1 C/D 5
Ghanzi 134, D 5
Ghardaia 132, D 1
Ghat 132, E 2
Ghazni 119, 3 E 2
Gibraltar 88, B 4
Gibsonwüste 138, B 3
Gießen 34, D 5
Gifhorn 34, F 3
Gijón 88, B 3
Gilbert-Inseln 136, L 4/5
Gilgit 110, C 3
Girona 88, D 3
Gisborne 139, G 4
Gishiga 95, R 3
Gisors 80, A 5
Giurgiu 83, H 5
Givet 80, D 4
Gizeh 133, F/G 2
Gjamysch 91, J 3
Gjøvik 74, C 4
Gjumri 91, H 3
Gladstone 138, E 3
Glarner Alpen 84, E 4 – F 4
Glärnisch 84, E 4
Glarus 84, F 3
Glasgow 76, B 3
Glauchau 34, H 5
Gleinalpe 85, M 3
Gleiwitz 83, F 3
Glinde 15, F 4
Glittertind 74, C 4
Glogau (Głogów) 82, E/F 3
Gloggnitz 85, M 3
Głogów = Glogau 82, E/F 3
Glømma 74, C 4
Glücksburg 15, E 2
Glückstadt 15, D 4
Gmünd 85, L 2
Gmunden 85, K 3
Gnarrenburg 14, C/D 5
Gnesen (Gniezno) 201, 3 E 1
Goba 133, H 4
Gobabis 134, C 5
Gobi 100, 1 F/G 3
Gobi-Altai 110, E/F 2
Godavari 110, C 5
Godhavn = Qeqertarsuaq 153, P 3
Godthåb = Nuuk 153, P 3
Godwin Austen (K2) 100, 1 E/F 4
Goes 80, C 3
Göhrde 34, F 2
Goiânia 163, D/E 4
Goiás 145, 1 L/M 10
Göksu 91, F 4
Gold Coast 138, E 3
Goldene Aue 34, F 4 – G 4
Goldküste 132, C/D 4
Goldstrand = Zlatni Pjasâci 90, E 3
Goldsworthy 138, A 3
Goleniów = Gollnow 34, K 2
Golf von Aden 100, 1 D 5
Golf von Alaska 142, D 4
Golf von Antalya 91, E 4
Golf von Bengalen 100, 1 F 5
Golf von Biscaya 77, B/C 5
Golf von Cádiz 88, B 4
Golf von Campeche 155, E 4
Golf von Darién 155, G 6
Golf von Gabis 89, F 5
Golf von Genua 84, E 7 – F 7
Golf von Guinea 123, 3 F 6
Golf von İskenderun 91, F/G 4
Golf von Kalifornien 142, G 6 – H 7
Golf von Khambhat 110, C 4
Golf von Kutch 110, B 4
Golf von Mannar 110, C 6
Golf von Mexiko 142, J/K 7
Golf von Oman 100, 1 D/E 4
Golf von Panamá 155, G 6
Golf von Suez 133, G 2
Golf von Tarent 89, H 4
Golf von Thailand 100, 1 G 5
Golf von Tonkin 114, C 1/2
Golf von Triest 85, K 5
Golfküstenebene 142, J 7 – K 6
Goljam Perelik 90, D 3
Gollnow (Goleniów) 34, K 2
Golmud 110, E 3
Gombe 132, E 3/4
Gonder 133, G 3
Gongga Shan 100, 1 F/G 4
Goose Bay 153, O 4
Göppingen 35, E 7
Gorakhpur 110, D 4
Gordion (historischer Ort) 197, 2 F 3
Gore 133, G 4
Gorgona 84, F 7
Gorinchem 80, D 3
Gorizia 85, K 5
Gorjanci 85, M 5
Görlitz (Zgorzelec) 34, K 4
Gorno-Altaisk 94, J 4
Gorontalo 114, E 3
Gorze 201, 3 B 2
Gorzów Wielkopolski = Landsberg (Polen) 82, E 2
Gosford-Woy Woy 138, E 4
Goslar 34, F 4
Gospić 85, M 6
Götaälv 75, D 5
Götakanal 75, C/D 5
Götaland 75, D 5
Göteborg 75, C/D 5
Gotha 34, F 5
Gotland 75, E 5
Göttingen 34, E 4
Gouda 80, D 3
Gough-Insel 242, J 8
Goulburn 138, D 4
Gournay-en-Bray 80, A 5
Governador Valadares 163, E 4
Grabfeld 35, F 5
Grado 85, K 5
Grahamland 167, 2 P/Q 2
Grahamstown 134, D 6
Grajische Alpen 84, C 5 – D 5
Grampian Mountains 76, B/C 2
Gran Canaria 132, B 2
Gran Chaco 143, M 12 – N 11
Gran Paradiso 84, D 5
Gran Sasso d'Italia 89, G 3
Granada 88, C 4
Grand Bahama 155, G 4
Grand Canyon 142, G 6
Grande Chartreuse 84, B 5
Grande Rivière de la Baleine 153, N 4
Grande-Synthe 80, A 3
Grasse 84, C 7
Gråsten 15, E 2
Graudenz (Grudziądz) 83, F 2
Gray 84, B 3
Graz 85, M 3
Great Abaco 155, G 4
Great Barrier Reef 138, D 2 – E 3
Great Dividing Range 138, D 2 – D 4
Great Plains 142, H 5 – J 6
Great Yarmouth 76, D 3
Greensboro 155, G 3
Greenvale 138, D 2
Greenville 132, B 4
Greenwich 76, D 4
Greifenhagen (Gryfino) 34, K 2
Greifswald 34, J 1
Greiz 34, H 5
Grenada 145, 1 K/L 7
Grenoble 84, B 5
Greven 34, C 3
Grevesmühlen 15, H 4
Greymouth 139, F/G 5
Griechenland 58, 1 H 5
Griese Gegend 15, H 5
Griffith 138, D 4
Grimsby 76, C 3
Grimselpass 84, E 4
Grímsey 74, C 1
Grindelwald 84, D 4
Gröde (de Grööe) 14, C 2
Grömitz 15, G 3
Grona 201, 3 C 2
Gronau 34, B/C 3
Groningen 80, F 1
Grönland 142, O 3 – P 2
Grönlandsee 142, R 2
Groot Winterhoek 134, C 6
Groote Eylandt 138, C 2
Grootfontein 134, C 4
Grosne 84, A 4
Grosnyj 91, J 3
Groß Wittensee 15, E 3
Großbritannien 58, 1 E/F 3
Große Antillen 142/143, K 7 – M 8
Große Arabische Wüste 100, 1 D 4/5
Große Australische Bucht 136, J 6
Große Bahamabank 155, G 4
Große Ebene 101, 1 G 4
Große Mauer 111, F 3
Große Salzwüste 119, 3 D 2
Große Sandwüste (Afrika) 123, 3 F/G 3
Große Sandwüste (Australien) 138, B 3
Große Sunda-Inseln 101, 1 G/H 6
Große Syrte 123, 3 G 3
Große Victoriawüste 138, B/C 3
Großenbrode 15, H 3
Großer Aralsee 94, F 5
Großer Arber 35, H/J 6
Großer Bärensee 142, G 3
Großer Beerberg 34, F 5
Großer Belchen 84, D 3
Großer Chingan 101, 1 G/H 3
Großer Feldberg 35, D 5
Großer Geysir 74, B 1
Großer Inselsberg 34, F 5
Großer Kanal (Yunhe) 111, G 3
Großer Knechtsand 14, B 4
Großer Peilstein 85, M 2
Großer Plöner See 15, F 3
Großer Priel 85, K/L 3
Großer Rachel 35, J 7
Großer Salzsee 142, G/H 5
Großer Sankt Bernhard 84, D 5
Großer Sklavensee 142, G 3
Großer Vogelsand 14, B/C 3
Großer Zab 91, H/J 4
Großes Becken 142, G 5/6
Grosseto 89, F 3
Großglockner 85, J 3
Großhansdorf 15, F 4
Groß-Namaland 134, C 5
Groß-Simbabwe 135, E 5
Großvenediger 85, J 3
Großwardein (Oradea) 83, G 4
Grudziądz = Graudenz 83, F 2
Grünberg (Zielona Góra) 82, E 3
Grüner Fluss = Yeşılırmak 91, F/G 3
Grünwald 35, G 7
Gryfino = Greifenhagen 34, K 2
Guadalajara (Mexiko) 154, D 4
Guadalajara (Spanien) 88, C 3
Guadalquivir 88, B 4
Guadalupe 142, F/G 7
Guadeloupe 143, M/N 8
Guadiana 88, B 4
Guallatiri 163, C 4
Guam 115, G 2
Guanare 162, C 2
Guangdong 111, G 4
Guangzhou = Kanton 111, G 4
Guantánamo 155, G 4
Guaporé 162, C 4
Guarda 88, B 3
Guarulhos 163, E 5
Guatemala 144, 1 G 7
Guatemala-Stadt 145, 1 G 7
Guaviare 143, L 9
Guayaquil 162, B 3
Gubbio 85, J 7
Guben (Deutschland) 34, K 4
Guben (Polen, Gubin) 34, K 4
Gubin = Guben (Polen) 34, K 4
Gudbrandsdal 74, C 4
Gudermes 91, J 3
Gudow 15, G 4
Guernsey 77, C 4
Guinea 124, 1 B/C 4
Guinea-Bissau 124, 1 A/B 4
Guise 80, C 5
Guiyang 111, F 4
Gujranwala 110, C 3
Gulbarga 110, C 5
Gulu 135, E 2
Gummersbach 34, C 4
Gunnbjörnfjeld 153, S 3
Guntur 110, C/D 5
Gunung Slamet 114, C 4
Gurk (Dom, Österreich) 85, L 4
Gurk (Fluss, Österreich) 85, L 4
Gurk (Fluss, Slowenien) 85, L 5
Gurktaler Alpen 85, K 4 – L 3
Güssing 85, N 3
Güstrow 34, H 2
Gütersloh 34, D 4
Guwahati 110, E 4
Guyana 145, 1 K/L 8
Gwalior 110, C 4
Gwangju 111, H 3
Gweru 135, D/E 4
Gyda 94, H 2
Györ = Raab 82, F 4

H

Ha'apai 139, H 2
Haar 34, C/D 4
Haardt 35, C 6 – D 6
Haarlem 80, D 2
Haarlemmermeer 80, D 2
Haatst = Hattstedt 14, D 2
Hadeln 14, C 4
Hadramaut 100, 1 D 5
Hadrumetum (hist. Sousse) 197, 2 C/D 3
Hafar al-Batin 119, 3 C 3
Haffner Bjerg 153, O 2
Hagåtña 115, G 2
Hagen 34, C 4
Hagenau (Haguenau) 84, D 2
Hagenow 15, H 5
Haguenau = Hagenau 84, D 2
Hahnheide 15, F 4
Haifa 119, 3 B 2
Ha'il 119, 3 C 3
Hailar 111, G 2
Hailuoto 74, G 3
Hainan 101, 1 G 5
Hainich 34, F 4
Hainleite 34, F 4
Haiphong 114, C 1
Haithabu 201, 3 C 1
Haiti 144, 1 J 7
Hakodate 111, K 2
Halab = Aleppo 91, G 4
Halberstadt 34, G 4
Halbinsel Jamal 94, G 2
Halbinsel Kola 74, K 3
Halbinsel Malakka 114, B/C 3
Halbinsel Taitao 163, B 7
Halbinsel Valdés 163, C 7
Halbinsel Yucatán 155, F 5
Haldensleben 34, G 3
Haleb (hist. Aleppo) 197, 2 F 3
Halifax 153, O 5
Halikarnassos 90, D 4
Halle (Belgien) 80, D 4
Halle (Saale) 34, G/H 4
Hallertau 35, G 7
Halligen (dä Halie) 14, C 2
Halls Creek 138, B 2
Hallstatt 197, 2 D 2
Halmahera 101, 1 H 5
Halmstad 75, C/D 5
Halstenbek 15, E 4
Haltitunturi 74, F 2
Ham 80, C 5
Hama 91, G 5
Hamadan 119, 3 C 2
Hamamatsu 111, J 3
Hamar 74, C 4
Hamburg 15, E/F 4
Hamburg (Bundesland) 31, 2
Hämeenlinna 74, F/G 4
Hameln 34, E 3
Hamhung 111, H 2
Hami 110, E 2
Hamilton (Kanada) 153, M 5
Hamilton (Neuseeland) 139, G 4
Hamm 34, C 4
Hamme 14, C 5
Hamme-Oste-Kanal 14, C/D 5
Hammerfest 74, F 2
Han Jiang 111, G 3
Hanau 35, D 5
Handan 111, G 3
Handewitt 15, D 2
Hanerau-Hademarschen 15, D 3
Hangö = Hanko 75, F 5
Hangzhou 111, G/H 3
Hanko (Hangö) 75, F 5
Hann. Münden 34, E 4
Hannover 34, E 3
Hanoi 102, 1 G 3
Hanstedt 15, E/F 5
Haparanda 74, F 3
Harar 133, H 4
Harare 124, 1 F/G 7
Harbin 111, H 2
Harburg (Hamburg-) 15, E 5
Harburg (Landkreis) 27, 6
Harburger Berge 15, E 5
Hardangerfjord 74, B 4
Hardangervidda 74, B 4
Hardenberg 80, F 2
Harderwijk 80, E 2
Hargeysa 133, H 4
Haringvliet 80, C 3
Hari-Rud 119, 3 E 2
Harlingen 80, E 1
Härnösand 74, E 4
Harrisburg 155, G 2
Harrislee 15, D 2
Harsefeld 15, D/E 5
Harşit 91, G 3
Harstad 74, E 2
Hartberg 85, M 3

Hartford 155, G 2
Harwich 76, D 4
Harz 34, F 4
Hase 34, C 3
Haseldorfer Marsch 15, E 4
Haßberge 35, F 5 – F 6
Hasselt 80, E 4
Hassi Messaoud 132, D 1
Hat Yai 114, C 3
Hatra 91, H 5
Hattstedt (Haatst) 14, D 2
Hattusa 91, F 3
Haugesund 75, B 5
Hausruck 85, K 2
Havanna 144, 1 H 6
Havel 34, J 2
Havelberg 201, 3 D 1
Havelland 34, H 3
Hawaii-Inseln 137, M/N 4
Hay River 152, J 3
Hazebrouck 80, B 4
Heard-Insel 136, F 7
Hechthausen 15, D 4
Hede 74, D 4
Hedschas 119, 3 B 3
Heerhugowaard 80, D 2
Heerlen 80, E 4
Heeslingen 15, D 5
Hefei 111, G 3
Hegang 111, J 2
Hegau 35, D 8
Heide 14, D 3
Heidelberg 35, D 6
Heidenheim 35, F 7
Heihe 111, H 1
Heikendorf 15, F 3
Heilbronn 35, E 6
Heiligenblut 85, J 3
Heiligenhafen 15, G 3
Heimaey 74, B 2
Hekla 74, C 1
Helena 154, C 2
Helgeland 74, D 3
Helgoland = deät Lun 14, A 3
Helgoländer Bucht 14, B 3
Helmand 119, 3 E 2
Helmond 80, E 3
Helmstedt 34, F/G 3
Helpter Berge 34, J 2
Helsingborg 75, D 5
Helsingør 75, C/D 5
Helsinki 58, 1 H 2
Hemeroskopeion (historischer Ort) 197, 2 B 3
Hemmoor 14, D 4
Hemsedalsfjella 74, B/C 4
Henan 111, G 3
Hengyang 111, G 4
Henneberg 197, 2 C 2
Hennegau 80, C 4
Hennigsdorf 34, H/J 3
Hennstedt 15, D 3
Henstedt-Ulzburg 15, F 4
Heppenheim 35, D 6
Hepstedt 14, D 5
Heraklion (Iraklion) 90, D 5
Herat 119, 3 E 2
Herborn 34, D 5
Herentals 80, D 3
Heringsdorf 15, H 3
Hermannsburg 138, C 3
Hermannstadt (Sibiu) 83, H 4
Hermosillo 154, C 4
Herne 34, C 4
Herrnburg 15, G 4
Hersfeld (Kloster) 201, 3 C 2
Herstal 80, E 4
Herzogenaurach 35, F 6
Herzogtum Lauenburg 27, 6
Hesdin 80, B 4
Hessen (Bundesland) 31, 2
Hessisches Bergland 30, 1 C 3
Heverstrom (de Hääverstruum) 14, C 3
Hiddensee 34, H/J 1
High Willhays 76, B 4
Highlands 76, B/C 2
Hiiumaa = Dagö 75, F 5
Hildesheim 34, E 3
Hils 34, E 4
Hilversum 80, E 2
Himalaya 100, 1 E/F 4
Himmelpforten 15, D 4
Hims = Homs 91, G 5
Hindenburgdamm 14, B/C 2
Hindukusch 100, 1 E 4
Hindustan 100, 1 E/F 4
Hinterrhein 84, F 4
Hippo Regius (hist. Annaba) 197, 2 C 3
Hirfanli-Stausee 91, F 4
Hiroshima 111, J 3
Hirsau (Kloster) 201, 3 C 2
Hirson 80, D 5
Hirtshals 75, C 5
Hispaniola 142, L/M 7
Hobart 138, D 5
Hobyo 133, H 4
Hochalmspitze 85, K 3
Hochgolling 85, K 3
Ho-Chi-Minh-Stadt (Saigon) 114, C 2
Hochland der Schotts 132, C/D 1
Hochland von Äthiopien 123, 3 J 5/6
Hochland von Bié 134, C 4
Hochland von Bolivien 143, M 11/12
Hochland von Iran 100, 1 D 4
Hochland von Mexiko 142, H 7
Hochland von Tibet 100, 1 F 4
Hochosterwitz 85, L 4
Hochschwab 85, M 3
Hoek van Holland (Rotterdam-) 80, C/D 3
Hof 35, G 5
Höfn 74, D 1
Hofsjökull 74, C 1
Hohe Acht 35, B/C 5
Hohe Tatra 83, F/G 3
Hohe Tauern 85, J 3
Hohe Warte 85, J 4
Hohenlockstedt 15, E 4
Hohenloher Ebene 35, E 6 – F 6
Hohenwestedt 15, E 3
Hoher Atlas 132, C 1
Hoher Weg 14, B 4
Hohes Venn 80, E 4
Hohhot 111, G 2
Hohnstorf 15, G 5
Hohwacht 15, G 3
Hohwachter Bucht 15, G 3
Højer 14, C 2
Hokkaido 101, 1 J 3
Holguín 155, G 4
Hollabrunn 85, M/N 2
Holland 80, D 3
Hollenstedt 15, E 5
Holmsund 74, F 4
Holsteinische Schweiz 15, F 3
Holsteinsborg = Sisimiut 153, P 3
Holyhead 76, B 3
Homburg 35, C 6
Homel 83, J 2
Homs (Hims) 91, G 5
Honduras 144, 1 H 7
Hønefoss 74, C 4
Hongkong (Xianggang) 111, G 4
Honiara 243, S 6
Honshu 101, 1 J 4
Hooge (de Huuge) 14, B/C 2
Hoogeveen 80, F 2
Hoogezand-Sappemeer 80, F 1
Hoorn 80, E 2
Horenj 83, H 3
Horn 85, M 2
Horn (Kap) 74, B 1
Horneburg 15, D/E 4
Hörnem = Hörnum 14, B 2
Hörnem Diip = Hörnumtief 14, B 2
Hornisgrinde 35, D 7
Hörnum (Hörnem) 14, B 2
Hörnumtief (Hörnem Diip) 14, B 2
Horslunde 15, H 2
Horst 15, E 4
Hotan 110, C 3
Hotan (Fluss) 110, C/D 3
Hotazel 134, D 5
Houston 154, E 3/4
Hoverlja 83, G/H 3
Howland-Inseln 243, T 5
Höxter 34, E 4
Hoyerswerda 34, K 4
Hrodna 83, G 2
Huaibai 111, G 3
Huaihua 111, F 4
Huainan 111, G 3
Huaiyin 111, G 3
Huallaga 162, B 3
Huambo 134, C 4
Huancayo 162, B 4
Huang He 100, 1 G 4
Huangshi 111, G 3/4
Huánuco 162, B 3
Huascarán 143, K/L 10
Hubli-Dharwar 110, C 5
Hudiksvall 74, E 4
Hudson 155, G 2
Hudsonbai 142, K 3/4
Hudsonstraße 142, L/M 3
Hue 114, C 2
Huelva 88, B 4
Huesca 88, C 3
Hughenden 138, D 3
Hulun Nur 111, G 2
Humber 76, D 3
Hümmling 34, C 3
Humphreys Peak 154, C 3
Húnabucht 74, B 1
Hungersteppe = Betpak-Dala 94, G/H 5
Hungnam 111, H 3
Hunsrück 35, B 6 – C 5
Hunte 34, D 2/3
Hurghada 133, G 2
Huronsee 142, K 5
Husby 15, E 2
Hüsem = Husum 14, C/D 3
Husum (Hüsem) 14, C/D 3
Hüttener Berge 15, E 3
Hvannadalshnúkur 74, C 1
Hvar 85, N 7
Hwange 134, D 4
Hyderabad (Indien) 110, C 5
Hyderabad (Pakistan) 110, B 4
Hyères 84, C 7
Hyesan 111, H 2

I

Ialomița 83, H 4
Iași 83, H 4
Ibadan 132, D 4
Ibagué 162, B 2
Ibarra 162, B 2
Ibbenbüren 34, C 3
Iberisches Randgebirge 88, C 3
Ibicuy 163, D 6
Ibiza 88, D 4
Ibri 119, 3 D 3
Ibu 114, E 3
Ica 162, B 4
Içá 162, C 3
İçel = Mersin 91, F 4
Ida 90, D 5
Idaho 144, 1 E 4
Idar-Oberstein 35, C 6
Idfu 133, G 2
Idhan Awbari 132, E 2
Idlib 91, G 5
Idria = Idrija 85, L 5
Idrija (Idria) 85, L 5
Idrijca 85, K 4
Idrosee 84, G 5
Ieper = Ypern 80, B 4
Iférouane 132, D 3
Iftesene 132, D 2
Iguaçu 143, N 12
Iguaçufälle 163, D 5
Iguatu 163, E/F 3
Ihlienworth 14, C 4
Ihna 34, K 2
Iisalmi 74, G 4
IJsselmeer 80, E 2
Île de France 80, A 5
Ilebo 134, D 3
Ilhéus 163, F 4
Ili 110, D 2
Iliamna 152, E 3
Ilısu-Stausee 91, H 4
Ill (Elsass) 84, D 2
Ill (Vorarlberg) 84, F 3
Illampu 162, C 4
Iller 35, F 8
Illimani 162, C 4
Illinois 144, 1 G/H 5
Ilmenau 34, F 5
Ilmensee 75, H 5
Iloilo 114, E 2
Ilorin 132, D 4
Imandrasee 74, H/J 3
Imatra 74, H 4
Imbros = İmros 90, D 3
Imola 85, H 6
Imperatriz 163, E 3
Imperia 84, E 7
Imphal 110, E 4
İmros (Imbros) 90, D 3
In Salah 132, D 2
Inagua-Inseln 155, G 4
Inari 74, G 2
Inarisee 74, G 2
Incheon 111, H 3
Indiana 144, 1 H 4
Indianapolis 155, F 3
Indien 136, F/G 3
Indien (Staat) 102, 1 E/F 3
Indigirka 95, P 3
Indischer Ozean 136, E 5 – G 5
Indonesien 102, 1 G/H 5
Indore 110, C 4
Indus 100, 1 E 4
İnegöl 90, E 3
Ingelheim 201, 3 B/C 2
Ingolstadt 35, G 7
Inhul 83, K 4
Inírida 162, C 2
Inn 85, H 3
Innere Hebriden 76, B 2
Innerer Taurus 91, G/H 4
Innisfail 138, D 2
Innsbruck 85, H 3
Innviertel 85, K 2
Inongo 134, C 3
Insel Marajó 163, D/E 3
Inseln über dem Winde 155, H/J 5
Inseln unter dem Winde 155, H 5
Interlaken 84, D 4
Inukjuak 153, M 4
Inuvik 152, G 3
Invercargill 139, F 5
Inverness 76, B 2
Inyangani 135, E 4
Ioannina 90, C 4
Ionische Inseln 90, B/C 4
Ionisches Meer 90, B 4
Iowa 144, 1 G 4
Ipatinga 163, E 4
Ipoh 114, C 3
Ipswich 76, D 3
Iqaluit (Frobisher Bay) 153, N/O 3
Iquique 163, B 5
Iquitos 162, B 3
Irak 102, 1 D 3
Iraklion = Heraklion 90, D 5
Iran 102, 1 D 3
Irawadi 100, 1 F 4
Irbil 91, H/J 4
Irian Jaya = Papua 115, F/G 4
Iringa 135, E 3
Iriri 163, D 3
Irische See 76, B 3
Irkutsk 95, L 4
Irland 58, 1 E 3
Iron Knob 138, C 4
Iron Range 138, D 2
Irtysch 100, 1 E 3
Iruña = Pamplona 88, C 3
Isafjord 74, B 1
Ísafjörður 74, B 1
Isar 35, G 8
Isarco = Eisack 85, H 4
Ischgl 84, G 3
Ischia 89, G 3
Ischim 94, G 4
Ischim (Fluss) 94, G 4
Iseo 84, G 5
Iseosee 84, G 5
Isère 84, C 5
Iserlohn 34, C 4
Isfahan 119, 3 D 2
Isfjord 166, 1 J 1
Ishewsk 94, F 4
Isiro 134, D 2
Iskâr 90, C 3
İskenderun 91, G 4
Islamabad 102, 1 E 3
Island 58, 1 C/D 2
Ismailia 133, G 1
Ismaning 35, G 7
Isonzo (Soča) 85, K 4/5
İsparta 90, E 4
Israel 102, 1 C 3
Issyk-Kul 94, H 5
İstanbul 90, E 3
Isthmus von Kra 100, 1 F 5
Isthmus von Panamá 155, G 5/6
Isthmus von Tehuantepec 154, E 5
Istrien 85, K/L 5
Itaipú-Stausee 163, D 5
Italien 58, 1 G 4
Itambé 163, E 4
Ith 34, E 3
Itschinskaja Sopka 95, Q 4
Ittoqqortoormiit (Scoresbysund) 153, S 2
Itumbiara 163, D/E 4
Iturup = Etorofu 95, P 5
Itzehoe 15, E 4
Iuvavum (hist. Salzburg) 199, 3 E 5
Ivanhoe 138, D 4
Ivanščica 85, N 4
Ivois 201, 3 B 2
Ivrea 84, D 5
Iwano-Frankiwsk 83, G/H 3
Iwanowo 83, L/M 1
Iwdel 94, G 3
Ixelles (Elsene) 80, D 4
İzmir 90, D 4
İzmit 90, E 3

J

Jabal Abu Rujmayn 91, G 5
Jabal al-Uwaynat 123, 3 H 4
Jabal Marra 123, 3 H 5
Jabal Nafusah 132, E 1
Jabal Ngaja 133, F 4
Jabalpur 110, C/D 4
Jablonezkyj-Pass 83, G 3
Jablonowyjgebirge 100, 1 G 3
Jackson 155, E 3
Jacksonville 155, F 3
Jade 14, B 5
Jade (Fluss) 14, B 5
Jadebusen 14, B 5
Jadotville = Likasi 134, D 4
Jaén 88, B/C 4
Jaffna 110, C/D 6
Jagst 35, E 6
Jahrom 119, 3 D 3
Jaipur 110, C 4
Jakarta 102, 1 G 5
Jakutien 95, M 3 – Q 3
Jakutsk 95, N 3
Jalu 111, H 2
Jalün = Joldelund 14, D 2
Jamaika (Insel) 143, L 8
Jamaika (Staat) 144, 1 H/J 7
Jamantau 94, F 4
Jambi 114, C 4
Jamesbai 153, M 4
Jammu 110, C 3
Jammu und Kaschmir (Landschaft) 110, C 3
Jamnagar 110, B 4
Jamshedpur 110, D 4
Jamsk 95, Q 4
Jämtland 74, D 4 – J 4
Jan Mayen 142, S/T 2
Jana 95, O 3
Jangtsekiang 100, 1 G 4
Japan 102, 1 H 3
Japanisches Meer (Ostmeer) 101, 1 H 3/4
Japsand (Japsöön) 14, B 2
Japsöön = Japsand 14, B 2
Japurá 143, M 10
Jari 163, D 3
Jaroslawl 94, D 4
Jarvis-Insel 242, A 5
Jaunde 124, 1 E 5
Java 136, H 5
Javasee 114, C 4
Jawhar 133, H 4
Jayapura 115, F/G 4
Jebel Oda 133, G 2
Jefferson City 155, E 3
Jegorlyk 91, H 2
Jeja 91, G 2
Jekaterinburg 94, F/G 4
Jelgava 75, F 5
Jemen 102, 1 D 4
Jena 34, G 5
Jenissej 100, 1 F 2
Jenissejberge 94, K 3/4
Jenissejsk 94, J/K 4
Jeonju 111, H 3
Jequié 163, E/F 4
Jerbogatschon 95, L 3
Jerewan 102, 1 D 3
Jersey 77, C 4
Jerusalem 102, 1 C 3
Jesenice 85, K/L 4
Jesi 85, K 7
Jesteburg 15, E 5
Jevenstedt 15, E 3
Jever 14, A 4
Jeverland 14, A/B 4
Jiagedagi 111, H 1/2
Jiamusi 111, H/J 2
Jiaozuo 111, G 3
Jiaxing 111, H 3
Jiayuguan 110, E 3
Jiddah 119, 3 B 3
Jilin 111, H 2
Jimeta 132, E 4
Jimma 133, G 4
Jinan 111, G 3
Jingdezhen 111, G 4
Jining (Innere Mongolei) 111, G 2
Jinja 135, E 2
Jinzhou 111, G/H 2
Ji-Paraná 162, C 4
Jiu 83, G 4
Jizan 119, 3 C 4
João Pessoa 163, F 3
Jodhpur 110, C 4
Joensuu 74, H 4
Johannesburg 134/135, D/E 5
Johnston-Insel 243, T 5
Johor Bahru 114, C 3
Joinville 163, E 5
Jökulsá á Fjöllum 74, C 1
Joldelund (Jalün) 14, D 2
Jolo 114, E 3
Jomsburg (historischer Ort) 201, 3 D 1
Jönköping 75, D 5
Jordanien 102, 1 C/D 3
Jork 15, E 4
Jos 132, D 3/4
Jostedalsbre 74, B 4
Jotunheimen 74, B 4 – C 4
Juan-Fernández-Inseln 143, K/L 13
Juazeiro 163, E 3
Juba 133, G 4
Jubba 133, H 4
Jübek 15, D 2
Júcar 88, C 4
Jufrah-Oasen 132, E 2
Juist 34, B 2
Juiz de Fora 163, E 5
Juliaca 162, B 4
Julianehåb = Qatortoq 153, Q 3
Jülich 34, B 5
Julierpass 84, F 4
Julische Alpen 85, K 4
Juneau 152, G 4
Jungfrau 84, D 4
Jura 77, E 5
Juruá 162, B 3
Juruena 162, D 4
Juruá 143, M 10
Juschkosero 74, H/J 3
Jushno-Sachalinsk 111, J/K 2
Jutaí 162, C 3
Jüterbog 201, 3 D 1
Jütland 75, C 5
Jyväskylä 74, G 4

K

K2 = Godwin Austen 110, C 3
Kaamp = Kampen 14, B 2
Kabalo 134, D 3
Kabinda 134, D 3
Kabul 102, 1 E 3
Kabwe 134, D 4
Kaçkar 91, H 3
Kaduna 132, D 3
Kaduqli 133, F 3
Kaédi 132, B 3
Kafue 134, D 4
Kagera 135, E 3
Kagoshima 111, J 3
Kahler Asten 34, D 4
Kahramanmaraş 91, F/G 4
Kaifeng 111, G 3
Kailas 110, D 3
Kaimana 115, F 4
Kainach 85, M 4
Kainji-Stausee 132, D 3/4
Kainuunselkä 74, G 3 – H 3
Kairo (Al-Qahira) 124, 1 F 2 – G 3
Kairouan 89, F 5
Kaiserslautern 35, C 6
Kaiserstuhl 35, C 7
Kaiserswerth 201, 3 B 2
Kaiyuan 110, F 4
Kajaani 74, G 3
Kalabrien 89, H 4
Kalahari 134, D 5
Kalaharibecken 123, 3 H 8/9
Kalakan 95, M 4
Kalamata 90, C 4
Kalansho-Serir 133, F 2
Kalaus 91, H 2
Kalgoorlie 138, B 4
Kalifornien (California) 144, 1 D/E 5
Kaliningrad = Königsberg 83, F/G 2
Kalisch (Kalisz) 82, F 3
Kalisz = Kalisch 82, F 3
Kalkberg 15, F 4
Kalkutta (Kolkata) 110, D 4
Kallasee 74, G/H 4
Kalmar 75, D/E 5
Kalmit 35, C/D 6
Kaltenkirchen 15, E 4
Kaluga 83, L 2
Kama 94, F 4
Kamastausee 94, F 4
Kambodscha 102, 1 G 4
Kamensk-Uralski 94, G 4
Kamenz 34, J/K 4
Kamerun 124, 1 E 5
Kamerunberg 123, 3 F/G 6
Kamina 134, D 3
Kamp 85, M 2
Kampala 124, 1 G 5
Kampen (Kaamp, Sylt) 14, B 2
Kampen (Niederlande) 80, E 2
Kamtschatka 101, 1 J/K 3
Kanada 144, 1 G/H 3
Kanadischer Archipel 152, H 2 – M 2
Kanadischer Schild 142, H 3 – M 4
Kanal von Burgund 84, A 3
Kanalinseln 77, C 4
Kananga 134, D 3
Kanarische Inseln 123, 3 D 4
Kanazawa 111, J 3
Kandahar 119, 3 E 2
Kandalakscha 74, H/J 3
Kandalakschabucht 74, J 3
Kandavu 139, G 2
Kandi 132, D 3
Kangean-Inseln 114, D 4
Känguru-Insel 138, C 4
Kanin-Halbinsel 94, E 3
Kankan 132, C 4
Kano 132, D 3
Kanpur 110, C/D 4
Kansas 144, 1 F/G 5
Kansas City 155, E 3
Kantabrisches Gebirge 88, B/C 3
Kanton (Guangzhou) 111, G 4
Kaohsiung 111, G 4
Kaolack 132, B 3
Kap Adare 167, 2 J 2
Kap Agulhas (Nadelkap) 123, 3 G/H 10
Kap Akritas 90, C 4
Kap Alewin 95, Q 4
Kap Anamur 91, F 4/5
Kap Andreas 91, F 5
Kap Ann 167, 2 C 2

Kap Arid 138, B 4
Kap Arkona 34, J 1
Kap Baba 90, D 4
Kap Barrow 142, C 2
Kap Bathurst 152, G 2
Kap Blanc (Mauretanien) 132, B 2
Kap Blanc (Tunesien) 132, D 1
Kap Bon 132, E 1
Kap Branco 143, P 10
Kap Breton 153, P 5
Kap Breton-Insel 153, O/P 5
Kap Byron 138, E 3
Kap Ca Mau 101, 1 G 5
Kap Canaveral 142, K/L 7
Kap Catoche 155, F 4
Kap Chidley 153, O 3
Kap Cod 142, M 5
Kap Comorin 100, 1 E 5
Kap Corrientes 154, D 4
Kap Corse 89, F 3
Kap Curz 155, G 5
Kap d'Ambre = Tanjona Bobaomby 135, F 4
Kap Dart 167, 2 M 2
Kap der Guten Hoffnung 123, 3 G 10
Kap Deschnew 95, T 3
Kap Dungeness 163, C 8
Kap Farewell 139, G 5
Kap Farvel 142, O 4
Kap Finisterre 88, A 3
Kap Flattery 154, B 2
Kap Gallinas 143, L 8
Kap Gelidonya 90, E 4
Kap Gracias a Dios 155, F 5
Kap Guardafui 123, 3 L 5
Kap Hatteras 155, G 3
Kap Hoorn 143, M 15
Kap Howe 138, D/E 4
Kap Jushnyj 95, Q 4
Kap Kamenjak 85, K 6
Kap Komorin 110, C 6
Kap Lopatka 101, 1 J/K 3
Kap Lopez 134, B 3
Kap Malea 90, C 4
Kap Maria van Diemen 139, G 4
Kap Mendocino 142, F 5
Kap Morris Jesup 142, K – O 1
Kap Negrais 110, E 5
Kap Norvegia 167, 2 R/S 2
Kap Oljutorskij 95, S 4
Kap Orange 163, D 2
Kap Palmas 132, C 4
Kap Pariñas 143, K 10
Kap Passero 89, G 4
Kap Prince of Wales 142, B 3
Kap Race 142, N/O 5
Kap Sable (Kanada) 153, O 5
Kap Sable (USA) 155, F 4
Kap Sainte Marie = Tanjona Vohimena 135, F 5
Kap San Antonio 155, F 4
Kap San Diego 163, C 8
Kap San Lucas 154, C/D 4
Kap São Vicente 88, A 4
Kap Shelanija (Eiskap) 94, G 2
Kap Spencer 138, C 4
Kap Tenaro 90, C 4
Kap Teulada 89, E/F 4
Kap Tres Puntas 163, C 7
Kap Tscheljuskin 100, 1 G/H 2
Kap Vals 115, F 4
Kap Verde 122, 3 D 5
Kap Verde (Staat) 124, 1 A 4
Kap York 136, J/K 5
Kapela 85, L 5 – M 6
Kapfenberg 85, M 3
Kapıdağı 90, D 3
Kapland 123, 3 G/H 10
Kappel 15, H 2
Kappeln 15, E 2
Kapstadt (Cape Town) 134, C 6
Kapuas 114, D 3
Kapuas Hulu-Gebirge 114, D 3
Kapuvár 85, O 3
Kapverdische Inseln 122, 3 C 5
Kap-York-Halbinsel 138, D 2
Kara 132, D 4
Kara-Bogas-Gol 119, 3 D 1
Karabük 91, F 3
Karaca 91, G 4
Karachi 110, B 4
Karaganda = Qaraghandy 94, H 5
Karaginski-Insel 95, R 4
Karakayastausee 91, G 4
Karakorum (Gebirge) 100, 1 E 4
Karakorum (Ruinenstätte) 110, F 2
Karakorumpass 110, C 3
Karakum 119, 3 D 1 – E 2
Karakumkanal 119, 3 E 2
Karaman 91, F 4
Karamay 110, D 2
Karasberge 134, C 5
Karasee 100, 1 E 2
Karasjok 74, G 2
Karastraße 94, F 2
Karatau 94, G/H 5
Karatepe 91, F 4
Karatschajewsk 91, H 3
Karawanken 85, K/L 4
Karelien 74, H 4 – J 3
Karibasee 134, D 4
Karibisches Meer 143, L/M 8
Karima 133, G 3
Karisimbi 135, D 3
Karleby = Kokkola 74, F 4
Karl-Marx-Stadt (hist. Chemnitz) 220, 3
Karlobag 85, L 6
Karlovac (Karlstadt) 85, M 5
Karlovy Vary = Karlsbad 35, H 5
Karlsbad (Karlovy Vary) 35, H 5
Karlskrona 75, D 5
Karlsruhe 35, D 6
Karlstad 75, D 5
Karlstadt = Karlovac 85, M 5
Karnische Alpen 85, J/K 4
Karolinen 136, K 4
Karpaten 57, 2 F/G 3
Karpathos 90, D 5
Kars 91, H 3
Karst 85, K 5
Kartaly 94, G 4
Karthago 89, F 4
Karwendel 85, H 3
Kasachische Schwelle 100, 1 E 3
Kasachstan 102, 1 D/E 2
Kasai (Fluss) 123, 3 G 7
Kasai (Landschaft) 134, D 3
Kasan 94, E 4
Kasbek 91, J 3
Kashghar = Kashi 110, C 3
Kashi (Kashghar) 110, C 3
Kaskadenkette 154, B 2
Kaskinen (Kaskö) 74, F 4
Kaskö = Kaskinen 74, F 4
Kasongo 134, D 3
Kaspijsk 91, J 3
Kaspische Senke 100, 1 D 3
Kaspisches Meer 100, 1 D 3/4
Kassala 133, G 3
Kassel 34, E 4
Kastilisches Scheidegebirge 88, B/C 3
Katalonien 88, D 3
Katanga 134, D 3
Katar 102, 1 D 3
Katerini 90, C 3
Katherine 138, C 2
Kathmandu 102, 1 F 3
Katowice = Kattowitz 83, F 3
Katsina 132, D 3
Kattarasenke 133, F 2
Kattegat 75, C 5
Kattowitz (Katowice) 83, F 3
Katwijk 80, D 2
Katzenbuckel 35, E 6
Kaufbeuren 35, F 8
Kaukasus 100, 1 D 3
Kaunas 75, G 6
Kaura Namoda 132, D 3
Kavieng 115, H 4
Kawasaki 111, J/K 3
Kayes 132, B 3
Kayseri 91, F 4
Kaz dağı 90, D 4
Keban-Stausee 91, G 4
Kebnekajse 74, E 3
Kecskemét 83, F 4
Keele Peak 152, G 3
Keetmanshoop 134, C 5
Kefallinia 90, C 4
Keflavik 74, B 2
Keg River 152, J 4
Kegnæs 15, E 2
Kehdingen 15, D 4
Kehl 35, C 7
Keilberg (Klínovec) 35, H 5
Keitelesee 74, G 4
Kelheim 35, G 7
Kelkit 91, G 3
Kellenhusen 15, H 3
Kellersee 15, G 3
Kellinghusen 15, E 4
Kelowna 152, J 5
Kem 74, J 3
Kemerowo 94, J 4
Kemi 74, G 3
Kemijärvi 74, G 3
Kemijoki 74, G 3
Kempen (Landschaft) 80, D 3
Kempten 35, F 8
Kendari 114, E 4
Kenia 124, 1 G/H 5
Kenitra (El Qenitra) 88, B 5
Kennriff 139, E 3
Kenora 153, L 5
Kentucky 144, 1 H 5
Kerbala 119, 3 C 2
Kerguelen 136, F 7
Kerinci 100, 1 G 6
Kerkenna-Inseln 89, F 5
Kerkira = Korfu (Insel) 90, B 4
Kerkrade 80, F 4
Kerkyra = Korfu 90, B 4
Kerman 119, 3 D 2
Kermanshah (Bakhtaran) 119, 3 C 2
Kerulen 111, G 2
Keshma 95, L 4
Kestenga 74, H/J 3
Keszthely 85, O 4
Ket 94, J 4
Ketapang 114, D 4
Key West 155, F 4
Khabur 91, H 5
Khaiber-Pass 100, 1 E 4
Khamis Mushayt 119, 3 C 4
Khanaqin 91, J 5
Kharagpur 110, D 4
Khartum 124, 1 G 4
Khasigebirge 110, E 4
Khon Kaen 114, C 2
Khowst 119, 3 E 2
Khulna 110, D 4
Khvoy 91, J 4
Kidal 132, D 3
Kiel 15, F 3
Kielce 83, G 3
Kieler Bucht 15, F/G 3
Kielkanal (Nord-Ostsee-Kanal) 15, D/E 3
Kiew 58, 1 J 3
Kigali 124, 1 G 6
Kigoma 135, D 3
Kikwit 134, C 3
Kilimandscharo 123, 3 J 7
Kilinç Tepesi 91, G 3
Killarney 76, A 3
Kimbe 115, G/H 4
Kimberley 134, D 5
Kimberley-Plateau 138, B 2
Kimchaek 111, H 2
Kinabalu 114, D 3
Kindu 134, D 3
Kineschma 83, M 1
King-Insel 138, D 4
Kingston (Jamaika) 144, 1 J 7
Kingston (Kanada) 153, N 5
Kingston upon Hull 76, C 3
Kingstown 155, H 5
Kinshasa 124, 1 E 6
Kinyeti (Agorro) 133, G 4
Kinzig 35, D 7
Kirensk 95, L 4
Kirgisistan 102, 1 E 2
Kiribati 243, T 6
Kırıkkale 91, F 4
Kiritimati 137, N 4
Kirkenes 74, H 2
Kirkuk 91, J 5
Kirow 94, E 4
Kirow-Inseln 95, K 2
Kirowohrad 83, J/K 3
Kirowsk 74, J 3
Kirtharkette 110, B 4
Kiruna 74, E/F 3
Kisalföld 85, N/O 3
Kisangani 134, D 2
Kisdorfer Wohld 15, F 4
Kisiljurt 91, J 3
Kislowodsk 91, H 3
Kismaayo 133, H 5
Kisumu 135, E 3
Kitakyushu 111, H/J 3
Kitimat 152, H 4
Kition (hist. Larnaka) 197, 2 F 3
Kitwe 134, D 4
Kitzbüheler Alpen 85, J 3
Kivisee 74, G 4
Kivu 134, D 3
Kivusee 134, D 3
Kiyamaki 91, J 4
Kızılırmak 91, G 4
Kızıltepe 91, G/H 4
Kjachta 95, L 4
Kladno 35, K 5
Kladrau (Kloster) 201, 3 D 2
Klagenfurt 85, L 4
Klaipeda = Memel 75, F 6
Klangsbel = Klanxbüll 14, C 2
Klanxbüll (Klangsbel) 14, C 2
Klarälv 74, D 4
Klatovy = Klattau 35, J 6
Klattau (Klatovy) 35, J 6
Klausdorf 15, F 3
Klausenburg (Cluj-Napoca) 83, G 4
Kleinasien 57, 2 G
Kleine Antillen 143, M 8
Kleine Karpaten 85, O 2
Kleine Sunda-Inseln 101, 1 G/H 6
Kleine Syrte 123, 3 G 3
Kleiner Aralsee 94, F 5
Kleiner Belt 15, F 1/2
Kleiner Chingan 111, H 2
Kleiner Sankt Bernhard 84, C 5
Kleiner Zab 91, J 5
Kleve 34, A 4
Klingberg 15, F 4
Klingenthal 35, H 5
Klínovec = Keilberg 35, H 5
Kljutschew 101, 1 K 3
Kljutschewskaja Sopka 95, Q/R 4
Klondike 152, F/G 3
Klosterneuburg 85, M/N 2
Klütz 15, H 4
Klützer Winkel 15, H 4
Kneese 15, G 4
Knittelfeld 85, L 3
Knokke-Heist 80, C 3
Knossos 90, D 5
Knoxküste 167, 2 F 2
Knüll 34, E 5
Kobe 111, J 3
København = Kopenhagen 75, C/D 6
Koblenz 35, C 5
Kocher 35, E 7
Kochi 111, J 3
Kodiak 152, E 4
Kodiak (Insel) 152, E 4
Köflach 85, L/M 3
Kokand 119, 3 E 1
Kokemäenjoki 74, F 4
Kokenau 115, F 4
Kokkola (Karleby) 74, F 4
Kokopo 115, H 4
Kokos-Insel (Costa Rica) 143, K 9
Kokos-Inseln (Australien) 136, G 5
Kökschetau 94, G 4
Kolbeinsey 74, C 1
Kolberg (Kołobrzeg) 82, E 2
Kolding 75, C 6
Kolgujew 94, E 3
Kolhapur 110, C 5
Koli 74, H 4
Kolin (Kolín) 35, L 6
Kolín = Kolin 35, L 6
Kolkata = Kalkutta 110, D 4
Köln 34, B 5
Kołobrzeg = Kolberg 82, E 2
Kolomna 83, L 2
Kolpaschewo 94, J 4
Kolpino 75, H 5
Kolumbien 145, 1 J 8
Kolwezi 134, D 4
Kolyma 95, Q 3
Kolymagebirge 101, 1 J/K 2
Komadugu 132, E 3
Komárno 85, O 3
Komárom 85, O 3
Komoren (Inseln) 123, 3 K 8
Komoren (Staat) 124, 1 H 7
Komotini 90, D 3
Kompassberg 134, D 6
Komsomolsk 95, O 4
Komsomolzen-Insel 95, J/L 1
Kongo (Fluss) 123, 3 H 6
Kongo (Staat) 124, 1 E 5
Kongobecken 123, 3 G 6/H 7
Kongur Shan 110, C 3
Königin-Charlotte-Inseln 152, G 4
Königin-Elisabeth-Inseln 152, H 2 – L 1
Königin-Mary-Küste 167, 2 E 2
Königin-Maud-Land 167, 2 S – B 2
Königs Wusterhausen 34, J 3
Königsberg (Kaliningrad) 83, F/G 2
Königsbrunn 35, F 7
Königslutter 201, 3 C 1
Königstein 134, C 5
Konstantinopel (hist. İstanbul) 203, 3
Konstanz 35, D 8
Konstanza (Constanța) 83, J 4
Kontagora 132, D 3
Konya 91, F 4
Kopenhagen (København) 75, C/D 6
Koper 85, K 5
Kopetdag 119, 3 D 2
Korallensee 138, D/E 2
Koralpe 85, L 4
Korana 85, M 5
Korba 110, D 4
Korbach 34, D 4
Korçë 90, C 3
Kordillere von Mérida 162, B/C 2
Kordofan 123, 3 H/J 5
Korea 101, 1 H 4
Koreastraße 111, H/J 3
Korfu (Insel) (Kerkira) 90, B 4
Korfu (Kerkyra) 90, B 4
Korinth (Korinthos) 90, C 4
Korinthos = Korinth 90, C 4
Korjakengebirge 95, R/S 3
Korjakskaja Sopka 95, Q 4
Korla 110, D 2
Körmend 85, N 4
Korneuburg 85, N 2
Kornwestheim 35, E 7
Köroğlu Tepesi 91, E 3
Köroğlugebirge 91, E/F 3
Koromandelküste 110, C/D 5
Korsakow 95, P 5
Korsika 89, E/F 3
Kortrijk 80, C 4
Kos 90, D 4
Košice 83, G 3
Köslin (Koszalin) 82, F 2
Kosovo 58, 1 H 4
Kössdağı 91, G 3/4
Kostanai 94, G 4
Kosti 133, G 3
Kostroma 94, E 4
Kostrzyn = Küstrin 34, K 3
Koszalin = Köslin 82, F 2
Kota 110, C 4
Kota Bahru 114, C 3
Kota Kinabalu 114, D 3
Kotelnjyj-Insel 95, O 2
Kotka 74, G 4
Kotlas 94, E 3
Kotte 110, C/D 6
Kotto 133, F 4
Kotui 95, L 3
Koudougou 132, C 3
Kourou 163, D 2
Koutiala 132, C 3
Kowdor 74, H 3
Kowel 83, H 3
Kozhikode = Calicut 110, C 5
Kpalimé 132, D 4
Kragujevac 90, B/C 2
Kraichgau 35, D/E 6
Krainburg = Kranj 85, L 4
Krakau (Kraków) 83, F 3
Kraków = Krakau 83, F 3
Kramnitse 15, H 2
Kranj (Krainburg) 85, L 4
Krapina 85, M 4
Krasnodar 91, G 2
Krasnodarer Stausee 91, G 2
Krasnojarsk 94, K 4
Krautsand 15, D 4
Krefeld 34, B 4
Krementschuker Stausee 83, K 3
Krempe 15, D 4
Kremper Marsch 15, E 4
Krems 85, M 2
Kremsmünster (Kloster) 201, 3 D 2
Kreta 90, D 5
Kreuzjoch 85, H 3
Kreuztal 34, C/D 5
Krim 94, D 5
Krishna 110, C 5
Kristiansand 75, B 5
Kristiansund 74, B 4
Krk 85, L 5
Kroatien 58, 1 G 4
Kronach 35, G 5
Kronshagen 15, E/F 3
Kronstadt (Brașov) 83, H 4
Kropp 15, D/E 3
Kroton (hist. Crotone) 197, 2 D 3
Kröv 35, B/C 5
Krševa 90, B 3
Krugersdorp 134, D 5
Krummesse 15, F/G 4
Krywyj Rih 94, D 5
Kuala Lumpur 102, 1 G 4
Kuala Terengganu 114, C 3
Kuango 123, 3 G 7
Kuantan 114, C 3
Kuba 142, K/L 7
Kuban 91, G 3
Kuching 114, C/D 3
Kufra-Oasen 133, F 2
Kufstein 85, J 3
Kuh-i Sahand 91, J 4
Kuibyschew 94, H 4
Kuibyschewer Stausee 94, E 4
Kuito 134, C 4
Kujtoseen 74, H 3
Kuljab 119, 3 E 2
Kulmbach 35, G 5
Kulu 90, D 3
Kulunda 94, H 4
Kuma 91, J 2
Kumamoto 111, J 3
Kumanovo 90, C 3
Kumasi 132, C 4
Kummerower See 34, H 2
Kunaschir = Kunashiri 95, P 5
Kunashiri (Kunaschir) 95, P 5
Kunduz 119, 3 E 2
Kunene 134, C 4
Kunlun Shan 100, 1 F 4
Kunming 110, F 4
Künzelsau 35, E 6
Kuopio 74, G 4
Kupa 85, M 5
Kupang 114, E 5
Kura 91, H 3
Kurdistan 91, H/J 4
Kurejka 94, K 3
Kurgan 94, G 4
Kuria-Muria-Inseln 119, 3 D 4
Kurilen 101, 1 J 3
Kurland 75, F 5 – G 5
Kurnool 110, C 5
Kuruktag 110, D 2
Kuschka 119, 3 E 2
Kushiro 111, K 2
Kuskokwimberge 152, E 3
Küstengebirge 142, F 4
Küstenkanal 34, C/D 2
Küstenkette 142, F 5 – G 6
Küstrin (Kostrzyn) 34, K 3
Kütahya 90, E 4
Kutaisi 91, H 3
Kuujjuaq (Fort Chimo) 153, O 4
Kuwait 102, 1 D 3
Kuytun 110, D 2
Kvarner 85, L 5/6
Kwekwe 135, E 4
Kyffhäuser 34, F/G 4
Kykladen 90, D 4
Kyogasee 135, E 2
Kyoto 111, J 3
Kyrene (historischer Ort) 197, 2 E 3
Kyritz 34, H 3
Kysyl 94, K 4
Kysylkum 119, 3 E 1
Kysylorda 94, G 5
Kythira 90, C 4
Kyushu 101, 1 H 4

L

La Banda 163, C 5
La Ceiba 155, F 5
La Chaux-de-Fonds 84, C 3
La Coruña (A Coruña) 88, A 3
La Cumbre-Pass 163, B/C 6
La Grande Rivière 153, N 4
La Línea 88, B 4
La Louvière 80, D 4
La Mancha 88, C 4
La Palma 132, B 2
La Paz (Bolivien) 162, C 4
La Paz (Mexiko) 154, C/D 4
La Pérouse-Straße 95, P 5
La Plata 163, D 6
La Rioja 163, C 5
La Rochelle 77, C 5
La Ronge 152, K 4
La Serena 163, B 5
La Spezia 84, F 6
La Tène 197, 2 C 2
Labasa 139, G 2
Labin 85, K 5
Laboe 15, F 3
Labrador 142, L/M 4
Labradorsee 142, N/O 4
Lac de Vouglans 84, B 4
Lac du Bourget 84, B 5
Lachlan 138, D 4
Lacq 77, C 6
Ladogasee 74, H/J 4
Lae 115, G 4
Lafia 132, D 4
Lagan 75, D 5
Lågen 74, C 4
Lägerdorf 15, E 4
Laghouat 132, D 1
Lago Maggiore 84, E 4
Lagos (Nigeria) 132, D 4
Lagos (Portugal) 88, A 4
Lahad Datu 114, D 3
Lahnstein 35, C 5
Lahore 110, C 3
Lahr 35, C 7
Lahti 74, G 4
Laibach (hist. Ljubljana) 201, 3 D 3
Läitj Möör = Nordstrandischmoor 14, C 2
Lake of the Woods 153, L 5
Lakkadiven 100, 1 E 5
Laksefjord 74, G 2
Lakshadweep 243, N 5
Lambaréné 134, B/C 3
Lambertgletscher 167, 2 D 2
Lamia 90, C 4
Lampang 114, B 2
Lamstedt 14, C/D 4
Landau 35, D 6
Landeck 90, C 3
Landet 15, G 2
Land's End 77, B 4
Landsberg (Gorzów Wielkopolski) 82, E 2
Landshut 35, H 7
Lang Son 114, C 1
Langanes 74, D 1
Langeland 15, G 1/2
Langelandsbelt 15, G/H 2
Langen 14, C 4
Langenhagen 34, E 3
Langenhorn (e Hoorne) 14, C 2
Langeoog 34, C 2
Langres 84, B 3
Languedoc 77, D 6
Lanín 143, L/M 13
Lanker See 15, F 3
Lansing 155, F 2
Lanzarote 132, B 2
Lanzhou 110, F 3
Lao Cai 114, C 1

Laon 80, C 5
Laos 102, 1 G 3
Lapominka 74, L 3
Lappeenranta 74, G 4
Lappland 57, 2 F/G 1
Laptewsee 100, 1 G/H 2
Laptewstraße 95, P 2
Larache = El Araich 88, B 5
Larisa = Larissa 90, C 4
Larissa (Larisa) 90, C 4
Larnaca 91, F 5
Larne 76, B 3
Las Palmas 132, B 2
Las Vegas 154, C 3
Lashio 110, E 4
Lassahn 15, G 4
Latakia (Al Laziqiya) 91, F 5
Latina 89, G 3
Lau- oder östliche Gruppe 139, H 2
Lauchhammer 34, J 4
Lauenburg 15, G 5
Lauenburg (Landschaft) 15, G 4
Launceston 138, D 5
Lausanne 84, C 4
Lausche 34, K 5
Lautaret 84, C 5
Lautoka 139, G 2
Laval 77, C 4/5
Lavant 85, L 3/4
Le Cateau 80, C 4
Le Cornate 84, G 7
Le Creusot 77, D/E 5
Le Havre 77, C/D 4
Le Mans 77, D 4/5
Lebus (Lubusz) 201, 3 D 1
Lecce 89, H 3
Lecco 84, F 5
Lech 35, F 8
Lechfeld 35, F 7
Lechtaler Alpen 84, G 3
Leck (Leek) 14, C 2
Lecker Au 14, D 2
Ledjanaja 95, R/S 3
Leeds 76, C 3
Leek = Leck 14, C 2
Leer 34, C 2
Leeuwarden 80, E 1
Lefkas 90, C 4
Lefkosia = Nikosia 91, F 5
Legaspi 114, E 2
Legnago 85, H 5
Leh 110, C 3
Lehrte 34, E/F 3
Leibnitz 85, M 4
Leicester 76, C 3
Leiden 80, D 2
Leie 80, C 4
Leigh Creek 138, C 3/4
Leine 34, E 3/4
Leinefelde-Worbis 34, F 4
Leipzig 34, H 4
Leipziger Tieflandsbucht 30, 1 E 3
Leitha 85, N 3
Leithagebirge 85, N 3
Lek 80, D 3
Lelystad 80, E 2
Lemberg (Berg) 35, D 7
Lemberg (L'viv) 83, G/H 3
Lena 100, 1 H 2
Lenadelta 95, N/O 2
Lendery 74, H 4
Leningrad (hist. Sankt Petersburg) 216, 1
Leninskoje 95, O 5
Lens 80, B 4
Lensahn 15, G 3
Lensk 95, M 3
Lenti 85, N 4
Lentschiza (Łęczyca) 201, 3 E 1
Lenzen 201, 3 C 1
Leoben 85, M 3
León (Mexiko) 154, D 4
León (Nicaragua) 155, F 5
León (Spanien) 88, B 3
Leonding 85, K 2
Leonora 138, B 3
Leopold II.-See = Mai Ndombe-See 134, C 3
Leptis Magna (historischer Ort) 197, 2 D 3
Lérida (Llerida) 88, D 3
Lerwick 76, C 1
Les Baux 84, A 7
Lesbos 90, D 4
Les-Deux-Alpes 84, C 6
Lesnoi 74, J 3
Lesosibirsk 94, J/K 4
Lesotho 124, 1 F/G 8
Leticia 162, B/C 3
Letnij Nawolok 74, K 3
Lettland 58, 1 H 3
Leuna 34, H 4
Leuser 114, B 3
Leuven = Löwen 80, D 4
Leverkusen 34, B 4
Leyte 114, E 2
Lhasa 110, E 4
L'Hospitalet de Llobregat 88, D 3
Liangpran 114, D 3
Lianyungang 111, G 3
Libanon (Gebirge) 91, F/G 5
Libanon (Staat) 102, 1 C 3
Libenge 134, C 2
Liberia 124, 1 B/C 5
Libreville 124, 1 E 5
Libyen 124, 1 E 3
Libysche Wüste 123, 3 H 4
Lichinga 135, E 4
Lichtenfels 35, F/G 5
Lido di Jesolo 85, J 5
Liechtenstein 58, 1 G 4
Liège = Lüttich 80, E 4
Lienz 85, J 4
Liepaja 75, F 5
Lier 80, D 3
Liévin 80, B 4
Liezen 85, L 3
Lifou 139, F 3
Ligurische Alpen 84, D 7 – E 6
Ligurischer Apennin 84, E 6 – F 6
Ligurisches Meer 89, E/F 3
Likasi (Jadotville) 134, D 4
Lille 80, C 4
Lillehammer 74, C 4
Lillers 80, B 4
Lilongwe 124, 1 G 7
Lilullaillaco 163, C 5
Lima 145, 1 J 10
Limassol 91, F 5
Limburg 35, D 5
Limburg (Landschaft) 80, E 4
Limerick 76, A 3
Limfjord 75, B/C 5
Limnos 90, D 4
Limoges 77, D 5
Limpopo 123, 3 H/J 9
Linares 88, C 4
Lincoln 154, E 2
Lindau 35, E 8
Lindesnes 75, B 5
Lindi 134, D 2
Line-Inseln 242, B 5/6
Linfen 111, G 3
Lingen 34, C 3
Lingga-Inseln 114, C 3/4
Linguère 132, B 3
Linhares 163, F 4
Linköping 75, D 5
Linyanti 134, D 4
Linz 85, L 2
Liparische Inseln (Äolische Inseln) 89, G 4
Lipezk 94, D 4
Lippe 34, D 4
Lippstadt 34, D 4
Lira 135, E 2
Lismore 138, E 3
Lissabon 58, 1 D/E 5
List 14, B 1
Litauen 58, 1 H 3
Little Rock 155, E 3
Liuzhou 111, F 4
Liverpool 76, C 3
Livingstone 134, D 4
Livland 75, G 5
Livorno 84, G 7
Lixos (historischer Ort) 197, 2 B 3
Ljachow-Inseln 95, P 2
Ljamza 74, K 3
Ljubljana 58, 1 G 4
Ljusdal 74, E 4
Ljusnan 74, D 4
Llano Estacado 154, D 3
Llanos 143, L/M 9
Llerida = Lérida 88, D 3
Llullaillaco 143, M 12
Lobito 134, C 4
Locarno 84, E 4
Lodi 84, F 5
Łódź 83, F 3
Lofoten 74, D 3 – D 2
Logroño 88, C 3
Løgumkloster 14, C 1
Loiblpass 85, L 4
Loire 77, E 5
Loja 162, B 3
Lokka 74, G 3
Lolland 15, H 2
Lomaberge 132, B 4
Lomami 134, D 3
Lombardei 84, E 5 – G 5
Lomblen 114, E 4
Lombok 114, D 4
Lomé 124, 1 D 5
Lomela 134, D 3
Lomme 80, B 4
Lommel 80, E 3
Lomont 84, C 3
Lompobatang 114, D 4
London 58, 1 E 3
Londonderry = Derry 76, B 3
Londrina 163, D 5
Long Xuyen 114, C 2/3
Longs Peak 154, D 2
Longuyon 80, E 5
Longwy 80, E 5
Lons-le-Saunier 84, B 4
Loolmalasin 135, E 3
Lop Nor 110, E 2
Lopatina 95, P 4
Lorca 88, C 4
Lord-Howe-Insel 139, E 4
Loreto 89, G 3
Lorient 77, C 5
Lörrach 35, C 8
Lorsch (Kloster) 201, 3 C 2
Los Angeles 154, B/C 3
Lošinj 85, L 6
Lot 77, D 5
Lothringen 77, E 4
Loubomo 134, C 3
Lough Corrib 76, A 3
Lough Neagh 76, B 3
Lough Ree 76, A 3
Louisiade-Archipel 115, H 5
Louisiana 144, 1 G 5
Louisville 155, F 3
Loulan 110, D 2
Lourdes 77, C 6
Lowat 83, J 1
Löwen (Leuven) 80, D 4
Loxstedt 14, C 5
Loyalty-Inseln 139, F 3
Lualaba 123, 3 H 7
Luanda 124, 1 E 6
Luang Prabang 114, C 1/2
Luangwa 135, E 4
Luanshya 134, D 4
Lubango 134, C 4
Lübbenau 34, J 4
Lübeck 15, G 4
Lübecker Bucht 15, G/H 3
Lublin 83, G 3
Lubuk Linggau 114, C 4
Lubumbashi (Elisabethville) 134, D 4
Lucca 84, G 7
Lucentum (hist. Alicante) 197, 2 B 3
Lüchow 34, G 3
Lucknow 110, D 4
Lüderitz 134, C 5
Lüdersdorf 15, G 4
Ludhiana 110, C 3
Ludvika 75, D 4
Ludwigsburg 35, E 7
Ludwigsfelde 34, J 3
Ludwigshafen 35, D 6
Ludwigslust 34, G 2
Ludwigslust (Landkreis) 27, 6
Luena 134, C 4
Lugano 84, E/F 4
Lugenda 135, E 4
Lugo 88, B 3
Lukenie 134, D 3
Lukuga 134, D 3
Luleå 74, F 3
Luleälv 74, F 3
Lulua 134, D 3
Lunda 134, C/D 3
Lundaschwelle 123, 3 G/H 8
Lunden 14, D 3
Lundtoft 15, D 2
Lune 14, C 5
Lüneburg 15, F 5
Lüneburg (Landkreis) 27, 6
Lüneburger Heide 30, 1 C/D 2
Lunestedt 14, C 5
Lunéville 84, C 2
Luoyang 111, G 3
Lure 84, B 6
Lurio 135, E 4
Lusaka 124, 1 F 7
Lut 119, 3 D 2
Lutherstadt Eisleben 34, G 4
Lutherstadt Wittenberg 34, H 4
Lütjenburg 15, G 3
Lüttich (Liège) 80, E 4
Lützow 15, H 4
Luvua 134, D 3
Luxemburg 58, 1 F 4
Luxor 133, G 2
Luzern 84, E 3
Luzk 83, H 3
Luzon 114, E 2
Luzonstraße 111, H 4
L'viv = Lemberg (Ukraine) 83, G 3
Lyck (Ełk) 83, G 2
Lynn Lake 152, K 4
Lyø 15, F 1
Lyon 84, A 5

M

Mäander = Büyük Menderes 90, D/E 4
Maanselkä 74, H 3
Maas 80, E 5
Maasholm 15, E/F 2
Maastricht 80, E 4
Macapá 163, D 2
Macau (Aomen) 111, G 4
Macdonnellkette 138, C 3
Maceió 163, F 3
Macerata 85, K 7
Machala 162, A/B 3
Machatschkala 91, J 3
Machu Picchu 162, B 4
Mackay 138, D 3
Mackaysee 138, B 3
Mackenzie 142, F 3
Mackenziegebirge 142, E/F 3
Mâcon 84, A 4
Macquarie-Inseln 136, L 7
Madagaskar (Insel) 123, 3 K 8/9
Madagaskar (Staat) 124, 1 H 7
Madang 115, G 4
Madeira 123, 3 D 3
Madéira 143, M 10
Mädelegabel 35, F 8
Madison 155, E/F 2
Madras (Chennai) 110, D 5
Madrid 58, 1 E 4
Madura 114, D 4
Madurai 110, C 6
Madüsee 34, K 2
Maewa 139, F 2
Mafia 135, E/F 3
Mafikeng 134, D 5
Magadan 95, P/Q 4
Magdalena 143, L 9
Magdeburg 34, G 3
Magellanstraße 143, K/M 15
Magerøya 74, G 2
Magnitogorsk 94, F 4
Magway 110, E 4
Mahabad 91, J 4
Mahajanga 135, F 4
Mahakam 114, D 4
Mahanadi 110, D 4
Mahé 135, G 3
Mahiljew 83, J 2
Mähren 82, E/F 3
Mai Ndombe-See (Leopold II.-See) 134, C 3
Maicuru 163, D 3
Maiduguri 132, E 3
Maikop 91, G/H 2
Mailand (Milano) 84, F 5
Main 35, G 5
Mainake (historischer Ort) 197, 2 B 3
Main-Donau-Kanal 35, G 6
Maine 144, 1 J/K 4
Mainz 35, D 6
Maipo 143, M 13
Maitland 138, E 4
Maja 95, O 4
Majuro 243, S 5
Makassar (Ujung Pandang) 114, D 4
Makat 94, F 5
Makedonien 90, C 3
Makgadikgadi-Salzpfanne 134, D 5
Makin 94, H 4
Makokou 134, C 2
Makurdi 132, D 4
Malabarküste 110, C 5/6
Malabo 124, 1 D 5
Málaga 88, B 4
Malaiischer Archipel vorderer Buchinnendeckel, P 5 – Q 6
Malakal 133, G 4
Malakatyn-Tas 95, O 2
Malake (historischer Ort) 197, 2 B 3
Malakka 114, C 3
Malakkahalbinsel 100, 1 F/G 5
Malakkastraße 114, C 3
Malang 114, D 4
Malanje 134, C 3
Mälarsee 75, E 5
Malatya 91, G 4
Malawi 124, 1 G 7
Malawisee 123, 3 J 8
Malaysia 102, 1 G 4
Malbork = Marienburg 83, F 2
Male 102, 1 E 4
Malediven (Inseln) 100, 1 E 5
Malediven (Staat) 102, 1 E 4
Malekula 139, F 2
Mali 124, 1 C 4
Mali Lošinj 85, L 6
Malili 114, E 4
Malindi 135, F 3
Malino 114, E 3
Mallorca 88, D 4
Mallos (historischer Ort) 197, 2 F 3
Malmedy 80, F 4
Malmö 75, D 6
Malojapass 84, F 4
Malpelo 143, K 9
Mälst = Mildstedt 14, D 3
Malta 58, 1 G 5
Malwinen = Falkland-Inseln 163, D 8
Mamoré 143, M 11
Man 132, C 4
Man (Insel) 76, B 3
Manado 114, E 3
Managua 145, 1 H 7
Manakara 135, F 5
Manama 119, 3 D 3
Mananjary 135, F 5
Manaus 162, C/D 3
Manchester 76, C 3
Manching 197, 2 D 2
Mandalay 110, E 4
Mandschurei 101, 1 H 3
Mangalore 110, C 5
Mangoky 135, F 5
Manila 102, 1 G 4
Manisa 90, D 4
Manitoba 144, 1 G 3
Manizales 162, B 2
Mannheim 35, D 6
Manokwari 115, F 4
Manono 134, D 3
Manra 139, H 1
Mantes 80, A 6
Mantova = Mantua 84, G 5
Mantua (Mantova) 84, G 5
Mäntyluoto 74, F 4
Manukau 139, G 4
Manytschniederung 91, H 2
Manytschsee 91, H 2
Manzanillo 154, D 5
Manzhouli 111, G 2
Maokegebirge 115, F/G 4
Maoming 111, G 4
Maputo 124, 1 G 8
Mar del Plata 163, D 6
Marabá 163, D/E 3
Maracaibo 162, B 1
Maracaibosee 143, L/M 9
Maracay 162, C 1
Maradi 132, D 3
Maragheh 91, J 4
Marahuaca 162, C 2
Marand 91, J 4
Maranhão 145, 1 M 9
Maranoa 138, D 3
Marañon 143, L 10
Marathon 90, D 4
Marbella 88, B 4
Marburg 34, D 5
March 82, F 3
Marcha 95, M 3
Marche-en-Famenne 80, E 4
Marcus-Insel 136, K 3
Maré 139, F 3
Margarita 155, H 5
Margherita Peak (Mount Stanley) 135, E 2
Marguareis 84, D 6
Marianen 136, K 4
Mariánské Lázně = Marienbad 35, H 6
Mariazell 85, M 3
Maribor 85, M 4
Marica 90, D 3
Marie-Byrd-Land 167, 2 M/N 2
Mariecourt 153, O 3
Marienbad (Mariánské Lázně) 35, H 6
Marienburg (Malbork) 83, F 2
Marionriff 138, E 2
Mariupil 94, D 5
Marka 133, H 4
Marken 85, J/K 7
Markermeer 80, E 2
Markkleeberg 34, H 4
Marktredwitz 35, H 5/6
Marlborough 138, D/E 3
Marle 80, C 5
Marmarameer 90, D/E 3
Marmaris 90, E 4
Marmolada 85, H 4
Marne 14, C/D 4
Marne 77, D 4
Maroantsetra 135, F/G 4
Marokko 124, 1 C 2
Maroua 132, E 3
Marovoay 135, F 4
Marquesas-Inseln 137, N/O 5
Marrakech 132, C 1
Marsa al-Burayqah 132, E 1
Marsabit 135, E 2
Marsala 89, F/G 4
Marseille 77, E 6
Marshall-Inseln 136, L 4
Marshall-Inseln (Staat) 243, S 5
Marstal 15, F/G 2
Martigny 84, C 4
Martigues 84, B 7
Martinique 143, M/N 8
Mary 119, 3 E 2
Maryborough 138, E 3
Maryland 144, 1 H/J 5
Marzuq 132, E 2
Mascara 88, D 5
Maseru 124, 1 F 8
Mashhad = Meschhed 119, 3 D 2
Mashonaland 135, E 4
Masindi 135, E 2
Masirah 119, 3 D 3
Maskarenen 136, E 6
Maskat 102, 1 D/E 3
Massa 84, G 6/7
Massachusetts 144, 1 J/K 4
Massaisteppe 135, E 3
Massawa 133, G 3
Massilia (hist. Marseille) 197, 2 C 2
Masuku = Franceville 134, C 3
Masuren 83, G 2
Masvingo 135, E 5
Masyr 83, J 2/3
Mata Utu 139, H 2
Matabeleland 134, D 4
Matadi 134, C 3
Mato Grosso 145, 1 L 10
Mato Grosso do Sul 145, 1 L 10/11
Matosinhos 88, A 3
Matrah 119, 3 D 3
Matsu 111, H 4
Matterhorn 84, D 4/5
Mattersburg 85, N 3
Maubeuge 80, C 4
Maun 134, D 4
Mauretanien 124, 1 B/C 3
Mauritius (Insel) 123, 3 L 8
Mauritius (Staat) 125, 1 J 7
Mauthausen 85, L 2
Maxixe 135, E 5
Mayotte 135, F 4
Mayum-Pass 110, D 3
Mazagan 132, B/C 1
Mazar-e Sharif 119, 3 E 2
Mazatlán 154, D 4
Mazedonien 58, 1 H 4
Mbabane 124, 1 G 8
Mbala 135, E 3
Mbandaka 134, C 2
Mbeya 135, E 3
Mbinda 134, C 3
Mbomou 133, F 4
Mbuji-Mayi 134, D 3
McClure-Straße 142, F/G 2
McDonald-Insel 167, 2 D 3
McRobertson-Küste 167, 2 C/D 2
Meaux 80, B 6
Mechelen 80, D 3
Mecklenburg 75, C 6 – D 6
Mecklenburger Bucht 34, G 1
Mecklenburgische Seenplatte 30, 1 D/E 2
Mecklenburg-Vorpommern 31, 2
Medan 114, B 3
Medellín 162, B 2
Medicine Hat 152, J 4/5
Medina 119, 3 B/C 3
Medjerda 89, F 4
Medny-Insel 95, R 4
Médoc 77, C 5
Medweshi-Inseln (Bären-Inseln) 95, R 2
Meekatharra 138, A 3
Meeralpen 84, C 6 – D 7
Meerut 110, C 4
Meiningen 34, F 5
Meißen 34, J 4
Meißner 34, E 4
Mekele 133, G 3
Mekka 119, 3 B 3
Meknès 132, C 1
Mekong 100, 1 G 5
Mekran 100, 1 D/E 4
Melanesien vorderer Buchinnendeckel, Q 5 – S 6
Melbourne 138, D 4
Meldorf 14, D 3
Meldorfer Bucht 14, C 3
Melekeok 243, Q/R 5
Melibocus 35, D 6
Melilla 88, C 5
Melita (hist. Malta) 197, 2 D 3
Melk 85, M 2
Mellum 14, B 4
Melnik 35, K 5
Melville-Halbinsel 153, M 3
Melville-Insel (Australien) 138, C 2
Melville-Insel (Kanada) 152, J/K 2
Memel (Fluss) 75, F 6
Memel (Klaipeda) 75, F 6
Memleben 201, 3 C 2
Memmingen 35, F 8
Memphis 155, F 3
Memphis (historischer Ort) 197, 2 E/F 4
Mendoza 163, C 6
Menongue 134, C 4
Menorca 88, E 3
Mentawai-Inseln 114, B 4
Menton 84, D 7
Meppel 80, F 2
Meppen 34, C 3
Meran (Merano) 85, H 4
Merano = Meran 85, H 4
Merauke 115, F 4
Mercedes 163, C 6
Mergui = Myeik 110, E 5
Mérida (Mexiko) 155, E/F 4
Mérida (Spanien) 88, B 4

Mérida (Venezuela) 162, B 2
Merlo 163, C/D 6
Merseburg 34, G 4
Mersin (İçel) 91, F 4
Meru 135, E 2
Meru (Berg) 135, E 3
Meschede 34, D 4
Meschhed (Mashhad) 119, 3 D 2
Mesen 94, E 3
Mesen (Fluss) 94, E 3
Meseta 56, 2 D 3 – D 4
Mesopotamien 100, 1 D 4
Messina 89, G 4
Meta 162, B 2
Metauro 85, J 7
Metz 77, E 4
Meurthe 84, C 2
Mexicali 154, C 3
Mexiko 144, 1 F 6
Mexiko-Stadt 144, 1 F/G 7
Miami 155, F 4
Miandoab 91, J 4
Mianyang 110, F 3
Michigan 144, 1 H 4
Michigansee 142, K 5
Middelburg 80, C 3
Middlesbrough 76, C 3
Midway-Inseln 136, M 3
Mies (Mže) 35, H/J 6
Mies (Stříbro) 35, H 6
Mikkeli 74, G 4
Mikronesien (Inseln) vorderer Buchinnendeckel, R – T 5
Mikronesien (Staat) 243, R 5
Milano = Mailand 84, F 5
Mildstedt (Mälst) 14, D 3
Mildura 138, D 4
Miles 138, E 3
Milet 90, D 4
Milet (historischer Ort) 197, 2 E 3
Milford Haven 76, B 4
Milkowo 95, Q 4
Millstatt 85, K 4
Milos 90, D 4
Milwaukee 155, E/F 2
Minas 163, D 6
Minas Gerais 145, 1 M 10
Mincio 84, G 5
Mindanao 101, 1 H 5
Minden 34, D 3
Mindoro 114, D/E 2
Mingäçevir-Stausee 91, J 3
Minho 88, A 3
Minna 132, D 4
Minneapolis 155, E 2
Minnesota 144, 1 G 4
Minsk 58, 1 H 3
Miri 114, D 3
Mirim-Lagune 163, D 6
Mirnyj 95, M 3
Miskolc 83, F/G 3
Misool 114, E 4
Misrata 132, E 1
Mississippi (Bundesstaat) 144, 1 G/H 5
Mississippi (Fluss) 142, J 5
Mississippidelta 155, F 4
Missouri (Bundesstaat) 144, 1 G 5
Missouri (Fluss) 142, G/H 5
Mistassinisee 153, N 4
Mistras 90, C 4
Mitchell 138, D 3
Mithapur 110, B 4
Mitla 154, E 5
Mittelfranken 31, 2
Mittellandkanal 34, D 3
Mittelmeer 132, D/F 1
Mittelrussische Platte 57, 2 H 2
Mittelsibirisches Bergland 95, K/M 3
Mittlerer Taurus 91, F/G 4
Mitú 162, B 2
Mjøsensee 74, C 4
Mobile 155, F 3
Mobuto-Sese-Seko-See = Albertsee 135, D 2
Moco 134, C 4/5
Mocuba 135, E 4
Modane 84, C 5
Modena 84, G 6
Moe 138, D 4
Moen 115, H 3
Moers 34, B 4
Mogadischu 124, 1 H 5
Mogontiacum (hist. Mainz) 199, 3 B 4
Mogotscha 95, M 4
Mohenjo Daro 110, B 4
Mointy 94, H 5
Mokpo 111, H 3
Moldau (Fluss) 82, E 3
Moldau (Staat) 58, 1 H/J 4
Molde 74, B 4
Molepolole 134, D 5
Molfsee 15, F 3
Möll 85, K 4
Mollendo 162, B 4
Mölln 15, G 4
Molopo 134, D 5
Molukken 136, J 5
Molukkensee 114, E 3/4
Momagebirge 95, P 3
Mombasa 135, E 3
Mommark 15, F 2
Møn 34, H 0
Monaco 84, D 7
Monaco (Staat) 58, 1 F 4
Mönchengladbach 34, B 4
Mondovi 84, D 6
Mondsee 85, K 3
Monfalcone 85, K 5
Mongolei 102, 1 F/G 2
Mongolischer Altai 110, D/E 2
Mongu 134, D 4
Monrovia 124, 1 B 5
Mons 80, C 4
Mont Blanc 84, C 5
Mont des Fourches 84, B 2
Mont Lassois 197, 2 C 2
Mont Lozère 77, D 5
Mont Pilat 84, A 5
Mont Ventoux 84, B 6
Montagne du Lubéron 84, B 7
Montana 144, 1 E/F 4
Montauban 77, D 5
Montbard 84, A 3
Montbéliard 84, C 3
Mont-Cenis 84, C 5
Montdidier 80, B 5
Monte Adamello 84, G 4
Monte Botte Donato 89, H 4
Monte Caseros 163, D 5/6
Monte Cimone 84, G 6
Monte Cinto 89, F 3
Monte Cristallo 85, J 4
Monte Falterona 85, H 7
Monte Fumaiolo 85, J 7
Monte Generoso 85, J 7
Monte Maggiorasca 84, F 6
Monte Pelat 84, C 6
Monte Pisano 84, G 7
Monte Rosa 84, D 5
Monte Viso 84, D 6
Montélimar 84, A 6
Montenegro 58, 1 G 4
Montería 162, B 2
Monterrey 154, D 4
Montes Claros 163, E 4
Montevideo 145, 1 L 12
Montfaucon 80, D/E 5
Montgenèvre 84, C 6
Montgomery 155, F 3
Monti del Chianti 85, H 7
Montluçon 77, D 5
Montmédy 80, E 5
Montone 85, H 6
Montpelier 155, G 2
Montpellier 77, D 6
Montréal 153, N 5
Montreux 84, C 4
Montschegorsk 74, H/J 3
Monza 84, F 5
Moonie 138, D/E 3
Moora 138, A 4
Moosonee 153, M 4
Mopti 132, C 3
Mora 74, D 4
Moradabad 110, C 4
Moramanga 135, F 4
Morava 90, C 2
Moray Firth 76, C 2
Moree 138, D 3
Morelia 154, D 5
Morez 84, B/C 4
Morioka 111, K 3
Morlaix 77, C 4
Mormugao 110, C 5
Morogoro 135, E 3
Mörön 110, E/F 2
Morondava 135, F 5
Moroni 124, 1 H 7
Morro Alto 163, E 4
Morzine 84, C 4
Mosambik 135, F 4
Mosambik (Staat) 124, 1 G/H 7
Mosbach 35, E 6
Mosdok 91, J 3
Mosel (Fluss) (Moselle) 35, B 7
Moselle = Mosel (Fluss) 35, B 7
Moshi 135, E 3
Moskau 102, 1 C/D 2
Moskau-Wolga-Kanal 83, L 1
Moskito-Bank 155, F 5
Moskito-Küste 155, F 5
Mosonmagyaróvár 85, O 3
Mossoró 163, F 3
Most = Brüx 34, J 5
Mostaganem 88, C/D 5
Mostar 90, B 3
Mosul (Al-Mawsil) 91, H 4
Motala 75, D 5
Moulmein 110, E 5
Moulouya 132, C 1
Moundu 132, E 4
Mount Acland 138, D 3
Mount Augustus 138, A 3
Mount Baker 152, F 3
Mount Bruce 138, A 3
Mount Columbia 152, J 4
Mount Cook 139, F/G 5
Mount Doonerak 152, E 3
Mount Elbert 142, G/H 6
Mount Erebus 167, 2 J 2
Mount Everest 100, 1 F 4
Mount Fairweather 152, G 4
Mount Forel 153, R 3
Mount Frazer 138, A 3
Mount Fridtjof Nansen 167, 2 G/J 1
Mount Gambier 138, C/D 4
Mount Hagen 115, G 4
Mount Hann 138, B 2
Mount Harper 152, F 3
Mount Hood 154, B 2
Mount Isa 138, C 3
Mount Katmai 152, E 4
Mount Kenia 123, 3 J 6
Mount Kirkpatrick 167, 2 G/H 1
Mount Kosciusko 138, D 4
Mount Logan 142, E 3
Mount Magnet 138, A 3
Mount McKinley 142, C/D 3
Mount Menzies 167, 2 C/D 2
Mount Michelson 152, F 3
Mount Minto 167, 2 H/J 2
Mount Mitchell 142, K 6
Mount Olga 138, C 3
Mount Rainier 142, F 5
Mount Robson 142, F/G 3
Mount Saint Helens 154, B 2
Mount Shasta 142, F/G 5
Mount Sidley 167, 2 M 2
Mount Smythe 152, H 4
Mount Stanley = Margherita Peak 135, E 2
Mount Veniaminof 152, E 4
Mount Victoria 115, G 4
Mount Vinson 167, 2 O 1/2
Mount Waddington 152, H 4
Mount Whitney 142, G 6
Mount Wilhelm 115, G 4
Mount Woodroffe 138, C 3
Moura 138, D 3
Mouscron 80, C 4
Moûtiers 84, C 5
Moyale 135, E 2
Mpika 135, E 4
Mtwara 135, F 4
Muanda 134, C 3
Mubi 132, E 3
Muchingagebirge 135, E 4
Mudanjiang 111, H 2
Mugodsharyberge 94, F 5
Mühlacker 35, D 7
Mühldorf 35, H 7
Mühlhausen 34, F 4
Mühlviertel 85, K/L 2
Mujunkum 94, G/H 5
Mulde 34, H 4
Mülhausen (Mulhouse) 84, C/D 3
Mulhouse = Mülhausen 84, D 3
Mulobezi 134, D 4
Multan 110, C 4
Mumbai = Bombay 110, C 5
Muna 95, M 3
München 35, G 7
Mungbere 134, D 2
Munku-Sardyk 95, K/L 4
Münster 34, C 4
Münsterland 30, 1 B 3
Muonio 74, F 3
Muonioälv 74, F 2/3
Mur 85, L 3
Murallón 163, B 7
Murat Dağı 90, E 4
Murchison 138, A 3
Murcia 88, C 4
Müritz 34, H 2
Murmanküste 74, J 2 – K 2
Murmansk 74, J 2
Murom 83, M 2
Murray 138, D 4
Murray Bridge 138, C 4
Murrumbidgee 138, D 4
Mururoa-Atoll 242, B/C 7
Mürz 85, M 3
Mus Chaja 95, O/P 3
Musala 90, C 3
Musgravekette 138, C 3
Musina 135, E 5
Musoma 135, E 3
Mutare 135, E 4
Mutsamudu 135, F 4
Mwali 135, F 4
Mwanza 135, E 3
Mwene-Ditu 134, D 3
Mwerusee 123, 3 H 7
Myanmar (Birma) 102, 1 F 3
Myeik (Mergui) 110, E 5
Myingyan 110, E 4
Myitkyina 110, E 4
Mykene 90, C 4
Mykolajiw 83, K/J 4
Mykonos 90, D 4
Myrdalsjökull 74, C 2
Mysore 110, C 5
Myvatn 74, C 1
Mže = Mies 35, H/J 6
Mzuzu 135, E 4

N

N'Djamena 124, 1 E 4
Naab 35, G/H 6
Nabeul 89, F 4
Nabire 115, F 4
Nacala 135, F 4
Nachodka 95, O 5
Nador 88, C 5
Nadym 94, H 3
Nafplion = Nauplia 90, C 4
Nagasaki 111, H 3
Nagoya 111, J 3
Nagpur 110, C 4
Naha 111, H 4
Nahe 35, C 6
Nahe-Inseln 152, B 4
Naibel = Niebüll 14, C 2
Nain 153, O 4
Nairobi 124, 1 G 6
Najran (Aba as-Suud) 119, 3 C 4
Nakhon Ratchasima 114, C 2
Nakhon Sawan 114, B 2
Nakskov 15, H 2
Nakskov (Lolland-) 34, G 1
Nakuru 135, E 2/3
Naltschik 91, H 3
Nam Co 110, D/E 3
Namaqualand 134, C 5/6
Namib 123, 3 G 8/9
Namibe 134, C 4
Namibia 124, 1 E 8
Namoi 138, D 4
Nampula 135, E 4
Namsos 74, C 3
Namur 80, D 4
Nan 114, C 2
Nan Shan 100, 1 F 4
Nanchang 111, G 4
Nancy 84, C 2
Nanda Devi 110, C/D 3
Nanded 110, C 5
Nanga Parbat 110, C 3
Nanjing 111, G 3
Nanning 111, F 4
Nanping 111, G 4
Nansei-Inseln 101, 1 H 4
Nantes 77, C 5
Nantong 111, H 3
Napier 139, G 4
Napoli = Neapel 89, G 3
Nara 132, C 3
Nares-Straße 153, N 2 – O 1
Naretha 138, B 4
Narjan-Mar 94, F 3
Narmada 110, C 4
Narodnaja 100, 1 D/E 2
Narotschsee 83, H 2
Narrogin 138, A 4
Narva 75, G 5
Narva (Fluss) 75, G 5
Narvabucht 75, G 5
Narvastausee 75, H 5
Narvik 74, E 2
Naryn 94, H 5
Nashik 110, C 5
Nashville 155, F 3
Näsisee 74, F 4
Nassau 144, 1 J 6
Nassersee 123, 3 J 4
Natal 163, F 3
Natronsee 135, E 3
Natuna-Besar-Inseln (Bunguran-Inseln) 114, C 3
Naukratis (historischer Ort) 197, 2 E/F 3
Naumburg 34, G 4
Nauplia (Nafplion) 90, C 4
Nauru (Insel) 136, L 5
Nauru (Staat) 243, S 6
Navoiy 119, 3 E 1
Nawadibu = Nouadhibou 132, B 2
Nawaksut = Nouakchott 132, B 3
Naxçıvan 91, J 4
Naxos 90, D 4
Naypyidaw 102, 1 F 4
Nazilli 90, E 4
Nazret 133, G 4
Neapel (Napoli) 89, G 3
Neapolis (hist. Neapel) 197, 2 D 2
Nebel (Neebel) 14, B 2
Nebraska 144, 1 F/G 4
Neckar 35, E 6
Necochea 163, D 6
Nedjd 119, 3 C 3
Neebel = Nebel 14, B 2
Neetze 15, G 5
Nefud 119, 3 B/C 3
Negele 133, G 4
Nehmsberg 15, F 3
Neijiang 110, F 4
Neiva 162, B 2
Nelkan 95, O 4
Nelma 95, O 5
Nelson 139, G 5
Nelson (Fluss) 142, J 4
Nelspruit 135, D 5
Nepal 102, 1 F 3
Nephin 76, A 3
Nerjungri 95, N 4
Nertschinsk 95, M 4
Nesebâr 90, D 3
Nestos 90, D 3
Neu Amsterdam 136, F 6
Neu Görz = Nova Gorica 85, K 5
Neu Wulmstorf 15, E 5
Neubrandenburg 34, J 2
Neubritannien 115, H 4
Neuburg 35, G 7
Neuchâtel = Neuenburg (Schweiz) 84, C 4
Neu-Delhi 102, 1 E 3
Neuenburg (Schweiz, Neuchâtel) 84, C 4
Neuenburger See 84, C 4
Neufchâteau 84, B 2
Neufundland 142, N/O 5
Neuguinea 136, J/K 5
Neuirland 115, H 4
Neukaledonien 136, L 6
Neukastilien 88, B/C 3
Neumark 34, K 3
Neumarkt in der Oberpfalz 35, G 6
Neumarkt in Steiermark 85, L 3
Neumünster 15, E/F 3
Neun-Grad-Kanal 110, C 6
Neunkirchen 35, C 6
Neuquén 163, C 6
Neuruppin 34, H 3
Neusäß 35, F 7
Neuschottland 142, M/N 5
Neuschwabenland 167, 2 S – A 2
Neuseeland 136, L 7
Neuseeländische Alpen 139, F/G 5
Neusibirien 95, Q 2
Neusibirische Inseln 100, 1 H/J 2
Neusiedler See 85, N 3
Neuss 34, B 4
Neustadt an der Weinstraße 35, D 6
Neustadt in Holstein 15, G 3
Neustettin (Szczecinek) 82, F 2
Neustrelitz 34, J 2
Neu-Ulm 35, F 7
Neuwerk 14, B 4
Neuwied 35, C 5
Nevada 144, 1 E 5
Nevado de Colima 154, D 5
Nevado del Huila 162, B 2
New Amsterdam 162, D 2
New Brunswick 144, 1 K 4
New Hampshire 144, 1 J/K 4
New Jersey 144, 1 J 4/5
New Mexico 144, 1 F 5
New Orleans 155, E/F 4
New Plymouth 139, G 4
New York 144, 1 J 4
Newcastle (Australien) 138, E 4
Newcastle upon Tyne 76, C 3
Newfoundland and Labrador 144, 1 K/L 3
Newinnomyssk 91, H 2
Newman 138, A 3
Ngaoundéré 132, E 4
Nguru 132, E 3
Nha Trang 114, C 2
Niagarafälle 155, F 2
Niamey 124, 1 D 4
Nias 114, B 3
Nicaragua 145, 1 H/J 7
Nicaraguasee 155, F 5
Nice = Nizza 84, D 7
Nieblum (Njiblem) 14, B/C 2
Niebüll (Naibel) 14, C 2
Nieder-Altaich (Kloster) 201, 3 D 2
Niederbayern 31, 2
Niedere Tauern 85, K/L 3
Niederguineaschwelle 123, 3 G 6/8
Niederkalifornien 142, G 6/7
Niederlande 58, 1 F 3
Niederländische Antillen 145, 1 J/K 7
Niederlausitz 30, 1 E/F 3
Niedersachsen 31, 2
Nienborstel 15, D/E 3
Nienburg 34, E 3
Niete 132, C 4
Nieuwegein 80, E 2/3
Nieuwpoort 80, B 3
Niger (Fluss) 123, 3 E 5
Niger (Staat) 124, 1 D/E 4
Nigerdelta 132, D 4
Nigeria 124, 1 D 4
Niigata 111, J 3
Nijmegen = Nimwegen 80, E 3
Nikel 74, H 2
Nikobaren 136, G 4
Nikolajewsk 95, O/P 4
Nikosia 58, 1 J 5
Nikumaroro 139, H 1
Nil 123, 3 J 4
Nîmes 77, E 6
Nimrud 91, H 4
Nimwegen (Nijmegen) 80, E 3
Ningbo 111, H 4
Ninive 91, H 4
Ninove 80, C 4
Nioro du Sahel 132, B/C 3
Nipigonsee 153, L/M 5
Niš 90, C 3
Nishnekolymsk 95, Q/R 3
Nishnewartowsk 94, H 3
Nishnij Nowgorod 94, E 4
Nishnij Nowgoroder Stausee 83, M 1
Niterói 163, E 5
Niue 243, T 7
Nivelles 80, D 4
Nizza (Nice) 84, D 7
Njagan 94, G 3
Njassasee = Malawisee 135, E 4
Njazidja 135, F 4
Njemen 83, H 2
Njiblem = Nieblum 14, B/C 2
Nkongsamba 132, D/E 4
Noer 15, E/F 3
Nogales 154, C 3
Nogaltal 133, H 4
Nogent-sur-Oise 80, B 5
Noginsk 94, J/K 3
Nome 152, D 3
Nong Khai 114, C 2
Nöörderuug Söön = Norderoogsand 14, B 2
Noordwijk 80, D 2
Noorsaarep = Norddorf 14, B 2
Nordamerika vorderer Buchinnendeckel, D/E 3
Nordborg 15, E 1
Nordbrabant 80, E 3
Norddeutsches Tiefland 30, 1 C/D 2
Norddorf (Noorsaarep) 14, B 2
Norden 34, C 2
Nordenham 14, B 4/5
Norderaue (a Nuurder la) 14, B/C 2
Norderhever 14, C 3
Norderney 34, B/C 2
Norderoogsand (Nöörderuug Söön) 14, B 2
Norderpiep 14, C 3
Norderstedt 15, E/F 4
Nordfjord 74, B 4
Nordfriesische Inseln (a Nuurdfresk Eilunen) 14, B 2/3
Nordfriesland (Nordfriislon) 14, C 2
Nordfriislon = Nordfriesland 14, C 2
Nordfriesland (Landkreis) 27, 6
Nordhausen 34, F 4
Nordhollandkanal 80, D 2
Nordholz 14, C 4
Nordhorn 34, B/C 3
Nordinsel 139, G 4
Nordirland 58, 1 E 3
Nord-Jemen 102, 1 D 4
Nordkap (Neuseeland) 139, G 4
Nordkap (Norwegen) 74, G 2
Nordkorea 102, 1 H 2
Nördliche Dwina 94, E 3
Nördliche Marianen 243, R 5
Nördliche Sporaden 90, C/D 4
Nördlicher Landrücken 30, 1 C 1 – E 2
Nördlingen 35, F 7
Nordmarsch-Langeneß (de Meersch-de Nees) 14, C 2
Nord-Ostsee-Kanal (Kielkanal) 15, D 3
Nordpolarmeer 166, 1 R – C 1
Nordrhein-Westfalen 31, 2
Nordrussischer Landrücken 57, 2 J 2 – K 1
Nordrussisches Tiefland 57, 2 H/J 1
Nordsee 76, D/E 2
Nordseekanal 80, D 2
Nordsibirisches Tiefland 94, J 2 – N 2
Nordstrand (de Ströön) 14, C 3
Nordstrandischmoor (Läitj Möör) 14, C 2
Nordwestkap 138, A 3
Nordwestmecklenburg (Landkreis) 27, 6
Norfolk 155, G 3
Norfolk-Insel 136, L 6
Norilsk 94, J 3
Norman Wells 152, H 3
Normandie 77, C/D 4

orrköping 75, E 5
orrland 74, E 4
orseman 138, B 4
orth Bay 153, M/N 5
orth Carolina 144, 1 H/J 5
orth Dakota 144, 1 F/G 4
orth Platte (Fluss) 154, D 2
ortham 138, A 4
ortheim 34, E/F 4
orthwest Territories
144, 1 D/E 2
ortorf 15, E 3
orwegen 58, 1 F 2
orwich 76, D 3
ossob 134, C 5
osy Boraha 135, F/G 4
otsee 74, H 2
ottaway 153, N 4
ottingham 76, C 3
ouadhibou (Nawadibu)
132, B 2
ouakchott 124, 1 B 4
ouméa 139, F 3
ova Gorica 85, K 5
ova Iguaçu 163, E 5
ova Scotia 144, 1 K 4
ovaesium (hist. Neuss)
199, 3 B 3
ovara 84, E 5
ovi Ligure 84, E 6
ovi Sad 90, B 2
oviomagus (hist. Nimwegen)
199, 3 A 3
oviomagus (hist. Speyer)
199, 3 B/C 4
owaja Semlja 100, 1 D 2
owgorod 94, D 4
owokusnezk 94, J 4
oworossijsk 91, G 2
owosibirsk 94, H/J 4
owosybkow 83, J/K 2
owotscherkassk 91, H 2
owyj Port 94, G/H 3
owyj Urengoi 94, H 3
oyelles 80, A 4
oyon 80, B 5
u Jiang (Saluën) 110, E 3
ubien 123, 3 H/J 5
ubische Wüste 133, G 2
uevo Laredo 154, D/E 4
ui-Atoll 139, G 1
uku'alofa 243, S/T 7
ukufetau-Atoll 139, G 1
ukunono-Atoll 139, H 1
ukus 119, 3 D 1
ullarbor 138, C 4
ullarborebene 138, B/C 4
unavut 144, 1 G/H 2
ürnberg 35, G 6
ürtingen 35, E 7
uruhakdağı 91, G 4
uuk (Godthåb) 153, P 3
uviak-Insel 152, D 3
yala 133, F 3
yda 94, H 3
yeri 135, E 3
yíregyháza 83, G 3/4
yiru 135, E 2
yköping 75, E 5
ynhan 138, D 4
zérékoré 132, C 4
zwani 135, F 4

O

ahe-Stausee 154, D 2
ase Djalo 133, F 2
asen von Touat 132, C/D 2
axaca 154, E 5
b 100, 1 E 2
ban 76, B 2
beralppass 84, E 4
berbayern 31, 2
berer See 142, J/K 5
berfranken 31, 2
berguineaschwelle
123, 3 D – F 5
berhausen 34, B 4
berlausitz 30, 1 F 3
berpfalz 31, 2
berpfälzer Wald 35, H 6
berrheinisches Tiefland
30, 1 B 5 – C 4
berstdorf 35, F 8
berwart 85, N 3
biou 84, B 6
cha 95, P 4
chotsk 95, P 4
chotskisches Meer 101, 1 J 3
dda 74, B 4
denburg (Sopron) 85, N 3
dense 75, C 6
denwald 35, D 6 – E 6
der (Odra) 82, F 3
derbruch 30, 1 E/F 2
der-Havel-Kanal 34, J 3
der-Spree-Kanal 34, K 3
dessa 83, J 4
dinzowo 83, L 2
Odra = Oder 82, F 3
Ofanto 89, G 3
Offenbach 35, D 5
Offenburg 35, C 7
Ogaden 133, H 4
Oglio 84, G 5
Ogooué 134, C 3
Ohanet 132, D 2
Ohio (Bundesstaat) 144, 1 H 4
Ohio (Fluss) 142, K 6
Ohre 34, G 3
Ohře = Eger (Fluss) 35, J 5
Oimjakon 95, P 3
Ois = Ybbs 85, L 3
Oise 80, C 5
Oituzpass 83, H 4
Ojos del Salado 143, L/M 12
Oka (Fluss zur Angara) 95, L 4
Oka (Fluss zur Wolga) 94, D 4
Okaba 115, F 4
Okahandja 134, C 5
Okavango 134, D 4
Okavangobecken 134, D 4
Okayama 111, J 3
Okene 132, D 4
Okinawa 111, H 4
Oklahoma 144, 1 G 5
Oklahoma City 154, E 3
Oktoberrevolutions-Insel
95, J/L 2
Öland 75, E 5
Oland (Ualöön) 14, C 2
Olavarría 163, C 6
Olbia (historischer Ort)
197, 2 F 2
Olbia (Sardinien) 89, F 3
Oldenburg (Oldenburg) 34, D 2
Oldenburg in Holstein 15, G 3
Oldenzaal 80, F 2
Olenjok 95, L 3
Olenjok (Fluss) 95, N 2
Olga 95, O 5
Oljokminsk 95, M/N 3
Ollerup 15, F/G 1
Olmütz (Olomouc) 82, F 3
Olomouc = Olmütz 82, F 3
Olsztyn = Allenstein 83, G 2
Olt 83, H 4
Olten 84, D 3
Oltu 91, H 3
Olymp 90, C 3
Olympia 154, B 2
Olympia (Ruinenstätte) 90, C 4
Omaha 154, E 2
Oman 102, 1 D 3
Omangebirge 119, 3 D 3
Omatako 134, C 5
Omdurman 133, F/G 3
Omo 133, G 4
Omolon 95, Q 3
Omsk 94, H 4
Onegasee 74, J 4
Onilahy 135, F 5
Ono-i-Lau 139, H 3
Onon 95, M 4
Onslow 138, A 3
Ontario 144, 1 H 3
Ontariosee 142, L 5
Oodnadatta 138, C 3
Oomram = Amrum 14, B 2
Oostende = Ostende 80, B 3
Oosterhout 80, D 3
Oosterschelde 80, C 3
Opala 134, D 3
Opatija 85, L 5
Opole = Oppeln 82, F 3
Oppeln (Opole) 82, F 3
Oppenheim 201, 3 B/C 2
Opua 139, G 4
Oradea = Großwardein 83, G 4
Oral (Uralsk) 94, F 4
Oran 88, C 5
Orange (Australien) 138, D 4
Orange (Frankreich) 84, A 6
Oranienburg 34, H/J 3
Oranje 123, 3 G/H 9
Oranje Senqu 134, D 5
Orchies 80, C 4
Ordos 111, F/G 3
Ordu 91, G 3
Örebro 75, D 5
Orechowo-Sujewo 83, L 2
Oregon 144, 1 D/E 4
Orenburg 94, F 4
Orense 88, A/B 3
Orinoco 143, M 9
Orinocodelta 162, C 2
Oristano 89, F 4
Orjol 94, D 4
Orkney-Inseln 76, C 2
Orlando 155, F 4
Orléans 77, D 4/5
Orona 139, H 1
Orscha 83, J 2
Orsk 94, F 4
Ortisei = Sankt Ulrich 85, H 4
Orumiyeh = Urmia 91, J 4
Osaka 111, J 3
Ösel 75, F 5
Oshogbo 132, D 4
Osimo 85, K 7
Öskemen (Ust-Kamenogorsk)
94, H/J 5
Oskol 83, L 3
Ösling 80, E 4
Oslo 58, 1 G 2
Oslofjord 75, C 5
Osmaniye 91, F/G 4
Osnabrück 34, D 3
Osorno 163, B 7
Oss 80, E 3
Ossiach (Kloster) 201, 3 D 3
Ostafrikanisches Seenhochland
123, 3 J 7
Ostchinesisches Meer
101, 1 H 4
Oste 15, D 5
Oste 34, E 2
Ostende (Oostende) 80, B 3
Ostenfeld 15, D 3
Osterau 15, F 4
Østerdal 74, C 4
Osterholz-Scharmbeck 14, C 5
Oster-Insel 137, P 6
Osterode 34, F 4
Österreich 58, 1 G 4
Östersund 74, D 4
Ostfriesische Inseln
34, B 2 – C 2
Ostfriesland 30, 1 B 2
Ostghats 100, 1 E/F 5
Ostholstein (Landkreis) 27, 6
Ostiglia 85, H 5
Ostkap 139, G 4
Ostkordillere 162, B 2
Östliche Sierra Madre
142, H/J 7
Östlicher Euphrat 91, H 4
Östlicher Großer Erg
132, D 1/2
Östlicher Taurus 91, G/H 4
Ostmeer = Japanisches Meer
111, J 2/3
Ostpreußen 83, G 2
Ostrau (Ostrava) 82, F 3
Ostrava = Ostrau 82, F 3
Ostsajan 94, K/L 4
Ostsee 75, E 6 – F 5
Ostsibirische See 101, 1 J/K 2
Oststeirisches Hügelland
85, M 3/4
Osttimor 102, 1 H 5
Osumi-Inseln 111, J 3
Otgon Tenger Uul 110, E 2
Otočac 85, M 6
Otranto 89, H 3/4
Ötscher 85, M 3
Otta 74, B 4
Ottawa 144, 1 J 4
Otterndorf 14, C 4
Ottobrunn 35, G 7
Otu-Tolu-Gruppe 139, H 3
Ötztaler Alpen 84, G 4
Ouadda 133, F 4
Ouagadougou 124, 1 C 4
Ouargla 132, D 1
Oudenaarde 80, C 4
Oujda 88, C 5
Oulu (Uleåborg) 74, G 3
Oulujoki 74, G 3
Oulusee 74, G 3
Ounasjoki 74, G 3
Ourthe 80, E 4
Ovamboland 134, C 4
Ovelgönne 14, B 5
Overath 34, C 5
Oviedo 88, B 3
Owando 134, C 3
Owschlag 15, E 3
Oxford 76, C 4
Oyem 134, C 2
Oyo 132, D 4

P

Pachacamac 162, B 4
Pachuca 154, E 4
Padang 114, B/C 4
Paderborn 34, D 4
Padova = Padua 85, H 5
Padua (Padova) 85, H 5
Pag 85, M 6
Pag (Insel) 85, L 6
Pago Pago 139, H 2
Pahlen 15, D 3
Päijänne 74, G 4
Pakistan 102, 1 E 3
Pakxé 114, C 2
Palana 95, Q 4
Palangkaraya 114, D 4
Palanpur 110, C 4
Palau (Inseln) 136, J 4
Palau (Staat) 102, 1 H 4
Palawan 114, D 2
Palembang 114, C 4
Palencia 88, B 3
Palermo 89, G 4
Palikir 243, R 5
Palkstraße 110, C 6 – D 5
Palla Bianca = Weißkugel
84, G 4
Pallastunturi 74, F/G 2
Palma 88, D 4
Palmas 163, E 4
Palmer-Archipel 167, 2 P 2
Palmerland 167, 2 P 2
Palmerston North 139, G 5
Palmyra (Insel) 137, M/N 4
Palmyra (Ruinenstätte) 91, G 5
Palopo 114, E 4
Palu 114, D 4
Pälweerm = Pellworm 14, C 2
Pamekasan 114, D 4
Pamir 100, 1 E 4
Pampa 143, M 13
Pamplona (Iruña) 88, C 3
Panamá 145, 1 H/J 8
Panamakanal 143, K 8 – L 9
Panamá-Stadt 145, 1 J 8
Panaro 85, H 6
Panay 114, E 2
Pangkalpinang 114, C 4
Pantelleria 89, F/G 4
Pantikapaion (hist. Kertsch)
197, 2 F 2
Pápa 85, O 3
Papua (Irian Jaya) 115, F/G 4
Papuagolf 115, G 4
Papua-Neuguinea 243, R 6
Pará 145, 1 L 9
Paraburdoo 138, A 3
Paracel-Inseln 114, D 2
Paraguay (Fluss) 143, N 11/12
Paraguay (Staat) 145, 1 K/L 11
Paraiba 145, 1 N 9
Parakou 132, D 4
Paramaribo 145, 1 L 8
Paramuschir 95, Q 4
Paraná 163, C 6
Paraná (Bundesstaat)
145, 1 L/M 11
Paraná (Fluss) 143, N 12
Paranaguá 163, E 5
Paranapanema 163, D 5
Parauapebas 163, E 3
Parchim 34, G 2
Pardo 163, D 5
Pardubice = Pardubitz 82, E 3
Pardubitz (Pardubice) 82, E 3
Parece Vela 115, F 1
Parepare 114, D 4
Paris 58, 1 F 4
Parma 84, G 6
Parnaíba 163, E 3
Parnaiba (Fluss) 163, E 3
Parnaß 90, C 4
Pärnu 75, G 5
Paroo 138, D 3
Parry-Inseln 142, G/H 2
Pasewalk 34, K 2
Passau 35, J 7
Passo dei Giovi 84, E 6
Pasto 162, B 2
Patagonien 143, L 15 – M 14
Patkaigebirge 110, E 4
Patna 110, D 4
Patomhochland 95, M 4
Patos de Minas 163, E 4
Patos-Lagune 163, D 6
Patrai = Patras 90, C 4
Patras (Patrai) 90, C 4
Pau 77, C 6
Paulo Afonso 163, F 3
Pavia 84, F 5
Pawlodar 94, H 4
Pazifischer Ozean
136/137, L – O 4
Peace 142, G 4
Peace River 152, J 4
Pearyland 142, O/P 1
Pécs 83, F 4
Peene 34, J 2
Pegu 110, E 5
Peine 34, F 3
Peipussee 75, G 5
Pekanbaru 114, C 3
Peking 102, 1 G 3
Pelagische Inseln 89, G 5
Peledui 95, M 4
Pellworm (Pälweerm) 14, C 2
Peloponnes 90, C 4
Pelotas 163, D 6
Pelotas (Fluss) 163, D 5
Pelvoux-Ecrins 84, C 6
Pematangsiantar 114, B 3
Pemba 135, F 4
Pemba (Insel) 135, E/F 3
Peñiscola 88, D 3
Pennines 76, C 3
Pennsylvania 144, 1 J 4
Penong 138, C 4
Penrhyn 137, M/N 5
Pensa 94, E 4
Penshina 95, R 3
Pentland Firth 76, C 2
Penzance 77, B 4
Pergamon (Ruinenstätte)
90, D 4
Périgueux 77, D 5
Perm 94, F 4
Pernambuco 145, 1 N 9
Pernik 90, C 3
Péronne 80, B 5
Perpignan 77, D 6
Persepolis 119, 3 D 3
Persischer Golf 100, 1 D 4
Perth 138, A 4
Peru 145, 1 J 9
Perugia 89, G 3
Perwomaisk 83, J 3
Pesaro 85, J 7
Pescara 89, G 3
Peshawar 110, C 3
Petare 162, C 1
Peter-I.-Insel 167, 2 O 2
Petermann Bjerg 153, S 2
Petersberg 34, G 4
Petra (historischer Ort)
197, 2 F 4
Petrolina 163, E 3
Petropawl 94, G 4
Petropawlowsk-Kamtschatskij
95, Q 4
Petrópolis 163, E 5
Petrosawodsk 94, D 3
Petschenga 74, H 2
Petschora 94, F 3
Petschora (Fluss) 94, F 3
Peureulak 114, B 3
Pewek 95, S 3
Pfaffenhofen 35, G 7
Pfälzer Wald 35, C 6
Pfarrkirchen 35, H 7
Pfefferküste 132, B/C 4
Pforzheim 35, D 7
Phaselis (historischer Ort)
197, 2 E/F 3
Phasis (hist. Poti) 197, 2 F/G 2
Philadelphia 155, G 2/3
Philippeville 80, D 4
Philippinen 102, 1 H 4
Phitsanulok 114, C 2
Phnom Penh 102, 1 G 4
Phoenix 154, C 3
Phokaia (hist. Foça) 197, 2 E 3
Phönix-Inseln 137, M 5
Phuket 114, B 3
Piacenza 84, F 5
Piatra Goznei 88, D 4
Piatra Neamț 83, H 4
Piauí 145, 1 M 9
Piave 85, J 4
Pibrans (Příbram) 35, J/K 6
Pic de Tibé 132, C 4
Picardie 80, B 5
Pico Bolívar 162, B 2
Pico da Bandeira 143, O 12
Pico da Neblina 143, M 9
Pico de Aneto 88, D 3
Pico de Orizaba 142, J 8
Pico del Teide 132, B 2
Pico Duarte 155, G 5
Pico Ruivo 132, B 1
Picos 163, E 3
Picton 139, G 5
Pidurutalagala 100, 1 F 5
Piekberg 34, J 1
Pielinen-See 74, H 4
Piemont 84, D 6 – D 5
Pierre 154, D/E 2
Pieštany 85, O 2
Pietermaritzburg 135, E 5
Pietersburg = Polokwane
134, D 5
Pik Pobedy 100, 1 F 3
Pilatus 84, E 4
Pilcomayo 143, M/N 12
Pillau (Bałtisk) 83, F 2
Pilsberg 15, G 3
Pilsen (Plzeň) 35, J 6
Pinar del Rio 155, F 4
Pindaré 163, E 3
Pindos 90, C 3/4
Pine Point 152, J 3
Pinerolo 84, D 6
Pingdingshan 111, G 3
Pinneberg 15, E 4
Pinneberg (Landkreis) 27, 6
Pinsk 83, H 2
Piraieus = Piräus 90, C 4
Piran 85, K 5
Piräus (Piraieus) 90, C 4
Pirmasens 35, C 6
Pirna 34, J 5
Pisa 84, G 7
Pisac 162, B 4
Pisek (Písek) 35, K 6
Písek = Pisek 35, K 6
Pistoia 84, G 7
Pitcairn 242, C 7
Pitești 83, H 4
Piton des Neiges 135, G 5
Pittsburgh 155, F/G 2/3
Piura 162, A 3
Piz Bernina 84, F 4
Piz Linard 84, G 4
Pjandsh 119, 3 E 2
Pjasee 74, H 3
Pjatigorsk 91, H 2
Pjöngjang 102, 1 H 3
Plateau von Langres 84, A/B 3
Plateau von Mato Grosso
143, N 11
Plateau von Tademaït 132, D 2
Platte (Fluss) 154, D/E 2
Platte (Insel) 135, G 3
Plattensee (Balaton) 82, F 4
Plattling 35, H 7
Plauen 34, H 5
Pleven 90, D 3
Plitvicer Seen 85, M 6
Pljussa 75, H 5
Plöckenpass 85, J/K 4
Plöckenstein 35, J 7
Ploiești 83, H 4
Plön 15, F 3
Plön (Landkreis) 27, 6
Plovdiv 90, D 3
Plymouth 77, B 4
Plzeň = Pilsen 35, J 6
Po 84, F 5
Pobeda 95, P 3
Podeba-Insel 167, 2 E/F 2
Podelta 85, J 6
Podgorica 58, 1 G 4
Podolsk 83, L 2
Poel 34, G 1
Pöhlde 201, 3 C 2
Pohnpei 115, H 3
Pointe du Raz 77, B 5
Pointe-Noire 134, B/C 3
Poissy 80, A 6
Poitiers 77, C/D 5
Poix 80, A 5
Polazk 83, J 2
Polcirkeln 74, F 3
Polen 58, 1 G/H 3
Polesje 83, G 3 – J 2
Polokwane (Pietersburg)
134, D 5
Pommersche Bucht 34, K 1
Pompeji 89, G 3
Ponce 155, H 5
Pons Aeni (hist. Rosenheim)
199, 3 D/E 5
Ponta Grossa 163, D 5
Pontarlier 84, C 4
Pontevedra 88, A 3
Pontianak 114, C 3
Pontisches Gebirge 91, F/G 3
Pontoise 80, A 5
Pontremoli 84, F 6
Poona (Pune) 110, C 5
Poopósee 163, C 4
Popayán 162, B 2
Popocatepetl 142, H/J 8
Popondetta 115, G 4
Poppberg 35, G 6
Porangatu 163, D/E 4
Porbandar 110, B 4
Porcupine 152, F 3
Pordenone 85, J 4/5
Pordoi 85, H 4
Poreč 85, K 5
Porjus 74, E/F 3
Porsangerfjord 74, G 2
Port Augusta 138, C 4
Port Blair 114, B 2
Port Elizabeth 134, D 6
Port Gentil 134, B 3
Port Harcourt 132, D 4
Port Hedland 138, A 2/3
Port Lincoln 138, C 4
Port Louis 125, 1 J 8
Port Moresby 243, R 6
Port Nolloth 134, C 5
Port of Spain 145, 1 K 7
Port Pirie 138, C 4
Port Radium 152, J 3
Port Said 133, G 1
Port Sudan 133, G 2/3
Port Vila 243, S 6
Porta Orientalis 83, G 4
Port-au-Prince 144, 1 J 7
Portimão 88, A 4
Portland 154, B 2
Porto 88, A 3
Porto Alegre 163, D 6
Porto Franco 163, E 3
Porto Novo 124, 1 D 5
Porto Seguro 163, F 4
Pôrto Velho 162, C 3
Porttipahta 74, G 3
Portugal 58, 1 D/E 5
Port-Vendres 77, D 6
Posadas 163, D 5
Posen (Poznań) 82, F 2
Poso 114, E 4
Postojna 85, L 5
Potenza 89, G 3
Potosi 163, C 5
Potsdam 34, H/J 3
Powell-Stausee 154, C 3
Poyang Hu 111, G 4
Poznań = Posen 82, F 2
Prabumulih 114, C 4
Prag 58, 1 G 3
Praia 124, 1 A 4
Pratas = Dongsha 111, G 4

Prato 85, H 7
Pratomagno 85, H 7
Predeal 83, H 4
Preetz 15, F 3
Pregel 83, G 2
Prenzlau 34, J 2
Prerow 34, H 1
Preßburg (hist. Bratislava) 201, 3 E 2
Pretoria 124, 1 F/G 8
Příbram = Pibrans 35, J/K 6
Prignitz 30, 1 D/E 2
Prijedor 85, N 6
Primorsko-Achtarsk 91, G 2
Prince Albert 152, K 4
Prince George 152, H 4
Prince of Wales-Insel 153, K/L 2
Prince of Wales-Straße 152, J 2
Prince Rupert 152, G 4
Prince-Edward-Island 144, 1 K 4
Príncipe 132, D 4
Prinz-Eduard-Inseln 136, D/E 7
Prinzessin-Astrid-Küste 167, 2 A 2
Prinzessin-Martha-Küste 167, 2 S 2
Prinzessin-Ragnhild-Küste 167, 2 B 2
Priosersk 74, H 4
Pripjat 83, H 3
Pripjatsümpfe 83, H 2 – J 3
Prislop 83, H 4
Priština 58, 1 H 4
Prizren 90, C 3
Probstei 15, F 3
Prochladny 91, H 3
Provençalische Alpen 84, C 6 – C 7
Provence 84, B/C 7
Providence 155, G 2
Prudhoe Bay 152, F 2
Prüm 201, 3 B 2
Pruth 83, J 4
Pschisch 91, H 3
Psiol 83, K 3
Pskow 83, J 1
Ptuj 85, M 4
Pucallpa 162, B 3
Puebla 154, E 5
Pueblo 154, D 3
Puerto Aisén 163, B 7
Puerto Barrios 155, F 5
Puerto Carreño 162, C 2
Puerto Deseado 163, C 7
Puerto Limón 155, F 5
Puerto Madryn 163, C 7
Puerto Montt 163, B 7
Puerto Plata 155, G 5
Puerto Rico 142, M 8
Puerto Santa Cruz 163, C 8
Puerto Vallarta 154, D 4/5
Puertollano 88, B 4
Pula 85, K 6
Pulog 114, E 2
Puncak Jaya 115, F 4
Pune = Poona 110, C 5
Punjab 100, 1 E 4
Puno 162, C 4
Punta Arenas 163, B 8
Punta la Marmora 89, F 3/4
Puntarenas 155, F 5
Purmerend 80, D 2
Purus 143, M 10
Pustertal 85, H 4 – J 4
Putoranagebirge 95, K 3
Putrajaya 114, B/C 3
Puttgarden (Fehmarn-) 15, H 2
Putumayo 162, B 3
Puy de Sancy 77, D 5
Puyang 111, G 3
Pyay 110, E 5
Pyhätunturi 74, G 3
Pyinmana 110, E 5
Pyramiden 133, F/G 2
Pyrenäen 88, C/D 3

Q

Qaanaaq (Thule) 153, O 2
Qacentina = Constantine 89, E 4
Qaidambecken 110, E 3
Qal'at Bishah 119, 3 C 3
Qamdo 110, E 3
Qaraghandy (Karaganda) 94, H 5
Qardho 133, H 4
Qarqan 110, D 3
Qarshi 119, 3 E 2
Qatortoq (Julianehåb) 153, Q 3
Qazvin 119, 3 C/D 2
Qeqertarsuaq (Godhavn) 153, P 3
Qin Ling 110/111, F 3
Qina 133, G 2
Qinghai Hu 110, E/F 3
Qinhuangdao 111, G 2/3
Qiqihar 111, H 2
Qom 119, 3 D 2
Qongirot 119, 3 D 1
Québec 144, 1 J/K 3
Quedlinburg 201, 3 C 2
Queenstown (Australien) 138, D 5
Queenstown (Neuseeland) 139, F 5
Queenstown (Südafrika) 134, D 6
Quelimane 135, E 4
Quellon 163, B 7
Querétaro 154, D 4
Quetta 110, B 3
Quezaltenango 155, E 5
Quezon City 114, E 2
Qui Nhon 114, C 2
Quickborn 15, E 4
Quilpie 138, D 3
Quimper 77, B 4/5
Quito 145, 1 J 8
Qurnat as Sawda 91, G 5

R

Raab (Fluss) 85, O 3
Raab (Györ) 85, O 3
Raahe 74, G 3
Raalte 80, F 2
Raantem = Rantum 14, B 2
Rab 85, L 6
Rabat (Er-Ribat) 124, 1 C 2
Radbruch 15, F 5
Radebeul 34, J 4
Radom 83, G 3
Radstädter Tauernpass 85, K 3
Rafsanjan 119, 3 D 2
Ragusa 89, G 4
Raipur 110, D 4
Raisdorf 15, F 3
Rajkot 110, C 4
Rajshahi 110, D 4
Rakonitz (Rakovník) 35, J 5
Rakovník = Rakonitz 35, J 5
Raleigh 155, G 3
Ramelau 114, E 4
Râmnicu Vâlcea 83, G/H 4
Rancagua 163, B 6
Ranchi 110, D 4
Ranghulu 111, H 2
Rangun (Yangon) 110, E 5
Rantemario 114, D 4
Rantum (Raantem) 14, B 2
Rapa 242, B 7
Rapallo 84, F 6
Rapid City 154, D 2
Rapperswil 84, E 3
Ras al-Haad 100, 1 E 4
Ras Daschan 123, 3 J 5
Ras Kaboudia 89, F 5
Ras Mohammed 133, G 2
Ras Xaafun 133, J 3
Rasdan 91, J 3
Rasht 119, 3 C 2
Rastatt 35, D 7
Rastede 14, B 5
Ratekau 15, G 4
Rathenow 34, H 3
Rätikon 84, F 3 – F 4
Rätische Alpen 84, F/G 4
Ratten-Inseln 152, B 4
Ratzeburg 15, G 4
Ratzeburger See 15, G 4
Raufarhöfn 74, D 1
Rauher Kulm 35, G 6
Rauma 74, F 4
Ravenna 85, J 6
Ravensburg 35, E 8
Rawalpindi 110, C 3
Rax 85, M 3
Recherche-Archipel 138, B 4
Recife 163, F 3
Recklinghausen 34, C 4
Red River 142, J 6
Rega 34, L 2
Regen 35, H 6
Regensburg 35, H 6/7
Reggâne (Riggan) 132, C/D 2
Reggio di Calabria 89, G 4
Reggio nell'Emilia 84, G 6
Regina 152, K 4
Regnitz 35, F 6
Rehna 15, H 4
Rehoboth 134, C 5
Reichenau (Kloster) 201, 3 C 3
Reims 80, D 5
Reinbek 15, F 4/5
Reinfeld 15, F 4
Remscheid 34, C 4
Rendsburg 15, E 3
Rendsburg-Eckernförde (Landkreis) 27, 6
Renmark 138, C/D 4
Rennes 77, C 4
Reno 154, C 3
Reno (Fluss) 85, H 6
Rentiersee 152, K 4
Reprêsa de Balbina 162, D 3
Reschenpass 84, G 4
Resistencia 163, C/D 5
Reşiţa 83, G 4
Resko Tepe 91, H/J 4
Rethel 80, D 5
Retz 85, M 2
Réunion 123, 3 L 9
Reuß 84, E 3
Reutlingen 35, D 7
Reval (hist. Tallinn) 203, 3
Revillagigedo-Inseln 142, G/H 8
Reykjanes 74, B 2
Reykjavík 58, 1 C 2
Reynosa 154, E 4
Rezekne 75, G 5
Rhegion (hist. Reggio di Calabria) 197, 2 D 3
Rhein 35, E 8
Rheine 34, C 3
Rheinisches Schiefergebirge 34, B 5 – C 5
Rheinland-Pfalz 31, 2
Rhein-Marne-Kanal (Canal de la Marne au Rhin) 84, C 2
Rheinsberg 34, H 2
Rheinwaldhorn 84, E/F 4
Rho 84, F 5
Rhode Island 144, 1 J/K 4
Rhodopen 90, C/D 3
Rhodos 90, E 4
Rhodos (Insel) 90, E 4
Rhön 35, E 5 – F 5
Rhube 91, G 5
Riad 102, 1 D 3
Ribadeo 88, B 3
Ribeirão Prêto 163, E 5
Riberalta 162, C 4
Ribnitz-Damgarten 34, H 1
Richards Bay 135, E 5
Richmond 155, G 3
Rickling 15, F 3
Rienz (Rienza) 85, H 4
Rienza = Rienz 85, H 4
Ries 35, F 7
Riesa 34, J 4
Rieseby 15, E 2
Riga 58, 1 H 3
Rigaischer Meerbusen 75, F 5 – G 5
Riggan = Reggâne 132, C 2
Rigi 84, E 3
Riiser-Larsen-Halbinsel 167, 2 B 2
Rijeka 85, L 5
Rimini 85, J 6
Rinjani 114, D 4
Rio Branco 162, B/C 3
Rio Branco (Fluss) (Weißer Fluss) 162, C 2
Rio Bravo del Norte 154, D/E 4
Rio Cuarto 163, C 6
Rio de Janeiro 145, 1 M/N 11
Rio de la Plata 143, N 13
Río Gallegos 163, C 8
Rio Grande (Argentinien) 163, C 8
Rio Grande (Brasilien) 163, D 6
Rio Grande (Fluss, Brasilien) 143, N/O 12
Rio Grande (Fluss, USA) 142, H/J 7
Rio Grande do Norte 145, 1 N 9
Rio Grande do Sul 145, 1 L 11/12
Rio Negro (Argentinien) 163, C 6/7
Rio Negro (Brasilien) 143, M 10
Rio Negro (Uruguay) 163, D 6
Rioni 91, H 3
Risem-Lunham = Risum-Lindholm 14, C 2
Ristinge 15, G 2
Risum-Lindholm (Risem-Lunham) 14, C 2
Riva del Garda 84, G 5
Rivera 163, D 6
Riviera di Levante 84, E 6 – F 7
Riviera di Ponente 84, D 7 – E 7
Riwne 83, H 3
Rjasan 83, L 2
Rjashsk 83, M 2
Robinson-Crusoe-Insel 163, B 6
Rochefort 80, E 4
Rochester 155, G 2
Rockhampton 138, E 3
Rocky Mountains (Felsengebirge) 142, E 3 – H 7
Rocroi 80, D 5
Rødby Havn (Lolland-) 34, G 1
Rodrigues 123, 3 L/M 8
Roermond 80, E 3
Roeselare 80, B 4
Rögnitz 15, G/H 5
Rom 58, 1 G 4
Röm (Rømø) 14, C 1
Roma 138, D 3
Romanshorn 84, F 3
Romans-sur-Isère 84, B 5
Rømø = Röm 14, C 1
Ronda 88, B 4
Rondane 74, C 4
Rondônia 145, 1 K 10
Rondonópolis 163, D 4
Rongcheng 111, G 4
Ronne-Schelfeis 167, 2 P/Q 2
Ronse 80, C 4
Roosendaal 80, D 3
Roosevelt-Insel 167, 2 K/L 1
Roraima (Berg) 162, C 2
Roraima (Bundesstaat) 145, 1 K/L 8
Røros 74, C 4
Rosario 163, C 6
Roseau 155, H 5
Rosengarten 15, E 5
Rosenheim 35, G/H 8
Rosignano Marittimo 84, G 7
Roslawl 83, K 2
Rossano 89, H 4
Rossbarriere 167, 2 K 2
Ross-Insel 167, 2 J 2
Rosslare 76, B 3
Rossmeer 167, 2 K 2
Rosso 132, B 3
Ross-Schelfeis 167, 2 J/K 1
Rostock 34, G/H 1
Rostow 91, G 2
Røsvatn 74, D 3
Rota 115, G 2
Rotenburg 34, E 2
Rotenturmpass 83, G/H 4
Roter Fluss 110, F 4
Rotes Becken 100, 1 G 4
Rotes Meer 100, 1 C 4 – D 5
Rothaargebirge 34, D 4 – 5
Rothenburg 35, F 6
Roti 114, E 5
Rotterdam 80, D 3
Rotuma 139, G 2
Roubaix 80, C 4
Rouen 77, D 4
Rourkela 110, D 4
Rovaniemi 74, G 3
Rovereto 84/85, G/H 5
Rovigo 85, H 5
Rovinj 85, K 5
Rovuma 135, E 4
Rowuma 123, 3 J 8
Roye 80, B 5
Rozzano 84, F 5
Rshew 83, K 1
Ruaha 135, E 3
Ruanda 124, 1 F 6
Ruapehu 139, G 4
Rubzowsk 94, J 4
Rüdesheim 35, C 5/6
Rudkøbing 15, G 2
Rudolfsee = Turkanasee 135, E 2
Rufiji 135, E 3
Rügen 34, J 1
Ruhner Berge 34, G 2
Ruhr 34, C/D 4
Rukwasee 135, E 3
Rumänien 58, 1 H 4
Rumbek 133, F 4
Rungwe 135, E 3
Ruoqiang 110, D 3
Rur 34, B 5
Rüsselsheim 35, D 6
Russland 102, 1 E – H 1
Rustawi 91, J 3
Rustenburg 134, D 5
Rüting 15, H 4
Rutog 110, C/D 3
Ruwenzori 123, 3 H/J 7
Rybinsk 94, D 4
Ryukyu-Inseln 111, H 4
Rzeszów 83, G 3

S

Saalburg 199, 3 C 3
Saale 34, G 5
Saalfeld 34, G 5
Saane 84, D 4
Saar (Sarre) 35, B 6
Saarbrücken 35, B 6
Saarburg (Sarrebourg) 84, D 2
Saarland 31, 2
Saarlouis 35, B 6
Saas-Fee 84, D 4
Saaz (Žatec) 35, J 5
Sabadell 88, D 3
Sabah 114, D 3
Sabha 132, E 2
Sabi 135, E 5
Sable-Insel 153, O 5
Sabratha 197, 2 D 3
Sabrinaküste 167, 2 F/G 2
Sachalin 101, 1 J 3
Sachsen 31, 2
Sachsen-Anhalt 31, 2
Sachsenwald 15, F 4
Sacramento 154, B 2/3
Sacramento (Fluss) 154, B 2
Safi 132, B/C 1
Saguenay 153, N 5
Sahara (Landschaft) 123, 3 E – H 4
Sahara (Staat) 124, 1 B 3
Saharaatlas 132, C/D 1
Saharanpur 110, C 4
Sahel 123, 3 E – H 5
Saïda 88, D 5
Saigon = Ho-Chi-Minh-Stadt 114, C 2
Saimaakanal 74, H 4
Saimaasee 74, G/H 4
Saint George's 155, H 5
Saint John (Kanada) 153, O 5
Saint John (USA) 155, H 5
Saint John's (Antigua und Barbuda) 155, H 5
Saint John's (Kanada) 153, P 5
Saint Kitts und Nevis 144, 1 K 7
Saint Louis 155, E 3
Saint Lucia 145, 1 K/L 7
Saint Mary Peak 138, C 4
Saint Paul 155, E 2
Saint Paul (Insel) 136, F 6
Saint Petersburg 155, F 4
Saint Vincent und die Grenadinen 145, 1 K 7
Saint-Brieuc 77, C 4
Saint-Denis (Frankreich) 80, B 6
Saint-Denis (Réunion) 135, G 5
Saint-Dié 84, C 2
Saint-Dizier 84, A 2
Sainte-Baume 84, B 7
Saint-Étienne 77, D/E 5
Saint-Germain-en-Laye 80, A 6
Saint-Jean-de-Maurienne 84, C 5
Saint-Louis 132, B 3
Saint-Malo 77, C 4
Saint-Martin-d'Hères 84, B 5
Saint-Nazaire 77, C 5
Saint-Omer 80, B 4
Saint-Pierre und Miquelon 142, N 5
Saint-Pol-sur-Ternoise 80, B 4
Saint-Quentin 77, D 4
Saint-Raphaël 84, C 7
Saipan 115, G 2
Saissan 94, J 5
Saissansee 94, J 5
Sajak 94, H 5
Sajama 143, L/M 11
Sajan 100, 1 F 3
Sajnschand 111, G 2
Saka 88, C 5
Sakarya 90, E 3
Sal 91, H 2
Salado 143, M 12
Salalah 119, 3 D 4
Salamanca 88, B 3
Salamat 123, 3 G 5
Salamis (historischer Ort) 197, 2 F 3
Salar de Atacama 163, C 5
Salar de Uyuni 163, C 4/5
Sala-y-Gomez 143, H 12
Saldanha 134, C 6
Salechard 94, G 3
Salem 154, B 2
Salerno 89, G 3
Salihorsk 83, H 2
Salima 135, E 4
Salina Cruz 154, E 5
Salisbury 138, C 4
Salò 84, G 5
Salomonen 243, S 6
Salomon-Inseln 136, K/L 5
Salomonsee 115, G/H 4
Saloniki = Thessaloniki 90, C 3
Salpausselkä 74, G 4 – H 4
Salsk 91, H 2
Salt Lake City 154, C 2
Salta 163, C 5
Saltillo 154, D 4
Salto 163, D 6
Saluën 100, 1 F 4
Salvador 163, F 4
Salza 85, L 3
Salzach 85, J 2/3
Salzburg 85, K 3
Salzburger Kalkalpen 85, J 3
Salzgitter 34, F 3
Salzkammergut 85, K/L 3
Salzwedel 34, F/G 3
Samara 94, F 4
Samarinda 114, D 4
Samarkand 119, 3 E 2
Sambesi 123, 3 H 8
Sambia 124, 1 F 7
Sambre 80, D 4
Samoa 137, M 5
Samos 90, D 4
Samsun 91, G 3
San 83, G 3
San Ambrosio 143, K 12
San Andrés 155, F 5
San Antonio 154, E 4
San Bernardino 154, C 3
San Bernardino (Pass) 84, F 4
San Borja 162, C 4
San Carlos de Bariloche 163, B 7
San Cristóbal 162, B 2
San Diego 154, C 3
San Donà di Piave 85, J 5
San Félix 143, K 12
San Fernando 114, D/E 2
San Francisco 154, B 3
San Ignacio 162, C 4
San Joaquin 154, B 3
San Jorge-Golf 163, C 7
San José (Costa Rica) 145, 1 H 7
San José (Guatemala) 155, E 5
San Jose (USA) 154, B 3
San Juan (Argentinien) 163, C 6
San Juan (Puerto Rico) 155, H
San Justo 163, D 6
San Lorenzo 162, A/B 2
San Lorenzo (Berg) 163, B 7
San Luis 163, C 6
San Luis Potosí 154, D 4
San Marino 85, J 7
San Marino (Staat) 58, 1 G 4
San Matías-Golf 163, C 7
San Miguel de Tucumán 163, C 5
San Pédro 132, C 4
San Pedro Sula 155, F 5
San Rafael 163, C 6
San Remo 84, D 7
San Salvador 145, 1 H 7
San Salvador de Jujuy 163, C 5
San Valentin 143, L 14
Sana 102, 1 D 4
Sanaga 132, E 4
Sandakan 114, D 3
Sandbostel 14, D 5
Sandby 15, H 2
Sande 14, B 4/5
Sandoa 134, D 3
Sandover 138, C 3
Sangar 95, N 3
Sangatte 80, A 4
Sangha 134, C 2
Sankt Blasien (Kloster) 201, 3 C 3
Sankt Gallen 84, F 3
Sankt Georg 83, J 4
Sankt Goar 35, C 5
Sankt Gotthard 84, E 4
Sankt Helena 123, 3 E 8
Sankt Michaelisdonn 14, C/D 4
Sankt Moritz 84, F 4
Sankt Peter-Ording 14, B/C 3
Sankt Petersburg 74, H 4/5
Sankt Pölten 85, M 2
Sankt Ulrich (Ortisei) 85, H 4
Sankt Veit 85, L 4
Sankt Vith 80, F 4
Sankt-Eliasberge 152, F 3
Sankt-Georgs-Kanal 76, B 3/4
Sankt-Lorenz-Golf 142, M 5
Sankt-Lorenz-Insel 142, A 3
Sankt-Lorenz-Strom 142, L/M 5
Sankuru 134, D 3
Şanlıurfa 91, G 4
Sannar 133, G 3
Sannikowstraße 95, O/P 2
Sansibar 123, 3 J/K 7
Sansibar-Stadt 135, E 3
Santa Catarina 145, 1 L/M 11
Santa Clara 155, F/G 4
Santa Cruz de la Sierra 162, C
Santa Cruz de Tenerife 132, B
Santa Fe (Argentinien) 163, C 6
Santa Fe (USA) 154, D 3
Santa Maria 163, D 5/6
Santa Marta 162, B 1
Santa Rosa 163, C 6
Santa-Cruz-Inseln 139, F 2
Santander 88, B/C 3
Santanilla 155, F 5
Santarém 163, D 3
Santerno 85, H 6
Santiago (Dominikanische Republik) 155, G 5
Santiago de Chile 163, B 6
Santiago de Compostela 88, A 3
Santiago de Cuba 155, G 5
Santiago del Estero 163, C 5
Säntis 84, F 3
Santo Domingo 144, 1 J/K 7
Santorin 90, D 4
Santos 163, E 5
Sanya 111, F 5
São Francisco 143, O 11
São José do Rio Prêto 163, D/E 5
São Luís 163, E 3
São Manuel 162, D 3
São Paulo 145, 1 L/M 11
São Paulo (Insel) 242, H 5
São Tomé 124, 1 D 5
São Tomé (Insel) 123, 3 F 6
São Tomé und Príncipe 124, 1 D 5/6
Saône 84, B 3 – C 2
Sapitwa 135, E 4

appada 85, J 4
apporo 111, K 2
aqqez 91, J 4
arajevo 58, 1 G 4
aratow 94, E 4
aratower Stausee 94, E 4
arawak 114, D 3
arca 84, G 4
ardes 90, E 4
ardinien 89, E/F 4
arek 74, E 3
argassosee 142, M 6/7
argodha 110, C 3
arh 132, E 4
aniyar-Stausee 91, E 4
armi 115, F 4
arpasee 91, J 2
arre = Saar (Fluss) 35, B 6
aruug = Süderoog 14, C 3
aruug Söön (Süderoogsand) 14, B/C 3
árvár 85, N 3
askatchewan (Fluss) 142, H 4
askatchewan (Provinz) 144, 1 F 3
askatoon 152, K 4
assandra 132, C 4
assari 89, F 3
assnitz 34, J 1
assowo 83, M 2
atawan-Atoll 115, H 3
atpuragebirge 110, C 4
atrup 15, E 2
atu Mare 83, G 4
aualpe 85, L 4
audi-Arabien 102, 1 C/D 3
auerland 34, C 4 – D 4
ault Sainte Marie 153, M 5
aurimo 134, D 3
ava = Save (Balkan) 90, B 2
avaii 139, H 2
avannah 155, F 3
avannah (Fluss) 155, F 3
avannakhet 114, C 2
ave (Balkan, Sava) 90, B 2
ave (Mosambik) 135, E 5
avio 85, J 7
avona 84, E 6
avoyer Alpen 84, C 5 – C 4
awu 114, E 5
ayda = Sidon 91, F 5
cafell Pike 76, C 3
chaale 15, G 5
chaalsee 15, G 4
chachty 91, H 2
chaffhausen 35, D 8
chafflund 15, D 2
chalkar 94, F 5
chantar-Inseln 95, O 4
charbeutz 15, G 3
chärding 85, K 2
charhörn 14, B 4
cheelsberg 15, E 3
cheersberg 15, E 2
chefferville 153, O 4
chelde 80, D 3
chelichowgolf 95, Q 3/4
chenefeld 15, D 3
chenefeld 15, E 4
cheveningen (Den Haag-) 80, C 2
chiermonnikoog 80, E 1
chiffdorf 14, C 4
chilka 95, M 4
chio 85, H 5
chladming 85, K 3
chlangeninsel 83, J 4
chlei 15, E 2
chleiz 34, G 5
chlesien 82, E/F 3
chleswig 15, D/E 2
chleswig-Flensburg (Landkreis) 27, 6
chleswig-Holstein 31, 2
chlettstadt (Sélestat) 84, D 2
chneeberg (Berg, Bayern) 35, G 5
chneeberg (Berg, Österreich) 85, M 3
choberpass 85, L 3
chobüll (Schööbel) 14, C 2
chönberg (Schleswig-Holstein) 15, F 3
chönberg (Mecklenburg-Vorpommern) 15, G 4
chönebeck 34, G 3
chonen 75, D 6
chongau 35, F 8
chönkirchen 15, F 3
chönwalde 15, G 3
chööbel = Schobüll 14, C 2
chorfheide 34, J 2
chortens 14, A 4
chott al Hodna 88, E 5
chott Melrhir 89, E 5
chruns 84, F 3
chuby 15, D 2
chüttenhofen (Sušice) 35, J 6
chwabach 35, F/G 6
chwaben 31, 2
Schwäbisch Gmünd 35, E 7
Schwäbisch Hall 35, E 6
Schwäbische Alb 35, D 7 – E 7
Schwäbisch-Fränkisches Stufenland 30, 1 C/D 4
Schwandorf 35, G/H 6
Schwanheide 15, G 5
Schwansen 15, E 2
Schwarze Elster 34, J 4
Schwarzenbek 15, F 4
Schwarzer Fluss 110, F 4
Schwarzer Irtysch 110, D 2
Schwarzer Volta 132, C 3/4
Schwarzes Meer 91, E/G 3
Schwarzwald 35, C 8 – D 7
Schweden 58, 1 G 2
Schwedeneck 15, F 3
Schwedt 34, K 2
Schweinfurt 35, F 5
Schweiz 58, 1 F 4
Schweizer Jura 84, C 3 – D 3
Schwerin 34, G 2
Schweriner See 34, G 2
Schwinge 15, D 4
Schwyz 84, E 3/4
Scilly-Inseln 77, B 4
Scoresbysund = Ittoqqortoormiit 153, S 2
Scott-Insel 167, 2 K 2
Scrivia 84, E 6
Seattle 154, B 2
Sebou 88, B 5
Secchia 84, G 6
Sedan 80, D 5
Seeland 75, C 6
Seetaler Alpen 85, L 3
Seevetal 15, E/F 5
Segeberg (Landkreis) 27, 6
Segesha 74, J 4
Ségou 132, C 3
Segovia 88, B 3
Segre 88, D 3
Segsee 74, J 4
Segura 88, C 4
Seim 83, K 3
Seinäjoki 74, F 4
Seine 77, D 4
Seja 95, N 4
Seja (Fluss) 95, N 4
Sejmtschan 95, Q 3
Sekondi-Takoradi 132, C 4
Selam 110, C 5
Selb 35, H 5
Selenga 110, F 2
Selenograd 83, K 1 – L 2
Selent 15, F 3
Selenter See 15, F 3
Selentschukskaja 91, H 3
Sélestat = Schlettstadt 84, D 2
Selinunt 89, G 4
Selinus (hist. Selinunt) 197, 2 D 3
Selmsdorf 15, G 4
Selvas 143, L/N 10
Semarang 114, D 4
Semei (Semipalatinsk) 94, H/J 4
Semeru 114, D 4
Semipalatinsk = Semei 94, H/J 4
Semmering 85, M 3
Semnan 119, 3 D 2
Sendai 111, K 3
Senegal (Fluss) 123, 3 D 5
Senegal (Staat) 124, 1 B 4
Senftenberg 34, J/K 4
Senigallia 85, K 7
Senj 85, L 6
Seoul 102, 1 H 3
Sepik 115, G 4
Sept-Îles 153, O 4
Seraing 80, E 4
Seram 101, 1 H 6
Seramsee 114, E/F 4
Serbien 58, 1 H 4
Serchio 84, G 6
Serdar 119, 3 D 2
Seremban 114, C 3
Sergijew Posad 83, L 1
Sergipe 145, 1 N 10
Serio 84, F 5
Serow 94, G 4
Serowe 134, D 5
Serpuchow 83, L 2
Serra da Estrêla 88, A/B 3
Serra da Mantiqueira 163, E 5
Serra do Espinhaço 163, E 4
Serra dos Cachimbo 162, D 3
Serra dos Parecis 162, C/D 4
Serra Dourada 163, E 4
Serra Geral 163, D 5
Serra Pacaraima 162, C 2
Serrai 90, C 3
Sesia 84, E 5
Sestrière 84, C/D 6
Sète 77, D 6
Setesdal 75, B 5
Sétif 88, E 4
Setúbal 88, A 4
Severn 76, C 4
Sevilla 88, B 4
Sewansee 91, J 3
Seward 152, F 4
Seward-Halbinsel 152, D 3
Sewernaja Semlja 100, 1 F 2
Sewero-Jenissejskij 94, K 3
Seweromorsk 74, J 2
Seychellen (Inseln) 123, 3 L 7
Seychellen (Staat) 125, 1 J 6
Seyðisfjörður 74, D 1
Sfax 89, F 5
Shache (Yarkand) 110, C 3
Shackleton-Schelfeis 167, 2 E/F 2
Shandong 111, G/H 3
Shanghai (Schanghai) 111, H 3
Shannon 76, A 3
Shantou 111, G 4
Shashi 111, G 3
Shebele 123, 3 K 6
Sheffield 76, C 3
Shenyang 111, H 2
Shenzhen 111, G 4
Shepparton 138, D 4
Sherbrooke 153, N 5
Sheskasgan 94, G 5
Shetland-Inseln 76, C 1
Shigansk 95, N 3
Shihezi 110, D 2
Shijiazhuang 111, G 3
Shikoku 111, J 3
Shiliguri 110, D 4
Shillong 110, E 4
Shinyanga 135, E 3
Shipkipass 110, C 3
Shiraz 119, 3 D 3
Shire 135, E 4
Shkodër = Skutari 90, B 3
Sholapur 110, C 5
Shossaly 94, G 5
Shreveport 155, E 3
Shuangliao 111, H 2
Shule He 110, E 2
Shytomyr 83, J 3
Šiauliai 75, F 6
Sibenik 85, M 7
Siberut 114, B 4
Sibirien 100/101, 1 E – H 2
Sibiu = Hermannstadt 83, H 4
Sibolga 114, B 3
Sibu 114, D 3
Sibut 132, E 4
Sichote-Alin 101, 1 H 3
Sichuan 110/111, F 3
Sicuani 162, B 4
Side 197, 2 F 3
Sidi bel Abbès 88, C 5
Sidi Ifni 132, B 2
Sidon (Sayda) 91, F 5
Siebenbürgen 83, G/H 4
Siedlce 83, G 2
Sieg 34, C 5
Siegburg 34, C 5
Siegen 34, D 5
Sierksdorf 15, G 3
Sierra Leone 124, 1 B 5
Sierra Morena 88, B/C 4
Sierra Nevada (Spanien) 88, C 4
Sierra Nevada (USA) 142, F 5 – G 6
Siglufjörður 74, C 1
Sigmaringen 35, E 7
Signal de la Sauvette 84, C 7
Siirt 91, H 4
Sikasso 132, C 3
Sil 88, B 3
Siljansee 74, D 4
Sillajhuay 163, C 4
Silvretta 84, F 4 – G 4
Simav 90, E 4
Simav (Fluss) 90, E 4
Simbabwe 124, 1 F/G 7
Simeuluë 114, B 3
Şimkent 94, G 5
Simplonpass 84, D/E 4
Simpsonwüste 138, C 3
Sinai 133, G 2
Sincelejo 162, B 2
Sind 110, B 4
Sindelfingen 35, D 7
Sines 88, A 4
Singapur 114, C 3
Singapur (Staat) 102, 1 G 4
Singen 35, D 8
Singkawang 114, C 3
Sinjar 91, H 4
Sinop (Brasilien) 163, D 4
Sinop (Türkei) 91, F 3
Sinope (hist. Sinop) 197, 2 F 2
Sinsheim 35, D 6
Sintang 114, D 3
Sint-Niklaas 80, C 3
Sinuiju 111, H 2
Siø 15, G 2
Sion = Sitten 84, D 4
Sioux City 154, E 2
Sioux Falls 154, E 2
Siping 111, H 2
Siracusa = Syrakus 89, G 4
Siret 83, H 4
Sirjan 119, 3 D 3
Sirwan 91, J 5
Sisimiut (Holsteinsborg) 153, P 3
Sisteron 84, B 6
Sitka 152, G 4
Sittard-Geleen 80, E 4
Sitten (Sion) 84, D 4
Sittensen 15, E 5
Sittwe = Akyab 110, E 4
Sivas 91, G 4
Siwa 133, F 2
Siwalikkette 110, C 3 – D 4
Sizilien 89, G 4
Skagerrak 75, B 5 – C 5
Skagway 152, G 4
Skanden 57, 2 E – G 1
Skarø 15, F 1
Skellefteå 74, F 3
Skellefteälv 74, E 3
Skien 75, C 5
Skikda 89, E 4
Sklavenfluss 142, G 3/4
Sklavenküste 132, D 4
Skopje 58, 1 H 4
Skoworodino 95, N 4
Skutari (Shkodër) 90, B 3
Skutarisee 90, B 3
Skyros 90, D 4
Slatoust 94, F 4
Slavonski Brod 90, B 2
Slawonien 90, B 2
Sligo 76, A 3
Sliven 90, D 3
Slowakei 58, 1 G/H 4
Slowenien 58, 1 G 4
Slowjansk 83, L 3
Sluis 80, C 3
Słupsk = Stolp 82, F 2
Smålandsfarvandet 15, H 1
Smallwoodreservoir 153, O 4
Smolensk 83, J/K 2
Snæfellsjökull 74, B 1
Snake 142, G 5
Snares-Inseln 139, F 5
Sneek 80, E 1
Snøhetta 74, C 4
Snowdon 76, B 3
Sobat 133, G 4
Sobral 163, E 3
Søby 15, F 2
Soča = Isonzo 85, K 4/5
Socompapass 163, B/C 5
Söderhamn 74, E 4
Soe 114, E 4
Soest 34, D 4
Sofia 58, 1 H 4
Sognefjord 74, B 4
Sohag 133, G 2
Soignies 80, C 4
Soissons 80, C 5
Sokodé 132, D 4
Sokoto 132, D 3
Sokotra 123, 3 L 5
Söl = Sylt 14, B 2
Solferino 84, G 5
Solingen 34, B/C 4
Søllested 15, H 2
Solling 34, E 4
Solothurn 84, D 3
Solowezki-Inseln 74, J 3
Soltau 34, E 3
Söl-Uast = Sylt-Ost 14, B 2
Solus (hist. Solunto) 197, 2 D 3
Solway Firth 76, B/C 3
Somalia 124, 1 H 5
Somalihalbinsel 123, 3 K 6
Somes = Szamos 83, G 4
Somme 80, B 5
Sömmerda 34, G 4
Sønderå 15, D 2
Sønderborg = Sonderburg 15, E 2
Sonderburg (Sønderborg) 15, E 2
Sondrio 84, F 4
Songea 135, E 4
Songhua Jiang 111, H 2
Sonneberg 35, G 5
Sonthofen 35, F 8
Sopron = Ödenburg 85, N 3
Soria 88, C 3
Sorong 115, F 4
Sørøy 74, F 2
Sortavala 74, H 4
Sörup 15, E 2
Sosch 83, J 2
Sotschi 91, G 3
Sousse 89, F 5
South Carolina 144, 1 H/J 5
South Dakota 144, 1 F/G 4
South Tarawa 243, S 5
Southampton 76, C 4
Southampton-Insel 142, K/L 3
Southend-on-Sea 76, D 4
Sowjetsk = Tilsit 83, G 2
Sowjetskaja-Gawan 95, O/P 5
Spa 80, E 4
Spalato (hist. Split) 201, 3 E 4
Spanien 58, 1 E 5
Sparta 90, C 4
Sparta (historischer Ort) 197, 2 E 3
Spencergolf 138, C 4
Spessart 35, E 5
Speyer 35, D 6
Spiekeroog 34, C 2
Spielfeld 85, M 4
Spijkenisse 80, D 3
Spittal 85, K 4
Spitzbergen 166, 1 H 2
Split 90, B 3
Splügenpass 84, F 4
Spodsbjerg 15, G 2
Spokane 154, C 2
Spoleto 201, 3 D 4
Spratly-Inseln 114, D 3
Spree 34, K 4
Spreewald 30, 1 E 2 – F 3
Spremberg 34, K 4
Springfield 155, E/F 3
Sretensk 95, M 4
Sri Lanka (Ceylon) 100, 1 F 5
Sri Lanka (Staat) 102, 1 F 4
Srinagar 110, C 3
Stade 15, D 4
Stade (Landkreis) 27, 6
Stadland 14, B 5
Stadland (Landschaft) 14, B 5
Stadskanaal 80, F 2
Staffelberg 35, G 5
Stalingrad (hist. Wolgograd) 216, 1
Stanley (Falkland-Inseln) 163, D 8
Stanley (Tasmanien) 138, D 5
Stanowoigebirge 101, 1 H 3
Stapelholm 15, D 3
Stara Zagora 90, D 3
Stargard (Stargard Szczeciński) 34, K/L 2
Stargard Szczeciński = Stargard 34, K/L 2
Starnberg 35, G 7
Starnberger See 35, G 8
Staufen 201, 3 B 3
Stausee von Kiew 83, J 3
Stavanger 75, B 5
Stawropol 91, H 2
Stawropoler Hochland 91, H 2
Steenwijk (Steenwijkerland-) 80, E 2
Steep Point 138, A 3
Stefaniesee 133, G 4
Steigerwald 35, F 6
Steinamanger (Szombathely) 85, N 3
Steinburg (Landkreis) 27, 6
Steinhuder Meer 34, E 3
Steinige Tunguska 95, K/L 3
Steinkjer 74, C 3
Stelle 15, F 5
Stenay 80, E 5
Stendal 34, G 3
Stepenitz 15, H 4
Ster 83, H 3
Sterzing (Vipiteno) 85, H 4
Stettin (Szczecin) 34, K 2
Stewart-Insel 139, F 5
Steyr 85, L 2
Stilfser Joch 84, G 4
Stockelsdorf 15, G 4
Stockholm 58, 1 G 3
Stoense 15, G 1
Stoke-on-Trent 76, C 3
Stolp (Słupsk) 82, F 2
Stör 15, E 3
Stora Lulevatten 74, E 3
Storavan 74, E 3
Stormarn 15, E/F 4
Stormarn (Landkreis) 27, 6
Storsee 74, D 4
Strakonice = Strakonitz 35, J 6
Strakonitz (Strakonice) 35, J 6
Stralsund 34, H/J 1
Stranraer 76, B 3
Strasbourg = Straßburg 77, E 4
Straßburg (Strasbourg) 77, E 4
Straße von Dover 76, D 4
Straße von Gibraltar 88, B 4/5
Straße von Hormus 119, 3 D 3
Straße von Kertsch 91, G 2
Straße von Mosambik 123, 3 J 9 – K 8
Straße von Otranto 90, B 3/4
Straße von Yucatán 142, K 7/8
Stratford-upon-Avon 76, C 3
Straubing 35, H 7
Stříbro = Mies 35, H 6
Stromboli 89, G 4
Struma 90, C 3
Strynø 15, G 2
Stubaier Alpen 85, H 3
Stubbæk 15, D 2
Stubbenkammer 34, J 1
Stung Treng 114, C 2
Stura 84, D 6
Sturt Creek 138, B 2
Stuttgart 35, E 7
Subotica 90, B 2
Suceava 83, H 4
Suchona 94, E 3
Suchumi 91, H 3
Suckling 115, G 4
Sucre 145, 1 K 10
Südafrika 124, 1 F 9
Südamerika vorderer Buchinnendeckel, F/G 6
Sudan (Landschaft) vorderer Buchinnendeckel, K/L 5
Sudan (Staat) 124, 1 F/G 4
Sudbury 153, M 5
Südchinesisches Bergland 101, 1 G 4
Südchinesisches Meer 101, 1 G 5
Sudd 133, F/G 4
Sude 15, H 5
Süderaue (a Söler la) 14, B/C 2
Süderbrarup 15, E 2
Süderhastedt 15, D 3
Süderhever 14, C 3
Süderlügum 14, C 2
Süderoog (Saruug) 14, C 3
Süderoogsand = Saruug Söön 14, B/C 3
Süderpiep 14, C 3
Sudeten 82, E/F 3
Südfall 14, C 3
Südgeorgien 143, P 15
Südinsel 139, F 5
Süd-Jemen 102, 1 D 4
Südkap 139, F 5
Südkorea 102, 1 H 3
Südliche Sierra Madre 154, D/E 5
Südliche Sporaden 90, D 4
Südorkney-Inseln 167, 2 Q 2/3
Südostkap 138, D 5
Südsandwich-Inseln 167, 2 R 3
Südshetland-Inseln 167, 2 Q 2/3
Südsudan 124, 1 F/G 5
Südtirol 84, H 4 – J 4
Suez 133, G 1/2
Suhar 119, 3 D 3
Sühbaatar 110, F 1
Suhl 34, F 5
Suihua 111, H 2
Sukkosero 74, J 4
Sukkur 110, B 4
Sula 83, K 3
Sulaimangebirge 110, B 4 – C 3
Sula-Inseln 101, 1 H 6
Sulak 91, J 3
Sulak (Fluss) 91, J 3
Sulawesi 101, 1 G/H 6
Sulci (hist. Sant'Antioco) 197, 2 C 3
Sülfeld 15, F 4
Sulu-Inseln 114, D/E 3
Sulusee 114, D/E 3
Sulzbach-Rosenberg 35, G 6
Sumatra 100, 1 F 5 – H 6
Sumba 114, D 5
Sumbawa 114, D 4
Šumen 90, D 3
Sundastraße 114, C 4
Sunderland 76, C 3
Sundewitt 15, E 2
Sundsvall 74, E 4
Sungaipenuh 114, C 4
Suntar 95, M 3
Süntel 34, E 3
Suojärvi 74, J 4
Suomenselkä 74, F 4 – H 4
Süphan 91, H 4
Süpplingenburg 201, 3 C 1
Sur (Libanon) = Tyros 91, F 5
Sur (Oman) 119, 3 D 3
Surabaya 114, D 4
Surakarta 114, D 4
Surat 110, C 4
Surgut 94, H 3
Surigao 114, E 3
Suriname 145, 1 L 8
Surt 132, E 1
Surtsey 74, B 2
Susa (Iran) 119, 3 C 2
Susa (Italien) 84, D 5
Süsel 15, G 3
Sušice = Schüttenhofen 35, J 6
Sussuman 95, P 3
Sutlej 110, C 4
Suva 243, S 6
Suzhou 111, H 3
Svalbard 94, B 2
Svealand 75, D 5 – E 5
Svendborg 15, G 1
Sverdrup-Inseln 152, K/L 2
Swain-Riffe 138, E 3
Swains 139, H 2
Swakop 134, C 5
Swakopmund 134, C 5
Swan 138, A 4
Swansea 76, C 4
Swasiland 124, 1 G 8
Swinemünde (Świnoujście) 34, K 2

Świnoujście = Swinemünde 34, K 2
Swir 74, J 4
Swobodnyj 95, N 4
Sydney (Australien) 138, E 4
Sydney (Kanada) 153, O 5
Syktywkar 94, F 3
Sylt (Söl) 14, B 2
Sylt-Ost (Söl-Uast) 14, B 2
Syrakus (Siracusa) 89, G 4
Syrdarja 100, 1 E 3
Syrien 102, 1 C 3
Syrische Wüste 100, 1 C/D 4
Syrjanka 95, P/Q 3
Sysran 94, E 4
Szamos (Somes) 83, G 4
Szczecin = Stettin 34, K 2
Szczecinek = Neustettin 82, F 2
Szeged 83, F/G 4
Székesfehérvár 83, F 4
Szentgotthárd 85, N 4
Szombathely = Steinamanger 85, N 3

T

Tabajós 143, N 10
Tabana-Ntlenyana 134, D 5
Tabas 119, 3 D 2
Tabatinga 162, C 3
Tabora 135, E 3
Täbris 119, 3 C 2
Tabuaeran 137, N 4
Tabuk 119, 3 B 3
Tacloban 114, E 2
Tacna 163, B 4
Tadmor (Tudmor) 91, G 5
Tadschikistan 102, 1 E 3
Tafelberg 134, C 6
Taganrog 91, G 2
Tagliamento 85, J 4
Tahan 114, C 3
Tahat 123, 3 F 4
Tahir-Pass 91, H 4
Tahoua 132, D 3
Tai'an 111, G 3
Taibai Shan 111, F 3
Taichung 111, H 4
Taif 119, 3 C 3
Taimyr-Halbinsel 100, 1 F/G 2
Taimyrsee 95, L 2
Tainan 111, G/H 4
Taipeh 102, 1 H 3
Taiping 114, B/C 3
Taischet 95, K 4
Taivalkoski 74, G/H 3
Taiwan (Insel) 101, 1 H 4
Taiwan (Staat) 102, 1 H 3
Taiyuan 111, G 3
Taizhou (Zhejiang) 111, G/H 3
Ta'izz 119, 3 C 4
Tajo 88, C 3
Tajumulco 155, E 5
Takase 133, G 3
Takauna 139, G 4
Tal des Todes 142, G 6
Talaud-Inseln 114, E 3
Talca 163, B 6
Talkheh 91, J 4
Tall Afar 91, H 4
Tallahassee 155, F 3
Tallinn 58, 1 H 3
Tamala 138, A 3
Tamale 132, C 4
Tamanrasset (Tamenghest) 132, D 2
Tambo 138, D 3
Tambora 114, D 4
Tambow 94, E 4
Tamenghest = Tamanrasset 132, D 2
Tampa 155, F 4
Tampere 74, F/G 4
Tampico 154, E 4
Tamsweg 85, K 3
Tamworth 138, D/E 4
Tana (Fluss, Kenia) 123, 3 J 7
Tana (Fluss, Norwegen) 74, G 2
Tana (Insel) 139, F 2
Tanais (hist. Asow) 197, 2 F 2
Tanamiwüste 138, C 2
Tanana 152, F 3
Tanaro 84, D/E 6
Tanasee 133, G 3
Tanezrouft 132, C/D 2
Tanga 135, E 3
Tanganjikasee 123, 3 J 7
Tanger 88, B 5
Tanggula Shan 110, D/E 3
Tanggula-Pass 110, E 3
Tangshan 111, G 3
Tangstedt 15, E/F 4
Tanimbar-Inseln 114, E 4
Taning = Tönning 14, C 3
Tanjona Bobaomby 123, 3 K/L 8
Tanjona Vohimena 123, 3 K 9
Tannugebirge 94, K 4
Tansam 135, E 3
Tansania 124, 1 G 6
Tanta 133, G 1
Taolagnaro 135, F 5
Taormina 89, G 4
Taoudenni 132, C 2
Tapachula 155, E 5
Tapajós 162, D 3
Tara 94, H 4
Tarabulus (Libanon) = Tripoli 91, F 5
Tarabulus (Libyen) = Tripolis 132, E 1
Tarakan 114, D 3
Taranto = Tarent 89, H 3
Tarapoto 162, B 3
Taras (hist. Tarent) 197, 2 D 2
Taraz 94, H 5
Tarbagatai 94, J 5
Tarcoola 138, C 4
Taree 138, E 4
Tarent (Taranto) 89, H 3
Tarija 163, C 5
Tarim 110, D 2
Tarimbecken 100, 1 F 3/4
Tarlac 114, D/E 2
Tarn 77, D 6
Tarnów 83, G 3
Taro 84, F 6
Tarp 15, D 2
Tarragona 88, D 3
Tarsus 91, F 4
Tartessos (historischer Ort) 197, 2 B 3
Tartu 75, G 5
Tartus 91, F 5
Tarvisio 85, K 4
Tas 94, J 3
Taschkent 102, 1 E 2
Taschtagol 94, J 4
Tasiilaq (Ammassalik) 153, R 3
Tåsinge 15, G 1/2
Tasmanien 136, J/K 7
Tasman-See 136, K 6 – L 7
Tassili der Adjer 132, D 2
Tatarensund 95, P 4/5
Tatarsk 94, H 4
Tatvan 91, H 4
Tauber 35, E 6
Tauberbischofsheim 35, E 6
Taucha 34, H 4
Taufstein 34, E 5
Taunggyi 110, E 4
Taunus 35, C 5 – D 5
Tauranga 139, G 4
Taurus 100, 1 C 4
Taus (Domažlice) 35, H 6
Tavoy 110, E 5
Tawau 114, D 3
Tawda 94, G 4
Tawda (Fluss) 94, G 4
Taxila 110, C 3
Tayma 119, 3 B 3
Tbilissi = Tiflis 91, J 3
Tchab 91, G 2
Tczew = Dirschau 83, F 2
Tebessa 89, E/F 5
Tebulosmta 91, J 3
Tegucigalpa 145, 1 H 7
Teheran 102, 1 D 3
Tejo 88, A 4
Tekirdağ 90, D 3
Tel Aviv-Jaffa 119, 3 B 2
Telemark 75, B 5 – C 5
Tellatlas 88, C 5 – E 4
Tellingstedt 15, D 3
Teltow 34, J 3
Tema 132, C/D 4
Tembilahan 114, C 4
Temeschburg (Timişoara) 83, G 4
Temuco 163, B 6
Tendapass 84, D 6
Ténéré 132, D 2 – E 3
Teneriffa 132, B 2
Tengissee 94, G 4
Tennant Creek 138, C 2
Tennessee (Bundesstaat) 144, 1 H 5
Tennessee (Fluss) 142, K 6
Teófilo Otôni 163, E 4
Tepic 154, D 4
Teplice = Teplitz 34, J 5
Teplitz (Teplice) 34, J 5
Terai 110, C/D 4
Terek 91, J 3
Terek (Fluss) 91, J 3
Terek-Kuma-Niederung 91, J 2
Teresina 163, E 3
Tergnier 80, C 5
Teriberka 74, J 2
Termiz 119, 3 E 2
Ternate 114, E 3
Ternej 95, O 5
Terneuzen 80, C 3
Terni 89, G 3
Ternopil 83, H 3
Terpenijabai 95, P 5
Terschelling 80, E 1
Tertius 14, C 3
Teruel 88, C 3
Tessin 84, E 4
Tessiner Alpen 84, E 4
Tete 135, E 4
Teteriw 83, J 3
Tétouan 88, B 5
Tetrino 74, K 3
Tetschen (Děčín) 34, K 5
Teufelsmoor 14, C/D 5
Teurnia (historischer Ort) 199, 3 E 5
Teutoburger Wald 34, D 3 – D 4
Texas 144, 1 F/G 5
Texel 80, D 1
Thailand 102, 1 F/G 4
Thana 110, C 5
Thanh Hoa 114, C 2
Thargomindah 138, D 3
Tharr 110, C 4
Tharros (historischer Ort) 197, 2 C 3
Tharthársee 91, H 5
Thasos 90, D 3
Thaya 85, M 2
The Pas 152, K 4
The Wash 76, D 3
Theben (historischer Ort) 197, 2 F 4
Theben (Ruinenstätte) 133, G 2
Theben (Thiva) 90, C 4
Themse 76, C 4
Thera (hist. Santorin) 197, 2 E 3
Thermopylen 90, C 4
Thessaloniki (Saloniki) 90, C 3
Thiès 132, B 3
Thika 135, E 3
Thimphu 102, 1 F 3
Thionville = Diedenhofen 80, F 5
Thisted 75, C 5
Thiva = Theben 90, C 4
Thjórsá 74, C 1
Thomson 138, D 3
Thorn (Toruń) 83, F 2
Thorshavn 76, B 1
Thrakien 90, D 3
Thule = Qaanaaq 153, O 2
Thun 84, D 4
Thunder Bay 153, M 5
Thuner See 84, D 4
Thüringen 31, 2
Thüringer Becken 30, 1 D 3
Thüringer Wald 34, F 5
Thurø 15, G 1
Thurston-Insel 167, 2 O 2
Tian Shan 100, 1 E/F 3
Tianjin 111, G 3
Tiaret 88, D 5
Tiber 89, G 3
Tibesti 123, 3 G 4
Tibesti-Serir 132, E 2
Tidjikdja 132, B 3
Tienen 80, D 4
Tierra del Fuego = Feuerland 163, B/C 8
Tiflis 102, 1 D 2
Tiflis (Tbilissi) 91, J 3
Tigris 100, 1 D 4
Tihuța 83, H 4
Tijuana 154, C 3
Tikal 155, F 5
Tikrit 91, H 5
Tiksi 95, N 2
Tilburg 80, D 3
Tilitschiki 95, R 3
Tilsit (Sowjetsk) 83, G 2
Timanrücken 57, 2 K 1
Timaru 139, G 5
Timbuktu (Tombouctou) 132, C 3
Timimoun 132, D 2
Timiş 83, G 4
Timişoara = Temeschburg 83, G 4
Timmendorfer Strand 15, G 2/3
Timor 136, J 5
Timorsee 114, E 5
Tinduf 132, C 2
Tingis (hist. Tanger) 197, 2 B 3
Tinglev 15, D 2
Tintummasteppe 132, E 3
Tirana 58, 1 G 4
Tirano 84, G 4
Tiraspol 83, J 4
Tiruchchirappalli 110, C 5
Titicacasee 143, L 11
Titlis 84, E 4
Tizi-Ouzou 88, D/E 4
Tjumen 94, G 4
Tjung 95, M 3
Tlemcen 88, C 5
Toamasina 135, F 4
Tobago 155, H 5
Toblach (Dobbiaco) 85, J 4
Tobol 94, G 4
Tobolsk 94, G 4
Tobruk (Tubruq) 133, F 1
Tocantins (Bundesstaat) 145, 1 M 10
Tocantins (Fluss) 143, O 10
Toce 84, E 4
Tocopilla 163, B 5
Tödi 84, E 4
Tofua 139, H 2
Togliatti 94, E 4
Togo 124, 1 D 5
Toili 114, E 4
Tokar 133, G 3
Tokat 91, G 3
Tokelau-Inseln 137, M 5
Tokio 102, 1 J 3
Toledo (Spanien) 88, B 4
Toledo (USA) 155, F 2
Toliara 135, F 5
Tolk 15, E 2
Tolmezzo 85, J/K 4
Tolmin 85, K 4
Toluca 154, D/E 5
Tombouctou = Timbuktu 132, C 3
Tommot 95, N 4
Tomoi (historischer Ort) 197, 2 E 2
Tomsk 94, J 4
Tonalepass 84, G 4
Tønder = Tondern 14, C 2
Tondern (Tønder) 14, C 2
Tonga 137, M 6
Tongatapugruppe 139, H 3
Tongeren 80, E 4
Tongliao 111, H 2
Tonkin 114, C 1
Tönning (Taning) 14, C 3
Toowoomba 138, D/E 3
Topeka 154, E 3
Topko 95, O 4
Topsee 74, H 3
Torgai 94, G 5
Torgaisenke 94, G 4
Torgau 34, H 4
Torino = Turin 84, D 5
Torneälv 74, F 3
Tornesch 15, E 4
Torneträsk 74, E/F 2
Torngatberge 153, O 4
Toronto 153, M/N 5
Torremolinos 88, B 4
Torrenssee 138, C 4
Torreón 154, D 4
Torresstraße 138, D 2
Tortona 84, E 6
Tortosa 88, D 3
Toruń = Thorn 83, F 2
Toshkaseen 133, G 2
Toskana 84/85, G 7 – H 7
Toskanischer Apennin 84/85, G/H 6
Tostedt 15, E 5
Totes Gebirge 85, K/L 3
Totes Meer 100, 1 C 4
Touba 132, B 3
Toubkal 123, 3 E 3
Touggourt 132, D 1
Toul 84, B 2
Toulon 77, E 6
Toulouse 77, D 6
Tourcoing 80, B 4
Tournai 80, C 4
Tours 77, D 5
Toussidé 132, E 2
Townsville 138, D 2
Trabzon 91, G 2/3
Trafalgar (historischer Ort) 207, 5
Traisen 85, M 2
Tranekær 15, G 2
Transantarktisches Gebirge 167, 2 H 2 – O 1
Transhimalaya 100, 1 F 4
Trapezunt (hist. Trabzon) 197, 2 F 2
Trappenkamp 15, F 3
Traun 85, L 2
Traun (Fluss) 85, K 2
Traunsee 85, K 3
Traunstein 35, H 8
Trave 15, G 4
Travemünde (Lübeck-) 15, G 4
Trbovlje 85, L 4
Trebbia 84, F 6
Treene 15, D 3
Trelew 163, C 7
Trelleborg 75, D 6
Trent 76, C 3
Trento = Trient 85, H 4
Trenton 155, G 2
Tres Marias-Inseln 154, D 4
Tresa 84, E 4/5
Treuchtlingen 35, F 7
Treviglio 84, F 5
Treviso 85, J 5
Tribur 201, 3 C 2
Trient (Trento) 85, H 4
Trier 35, B 6
Triest (Trieste) 85, K 5
Trieste = Triest 85, K 5
Triglav 85, K 4
Trinidad 162, C 4
Trinidad (Insel) 143, M/N 8
Trinidad und Tobago 145, 1 L 7/8
Trinidade 242, H 6
Tripoli (Tarabulus, Libanon) 91, F 5
Tripolis (Tarabulus, Libyen) 124, 1 E 2
Tripolitanien 132, E 1
Trischen 14, C 3
Tristan de Cunha 242, H/J 7
Trittau 15, F 4
Trivandrum 110, C 6
Trnava 85, O 2
Trobriand-Inseln 115, H 4
Troense 15, G 1
Trois-Rivières 153, N 5
Troja (Ruinenstätte) 90, D 4
Trombetas 163, D 2
Tromelin 243, M 6
Tromsø 74, E 2
Tronador 163, B 7
Trondheim 74, C 4
Trondheimsfjord 74, C 4
Troyes 77, D/E 4
Trujillo 162, A/B 3
Truso (historischer Ort) 201, 3 E 1
Tsaratanananamassiv 135, F 4
Tschad 124, 1 E/F 4
Tschadbecken 123, 3 G 5
Tschadsee 123, 3 G 5
Tschagda 95, O 4
Tschagos-Inseln 136, F 5
Tscheboksary 94, E 4
Tschechische Republik 58, 1 G 4
Tschegdomyn 95, N/O 4
Tscheljabinsk 94, G 4
Tschenstochau 83, F 3
Tscherepowez 94, D 4
Tscherkassy 83, J/K 3
Tscherkessk 91, H 2
Tschernihiw 83, J 3
Tscherniwzi 83, H 3
Tscherskigebirge 101, 1 J 2
Tschita 95, M 4
Tschoibalsan 111, G 2
Tschokurdach 95, P 2
Tschu 94, H 5
Tschu (Fluss) 94, H 5
Tschugusch 91, H 3
Tschuktschen-Halbinsel 101, 1 K/L 2
Tschuktschensee 95, S/T 3
Tschumikan 95, O 4
Tshikapa 134, C/D 3
Tshuapa 134, D 3
Tsingtau 111, H 3
Tsumeb 134, C 4
Tuamotu-Archipel 137, N 5 – O 6
Tuapse 91, G 3
Tubarão 163, E 5
Tübingen 35, E 7
Tubruq = Tobruk 133, F 1
Tubuai-Inseln 137, N 6
Tucson 154, C 3
Tucuruí 163, D/E 3
Tudmor = Tadmor 91, G 5
Tuguegarao 114, E 2
Tula 83, L 2
Tulcea 83, J 4
Tulln 85, N 2
Tuloma 74, H/J 2
Tulun 95, L 4
Tunesien 124, 1 D/E 3
Tunis 124, 1 D/E 2
Tunja 162, B 2
Tura 95, L 3
Turan 100, 1 D/E 3
Turfan = Turpan 110, D 2
Turgutlu 90, D 4
Turin (Torino) 84, D 5
Turkanasee 123, 3 J 6
Türkei 102, 1 C 3
Türkistan 94, G 5
Turkmenabat 119, 3 E 2
Turkmenbashy 119, 3 D 1
Turkmenistan 102, 1 D/E 2
Turks-Inseln 155, G 4
Turku (Åbo) 74, F 4
Turnhout 80, D 3
Turpan (Turfan) 110, D 2
Turquino 155, G 4
Turuchansk 94, J 3
Tuttlingen 35, D 8
Tutuila 139, H 2
Tuvalu (Inseln) 136, L 5
Tuvalu (Staat) 243, S 6
Tuwaik 119, 3 C 3/4
Tuxtla Gutiérrez 155, E 5
Tuz gölü 91, F 4
Tuzla 90, B 2
Twer 83, K/L 1
Tymfristos 90, C 4
Tynda 95, N 4
Tyras (hist. Bilhorod-Dnistrowskyj) 197, 2 E 2
Tyrrhenisches Meer 89, F/G 4

U

Ualöön = Oland 14, C 2
Ubangi 123, 3 G 6
Uberlândia 163, D/E 4
Überlingen 35, E 8
Ubon Ratchathani 114, C 2
Ubundu 134, D 3
Ucayali 143, L 10/11
Uchta 94, F 3
Ucker 34, J 2
Uckermark 34, J/K 2
Uda 95, O 4
Udatschnij 95, M 3
Udine 85, K 4
Uecker 34, K 2
Ueckermünde 34, J/K 2
Uele 134, D 2
Uëlle 123, 3 H 6
Uelzen 34, F 3
Uetersen 15, E 4
Ufa 94, F 4
Uganda 124, 1 G 5
Ugarit (historischer Ort) 197, 2 F 3
Ugra 83, K 2
Úhlava = Angel 35, J 6
Ujelang 115, J 3
Ujung Pandang = Makassar 114, D 4
Ukraine 58, 1 H/J 4
Ulaangom 110, E 2
Ulan Bator 102, 1 G 2
Ulan Hot 111, H 2
Ulan-Ude 95, L 4
Uleåborg = Oulu 74, G 3
Uliastaj 110, E 2
Uljanowsk 94, E 4
Ullung 111, J 3
Ulm 35, E 7
Ulsan 111, H 3
Ulster 76, A/B 3
Uludağ 90, E 4
Uluguruberge 135, E 3
Uluru = Ayers Rock 138, C 3
Umag 85, K 5
Umbrischer Apennin 85, J 7
Umbsee 74, J 3
Umeå 74, F 4
Umeälv 74, E 3
Una 85, M 6
Ungarisches Tiefland 57, 2 F/G 3
Ungarn 58, 1 G/H 4
Ungavabai 153, O 4
Ungava-Halbinsel 153, N 3
Unstrut 34, G 4
Untere Tunguska 95, L 3
Unterfranken 31, 2
Upington 134, D 5
Upolu 139, H 2
Uppsala 75, E 5
Ur 119, 3 C 2
Ural 100, 1 D 3
Ural (Fluss) 94, F 4
Uralgebirge 100, 1 D 2/3
Uralsk = Oral 94, F 4
Uranium City 152, K 4
Urbino 85, J 7
Urgentsch 119, 3 E 1
Urmia (Orumiyeh) 91, J 4
Urmiasee 91, J 4
Uruguay (Fluss) 143, N 12
Uruguay (Staat) 145, 1 L 12
Uruk 119, 3 C 2
Urumchi (Ürümqi) 110, D 2
Ürümqi = Urumchi 110, D 2
Urup 95, P 5
Uşak 90, E 4
Usbekistan 102, 1 D/E 2
Usedom 34, J/K 1
Ushirombo 135, E 3
Ushorod 83, G 3
Ushuaia 163, C 8
Usolje-Sibirskoje 95, L 4
Uspenka 94, H 5
Ussa 94, F 3
Ussuri 111, J 2
Ussurijsk 95, O 5
Ust-Bargusin 95, L 4
Ústí nad Labem = Aussig 34, K 5
Ust-Ilimsk 95, L 4
Ust-Jansk 95, O 2
Ustjurt-Plateau 94, F 5
Ust-Kamenogorsk = Öskemen 94, H 5
Ust-Kamtschatsk 95, R 4
Ust-Kut 95, L 4
Ust-Nera 95, P 3
Usumacinta 155, E 5
Utah 144, 1 E 5
Utete 135, E 3
Uthlede 14, C 5
Utica (historischer Ort) 197, 2 C/D 3
Utrecht 80, E 2
Uturuncu 163, C 5
Uvéa 139, F 3

Uvs Nuur 110, E 1
Uyuni 163, C 5
Uzaym 91, J 5
Užice 90, B 3

V

Vaal 123, 3 H 9
Vaasa 74, F 4
Vác 83, F 4
Vadodara 110, C 4
Vaduz 58, 1 F 4
Vailly 80, C 5
Vaitupu 139, G 1
Valdepeñas 88, C 4
Valdez 152, F 3
Valdivia 163, B 6
Val-d'Isère 84, D 5
Valence 84, A 6
Valencia (Spanien, Valéncia) 88, C 4
Valencia (Venezuela) 162, C 1/2
Valéncia = Valencia (Spanien) 88, C 4
Valenciennes 80, C 4
Valentia 76, A 4
Valetta 58, 1 G 5
Valladolid 88, B 3
Vallatum (hist. Manching) 199, 3 D 4
Valletta 89, G 5
Valli di Comacchio 85, H/J 6
Valmy 80, D 5
Valparaíso 163, B 6
Van 91, H 4
Vancouver 152, H 5
Vancouver-Insel 152, H 5
Vänersborg 75, D 5
Vänersee 75, D 5
Vangaindrano 135, F 5
Vansee 91, H 4
Vantaa 74, G 4
Vanua Levu 139, G 2
Vanuatu 243, S 6
Var 84, D 7
Varanasi 110, D 4
Varangerfjord 74, H 2 – J 2
Varanger-Halbinsel 74, H 2
Vardø 74, H 2
Varel 14, B 5
Varese 84, E 5
Vârful Pietrosu 83, G/H 4
Varkaus 74, G 4
Värmland 75, D 5
Varna 90, D 3
Värnamo 75, D 5
Västerås 75, E 5
Vatikanstadt 58, 1 G 4
Vatnajökull 74, C 1
Vättersee 75, D 5
Vavaugruppe 139, H 2
Växjö 75, D 5
Vecht = Vechte 34, C 3
Vechta 34, D 3
Vechte (Vecht) 34, C 3
Veendam 80, F 1
Veenendaal 80, E 2/3
Velebit 85, M 6
Velenje 85, M 4
Vellahn 15, G 5
Velmerstot 34, D 4
Velsen 80, D 2
Veltlin 84, F 4 – G 4
Vence 84, D 7
Venedig (Venezia) 85, J 5
Venetien 85, H – J 5
Venezia = Venedig 85, J 5
Venezianer Alpen 85, J 4/5
Venezuela 145, 1 K 8
Vénissieux 84, A 5
Venlo 80, F 3
Venray 80, E 3
Ventimiglia 84, D 7
Ventspils 75, F 5
Veracruz 154, E 5
Verbania 84, E 5
Vercelli 84, E 5
Vercors 84, B 6 – B 5
Verden 34, E 3
Verdon 84, C 7
Verdun 80, E 5
Vereeniging 134, D 5
Vereinigte Arabische Emirate 102, 1 D 3
Vereinigte Staaten von Amerika 144, 1 K/L 5
Vermont 144, 1 J/K 4
Vernier 84, C 4
Verona 84, G 5
Versailles 77, D 4
Verviers 80, E 4
Vervins 80, C 5
Verwallgruppe 84, F/G 3
Vesoul 84, C 3
Vester Åby 15, F 1
Vestfjord 74, D 3 – D 2
Vestmannaeyjar 74, B 2
Vesuv 89, G 3
Veszprém 85, O 3
Vetera (hist. Xanten) 199, 3 B 3
Veurne 80, B 3
Viareggio 84, G 7
Vicenza 85, H 5
Vichada 162, C 2
Vichy 77, D 5
Victoria (Fluss) 138, C 2
Victoria (Kanada) 152, H 5
Victoria (Seychellen) 125, 1 J 6
Victoriafälle 134, D 4
Victoria-Insel 142, G 2 – H 3
Victorialand 167, 2 H/J 2
Victoria-Nil 135, E 2
Victoriasee 123, 3 J 7
Victoria-Straße 153, K 3
Vidå 34, E 0
Viedma 163, C 7
Viehberg 85, L 2
Vienne 84, A 5
Vientiane 102, 1 G 4
Vierlande 15, F 5
Vierwaldstätter See 84, E 4
Vietnam 102, 1 G 4
Vigevano 84, E 5
Vigo 88, A 3
Vijayawada 110, D 5
Vik 74, C 2
Vilhelmina 74, E 3
Villach 85, K 4
Villafranca di Verona 84, G 5
Villahermosa 155, E 5
Villavicencio 162, B 2
Villaviciosa 88, B 3
Ville 34, B 5
Villefranche 84, A 5
Villeurbanne 84, A 5
Villingen-Schwenningen 35, D 7
Vilnius 58, 1 H 3
Viña del Mar 163, B 6
Vinci 84, G 7
Vindhyagebirge 110, C 4
Vinh 114, C 2
Vipiteno = Sterzing 85, H 4
Virginia 144, 1 H/J 5
Virunum (hist. Zollfeld) 199, 3 F 5
Visakhapatnam 110, D 5
Visby 75, E 5
Viscount-Melville-Sund 152/153, J/L 2
Viti Levu 139, G 2
Vitória 163, E 5
Vitoria-Gasteiz 88, C 3
Vitry-le-François 84, A 2
Vittorio Veneto 85, J 5
Vix 197, 2 C 2
Vjosë 90, C 3
Vlieland 80, D 1
Vlissingen 80, C 3
Vlorë 90, B 3
Vöcklabruck 85, K 2
Vogelfluglinie 15, H 2
Vogelkopf 115, F 4
Vogelsberg 34/35, E 5
Vogesen 84, C 3 – D 2
Vogtland 30, 1 D/E 3
Voi 135, E 3
Voiron 84, B 5
Volci (historischer Ort) 197, 2 D 2
Völkermarkt 85, L 4
Völklingen 35, B 6
Vollersode 14, C 5
Volos 90, C 4
Volta 123, 3 E 5
Volta-Stausee 132, C 4
Vordingborg 34, G 1
Voss 74, B 4
Vouziers 80, D 5
Vrsac 90, C 2
Vulkan-Inseln 136, J/K 3

W

Waabs 15, E/F 2
Waag 82, F 3
Waal 80, E 3
Waalwijk 80, D 3
Wachau 85, M 2
Wad Madani 133, G 3
Wadi al-Ghudaf 91, H 5
Wadi Azaouak 132, D 3
Wadi Draa 123, 3 E 4
Wadi el Melik 133, F 3
Wadi Halfa 133, G 2
Wadi Hauran 91, H 5
Wadi Miyah 91, G 5
Wadi Saoura 132, C 1/2
Wadi Tafassasset 132, D 2
Wadi Tharthar 91, H 5
Wager Bay 153, L 3
Wagga Wagga 138, D 4
Wagrien 15, F/G 3
Wahlstedt 15, F 4
Waidhofen an der Thaya 85, M 2
Waidhofen an der Ybbs 85, L 3
Waigatsch 94, F 3
Waigeo 115, F 3
Waingapu 114, E 4
Wakayama 111, J 3
Wake 136, L 4
Wakkanai 111, J/K 2
Walachei 57, 2 G 3
Waldaihöhe 83, K 1
Waldkraiburg 35, H 7
Waldshut-Tiengen 35, D 8
Waldviertel 85, M 2
Walfischbai (Walvis Bay) 134, C 5
Walgett 138, D 4
Walhalla 35, H 6
Wall des Dschingis Khan 111, G 2
Wallis (Insel) 139, H 2
Wallis (Landschaft) 84, D 4
Wallis und Futuna 243, S/T 6
Walliser Alpen 84, D 4
Walsrode 34, E 3
Waluiki 83, L 3
Walvis Bay = Walfischbai 134, C 5
Wamba 134, C 3
Wanadsor 91, J 3
Wanderup 15, D 2
Wandsbek (Hamburg-) 15, F 4
Wanganui 139, G 4
Wangen 35, E 8
Wangerland 14, A 4
Wangerland (Landschaft) 14, A/B 4
Wangerooge 14, A 4
Wanna 14, C 4
Wanxian 111, F 3
Warangal 110, C 5
Warburg 34, E 4
Warburton 138, C 3
Waren 34, H 2
Warendorf 34, C 4
Warnemünde (Rostock-) 34, G/H 1
Warnow 15, H 4
Warnow (Fluss) 34, G/H 2
Warrego 138, D 3
Warrnambool 138, D 4
Warschau 58, 1 G/H 3
Warstein 34, D 4
Warthe 82, F 2
Wasatchkette 154, C 2/3
Wasbek 15, E 3
Washington (Bundesstaat) 144, 1 D/E 4
Washington (District of Columbia) 144, 1 J 5
Wasjugaebene 94, H 4
Wasserkuppe 34, E 5
Watampone 114, E 4
Waterford 76, B 3
Waterloo 80, D 4
Watson Lake 152, H 3
Wattenmeer 80, E 1
Watzmann 35, H 8
Waw 133, F 4
Weda 114, E 3
Weddellmeer 167, 2 Q/R 2
Weddingstedt 14, C/D 3
Wedel 15, E 4
Weert 80, E 3
Weesterlön = Westerland 14, B 2
Weichsel 83, G 3
Weiden 35, G/H 6
Weimar 34, G 5
Weingarten 35, E 8
Weinheim 35, D 6
Weinviertel 85, M/N 2
Weißenfels 34, G 4
Weißer Nil 123, 3 J 5
Weißer Volta 132, C 3
Weißes Meer 74, J 3/K 3
Weißkugel (Palla Bianca) 84, G 4
Weißmeer-Ostsee-Kanal 74, J 3/4
Weißrussland (Belarus) 58, 1 H 3
Weiz 85, M 3
Welikije Luki 83, J 1
Welkom 134, D 5
Wellesley-Inseln 138, C/D 2
Wellington 139, G 5
Wellington-Insel 163, B 7
Wels 85, K 2
Wendland 34, G 2
Wenningstedt (Woningstair) 14, B 2
Wenzhou 111, H 4
Werchojansk 95, O 3
Werchojansker Gebirge 100/101, 1 H/J 2
Werdau 34, H 5
Werden 201, 3 B 2
Werla 201, 3 C 1
Wernigerode 34, F 4
Werra 34, F 5
Wertach 35, F 7
Wertheim 35, E 6
Wesel 34, B 4
Weser 34, E 4
Weserbergland 30, 1 C 2 – C 3
Wesergebirge 34, E 3
Wesjelyjstausee 91, H 2
Wesselburen 14, C 3
Wessobrunn (Kloster) 201, 3 C 3
West Palm Beach 155, F 4
West Virginia 144, 1 H/J 5
Westalpen 77, E 5
Westensee 15, E 3
Westensee (See) 15, E 3
Westerberg 14, D 4
Westerland (Weesterlön) 14, B 2
Westermarkelsdorf (Fehmarn-) 15, G/H 2
Westerrönfeld 15, E 3
Westerschelde 80, C 3
Westerstede 14, A 5
Westerwald 34, C 5 – D 5
Westfehmarn (Fehmarn-) 15, G/H 3
Westfriesische Inseln 80, D 1
Westghats 100, 1 E 5
Westindien vorderer Buchinnendeckel, E/F 5
Westkap 139, F 5
Westkordillere 162, B 2
Westliche Morava 90, C 3
Westliche Sierra Madre 142, H 6/7
Westlicher Euphrat 91, G 4
Westlicher Großer Erg 132, C 2 – D 1
Westlicher Taurus 90, E 4
Westport 139, F/G 5
Westsajan 94, J/K 4
Westsibirisches Tiefland 100, 1 E/F 2
Wetar 114, E 4
Wetterau 35, D 5
Wetzlar 34, D 5
Wewak 115, G 4
Whangarei 139, G 4
Wheeler Peak 154, D 3
Whitehorse 152, G 3
Wichita 154, E 3
Wick 76, C 2
Wicklow Mountains 76, B 3
Wiefelstede 14, B 5
Wiehengebirge 34, D 3
Wien 58, 1 G 4
Wiener Neustadt 85, M/N 3
Wiener Wald 85, M/N 2
Wieringerwerf 80, E 2
Wiesbaden 35, D 5
Wight 76, C 4
Wildspitze 84, G 4
Wilhelmshaven 14, B 4
Wiljui 95, L 3
Wiljuisk 95, N 3
Wilkesland 167, 2 F/G 2
Wilkizkistraße 95, K/L 2
Willemstad 155, H 5
Willeroo 138, C 2
Wilseder Berg 34, E 2
Wilster 15, D 4
Wilstermarsch 15, D 4
Wiltz 80, E 5
Windhuk 124, 1 E 8
Windischeschenbach 35, G/H 6
Wingst 14, D 4
Winnipeg 153, L 5
Winnipegsee 142, J 4
Winnyzja 83, J 3
Winschoten 80, F 1
Winsen 15, F 5
Winsener Marsch 15, F 5
Winterswijk 80, F 3
Winterthur 84, E 3
Winton 138, D 3
Wirzsee 75, G 5
Wische 34, G 3
Wischhafen 15, D 4
Wisconsin 144, 1 G/H 4
Wismar 34, G 2
Witim 95, M 4
Witimplateau 95, M 4
Witjdün = Wittdün 14, B 2
Wittdün (Witjdün) 14, B 2
Wittenberge 34, G 2
Wittenburg 15, H 4
Wittensee 15, E 3
Wittlich 35, B 6
Wittstock 34, H 2
Wizebsk 83, J 2
Wjatka 94, E 4
Wladikawkas 91, J 3
Wladimir 83, L/M 1
Wladiwostok 95, O 5
Włocławek 83, F 2
Wolchow 74, J 5
Wolfsberg 85, L 4
Wolfsburg 34, F 3
Wolga 94, D 4
Wolga-Ostsee-Kanal 74, J 4
Wolgaplatte 57, 2 J 2
Wolgast 34, J 1
Wolgodonsk 91, H 2
Wolgograder Stausee 94, E 5
Wollin 34, K 2
Wollongong 138, E 4
Wologda 94, D/E 4
Wolynien 83, H 3
Wolynisch-Podolische Platte 57, 2 G 2/3
Woningstair = Wenningstedt 14, B 2
Wonsan 111, H 3
Woodlark 115, H 4
Woomera 138, C 4
Wooramel 138, A 3
Worcester 76, C 3
Workuta 94, G 3
Worms 35, D 6
Wörthersee 85, L 4
Wotkinsker Stausee 94, F 4
Wottawa 35, J/K 6
Wrangel-Insel 95, T 2
Wreckriff 139, E 3
Wrocław = Breslau 82, F 3
Wrohm 15, D 3
Wuhai 111, F 3
Wuhan 111, G 3
Wuhu 111, G 3
Wulfsen 15, F 5
Wümme 34, E 2
Wunsiedel 35, G/H 5
Wunstorf 34, E 3
Wuppertal 34, C 4
Würden 14, C 5
Wursten 14, C 4
Wurster Watt 14, B 4
Würzburg 35, E 6
Wurzen 34, H 4
Wüste Takla Makan 100, 1 F 4
Wüste Tharr 100, 1 E 4
Wuwei 110, F 3
Wuxi 111, H 3
Wuyi Shan 111, G 4
Wuzhou 111, G 4
Wyborg 74, H 4
Wygsee 74, J 4
Wyk auf Föhr (bi a Wik/Feer) 14, C 2
Wyndham 138, B 2
Wyoming 144, 1 F 4
Wytschegda 94, F 3

X

Xaafun 133, J 3
Xai-Xai 135, E 5
Xi 101, 1 G 4
Xi Jiang 111, G 4
Xiamen 111, G 4
Xi'an 111, F 3
Xiangfan 111, G 3
Xianggang = Hongkong 111, G 4
Xiangtan 111, G 4
Xianyang 111, F 3
Xichang 110, F 4
Xigazê 110, D 4
Xingu 143, N 10
Xining 110, F 3
Xuguit Qi 111, G/H 2
Xuzhou 111, G 3

Y

Ya'an 110, F 3/4
Yacuiba 163, C 5
Yalinga 133, F 4
Yambio 133, F 4
Yamdena 115, F 4
Yamoussoukro 124, 1 C 5
Yamuna 110, C 4
Yanbu al-Bahr 119, 3 B 3
Yangon = Rangun 110, E 5
Yanji 111, H 2
Yantai 111, H 3
Yaoundé = Jaunde 132, E 4
Yapen 115, F 4
Yap-Inseln 115, F 3
Yaren 243, S 6
Yarkand (Fluss) 110, C 3
Yarkand = Shache 110, C 3
Yarlung Tsangpo 110, D 4
Yaviza 155, G 6
Yazd 119, 3 D 2
Ybbs (Ois) 85, L 3
Yellowknife 152, J 3
Yellowstone 154, D 2
Yellowstonesee 154, C 2
Yenice 91, F 4
Yerupajá 162, B 4
Yeşilırmak (Grüner Fluss) 91, G 3
Yibin 110, F 4
Yichang 111, G 3
Yichun 111, H 2
Yin Shan 111, F/G 2
Yinchuan 110, F 3
Ying He 111, G 3
Yining 110, D 2
Yitulihe 111, H 1
Yogan 163, B/C 8
Yogyakarta 114, C 4
Yokohama 111, J 3
York 76, C 3
York Factory 153, L 4
Yos Sudarso 115, F 4
Ypern (Ieper) 80, B 4
Yu Jiang 111, F 4
Yu Shan 111, H 4
Yucatán 142, J 8 – K 7
Yuendumu 138, C 3
Yueyang 111, G 4
Yukon 142, C 3
Yukon (Fluss) 152, G 3
Yukon (Provinz) 144, 1 C 2
Yunhe = Großer Kanal 111, G 3
Yünnan 110, E/F 4
Yverdon-les-Bains 84, C 4

Z

Zaanstad 80, D 2
Zabol 119, 3 E 2
Zadar 90, A 2
Zagreb 58, 1 G 4
Zagrosgebirge 100, 1 D 4
Zahedan 119, 3 D/E 3
Zahrez Chergui 88, D 5
Zahrez Rharbi 88, D 5
Zakhu 91, H 4
Zakynthos 90, C 4
Zala 85, N 4
Zalaegerszeg 85, N 4
Zalatun 111, H 2
Zamboanga 114, D/E 3
Zamora 88, B 3
Zandvoort 80, D 2
Zapala 163, B 6
Zara (hist. Zadar) 201, 3 D 3
Zaragoza 88, C 3
Zard Kuh 119, 3 C 2
Zaria 132, D 3
Zarrentin 15, G 4
Zarrineh 91, J 4
Žatec = Saaz 35, J 5
Zawarat = Zouérat 132, B 2
Zeebrugge 80, C 3
Zeist 80, E 2
Zeitz 34, H 4
Zell 85, J 3
Zenica 90, B 2
Zentralafrikanische Republik 124, 1 E/F 5
Zentralafrikanische Schwelle 123, 3 J 6 – H 8
Zentralkordillere 162, B 2
Zentralmassiv 77, D 5
Zermatt 84, D 4
Zeroud 89, F 5
Zetel 14, A 5
Zeven 15, D 5
Zgorzelec = Görlitz 34, K 4
Zhangjiakou 111, G 2
Zhangye 110, F 3
Zhanjiang 111, F/G 4
Zhengzhou 111, G 3
Zhongba 110, D 4
Zibo 111, G 3
Zielona Góra = Grünberg 82, E 3
Zighen 133, F 2
Ziguinchor 132, B 3
Zilina 83, F 3
Zillertaler Alpen 85, H 3
Zimljansker Stausee 91, H 2
Zinder 132, D 3
Zingst 34, H 1
Zirknitzer See 85, L 5
Zittau 34, K 5
Zlatni Pjasâci (Goldstrand) 90, E 3
Zoetermeer 80, D 2
Zonguldak 91, E 3
Zouar 132, E 2
Zouérat (Zawarat) 132, B 2
Zuckerhütl 85, H 4
Zudachar 91, J 3
Zug 84, E 3
Zugspitze 35, F 8
Zululand 135, E 5
Zumbo 135, E 4
Zunyi 111, F 4
Zürich 84, E 3
Zürichsee 84, E 3
Zuwara 132, E 1
Zweibrücken 35, C 6
Zwettl 85, M 2
Zwickau 34, H 5
Zwickauer Mulde 34, H 4/5
Zwiesel 35, J 6
Zwolle 80, F 2
Zypern 58, 1 J 5

Das Sachwortregister enthält Begriffe aus dem Fachgebiet der Geographie, Geschichte und angrenzenden Fachbereichen. Die Begriffe helfen den Atlas selbstständig thematisch zu erschließen. Durch die Nennung mehrerer Kartenbeispiele zu einem Stichwort werden neben der Vielfalt des Themas auch weltweite Zusammenhänge deutlich. Stichworte, die sich aus dem Kartentyp ergeben, sind hier in der Regel nicht aufgenommen. Dazu gehören die Inhalte von physischen Karten und Wirtschaftskarten. Die jeweiligen Verweise beziehen sich auf die Seitenzahl, anschließend folgt die Nummer der Einzelkarte (z.B.: 105.5 = Seite 105, Karte 5).

A

Abfluss → Oberflächenabfluss
Aborigines 139.3
Absolutismus 206.1-3
Achsenmächte 216.1
AIDS 125.3
Agglomeration → Ballungsraum
Agrarkolonisation 164.2
Agrarwirtschaft → Landwirtschaft
Alexander der Große 196.1; 198
Alliierte Mächte 216.1; 217.2
Alpenübergang → Pass
Alpenvorland 63.1
Alternative Energie → Erneuerbare Energie
Altersaufbau → Bevölkerungspyramide
Altindustrieregion 157.2
Altmensch 194/195.1
Altsteinzeit 63.2
Alphabetismus 185.4
Aquädukt 198.2
Aquakultur 107.2; 181.4
Aridität → Dürre
ASEAN 186/187.1; 223.3
Atomkraft → Kernenergie
Atommacht 218/219.1; 221.4; 223.3
Auswanderung 211.8; 213.3
Automobilindustrie 42.1; 65

B

Ballungsraum 43; 56.2; 78/79; 87.5; 98.2; 107.2; 158/159
BAM (Baikal-Amur-Magistrale) 97
Bananenanbau 148/149
Bergbau 42.1; 43; 65; 99.4; 130.1; 164.1; 186.2; 125.3;
Berliner Mauer 52/53; 219.3,4
Besatzungsmächte 217.3; 219.3
Besatzungszonen 217.3
Bevölkerungsdichte 54.1; 70.2; 103.3; 109.4; 139.3; 145.2; 158.1,2; 182/183.1
Bevölkerungsgruppen 55.4; 144/145.1; 158.3
Bevölkerungspyramide 55.2; 70.1; 125.3; 182.1; 189
Bevölkerungsveränderung 55.2,5; 70; 102/103; 125.3; 182/183.1,2
Bevölkerungswanderung 70.3; 200.1; 222/223.1
Bewässerung 99.5; 116.2; 122.2; 129.3; 160/161
Binnenschifffahrt 44.1; 68.1
Binnenwanderung → Bevölkerungswanderung
BIP (Bruttoinlandsprodukt) 59.2; 107.2; 112.2; 184.2
Biosphärenreservat 48.1
Bistum 201.3
Bodenschätze → Rohstoffe
Böden 63.3; 81.2
Bodenschädigung 98.1; 99.5; 180.2
Bodenversiegelung 48.1
Börde 36.1; 63.3
Brandrodung 180/181.1,3
Braunkohle 46/47; 48.1; 66/67
Britisches Empire 212/213.1
Buddhismus 183.3
Bundesland 31.2
Bündnisse 59.3; 186/187.1; 213.3; 218/219.1; 223.3

C

Chinesische Mauer 110/111; 200.1
Christen 183.3; 202.1
City → Hauptgeschäftszentrum
Containerterminal → Hafen
Cro-Magnon-Mensch → Jetztmensch

D

Datumsgrenze 95; 137; 139; hinterer Buchdeckel
Dauerfrostboden 62/63.1; 99.3; 166.1; 181.3
Delta 80/81; 101.2; 107.2; 122.1
Demilitarisierung 214.3; 219.2;
Depression 56/57; 80.1
Desertifikation → Wüstenausbreitung
Deutsche Demokratische Republik (DDR) 219.3,4
Deutscher Bund 208.1
Dienstleistung → Wirtschaftsabteilungen
Diktatur 215.4,6
Dornstrauchsavanne 126.1; 129.5; 178/179
Dreißigjähriger Krieg 204.2,3
Dürre 116.2; 126.1; 128.1; 129.6; 141.4

E

Ebbe 49.2
EFTA (Bündnis) 59.3
EU (Bündnis) 59.2,3; 186/187.1; 209
Einwanderung 139.3; 211.8; 217.3
Eisenbahn 44.1; 71.5; 209.3; 210/211.1-4
Eiserner Vorhang 215.5; 219.3; 220.1
Eiszeit 63.2; 194/195.1
Eiszeitformen 36.1; 63.3
Elektrizität → Stromerzeugung
Elektronikindustrie 42.1; 65
Emission 180.2
Energierohstoffe → Braunkohle, Steinkohle, Erdöl, Erdgas
Energieverbrauch 180.2
Energiewirtschaft 39.6,7; 46.1; 67.2,3
Entdeckungsreisen 168/169.5
Entsorgung 46.1; 47.3; 116.1
Entwässerung 81.2,3; 116.1
Erdbeben 87.4,5; 108; 172/173.1
Erdkern 172.2; 170.3
Erdmagnetfeld 170.3
Erdmantel (-kruste) 172.2,3
Erdöl/Erdgas 46.1; 65; 67.2; 120/121; 131.3; 186/187.2
Erdzeitalter 87.3
Ernährung 40/41; 64; 181.4
Erneuerbare Energien 39.6,7; 67.3; 86.1
Erosion, Erosionsschutz 98.1; 99.4; 112.1
Erster Weltkrieg 213.3
Erzbistum 201.3
Ethnische Gliederung 144/145.1; 158.3
Etrusker 197.2
Europäische Zusammenschlüsse → Bündnisse
Exportwirtschaft 131.3,4; 107.2; 149.2; 161; 186/187.2

F

Faustskizze 33
Favela 165
Feldzug 202.1,2; 204.2; 207.5
Finanzzentrum 42.1; 78/79; 109.5; 159.5
Fischfang 131.4; 181.4
Fjord 54/55.1
Flächennutzung 48; 178
Flüchtlinge 118.2; 219.4; 220.1; 222/223.1
Flughafen 44.1; 45.3; 71.5; 98.2; 121.2
Flusseinzugsgebiet 56.1
Flussoase 122.1
Flussregulierung 112.1
Flut 49.2
Föhn 38.1,2; 39.5
Förde (Fördenküste) 36.1
Forschungsstation 167.2
Forstwirtschaft 40.1; 181.3
Franken 200.2
Freie Reichsstadt 205.3
Freie Stadt 208.1,2
Freihafen 45.2
Freihandelszone 107.2; 121.2; 151.2
Freizeitpark 50.1; 68.1; 121.2
Fremdenverkehr → Tourismus
Friedrich I. Barbarossa 202.1
Frühgeschichte 194/195
Frühmensch 194/195.1
Fugger 203.3

G

Gebirgsbildung 37.3,4; 172/173.3
Geest 36.1; 49.3
Geologische Karte 86.2
Geothermische Energie 67.3; 86.1
Germanen 197.2; 199.3; 200.1
Geteilte Stadt 118.1; 217.3; 221.6
Geysir 74.1
Gezeiten 49.2
Gletscher 74.1; 84/85; 101.2; 167.2
Globalisierung 186/187.1,2
Global Positioning System (GPS) 171.4
Globalstrahlung 39.6
Gold 196.1; 197.2; 198.1; 203.3; 212.2
Golfstrom 60.1,2; 146/147.4
Griechen (Antike) 197.2
Gradnetz 170/171
Grundwasser 86.1; 129.3,4
GUS (Gemeinschaft Unabhängiger Staaten) 186/187.1; 223.3

H

Habsburger 202.2; 204.2; 205.3; 206.3
Hafen 44.1; 45.2; 81.4; 108.3; 109.5
Haff (Haffküste) 36.1
Hallig 49.3
Handel 203.3; 210.5
Handelswege 196.1; 197.2; 203.3
Hanse 203.3
Hauptgeschäftszentrum 52/53.1; 78/79; 159.5
Hauptstadt 52/53; 78/79; 98.2; 108.3
HDI (Human Development Index) 184/185
Heilbad 50.1
Heiliges Römisches Reich 201.3; 205.3
Hindus 183.3
Hochdruckgebiet 105.2; 174/175.1,2
Hochkulturen 18/19.2; 169.1; 194/195.2
Hochwasser, Hochwasserschutz 48.1; 112.1
Höhenprofil → Profil
Höhenstufen der Vegetation 51.3
Hohenzollern 205.3
Höhlenmalerei 63.2; 194/195.1
Homo sapiens 194/195.1
Humidität 176/177.4
Hunnen 200.1
Hurrikan 146.2; 147.4,5

I

Imperialismus 212/213.1,2
Indianer 144.1; 164.1; 210.1
Industrialisierung 209.3,4; 211.7
Industrieentwicklung 43.2; 99.3; 107.2; 157.2
Inlandeis 74.1; 166/167
Innertropische Konvergenz (ITC) 174/175.3,4
Islam 124.1; 183.3; 221.4

J

Jahreszeiten 170.2; 174.3; 175.4; 191.6
Jetztmensch 63.2; 194/195.1
Juden 118.1,2; 183.3
Julius Cäsar 198.1

K

Kaffee 126.1; 131.4; 212.3
Kakao 126.1; 148/149.1; 212.3
Kalter Krieg 215.5; 218/219.1
Kaltzeit → Eiszeit
Karl der Große 200.2
Karl V. 202.2
Kartenschichten 10/11
Kartenskizze 33
Kastell 199.3
Kernenergie 46.1; 48.1
Klimadiagramm 38; 60/61; 99.3,4; 122.1; 161.3; 166/167; 189.2
Klimawandel 38.4; 180.2; 181.3
Klimazonen 61.4; 174/175; 176/177
Kohle → Braunkohle, Steinkohle
Kolonien 125.2; 168/169.5; 210.5,6; 212/213.1,2
Kommunikation 186/187.1
Konfessionen 204.1,2
Konflikte 207.4; 218/219.1,2; 221.4; 222/223.1
Kontinentalität 61.4; 176/177.4
Kontinentalsperre 207.5
Kontinentalverschiebung 172/173.1a-d
Konzentrationslager 215.6
Korallenriffe 114/114; 138/139.1
Kraftfahrzeugbau 42.1; 65.2
Kreuzzüge 202.1
Krieg 204.2,3; 207.5; 211.7; 216.1; 218/219.1,2
Kulturlandschaft 199.3
Kunst 196.1
Kurort 50.1; 68.1
Küstenformen 36.1; 37.2
Küstenschutz 81.2-4

L

Landgewinnung 81.2-4; 107.2; 108.3; 121.2;
Landschaftsgürtel 126.1; 178/179
Landschaftsschäden 98.1; 99.3,4; 128.1
Landschaftswandel 47.2; 99.4; 107.2; 121.2; 181.3
Land-See-Zirkulation 38.1,2; 39.5
Landwirtschaft 40/41; 62/63.1; 64; 148/149; 160/161
Laufkraftwerk 46.1
Lebensbedingungen 184.1
Lebenserwartung 55.3; 185.3
Limes 198.1; 199.3
Lithosphäre 172.2; 173.3
Löss 36.1; 62/63; 112.1
Luftbild 165.4
Luftkorridor 219.4
Luftkurort 50.1; 51.3
Luftverkehr 44.1; 45.3; 71.5
Luftverschmutzung (-belastung) 48.1; 98.1; 99.3

M

Mangroven 116.1; 131.3
Marsch 36.1; 49.3
Maßstab 6; 8/9
Medienstandort 42.1; 52/53
Meeresströmung 166/167; 176/177.4
Meeresverschmutzung 98.1
Menschenrechte 221.6; 222.2
Mercosur 186/187.1
Messe 203.3
Migration → Bevölkerungswanderung
Mittelalter 200/201; 202.1; 203.3
Mittelgebirge 36.1; 37.3
Mittelmeerischer Anbau 92/93
Mond 190.4,5
Monsun 101.2; 105.5,6; 116.1; 174.3; 175.4
Moräne 36.1; 63.3
Mormonen 183.3
Muslime → Islam

N

Nacheiszeit 194/195.1
Nadelwald 62/63.1; 156/157; 178/179
NAFTA 186/187.1
Nahrungsmittelindustrie 42.1; 65.2
Napoleon 207.5
Nationalpark 48/49; 51.2; 154/155
Nationalsozialismus 215.6
NATO 215.5; 218/219.1; 220.1,2; 223.3
Naturkatastrophen 87.4,5; 108; 146/147; 172/173.1
Naturschutzgebiet 41.2; 69.2
Neandertaler 63.2; 194/195.1
Nehrungsküste 36.1
Neolithikum 194/195.2
Neulandgewinnung → Landgewinnung
Neutralität 213.3
Niederschlagsveränderung 38.4; 116.2
Niederschlagsschwankungen 116.2; 129.6; 131.3; 141.4
Nomadismus 129.5,6
Nuklearmacht → Atommacht

O

Oase 122.1; 129.3,4
Oberflächenabfluss 122.1; 131.3
OECD 186/187.1
Offshoreförderung 72/73; 131.3
Ökologie 46/47; 48; 98/99; 180/181
Ökologischer Landbau 40.1; 41.3
Ölpest 131.3
OPEC 186/187.1
Ottonen 201.3

P

Panoramabild 159.4; 160.1
Pass (Alpenübergänge) 44.1; 84/85
Passat 174/175.2-4
Permafrostboden → Dauerfrostboden
Phönizier 197.2
Photovoltaik → Erneuerbare Energie
Physische Karte 7; 32/33
Pipeline 67.2; 99.3; 120/121.2; 131.3
Planeten 190/191
Plantagen 148.2; 149.3
Plattentektonik 87.4; 108.1; 172/173
Polare Zone 166/167; 176.1,4
Primärer Sektor → Wirtschaftsabteilungen
Profil 32; 75.2; 101.2; 122.2; 154
Pyramiden 196

R

Raetien 199.3
Raffinerien 45.2; 72/73; 81.4; 108.3; 121.2
Raumanalyse 188
Raumentwicklung 116.2; 121.2; 164
Reaktionsära 208.1
Reformation 204.1
Regenwald 131.3; 164; 178/179
Regenzeit 116.2; 127.5,6; 129.5; 174/175.3,4
Rekultivierung (Bergbau) 47.2
Relief 7, 32, 188.2
Religionen 118; 183.3
Reservationen 144.1; 164.1
Revolution 207.4; 208.1
Rodung 164.1,2; 181.3
Rohstoffe 67.2; 130.2; 164.1; 186/187.2
Römer 198
Römische Stadt 198.2
Römisches Reich 198.1; 199.3
Russisches Reich 212/213.1; 214.1

S

Sahel 126.1; 128.1; 129.5,6
Salzpfanne (-see) 99.4; 129.3,4
Säuglingssterblichkeit 185.3
Savanne 126.1; 129.5; 178/179
Schalenbau der Erde 172.2
Schelfeis 167.2
Schengen-Staaten 220.2
Schiiten 183.3
Schleuse 81.4; 151.2
Schloss 206.1-3
Schotterebene 36.1
Schwemmland 112.1
Seebad 50.1; 51.2; 69.2,3
Seebeben 87.5; 108.1,2; 172/173.1
Seeblockade, Seesperrgebiet 207.5; 211.7; 213.3; 216.1
Seehandel 186/187.2; 197.2; 198.1; 203.3; 210.5
Sektorenstadt → Geteilte Stadt
Sekundärer Bereich → Wirtschaftsabteilungen
Sklaven 203.3; 210.5,6
Slawen 197.2; 200.2; 201.3
Slums 116.1; 165.3
Solarenergie → Erneuerbare Energie
Sonderkulturen 40.1; 64; 161.5
Sonnensystem 190.2,3
Sowjetunion (UdSSR) 220.1; 221.4
Speicherkraftwerk 46.1
Sprachen 71.4
Staatsgründung 102.1; 124.1; 144/145.1
Stadtbefestigung 198.2; 206.2; 207.4

Stadtklima 39.5
Stadtstrukturen; 52/53; 78/79; 98.2; 118.1; 158/159; 165.3; 198.2; 207.4
Stadtwachstum 43.2; 78/79; 103.4; 107.2; 121.2; 209.3,4
Stadtzentrum → Hauptgeschäftszentrum
Stauseen 116.2; 160.2; 164.1
Steigungsregen 39.5; 160.1
Steinkohlenbergbau 43.2
Steppe 178/179.1
Straßenverkehr 44.1; 71.5; 98.2
Stromerzeugung 39.6,7; 41.3; 46.1; 67.3; 86.1
Stromkultur 196.1
Strukturwandel 43.2; 121.2
Stückgut → Hafen
Sturmflut 24.1; 81.4; 101.2
Subduktion 108.1,2; 172/173
Subtropen 174/175.1; 176/177.1
Sunniten 183.3

T

Tagebau 47.2; 48.1
Tageslängen 174.3; 175.4
Tee 126.1; 104.1; 212.3
Thematische Karte 6; 10/11; 64/65
Tiefdruckgebiet 174/175.1,2
Tiefseebecken/-graben 136/137
Tierpark → Zoo
Todesstrafe 222.2
Tornado 146.2
Tourismus 50/51; 52/53; 68/69; 86.2; 92/93; 121.2; 131.4; 159.5
Transamazônica 164.1
Transsibirische Eisenbahn 212/213.1
Trinkwasser 116.1; 121.2; 160.2
Trockenklima 61.4; 176/177.2,4
Tropischer Regenwald → Regenwald
Tropische Zone 174.3; 175.4; 176/177.1,4
Tsunami 108.1; 172/173.1
Tundra 64.2; 99.3; 104/105.1; 178/179

U

Überschwemmungen 101.2; 108.1; 112.1; 122.1; 131.4
Umsiedlungen 47.2
Umweltbelastungen 98/99; 131.3; 180/181
Unabhängigkeit 102.1; 124.1; 144/145.1; 214.2; 220.2
UN-Friedensmission 221.6, 240/241
Urgeschichte 194/195
Urkontinente 172/173.1 a-d

V

Vegetationsstufen 51.3
Vereinte Nationen 222/223.1,2
Verkehrserschließung 199.3; 209.3; 210/211.1-4
Verkehrsinfrastruktur 44/45; 71.5; 107.2
Verkehrsbelastung 45.3; 48.1; 98.2
Verkehrsknoten 44/45; 71.5; 98.2
Versailler Vertrag 214.3
Versorgung (Wasser, Strom) 39.6,7; 46, 108.3; 116.2; 120/121; 160.2; 198.2
Verstädterung 102/103; 158.1; 107.2
Vertreibung 217.3
Viehwirtschaft 40/41; 64.5; 129.5; 164.1; 181.4
Völkerbund 214.3
Völkerwanderung 200.1
Vormensch 194/195.1
Vulkanismus 36.1; 86.2; 87.4; 172/173

W

Wahlen 220.3
Waldschäden 98.1
Warschauer Pakt 215.5; 218/219.1; 220.1
Wasserscheide 56.1
Wasserstraße 44.1; 151.2
Wasserkraftwerk → Erneuerbare Energie
Wasserressourcen/-wirtschaft 112.1; 116.2; 120.1; 160.2
Watt (Wattenküste) 36.1; 49.2,3; 51.2
Weimarer Republik 214.2,3
Weltall 190/191
Welthandel 186/187.1
Welterbe der UNESCO 50.1
Weltkriege 213.3; 214.1,2; 215.4,5; 216.1
Westfälischer Frieden 205
Wettiner 205.3
Wikinger 200.2
Windenergie → Erneuerbare Energie
Windgeschwindigkeit 39.7; 67.3
Windpark 39.7; 67.3
Windrose 6; 39.7; 170.3
Windzirkulation 39.5; 105.5,6; 147.5; 175.2
Winterregen 61.4; 174/175
Wintersport 51.3; 68/69.1
Wirbelstürme 101.2; 108.1; 146/147
Wirtschaftliche Zusammenschlüsse 186/187.1
Wirtschaftsabteilungen/-sektoren 42/43; 65; 78/79; 107.2
Wirtschaftsraum, Wirtschaftsregion 42.1; 67.1; 157.2
Wittelsbacher 205.3
Wohnviertel (privates) 121.2; 165.4
Wüste 99.4; 128/129; 178/179
Wüstenausbreitung 128.1; 181.3

Z

Zechenstilllegung 43.2
Zeitzonen hinterer Buchdeckel
Zenitstand der Sonne 148/149.3,4; 174.3; 175.4
Zivilisation 194/195.2
Zoo 52
Zuwanderung 70.3
Zweiter Weltkrieg 216/217

Bildquellenverzeichnis
action press, Hamburg: 68.3 (H.-E. Lex);
Astrofoto, Sörth: 180.1 o.;
Busching, Ludwigshafen: 64.3 li.o.;
Bütow, Heike, Chemnitz: 158 u.re.;
Corbis, Düsseldorf: 68.1 (N. Emmerson/R. Harding World Imagery), 107 o.li. (Uden Graham/Redlink), 158 u.li. (Alan Schein Photography), 165.3 re. (Janet Jarman);
Das Luftbild-Archiv, Wennigsen: 7.1
ddp images, Hamburg: 118 o. (AP Photo/Lefteris Pitarakis);
Delpho, Manfred, Gudensberg: 15.3
Eck, Thomas, Berlin: 37.2 u.;
Eisele Photos, Augsburg: 37.4 o.;
eoVision/USGS, 2008: 49.2 o., 49.2 u.;
© eoVision/GeoEye, 2010, distributed by e-GEOS: 165.4;
Falk, D., Braunschweig: 37.2 o.;
Focus, Hamburg: 65.1 re.u. (Maze/Woodfin Camp), 160 li.m. (S. Leen/Matrix);
Forschungsinstitut und Naturmuseum Senckenberg, Wilhelmshaven: 25.2
Fotolia.com: 52 u.re. (Max), 53 o.li (Philip Lange);
Freie Hansestadt Bremen/Vertretung des Landes Bremen beim Bund, Berlin: 53 o.re. (Stefan Maria Rother 2006);
Gehring, Wiebke, Hannover: 37.4 u.;
Getty Images, München: 116 o.li. (Prashanth Vishwanathan/Bloomberg);
GFE Erlebnistage, www.erlebnistage.de, Herbstein: 17.3
Herrmann, Jo, Bad Waldsee: 190/191.1, 2, 3, 5, 6;
Huber, Bildagentur, Garmisch-Partenkirchen: 68.2, 68.5, 78 u.li. (Ripani Massimo), 79 u.li. (Gräfenhain), 121.2 (R. Schmid);
IMA, Bonn: 64.4;
iStockphoto.com: 86 re.m. (DHuss), 86 re.u. (Hazlan Abdul Hakim), 121.4 (dblight);
Kreuzberger, Norma, Lohmar: 51.3 u.;
Lade, Helga, Fotoagenturen, Frankfurt/M.: 51.2 u. (R. Feldrapp), 86 re.o. (H.R. Bramaz), 160 li.o., 180.1 u.li. (BAMBOO);
laif, Köln: 102.2 (Gamma);
Landslides Aerial Photography, Lincoln: 160 li.u.;
LOOK, München: 78 u.re. (age fotostock);
mauritius images, Mittenwald: 37.3 u. (Harry Walker), 161 re.m. (Lindner), 165.3 li. (age), 180.1 u.m. (Power Stock), 180.1 u.re. (age);
Mittenzwei, K., Berlin: 53 u.m.;
NASA, USA-Houston: 164.2 li., 164.2 re., 190.4;
NASA/GFSC, Image courtesy of MODIS Rapid Response Project: 128.2;
National Informatics Centre (NIC) District Administration, Anantapur (AP), India: 116 o.re. (The Superintending Engineer, High Level Canal, Irrigation Department, Anantapur);
NOAA, USA: 147 o.;
picture-alliance, Frankfurt/M.: 15.2 (dpa/Uwe Zucchi), 15.4 (HB-Verlag), 17.2, 37.3 o. (Helga Lade), 52 o.re. (Berliner Zeit/Engelsmann), 65.1 re.o. (dpa), 65.2 li. (dpa/B. Thissen), 68.4 (dpa), 79 u.re. (dpa/Lars Halbauer), 98 re.u. (Lehtikuva Oy/Caj Bremer HS), 107 o.re. (landov/Liu Dawei), 161 re.u. (dpa);
Presse - und Informationsamt des Landes Berlin: 53 u.re.;
Presse- und Informationsamt der Bundesregierung - Bundesbildstelle, Berlin: 53 o.m.;
Rieke, Michael, Braunschweig: 64.1;
Ruth, Michael ©, Teligent Inc., USA – Die mit einem geographischen Informationssystem simulierte Bildperspektive wurde erstellt unter Verwendung von angepassten digitalen Geländedaten der Firma 3D-Metric Inc.: 159 o.;
RWE Rheinbraun, Essen: 65.1 li.;
Schapowalow, Bildagentur, Hamburg: 165.3 m. (Huber);
Schlemmer, Herbert, Berlin: 53 u.li.;
Schmidtke, Melsdorf: 64.2;
Schulz, Traunstein: 64.3 re.;
Still Pictures, Berlin: 103.4 (Sean Sprague);
Strohbach, Dietrich, Berlin: 161 re.o.;
Sutor, Karlsruhe: 51.3 o.;
Sylt Marketing GmbH: 51.2 o. (Supanz);
Tack, Jochen, Essen: 121.3;
ullstein bild, Berlin: 98 re.o. (Nowosti), 98 re.m. (Nowosti), 52 u.m. (Jost), 121.1 (TopFoto);
vario images, Bonn: 65.3 o.;
Visum Foto GmbH, Hamburg: 69.1;
Westfälisches Industriemuseum, Dortmund: 65.3 re.;
Zweckverband Brombachsee, Pleinfeld-Ramsberg: 65.3 li.

Quellenverzeichnis
Bundesamt für Bau-, Stadt- und Raumforschung (BBSR), Bonn: 55
Bundesamt für Kartographie und Geodäsie, Frankfurt/M.: 54
Damp Touristik GmbH, Damp: 20.2;
Deutscher Wetterdienst, Offenbach: div. Karten
Garmisch-Partenkirchen Tourismus, Garmisch-Partenkirchen: 51.3
D. Hack, Lämmerhof Panten: 41.2
Dr. Thomas Hennig, Marburg: 116.2
H. Kerkhof, Lage: 33
Lake Victoria Fisheries Organization, Jinja (Uganda): 181.4
Landesverband Schleswig-Holstein im Bund deutscher Baumschulen e.V., Pinneberg: 17.4;
Landwirtschaftskammer Schleswig-Holstein (Abt. Gartenbau), Kiel: 17.4;
Prof. Dr. J. Newig: 12.2, 14.1/2
Nordfriesisches Institut / Nordfriisk Instituut, Bredstedt: 14/15
B. v. Quistorp, Geerhof Sonsbeck: 41.3
Prof. Dr. A. Schulz, Bonn: 190/191
Prof. Dr. Alexander Siegmund, Heidelberg: 38.4; 61.4; 176/177.4
Stadt Hamburg (Landesbetrieb Straßen, Brücken und Gewässer): 22/23
Stadt Lübeck (Stadtarchiv): 28/29
Stadtverwaltung Neumünster (Stadtarchiv, Stadtplanung): 18.3
Stadtverwaltung Westerland (Abt. Tiefbau): 20.3
Statistisches Amt für Hamburg und Schleswig-Holstein, Hamburg: div. Karten
Statistisches Bundesamt, Wiesbaden: 55
Sylt Tourismus, Sylt: 51.2
Tourist-Information Zugspitzdorf Grainau: 51.3
USGS Minerals Information, Washington D. C.: div. Karten
L. Vankan, Grave (Niederlande): 81.2/3
D. Volz, Heidelberg: 38.4; 61.4; 176/177.4
Zweckverband Abfallbehandlung Kahlenberg, Ringsheim: 47.3

Kartographische Mitarbeit
Michael Albrecht
Rainer Arndt
Manuela Franke
Bernd Fuckert
Harald Iden
Florian Kronfeldt
Michael Perkovic
Hans-Joachim Rehfeldt
Arndt Russ
Henrik Selle
Heiko Strothmann
Sascha Vahlberg
Lars Vonau

Politische Übersicht

A = Österreich
AL = Albanien
B = Belgien
BG = Bulgarien
BIH = Bosnien und Herzegowina
CH = Schweiz
CZ = Tschechische Republik
D = Deutschland
DK = Dänemark
EST = Estland
GR = Griechenland
H = Ungarn
HR = Kroatien
KSV = Kosovo
L = Luxemburg
LT = Litauen
LV = Lettland
MD = Moldau
MK = Mazedonien
MNE = Montenegro
NL = Niederlande
RO = Rumänien
SRB = Serbien
SK = Slowakei
SLO = Slowenien
UAE = Vereinigte Arabische Emirate

Die Grenzen in der Antarktis markieren Hoheitsansprüche der benannten Staaten.

Staatsgrenzen im Meer sind Orientierungshilfen; sie entsprechen nicht dem rechtlich verbindlichen Verlauf.